江苏省高校哲学社会科学优秀创新团队研究成果
2014年国家社科重大项目《食品安全风险社会共治》（项目编号：14ZDA069）研究成果

中国食品安全发展报告2014

吴林海　尹世久　王建华　等著

图书在版编目(CIP)数据

中国食品安全发展报告.2014/吴林海等著.—北京:北京大学出版社,2014.12
ISBN 978-7-301-25251-2

Ⅰ.①中… Ⅱ.①吴… Ⅲ.①食品安全—研究报告—中国—2014 Ⅳ.①TS201.6

中国版本图书馆CIP数据核字(2014)第295869号

书　　名 中国食品安全发展报告2014
著作责任者 吴林海　尹世久　王建华　等著
责 任 编 辑 董郑芳(dong zhengfang 12@163.com)
标 准 书 号 ISBN 978-7-301-25251-2
出 版 发 行 北京大学出版社
地　　址 北京市海淀区成府路205号　100871
网　　址 http://www.pup.cn
电 子 信 箱 ss@pup.pku.edu.cn
新 浪 微 博 @北京大学出版社　@未名社科—北大图书
电　　话 邮购部62752015　发行部62750672　编辑部62765016
印 刷 者 北京宏伟双华印刷有限公司
经 销 者 新华书店
730毫米×980毫米　16开本　31印张　578千字
2014年12月第1版　2014年12月第1次印刷
定　　价 86.00元

序　言

五十多万字的《中国食品安全发展报告 2013》似乎才刚刚读过，六十万字的《中国食品安全发展报告 2014》（以下简称为《报告》）又一次展现在我的面前。在不经意间，作为教育部哲学社会科学系列发展报告（培育项目）的“中国食品安全发展报告”已经三岁了。作为一名关注这一领域的同行，我能深深感受到，吴林海教授等研究团队为该项目所付出的巨大努力，尤其是我非常赞赏这个研究团队所形成的“为人民做学问是学者责任”的共识与为之付出的辛苦劳动。出于责任，坚持不懈，吴林海教授率领的研究团队由此取得了一系列的成果。

江南大学江苏省食品安全研究基地于 2008 年 8 月成立。基地成立以来，以吴林海教授为代表的一批中青年学者怀揣社会责任感，踏踏实实地开展研究工作，建立起“人员开放流动、多种学科交叉、研究方向鲜明”的团队，承担了多项重要研究课题，取得了一批“基础理论研究创新显著，应用对策研究具有实效，具有国际影响的标志性研究成果”。2011 年 10 月，基地承担的“中国食品安全发展报告”入选教育部哲学社会科学发展报告培育资助项目。2012 年 12 月、2013 年 12 月，来自江南大学、中国人民大学、南京农业大学、华南师范大学、天津科技大学等高校的三十多位教授与中青年学者合作分别完成了《中国食品安全发展报告 2012》《中国食品安全发展报告 2013》这两个年度报告，得到新华社、《半月谈》《人民日报》《中国青年报》等重要媒体报道，取得了较大的社会反响。相关成果在多次教育部《专家建议》等内部参考上发表，并得到了中共中央政治局委员、国务院副总理、国务院食品安全委员会副主任汪洋同志与国家食药总局、卫生部等有关部门领导的批示，较好地发挥了服务政府决策的功能。

本《报告》延续着 2012 年、2013 年版的风格，分为上、中、下三编。上编是“食品安全：2013 年的基本状况”，该编基于食品全程供应链体系，用实实在在的数据，描述了近年来我国食品安全生产、流通、消费等主要环节（包括进口食品）的安全状况，全景式地描述了我国食品安全水平的真实变化、主要特征与发展趋势；中编是“食品安全：2013 年支撑体系的新进展”，主要反映 2013 年新一轮食品安全监管体制的改革进展、食品安全法律体系的完善、食品安全信息公开体系的建设、食品科学与技术的进步、国家食品安全风险监测评估与预警体系的发展等方面状况；下编专门安排了“年度关注：食品安全、农业生产转型与有机食品市场发展”。食品安全源头在农产品，基础在农业，必须正本清源。贯彻落实中央提出的“用最严谨的标准、最严格的监管、最严厉的处罚、最严肃的问责”，确保广大人民群众“舌尖上的安全”，首先把农产品质量抓好，而促进农业生产转型，加快有机农业等生态农业发展，努力为市场供应有机农产品等更为安全的食品，成为保障农产品质量安全，转变农业发展方式、加快现代农业建设的重要环节，可以这么认为，本报告的年度关注是非常及时的。我认为，本《报告》上、中、下三编共19章内容组成了有机整体，较为全面且准确地反映、描述了近年来我国食品安全的总体变化情况。

本《报告》既是为学界同仁提供的重要学术资料，也能为生产经营者、消费者与政府提供充分的食品安全信息，对探索构建多主体无缝合作的食品监管社会共治格局具有积极作用，对我国职能部门决策方式转变和决策水平提高将具有很好的现实意义。

当然，食品安全问题具有非常复杂的成因，任何研究皆难以提出彻底的解决方案。更由于各种客观条件的限制，该报告也难以避免地存在一些问题与不足，对社会关切的一些重点与热点问题的研究尚不深刻。正如作者坦言的，如何构建政府、社会、企业生产经营等共同参与的食品安全风险社会共治的格局，形成具有中国特色的食品安全风险国家治理体系，使之成为国家治理体系的一个重要组成部分，显然由于比较复杂的原因而未展开深入的探讨。这不能不说是一个遗憾。吴林海教授等目前正在承担2014年国家社科第一批重大招标项目“食品安全风险社会共治研究”。我相信，结合这个重大课题的研究，我们期待明年的报告在此方面能够有崭新的观点。

愿“中国食品安全发展报告”能够为提升我国食品安全水平、保障人民健康作出积极的贡献。

孙宝国

2014年8月

（孙宝国，中国工程院院士，现任北京工商大学副校长、教授）

目　　录

下编　年度关注:食品安全、农业生产转型与有机食品市场发展

Contents

Part III Concerns in 2013: Food Safety, Agricultural Production Transformation, and Organic Food Market Development

图 目 录

表 目 录

导　论

“中国食品安全发展报告”是教育部2011年批准立项的哲学社会科学研究发展报告培育资助项目。《中国食品安全发展报告2014》(以下简称本《报告》)是该项目的第三本年度报告。根据教育部对哲学社会科学研究发展报告的原则要求，与《中国食品安全发展报告2012》《中国食品安全发展报告2013》相比较，本《报告》的研究结构、体例安排上没有进行大的调整，而且所涉及的主要概念、研究重点、研究主线、研究方法也未有根本性的变化，最主要的变化是在研究内容上，尤其是《报告》下编的年度关注，三个年度报告均根据当年度的热点而设定不同的研究内容。《中国食品安全发展报告2014》作为一个完整的年度报告，本章仍然对研究所涉及的主要概念、研究主线、研究方法、研究内容与主要结论等方面作简要说明，力图轮廓性、全景式地描述本书的整体概况。

一、研究主线与视角

食品安全风险是世界各国普遍面临的共同难题，[①]全世界范围内的消费者普遍面临着不同程度的食品安全风险问题，[②]全球每年因食品和饮用水不卫生导致约有1800万人死亡。[③] 这其中也包括发达国家。1999年以前美国每年约有5000人死于食源性疾病。[④] 食品安全风险在我国则表现得更为突出，与此相对应的食品安全事件高频率地发生，难以置信，全球瞩目。尽管我国的食品安全总体水平稳中有升，趋势向好，[⑤]但目前一个不可否认的事实是，食品安全风险与由此引发

---

① M. P. M. M. De Krom, “Understanding Consumer Rationalities: Consumer Involvement in European Food Safety Governance of Avian Influenza”, *Sociologia Ruralis*, Vol. 49, No. 1, 2009, pp. 1-19.

② Y. Sarig, “Traceability of Food Products”, Agricultural Engineering International: The CIGR Journal of Scientific Research and Development, Invited Overview Paper, 2003.

③ 魏益民、欧阳韶晖、刘为军等:《食品安全管理与科技研究进展》,《中国农业科技导报》2005年第5期,第55—57页。

④ P. S. Mead, L. Slutsker, V. Dietz, et al., “Food-Related Illness and Death in the United States”, *Emerging Infectious Diseases*, Vol. 5, No. 5, 1999, pp. 607.

⑤ 《张勇谈当前中国食品安全形势:总体稳定正在向好》,新华网,2011-03-01[2014-06-06],http://news.xinhuanet.com/food/2011-03/01/c_121133467.htm。

的安全事件已成为我国最大的社会风险之一。[①] 本《报告》研究团队基于相关资料对 2008 年以来公众对食品安全关注情况的有关典型调查数据进行了初步的汇总(表 0-1)。图 0-1 是国家信息中心网络政府研究中心分析提供的 2013 年网民对食品安全等相关民生问题的关注度。结合表 0-1 与图 0-1 的数据,足以说明人们对当前食品安全问题的焦虑、无奈乃至极度的不满意。现实生活中,人们或已发出了"到底还能吃什么"的强烈呐喊！对此,十一届全国人大常委会在 2011 年 6 月 29 日召开的第二十一次会议上建议把食品安全与金融安全、粮食安全、能源安全、生态安全等共同纳入"国家安全"体系,[②]这足以说明食品安全风险已在国家层面上成为一个极其严峻、非常严肃的重大问题。

表 0-1 食品安全关注度的典型性调查数据

序号	发布时间	调查数据	数据来源
1	2008 年	分别有 20.2% 和 18.3% 的城市消费者以及 45.3% 和 36.6% 的农村消费者认为食品安全令人失望和政府监管不力,相对应的分别有 95.8% 和 94.5% 的消费者关注食品质量安全。	中国商务部发布的《2008 年流通领域食品安全调查报告》
2	2009 年	约有 86.02% 的消费者认为其所在城市的食品安全问题非常严重、比较严重或有安全问题。	吴林海等:《食品安全:风险感知和消费者行为》,《消费经济》2009 年第 2 期
3	2010 年	中国受访者最担心的是地震,第二是不安全食品配料和水供应(调查时间在青海玉树发生地震后不久,是中国居民将地震风险排在第一位的主要原因)。	英国 RSA 保险集团发布的全球风险调查报告《风险 300 年:过去、现在和未来》
4	2011 年	有近 70% 受访者对中国的食品安全状况感到"没有安全感"。其中 52.3% 的受访者心理状态是"比较不安",另有 15.6% 受访者表示"特别没有安全感"。	中国全面小康研究中心等发布的《2010—2011 消费者食品安全信心报告》
5	2012 年	80.4% 的受访者认为食品没有安全感,超过 50% 的受访者认为 2011 年的食品安全状况比以往更糟糕。	《小康》杂志与清华大学发布的《2011—2012 中国饮食安全报告》
6	2013 年	全国 35 个城市居民对食品安全满意度指数为 41.61%。	中国经济实验研究院城市生活质量研究中心的调查数据

资料来源:根据相关资料由作者整理形成。

① 英国 RSA 保险集团发布的全球风险调查报告:《中国人最担忧地震风险》,《国际金融报》2010 年 10 月 19 日。

② 《人大常委会听取检查食品安全法实施情况报告》,新浪网,2011-06-29[2012-03-20],http://news.sina.com.cn/c/2011-06-29/175422728330.shtml。

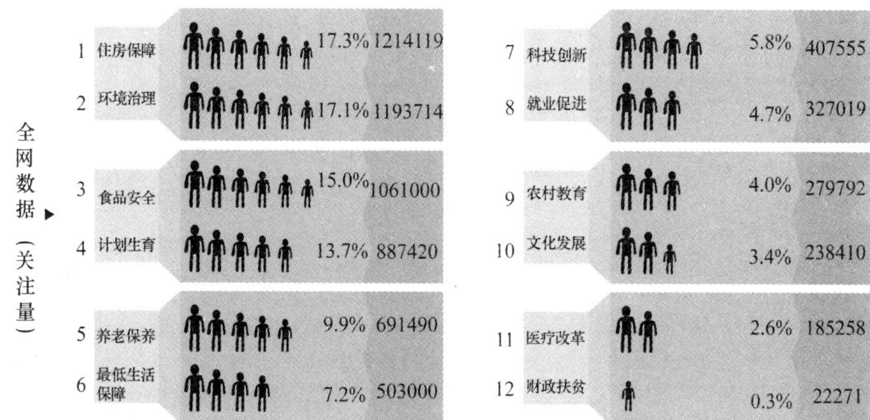

图 0-1 2013 年网民对民生问题的关注度

数据来源:国家信息中心网络政府研究中心分析提供。

中国的食品安全问题相当复杂。站在公正的角度,从学者专业性视角出发,全面、真实、客观地研究、分析中国食品安全问题,是本《报告》的基本特色。因此,对研究者而言,始终绕不开基于什么立场、从什么角度、沿着什么脉络展开研究,也就是有一个研究主线的选择问题。选择不当,将可能影响研究结论的客观性、准确性与科学性。这是一个带有根本性的重要问题,内在地决定了《报告》的研究框架与主要内容。

(一) 研究的主线

基于食品供应链全程体系,食品安全问题在多个环节、多个层面均有可能发生,尤其在以下环节上的不当与失范更容易产生食品安全风险:(1) 初级农产品与食品原辅料的生产;(2) 食品的生产加工;(3) 食品的配送和运输;(4) 食品的消费环境与消费者食品安全消费意识;(5) 政府相关食品监管部门的监管力度与技术手段;(6) 食品生产经营者的社会责任与从业人员的道德、职业素质等不同环节和层面;(7) 生产、加工、流通、消费等各个环节技术规范的科学性、合理性、有效性与可操作性等。进一步分析,上述主要环节涉及政府、生产经营者、消费者三个最基本的主体;既涉及技术问题,也涉及管理问题;管理问题既涉及企业层次的,也涉及政府监管体系,还涉及消费者自身问题;风险的发生既可能是自然因素,又可能是人源性因素,等等。上述错综复杂的问题,实际上贯彻于整个食品供应链体系。

食品供应链(food supply chain)是指,从初级食品生产经营者到消费者各环节的经济利益主体(包括其前端的生产资料供应者和后端的作为规制者的政府)所组成的整体。[①] 虽然食品供应链体系概念在实践中不断丰富与发展，但最基本的问题已为上述界定所揭示，并且这一界定已为世界各国所普遍接受。按照上述定义，我国食品供应链体系中的生产经营主体主要包括农业生产者（分散农户、规模农户、合作社、农业企业、畜牧业生产者等）以及食品生产、加工、包装、物流配送、经销（批发与零售）等环节的生产经营厂商，并共同构成了食品生产经营风险防范与风险承担的主体。[②] 食品供应链体系中的农业生产者与食品生产加工、物流配送、经销等厂商等相关主体均有可能由于技术限制、管理不善等，在每个主体生产加工经营等环节都存在着可能危及食品安全的因素。这些环节在食品供应链中环环相扣，相互影响，确保食品安全并非简单取决于某个单一厂商，而是供应链上所有主体、节点企业的共同使命。食品安全与食品供应链体系之间的关系研究就成为新的历史时期人类社会发展的主题。因此，对中国食品安全问题的研究，本《报告》分析与研究的主线是基于食品供应链全程体系，分析食用农产品与食品的生产加工、流通消费、进口等主要环节的食品质量安全，介绍食品安全相应的支撑体系建设的进展情况，为关心食品安全的人们提供轮廓性的概况。

（二）研究的视角

国内外学者对食品安全与食品供应链体系间的相关性分析，已分别在宏观与微观、技术与制度、政府与市场，生产经营主体以及消费者等多个角度、多个层面上进行了大量的先驱性研究。[③] 但是从我国食品安全风险的主要特征与发生的重大食品安全事件的基本性质及成因来考察，现有的食品科学技术水平并非是制约、影响食品安全保障水平的主要瓶颈。虽然技术不足、环境污染等方面的原因对食品安全产生一定影响，比如牛奶的光氧化问题[④]、光氧化或生鲜蔬菜的“亚硝峰”在不同层面影响到食品品质[⑤]。但基于食品供应链全程体系，我国的食品安全问题更多是生产经营主体不当行为、不执行或不严格执行已有的食品技术规范与标准体系等违规违法行为等人源性因素造成的。这是本《报告》研究团队的鲜明观点。因此，在现阶段有效防范我国食品安全风险，切实保障食品安全水平，必须有效集成技术、标准、规范、制度、政策等手段综合治理，并且更应该注重通过深化

① M. Den Ouden, A. A. Dijkhuizen, R. Huirne, P. J. P. Zuurbier, “Vertical Cooperation in Agricultural Production-Marketing Chains, with Special Reference to Product Differentiation in Pork”, *Agribusiness*, Vol. 12, No. 3, 1996, pp. 277-290.

② 本《报告》中将食品供应链体系中的农业生产者与食品生产加工、物流配送、经销等厂商统称为食品生产经营者或生产经营主体，以有效区别食品供应链体系中的消费者、政府等行为主体。

③ 刘俊威：《基于信号传递博弈模型的我国食品安全问题探析》，《特区经济》2012 年第 1 期。

④ B. Kerkaert, F. Mestdagh, T. Cucu, K. Shrestha, J. Van Camp, B. De Meulenaer, “The Impact of Photo-Induced Molecular Changes of Dairy Proteins on Their ACE-Inhibitory Peptides and Activity”, *Amino Acids*, Vol. 43, No. 2, 2012, pp. 951-962.

⑤ 燕平梅、薛文通、张慧等：《不同贮藏蔬菜中亚硝酸盐变化的研究》，《食品科学》2006 年第 6 期。

监管体制改革，强化管理，规范食品生产经营者的行为。这既是我国食品安全监管的难点，也是今后监管的重点。虽然2013年3月国务院对我国的食品安全监管体制进行了改革，在制度层面上为防范食品安全分段监管带来的风险奠定了基础，但如果不解决食品生产经营者的人源性因素所导致的食品安全风险问题，中国的食品安全难以走出风险防不胜防的困境。对此，本《报告》第五章进行了详细的分析。基于上述思考，本《报告》的研究角度设定在管理层面上展开系统而深入的分析。

归纳起来，本《报告》主要着眼于食品供应链的完整体系，基于管理学的角度，融食品生产经营者、消费者与政府为一体，以食用农产品生产为起点，综合运用各种统计数据，结合实地调查，研究我国生产、流通、消费等关键环节食品安全性（包括进口食品的安全性）的演变轨迹，并对现阶段我国食品安全风险的现实状态与未来走势作出评估，由此深刻揭示影响我国食品安全的主要矛盾；与此同时，有选择、有重点地分析保障我国食品安全主要支撑体系建设的进展与存在的主要问题。总之，基于上述研究主线与角度，本《报告》试图全面反映、准确描述近年来我国食品安全性的总体变化情况，尽最大的可能为生产经营者、消费者与政府提供充分的食品安全信息。

二、主要概念界定

食品与农产品、食品安全与食品安全风险等是本《报告》中最重要、最基本的概念。本《报告》在借鉴相关研究的基础上，[①]进一步作出科学的界定，以确保研究的科学性。

（一）食品、农产品及其相互关系

简单来说，食品是人类食用的物品。准确、科学地定义食品并对其分类并不是非常简单的事情，需要综合各种观点与中国实际，并结合本《报告》展开的背景进行全面考量。

1. 食品的定义与分类

食品，最简单的定义是人类可食用的物品，包括天然食品和加工食品。天然食品是指在大自然中生长的、未经加工制作、可供人类直接食用的物品，如水果、蔬菜、谷物等；加工食品是指经过一定的工艺进行加工生产形成的、以供人们食用或者饮用为目的的制成品，如大米、小麦粉、果汁饮料等，但食品一般不包括以治疗为目的的药品。

1995年10月30日起施行的《中华人民共和国食品卫生法》（在本《报告》中

① 吴林海、徐立青：《食品国际贸易》，中国轻工业出版社2009年版。

简称《食品卫生法》)在第九章《附则》的第 54 条对食品的定义是:“食品是指各种供人食用或者饮用的成品和原料以及按照传统既是食品又是药品的物品,但是不包括以治疗为目的的物品。”1994 年 12 月 1 日实施的国家标准 GB/T15091-1994《食品工业基本术语》在第 2.1 条中将“一般食品”定义为“可供人类食用或饮用的物质,包括加工食品、半成品和未加工食品,不包括烟草或只作药品用的物质”。2009 年 6 月 1 日起施行的《中华人民共和国食品安全法》(一般情况下,本《报告》将之简称《食品安全法》)在第十章《附则》的第 99 条对食品的界定,[①]与国家标准 GB/T15091-1994《食品工业基本术语》完全一致。国际食品法典委员会(CAC)CODEX STAN 1-1985 年《预包装食品标签通用标准》对“一般食品”的定义是:“指供人类食用的,不论是加工的、半加工的或未加工的任何物质,包括饮料、胶姆糖,以及在食品制造、调制或处理过程中使用的任何物质;但不包括化妆品、烟草或只作药物用的物质。”

食品的种类繁多,按照不同的分类标准或判别依据,可以有不同的食品分类方法。GB/T7635.1-2002《全国主要产品分类和代码》将食品分为农林(牧)渔业产品,加工食品、饮料和烟草两大类。[②] 其中农林(牧)渔业产品分为种植业产品、活的动物和动物产品、鱼和其他渔业产品三大类;加工食品、饮料和烟草分为肉、水产品、水果、蔬菜、油脂等类加工品;乳制品;谷物碾磨加工品、淀粉和淀粉制品,豆制品,其他食品和食品添加剂,加工饲料和饲料添加剂;饮料;烟草制品共五大类。

根据国家质量监督检验检疫总局发布的《28 类产品类别及申证单元标注方法》[③],对申领食品生产许可证企业的食品分为 28 类:粮食加工品,食用油、油脂及其制品,调味品,肉制品,乳制品,饮料,方便食品,饼干,罐头食品,冷冻饮品,速冻食品,薯类和膨化食品,糖果制品,茶叶及相关制品,酒类,蔬菜制品,水果制品炒货,食品及坚果制品,蛋制品,可可及焙烤咖啡产品,食糖,水产制品,淀粉及淀粉制品,糕点,豆制品,蜂产品,特殊膳食食品,其他食品。

GB2760-2011《食品安全国家标准食品添加剂使用标准的》食品分类系统中对

---

① 2009 年 6 月 1 日起施行的《食品安全法》是我国实施的第一部《食品安全法》。目前《食品安全法》正在修改之中。如无特别的说明,本书中所指的《食品安全法》是指目前仍发挥法律效应的现行的《食品安全法》,并非指正在修改中或今后新实施的《食品安全法》。

② 中华人民共和国家质量监督检验检疫总局:《GB/T7635.1-2002 全国主要产品分类和代码》,中国标准出版社 2002 年版。

③ 《28 类产品类别及申证单元标注方法》,广东省中山市质量技术监督局网站, 2008-08-20[2013-01-13],http://www.zsqts.gov.cn/FileDownloadHandle? fileDownloadId = 522。

食品的分类,[①]也可以认为是食品分类的一种方法。据此形成乳与乳制品,脂肪、油和乳化脂肪制品,冷冻饮品,水果、蔬菜(包括块根类)、豆类、食用菌、藻类、坚果以及籽类等,可可制品、巧克力和巧克力制品(包括类巧克力和代巧克力)以及糖果,粮食和粮食制品,焙烤食品,肉及肉制品,水产品及其制品,蛋及蛋制品,甜味料,调味品,特殊膳食食用食品,饮料类,酒类,其他类共十六大类食品。

食品概念的专业性很强,并不是本《报告》的研究重点。如无特别说明,本《报告》对食品的理解主要依据《食品安全法》。

2. 农产品与食用农产品

农产品与食用农产品也是本《报告》中非常重要的概念。2006 年 4 月 29 日第十届全国人民代表大会常务委员会第二十一次会议通过的《中华人民共和国农产品质量安全法》(在本《报告》中将之简称《农产品质量安全法》)将农产品定义为“来源于农业的初级产品,即在农业活动中获得的植物、动物、微生物及其产品”,主要强调的是农业的初级产品,即在农业中获得的植物、动物、微生物及其产品。实际上,农产品亦有广义与狭义之分。广义的农产品是指农业部门所生产出的产品,包括农、林、牧、副、渔等所生产的产品;而狭义的农产品仅指粮食。广义的农产品概念与《农产品质量安全法》中的农产品概念基本一致。

不同的体系对农产品分类方法是不同的,不同的国际组织与不同的国家对农产品的分类标准不同,甚至具有很大的差异。农业部相关部门将农产品分为粮油、蔬菜、水果、水产和畜牧五大类。以农产品为对象,根据其组织特性、化学成分和理化性质,采用不同的加工技术和方法,制成各种粗、精加工的成品与半成品的过程称为农产品加工。根据联合国国际工业分类标准,农产品加工业划分为以下五类:食品、饮料和烟草加工;纺织、服装和皮革工业;木材和木材产品,包括家具加工制造;纸张和纸产品加工、印刷和出版;橡胶产品加工。根据国家统计局分类,农产品加工业包括十二个行业:食品加工业(含粮食及饲料加工业);食品制造业(含糕点糖果制造业、乳品制造业、罐头食品制造业、发酵制品业、调味品制造业及其他食品制造业);饮料制造业(含酒精及饮料酒、软饮料制造业、制茶业等);烟草加工业;纺织业、服装及其他纤维制品制造业;皮革毛皮羽绒及其制品业;木材加工及竹藤棕草制造业。[②]

由于农产品是食品的主要来源,也是工业原料的重要来源,因此可将农产品

---

① 中华人民共和国卫生部:《GB2760-2011 食品安全国家标准食品添加剂使用标准》,中国标准出版社 2011 年版。

② 吴林海、钱和:《中国食品安全发展报告 2012》,北京大学出版社 2012 年版。

分为食用农产品和非食用农产品。商务部、财政部、国家税务总局于 2005 年 4 月发布的《关于开展农产品连锁经营试点的通知》（商建发〔2005〕1 号）对食用农产品做了详细的注解，食用农产品包括可供食用的各种植物、畜牧、渔业产品及其初级加工产品。同样，农产品、食用农产品概念的专业性很强，也并不是本《报告》的研究重点。如无特别说明，本《报告》对农产品、食用农产品的理解主要依据《农产品质量安全法》与商务部、财政部、国家税务总局的相关界定。

3. 农产品与食品间的关系

农产品与食品间的关系似乎非常简单，实际上并非如此。在有些国家农产品包括食品，而有些国家则是食品包括农产品，如《乌拉圭回合农产品协议》对农产品范围的界定就包括了食品，《加拿大农产品法》中的“农产品”也包括了“食品”。在一些国家虽将农产品包含在食品之中，但同时强调了食品“加工和制作”这一过程。但不管如何定义与分类，在法律意义上，农产品与食品两者间的法律关系是清楚的。一般而言，在同一个国家内部农产品和食品不会产生法律关系上的混淆。在我国也是如此，《食品安全法》与《农产品质量安全法》分别对食品、农产品作出了明确的界定，法律关系清晰。

农产品和食品既有必然联系，也有一定的区别。农产品是源于农业的初级产品，包括直接食用农产品、食品原料和非食用农产品等，而大部分农产品需要再加工后变成食品。因此，食品是农产品这一农业初级产品的延伸与发展。这就是农产品与食品的天然联系。两者的联系还体现在质量安全上。农产品质量安全问题主要产生于农业生产过程中，比如，农药、化肥的使用往往降低农产品质量安全水平。食品的质量安全水平首先取决于农产品的安全状况。进一步分析，农产品是直接来源于农业生产活动的产品，属于第一产业的范畴；食品尤其是加工食品主要是经过工业化的加工过程所产生的食物产品，属于第二产业的范畴。加工食品是以农产品为原料，通过工业化的加工过程形成，具有典型的工业品特征，生产周期短，批量生产，包装精致，保质期得到延长，运输、贮藏、销售过程中损耗浪费少等。这就是农产品与食品的主要区别。图 0-2 简单地反映了食品与农产品之间的相互关系。

目前政界、学界在讨论食品安全的一般问题时并没有将农产品、食用农产品、食品作出非常严格的区分，而是相互交叉，往往有将农产品、食用农产品包含于食品之中的含义。在本《报告》中除第一章、第二章分别研究食用农产品安全、生产与加工环节的食品质量安全以及特别说明外，对食用农产品、食品也不作非常严格的区别。

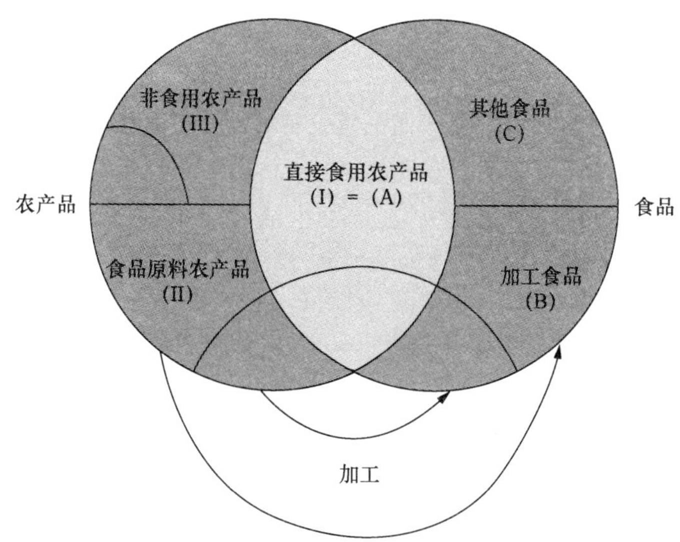

图 0-2　食品与农产品间关系示意图

（二）食品安全的内涵

食品安全问题贯穿于人类社会发展的全过程，是一个国家经济发展、社会稳定的物质基础和必要保证。因此，包括发达国家在内的世界各国政府大都将食品安全问题提升到国家安全的战略高度，给予高度的关注与重视。

1. 食品量的安全与食品质的安全

食品安全内涵包括“食品量的安全”和“食品质的安全”两个方面。“食品量的安全”强调的是食品数量安全，亦称食品安全保障，从数量上反映居民食品消费需求的能力。食品数量安全问题在任何时候都是各国特别是发展中国家首先需要解决的问题。目前，除非洲等地区的少数国家外，世界各国的食品数量安全问题从总体上基本得以解决，食品供给已不再是主要矛盾。“食品质的安全”关注的是食品质量安全。食品质的安全状态就是一个国家或地区的食品中各种危害物对消费者健康的影响程度，以确保食品卫生、营养结构合理为基本特征。因此，“食品质的安全”强调的是确保食品消费对人类健康没有直接或潜在的不良影响。

“食品量的安全”和“食品质的安全”是食品安全概念内涵中两个相互联系的基本方面。在我国，现在对食品安全内涵的理解中，更关注“食品质的安全”，而相对弱化“食品量的安全”。

2. 食品安全内涵的理解

在我国对食品安全概念的理解上，大体形成了如下的共识。

（1）食品安全具有动态性。《食品安全法》）在第十章《附则》第 99 条的界定是:“食品安全,指食品无毒、无害,符合应当有的营养要求,对人体健康不造成任何急性、亚急性或者慢性危害。”纵观我国食品安全管理的历史轨迹,可以发现,上述界定中的无毒、无害,营养要求,急性、亚急性或者慢性危害在不同的年代衡量标准不尽一致;不同标准对应着不同的食品安全水平。因此,食品安全首先是一个动态概念。

(2) 食品安全具有法律标准。进入 20 世纪 80 年代以来,一些国家以及有关国际组织从社会系统工程建设的角度出发,逐步以食品安全的综合立法替代卫生、质量、营养等要素立法。1990 年英国颁布了《食品安全法》,2000 年欧盟发表了具有指导意义的《食品安全白皮书》,2003 年日本制定了《食品安全基本法》。部分发展中国家也制定了《食品安全法》。以综合型的《食品安全法》逐步替代要素型的《食品卫生法》《食品质量法》《食品营养法》等,反映了时代发展的要求。同时,也说明了在一个国家范畴内食品安全有其法律标准的内在要求。

(3) 食品安全具有社会治理的特征。与卫生学、营养学、质量学等学科概念不同,食品安全是个社会治理概念。不同国家在不同的历史时期,食品安全所面临的突出问题和治理要求有所不同。在发达国家,食品安全所关注的主要是因科学技术发展所引发的问题,如转基因食品对人类健康的影响;而在发展中国家,现阶段食品安全所侧重的则是市场经济发育不成熟所引发的问题,如假冒伪劣、有毒有害食品等非法生产经营。在我国,食品安全问题则基本包括上述全部内容。

(4) 食品安全具有政治性。无论是发达国家,还是发展中国家,确保食品安全是企业和政府对社会最基本的责任和必须做出的承诺。食品安全与生存权紧密相连,具有唯一性和强制性,属于政府保障或者政府强制的范畴。而食品安全等往往与发展权有关,具有层次性和选择性,属于商业选择或者政府倡导的范畴。近年来,国际社会逐步以食品安全的概念替代食品卫生、食品质量的概念,更加突显了食品安全的政治责任。

基于以上认识,完整意义上的食品安全的概念可以表述为:食品(食物或农产品)的种植、养殖、加工、包装、贮藏、运输、销售、消费等活动符合国家强制标准和要求,不存在可能损害或威胁人体健康的有毒有害物质以导致消费者病亡或者危及消费者及其后代的隐患。食品安全概念表明,食品安全既包括生产安全,也包括经营安全;既包括结果安全,也包括过程安全;既包括现实安全,也包括未来安全。本《报告》的研究主要依据《食品安全法》)对食品安全所作出的原则界定,且关注与研究的主题是“食品质的安全”。在此基础上,基于现有的国家标准,分析研究我国食品质量安全的总体水平等。需要指出的是,为简单起见,如无特别的说明,在本《报告》中,食品质的安全、食品质量安全与食品安全三者的含义完全一致。

（三）食品安全与食品卫生

与食品安全相关的主要概念有食品卫生、粮食安全。对此，本《报告》作出如下的说明。

1. 食品安全与食品卫生

我国的国家标准 GB/T15091-1994《食品工业基本术语》将“食品卫生”定义为“为防止食品在生产、收获、加工、运输、贮藏、销售等各个环节被有害物质污染，使食品有益于人体健康所采取的各项措施”。食品卫生具有食品安全的基本特征，包括结果安全（无毒无害，符合应有的营养等）和过程安全，即保障结果安全的条件、环境等安全。食品安全和食品卫生的区别在于：一是范围不同。食品安全包括食品（食物）的种植、养殖、加工、包装、贮藏、运输、销售、消费等环节的安全，而食品卫生通常并不包含种植养殖环节的安全。二是侧重点不同。食品安全是结果安全和过程安全的完整统一，食品卫生虽然也包含上述两项内容，但更侧重于过程安全。

2. 食品安全与粮食安全

粮食安全是指保证任何人在任何时候都能得到为了生存与健康所需要的足够食品。食品安全是指品质要求上的安全，而粮食安全则是数量供给或者供需保障上的安全。食品安全与粮食安全的主要区别是：一是粮食与食品的内涵不同。粮食是指稻谷、小麦、玉米、高粱、谷子及其他杂粮，还包括薯类和豆类，而食品的内涵要比粮食更为广泛。二是粮食与食品的产业范围不同。粮食的生产主要是种植业，而食品的生产包括种植业、养殖业、林业等。三是评价指标不同。粮食安全主要是供需平衡，评价指标主要有产量水平、库存水平、贫苦人口温饱水平等，而食品安全主要是无毒无害、健康营养，评价指标主要是理化指标、生物指标、营养指标等。

3. 食品安全与食品卫生间的相互关系

食品安全与食品卫生既不是相互平行，也不是相互交叉的关系。食品安全包括食品卫生。以食品安全的概念涵盖食品卫生的概念，并不是否定或者取消食品卫生的概念，而是在更加科学的体系下，以更加宏观的视角来看待食品卫生。例如，以食品安全来统筹食品标准，就可以避免目前食品卫生标准、食品质量标准、食品营养标准之间的交叉与重复。

（四）食品安全风险

风险（risk）为风险事件发生的概率与事件发生后果的乘积。[①] 联合国化学品

① L. B. Gratt, “Uncertainty in Risk Assessment, Risk Management and Decision Making”, New York, Plenum Press, 1987.

安全项目中将风险定义为暴露某种特定因子后在特定条件下对组织、系统或人群(或亚人群)产生有害作用的概率。[①] 由于风险特性不同,没有一个完全适合所有风险问题的风险定义,应依据研究对象和性质的不同而采用具有针对性的定义。对于食品安全风险,联合国粮农组织(Food and Agriculture Organization,FAO)与世界卫生组织(World Health Organization,WHO)于 1995—1999 年先后召开了三次国际专家咨询会。[②] 国际法典委员会(Codex Alimentarius Commission,CAC)认为,食品安全风险是指将对人体健康或环境产生不良效果的可能性和严重性,这种不良效果是由食品中的一种危害所引起的。[③] 食品安全风险主要是指潜在损坏或危及食品安全和质量的因子或因素,这些因素包括生物性、化学性和物理性。[④] 生物性危害主要指细菌、病毒、真菌等能产生毒素微生物组织,化学性危害主要指农药、兽药残留、生长促进剂和污染物,违规或违法添加的添加剂;物理性危害主要指金属、碎屑等各种各样的外来杂质。相对于生物性和化学性危害,物理性危害相对影响较小。[⑤] 由于技术、经济发展水平差距,不同国家面临的食品安全风险不同。因此需要建立新的识别食品安全风险的方法,集中资源解决关键风险,以防止潜在风险演变为实际风险并导致食品安全事件。[⑥] 而对食品风险评估,FAO 作出了内涵性界定,主要指对食品、食品添加剂中生物性、化学性和物理性危害对人体健康可能造成的不良影响所进行的科学评估,包括危害识别、危害特征描述、暴露评估、风险特征描述等。目前,FAO 对食品风险评估的界定已为世界各国所普遍接受。在本《报告》的分析研究中将食品安全风险界定为对人体健康或环境产生不良效果的可能性和严重性。

本《报告》的研究与分析还涉及诸如食品添加剂、化学农药、农药残留等其他一些重要的概念与术语,由于篇幅的限制,在此不再一一列出,可参见《报告》各章节的相关内容。

---

① 石阶平:《食品安全风险评估》,中国农业大学出版社 2010 年版。

② FAO food and nutrition paper, "Risk Management and Food Safety", Rome, 1997.

③ FAO/WHO, "Codex Procedures Manual", 10th edition, 1997.

④ Anonymous, "A Simple Guide to Understanding and Applying the Hazard Analysis Critical Control Point Concept", 2nd edition, International Life Sciences Institute (ILSI) Europe, Brussels, 1997, p. 13.

⑤ N. I. Valeeva, M. P. M. Meuwissen, R. B. M. Huirne, "Economics of Food Safety in Chains: A Review of General Principles", *Wageningen Journal of Life Sciences*, Vol. 51, No. 4, 2004, pp. 369-390.

⑥ G. A. Kleter, H. J. P. Marvin, "Indicators of Emerging Hazards and Risks to Food Safety", *Food and Chemical Toxicology*, Vol. 47, No. 5, 2009, pp. 1022-1039.

三、研究时段与研究方法

（一）研究时段

本《报告》主要侧重于反映2013年度我国食品安全状况与体系建设的新进展。与《中国食品安全发展报告2012》《中国食品安全发展报告2013》相类似，考虑到食品安全具有动态演化的特征，为了较为系统、全面、深入地描述近年来我国食品安全状况变化发展的轨迹，本书在上编"食品安全：2013年的基本状况"的研究中，以2006年为起点，从食用农产品生产、食品加工制造、食品流通与消费、进口食品安全性等四个不同的维度，描述了2006—2013年的七年间我国食品质量安全的发展变化状况并进行了比较分析，且基于监测数据计算了2006—2013年间我国食品安全风险所处的区间范围。需要说明的是，由于受数据收集的局限，在具体章节的研究中有关时间跨度或时间起点稍有不同。

在本书中编"食品安全：2013年支撑体系的新进展"的研究中，主要聚焦2013年食品安全保障体系的相关建设与进展情况。而下编"年度关注：食品安全、农业生产转型与有机食品市场发展"，则重点从生产者和消费者角度，研究了我国有机食品市场发展等状况，以期为推进农业生产转型，改善我国食品质量安全提供政策参考，所涉及的时间跨度也主要以近几年为主。

（二）研究方法

本书采用了多学科组合的研究方法，主要是以下四种方法。

1. 文献归纳

运用文献展开研究是本书的最基本的方法。在整个研究过程中，研究团队参考了大量的国内外文献，尤其在第九章、第十二章至第十九章中，均采用文献研究的方法，努力确保本书的研究站在国内外前沿的研究基础之上。尤其是第九章，参考与归纳了大量的研究文献，努力反映近年来我国食品科学与技术的新进展。再比如，第十九章，主要通过采用文献计量学方法，对SCI数据库收录的国内外食品安全研究文献进行定量分析与比较，力求把握食品安全领域的国际研究发展趋势。

2. 比较分析

考虑到食品安全具有动态演化的特征，本书采用比较分析的方法考察了我国食品安全在不同发展阶段的发展态势。比如，在第一章中基于例行监测和专项数据对2006—2013年间我国蔬菜与水果、畜产品、水产品、茶叶与食用菌等最常用的食用农产品质量安全水平进行了比较；在第二章中基于国家食品质量抽查合格率的相关数据，对近几年来我国生产加工与制造环节的液体乳、小麦粉产品、食用植物油、瓶（桶）饮用水和葡萄酒等典型的食品质量安全水平进行了分析；在第十二章中则就我国的有机农业发展状况展开国际比较，全景式地描述、比较了我国有机食品行业发展的总体概况、市场特征与国际差距等。

3. 调查研究

本书在第三章、第六章、第十一章、第十三章至第十八章等均通过调查的方法来展开相应的研究。尤其是第六章延续了《中国食品安全发展报告2012》的调查，在2014年1—3月间重点调查了10个省(区)的58个城市(包括县级城市)与这些城市所辖的165个农村行政村的4258个城乡居民(其中农村与城市受访者分别有2119个与2139个)，并与2012年的调查数据进行比较，分析近年来我国城乡居民对食品安全满意度的变化。采用调查方法展开研究的章节约占本书全部章节的50%，这些调查保证了本书具有鲜明的研究特色，更能够反映社会的关切与民意。

4. 模型计量

考虑到本书直接面向不同的读者，面向普通的城乡居民，为兼顾可读性，在研究过程中尽可能地避开使用计量模型等研究方法。但为保证研究的科学性、准确性与严谨性，在一些章节中仍然采用了必不可少的模型分析法。比如，采用多变量Probit模型研究消费者对有机食品的多层面认知行为，运用二元Logit、多项Logit以及随机参数Logit等离散选择模型，研究消费者对有机食品的偏好及其主要影响因素；采用多重选择的综合评价指数(Index on Integrative Evaluating for Purchase or No-purchase Reason，IIE)方法，研究了在农业生产转型过程中农户有机生产困难与政策需求，并进而运用结构方程模型、有序Logit模型研究了农户有机生产的采纳时机与生产意愿。

(三) 数据来源

为了全景式、大范围地、尽可能详细地刻画近年来我国食品质量安全的基本状况，本书运用了大量的不同年份的数据，除调查分析来源于实际调查外，诸多数据来源于国家层面上的统计数据，或直接由国家层面上的食品安全监管部门提供。但有些数据来源于政府网站上公开的报告或出版物，有些数据则引用于已有的研究文献，也有极少数的数据则来源于普通网站，属于事实上的二手资料。在实际研究过程中，虽然可以保证关键数据和主要研究结论的可靠性，但难以保证全部数据的权威性与精确性，研究结论的严谨性不可避免地依赖于所引用的数据可信性，尤其是一些二手资料数据的真实性。为更加清晰地反映这一问题，便于读者做出客观判断，本书对所引用的所有数据均尽可能给出了来源。

(四) 研究局限

与《中国食品安全发展报告2012》《中国食品安全发展报告2013》相类似，本《报告》的研究也难以避免地存在一些问题。对此，研究团队有足够的认识。就本

《报告》而言，研究的局限性突出地表现在：一是在社会关切的一些重点与热点问题上研究尚不深刻。比如，如何构建政府、社会、企业生产经营等共同参与的食品安全风险社会共治的格局，形成具有中国特色的食品安全风险国家治理体系，使之成为国家治理体系的一个重要组成部分，这是全社会普遍关注的一个重大的现实与理论问题。但由于食品安全本身问题的极端复杂性、国内在此领域实践中探索的有限性与理论研究上的局限性，本《报告》认为，在理论与实践相结合的层次上构建食品安全风险社会共治格局的时机尚不成熟，因此暂时没有对此问题展开具体的理论研究，也没有总结实践的案例；再比如，我国食品安全标准到底有什么不足，以及如何与国际接轨的问题，这实在是一个大课题。对此问题，在《中国食品安全发展报告2012》《中国食品安全发展报告2013》中分别用一个章节阐述了近年来尤其是2012年的新进展，而今年由于数据的缺失在本《报告》并没有涉及这个问题。在遗憾的同时，研究团队更显得无奈，再次呼吁相关政府部门应该完整地公开"应该公开"的食品安全信息。二是有些问题凝练不够，限于人员的不足与调查经费难以报销，基于实际的调查还是深入不够。比如，2013年3月我国对食品安全监管体制实施了重大改革，改革后新运行的体制能不能消除或在多大程度上消除原来"分段监管"的弊病，本《报告》并没有展开全面深入的分析，更缺失来自实际的基层体制改革的案例。同时，与过去的情形相类似，对作为既监管农产品质量，又管理农产品数量的农业部应该如何有效消除农产品质量安全隐患等等，在本《报告》中仍未进行深入的研究。三是前已所述的数据来源的可靠性。尽可能收集全面、可靠的数据是研究团队在研究过程中着力解决的主要问题，也是未来《报告》面临的最大困难与挑战。在前两个年度报告中也反复提及这个事关《报告》生命力的问题。但是由于客观条件的限制至少在今年的《报告》中仍然未能有效地解决这个问题。为了方便读者全面考察食品安全状况的变化轨迹，本《报告》的相关章节中对所有数据均给出了不同的来源，方便相关专业人员的跟踪研究。

当然，本《报告》的缺失还表现在其他方面。这些问题的产生客观上与研究团队的水平有关，也与食品安全这个研究对象的极端复杂性密切相关。在未来的研究过程中，研究团队将努力克服上述问题，以期未来的《报告》更精彩，更能够回答社会关切的热点与重点问题。

（五）努力方向

作为世界上最大的发展中国家，由于正处于社会转型的关键时期，中国的食品安全风险尤为严峻。这为本领域研究并构建具有中国特色的食品安全风险社会共治的理论框架，提供鲜活的实践基础。基于"为人民做学问"已经成为本《报告》研究团队的共识，我们正在思考：应该基于分散化、小规模的食品生产经营方式与风险治理内在要求间的矛盾，以及人民群众日益增长的食品安全需求与食品安全风险日益显现间的矛盾，从我国由社会管理向社会治理转型的基本背景出发，把握“国际经验”与“本土特质”的基本维度，立足中央“自上而下”的推进、基层“自下而上”的推动、各个地方与部门连接上下的促进的基本实践，深入开展“中国食品安全风险国家治理体系研究报告”的理论思考，并由此作为未来继续深入推进“中国食品安全发展报告”研究的关键理论支撑，力求提出中国特色的食品安全风险社会共治体系的理论框架，丰富与发展国家治理体系的理论与方法。这是中国防范食品安全风险现实发展的大局对学术理论研究提出的新要求。

四、研究的主要内容

依据上述确定的研究主线与视角，根据教育部关于哲学社会科学研究发展报告结构、体例相对基本固定，以实现重大问题动态跟踪研究的原则性要求，从《中国食品安全发展报告 2012》起，每个年度的报告在结构安排、主要章节上力求相对固定，由上、中、下三编构成，每编约各占三分之一的篇幅。上编从食用农产品源头生产、加工与制造、流通与消费、进出口等多个层面反映本年度的食品安全状况；中编主要侧重反映本年度在食品安全监管体制、法制建设、食品科学与技术、食品安全信息公开、食品安全风险监测评估与预警等支撑体系建设方面的新进展；下编则是年度关注，反映当年度社会普遍关注的食品安全方面的热点问题。

《中国食品安全发展报告 2014》共十九章。其中，上编“食品安全:2013 年的基本状况”，主要反映 2013 年我国食用农产品，食品生产与制造加工环节、食品流通与消费环节、进口食品等安全状况，以及城乡居民对食品安全状况的评价，共 6 章；中编“食品安全:2013 年支撑体系的新进展”，主要反映 2013 年新一轮食品安全监管体制的改革进展、食品安全法律体系的完善、食品安全信息公开体系的建设、食品科学与技术的进步、国家食品安全风险监测评估与预警体系的发展等方面状况，共 5 章；下编“年度关注:食品安全、农业生产转型与有机食品市场发展”。选择这个主题作为下编，主要是贯彻 2013 年年底召开的中央农村工作会议提出的有关农产品安全生产与监管的主要精神。该会议指出，食品安全源头在农产品，基础在农业，必须正本清源，首先把农产品质量抓好。要把农产品质量安全作为转变农业发展方式、加快现代农业建设的关键环节，用最严谨的标准、最严格的监管、最严厉的处罚、最严肃的问责，确保广大人民群众“舌尖上的安全”。基于中共中央农村工作会议的上述精神，考虑到促进农业生产转型，加快有机农业等生态农业发展，努力为市场供应有机农产品等更为安全的食品已成为全社会关注的热点，故本年度的《报告》下编专门安排“年度关注:食品安全、农业生产转型与有机食品市场发展”这个专题，试图探讨如何从源头上防范与治理食品安全风险。

同时,将基于国际文献而展开的食品安全研究述评的相关内容作为单独的一章纳入下编,共 8 章内容。

(一) 上编 食品安全:2013 年的基本状况

上编共有六章,主要内容是:

第一章 主要食用农产品的市场供应与质量安全 粮食、蔬菜与水果、畜产品和水产品等是城乡居民消费的最基本农产品,其数量与质量安全不仅关乎国计民生,还直接关系到社会和谐与稳定。本章在对主要食用农产品生产与市场供应进行简要分析的基础上,借助国家层面上的例行监测数据和专项调查数据,考察主要食用农产品的质量安全水平,总结食用农产品质量安全监管体系建设发展状况,分析食用农产品质量安全存在的主要问题,思考农产品质量安全监管改进方向,以期为我国食用农产品的市场供应与质量安全保障提供决策咨询依据。

第二章 食品生产与质量安全:制造与加工环节 食品制造与加工业承担着为我国 13 亿人民提供安全放心、营养健康食品的重任,同时在食品产业链中具有极其重要的地位,是国民经济的重要支柱产业。本章重点考察 2005—2013 年间我国食品生产的基本情况,并以分析国家食品质量抽查合格率为切入点,研究加工和制造环节食品的质量安全水平,并由此分析了影响加工制造环节食品质量安全水平的主要因素。

第三章 流通环节的食品质量安全监管与消费环境评价 食品流通环节是食品进入千家万户的最后环节,是与消费者联系最紧密的一个环节。本章在分析流通环节食品安全监管与专项执法检查、流通环节食品安全事件的应对处置的基础上,以天津市为案例,研究了流通环节安全监管执法中存在的主要问题。与此同时,基于消费者调查的视角,研究了食品安全消费环境、餐饮环节安全消费行为与评价。研究的基本结论显示, 2013 年我国流通环节的食品安全状况总体良好,基本保障了食品市场的消费安全。

第四章 进口食品的质量安全 本章在简单研究 20 世纪 90 年代以来,我国食品进口贸易数量变化的基础上,重点考察了 2009—2013 年间具有安全风险的进口食品的检出批次与主要来源地,结合具体的案例,考察了进口食品不合格的主要原因,并就现阶段确保进口食品安全需要解决的四个重要问题展开了分析,提出强化进口食品安全性的建议。

第五章 食品安全风险区间的评判与风险特征的再研究 本章主要从国家宏观层面,从管理学的角度,运用计量模型的方法,并结合数据的科学性与可得性,评估 2006—2013 年间我国食品安全风险,分析食品安全风险的现实状态,全景式地描述我国食品质量安全水平的真实变化、主要特征与发展趋势,并从引发风险的主要因素、风险类型与危害、基本矛盾等维度,进一步揭示了我国食品安全风险的基本特征。与此同时,以病生猪养殖户死猪不当处理行为为案例,对食品安全风险人源性因素的再考察,进一步阐释了在现阶段食用农产品生产过程中由于人的因素而可能导致的食用农产品安全风险更为广泛,并由此探讨了构建我国食品安全风险社会共治体系的逻辑起点。

第六章　城乡居民食品安全满意度研究:基于 10 个省区的调查　为了动态地考察近年来我国城乡居民对食品安全满意度的变化,本《报告》延续了《中国食品安全发展报告 2012》的调查,重点调查了 10 个省(区)的 58 个城市(包括县级城市)与这些城市所辖的 165 个农村行政村的 4258 个城乡居民。本章主要介绍 2014 年的调查状况,并与 2012 年的调查进行简单比较,分析近年来我国城乡居民对食品安全满意度的变化。

(二)中编　食品安全:2013 年支撑体系的新进展

中编共有六章,主要内容是:

第七章　食品安全法律制度建设的研究报告　主要考察了 2013 年度《食品安全法》与具体食品安全法律法规制度的修改、完善与新的立法等建设工作,分析了严厉打击食品安全违法犯罪行为,维护消费市场秩序与保护消费者合法权益等方面的状况,并分析了净化网络环境方面的法制建设的有益探索。

第八章　新一轮食品安全监管体制的改革进展　2013 年 3 月,第十二届全国人民代表大会第一次会议通过的《国务院机构改革和职能转变方案》,作出了改革我国食品安全监管体制,组建国家食品药品监督管理总局的重大决定。本章主要研究 2013 年 3 月—2014 年 6 月 30 日期间,我国食品安全监管体制的改革情况,重点研究了地方食品安全监管体制改革进展,反映了地方食品药品监督管理体制改革基本内容,描述了地方食品安全监管体制实际改革进度与预设目标之间的差距。

第九章　2012—2013 年间我国食品科学与技术的新进展　食品科学技术进步是食品工业跨越发展的直接推动力。我国食品科学和技术学科发展涵盖了食品产业全过程,包括食品原料、食品营养、食品加工、食品装备、食品流通与服务、食品质量安全控制等环节。食品科技进步为食品产业发展输送创新人才、发现创新知识、开发创新技术、转化创新成果,有力地支撑和引导了食品产业向可持续的方向发展。目前,我国食品科学与技术学科的建设又取得了长足发展。本章主要对 2012—2013 年间我国食品科学技术取得的进展作一个轮廓性的介绍。

第十章　食品安全政府信息公开的研究报告　本章是《中国食品安全发展报告》研究团队对食品安全政府公开信息的持续性的研究成果,重点研究 2013 年 7 月 1 日至 2014 年 5 月 30 日期间新组建的国家食药总局食品安全信息公开状况,食品安全政府信息公开的新进展与总体状况,并基于信息共享机制研究提出了未来一个时期食品安全政府信息公开应关注的若干关键环节。本章节的研究力争保证与《中国食品安全发展报告2012》和《中国食品安全发展报告2013》在风格上的一致性,内容上的可比性,时间上的连续性。

第十一章 食品安全风险监测评估与预警体系建设的新进展 本章从监测机构、监测覆盖面、监测内容与国家风险监测计划等方面,分析了食品安全风险监测体系的新进展;从风险评估实验室建设、以风险评估项目为基础的风险评估工作两个维度上,报告了食品安全风险评估体系的新进展;考察了基于新体制下而形成的从初级农产品到食品的风险预警管理体制,并基于案例初步分析了我国食品安全风险交流的新进展与面临的主要问题。

(三)下编 年度关注:食品安全、农业生产转型与有机食品市场发展

下编共有八章,主要内容是:

第十二章 有机食品市场发展的总体考察 本章是下篇研究的逻辑起点,在主要介绍有机食品发展背景与主要功能的基础上,基于国际化的视野,对我国有机食品生产与市场需求进行宏观考察,全景式地描述国内外有机食品行业发展总体概况,并对下编七章的研究对象、研究框架与主要方法作出阐述。

第十三章 农户对有机农业的认知、态度与生产行为的总体描述 基于农户是我国农业生产以及有机食品生产基本单位的实际,本章以蔬菜生产为例,通过在山东省寿光市选取的1906个农户样本数据,研究农户对有机农业的认知、态度以及成本收益与生产意愿,并以此为基础,分析农户转向有机蔬菜生产面临的主要困难与相应政策需求。

第十四章 基于规模变动的农户有机生产意愿与影响因素 我国有机农业生产已具较大的产业规模,关注已从事有机农业生产者的预期行为,对预测与指导我国有机农业发展可能更具应用价值。因此,本章以蔬菜为例,运用有序Logit模型研究有机农户基于规模变动的生产意愿,以期为制定我国有机农业产业政策提供参考。

第十五章 农户有机生产方式采纳时机分析:基于结构方程模型的实证 本章以山东省青岛市与寿光市的有机蔬菜生产农户为案例,运用结构方程模型探究影响农户有机农业生产方式采纳时机的关键因素,以此作为提出更具针对性与可操作性的有机蔬菜产业发展建议的科学依据。

第十六章 消费者有机食品的认知行为研究 认知与信息的获取是消费者偏好的起点,也是市场需求的基础性问题。本章首先基于在全国10个省(区)的4258个消费者样本的调研数据,在对消费者食品有机食品认知行为进行描述性统计分析,进而重点以山东省的693个消费者样本的专题调研数据,构建多变量Probit(Multivariate Probit, MVP)模型研究消费者对有机标识不同层次认知行为的影响因素。

第十七章 消费者对有机食品的支付意愿研究:以番茄为例 作为一个新兴市场,能否得到健康、持续的发展,归根到底取决于能否得到消费者的认可,消费者偏好是关系有机食品市场发展的基础性问题。本章拟番茄为例,通过选择实验获取调研数据,借助随机参数 Logit 模型研究消费者对有机食品的支付意愿,并基于我国食品安全认证体系的实际状况,系统研究消费者对绿色食品、无公害食品、中国有机认证食品与欧盟有机认证食品的支付意愿,旨在为我国有机食品市场发展乃至安全认证制度改革提供实证支持。

第十八章 消费者对有机食品的购买决策与影响因素研究 消费者的购买决策与消费行为是市场发展的关键。国内外学者关于消费者对有机食品购买决策的研究,主要围绕消费者"是否购买"或者"是否愿意购买"的二元选择展开,可能难以揭示说明消费者在有机食品上实际支出了多少。不同于以往研究,本章主要分别运用二元 Logit 模型和有序 Logit 模型研究消费者购买体验(二元选择)和购买强度(多元选择)两个密切相关层次的购买决策及相应影响因素。最后,本章单独安排一节内容对下编的主要研究结论与政策含义进行了归纳。

第十九章 基于 SCI 的国际食品安全研究论文的文献计量分析 本章的研究主要通过采用文献计量学方法,对 SCI 数据库收录的国内外食品安全研究文献进行定量分析,了解该领域的核心作者、重要期刊来源、指导性文献、研究热点和基金资助等情况,把握食品安全领域的国际研究发展趋势。与此同时,进一步利用社会网络分析法,借助 UCINET 软件和 NetDraw 软件分析高频关键词共现关系,探讨 2004—2013 年间国际食品安全领域的研究主题与热点问题,为发展我国的食品科学与技术体系,并为广大的科研工作者把握该领域的研究热点与难点提供参考,服务于我国食品安全的技术创新研究与产业化进程。

五、研究的主要结论

为了使读者对本《报告》的研究结论尤其是 2013 年我国食品安全总体状况有一个轮廓性了解,以下重点介绍本《报告》最主要的二十二个研究性结论。

(一)普通食用农产品市场供应充足但粮食数量安全面临新问题

2013 年我国粮食产量再创历史新高,粮食生产实现"十连增",实现了半个世纪以来粮食生产的新跨越。同时普通食用农产品产量保持不同程度的增长,市场供应较为充足。但是近年来中国粮食进口量和进口总额则不断攀升,已由 21 世纪初的世界主要粮食出口国变为现阶段世界主要粮食进口国。与此同时,水果、蔬菜等农产品进口量不断扩大,肉类对外贸易逆差不断上升,2013 年中国肉类进口总量 256 万吨,已经成为世界肉类产品的主要进口国,并且还有继续增加的趋势。随着我国人口的持续增加,对粮食的刚性需求的不断增长,在有限的耕地资源和淡水资源基础上,如何保证粮食安全,确保十三多亿人的吃饭问题是全社会始终绕不开的头等大事,以粮食为主的重要食用农产品的数量安全应该引起高度重视。

(二)食用农产品安全的总体水平保持稳定

2013 年农业部在全国 153 个大中城市对蔬菜、畜禽产品、水产品、果品、茶叶等 5 大类产品开展了 4 次质量安全例行监测。与此同时,于 2013 年 10 月至 12 月,对全国 26 个省(自治区、直辖市)的 571 个生产养殖基地、储藏保鲜库、生鲜乳收购站和运输车展开了一次专项监督抽查。监测和抽查结果表明,2013 年我国主要食用农产品质量安全水平总体上呈现稳步趋好的态势,较好地保障了城乡居民主要食用农产品的质量安全。但由于农业生产环境面临的问题将长期存在,农(兽)药残留、生物性污染、重金属污染等问题将持续影响食用农产品的安全水平,而且基于现实的基本国情,这些问题在短时期内难以得到根本性解决。

(三)食用农产品质量安全的监测评估体系进一步完善

2013 年新增建地区及县级检测机构 388 个,检测人员达到 2.7 万人,目前全国共有 2273 个部、省、地(市)、县级等不同层次组成的农产品质量安全检测机构,并且农产品质量安全监测范围、品种和参数大幅度增加。2013 年我国农产品质量安全的监测产品种类已达 5 大类 103 种,监测参数达 87 项,监测城市达 153 个,而且监测标准日趋严格。与此同时,农产品质量安全风险评估系统建设不断推进,2013 年我国农产品质量安全风险评估实验室数量由近两年的 65 个增长到了 88 个,风险评估实验站数量实现了零的突破, 2013 年达到 145 个。

(四)食品工业已成为国民经济的支柱产业

2013 年全国食品工业实现主营业务收入首次突破 10 万亿,达到 101140 亿元,同比增长 13.87%;食品工业总产值占国内生产总值的比例由 2005 年的 10.99% 上升到 2013 年的 17.78%;2013 年全国食品工业完成工业增加值占整个工业增加值的比重达到 11.6%,比 2012 年提高 0.4 个百分点,对全国工业增长贡献率 10.5%。数据表明,食品工业已是我国国民经济名副其实的支柱产业,食品工业的快速发展不仅有力推动工业经济的发展,而且有效带动农业、食品包装、机械制造业、服务业等关联产业的发展。

(五)加工制造环节的食品质量水平稳定趋好

食品工业快速发展,大米、小麦、食用油、肉类、啤酒、味精等食品产量在全球名列前茅,在总体上基本满足了人们对食品多样化、营养化等多方面需求的同时,加工制造环节的食品质量水平稳定趋好。2005—2013 年间我国食品质量国家质量抽查合格率,始终保持在一个较高的水平上,国家质量抽查合格率的总体水平由2005年的80.1%上升到2013年的96.13%,八年间提高了16.03%。特别是近三年来,国家质量抽查合格率一直稳定保持在95%以上。相对于2012年,2013年国家质量抽查合格率又上升了0.73个百分点。但是食品质量国家抽查合格率受抽查的范围、力度与标准等一系列因素的影响,这一指标也难以全面地反映一个国家食品安全风险的状况,而且多年来影响我国食品加工质量的最基本问题并没有得到根本性改观,并且将长期影响我国加工制造环节的食品质量水平。

(六)流通环节的食品安全水平基本稳定但基础仍然较为脆弱

2013年我国流通环节的食品安全状况总体良好,基本保障了食品市场的消费安全。但是在一个较高的水平上稳定,并提升流通环节的食品质量安全的基础仍然较为脆弱,个体经营者是食品流通环节的主体,食品经营者履行义务难以到位,并且由于基层监管执法能力建设尚未到位,食品安全长效机制有待完善。

(七)食品安全消费环境与消费行为均有待于改善、提升

尽管2007—2013年间全国消协组织受理的食品消费投诉量,总体上持续上扬,但绝大多数是城市消费者的食品消费投诉,农村消费者维权意识并未显著提高。同时调查显示,在消费者维权的过程中,投诉与举报渠道的畅通性有待进一步加强。更为重要的是,我国消费者食品安全消费的知识与能力不足,强化科普教育,提升食品安全消费的科学素养显得尤为迫切。

(八)进口食品安全风险日趋加大

我国进口食品贸易继续大幅上扬,在满足国内多样化消费需求,平衡食品需求结构,优化食品产业结构等方面发挥了重要的作用。但是进入新世纪以来,尤其近年来我国进口食品不合格数量呈持续增加的态势。进口食品不合格的主要原因是,微生物污染、食品添加剂不合格、标签不合格、品质不合格、超过保质期、证书不合格、重金属超标、货证不符、检出异物、包装不合格、检出有毒有害物质、感官检验不合格、未获准入许可、非法贸易、携带有害生物、农兽药残留超标、含有违规转基因成分、来自疫区等。确保进口食品的安全性,将成为保障我国国内食品安全的新课题。

(九)食品安全风险处于相对安全的区间内

研究团队依据国家相关部门的统计数据,基于宏观层面的食品安全风险评估,运用突变模型,对2006—2013年间的食品安全风险评估与未来走势判断进行了计量的研究。我们认为,自2006年以来,我国食品安全风险总值呈持续下降的态势,2013年虽然比2012年风险值略有增加,但继续稳定在相对安全区间内。当然,安全是相对的,世界上没有绝对安全的食品,我国总体上食品安全风险处于相对安全区间,但仍然存在着潜在的风险,难以排除未来在食品的个别行业、局部区域出现反弹,甚至是较大程度的波动,但食品安全风险"总体稳定,逐步向好"的这一基本走势恐怕难以改变。上述这一观点对科学认识与宏观把握我国的食品安全风险具有重要的参考价值。

(十)在未来一个时期内人源性将始终是我国食品安全的主要风险

食品安全问题是一个世界性的问题,食品安全事件不仅在中国发生,在国外也发生;不仅在发展中国家发生,也在发达国家发生,食品安全在任何国家都不可能实现零风险,只不过是食品安全事件的起因、性质与表现方式和数量不同而已。我国的食品安全事件虽然也有技术不足、环境污染等方面的原因,但目前在我国更多的是生产经营主体不当行为、不执行或不严格执行已有的食品技术规范与标准体系等违规违法行为等人源性因素造成的,以人源性因素为主。上述观点对明确食品安全监管重点,配置监管力量,推进食品科技创新等具有重要的指导价值。

(十一)食用农产品生产的监管难度与农村食品安全消费状况短时期内难以有效改观

食用农产品生产的监管难度在短时期内难以有效地消除。这主要由现阶段以家庭为主体的农业生产体系所决定的。农业生产者安全生产的意识与自律行为受到多种复杂因素的影响,尤其是基于利益驱动。与此同时,目前我国现实与未来食品安全风险治理的最大难点在农村。解决农村食品安全消费具有长期性、艰巨性的特征。当前正在实施新一轮的食品安全监管体制改革,重中之重的是深化农村食品安全监管体制的改革加快形成食品监管横向到边、纵向到底的工作体系。

(十二)法律体系不断完善与执法力度仍有待强化并存

《食品安全法》实施不满五年即进行全面修订,不仅是出于对 2013 年 3 月国家食品安全监管体制改革进行立法回应的需要,更是出于公众对食品安全现状强烈不满而尝试进行的全面改革。食品追溯管理制度、食品安全自查制度、食品安全责任强制保险制度、食品安全风险分类分级监督管理制度、有奖举报制度等,有望在新的《食品安全法》中得以不同程度的体现。与此同时,现阶段社会普遍关注的乳制品监管、"黑名单"制度、餐厨废弃物管理等法律规章的体系建设取得明显进展。但应该看到,近年来虽然在严厉打击食品安全违法犯罪行为方面成效明显,但食品犯罪成本太低,打击力度与公众的期望存在明显的差异。

(十三)需要高度重视新一轮食品安全监管体制改革后面临的新问题

就我国经济社会发展阶段而言,新一轮的食品安全监管体制改革确立的"三位一体"的政府监管体制既基本符合中国的现实国情,又与食品供应链全程体系的内在规律性初步适应,且借鉴了国际经验,因而可能是现阶段比较有效的监管体制，问题的关键是地方政府改革的落实。目前的状况表明，中央层面的改革进展较为迅速，地方政府监管体制实际改革的进度大部分落后于国家的要求，监管力量体现了向基层倾斜的要求。新一轮改革确立的食品安全新的监管体制，对探索与最终解决食品安全多头与分段管理具有积极意义，但食品安全监管体制的改革，绝不是简单的相关机构之间的合并，核心与关键是职能的优化与监管力量的有效配置。目前的实践显示，体制改革仍在彻底厘清部门分工与职责、形成多主体无缝合作的社会共治格局等方面面临若干难题，仍然需要进一步地深化改革与逐步完善。比如，在新的监管体制下，农业部门既管农产品生产，又管质量安全，如何实现兼顾统一；农业部与食品监管总局之间、卫生计生委与食品监管总局如何无缝对接，确保信息的有序流动？而且考察改革后新的监管体制的具体运行实际，对其他社会主体在食品安全监管中的作用认识仍不够，仍难以真正建立有效发挥各社会主体作用的协同机制。

（十四）食品科技进步对食品工业增长的贡献整体小于发达国家

我国的食品科学技术发展迅速，并且在食品产业发展中的取得了一系列重大应用成果，但是食品工业科技研发经费投入强度与技术创新收益有待于进一步提高。食品科技进步对食品工业增长的贡献整体小于发达国家。必须基于保障食品安全需求进一步形成完善的促进食品科技进步的组合性支持体系。与此同时，必须进一步凝练食品科技发展的重点，继续采用集体攻关的方式，满足我国食品安全对科学与技术的迫切需求。

（十五）在监管体制改革的新背景下政府食品安全信息公开状况并未能有效改善

对 2013 年 7 月 1 日至 2014 年 5 月 30 日期间政府食品安全信息公开状况的研究表明，2013 年 3 月新组建的国家食品药品监督管理总局，在食品安全信息公开方面并没有取得令人期待的成绩。虽然出台了相关食品安全政府信息公开的部分规范性文件，而且做了大量的工作，但与前两年相比，新组建的国家食品药品监督管理总局，在食品安全政府信息公开工作方面并没有本质上的提高，甚至在一定程度上有所倒退。食品安全政府信息公开总体状况不容乐观，整体步伐比较缓慢。我们认为，政府食品安全信息发布是否充分、有效是衡量政府食品安全监管体制绩效甚至是评价体制改革是否成功的首要标准。从这个意义上分析，我国食品安全监管体制职能的转变任重而道远。

（十六）食品安全风险监测评估与预警体系建设取得新进展

目前我国监测机构布局逐步优化，监测点的数量基本达到覆盖所有地市，而县（区）监测点的数量达到超过 50% 的覆盖率，国家风险监测计划更趋科学，而且监测内容的呈现更加全面,并创新性地将网购食品纳入食品安全风险监测范围;卫生计生委食品安全风险评估重点实验室、农业部风险评估重点实验室与相关机构建设实现新跨越,风险评估体系正在完善之中;农业部承担以农产品质量安全监管为基础的摸底排查和风险评估预警工作,国家卫计委承担食品安全风险监测评估预警工作,国家质量监督检验检疫总局承担进出口食品的风险预警工作,在新体制下初步形成了较为清晰的从初级农产品到食品的风险预警管理体制。

(十七)食品安全风险交流虽有进展,但与客观要求相差很大

目前我国的食品安全风险交流主要停留在年度的“食品安全宣传周”,利用新媒体主办“主题开放日”等活动上,而不同地区针对不同群体消费者风险感知的风险交流几乎是空白,提升全社会食品安全科学素养的任务非常迫切。

(十八)农户有机生产意愿总体是积极的,但仍需有效的政策支持

农户对有机农业的认知逐步提升,绝大多数农户认为有机蔬菜生产的收益要高于常规蔬菜生产,生产意愿是比较积极的。缺乏市场信息、政策支持不足与市场风险较大成为农户有机蔬菜生产发展面临的主要困难。农户的生产意愿不仅受农户自身特征的影响,是否加入合作社、政府经济激励、对有机生产监管严格程度的评价、技术可得性、出口机会等外部环境因素也在不同程度上决定着农户有机生产意愿。这些都应成为政府制定支持政策的参考依据。

(十九)收益期望、社会影响及自身特征等均对农户有机生产的采纳时机产生影响

我国蔬菜种植户具有文化程度偏低、年龄偏大的特征,这制约了菜农对有机蔬菜生产相关信息的关注和有机生产方式的采纳,也由此导致农户采纳有机生产方式更易产生技术障碍。对收益的期望、改善生态环境的期望和提高蔬菜质量的期望,会促使菜农更早转向有机生产。严格监管蔬菜质量安全将促使农户更加重视蔬菜质量控制,从而更加愿意越早转向有机生产,但农户依靠自身力量完全按照有机标准生产蔬菜仍存在巨大困难,亟需政府和企业的引导与支持。

(二十)消费者对有机食品的认知率较高,但认知层次仍普遍较低

对有机食品,我国消费者在知晓层次的认知率已处于较高水平,但识别与使用层次的认知仍普遍较低,且在不同消费者群体间存在显著差别。男性和年轻受访者在知晓层次的认知较高,而女性、相对年长受访者在识别和使用层次的认知相对较高;收入和消费者卷入程度在知晓层次不显著,而在较高层次的认知上显著;学历、未成年子女状况与环境意识在各层次皆显著;食品安全意识与信息渠道在较低层次显著,而在较高层次不显著。针对不同群体应采取差异化营销战略,提升认知层次,更注重提升消费者对有机标识的识别能力与使用能力,促进潜在需求向现实需求转化。

（二十一）消费者对中外不同有机认证标识的偏好存在差异且受食品安全风险感知的影响

消费者对有机认证番茄具有较高支付意愿，且对欧盟有机认证的支付意愿远高于中国有机认证，而绿色认证番茄与无公害认证番茄的支付意愿相差不大。我国消费者对食品安全风险的感知普遍居于较高水平，风险感知越高，消费者支付意愿也越高，但风险感知给不同认证标识的支付意愿带来的影响，存在较大差异。消费者环境意识对支付意愿的影响不大，通过道德劝说与社会舆论引导等手段，提升我国消费者环境意识及相应的生态支付意愿，可望具有积极意义。

（二十二）消费者"是否购买"的购买体验决策与"购买多少"的购买强度的影响因素，既有相似之处也存在较大差别

对广东省的广州、珠海、深圳三市抽样调研数据的分析表明，有机食品的价格溢价与消费者的支付意愿之间存在着较大差距，且试用型与偶尔购买者在有机食品购买者中的比重较高。年龄、价格评价及认证必要性评价对消费者购买体验决策的影响显著，而对购买强度影响并不显著；家庭结构、健康意识对购买体验影响不显著，但对购买强度影响显著。收入、食品安全意识、信任及购买便利性等对两个层次购买行为皆有着显著影响。上述因素对消费者购买意愿影响程度的差异，应成为企业市场细分和制定差异化营销策略的依据。

上编　食品安全：2013年的基本状况

2014

第一章　主要食用农产品的市场供应与质量安全

粮食、蔬菜与水果、畜产品和水产品等是城乡居民消费的最基本农产品，其数量与质量安全不仅关乎国计民生，还直接关系到社会和谐与稳定。本章在对主要食用农产品生产与市场供应进行简要分析的基础上，借助国家层面上的例行监测数据和专项调查数据，考察主要食用农产品的质量安全水平，总结食用农产品质量安全监管体系建设发展状况，分析食用农产品质量安全存在的主要问题，思考农产品质量安全监管改进方向，以期为我国食用农产品的市场供应与质量安全保障提供决策咨询依据。①

一、主要食用农产品的生产与市场供应

（一）粮食生产与市场供应

1. 粮食再获丰收

民以食为天。粮食生产稳定与供应充足是我国经济发展和社会稳定的基础与保障。2013 年我国粮食产量达到 60194 万吨，比 2012 年再增产 1236 万吨，增长率为 2.1%（图 1-1），②再创历史新高，粮食生产实现“十连增”，实现了半个世纪以来粮食生产的新跨越。在复杂严峻的国内外经济形势下，粮食产量的稳步增长，有力地巩固了我国农业和农村的大好形势，为保障食品有效供给、管理好通胀预期、抑制物价上涨奠定了重要物质基础，更为保持经济平稳较快发展、维护社会和谐稳定大局提供了有力支撑。

具体分析，2013 年我国夏粮、早稻和秋粮均获丰收。图 1-2 显示，2013 年全国夏粮产量达到 13189 万吨，比 2012 年增产 194 万吨，增长 1.5%；早稻产量 3407 万吨，比 2012 年增产 78 万吨，增长 2.4%；秋粮产量 43597 万吨，比 2012 年增产 964 万吨，增长 2.3%。③

---

① 本章的数据来源除说明之外，均来自于农业部，或相关政府部门公开的信息，并在文中一一说明。

② 国家统计局：《国家统计局关于 2013 年粮食产量的公告》，http://www.stats.gov.cn/tjsj/zxfb/201311/t20131129_475486.html。

③ 国家统计局：《中华人民共和国 2013 年国民经济与社会发展公报》《中华人民共和国 2012 年国民经济与社会发展公报》。

主要粮食品种的产量有增有减。2013 年全国小麦、玉米的产量分别达到 12172 万吨和 21773 万吨，比 2012 年分别增产 114 万吨和 961 万吨，分别增长 0.6% 和 5.9%。而稻谷产量 20329 万吨，较 2012 年减产 100 万吨。2013 年我国玉米产量再次超过稻谷，继续成为我国第一大粮食作物。

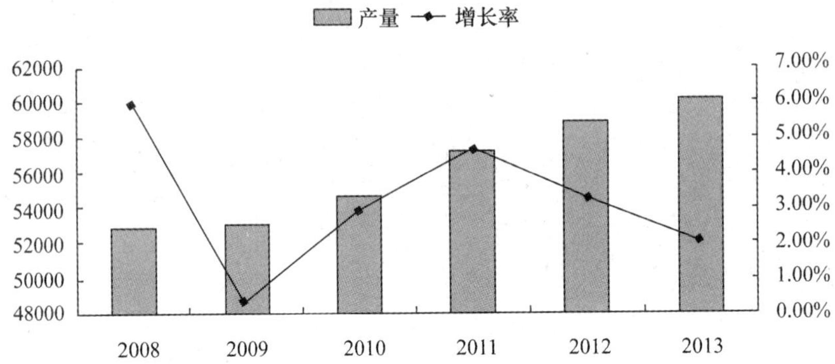

图 1-1　2008—2013 年间粮食总产量与增速变化图（单位：万吨、%）
数据来源：国家统计局，《中华人民共和国 2013 年国民经济和社会发展统计公报》。

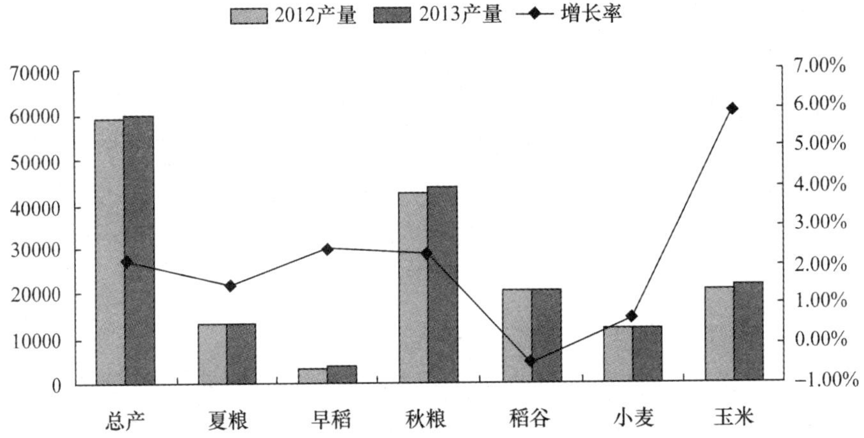

图 1-2　2013 年和 2012 年粮食产量情况对比（单位：万吨、%）
数据来源：国家统计局《中华人民共和国 2012 年国民经济和社会发展统计公报》。

2. 种植面积和单产再创新高

2013 年全国粮食播种面积 111951.4 千公顷，比 2012 年增加 746.8 千公顷，增长 0.7%。绝大多数省区粮食播种面积基本保持稳定或略有增长。[①] 同时各地从实际出发，积极调整粮食的种植结构，适当减少大豆、春小麦等低产作物种植面积，增加玉米等高产作物种植面积 1093 千公顷，为全年粮食增产打下了良好基础。因播种面积增加增产粮食约 396 万吨，对粮食增产的贡献率为 32%。[②]

2013 年，全国粮食作物单位面积产量达 5377 公斤/公顷，比 2012 年增加 75 公斤/公顷，提高 1.4%。其中，玉米单产首次突破 6000 公斤/公顷，每公顷增产 158 公斤；北方玉米单产提高 189 公斤/公顷。由于玉米单产的提高，粮食增产约 840 万吨，对粮食增产的贡献率为 68%[③]。

3. 局部地区气候条件影响粮食生产

2013 年，全国平均降水量较常年同期略偏多，时空分布不均，全国平均气温较常年同期偏高。与此同时，2013 年我国发生的气象灾害种类比较多，局部灾情比较严重，主要表现为：区域性暴雨过程集中，局部地区灾害重；登陆台风多，强度强，经济损失大；中东部地区霾日数偏多；盛夏南方出现 1951 年以来最强高温热浪；阶段性、区域性干旱不断显现。[④] 由于全年气候条件相对比较恶劣，2013 年农作物受灾面积 3135 万公顷，其中绝收面积为 384 万公顷，分别比去年增加 639 万公顷、201 万公顷。[⑤]

4. 粮食生产的政策环境持续向好

2004 年以来，中共中央连续出台的 10 个“1 号文件”，始终把粮食增产增收、确保粮食安全作为农业农村工作的首要任务和主要目标，强调要不断增加对农业生产的投入，不断健全财政强农惠农富农政策体系。2009 年到 2013 年的五年间中央财政用于“三农”的支出累计达到 4.47 万亿元，年均增长 23.5%。其中 2013 年中央财政用于“三农”的投入安排为 13799 亿元，比 2012 年增加 1512 亿元，增长 11.4%。[⑥] 其中 151 亿元为种粮农民直接补贴，继续实行小麦、水稻的最低收购价格政策，并适当提高粮食最低收购价水平；1071 亿元为农资综合补贴，农机购置补贴范围不断扩大。同时为鼓励地方多产粮、调动地方政府重农抓粮的积极性，

---

① 国家统计局:《国家统计局关于 2013 年粮食产量的公告》。

② 国家统计局:《国家统计局农村司高级统计师黄加才解读粮食增产》。

③ 同上。

④ 《2013 年我国天气气候特征及主要气象灾害》，中国气象网，2013-06-06[2014-01-01]，http://www.cma.gov.cn/2011xwzx/2011xqxxw/2011xqxyw/201301/t20130114_202688.html。

⑤ 国家统计局:《中华人民共和国 2013 年国民经济与社会发展公报》。

⑥ 《2013 年中央财政“三农”支出安排合计 13799 亿元》，中国新闻网，2013-03-08[2014-01-01]，http://finance.chinanews.com/cj/2013/03-08/4628029.shtml。

2013 年中央财政安排了 320 亿元资金奖励产粮(油)大县。[1] 近年来,持续完善的粮食生产政策,持续增加的投入和补贴确保了"三农"投入达到"总量稳步增加、比例稳步提高"的总体要求。

粮食再获丰收也得益于政府防灾技术的支持。面对局部地区气候条件的不利影响,中央财政专项安排近 40 亿元补助资金,开展冬小麦"一喷三防",支持东北、南方水稻产区采用综合施肥技术促早熟。各地政府积极采取措施有效应对灾情,组织专家制定分区域、分灾种、分作物的抗灾技术方案,根据不同区域受灾程度和不同作物生长发育进程,加强生产技术指导;受旱地区积极发挥小水库、小山塘的作用,千方百计利用各种水源灌溉受旱农田,受涝地区积极组织农民排涝保苗;农技人员进村入户、蹲点包片,指导农民加强田间管理,采取得力措施,扩大病虫害统防统治范围,有效遏制了病虫害的大面积爆发。由于应对措施全面及时,有效减轻或弥补了各种灾害对粮食生产带来的影响,为粮食再获丰收提供了有力保障。[2]

(二)蔬菜、水果的生产与市场供应

1. 蔬菜产量略有下降,市场供应基本稳定

全国蔬菜产量已从 1991 年的 2.04 亿吨增长至 2011 年的 6.79 亿吨,比 2011 年粮食总产量高出 1 亿多吨,产值达到 1.26 万亿元,超过粮食总产值,成为我国第一大农产品。2012 年全国蔬菜产量达到 6.85 亿吨,较当年粮食总产量高出近 1 亿吨,再次取代粮食成为我国第一大农产品。根据对各省份《2013 年国民经济与社会发展公报》中蔬菜产量的统计,除江苏、西藏和黑龙江三地蔬菜产量数据缺失外,2013 年其他 28 个省(自治区、直辖市)蔬菜产量累计达到 6.71 亿吨,较 2012 年略有下降(表 1-1 所示)。山东、河北、河南、四川、湖南、湖北、辽宁、广东是我国蔬菜生产的主要省份,2013 年的蔬菜产量均超过 3000 万吨。除北京、内蒙古、浙江、上海、吉林五省市蔬菜产量略有下降外,2013 年其余省(自治区、直辖市)的蔬菜均有不同程度的增长,其中云南的增长率超过了 10%。

2. 水果供应稳中有升,大部分省(自治区、直辖市)均有不同程度的增长

如表 1-1 所示,2013 年,除北京、天津和青海水果产量略有下降外,大部分省(自治区、直辖市)的水果产量都有不同程度的增加,其中增幅最大的是江西省,增长率高达 19.2%。河南、陕西、山东、新疆、广东、广西等是我国水果生产主要区

---

① 农业部产业政策与法规司:《2013 年国家支持粮食增产农民增收的政策措施》、《2014 年国家支持粮食增产农民增收的政策措施》,2013-03-20[2013-06-01]、2014-04-25[2014-04-30],http://www.moa.gov.cn/zwllm/zcfg/qnhnzc/201303/t20130320_3354001.htm、http://www.moa.gov.cn/zwllm/zcfg/qnhnzc/201404/t20140425_3884555.htm。

② 国家统计局:《国家统计局农村司高级统计师黄加才解读粮食增产》。

域,2013 年这些地区水果年产量皆超过 1000 万吨。河南成为我国水果产量最高的省份,达到 2599.67 万吨,远高于第二位的陕西(1764.41 万吨)。

表 1-1　2013 年各省(自治区、直辖市)蔬菜水果产量情况　(单位:万吨、%)

省份	蔬菜		水果		省份	蔬菜		水果	
	产量	增长率	产量	增长率		产量	增长率	产量	增长率
浙江	1731.8	-3.1	715.7	1.7	黑龙江	—	—	—	—
湖南	3602.8*	3.5	—	—	河南	7112.5	1.4	2599.7	2.5
山东	9658.2	2.9	1601.5	5.1	吉林	940.3	-1.8	—	—
上海	384.8	-2.7	—	—	云南	1625.4	10.4	571.5	11.9
江苏	—	—	833.1	4.7	宁夏	498.59	5.8	—	—
北京	266.9	-4.7	79.5	-5.6	辽宁	3270.9	9.8	944.7	5.6
河北	7902.1	2.7	—	—	安徽	2418.0	3.9	905.1	2.2
山西	1198.5	8.2	711.8	5.1	海南	524.7	5.1	441.9	3.1
广东	3144.5	5.4	1368.7	7.0	甘肃	1578.7	8.10	391.4	8.8
福建	1633.7	3.0	744.3	5	江西	1257.6	3.7	441.3	19.2
天津	455.1	1.6	54.2	-6.9	西藏	—	—	—	—
贵州	1500.5	9.1	167.8	13.6	新疆	1669.9	0.8	1371.0	9.0
湖北	3578.3	2.1	569.4	5.1	广西	2435.6	3.3	1122.6	8.9
四川	3910.7	3.9	718.7	4.9	陕西	1629.4	6.8	1764.4	4.2
内蒙古	1421.1	-3.7	294.8	4.0	青海	158.9	0.1	1.4	-4.3
重庆	1600.6	6.0	—	—	总计	67110.1	—	18414.4	—

注:* 湖南省 2013 年蔬菜产量根据 2012 年产量和 2013 年增长率计算得出。表中的"—"表示数据缺失。

资料来源:根据各省份 2013 年国民经济与社会发展公报统计得出。

(三) 畜产品生产与市场供应

1. 总产量基本满足不断增长的市场需求

图 1-3 显示,2013 年,全年肉类总产量 8536 万吨,比上年增长 1.8%。其中,猪肉产量 5493 万吨,增长 2.8%;牛肉产量 673 万吨,增长 1.7%;羊肉产量 408 万吨,增长 1.8%;禽肉产量 1798 万吨,下降 1.3%;年末生猪存栏 47411 万头,下降 0.4%;生猪出栏 71557 万头,增长 2.5%;禽蛋产量 2876 万吨,增长 0.5%;牛奶产量 3531 万吨,下降 5.7%。不同品种的畜产品较上年有增有减,但基本满足不断增长的市场需求。

2. 肉类生产相对集中而总体实现明显增长

图 1-4 显示了 2013 年我国主要省(自治区、直辖市)肉类总产量及其增长率。可以看出,从总产量角度看,肉类生产在各省(自治区、直辖市)间呈现相对集中、不均衡分布的特征。一是肉类生产主要集中在山东、河南、河北、广东、广西、安

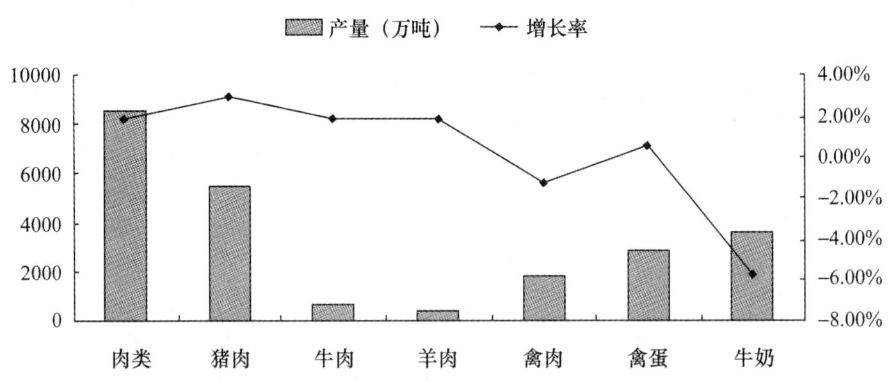

图 1-3 2013 年畜产品产量及增长率（单位:万吨、%）

资料来源:根据国家统计局《中华人民共和国 2013 年国民经济和社会发展统计公报》整理。

徽、辽宁、江苏、云南、江西等,肉类总产量均达到 300 万吨以上,是我国主要的肉类生产区域。二是各省(自治区、直辖市)间肉类产量差距较大。如,山东肉类产量持续增长,达到 763.3 万吨,而青海、北京、天津、宁夏、山西等的产量只有几十万吨,尚不足山东的十分之一。

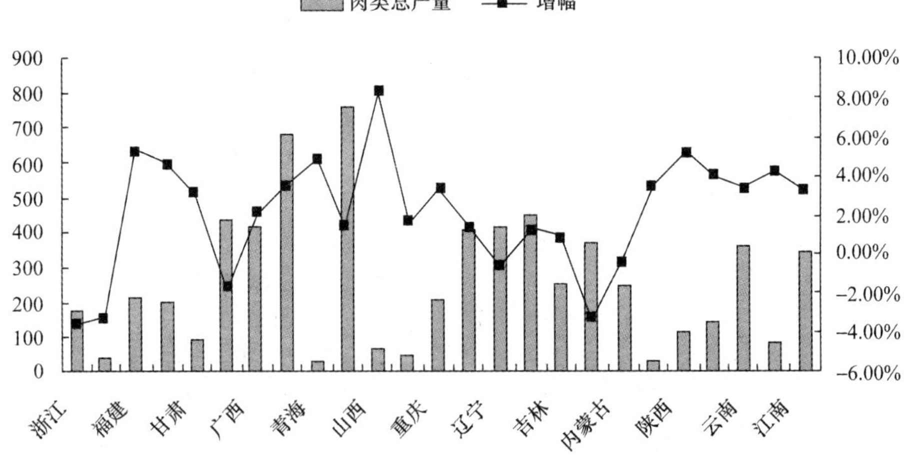

图 1-4 2013 年主要省(自治区、直辖市)肉类总产量及其增长率（单位:万吨、%）

资料来源:根据各省份《2013 年国民经济与社会发展公报》整理统计得出,部分省份数据缺失。

从增长率角度看,绝大部分省(自治区、直辖市)的肉类总产量均有所增长。其中,增幅较大的有山西、陕西、福建、青海,增长率达到 5% 以上。而浙江、江苏、北京、广东、辽宁、内蒙古等省市产量略有下降,分别为-3.6%、-3.4%、-3.2%、-1.8%、-0.6%、-0.3%。由于人口数量、消费文化、地理环境与其他要素禀赋的差异,肉类生产在不同省(自治区、直辖市)之间相对集中和不均衡分布的状态将是长期的,很难甚至不可能改变。

3. 禽蛋和牛奶市场供应继续保持增长

伴随居民生活水平的提高,禽蛋、牛奶在城乡居民食品消费结构中的比重不断上升,已成为日常生活必需消费品。从总产量角度看,禽蛋与牛奶的生产在各省份间也呈现相对集中、不均衡分布的状态。河南、山东、河北以及辽宁是禽蛋生产的主要省份,其中河南产量最高,达410.2万吨;内蒙古、河北、河南以及山东是牛奶生产的主要区域,其中内蒙古产量最高,高达767.3万吨。经济发达的北京、天津、福建、海南等省市与经济发展相对落后的宁夏、青海等省份的禽蛋产量较少,不足产量最高的河南省的十分之一。福建、广西、重庆等省市的牛奶产量较少,均不足20万吨。从增长率角度看,部分省(自治区、直辖市)禽蛋和牛奶的增长率为负,但绝大多数省(自治区、直辖市)禽蛋和牛奶产量都有所增长。

表1-2　2013年主要省(自治区、直辖市)禽蛋、牛奶和水产品产量

(单位:万吨、%)

	禽蛋		牛奶		水产品	
	产量	增长率	产量	增长率	产量	增长率
浙江	—	—	—	—	554	2.7
湖南	—	0.4	—	4.7	—	6.3
山东	396.2	-1.4	271.4	-4.4	851.9	2.8
上海	—	—	26.53	0.8	27.59	1.4
江苏	197.9	0.3	59.9	-2.3	508.8	3.0
北京	17.5	14.8	61.5	-5.5	6.4	-0.4
河北	346.1	1.0	458.0	-2.6	123.1	5.8
山西	79.8	6.9	86.2	7.8	4.6	10.6
广东	—	—	—	—	815.37	3.3
福建	25.41	0.2	14.93	0.7	658.76	4.8
天津	18.89	1.2	68.24	0.5	39.86	9.2
贵州	—	—	—	—	—	—
湖北	—	—	—	—	410.38	5.5
四川	—	-0.8	—	-1.5	126.1	6.0
内蒙古	55.09	1.2	767.3	15.7	14.13	7.4
重庆	41.09	2.6	6.8	-12.0	—	—
黑龙江	—	—	—	—	—	
河南	410.20	1.5	316.40	0.1	—	—

（续表）

	禽蛋		牛奶		水产品	
	产量	增长率	产量	增长率	产量	增长率
吉林	97.7	-2.5	47.6	-3.1	18.6	2.1
云南	23.24	5.0	54.51	1.5	78.16	14.9
宁夏	7.44	20.4	104.19	0.7	14.49	17.3
辽宁	276.8	-1.1	118.4	-5.1	486	5.6
安徽	124.5	1.5	25.3	5.2	215.5	3.9
海南	3.81	6.4	—	—	183.10	6.0
甘肃	—	—	52.32	7.83	1.39	4.51
江西	56.9	0.8	12.7	-0.4	242.6	2.4
西藏	—	—	—	—	—	—
新疆	28.20	8.9	135	2.1	13.10	4.8
广西	—	—	9.6	2.1	319.06	5.1
陕西	55.40	6.8	141.09	-0.5	—	—
青海	2.26	12.8	27.55	0	—	—

资料来源：根据各省份《2013年国民经济与社会发展公报》整理统计得出，表中的"—"表示数据缺失。

（四）水产品生产与市场供应

1. 不同形态的水产品产量均实现新的增长

2013年是渔业发展史上浓墨重彩的一年。2013年3月，国务院印发《关于促进海洋渔业持续健康发展的若干意见》（国发〔2013〕11号）。这是新中国成立以来，第一次以国务院名义发出的指导海洋渔业发展的文件。2013年6月，国务院召开全国现代渔业建设工作电视电话会议。这是改革开放以来，第一次以现代渔业建设为主题召开的全国性会议。国务院文件的出台和会议的召开，开启了全面推进现代渔业建设的新征程。

2013年全国水产品总产量6172万吨，比上年增长4.47%。其中，养殖产量4541.68万吨，同比增长5.91%；捕捞产量1630.32万吨，同比增长0.68%；养殖产品与捕捞产品的产量比例为74:26。海水产品产量3138.83万吨，同比增长3.48%；淡水产品产量3033.18万吨，同比增长5.53%；海水产品与淡水产品的产量比例为51:49。远洋渔业产量135.2万吨，同比增长10.5%，占水产品总产量的2.2%。全国水产品人均占有量45.36千克（人口136072万人），比上年增加1.73千克、增长3.97%。

2. 渔业经济结构逐步优化

按当年价格计算，2013年全社会渔业经济总产值19351.89亿元，实现增加值8984.35亿元。其中，渔业产值10104.88亿元，实现增加值5703.63亿元；渔业工业和建筑业产值4521.05亿元，实现增加值1637.12亿元；渔业流通和服务业产值4725.96亿元，实现增加值1643.6亿元。三个产业产值的比例为53∶23∶24，增加值的比例为64∶18∶18。渔业产值中，海洋捕捞产值1855.38亿元，实现增加值1056.81亿元；海水养殖产值2604.47亿元，实现增加值1481.54亿元；淡水捕捞产值428.71亿元，实现增加值236.98亿元；淡水养殖产值4665.57亿元，实现增加值2644.42亿元；水产苗种产值550.74亿元，实现增加值283.88亿元。

3. 水产品产量等位居世界第一

2013年全国水产品总量达到6172万吨，占世界水产品总量的39.5%，连续24年位居世界第一。目前，中国是世界上唯一一个养殖水产品总量超过捕捞总量的国家。2013年全国养殖水产品总量达4542万吨，占世界养殖水产品总量的65.3%，位居世界第一。2013年，中国水产品出口额首次突破200亿美元，达到202.6亿美元，占世界水产品出口总额的15.6%，连续12年位居世界第一；2013年水产品进出口总额达到289亿美元，水产品国际贸易总额世界第一；2013年年末全国拥有各类渔船107.2万艘，占世界渔船总数的24.4%，其中，机动渔船69.5万艘，占世界机动渔船总数的26.3%，渔船拥有量世界第一；2013年中国渔民总数达到2066万人，渔业从业人员达到1443万人，占世界渔业从业人员总数的26.3%，远洋渔业水产品产量达135万吨，作业远洋渔船2159艘，渔民总数、渔业从业人员数量与远洋渔业水产品居世界第一。

二、粮食与主要食用农产品数量安全

（一）粮食进口

2013年，我国粮食生产实现了"十连增"，粮食产量超过6亿吨，突破了历史最高水平，但仍然不能满足国内的消费需求。2013年，中国进口谷物（小麦、水稻和玉米）约1500万吨，比2012年增加100万吨左右。

近年来，中国粮食出口量和出口金额不断下滑，而进口量和进口金额则不断攀升，已由21世纪初的世界主要粮食出口国变为了当前的世界主要粮食进口国。在加入WTO之初，中国粮食出口呈上升态势，进口相对较平稳；伴随加入WTO过渡期内贸易政策的调整与执行，中国粮食出口与进口呈现逆向波动态势；随着加入WTO过渡期的结束以及金融危机的爆发，中国粮食出口呈小幅下滑态势，而粮食进口则大幅上升，不仅超过了出口，且贸易逆差不断扩大。2012年中国粮食贸易总量为1499.91万吨，进口量与出口量分别为1398.3万吨和101.61万吨，粮食贸易总量比2002下降268.94万吨，进口量比2002上升1113.18万吨、出口量比2002下降1382.18万吨。2012年中国粮食贸易总金额为54.18亿美元，进口额、出口额分别为47.88亿美元和6.3亿美元，比2002年分别上升32.39亿美元、上升43.29亿美元、下降10.9亿美元,贸易逆差已达41.58亿美元。若再加上大豆347.09亿美元的贸易逆差,则两者已占2012年中国农产品贸易逆差的78.9%。[①] 东盟是中国稻米进口第一大来源地,占据了99%左右的比重。但2012年中国从巴基斯坦进口粮食激增至2.69亿美元,占比23.88%。中国主要从美国、澳大利亚、加拿大进口小麦,来自三者的总进口比重达90%以上。同时主要从美国、东盟、印度进口玉米,自美国进口量始终较大,自东盟进口量波动明显。

随着粮食的刚性增长,在有限的耕地资源和淡水资源基础上,如何保证粮食安全,确保十三亿人的吃饭问题是党和政府始终绕不开的头等大事。2013年年末召开的中央经济工作会议明确提出"20字方针"的中国粮食安全新战略,即"以我为主、立足国内、确保产能、适度进口、科技支撑"。这20字方针重新界定了中国粮食安全的内涵和边界,塑造了中国粮食安全保障的边界,明确了保障重点。中国粮食安全的重点就是确保谷物基本自给,口粮的绝对安全。

(二)水果、蔬菜等农产品进口量不断扩大

2009—2013年间中国进口食品规模年均增长21.2%,比同期进口增速高3.2个百分点;食品贸易逆差持续扩大,食品净进口扩大2.3倍。目前,中国食品进口以蛋白质类产品为主,2013年此类产品进口额764.48亿美元,占食品进口总额的83%。最大的蛋白质类进口产品是油籽(其中大豆占89%),其次是动植物油、水产品、谷物和乳制品。相比于蛋白质类产品,非蛋白质类食品的进口市场扩张速度更快,2009年到2013年年均增速为27%,比前者增速高7个百分点。这类产品中进口规模最大的是水果,其次是蔬菜、糖。非蛋白质类产品许多表现出量价齐增的势头,其中最显著的是蜂蜜、蔬菜、水果、红酒、中草药、茶、咖啡、可可。在蛋白质类产品中能与之争锋的是肉类。近5年牛肉、猪肉、羊肉进口量年均增速都在40%以上,尤其是牛肉的年增速高达115%。除冷冻肉外,近年国外的肉制品也开始进入我国,2013年进口的肉制品比2009年增加153%,价格上涨两成以上。中国食品进口的势头仍将持续。中国正在建设开放型经济,各种改革正在深入推进,阻碍进口的体制机制障碍不断被消除;中国将与其他国家建立更多自贸区;电子商务的发展不断拉近国外生产商与中国消费者的距离;中国的80后和90后消费者,对进口食品有更开放的接纳能力和意愿,这些因素都将支撑进口食品市场的继续扩大。

(三)肉类对外贸易逆差不断扩大

随着市场需求的增长,中国肉类对外贸易逆差也在不断扩大。2013年,中国肉类贸易逆差比2012年增加了39.3%。如图1-5、图1-6显示,2013年中国进出

① 王溶花、陈玮玲:《中国粮食进出口现状及面临的主要问题分析》,《农业经济》2014年第3期。

口肉类主要品种与数量是，猪肉进口 139.7 万吨，出口 34.6 万吨；牛肉进口 31.4 万吨，出口为 2.86 万吨；羊肉进口 25.32 万吨，出口 0.36 万吨；禽肉进口 59.2 万吨，出口 50.3 万吨。向中国出口肉类产品的有美国、加拿大、巴西、乌拉圭、智利、阿根廷、哥斯达黎加、法国、英国、比利时、爱尔兰、意大利、德国、丹麦、西班牙、荷兰、澳大利亚、新西兰、蒙古等 19 个国家。2013 年中国肉类进口总量 256 万吨，已经成为世界肉类产品的主要进口国，并且还有继续增加的趋势。

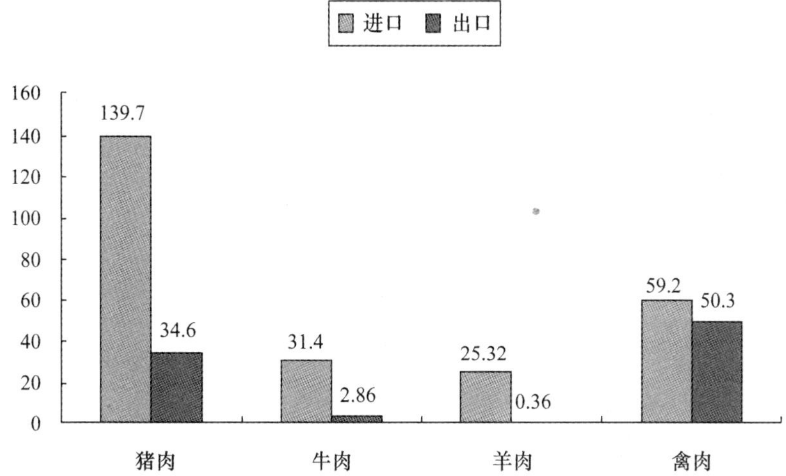

图 1-5　2013 年中国肉类主要品种进出口对比表

数据来源：《我国生猪养殖历经两大发展阶段成果显著》，《中国食品安全报》2014 年 6 月 9 日。

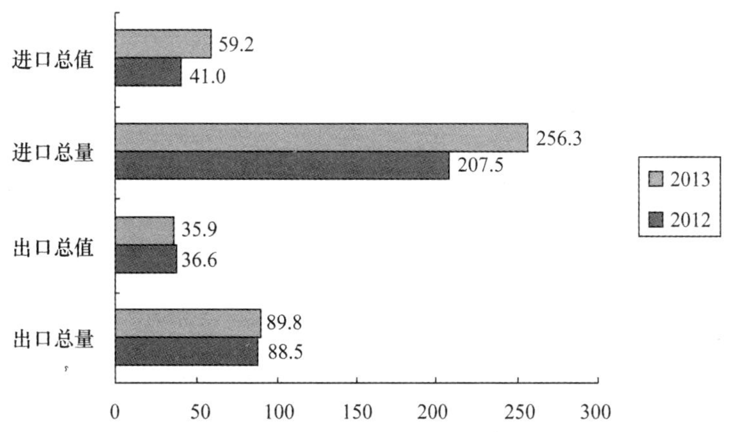

图 1-6　2012 年与 2013 年中国肉类进出口贸易量比较表

数据来源：《我国生猪养殖历经两大发展阶段成果显著》，《中国食品安全报》2014 年 6 月 9 日。

三、食用农产品的质量安全状况:基于例行监测和专项数据调查

2013 年农业部在全国 153 个大中城市对蔬菜、畜禽产品、水产品、果品、茶叶等 5 大类产品开展了 4 次质量安全例行监测。与此同时,于 2013 年 10 月至 12 月,对全国 26 个省(自治区、直辖市)的 571 个生产养殖基地、储藏保鲜库、生鲜乳收购站和运输车展开了一次专项监督抽查。监测和抽查结果表明,2013 年,我国主要食用农产品质量安全水平总体上呈现稳步趋好的态势,居民主要食用农产品质量安全得到了较好的保障。

(一) 例行监测概况

2013 年,农产品质量安全例行监测采用了参数指标更加严格的《食品中农药最大残留限量》(GB2763—2012)标准,共监测全国 153 个大中城市 5 大类产品 103 个品种,抽检样品近 4 万个,检测参数 87 项,总体合格率为 97.5%,同比上升 0.8 个百分点。①

1. 蔬菜与水果

自 2006 年以来,蔬菜中农药残留超标情况明显好转(图 1-7)。2013 年,对蔬菜中甲胺磷、乐果等农药残留例行监测结果显示,检测合格率为 96.6%。自 2008 年以来,连续 6 年保持在 96.0% 以上的较高水平。但是,2013 年检测合格率略有下降(较 2012 年下降 1.3 个百分点)。随着新标准的实施,蔬菜农药残留仍存在进一步改进的空间,应引起农产品监管部门的重视。

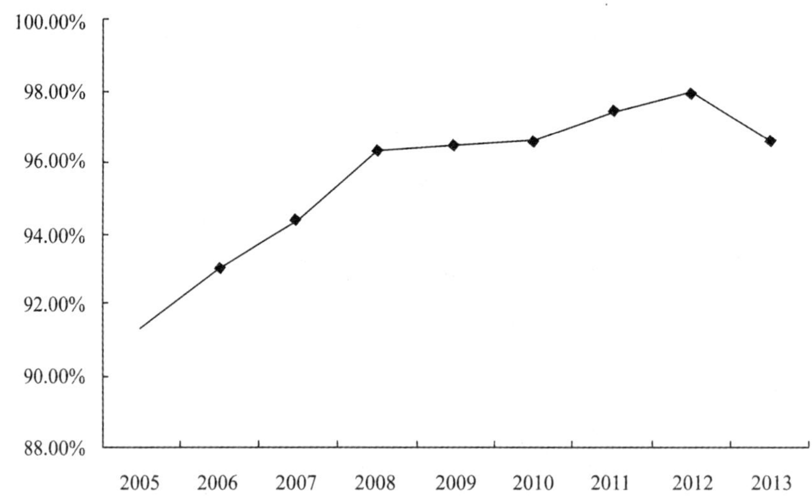

图 1-7 2005—2013 年间蔬菜中农药残留平均合格率

资料来源:农业部。

① 数据来源于农业部关于农产品质量安全检测结果的有关公报、通报等。

2013年,对水果中的甲胺磷、乐果等农药残留检测结果显示,检测合格率为96.8%,较2012年下降0.3个百分点,较2009年首次将果品纳入例行监测时下降了1.2个百分点。我国水果质量虽然在总体上保持96%以上的较高水平,但波动比较大,尚不稳定。相关农产品监管部门应进一步推进新标准的贯彻实施,实现水果质量状况的"逐步向好"。

2. 畜产品

2013年农业部对全国31个省(区)153个大中城市畜产品中"瘦肉精"以及磺胺类药物等兽药残留监测结果显示,畜产品质量安全总体合格率为99.7%,与2012年持平。自2009年来连续5年畜产品质量安全合格率保持在99%的高位水平,且稳中有升。这表明畜产品的总体质量"基本稳定,稳步趋好"(图1-8)。具体分析,自2009年以来,畜产品兽药残留抽检合格率和生猪瘦肉精污染物抽检持续保持99%以上的高水平。

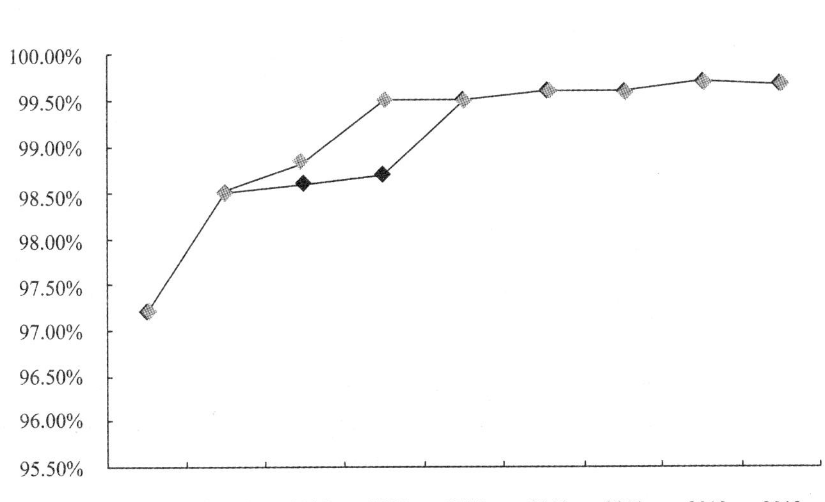

图1-8　2005—2013年间畜产品质量安全、生猪瘦肉精污染物抽检合格率

资料来源:农业部。

3. 水产品

2013年农业部对全国153个大中城市水产品中的孔雀石绿、硝基呋喃物代谢等监测结果显示,检测合格率为94.4%,较2012年下降了2.5个百分点(图1-9),是2008年以来的最低值,也是2013年5大类农产品合格率的最低值。自2006年农业部首次将孔雀石绿纳入水产品质量安全监测指标以来，我国水产品质量连续三年好转的势头偏转，五年内发生两次起伏。这表明水产品的总体质量“稳中向好”态势有所逆转，水产品总体质量仍不稳定，应该引起水产品从业者以及农业监管部门的高度重视。

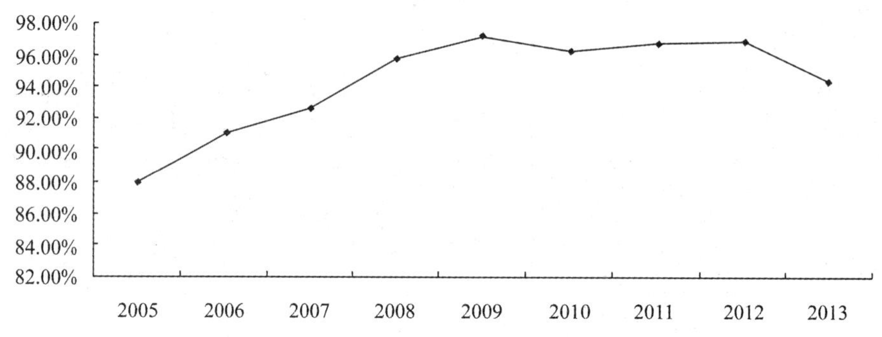

图1-9 2005—2013年间水产品质量安全总体合格率

资料来源：农业部。

（二）专项监督抽查概况

2013年10月至12月间农业部在全国26个省（自治区、直辖市）的571个生产养殖基地、储藏保鲜库、生鲜乳收购站和运输车展开了专项监督抽查，共抽取蔬菜、果品、茶叶、食用菌、禽蛋、生鲜乳、水产品等食用农产品样品733个。经标准检测，合格样品共724个，不合格样品共9个，专项抽检合格率高达98.8%，高出例行监测合格率1.3个百分点。

1. 蔬菜与果品

蔬菜方面，14个省（区、市）、116家单位、25个品种的202个蔬菜产品中的克百威等29种农药残留的检测结果显示，合格样品198个，不合格样品4个，合格率为98.0%。果品方面，13个省（区、市）、139家单位、6个品种的139个果品中的水胺硫磷等43种农药残留、糖精钠和环己基氨基磺酸钠的检测结果显示，合格样品137个，不合格样品仅为2个，合格率高达98.6%。

2. 茶叶与食用菌

茶叶方面，7个省（区、市）、71家单位、2个品种的99个茶叶产品中的乙酰甲胺磷等10种农药残留的检测结果显示，合格样品97个，不合格样品2个，合格率为98.0%。食用菌方面，对8个省（区、市）、77家单位、8个品种的100个食用菌产品中的氯氰菊酯等8种农药残留和二氧化硫的检测结果显示，合格样品99个，不合格样品仅为1个，合格率高达99.0%。

3. 畜产品

禽蛋方面,6 个省(区、市)、60 家单位、2 个品种的 62 个禽蛋产品中的金刚烷胺的检测结果显示,合格率为 100.0%。生鲜乳方面,7 个省(区、市)、48 家单位的 48 个生鲜牛乳产品中的磺胺类、四环素类、喹诺酮类药物残留及黄曲霉毒素 M1 的检测结果显示,合格率为 100.0%。

4. 水产品

水产品方面,对 6 个省(区、市)、60 家单位、5 个品种的 83 个养殖水产品中的孔雀石绿和硝基呋喃类代谢物进行了检测,结果显示,合格率为 100.0%。

四、食用农产品质量安全监管体系建设

食用农产品的质量安全问题与人民群众的身体健康、生命安全密切相关,同时也关系到社会的和谐稳定,备受政府及社会各界重视。近年来,各级政府高度重视并不断完善农产品质量安全检查体系,坚持"执法监管"和"农业标准化生产"两手抓,农产品质量安全稳步推进。

(一)农产品质量安全监测体系进一步完善

农产品质量安全检验检测体系,是按照国家法律法规规定,依据国家标准、行业标准要求,以先进的仪器设备为手段,以可靠的实验环境为保障,对农产品生产(包括农业生态环境、农业投入品)和农产品质量安全实施科学、公正的监测、鉴定、评价的技术保障体系。农产品质量安全检验检测体系是农产品质量安全体系的主要技术支撑,是政府实施农产品质量安全管理的重要手段,承担着为政府提供技术决策、技术服务和技术咨询的重要职能,在提高农产品质量与安全水平方面发挥着关键和核心作用。加强农产品质量安全检验检测体系建设,对于确保农产品消费安全、促进农业结构战略性调整、提高农产品市场竞争力和调节农产品进出口贸易等方面具有十分重要的意义。我国的农产品质量检测工作起步相对较晚,基础较为薄弱。自上个世纪 80 年代起,我国的农业生产监管部门开始致力于加强农产品安全检验检测体系建设。[①] 2006 年 10 月,农业部颁布实施了《全国农产品质量安全检验检测体系建设规划(2006—2010)》(以下简称《一期规划》),标志着我国初步着手开始构建起一个层次分明、功能完善的农产品质检体系。在《一期规划》基础上,2012 年 9 月农业部颁布实施《全国农产品质量安全检验检测体系建设规划(2011—2015 年)》(以下简称《二期规划》),再次将我国农产品质检体系发展推向了一个新阶段。2013 年,我国农产品质量监测体系得到进一步完

① 农业部:《全国农产品质量安全监测体系建设规划(2011—2015 年)》,2012-09-26 [2013-06-06],http://www.moa.gov.cn/govpublic/FZJHS/201209/t20120926_2950575.htm。

善,乡镇农产品质量安全监管机构建设得到有力推进,检测范围与能力有效加强。

1. 基层检测体系快速发展

一直以来,基层农产品质量安全监管力量相对较弱,检测水平较低,风险隐患易发。在中央不断强化农产品质量安全属地责任的背景下,基层农产品检测体系的建设不断推进。自 2006 年至今,农业部已颁布实施的两期《全国农产品质量安全检验检测体系建设规划》重点指引基层检测体系建设。2013 年,中央财政安排投资 12 亿元促进基层检测体系的快速发展,新增建设地区及县级检测机构 388 个,检测人员达到 2.7 万人(表 1-3)。截至 2013 年年底,全国共有部、省、地(市)、县质检机构 2273 个农产品质量安全检测机构。①

表 1-3　2012 年、2013 年基层农产品质量检测体系建设情况

基层检测体系建设情况	2012 年	2013 年
财政经费支持(亿元)	15	12
新增检测机构(个)	494	388
检测人员(万人)	2.3	2.7
例行检测范围	5 大类 102 个品种,覆盖 150 个城市	5 大类 103 个品种,监测城市 153 个
检测标准	87 项参数,农药残留标准参照 GB2763-2005	87 项参数,农药残留标准参照 GB2763-2012

资料来源:农业部。

为全面提升农产品质量安全检测技术水平,2013 年下半年农业部组织了第二届全国农产品质量安全检测技能竞赛。参赛质检机构达 1208 个,其中地市级检测机构 354 个,县级检测机构 854 个;参赛检测人员达 3479 人,其中地市级检测人员 1188 人,县级检测人员 2291 人。② 竞赛激发和调动了广大基层检测技术人员学习专业理论、刻苦钻研技术的热情,促进了检测人员间的技术交流,整体提升了各检测机构的检测能力。

2. 例行监测范围逐步扩大

2001 年,农业部首次在北京、天津、上海、深圳等四个城市试点开展蔬菜药残、畜产品瘦肉精残留例行检测;2002 年,监测工作扩展到农药、兽药残留等;2004 年,水产品被纳入例行监测;2007 年,开始实行农产品质量安全监督抽查工作。十

① 《农业部:农产品质量安全下一步狠抓基层检测体系建设》,农博网,2014-01-09[2014-02-12],http://news.aweb.com.cn/20140109/546538728.shtml。

② 《关于第二届全国农产品质量安全检测技能竞赛情况的通报》(农质发〔2013〕10 号),农业部农产品质量安全监管局,2014-01-02[2014-01-10],http://www.moa.gov.cn/govpublic/ncpzlaq/201401/t20140102_3729438.htm。

余年来，农产品质量安全监测工作几经调整，监测范围、品种和参数大幅度增加。截至2013年，我国农产品质量安全的监测产品种类已达5大类103种，监测参数达87项，监测城市达153个，同时监测标准日趋严格。图1-10示意了1999年以来我国农产品例行监测范围与参数变化。

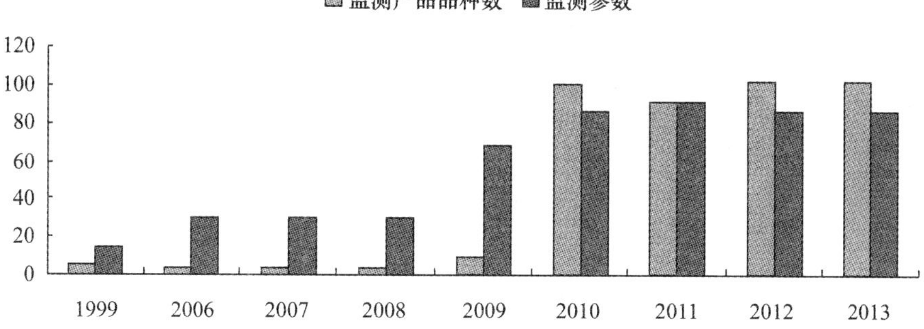

图1-10 1999年以来农产品例行监测范围与参数变化示意图（单位：个）
资料来源：农业部历年农产品质量安全例行监测公报。

3. 监管部门责任进一步明确

目前，我国农产品质监系统分为中央部委和地方两个层次，其分工各有侧重。2013年3月，第十二届全国人民代表大会第一次会议批准了《国务院机构改革和职能转变方案》(以下简称《方案》)。《方案》将食品安全的主要监管部门减少为国家食品药品监督管理总局和农业部。其中，农业部除负责食用农产品从种植养殖环节到进入批发、零售市场或生产加工企业前的质量安全监督管理，负责兽药、饲料、饲料添加剂和职责范围内的农药、肥料等其他农业投入品质量及使用的监督管理外，新增畜禽屠宰环节和生鲜乳收购环节质量安全监督管理。食用农产品进入批发、零售市场或生产加工企业后，将由食品药品监督管理部门管理。① 此次结构调整将分散的监管力量整合集中，减少了监管环节中存在的空隙、盲区，促进了食用农产品质量安全的全程监管。

在地方农产品质量安全监管方面，根据2006年起施行的《中华人民共和国农产品质量安全法》规定，县级以上地方人民政府统一领导、协调本行政区域内的农产品质量安全工作，并采取措施建立健全农产品质量安全服务体系，提高农产品质量安全水平。2013年，国务院办公厅发布《关于加强农产品质量安全监管工作的通知》，进一步强化农产品质量安全属地管理责任，要求地方各级人民政府要对

① 国务院办公厅：《国家食品药品监督管理总局主要职责内设机构和人员编制规定》，中央政府门户网站，2013-03-26[2014-06-12]，http://www.gov.cn/zwgk/2013-05/15/content_2403661.htm。

本地区农产品质量安全负总责，并纳入绩效考核范围。这些具体措施的出台，提高了地方政府对农产品质量安全工作的重视程度，推动监管责任的落实。截至 2013 年年底，全国所有的省级农业厅局、60% 以上的地市、近 50% 的县（区）和 97% 的涉农乡镇已建立农产品质量安全监管机构，共落实监管服务人员 5 万余人。①

4. 质量安全风险评估不断推进

2007 年，农业部成立了国家农产品质量风险评估专家委员会，作为我国农产品质量安全风险评估工作的最高学术和咨询机构。2011 年以来，根据《农产品质量安全法》规定和农业部颁布的《农产品质量安全发展“十二五”规划》，结合农产品质量安全监管工作需要，农业部分期分批认定了一批部级农产品质量安全风险评估实验室，建设了一批农产品质量安全风险评估监测站点，承担农产品质量安全风险评估、风险隐患动态跟踪评价和风险交流等工作，为政府农产品质量安全风险管理提供科学依据和技术支撑。② 表 1-4 列举了近三年农产品质量安全风险评估发展情况。

表 1-4 近三年来农产品质量安全风险评估发展情况

发展情况	2011 年	2012 年	2013 年
重要事件	遴选出首批专业性和区域性农业部农产品质量安全风险评估实验室	中央 1 号文件提出，开展农产品质量安全风险评估	认定一批主产区风险评估实验站，着手编制全国农产品质量安全风险评估体系能力建设规划
风险评估实验室数量	65 个（专业性 36 个，区域性 29 个）	65 个（专业性 36 个，区域性 29 个）	88 个（专业性 57 个，区域性 31 个）
风险评估实验站数量	0	0	145*
专项风险评估	对蔬菜、水果、茶叶、畜产品、水产品等 8 大类农产品进行质量安全风险摸底评估	对蔬菜、茶叶等 21 个专项进行风险评估	对 9 大类食用农产品中的 10 大风险隐患进行专项风险评估

注：* 风险评估实验站于 2013 年 10 月组织申报，2014 年 1 月公布认定名单。风险评估实验站主要用于承担风险评估实验室委托的风险评估、风险监测、科学研究等工作。

资料来源：根据中央 1 号文件、农业部农产品质量安全监管相关文件整理而得。

---

① 《守望“舌尖”上的安全》，《农民日报》，2013-12-24［2014-01-01］，http://szb.farmer.com.cn/nmrb/html/2013-12/24/nw.D110000nmrb_20131224_1-07.htm? div =0。

② 《农产品质量安全风险评估体系如何构建?》，中国农业质量标准网，2013-03-18［2014-06-12］，http://www.caqs.gov.cn/News/Detail/? ListName =% 25e5% 2586% 259c% 25e4% 25b8% 259a% 25e8% 25b4% 25a8% 。

表1-4显示,2013年我国农产品质量安全风险评估实验室数量由近两年的65个增长到了88个。其中,专业性风险评估实验室数量由近两年的36个增加到57个,区域性风险评估实验室数量由近两年的29个增加到31个;风险评估实验站数量实现了零的突破,发展到2013年的145个。与此同时,专项风险评估力度也不断得到强化,2013年农业部对9大类食用农产品中的10大风险隐患进行了专项风险评估。

(二)农产品质量安全执法监管力度显著加强

自2009年以来,全国农产品质量安全执法监管力度显著增强,检查对象不断扩大,出动执法人次迅速增长,执法监管效果显著。表1-5显示,五年来全国的农业部门共出动执法人员1560万余人次,查处问题17.3万余起,立案查处的案件6.8万件,使一些突出问题得到了有效遏制。[①] 2013年在国务院统一部署下农业部开展六个农产品质量安全的专项治理行动,出动执法人员310万余人次,检查相关生产经营单位274万家,查处问题农产品5.1万余起,进一步纠正了农产品质量风险隐患及"潜规则"问题。

表1-5 2009—2013年间农产品质量安全执法情况

执法项目	2009年	2010年	2011年	2012年	2013年
出动执法人员	283万人次	279万人次	416万人次	432万人次	310万人次
检查企业	163万家次	162万家次	289万家次	317万家次	274万家次
查处问题	5.4万起	6.3万起	4.1万起	5.1万起	5.1万起
挽回损失	8.2亿元	9.4亿元	7亿元	11.7亿元	5.68亿元

数据来源:农业部。

(三)农产品质量安全标准化体系建设渐趋完善

农产品生产标准化是保障和提升农产品质量安全的治本之策,也是转变农业发展方式和发展现代农业的重要抓手。[②] 2013年农业部在进一步加快药物残留标准制修订工作的同时,继续积极开展标准化生产示范工作,并取得了显著的成果。

1. 药物残留标准制修订取得重大突破

2013年,农业部以农药残留、兽药残留等标准为重点,加快标准清理和制修订工作进度,加紧转化一批国际食品法典标准。[③] 2013全年,新制定农药残留限量食品安全国家标准120项,修订发布兽药残留检测方法标准29项,评估转化国际食

① 农业部:《农产品质量安全监管情况新闻发布会》,农业部网站,2014-01-15[2014-06-14],http://www.moa.gov.cn/hdllm/wszb/zb52/。

② 罗斌:《我国农产品质量安全发展状况及对策》,《农业 农村 农民(B版)》2013年第8期。

③ 陈晓华:《2013年我国农产品质量安全监管的形势与任务》,《农产品质量与安全》2013年第1期。

品法典中农药残留限量 1251 项。其中,我国食品农药残留监管的唯一强制性国家标准——《食品中农药最大残留限量》(GB2763-2012)于 2013 年 3 月 1 日起正式实施。该标准中的新农药最大残留限量标准达 2293 个,较原标准增加了 1400 余个,其中蔬菜、水果、茶叶、食用菌等鲜食农产品的农药最大残留限量标准数量最多,分别为 915 个、664 个、25 个、17 个,同时对艾氏剂等 10 种持久性农药的再残留限量标准也做了相应的规定。[①] 该标准的实施基本实现了食品中农药残留标准的合并统一,改善了之前存在的农药残留标准并存、交叉、老化等问题(表 1-6)。目前,全国农业国家标准和行业标准总数达到 7964 项。[②]

表 1-6 农药残留新旧标准对比

对比指标	旧标准	新标准
相关标准数量	3 项国家标准、10 项农业行业标准	1 项国家标准
限量农药种类	201 种	322 种
覆盖农产品数量	114 种	10 大类农产品和食品
残留限量标准数量	873 个	2293 个
农药残留限制规定	较宽松*,不同标准间存在矛盾	更加严格*,标准统一**
其他		首次制定同类农产品的组限量标准和初级加工制品的农残最大限量标准

注:* 例如,已禁止使用的磷铵,在稻谷中的限量原标准规定 0.1 mg/kg,现标准修订为 0.02 mg/kg。**,例如百菌清在小麦中的限量,原国标规定 0.1 mg/kg,原行标规定 0.05 mg/kg,现标准统一修订为 0.1 mg/kg。

数据来源:根据农药残留相关标准整理而得。

2. “三品一标”工作扎实推进

20 世纪 90 年代初期以来,农业部陆续启动了绿色食品认证、无公害农产品认证、农业系统有机食品认证和地理标志农产品登记保护工作(即“三品一标”)。近年来,“三品一标”生产与市场规模皆获得长足发展,已经成为农业品牌化发展的主要推手与提升食品安全水平的重要政策工具。2013 年,农业部继续扎实推进“三品一标”(即无公害农产品、绿色食品、有机农产品和农产品地理标志)工作(表 1-7),一方面积极开展新的认证登记,认证的产地已占超过食用农产品产地总面积 40%;另一方面积极维护“三品一标”的品牌信誉,严格生产管理、产品认证和

① 国务院:《食品中农药残留限量新国家标准出台》,中央政府门户网站,2012-12-07 [2013-06-06],http://www.gov.cn/fwxx/jk/2012-12/07/content_2285267.htm。

② 《守望“舌尖”上的安全》,农民日报,2013-12-24 [2014-01-01],http://szb.farmer.com.cn/nmrb/html/2013-12/24/nw.D110000nmrb_20131224_1-07.htm? div = 0。

证后监管,强化退出机制,发布了《茄果类蔬菜等55类无公害农产品检测目录》,废止了132项无公害食品标准,并率先推行"三品一标"的质量安全全国追溯管理。① 近年来,"三品一标"产品合格率持续保持在98%以上的高水平,为打造农产品品牌、推动标准化生产、促进农民增收发挥了重要的示范作用(本《报告》下编将集中研究有机农业与农产品的相关情况)。

表1-7 2013年农业部认证"三品一标"数量变化

发展项目	2013年增量(个)	2013年底存量(个)
三品一标	23140	100974
无公害农产品	3040*	77569
绿色食品	1951*	19076
有机农产品	319*	3081
地理标志农产品	201*	1248

注:* 由于"三品一标"有期限,该部分数据 = 2013年"三品一标"新认证个数 - 到期证书个数。

数据来源:根据农业部、《农民日报》的相关数据整理而得。

3. 农业标准化生产示范基地持续开展

截至2012年年底,全国新建国家级农业标准化整体推进示范县46个,创建蔬菜水果茶叶标准园、畜禽标准化规模化养殖场、水产健康养殖示范场等"三园两场"和热作标准园2676个。② 通过标准化示范基地的建设,有力地推动了农业生产方式的转变,促进了农业标准化、规模化发展。③ 2013年,农业部持续积极开展以"三园两场一县"(即标准化果园、菜园、茶园,标准化畜禽养殖场、水产健康养殖场和农业标准化示范县)为载体的标准化示范创建工作。2013年,国家级农业标准化示范县新增48个,"三园两场"新增2401个。截至2013年年底,全国范围内已组织创建了国家级农业标准化示范县639个,"三园两场"5500多个。④ 通过农业标准化生产示范基地建设的持续开展,对促进农业标准化生产、保障农产品质

① 《下一步将强化"三园两场"和标准化整体推进示范县建设》,中国政府网,2014-01-08 [2014-01-10],http://www.gov.cn/zxft/ft239/content_2562303.htm,农业部新闻办公室:《农产品质量安全形势总体稳定向好》,农业部网站,2013-07-12 [2013-07-17],http://www.agri.gov.cn/V20/ZX/nyyw/201307/t20130712_3524878.htm;《"三品一标"将率先实行质量安全全国追溯》,农民日报,2013-04-02 [2013-06-12],http://szb.farmer.com.cn/nmrb/html/2013-04/02/nw.D110000nmrb_20130402_2-01.htm? div = -1。

② 农业部新闻办公室:《农产品质量安全水平稳中有升》,中国农业信息网,2011-12-27 [2013-06-06],http://www.greenfood.org.cn/Html/2011_12_27/2_5129_2011_12_27_21453.html。

③ 陈晓华:《2013年我国农产品质量安全监管的形势与任务》,《农产品质量与安全》2013年第1期。

④ 《守望"舌尖"上的安全》,《农民日报》,2013-12-24 [2014-01-01],http://szb.farmer.com.cn/nmrb/html/2013-12/24/nw.D110000nmrb_20131224_1-07.htm? div = 0。

量安全起到了积极的示范引导作用。

五、食用农产品质量安全的主要问题与未来努力方向

虽然我国主要食用农产品总体安全情况比较稳定、逐步趋好。但质量安全风险依然存在,农产品质量安全问题时有发生。2013 年 5 月,中国社会科学院中国舆情调查实验室发布第一次舆情指数显示,在最受关注的重大社会问题方面,食品安全的选择比例最高,超过空气污染问题,达到 70.4% 。① 随着人们生活水平的提高,人们对农产品质量安全问题关注度不断提高。

(一)食用农产品质量安全问题

我国食用农产品产量快速增长,但在质量安全方面仍然存在诸多突出的问题。2013 年发生的"毒豇豆""镉大米"等多起食用农产品质量安全事件,再次暴露出因农业面源污染、农药残留、兽药滥用、病死禽畜处置不当等引发的食用农产品质量安全方面存在的问题(表 1-8)。

表 1-8　2013 年食用农产品质量安全主要热点事件

问题种类	事件名称	事件简述	事件影响和处理工作
面源污染	"镉大米"事件	2013 年 5 月,广州市公布第一季度餐饮食品抽检结果,44.4% 的大米及米制品抽检产品发现镉超标。佛山市顺德区的大米抽检结果显示生产、流通环节均存在镉超标大米。	1. 广州各大粮油批发市场,被爆超标的湖南大米、江西大米难寻踪影,北方粳米和进口大米销量增加。 2. 引发公众对土壤重金属污染的关注。据统计,我国受污染的耕地约 1.5 亿亩,占总耕地面积的 8.3%;我国 11 省 25 个地区的耕地涉及镉污染。国土资源部开始绘制土壤重金属污染图,全面会诊土壤重金属污染现状。
	"垃圾鱼"事件	2013 年 8 月,海口闹市区中的 6 口鱼塘被曝光。鱼塘周边遍布养猪场、家禽屠宰场和一家大型医院,每个鱼塘水面上漂浮着大量垃圾。鱼塘每天有万斤以上"垃圾鱼"流向市场。	1. 多部门联手取缔垃圾鱼塘,并对所有"垃圾鱼"进行无公害化掩埋处理。 2. 海南省各市县进行全面排查整改。

① 《社科院舆情报告:7 成民众最关注食品安全与雾霾天》,央视网,2013-05-24 [2013-06-12],http://news.cntv.cn/2013/05/24/ARTI1369366108964838.shtml。

（续表）

问题种类	事件名称	事件简述	事件影响和处理工作
农药残留	“神奇黄瓜”事件	2013年1月，某市民将黄瓜咬几口后放进冰箱，几天以后，该黄瓜又长长了一截。发生这种情况与“920”（赤霉素）农药有关。该农药在韭菜、黄瓜、香菜、叶菜等蔬菜中都会应用，	1. 引发公众对果蔬中含有过量激素是否影响身体健康的关注。 2. “920”未在农业部公布的“禁止和限制使用农药”名单中。农业部门未对其进行过抽检。农残限量标准无相关规定。
	“毒豇豆”事件	2013年1月，广州市在农产品质量检测中发现来自海南的豇豆样品农药残留超标。	1. 时隔三年，“毒豇豆”再现，受到舆论聚焦。 2. 海南省在查明“毒豇豆”源头后向社会致歉，并下发加强豇豆等瓜菜质量检测的紧急通知，对平息舆论发挥积极作用。
	“毒生姜”事件	2013年5月，央视曝光山东潍坊姜农使用剧毒农药“神农丹”种姜。之后，在南京、广州等地发现来自山东潍坊和日照的“毒生姜”。据了解，潍坊出产的姜分外销姜和内销姜两种，外销姜检测严格，内销姜则只进行小规模抽查。	1. 暴露出内外有别、外严内宽的监管对农产品质量安全所造成的恶劣影响。 2. 当地政府查封“神农丹”经销业户，对非法销售和使用的当事人实施刑事强制措施，清除和销毁问题姜田126亩。
	“新自留地”事件	2013年6月末，央视曝光陕西渭南菜农滥用农药。当地菜农家家有“自留地”，从不敢吃大棚菜。之后，山东、东北等地农村的“自留地”也受到关注。	1. “新自留地”事件使城乡农产品供给一定程度呈现“二元结构”，是对加强农产品质量安全工作的警示。 2. 增加了大家对琳琅满目的“绿色”“有机”农产品的质疑。
	“中药材农残”事件	2013年6月下旬，国际环保组织“绿色和平”公布《中药材污染调查报告》，指出中药材样本普遍含有多种农残，其中不乏国家禁用农药，且个别样本农残含量奇高。	公众呼吁从严把关药材生产和流通的各个环节，逐步实现有机种植。
	“毒豆芽”事件	2013年下半年，“毒豆芽”事件频发。河南、陕西、福建、江苏、天津等多地被曝光违法加工问题豆芽。	1. 引发《人民日报》、新华社等权威媒体的关注。 2. 豆芽生产以小作坊为主，隐蔽性强，监管难。 3. 各地组织销毁“毒豆芽”，并出台豆芽生产相关地方标准。

（续表）

问题种类	事件名称	事件简述	事件影响和处理工作
兽药滥用	“速生鸡”事件	2013年年初，央视曝光山东多地养殖场给鸡喂国家明令禁止的抗病毒药物和激素类药物，让其在40天内快速成熟。这些“速生鸡”在未检疫的情况下，被山东六和集团收购，并供给肯德基。 同期，央视曝光河南某兽药厂生产兽药过程中添加违禁抗生素事件。	1. 关闭有关的养鸡企业和加工企业。 2. 公众呼吁企业、政府建立一套面向整个产品生产链的无缝监管网络。 3. 两起事件接连曝光，形成了抗生素滥用的连锁式负面影响。
病死禽畜处置不当	“黄浦江死猪”事件	2013年3月，上海黄浦江松江段水域漂浮大量死猪。3月10日，上海市农委统计已打捞死猪数量超过13000头。 该事件在全国引起连锁反应，湖北、陕西、四川、江西、湖南、河南等地的水域内均发现病死禽畜。	1. 对所在水域的环境造成不同程度污染。 2. 充分暴露出病死禽畜无害化处理机制和监管层面存在缺失。
	“病死猪肉流入餐桌”事件	2013年5月，公安部披露福建政府雇员以权谋私，将近40吨病死猪肉流入湖南、广东、江西等地餐桌。	1. 该事件案情重大复杂，并定为公安部督办案件。 2. 查获32吨尚未出售的病死猪肉。 3. 公众对政府雇员以权谋私、官方层层监管失效提出质疑。
动物疫病	“H7N9禽流感”事件	2013年3月底，新型禽流感H7N9型禽流感于上海和安徽两地率先发现。2013年4月经调查，H7N9禽流感病毒来源于上海、浙江、江苏等地的鸡群。截至2013年12月15日，我国内地共报告141例人感染禽流感确诊病例，其中死亡46人，患者多有活禽接触史。	1. 积极救治禽流感患者，对问题禽类进行活埋。 2. 政府积极引导民众科学、健康地进行禽类消费。

数据来源：根据人民网、新华网、央视网等媒体报道整理而得。

一系列农产品质量安全突发事件的出现加剧了人们对农产品质量安全的担忧，给我国农业发展带来了惨重的损失。① 纵观2013年农产品质量安全热点事件和食物中毒公共突发事件可以发现，生产、加工、流通、消费等环节均存在一定的质量安全风险。其中，生产环节主要表现为环境污染，药物残留超标；加工环节主

① 刘家悦、陈杰：《浅析农产品质量安全管理的问题与对策》，《湖北农业科学》2012年第23期。

要表现为不法商人滥用添加剂；流通环节主要表现为监管缺位，导致有毒有害食用农产品进入市场；消费环节主要表现为消费者缺乏应对问题农产品的能力。与此同时，各环节还暴露出农产品质量安全监管体系条块分割、缺乏有机统一性的突出问题。另外，质量安全风险预警建设仍停留在较低水平。

（二）提升食用农产品质量安全的努力方向

面对频频发生的食品安全事件，中央政府不断强化政治决心，提高整治力度。2013 年，中央农村工作会议强调，能不能在食品安全上给老百姓一个满意的交代，是对政府执政能力的重大考验。食品安全的源头在农产品，基础在农业，必须正本清源，首先把农产品质量抓好。[①] 全方位强化生产、加工、流通、消费四大环节，紧抓农业现代化发展的契机，注重"产""管"结合是保障农产品质量安全，解决突出农产品质量安全问题和隐患的有效途径。

1. 食用农产品生产

生产是源头，对农产品质量安全起着基础性和决定性的作用。因此，加强对生产环节的监督和管理对全面提升农产品质量安全具有关键性的意义。[②]

（1）农产品产地环境建设。农产品产地环境的水、土、气、生立体交叉污染是工农业快速发展的一个伴生产物，是由不合理的农业生产方式和人类活动引起的。因此，要加强立体污染的防控。首先，产地应避开地球化学污染的威胁，因为某些地域有害金属元素相对富集，造成对环境的污染；其次，产地内上项目的同时应进行"三废"治理建设；最后，在禽畜养殖区，进行粪便无害化处理，防止其对环境的污染。[③] 政府应致力于建立土壤环境质量定期监测制度和信息发布制度，设置耕地和集中式饮用水水源地土壤环境质量检测监控点位，提高土壤环境检测能力。加强全国土壤环境背景点建设，加快制定省级、地市级土壤环境污染事件应急预案，健全土壤环境应急能力和预警体系。[④]

（2）农产品标准化生产。首要的是，政府相关部门应进一步加快食用农产品相关标准的制修订工作。目前，我国农产品质量安全相关标准仍然欠缺。2013 年，我国虽然开始实施更加全面的《食品中农药最大残留限量》，但农药最大残留

---

① 《中央农村工作会议今日闭幕：强调保障粮食安全》，新华网，2013-12-24［2014-01-01］，http://news.xinhuanet.com/fortune/2013-12/24/c_125910112.htm。

② 窦艳芬、陈通、刘琳等：《基于农业生产环节的农产品质量安全问题的思考》，《天津农学院学报》2009 年第 3 期。

③ 章力建：《农产品质量安全要从源头（产地环境）抓起》，《中国农业信息》2013 年第 15 期。

④ 国务院办公厅：《近期土壤环境保护和综合治理工作安排》，中央政府门户网站，2013-01-27［2013-01-30］，http://www.gov.cn/zwgk/2013-01/28/content_2320888.htm。

限量标准只有2293个，而国际食物法典标准有3820个，比我国多1500余个。[①] 我国目前所登记的使用的38种植物生长调节剂中，也只有10种制定了相应的残留限量国家标准。[②] 标准的欠缺导致在标准化生产的发展中，时常出现无章可循的现象。未来政府相关部门应该从我国实际出发，借鉴国际经验，进一步强化农产品相关标准，扩大相关标准的覆盖面，切实保障投入品安全。同时应积极推进、严格管理、科学引导农产品生产单位进行标准化生产。一要加强认证产品（单位）的示范带动作用。认证产品（单位）是我国农产品质量安全顺向推动的重要抓手和标准化生产的重要载体，也是指导生产、引导消费的重要平台。[③] 应进一步促进认证产品的又好又快发展，努力通过认证产品（单位）的示范带动更多的单位参与认证，进行标准化生产。二要引导非认证单位进行标准化生产。对非认证农业生产单位除了必要的严格控制高毒农药和抗生素等物品的使用外，政府部门还要加大宣传力度，通过进村入户等方式开展广泛的科普教育，引导和帮助农民了解农产品质量安全的重要性、掌握科学生产知识、养成安全生产习惯，从源头上把控农产品质量安全。

（3）农业生产科技投入。科技是第一生产力。解决农产品数量问题要依靠科技，保障农产品质量安全同样要依靠科技。2007年，中央财政安排用于农业科研、农业技术与服务体系等方面的资金合计148.2亿元。2012年则增加到240亿元，增加了61.94%。但绝对数额的增长并不能掩盖相对数额的短缺，农业科技经费投入仍未能有效满足农业生产发展的需要。用来衡量农业科技投入相对量的农业科技投入强度（农业科技投入占农业GDP的比重）从2007年的0.54%下降到2012年的0.46%。这从侧面上反映了我国农业科技投入增加的速度和幅度滞后于农业发展的客观需要，农业科技经费投入仍需大幅增加。农业生产科技投入不仅要用于科技成果研发方面，更要用于科技成果转化。一方面，积极推进信息技术与农业技术融合，推广和转化精准农业、感知农业、智慧农业，开展测土配方施肥和有机质提升行动，在提高产量的同时减少化肥等投入品的使用，从而保证农产品质量安全。另一方面，积极利用经济支持等方式，加强农民培训，提高农民科技素质，培养种养大户、农机手、防疫员等有文化、有技术的新型农民，使其达到接受科技成果转化的技术要求。

---

① 《2293个食品中农药最大残留限量标准2013年3月实施》，中国政府网，2012-12-10［2012-12-14］，http://www.gov.cn/jrzg/2012-12/10/content_2286427.htm。

② 《农药920遭菜农滥用》，《羊城晚报》，2013-01-09［2013-01-10］，http://www.ycwb.com/ePaper/ycwb/html/2013-01/09/content_61545.htm?div=-1。

③ 罗斌：《我国农产品质量安全发展状况及对策》，《农业 农村 农民（B版）》2013年第8期。

2. 食用农产品加工

加工环节是提升农产品附加值、增加农民收入的重要环节。加强对加工环节的监督和管理对提高农产品质量安全、食品安全都具有重要意义。

(1) 农产品加工质量安全标准体系的建设。我国的农产品加工质量安全标准体系已经基本建立,但与发达国家与新时期我国农业发展的要求相比,在农产品加工标准体系、生产加工的各环节覆盖性等方面还存在着差距,标准体系的科学性、配套性和实用性有待进一步提高。因此,要加快标准的制修订工作,以适应农产品加工业的快速发展,对新型食品添加剂进行科学、合理约束。

(2) 农产品加工发展方式的转变。目前我国农产品加工业特别是初级农产品加工,仍然以分散的传统型小作坊经营模式为主,缺乏技术手段,难以把握市场行情,无法实现规模经济。加工者为攫取最大利益极易产生违规生产行为。应加快转变农产品加工发展方式,保证加工环节质量安全。要突出培育发展龙头企业,充分利用龙头企业的资金、生产能力优势,形成农产品加工的产业链,扩展农产品及其加工品的发展空间,不断带动区域内的相关加工产业发展。

3. 食用农产品流通

流通环节作为农产品进入消费者手中的最后环节,对于保障农产品质量安全具有极其重要的作用。

(1) 建立农产品溯源管理机制。由于市场经济运行过程中信息不对称而导致道德风险和机会主义行为,致使经济效益损失与下降。溯源机制的建立是对基于市场机制的一种弥补。溯源机制有可能实现了或一定程度地传递了商品的质量信号。这种信号对于生产者的反映是一种约束和激励,从而能够避免劣品驱逐良品的市场失灵行为。农产品质量安全溯源机制是保障农产品质量安全高效管理的长效机制。① 目前我国在农产品追溯管理已有一定的条件和基础,法律上有明确的制度安排,部分行业和地区已有一些探索。② 但要全面实施追溯管理还有非常漫长的路,必须突出重点,从基础抓起,努力取得实实在在的成效,并逐步在全国推广。

(2) 整合供应组织体系。我国现有农产品供应仍以分散的、小规模供应为主,既不利于农产品质量安全相关市场准入制度的推行,也不利于相关部门监管。整合分散的供应单位,形成批发市场类规模组织将有助于保证流通环节的农产品质量安全。政府要因地制宜,合理布局东西南北、产销地之间的农产品批发市场。

① 胡庆龙、王爱民:《农产品质量安全及溯源机制的经济学分析》,《农村经济》2009 年第 7 期,第 98—101 页。

② 罗斌:《我国农产品质量安全发展状况及对策》。

农产品批发市场的建设和布局应当符合城市商业网点规划，有产业和市场支撑，流向合理的交通节点上；重点扶持农产品龙头企业建设项目，支持龙头企业建设生鲜农产品配送中心、冷链系统、质量安全可追溯系统和电子商务；各级政府和有关部门在政策和资金上要给予重点倾斜和支持，建立现代化的配送中心。

4. 食用农产品消费

消费是农产品发展的最终目的。树立公众对农产品质量安全信心，提高公众应对问题农产品的能力，对农产品质量安全全局发展具有重要的战略性意义。

（1）增强消费者的健康消费意识。农产品质量安全事件频发，公众极易产生恐慌心理。由于公众缺乏理解、辨别问题农产品能力，一定程度上使得供应商面临严重的经济损失，也加重了公众对农产品质量安全的焦虑。一方面依托农业科研院所和大专院校广泛开展健康消费小贴士之类的科普培训，提升消费者自身鉴别和判断能力；另一方面加强与新闻宣传部门的统筹联动和媒体的密切沟通，及时宣传农产品质量安全监管工作的推进措施和进展成效，加强农产品质量安全健康消费引导，全面普及农产品质量安全知识，增强公众消费信心，营造良好的社会氛围。①

（2）提升消费者对优质农产品的认知水平。“三品一标”类认证农产品是我国农产品质量安全发展的标杆，为公众应对问题农产品提供了新的选择。针对目前“三品一标”优质农产品品牌的认可程度不高的现状，相关部门应在积极开展认证登记的同时，着力创建“三品一标”的品牌信誉，严格执行各项管理制度，鼓励超市、集贸市场等规模型农产品市场公开非认证类安全农产品的入场检验检测结果，让公众有据可选，从而提高社会大众对于优质农产品品牌的认可程度。

5. 食用农产品全过程监管

保障并提升食用农产品质量安全是一个系统性工程，既需要各环节分段式管理，也需要统筹各个环节，进行全过程管理。

（1）加大监管力度。要严格落实属地责任。农产品质量安全事件的发生并非偶然，往往是监管部门重视程度不够，在放任自流的过程中累积形成，并不断扩大。如“病死猪肉”事件，生产、加工、流通三个环节多个监管部门均因重视不够最终层层缺位导致问题肉流向餐桌。因此，要提高基层对农产品质量安全的重视，强化农产品质量安全属地管理责任。地方各级人民政府要加强组织领导和工作协调，把农产品质量安全监管纳入重要议事日程，在规划制定、力量配备、条件保障等方面加大支持力度。对农产品质量安全监管中的失职渎职、徇私枉法等问

① 农业部：《关于加强农产品质量安全全程监管的意见》，农业部网站，2014-01-24［2014-01-30］，http://www.moa.gov.cn/zwllm/tzgg/tz/201401/t20140124_3748960.htm。

题,检察机关要依法依纪进行查处,严肃追究相关人员责任。①

要明确关键点控制。影响农产品质量安全主要在产地环境,生产过程中的农业投入品使用,加工、运输和储存过程中处置等环节,加强关键点的管理将起到事半功倍的效果。而这些关键点往往也是职责不明的"重灾区"。各级政府应在严格落实属地责任的基础上,结合当地实际,统筹建立农产品质量安全监管各关键点衔接机制,细化部门职责,明确工作分工,避免出现监管职责不清、重复监管和监管盲区。

要逐步提高监管能力。要将农产品质量安全监管、检测、执法等工作纳入各级政府财政预算,切实加大投入力度,加强工作强度。要提高科技手段推动监管工作的影响力,尽快配齐必要的检验检测、执法取证、样品采集、质量追溯等设施设备。加快农产品质量安全检验检测体系建设,整合各方资源,积极引导社会资本参与,实现各环节检测的相互衔接与工作协同,防止重复建设和资源浪费。同时,强化质检机构管理,通过培训、技术竞赛等方式提高质检能力。

(2) 健全预警应急机制。要建设农产品质量安全预警系统。包括对食物环境质量的检测,重视对土壤肥力、水土流失及农业环境污染状况的检测。在科学预警的基础上,实现农产品质量安全管理方式由经验管理、由滞后管理转变为超前管理、由静态管理转变为动态管理。②

要加强与媒体的沟通。农产品质量安全监管部门应以更开放的心态对待各种媒体,及时、主动通报农产品质量安全领域的现实情况和所采取的措施,促进媒体社会责任意识的提升。同时,要实时监测农产品质量安全方面的舆情,对每一起事件及时组织相关专家研判,再借助主流媒体发布经确认的、统一的专家解释。对于的确存在问题的,积极开展应急处置,决不姑息。

要严格做好农产品质量安全突发事件应急处置。完善农产品质量安全突发事件应急预案,形成反应快速、信息畅通、跨区联防联控的应急处置网络。要提高信息报送时效性,确保问题隐患早发现、早报告、早处置,努力将问题消灭在萌芽状态。要加快农产品质量安全应急专业化队伍建设,提高责任意识,强化应急条件保障,组织实施突发事件应急演练。

---

① 国务院办公厅:《关于加强农产品质量安全监管工作的通知》,中央政府门户网站,2013-12-11[2014-01-01],http://www.gov.cn/zwgk/2013-12/11/content_2545729.htm。

② 许世卫、李志强、李哲敏等:《农产品质量安全及预警类别分析》,《中国科技论坛》2009年第1期。

第二章　食品生产与质量安全：制造与加工环节

食品安全包括数量安全和质量安全。其中首要的是数量安全，能够生产或提供维持人们基本生存所需的膳食需要。[①] 食品制造与加工业承担着为我国13亿人提供安全放心、营养健康食品的重任，在食品产业链中具有极其重要的地位，是国民经济的重要支柱产业。本章重点考察2005—2013年间我国食品生产的基本情况，并以分析国家食品质量抽查合格率为切入点，分析加工和制造环节食品的质量安全水平。

一、食品工业发展概况与经济地位

（一）主要食品产量

2005年以来，在市场需求和政策引导的双驱动下，我国主要食品供销两旺：产量持续增加，产品销售率达到97%左右。虽然金融危机后遗症风波未息，但食品工业良好的发展态势依旧。表2-1的数据显示，与2005年相比，2013年我国主要食品产量大幅增长。其中，稻谷产量增长幅度最大、增长最快，2013年的总产值达到20329万吨，2005—2013年间的年均增长率达到了35.7%。目前，我国稻谷、小麦粉、方便面、食用植物油、成品糖、肉类、啤酒等产量继续保持世界第一。总体而言，我国的食品市场种类丰富供应充足，很好地满足了人民群众日益增长的食品消费需求，有效地保障了食品供应的数量安全。

（二）食品消费市场与价格

2013年，食品工业产销衔接。农副食品加工业，食品制造业，酒、饮料、精制茶制造业和烟草制品业的产销率分别是97.7%，98.3%，96.3%和100.7%。粮油食品、烟酒饮料类零售总额同比增长13.9%。

---

① 吴林海、徐立青：《食品国际贸易》，中国轻工业出版社2009年版。

表 2-1　2005 年、2011—2013 年我国主要食品产量比较

（单位:万吨、万千升、%）

产品	2005	2011	2012	2013	累计增长	年均增长
稻谷	1766.2	8839.5	10769.7	20329.0	1051.0	35.7
小麦	3992.3	11677.8	12331.7	12217.0	206.0	15.0
食用植物油	1612.0	4331.9	5176.2	6218.6	285.8	18.4
成品糖	912.4	1169.1	1406.8	1589.7	74.2	7.2
肉类	7700.0	7957.0	8384.0	8536.0	10.9	1.3
乳制品	1204.4	2387.5	2545.2	2676.2	122.2	10.5
罐头	500.3	972.5	971.5	1041.9	108.3	9.6
软饮料	3380.4	11762.3	13024.0	14926.8	341.6	20.4
啤酒	3061.5	4898.8	4902.0	5061.5	65.3	6.5
茶叶	93.49	162.32	178.98	189	102.2	9.2

资料来源:2005 年食品主要产量的数据来源于《中国统计年鉴》(2006 年),其余年份的数据绝大多数来源于中国食品工业协会相关年度的《食品工业经济运行情况综述》,以及国家统计局的《中华人民共和国国民经济和社会发展统计公报》等,有少数数据来自于有关网络资料,比如 2013 年小麦的数据来源于《2013 年中国主要农作物产量预测》,中国粮油信息网,http://www.chinagrain.cn/liangyou/2013/10/15/20131015943203710 4.html 等。

但是食品消费价格上涨较快。2013 年全国食品消费价格增幅为 4.7%,高于全年居民消费价格 2.6% 的增幅,同时也高于政府对居民消费价格“3.5% 左右”的控制目标。食品出厂价格增幅为 0.7%,同比下降 1.9% 的幅度,但高于全年工业品出厂价格。此外,全年农副产品购进价格也同比上涨 1.6%。分类来看,粮食价格上涨 4.6%,油脂上涨 0.3%,肉禽及其制品上涨 4.3%,蛋类上涨 4.9%,水产品上涨 4.2%,鲜菜上涨 8.1%,鲜果上涨 7.1%,乳制品上涨 5.1%,酒上涨 0.3%。牛、羊肉价格保持高位运行,全年涨幅分别为 25.4% 和 13.5%。

(三)在国民经济中的地位

食品工业已经成为国民经济中的支柱产业。表 2-2 显示,2013 年全国食品工业实现主营业务收入首次突破 10 万亿,达到 101140 亿元,同比增长 13.87%,增幅比全国工业高出 2.7 个百分点。食品工业总产值占国内生产总值的比例由 2005 年的 10.99% 上升到 2013 年的 17.78%。2013 年食品工业占全国工业的比重分别为:企业数占 10.3%,从业人员占 7.4%,资产占 6.9%,实现主营业务收入占 9.8%,利润总额占 12%,上缴税金占 18.9%。数据表明,食品工业是国民经济名副其实的支柱产业,不仅能有力地推动工业经济的发展,而且有效地带动农业、食品包装、机械制造业、服务业等关联产业的发展。

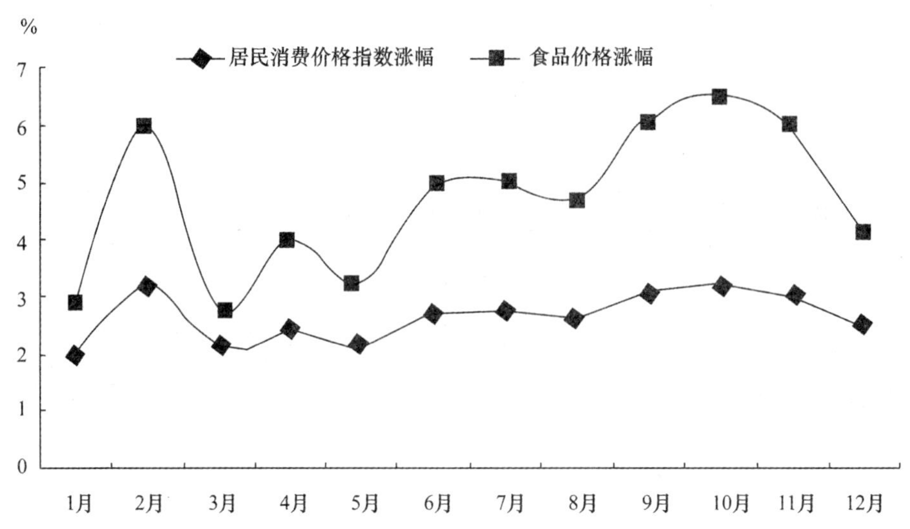

图 2-1 2013 年食品与消费价格指数走势(%)

资料来源:中国食品工业协会:《2013 年食品工业经济运行情况综述》。

表 2-2 2005—2013 年间食品工业与国内生产总值占比变化

(单位:亿元、%)

年份	食品工业总产值	国内生产总值	占比
2005	20324	184937	10.99
2006	24801	216314	11.47
2007	32426	265810	12.20
2008	42373	314045	13.49
2009	49678	340903	14.57
2010	61278	401513	15.26
2011	78078	473104	16.50
2012	89553	519470	17.24
2013	101140*	568845	17.78

注:*表示该数值为食品工业企业主营业务收入。

资料来源:中国统计年鉴(2006—2013 年)、2013 年国民生产总值数据来源于《2013 年国民经济和社会发展统计公报》, 2013 年食品工业的有关数据来源于中国食品工业协会《2013 年食品工业经济运行情况》。

(四)对经济社会发展的贡献

2013 年,全国食品工业完成工业增加值占整个工业增加值的比重达到 11.6%,比 2012 年提高 0.4 个百分点,对全国工业增长贡献率 10.5%,拉动全国工业增长1个百分点,是国民经济平稳较快增长的重要驱动力。食品工业在保持持续快速发展的同时,经济效益继续扩大,实力不断增强。如表2-3和图2-2所示,销售收入由2005年的19938亿元增长为2013年的101140亿元,年均增长22.5%;规模以上食品工业企业上缴税金8649.76亿元,同比增长10.8%,实现利润总额7531亿元,同比增长13.6%,增幅比全国工业高1.4个百分点。2013年,全国食品工业每百元主营业务收入中的成本为79.6元,比全国工业低5.9元;主营业务收入利润率为7.4%,比全国工业高1.3个百分点。从农副食品加工业,食品制造业,酒、饮料和精制茶制造业,烟草制品业每百元主营业务收入中的成本分别为88.95元、78.93元、73.13元、25.54元;利润率分别是5.22%、8.53%、10.89%、14.74%。

表2-3　2013年食品工业经济效益指标　（单位:亿元）

行业名称	主营业务收入	同比增长(%)	利润总额	同比增长(%)	税金总额	同比增长(%)
食品工业总计	101139.99	13.87	7531.00	13.55	8649.76	10.75
农副食品加工业	59497.12	14.35	3105.32	14.36	1352.04	18.16
食品制造业	18164.99	15.90	1550.04	17.47	738.60	17.39
酒、饮料和精制茶制造业	15185.20	12.05	1653.57	7.81	1126.92	4.59
烟草制品业	8292.67	9.61	1222.07	14.88	5432.21	9.54

资料来源:中国食品工业协会:《2013年食品工业经济运行情况》。

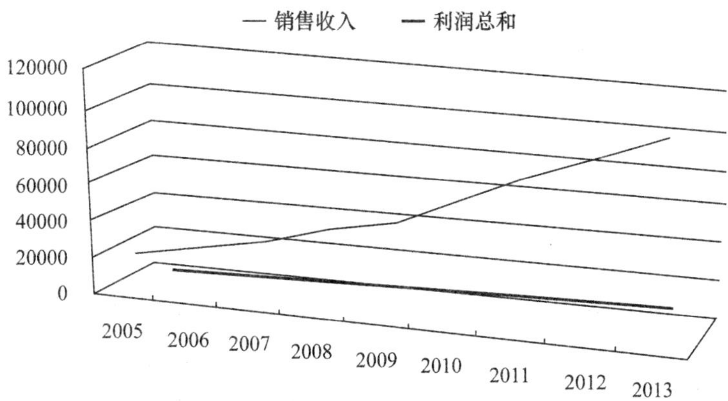

图2-2　2000—2013年间食品工业主要经济指标增长情况（单位:亿元）

资料来源:《中国统计年鉴》(2006—2013),中国食品工业协会:《2013年食品工业经济运行情况》。

(五) 固定资产投资

2013 年全国食品工业投资施工项目 28831 项,其中当年新开工项目 20907 项。全年完成固定资产投资 16040.13 亿元,占全国固定资产投资总额的 3.7%,同比增长 25.9%,增幅高出全国工业固定资产投资平均水平 6.3 个百分点。分行业看,农副食品加工业完成投资额 8673.58 亿元,食品制造业完成 3695.49 亿元,酒、饮料和精制茶制造业完成 3367.09 亿元,烟草制品业完成 303.97 亿元,同比分别增加 26.5%、20.7%、30.4%、27.3%(见表 2-4)。分地区看,河南、山东、黑龙江、湖北、辽宁、湖南、河北、四川、江苏、安徽位列完成投资额前十位,完成投资额占全国食品工业的 65.3%。从资金来源构成看,国家预算资金占 0.4%,国内贷款占 7.6%,自筹资金占 88.1%,利用外资占 1.3%,其他资金占 2.6%。

表 2-4　2013 年食品工业固定资产投资情况　(单位:个、亿元、%)

	施工项目数	本年新开工	完成投资	同比增长	占比
规模以上食品工业	28831	20907	16040.13	25.90	100.00
农副食品加工业	16443	12069	8673.58	26.50	54.07
食品制造业	6499	4668	3695.49	20.70	23.04
酒、饮料和精制茶制造业	5597	3999	3367.09	30.40	20.99
烟草制品业	292	171	303.97	27.30	1.90

(六) 食品工业内部结构

2005—2013 年,四大食品加工制造部门产值增速差别较大,内部结构趋于合理。图 2-3 显示,2013 年,农副产品加工业产值达到 59497.1 亿元,比 2005 年累计增长 460.5%,年均增长 24%,占食品工业的比重由 52.2% 提高到 58.83%。

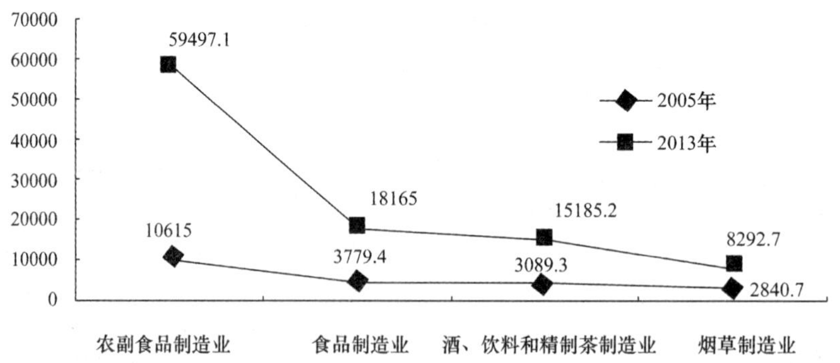

图 2-3　2005 年和 2013 年食品工业四大行业总产值对比情况(单位:亿元)

资料来源:《中国统计年鉴》(2006 年),2013 年数据来自国家统计局与中国食品工业协会:《2013 年食品工业经济运行情况》。

食品制造业,酒、饮料和精制茶制造业,烟草制造业,分别累计增长 380.6%、391.5%、192%。烟草制造业的增长速度明显低于整个食品产业的增长速度,在食品产业中所占比重也由 2005 年的 14% 降为 2013 年的 8.2%,控烟效果有所显现(图 2-4)。食品加工制造内部行业增速的变化是适应市场需求变动而相应调整的必然结果,体现了内部结构优化调整的良好态势。

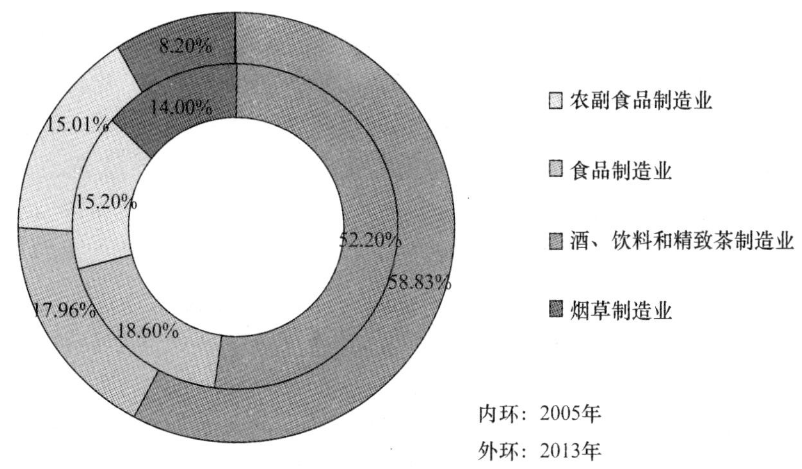

图 2-4　2005 年和 2013 年食品工业四大行业的比重比较

资料来源:根据《中国统计年鉴》(2006 年),2013 年数据来自国家统计局与中国食品工业协会:《2013 年食品工业经济运行情况》。

(七) 食品工业的区域布局

2005 年我国东、中、西三大区域的食品工业总产值的比例为 3.13∶1.24∶1,2012 年则调整为 2.24∶1.32∶1,东、中、西部食品工业布局更加均衡协调。与此同时,随着区域布局调整,食品工业强省的分布也有所变动。2005 年,东、中、西部拥有的食品工业总产值排名前十位省份数量分别为 7∶1∶2,而 2012 年和 2013 年东、中、西、东北地区拥有的食品工业总产值排名前十位省份数量均分别为 4∶3∶1∶2。由于东北地区也属于东部地区,因此 2012 年和 2013 年东中西部前十位省份实际上分别为 6∶3∶1,与 2005 年相比,东部地区减少 1 个,中部地区增加 1 个,西部地区基本不变。尽管区域差距在缩小,但是各地区食品工业的差距仍然较大。2013 年东部、中部、西部、东北地区完成主营业务收入分别占同期全国食品工业的 42.00%、25.82%、18.60%、13.58%。由此可见,中部和东部地区是食品工业发展较好的地区,这与区域经济发展水平和人口数量分布相吻合,是基本国情在食品加工领域的具体反映。总体上看,2005—2013 年间我国食品工业发展呈现出东部地区继续保持优势地位,中部地区借助农业资源优势,实现产业优势,发展速度较快,西部地区夯实基础稳步发展,区域布局趋向均衡协调发展的动态局面。

二、食品工业重点行业运行情况

(一) 粮食加工业

2013 年,粮食产量实现"十连增",达到 60193.5 万吨,同比增长 2.1%,为我国粮食安全打下坚实基础。其中,大米、小麦等主要产品产量稳定增长,全年生产小麦粉 13204.58 万吨,大米 11768.22 万吨,同比分别增长 4.17%、10.25%。粮食产量的增长为粮食加工业提供了充足的原料,同时也确保了粮食加工业整体的稳定发展。在此基础上,大型粮食加工企业加快产业布局和产能扩张,产业升级换代速度明显提升。2013 年,全国规模以上粮食加工企业 5843 家,实现主营业务收入 11511.34 亿元,同比增长 16.03%,占食品工业主营收入的 11.38%。然而,中小企业则面临资金、技术装备等诸多问题。在加快淘汰落后产能的大背景下,中小企业逐渐失去竞争优势。规模以上粮食加工企业的发展与中小粮食加工企业的萎缩是食品加工市场优胜劣汰的必然结果和国家经济结构调整的成果,可以有利于食品工业的科学发展。

(二) 食用油加工业

2013 年我国食用油加工业全行业规模以上企业 2063 家,主营业务收入和利润总额分别为 10167.48 亿元和 395.43 亿元,同比分别增长 10.71% 和 17.31%,占食品工业比例分别为 10.05% 和 5.25%。在国家政策的支持下,小品种、特种油料生产得到了快速发展;市场植物油的花色品种更加丰富,功能性油脂逐渐增加。但是,行业中仍存在一些突出问题:产能过剩、企业效益下降,由于食用植物油价格稳中趋降,加之受养殖业不景气导致豆粕价格不高,大豆压榨企业经济效益明显下滑;产能利用率不高,大豆油脂企业产能利用率约为一半;原料对外依赖度高,三大食用植物油中,豆油和棕榈油高度依赖进口,菜籽油自给率虽然较高,但其产量占国内食用油总产量的比例却很小。

(三) 屠宰及肉类加工业

屠宰及肉类加工业包括牲畜屠宰、禽类屠宰、肉制品及副产品加工三个分行业。按销售收入计算,行业占比分别是 41%、26%、33%。2013 年全行业规模以上企业有 3693 家,完成主营业务收入和实现利润总额分别为 12013.21 亿元和 673.78 亿元,同比分别增长 14.48% 和 18.42%。全年生猪供应充足,猪肉市场价格总体在低位运行;牛、羊肉供不应求,销售价格涨幅较大;禽类屠宰及加工行业上半年受禽流感影响遭受重创,相关企业经营业绩受到较大影响。

(四) 制糖业

作为食品工业的上游产业,制糖业在食品工业快速发展和居民消费稳步增长的推动下稳步上升。2013 年,食糖产量 1568.04 万吨,304 家规模以上企业完成主营业务收入和实现利润总额分别为 1181.30 亿元和 52.66 亿元,同比分别增长 7.72% 和 -24.51%。受低价进口糖的冲击,2013 年国内糖价持续下跌,生产企业大面积亏损。全年进口食糖 454.59 万吨,同比增长 21.31%,创历史新高;进口糖产量占国内产量近 30%。这还不包括走私糖的份额。国家相关管理部门不断采取调控措施干预食糖市场,适时收储、抛储,有效控制食糖价格波动,为保证食糖市场的平稳运行发挥了积极作用。

(五) 乳品制造业

2013 年全行业完成主营业务收入 2831.59 亿元,同比增加 14.16 %,实现利润总额 180.11 亿元,同比增长 12.7%,上交税金 113.74 亿元,行业利润率 6.36%。国内乳品市场的主旋律仍然是行业整顿、奶荒、涨价。受三聚氰胺奶粉事件影响,从 2008 年开始,我国就在积极思考和着手乳品行业整顿,一直到 2013 年行业整顿尚未完全完成,并有加大势头。由于奶源建设落后,奶荒是我国乳业较长一段时间内面临的主要问题。2013 年,全年国内牛奶产量 3531 万吨,较 2012 年下降 212 万吨,同比下滑 5.7%。奶源紧张同时又引发奶价上涨。受形势所迫,政府部门更加重视奶源问题,支持拥有自有奶源基地及延伸产业链的企业项目;各大乳品企业也纷纷加速上游奶源建设。同时国家加大对乳品行业的监管力度。国家质检总局颁布《进出口乳品检验检疫监督管理办法》,对向中国出口的海外乳企实施注册制、加大对进口奶粉的检测力度等措施,提高进口乳企的进入门槛;与此同时,国务院办公厅转发九部委制定的《关于进一步加强婴幼儿配方乳粉质量安全工作的意见》等。

三、食品工业的转型升级

(一) 食品工业的技术创新

食品工业的新技术越来越普遍地应用于食品的生产与研发过程。在保证食品更安全、更营养、更方便、更多样的同时,也从深层次上逐步推动我国食品工业的生产更经济、更环保、更可靠和更自动化,有力地推动了食品工业的转型。图 2-5 显示,2008—2012 年间我国食品工业的技术创新投入确实呈现不断增加的态势。其中,食品工业的研发(R&D)投入项目和 R&D 投入经费,在 2010 年以后急剧提升,到 2012 年的两年间分别增加了 124% 和 120%,充分彰显了我国食品工业加快技术更新的决心和力度。

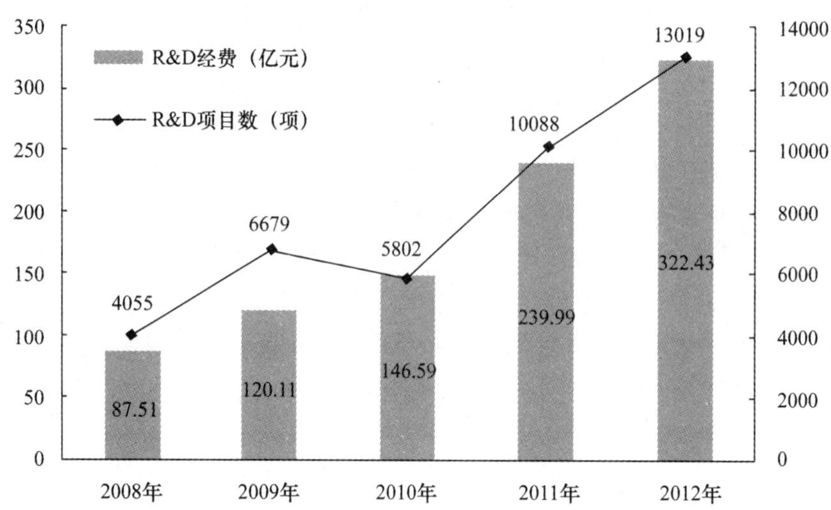

图 2-5 2008—2012 年间我国食品工业的技术创新投入

资料来源:《中国统计年鉴》(2006—2011 年),中国食品工业协会:《2012 年食品工业经济运行情况综述》。

(二) 食品工业的两化融合:浙江省的案例

信息化和工业化相结合的两化融合,就是充分利用信息化的支撑,推进我国的工业化进程,实现工业转型升级同时推进工业企业的可持续发展。电子信息产业发展研究院的《2013 年度中国信息化与工业化融合发展水平评估报告》显示,浙江省在全国两化融合发展水平的工业应用指数排名为第 9 位,高于全国平均水平。2013 年 8 月,我国工业与信息化部还制订实施了《信息化和工业化深度融合专项行动计划(2013—2018 年)》,并正式批复浙江省建设全国唯一的"信息化和工业化深度融合国家示范区",期望通过浙江省工业企业加快推进的两化深度融合,促进我国工业转型升级向更高层次迈进的要求。表 2-5 显示了 2012 年全国两化融合发展水平评估工业应用类指标情况。

表 2-5 2012 年全国两化融合发展水平评估工业应用类指标情况表

省(自治区、直辖市)	A	B	C	D	E	F	G	H	I	J
上海	67.65	97.19	74.27	63.29	103.39	107.45	56.87	45.10	75.86	1
广西	66.13	86.45	75.53	62	75.36	92.11	67.46	67.16	73.76	2
江西	68.76	79.50	54.43	63.47	96.92	106.95	83.86	36.85	73.30	3
江苏	69.65	87.09	57.04	67.23	90.37	92.14	57.46	58.91	71.91	4
湖北	66.49	72.48	54.2	67.93	100.83	98.19	32.91	82.26	71.34	5
湖南	70.21	71.26	59.03	67.93	90.76	97.48	51.44	65.81	71.22	6

（续表）

省(自治区、直辖市)	A	B	C	D	E	F	G	H	I	J
山东	63.84	58.65	56.81	61.32	76.71	75.38	54.43	100.17	68.77	7
北京	55.75	73.08	69.29	55.1	49.85	72.12	56.63	112.86	68.75	8
浙江	75.83	77.14	54.2	62.48	76.90	85.06	52.03	65.67	68.27	9
河北	56.51	67.98	48.17	61.12	70.23	89.97	66.61	73.82	66.94	10
黑龙江	68.37	65.18	35.88	66.33	93.14	101.98	43.15	63.81	66.68	11
福建	75.06	46.72	55.1	70.39	57.86	65.77	51.26	87.41	63.92	12
河南	55.88	59.5	52.14	53.27	75.43	79.43	53.39	61.10	61.11	13
重庆	68.92	67.06	45.2	60.71	69.59	85.4	14.56	58.58	57.87	14
广东	73.17	16.65	26.61	73.17	64.57	87.23	63.67	56.08	57.73	15
辽宁	51.87	47.39	52.19	49.41	56.69	69.77	42.44	85.27	57.16	16
安徽	62.26	62.84	52.37	59.45	68.42	70.06	36.32	49.95	57.13	17
新疆	56.38	62.62	36.65	51.07	63.58	55.49	70.92	40.52	54.70	18
天津	46.92	33.14	50.10	49.84	42.27	44.57	31.39	115.09	52.53	19
四川	53.05	46.36	40.36	53.27	55.53	64.09	33.32	67.31	51.61	20
山西	58.68	48.51	49.36	57.41	57.95	52.54	46.29	42.05	51.30	21
陕西	52.07	44.82	47.39	49.66	57.67	53.57	32.22	52.4	48.47	22
内蒙古	51.22	56.4	46.38	50.40	43.50	47.68	44.33	44.23	47.87	23
吉林	54.57	55.56	43.52	54.41	55.71	53.2	29.45	40.65	47.85	24
宁夏	49.70	46.20	48.90	40.54	49.15	55.43	46.15	39.50	46.78	25
青海	36.37	45.39	44.56	38.55	49.15	59.21	54.11	27.49	44.21	26
甘肃	48.28	49.65	49.18	41.31	42.41	46.33	35	36.67	43.29	27
贵州	44.40	44.65	49.16	43.83	35.60	35.81	56	30.42	42.51	28
云南	44.97	35.79	44.56	45	23	37.63	43.34	53.92	41.33	29
海南	41.68	37	27.82	41.77	44.83	54.30	20.42	42.93	38.56	30
西藏	47.42	34.86	34.18	42.72	17.05	21.51	35.81	42.93	34.75	31
全国均值	58.10	57.33	49.50	55.63	63.05	69.61	47.20	59.58	57.34	—

注:上表中的A、B、C、D、E、F、G、H、I、J分别代表企业ERP普及率、MES普及率、PLM普及率、SCM普及率、采购环节电子商务应用、销售环节电子商务应用、装备数控化率、国家新型工业化产业示范基地两化融合发展水平、工业应用指数、工业应用指数排名等指标。

资料来源:中国电子信息产业发展研究院。

表2-6可以看出,以浙江省为例,我国食品工业两化融合的相关指标在企业资源计划(Enterprise Resource Plan,ERP)普及情况、供应链管理(Supply Chain Management,SCM)普及情况、信息化规划方面执行较好,分列全国前三位,其食品企业的应用比率都超过了50%。而在销售电子商务、制造执行系统(Manufacturing Execution System,MES)、产品生命周期管理(Product Lifecycle Management,PLM)等信息系统的应用方面食品工业则稍显不足,企业应用比率分列后三位。

表 2-6 2013 年浙江省食品行业两化融合主要信息系统应用比率统计表（单位：%）

	信息化规划	ERP 普及情况	MES 普及情况	PLM 普及情况	SCM 普及情况	销售电子商务	采购电子商务	数控化率
食品工业	51.89	58.49	21.70	25.47	55.66	4.72	7.55	35.93
农副食品加工业	50.82	57.38	18.03	22.95	54.10	4.92	8.20	22.58
食品制造业	42.86	53.57	21.43	28.57	60.71	3.57	7.14	36.29
饮料制造业	70.59	70.59	35.29	29.41	52.94	5.88	5.88	83.26

资料来源：浙江省经济和信息化委员发布的《2013 年浙江省区域两化融合发展水平评估报告》，2014 年 4 月 1 日。

（三）食品工业的资源节约状况

在技术创新投入增加，两化融合取得进展的同时，我国的食品工业在资源节约与环境保护方面也取得了一定成效。

1. 食品工业能源效率实现新的提升

2005—2012 年间我国食品工业单位产值的能源消耗量呈现下降态势，能源效率不断提高。中国食品工业协会《2012 年食品工业经济运行情况综述》和《中国能源统计年鉴 2013》的相关数据显示，2012 年食品工业总产值为 89553 亿元，比 2005 年的 20324 亿元增长了 3.4 倍。同时能源消耗总量则由 2005 年的 4321.11 万吨标准煤上升至 2012 年的 5795.36 万吨标准煤，仅增长了 34.1%。对 2005—2012 年间的食品工业单位产值能源消耗的指标分析结果显示，食品工业单位产值的能源消耗量由 2005 年的 0.2126 tce/万元显著下降至 2012 年的 0.0647 tce/万元，能源效率提高了 2.3 倍。

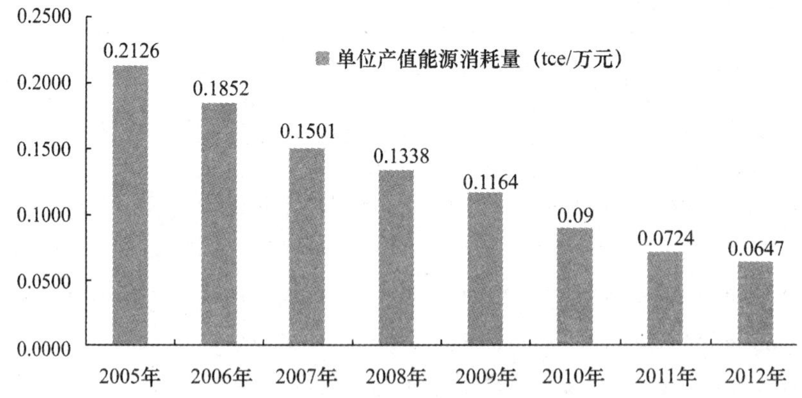

图 2-6 2005—2012 年间食品工业单位产值能源消耗量

资料来源：《中国统计年鉴》（2006—2011 年），《2012 年食品工业经济运行情况综述》，《中国能源统计年鉴》（2006—2012 年），中相关数据计算而得。

虽然单位产值能耗有所下降,但是能源消费结构的优化升级尚有较大空间。以煤炭为主,石油为辅,清洁能源占比较小的总体格局尚未发生根本性改变。《中国能源统计年鉴 2013》中的数据显示,2012 年我国食品工业的能源消耗在整个工业行业中占 2.46%,其中 32.6% 是煤炭消耗,4.17% 消耗的是石油制品,而属于清洁能源的天然气的消耗仅占比为 2.22%。

2. 食品工业的低碳特征初步显现

根据《中国能源统计年鉴》2006—2013 年中我国食品工业能源消耗的相关数据计算,2012 年我国食品工业的碳排放量为 5807.8 万 tCO_2e,比 2005 年下降了 0.41%;且综合食品工业总产值分析,2005—2012 年间食品工业单位产值碳排放呈现明显下降态势。图 2-7 为 2005—2012 年间我国食品工业单位产值的碳排放量。可以发现,在此 7 年间,食品工业单位产值的碳排放均呈显著下降态势:由 2005 年 0.2869 tCO_2e/万元,下降至 2012 年 0.0649 tCO_2e/万元,下降了 77.4%。我国食品工业的低碳特征已经显现,并逐步趋稳。

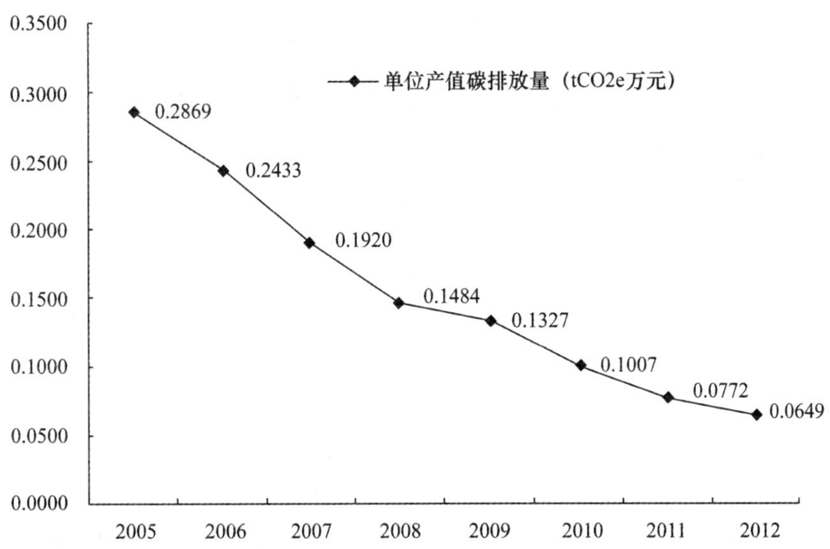

图 2-7　2005—2012 年间食品工业单位产值碳排放

资料来源:根据《中国统计年鉴》(2006—2011 年),《2012 年食品工业经济运行情况综述》,《中国能源统计年鉴》(2006—2012 年)中相关数据计算而得。

(四) 食品工业的环境保护状况

1. 单位产值的废水、COD 与氨氮排放量逐年下降

《中国环境统计年鉴》2006—2013 年中的相关数据显示,2005—2012 年间我国食品工业废水排放量总体呈上升趋势,而其中化学需氧量(COD)排放和氨氮排

放量则持续下降。2012 年废水排放量由 2005 年的 20.8 亿吨上升为 28.98 亿吨，COD 排放量和氨氮排放量则分别由 2005 年的 102.48 万吨和 8.3 万吨，下降为 85.85 万吨和 3.94 万吨。图 2-8 的数据进一步表明，2005—2012 年间食品工业单位产值废水排放量、单位产值的 COD 排放量和单位产值的氨氮排放量均明显下降。尤其是单位产值氨氮排放量下降态势最为明显，7 年间下降了 89.2%，单位产值的 COD 排放量、废水排放量则分别下降了 80.98%、68.33%。

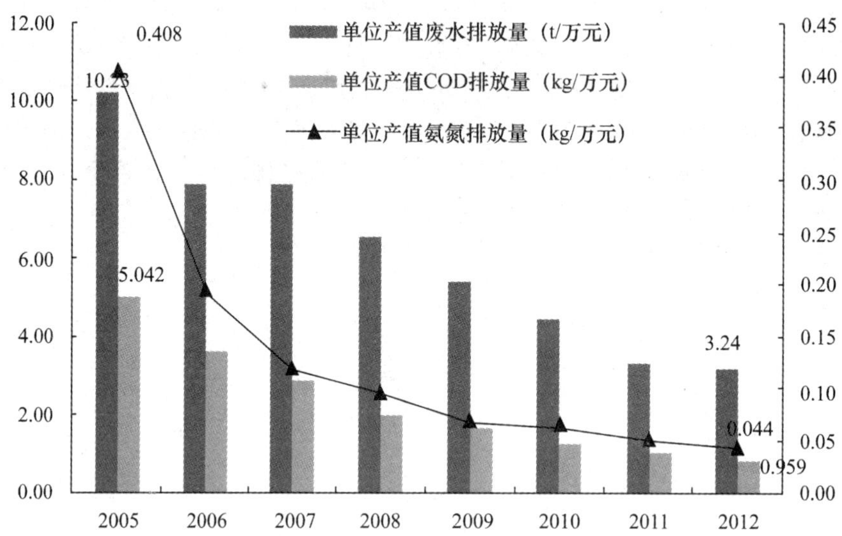

图 2-8　2005—2012 年间食品工业单位产值的废水、COD、氨氮排放量

资料来源：根据《中国统计年鉴》(2006—2011 年)，2012 年《食品工业经济运行情况综述》，《中国环境统计年鉴》(2006—2012 年)中相关数据计算而得。

2. 单位产值 SO_2 排放量逐年下降

2005—2012 年间我国食品工业总产值保持逐年上升的同时，SO_2 排放量也同时增长，而且增长的势头较为明显。较 2005 年，2012 年整个食品工业的 SO_2 排放量增长了 41.76%，但单位产值 SO_2 排放量却逐年下降，由 2005 年的 1.8205 kg/万元下降为 2012 年的 0.5857 kg/万元，7 年间减少了 67.83%。见图 2-9。

3. 单位产值的固废产生量逐年下降

农副食品加工业和饮料制造业是食品工业的固体废弃物的主要来源。2005—2012 年间整个食品工业固体废弃物生产量增长了 26.67%。而单位产值固废产生量却显著下降，由 2005 年的 0.1476 t/万元下降为 2012 年的 0.0424 t/万元，7 年间下降了 71.27%。见图 2-10。

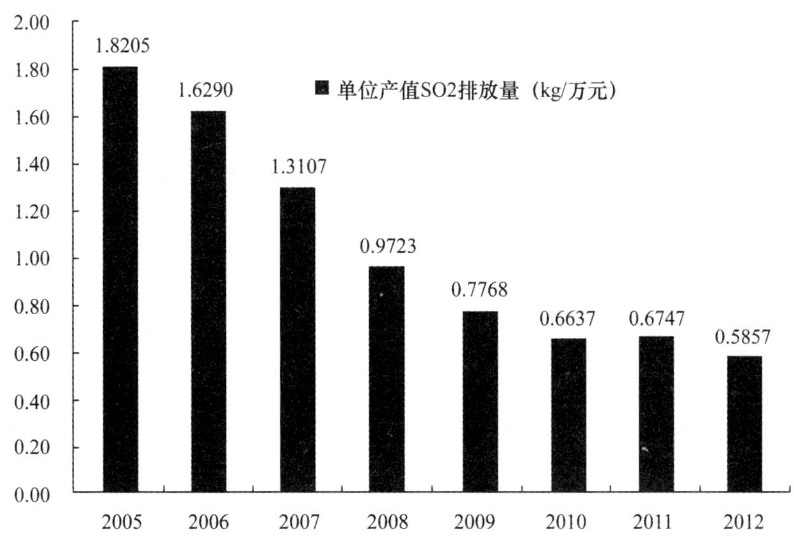

图 2-9　2005—2012 年间食品工业单位产值的 SO_2 排放量

资料来源:根据《中国统计年鉴》(2006—2011 年),2012 年《食品工业经济运行情况综述》,《中国环境统计年鉴》(2006—2012 年)中相关数据计算而得。

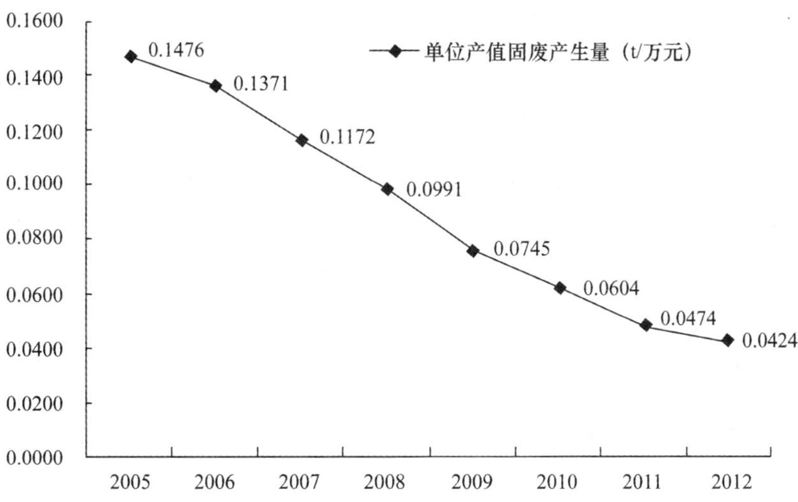

图 2-10　2005—2012 年间食品工业单位产值固废产生量

资料来源:根据《中国统计年鉴》(2006—2011 年),2012 年《食品工业经济运行情况综述》,《中国环境统计年鉴》(2006—2012 年)中相关数据计算而得。

四、加工制造环节食品质量水平的变化:基于国家质量抽查合格率[①]

2013 年 3 月第十二届全国人民代表大会第一次会议批准了《国务院机构改革和职能转变方案》(以下简称《方案》)。2013 年 3 月 10 日,国务院公布机构改革和职能转变方案,将原国务院食品安全委员会办公室与食品药品监管局的职责、国家质检总局的生产环节食品安全监督管理职责、国家工商总局的流通环节食品安全监督管理职责等进行新的整合,组建新的国家食品药品监督管理总局。因此,本章节中 2012 年及之前的国家质量抽查合格率等数据来源于国家质检总局,2013 年的数据则来源于新组建的国家食药监督总局。为防止重复表达,文中统一简用国家质检总局来代替国家质检总局、新组建的国家食药监督总局这两个部门。本章节主要采用食品质量国家质量抽查合格率等指标来概括性地反映我国制造与加工环节食品(成品)质量安全总体水平与近年来的变化情况。

(一)食品质量国家质量抽查的总体情况

2005 年以来,国家质检总局对食品质量的国家质量抽查覆盖了大部分的食品大类,涉及不同类别的上千种食品。2005—2013 年间我国食品质量国家质量抽查的基本特点是:

1. 抽查合格率继续保持在一个较高的水平上

图 2-11 的数据表明,国家质量抽查合格率的总水平由 2005 年的 80.1% 上升到 2013 年的 96.13% ,8 年间提高了 16.03% 。特别是近三年来,国家质量抽查合格率一直稳定保持在 95% 以上。相对于 2012 年,2013 年,国家质量抽查合格率上升了 0.73 个百分点。

2013 年国内消费者对产品质量的申诉中,申诉量排在前 5 位的产品依次为食品、家具、轿车、移动电话、电视。其中食品问题集中在食品保质期内变质、饮料内有异物、乳品质量问题、食品添加剂不合格、生产日期标注不明、肉制品名实不符等。

2. 影响食品质量最基本的问题没有得到根本性改观

2005—2013 年间,我国加工和制造环节食品质量有所改善但没有根本性改观。2005 年国家质量抽查所发现的主要食品质量问题是:超量与超范围使用食品添加剂、微生物指标超标、产品标签标注不规范等。2011 年发现的主要问题是:食品添加剂超限量、微生物指标不合格或理化指标达不到标准要求等。2012 年发现

① 国家质量抽查,检查的是成品。成品的合格率是对生产加工环节质量控制水平的综合评价,也是验证生产过程控制有效性的方法之一。国家质量抽查食品(成品)的合格率可以近似衡量食品生产加工环节的质量安全水平。

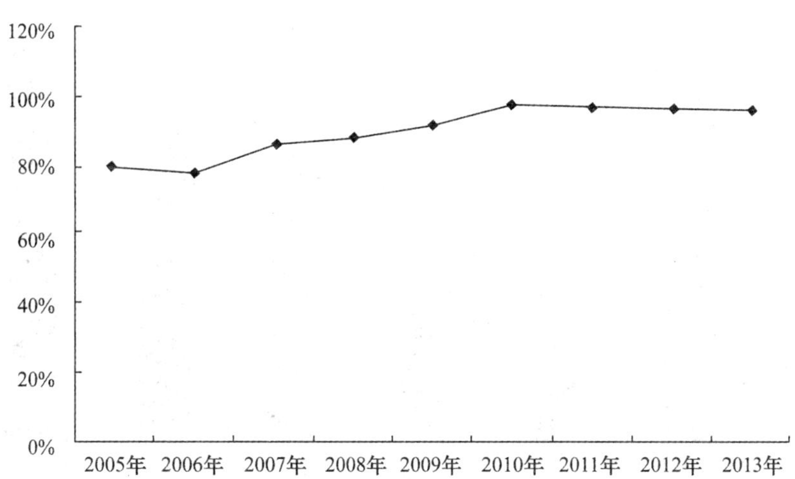

图 2-11　2005—2013 年间食品质量国家监督抽查合格率变化示意图

资料来源：2005 年—2012 年数据来源于中国质量检验协会官方网站，2013 年的数据来源于国家食品药品监督管理总局官方网站。

的主要问题是：超范围超限量使用食品添加剂、微生物超标和农兽药残留超标等；而 2013 年发现的主要问题是：产品品质不合格、菌落总数、大肠菌群等微生物指标及食品添加剂项目不合格。从各年度抽查发现的主要问题可以看出，微生物指标不合格以及超量与超范围使用食品添加剂是目前我国食品加工和制造环节最主要的质量安全隐患。

（二）相同年度不同品种抽查合格率比较

1. 主要大类食品抽查合格率基本稳定

图 2-12 列举了与人们日常生活密切相关的六大类食品 2013 年的抽查合格率。图中可以看出，小麦粉和婴幼儿配方乳粉的合格率最高，在抽检的所有样品中均未发现不合格样品；乳制品抽检范围包括干酪类、液体乳、乳粉、炼乳和奶油类，抽检的合格率为 99.2%；食用植物油和葡萄酒及果酒的抽检合格率几乎相当，分别是 97.4%、97.1%；饮料抽检范围包括瓶（桶）装饮用水、固体饮料、果汁和蔬菜汁饮料、碳酸饮料（汽水），合格率在抽查的主要六大类食品中最低，仅为 93.8%，其中抽检瓶（桶）装饮用水的合格率仅为 88.1%。

2. 不同的调配料食品抽查合格率有一定的差异

2013 年对酱油、食醋、食品添加剂（明胶、卡拉胶）三种调配料开展了全国范围内的抽查检测。酱油产品共抽查了 30 个省份的 521 家企业，718 个批次，13 个项目。结果显示，21 个批次的配制酱油样品合格率为 85.7%，不合格的检测项目

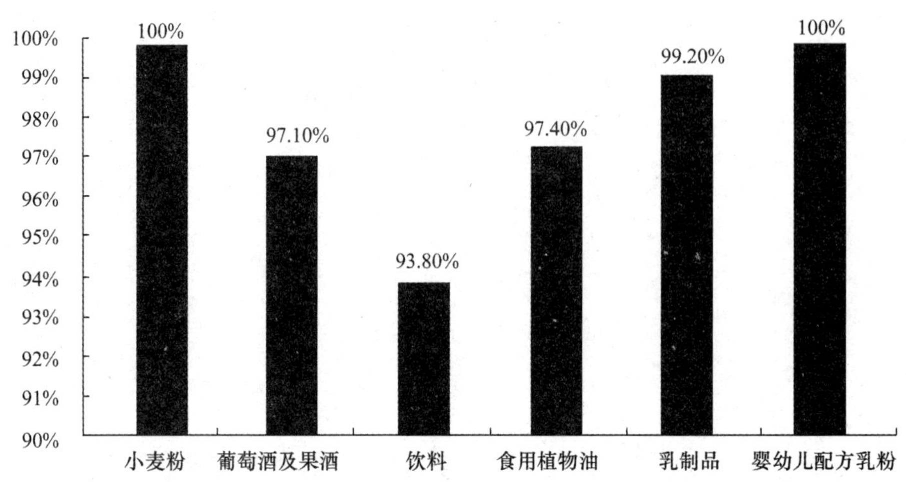

图 2-12 2013 年不同种类的食品质量国家监督抽查合格率比较

资料来源:国家食品药品监督管理总局官方网站。

为 3-氯-1,2-丙二醇、氨基酸态氮、苯甲酸;697 个批次的酿造酱油样品中合格率为 95.6%,不合格的检测项目为氨基酸态氮、菌落总数、苯甲酸、山梨酸。食醋产品共抽查了 30 个省份的 568 家企业,802 个批次,12 个项目。抽查结果显示,679 个批次的酿食醋样品合格率为 96.8%,不合格的检测项目为总酸、苯甲酸、菌落总数;配制食醋样品 123 批次,合格率为 99.2%,不合格的检测项目为总酸。食品添加剂抽检 121 批次,覆盖 19 个生产省(自治区、直辖市)的 61 家企业。其中,明胶样品 83 批次,合格率为 98.8%,不合格的检测项目为透明度;卡拉胶样品 38 批次,合格率为 97.4%,不合格的检测项目为大肠菌群。从抽查显示,调配酱油的合格率较低。同样,调配料自身品质、微生物以及食品添加剂是影响调配料的重要因素。

(三) 不同年度同品种抽查合格率比较

选取大宗消费品种,例如液体乳、小麦粉产品、食用植物油、瓶(桶)饮用水和葡萄酒等,描述食品质量国家抽查合格率的现状和趋势,以及主要的质量安全问题。

1. 液体乳

如图 2-13 所示,2010 年、2011 年、2013 年对全国近 800 家企业的液体乳产品的抽查结果表明,液体乳的合格率总体保持在一个较高的水平上。2010 年国家质检总局对 82 家企业生产的 120 种灭菌乳产品的 13 个项目进行了检验,合格率为 100%;2011 年对 128 家企业生产的 200 种液体乳进行抽检,合格率为 99%,不合格项目为黄曲霉毒素 M1;2013 年抽检的 588 家企业的 5417 次乳样品,合格率为 99.2%,检出不合格的检测项目为酸度、蛋白质、非脂乳固体、菌落总数、大肠菌群、酵母、霉菌、乳酸菌数、脂肪。

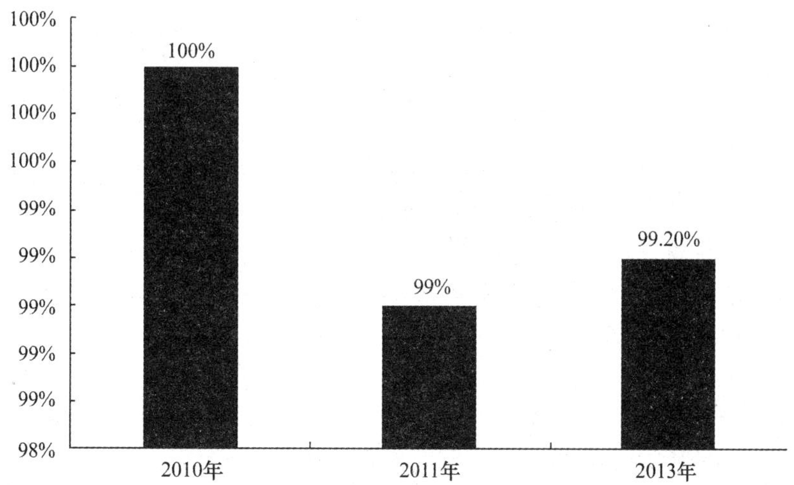

图 2-13　2010 年、2011 年、2013 年间液体乳的国家质量监督抽查合格率

资料来源:2010 年、2011 年数据来源于中国质量检验协会官方网站,2013 年数据来源于国家食品药品监督管理总局官方网站。

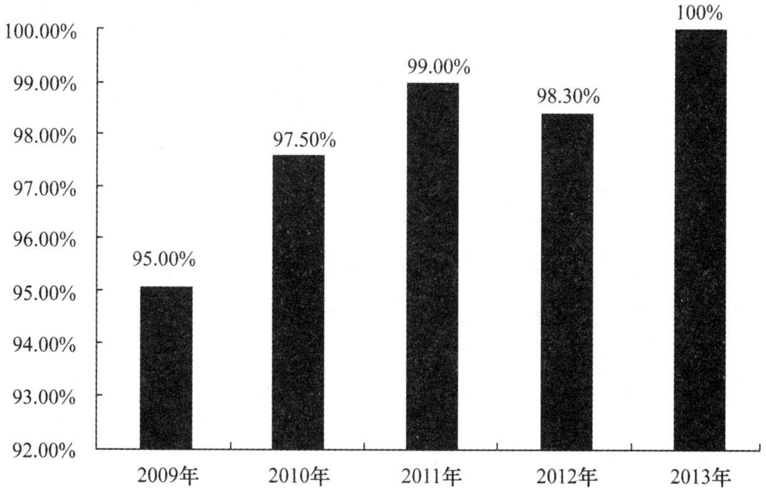

图 2-14　2009—2013 年间小麦粉产品的国家质量监督抽查合格率

资料来源:2009—2012 年的数据来源于中国质量检验协会官方网站,2013 年数据来源于国家食品药品监督管理总局官方网站。

2. 小麦粉

如图 2-14 所示,2009—2013 年间对全国上百种小麦粉产品的抽查结果表明,小麦粉产品合格率由 2009 年的 95.3% 上升到 2013 年的 100%。2009 年和 2010 年抽查发现的小麦粉产品存在的主要问题为:过氧化苯甲酰实测值不符合相关标准规定和灰分未达到标准。而 2011 年和 2012 年发现的主要问题是灰分未达到标准。2013 年未发现不合格产品。

3. 食用植物油

如图 2-15 所示,2009—2013 年间对全国 30 个省份的 200 种左右食用植物油产品的抽查结果表明,产品合格率近年来开始稳步提升。2013 年的抽查合格率为 97.4%,比 2012 年 93.9% 的抽查合格率高出 3.5%。抽查结果表明,2009—2013 年间不符合标准的项目主要为黄曲霉毒素 B1、酸值、过氧化值、溶剂残留量等。2012 年超过 60% 的不合格食用植物油产品主要是过氧化值超标,其中超标最严重的是苯并芘。例如,某公司的食用植物油产品苯并芘实测值为 36 μg/kg,而国家的标准值为小于或等于 10 μg/kg,超标 260%。2013 年检出不合格的检测项目主要为过氧化值、酸值、溶剂残留量、苯并芘、黄曲霉毒素 B1。

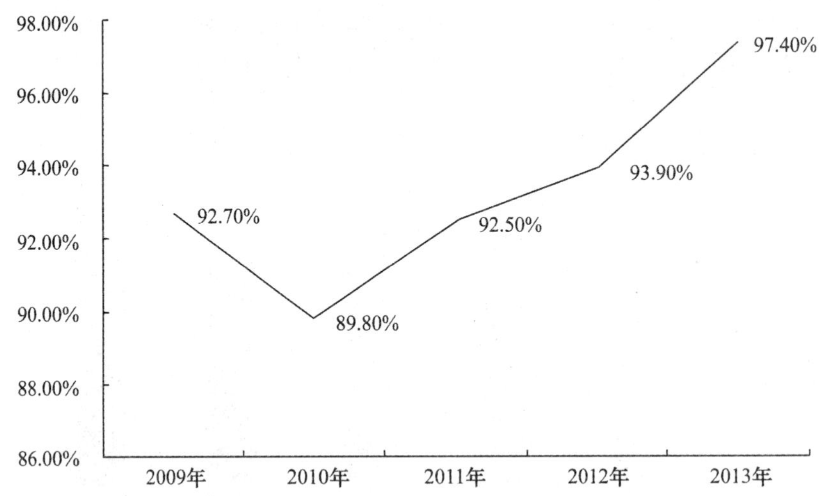

图 2-15 2009—2013 年间食用植物油产品的国家质量监督抽查合格率

资料来源:2009 年—2012 年数据来源于中国质量检验协会官方网站,2013 年数据来源于国家食品药品监督管理总局官方网站。

4. 瓶(桶)装饮用水

2013 年对 30 个省(自治区、直辖市)3288 家企业进行瓶(桶)装饮用水的抽检,共抽查样品 2846 批次,合格率为 88.1%,检出不合格的检测项目为菌落总数、电导率、霉菌和酵母、游离氯/余氯、高锰酸钾消耗量/耗氧量、溴酸盐、铜绿假单胞菌、偏硅酸、锶、亚硝酸盐、大肠菌群。2011 年对 186 种瓶装饮用水和 34 种桶装饮用水进行抽检，合格率为 91.8%，不合格项目主要是菌落总数、大肠菌群、霉菌、酵母、溴酸盐、电导率、界限指标（锶含量）、游离氯项目。2010 年，抽查了 294 家企业生产的 300 种瓶（桶）装饮用水产品，合格率为 92%，不合格项目涉及菌落总数、电导率、亚硝酸盐等。从抽查的合格率看，饮用水的质量呈现下降趋势。

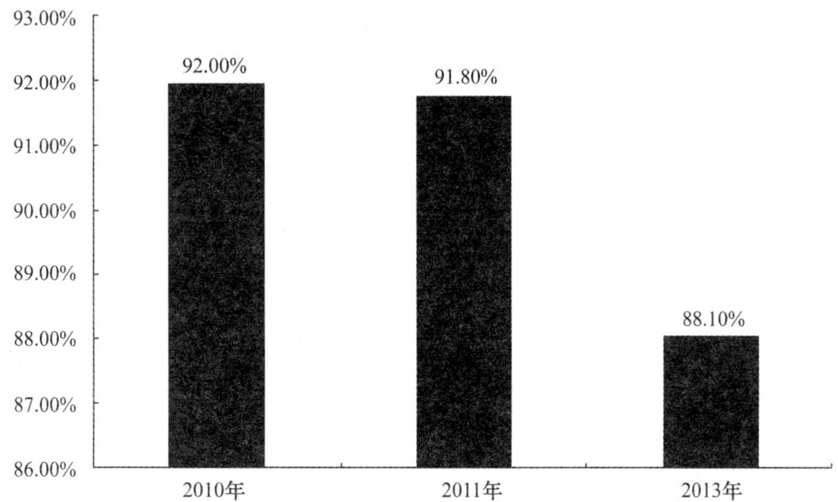

图 2-16　2010 年、2011 年、2013 年间瓶（桶）装饮用水的国家质量监督抽查合格率

资料来源：2010 年、2011 年数据来源于中国质量检验协会官方网站，2013 年数据来源于国家食品药品监督管理总局官方网站。

5. 葡萄酒

如图 2-17 所示，2010—2013 年间对全国 28 个省（自治区、直辖市）的近 650 家企业的葡萄酒产品进行抽查，结果表明葡萄酒的质量比较稳定，抽检项目包括葡萄酒中环己基氨基磺酸钠（甜蜜素）、糖精钠、干浸出物、酒精度、苋菜红、苯甲酸、日落黄、合成着色剂、二氧化硫、沙门氏菌、金黄色葡萄球菌等 19 个。2013 年抽检的 405 个批次的葡萄酒样品，合格率为 98.5%，不合格的检测项目为干浸出物、酒精度、苋菜红、苯甲酸、日落黄、环己基氨基磺酸钠（甜蜜素）、糖精钠。2012 年和 2011 年的抽检合格率分别为 98% 和 93.75%，不合格项目主要是菌落总数、山梨酸、酒精度、干浸出物等。2010 年抽检了 120 种葡萄酒产品，合格率为 96.7%，不合格项目涉及菌落总数、酒精度、山梨酸等。抽查结果显示，菌落总数一直影响葡萄酒质量的重要因素，而食品添加剂则近几年成为影响葡萄酒质量的重要因素。

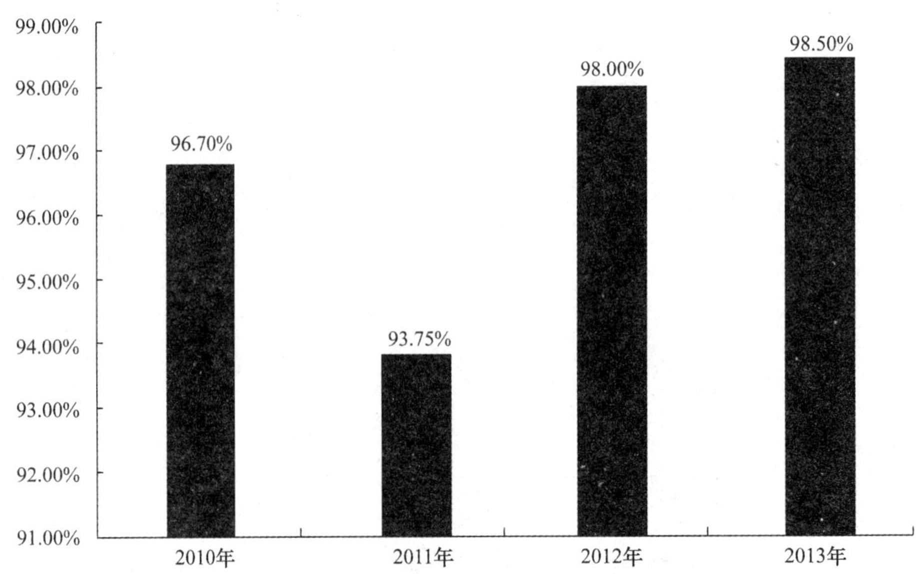

图 2-17 2010—2013 年间葡萄酒的国家质量监督抽查合格率

资料来源:2010—2012 年数据来源于中国质量检验协会官方网站,2013 年数据来源于国家食品药品监督管理总局官方网站。

6. 碳酸饮料

如图 2-18 所示,2010—2013 年间碳酸饮料的抽检合格率上下浮动。2011 年碳酸饮料的抽查合格率达到 100%,但抽检样本数较少(不足 100 份)。2012 年抽查省(自治区、直辖市)的覆盖面更广、抽查的样本更多、涉及的抽查项目更多,合格率降到 95.7%,但依然高于 2010 年的 93%。2013 年抽检碳酸饮料的合格率达到 98.4%。2012 年抽查的不合格项目主要为二氧化碳气容量、菌落总数、甜蜜素、安赛蜜,其中二氧化碳气容量和甜蜜素超标占 50% 左右。2013 年检出的不合格项目为酵母、菌落总数、苯甲酸、二氧化碳气容量、糖精钠、环己基氨基磺酸钠(甜蜜素)、乙酰磺胺酸钾(安赛蜜)。

7. 果蔬汁饮料

如图 2-19 所示,2009—2013 年间对上百种果蔬汁饮料产品的砷、铅、铜、二氧化硫残留量、苯甲酸、山梨酸、糖精钠、甜蜜素、安赛蜜、合成着色剂、展青霉素、菌落总数、大肠菌群、霉菌、酵母、致病菌(沙门氏菌、金黄色葡萄球菌、志贺氏菌)、商业无菌等 20 多个项目进行了检验。结果显示,2011—2013 年果蔬汁饮料的抽查合格率均高于 2009 年的抽查结果。但是,各年度抽查的不合格项目有所不同。2012 年之前,果蔬汁饮料的不合格项目主要为菌落总数、霉菌、酵母项目超标。而

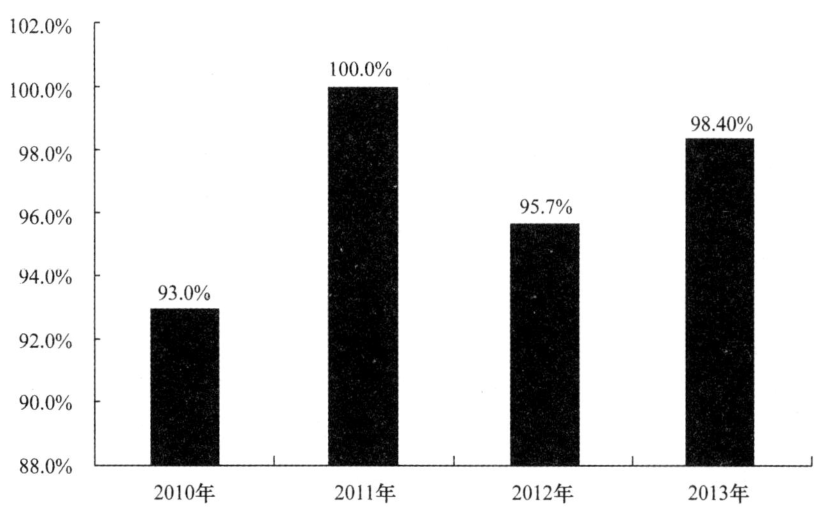

图 2-18　2010—2013 年间碳酸饮料的国家质量监督抽查合格率

资料来源:2009—2012 年数据来源于中国质量检验协会官方网站,2013 年数据来源于国家食品药品监督管理总局官方网站。

2012 年不合格项目主要为原果汁含量不符合标准的规定。2013 年不合格的检测项目主要为菌落总数、亮蓝、霉菌。

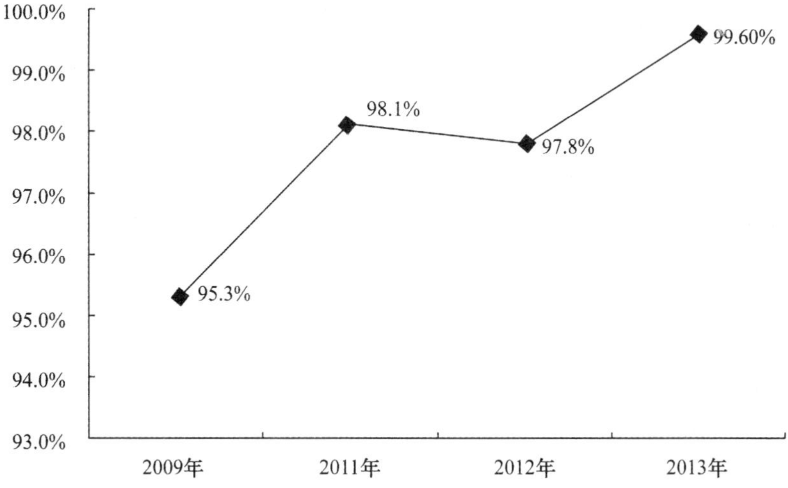

图 2-19　2009—2013 年间果蔬汁饮料的国家质量监督抽查合格率

资料来源:2009—2012 年数据来源于中国质量检验协会官方网站,2013 年数据来源于国家食品药品监督管理总局官方网站。

五、影响食品安全问题的主要因素分析

本章第四部分基于国家质量抽查合格率,分析了近年来加工制造环节食品质量安全水平的变化。抽查结果显示,我国制造与加工环节的食品质量安全总体态势是基本稳定,趋势向好。但稳定的基础仍然较为脆弱。从影响因素角度看,除农产品产地环境污染外,重要的问题是微生物超标,人源性造假、违法添加非食用物质或滥用食品添加剂等。

(一)微生物超标

2012 年,在厦门召开的国际食品微生物标准委员会会议(The International Committee on Microbiological Specification for Food, ICMSF)上,国内外专家一致呼吁,食源性疾病是全球食品安全面临的主要挑战。[①] 国际食品微生物标准委员会主席马丁(Martin)博士指出,尽管食源性疾病的全球发病率难以估计,但据报告,2011 年美国因食源性疾病造成 3037 人死亡;2011 年 5 月,在德国爆发的肠出血性大肠杆菌(EHEC)O111:H4 事件,导致德国范围内 50 人死亡,4000 多人感染,传染源为下萨克森一家工厂生产的豆芽。[②] 事实上,在一些工业化国家,每年患食源性疾病的人口比例估计高达 30% 以上。[③] 食源性疾病关系到工业化国家和发展中国家的人口健康,[④]是一个世界性问题。

2011 年中国食源性疾病监测显示,平均每 6.5 人中就有 1 人罹患食源性疾病。[⑤] 而生物因素构成食源性疾病致病因子占到 84% 以上,其中包括 17 种病菌、18 种寄生虫和 7 种生物毒素。有关研究报告进一步指出,在过去的十年中,中国官方发布的重要食品中毒事件每年不到 2 万件。[⑥] 例如在 2012 年,总共报告了 6685 起,大多数属于微生物导致(56.1%),其次是有毒动植物(14.8%)和化学污染(5.9%)。[⑦] 很显然,与全球大多数食品安全事件的报告一样,中国政府的数据

---

① 魏公铭、王薇:《中国的食品安全应高度关注微生物引起的食源性疾病》,《中国食品报》2012 年第 10 期。

② 《德国宣告肠出血性大肠杆菌疫情结束 共致 50 人死亡》,中国新闻网,2011-07-27 [2014-06-12], http://www.chinanews.com/gj/2011/07-27/3211667.shtml。

③ WHO,"WHO Fact Sheet: Food Safety and Foodborne Disease", Geneva: World Health Organization, 2007.

④ C. DeWaal, N. Robert, "Global & Local: Food Safety Around the World", Center for Science in the Public Interest, 2005.

⑤ 《陈君石院士:食源性疾病是我国头号食品安全问题》,新华网,2012-04-14 [2014-06-12], http://news.xinhuanet.com/society/2012-04/14/c_111780559.htm。

⑥ 徐立青、孟菲:《中国食品安全研究报告》,科学出版社 2012 年版。

⑦ 《卫生部办公厅关于 2012 年全国食物中毒事件情况的通报》,卫生部,2013-02-26 [2014-06-12], http://www.moh.gov.cn/mohwsyjbgs/s7860/201303/b70872682e614e4189d0631ae5527625.Shtml。

存在着漏报的问题。本章第四部分再次显示,微生物污染是造成我国加工制造环节国家质量食品抽查不合格的重要原因之一。可见,控制食品中微生物风险因素,对保障食品安全至关重要。而食品生产过程中的不卫生的操作、不安全的饮用水、受污染的原材料和杀菌技术的不完善等则是引起食品微生物超标的主要原因。

近年来,我国政府监管加强、企业的关注与努力,以及科技界在微生物研究领域的大力投入都直接指向食品微生物超标问题的有效解决。2012 年我国在国家级,省、地和县级的 2854 个疾病机构实施食物中毒报告工作,在 31 个省(区、市)和新疆生产建设兵团的 465 家县级以上试点医院设立了疑似食源性疾病异常病例监测点,并启动开展了食源性疾病主动监测,建立国家食源性疾病主动监测网。[①] 尽管与发达国家相比,目前我国食品微生物管理存在检验难、监控难、认知难三大难题。传统的检测方法主要包括形态检查和生化方法,其准确性、灵敏性均较高,但涉及的实验较多、操作烦琐、需要时间较长、准备和收尾工作繁重,而且要有大量人员长时间参与。[②] 新型的检测方法虽然缩短时间,但成本高,同时在基层难以推广。这些原因造成了当前我国食品微生物的检测困难,加之我国监管覆盖面的不足、技术条件的相对落后、专业人员缺乏等诸多因素,直接增加了微生物的监控难度。认知难也是我国食品微生物监管的难点之一。在微生物食品安全方面,消费者甚至许多食品行业的从业人员并未能深刻理解微生物引起的食源性疾病是头号食品安全问题。对食品安全知识的陌生与匮乏已逐渐成为食品安全恐慌的主要原因。

(二)造假、违法添加非食用物质或滥用食品添加剂

在食品市场与政府监管双重“失灵”的宏观背景下,对经济利益的疯狂追求而引发的不当或违规违法生产加工行为等人源性因素已成为引发食品安全风险的重要因素。2013 年我国曝光的人造假鱼翅、假羊肉、进口奶粉篡改保质期等一系列食品安全事件,无不反映了食品生产企业的违法行为。本章第四部分国家抽检结果也显示人为滥用所导致的食品添加剂超标是引发食品安全风险的主要原因。

蓝志勇等基于转型期社会生产活动性质转变的视角探析我国食品安全问题的市场根源,研究认为,在以专业化分工和自利价值取向为特征的市场经济体系的支配和带动下,社会生产活动的性质发生了重大转变。生产活动由使用原则向交易原则转变,致使生产者对产品的态度由以使用为目的转向以逐利为目的。在

---

① 《我国已建立食源性疾病主动监测网》,中华食品信息网,2012-11-12 [2013-06-12],http://www.foods-info.com/ArticleShow.asp? ArticleID=63063。

② 洪炳财、陈向标、赖明河:《食品中微生物快速检测方法的研究进展》,《中国食物与营养》2013 年第 5 期。

食品市场领域,食品生产由使用原则向逐利原则的转变、对食品的态度由以使用为目的向以交易为目的转变是食品安全问题普遍、频发的根源。[①] 因此,食品安全危机是每个国家社会转型期不可避免的现象。2013 年 1 月发生在欧洲的马肉冒充牛肉事件是几乎影响整个欧洲的食品丑闻,英国和爱尔兰超市出售的冷冻牛肉中发现含有马的 DNA。后来,瑞典、法国、德国、荷兰、罗马尼亚等多个欧洲国家都卷入了丑闻。

因此,治理食品安全危机的根本途径在于构建相应的制约机制来确保食品生产者按照食品的原定用途进行制作。由于我国正处于社会转型期,一方面市场体质在内的信誉和自律制约机制尚未建立,另一方面市场之外的政府监管和社会监督矫正机制不完善。所以,我国食品安全风险防控体系构建的最终落脚点应该是,在微观层面上最大限度地优化食品生产经营者的生产经营行为。只有厘清影响食品生产经营者行为的关键因素,并实施有效、配套的政策组合体系,才能从微观层面最终构筑有效防控风险的安全屏障。

① 蓝志勇、宋学增、吴蒙:《我国食品安全问题的市场根源探析:基于转型期社会生产活动性质转变的视角》,《行政论坛》2013 年第 1 期。

第三章　流通环节的食品质量安全监管与消费环境评价

食品流通是整个食品链重要且不可或缺的环节之一。由于食品本身的特性、食品链前端(例如生产环节和加工环节)的影响以及食品异地生产、加工或消费的趋势等诸多因素,导致食品在流通消费领域影响质量安全的因素增多。因此,严格控制与管理流通环节的食品安全,对于确保人类健康、社会稳定和经济发展具有重要的意义。十二届全国人大一次会议审议批准的《国务院机构改革和职能转变方案》,对改革食品安全监管体制作出了重大部署安排。2013 年 3 月后,国家层次上的机构改革陆续展开,原来由工商部门负责的流通环节食品安全监管职责划转、整合到新组建的国家食品药品监督管理总局。目前中央层面的食品安全监管体制改革已经基本到位,地方的机构改革工作正在稳步推进。2013 年在食品安全监管职责划转期间,国家工商行政管理总局和国家食品药品监督管理总局加强协调协作、积极配合,有效保证了流通环节食品安全监管工作不断档、执法力度不削减、工作要求不降低,积极推动了流通环节食品安全监管工作有序开展。① 考虑到餐饮环节在食品安全消费中重要的环节,本章节主要运用相关调查数据,基于消费者调查的视角,分析餐饮环节安全消费行为与评价。

一、流通环节食品安全监管与专项执法检查

2013 年国家食品药品监督管理总局和国家工商行政管理总局通力协作,在食品流通环节针对重点难点问题开展了专项治理整顿,专项治理与日常监管相结合,有效地保障了流通环节的食品安全。重点组织开展了农村食品市场专项整治执法行动和婴幼儿配方乳粉、食品添加剂、餐饮食品、保健食品等重点品种综合治理,依法查处了一批违法案件,有效维护了食品市场秩序,在流通环节上全年没有发生系统性和区域性食品安全事件。2013 年全国食品安全监管系统、工商行政管理系统重点进行的流通环节的食品安全监管与专项执法检查主要包括如下八个方面。

---

① 需要说明的是,本章节的相关资料与数据,如无特别说明,均来自于中华人民共和国国家工商行政管理总局和国家食品药品监督管理总局,网址分别为:http://www.saic.gov.cn 和 http://www.sfda.gov.cn。食品消费投诉的数据与资料来源于 2007—2013 年间全国消协组织受理投诉的情况统计资料。

（一）婴幼儿配方乳粉质量监管

2013 年 6 月，国务院办公厅转发食品药品监管总局等部门《关于进一步加强婴幼儿配方乳粉质量安全工作意见的通知》。为认真贯彻落实国务院部署要求，国家食品药品监管总局制定了《婴幼儿配方乳粉生产许可审查细则（2013 版）》等一系列制度和措施，部署各地开展婴幼儿配方乳粉生产许可审查和再审核工作，以提升婴幼儿配方乳粉质量安全水平。截至 2013 年 5 月 29 日，全国共有 82 家企业获得生产许可证，生产的婴幼儿配方乳粉产品品种 1638 个，未通过审查、申请延期和注销的企业 51 家。与此同时，不断强化婴幼儿配方乳粉质量安全风险管理，开展了监督抽检、风险监测和发证检验。2013 年国家监督抽检共抽取婴幼儿配方乳粉样品 2698 个，覆盖全国 22 个省（自治区、直辖市）的 86 家企业，未发现不合格样品；共监测婴幼儿配方乳粉样品 4133 个，监测标准项目和风险项目 32 个，对发现的个别风险问题，督促企业及时整改；共抽取了 1682 个样品，对质量指标、微生物指标等 82 个检验项目进行了发证检验，初步建立了我国婴幼儿配方乳粉数据库。

（二）农村食品市场安全监管

农村食品市场仍然是食品安全监管的薄弱环节。2013 年国务院食品安全委员会办公室、国家食品药品监督管理总局、国家工商行政管理总局三部门共同要求，各地食品药品监管、工商行政管理等部门，针对农村食品市场突出问题，组织开展专项整治执法行动，全面核查清理农村食品经营者的主体资格，及时查处无证无照经营食品违法行为，加强农村食品市场日常监管，实施综合治理，严厉打击生产经营假冒伪劣食品行为，夯实农村食品市场监管基础，构建长效监管机制。食品安全监管工作在农村得到了新的加强。甘肃省张掖市山丹县工商局以“五抓五促”为抓手，积极开展农村食品市场专项整治。2013 年上半年共检查各类经营户 960 户次，查获不合格食品约 140 公斤，下发责令整改通知书 7 份。[①] 2013 年 3—4 月期间，陕西省商洛市工商系统共出动执法人员 1375 人（次），检查农村食品经营户 3124 户次，批发市场、集贸市场等各类市场 35 个，查处各类食品违法违章经营案件 34 起，责令改正不规范经营行为 58 户次，收缴劣质过期食品 410 余公斤。[②] 2013 年 12 月，河南省鄢陵县工商局以农村商场、食杂店为重点单位，共出动执法人员 120 人次，累计检查食品经营户 636 户次。[③] 有效地净化了农村食品市

---

① 《张掖市山丹县工商局开展农村食品市场专项整治》，法制网，2013-07-10［2014-05-20］，http://www.legaldaily.com.cn/locality/content/2013-07/10/content_4644603.htm? node = 32228。

② 《商洛市工商局农村食品市场专项整治成效明显》，商洛市政府网，2013-04-26［2014-05-20］，http://www.shangluo.gov.cn/info/1056/31069.htm。

③ 《鄢陵县工商局四结合开展农村食品市场专项整治活动》，中新网，2013-12-10［2014-05-20］，http://www.ha.chinanews.com/lanmu/news/1650/2013-12-10/news-1650-239396.shtml。

场,保障了农村食品消费安全。

(三)食品添加剂监管

2013 年,全国食药监督管理系统和工商管理系统继续强化对食品添加剂质量的监管,以食品加工业和餐饮业为重点行业,积极推进食品添加剂经营者自律体系建设,严格监督经营者落实管理制度和责任制度,依法严厉查处流通环节违法添加非食用物质和滥用食品添加剂、违法销售食品添加剂的行为。复配食品添加剂是食品添加剂的重要类别,2013 年年底国家食品药品监督管理总局部署了全国复配食品添加剂获证生产企业专项监督检查工作,重点是检查复配食品添加剂获证生产企业实际生产产品是否与许可范围一致;产品配方是否与许可一致;是否存在添加非食品添加剂和非食品原料行为;产品标签是否规范等。检查结果显示:全国复配食品添加剂获证生产企业共计 745 家,通过专项监督检查,尚未发现企业无证生产、超范围生产、非法添加非食用物质等违法行为。但在检查中也发现个别企业产品标签不规范,原辅料进货查验制度或生产管理记录制度不健全、不落实,出厂检验和销售记录不全等问题。针对上述存在的问题,国家食品药品监督管理总局已督促各地食品药品监管部门进一步强化监管,督促企业严格落实各项主体责任。同时,进一步有针对性地开展监督抽检,对于抽检查明存在产品不合格的企业,依法从严查处。

(四)餐饮食品监管

诸多地区加大了餐饮食品行业的监管工作。广东省揭阳市食品药品监督管理局通过大力开展以“文明用餐、以俭养德”为主题的文明餐桌行动,该局餐饮服务单位、学校食堂、机关食堂的餐厅内显眼处张贴或餐桌上摆放体现“文明用餐、以俭养德”主题的宣传标识共 14000 多份,并发放餐饮服务食品安全管理制度牌 500 多份。引导消费者“合理饮食,文明用餐,珍惜粮食,避免浪费”,倡导“民以食为天,用餐礼为先”的文明餐桌礼仪氛围,并加大对餐饮服务环节违法违规行为的查处力度,共出动执法检查人员 1786 人次,检查餐饮单位 593 家次,查处违法违规案件 11 宗。同时加大信息公开力度,提高其社会影响力,倡导公众“寻找笑脸就餐”,放心消费,已评定揭阳市餐饮服务单位 1388 家,其中:A 级 25 家、B 级 524 家、C 级 839 家,应评完成率 97.3%。辽宁省阜新市食品药品监督管理局组织开展了餐饮服务单位食品安全“大排查、大整改、大提升”专项整治活动。共出动监督执法人员 420 余人次,检查餐饮服务单位 360 余家。针对检查中发现的问题,监督人员当场给予纠正并下达责令整改通知书,责令限期整改。为加强对餐饮服务行业监管力度,广东省汕头市食品药品监督管理局组织开展餐饮服务专项检查行动,对餐饮服务食品安全进行了 3 次专项检查。同时开展食品安全抽检工作,共抽检该区域餐饮单位 20 家,抽检餐具、熟肉、大米、食用油共 60 批次。经过整治工作,汕头市餐饮服务食品安全状况有了较大的改善,餐饮单位《餐饮服务许可证》持证率由原来80%提高到93%;各餐饮单位均配备“三防”设施,卫生环境显著提升。

(五)酒类市场监管

2013年,国家食药总局组织各级食药监管部门,通过强化生产许可、加强监督检查、开展监督抽检和风险监测、严厉打击违法违规行为等措施,进一步加强白酒和葡萄酒等酒类质量安全监管,提升酒类治疗安全整体水平。专项整治期间,湖南省岳阳市开展各类执法活动120余次,500余人次参与,检查企业1.4万余次。重点开展酒类批发许可证、酒类零售备案登记证两证核查工作,逐个门店、逐个街道、乡镇、村户走访摸底核查,严格对照标准,共查处无证经营154起,查处无随附单酒品600多件,查处了180户未悬挂“不得向未成年销售酒类商品”牌子的行为,查处假冒、侵权酒2500余瓶,过期变质酒3000余瓶,全部进行了现场销毁。① 2013年上半年,贵港市商务部门共出动酒类执法人员2040人次(当月167人次)、车辆300辆次(当月27辆次),立案处理酒类违法案件29起,罚没酒类商品款共1.45万元。②

(六)保健食品市场监管

2013年,国家食品药品监督管理总局专门制定相关方案,总体部署,全国各地结合地方实际,紧紧抓住食品药品监管体制改革机遇,深入开展保健食品打“四非”专项行动,有效地遏制了保健食品违法违规高发频发势头。湖南省共抽验保健食品41批次,检验不合格产品3批次;指导娄底、邵阳、株洲、长沙市局查办了一批典型案件,包括涉案1090万元的娄底市“6·20”非法生产保健食品案,刑事拘留4人的邵阳市“7·06”非法经营假冒保健食品案等。共监测省级媒体发布保健食品广告涉嫌非法夸大宣传340起,市级媒体发布保健食品广告涉嫌非法夸大宣传1227起。③ 山西省在保健食品专项整治行动中,通过280批次的保健食品专项抽验,查处了129种违法保健食品和21起典型案件并予以曝光,采取强制下架、全省禁售的行政措施,重拳惩治保健食品违法行为。④ 各地在积极推进保健食品许可制度改革,推进产品分级分类管理,实施风险监测等方面取得了新经验。

---

① 《岳阳市2013年酒类市场监管情况及建议》,和讯新闻网,2014-01-15[2014-05-20],http://news.hexun.com/2014-01-15/161457592.html。

② 《贵港市2013年1—6月酒类流通监管情况》,和讯新闻网,2013-07-05[2014-05-20],http://guangxi.mofcom.gov.cn/article/sjdixiansw/201307/20130700187807.shtml。

③ 《湖南省打击保健食品“四非”专项行动取得明显成效》,国家食品药品监督管理总局,2013-09-09[2014-06-20],http://www.sda.gov.cn/WS01/CL0050/92416.html。

④ 《山西保健食品整治取得阶段性成果》,中国食品安全网,2013-08-15[2014-06-20],http://www.cfsn.cn/supervision/2013-08/15/content_145828.htm。

（七）违法食品广告的监管与预警

国家工商总局自2009年1月开始对全国范围内电视、报纸等媒体发布的严重违法广告〔广告类型有食品（包括保健食品）、药品、医疗、化妆品及美容服务等〕行为进行曝光。在2008年第四季度至2013年第四季度，国家工商总局共发布38份涉及普通食品和保健食品的违法广告公告。在曝光的463种产品广告中有113种是保健食品广告，占曝光广告总数的24.41%。相关数据表明，近年来被曝光的违法保健食品广告逐年递增，2009年为11起，2010年上升为12起，2011年增加到14起，2012年增加到37起，2013年增加到38起，年均递增36.33%。表3-1显示，被曝光的食品和保健食品广告主要是因为广告中出现与药品相混淆的用语，超出国家有关部门批准的保健功能和适宜人群范围，宣传食品的治疗作用，利用专家、消费者的名义和形象作证明，误导消费者等。

（八）流通环节食品可追溯体系建设

2010年开始，在国家商务部、财政部、工商总局的共同推动下，全国工商管理系统积极运用信息化手段提高流通环节食品安全监管能力，以肉类、蔬菜为重点品种，运用物联网技术、溯源技术、防伪技术、条形码技术以及云计算等先进技术，建设支持食品真伪认定、来源追溯、过程追踪、责任追查及召回销毁的食品流通可追溯体系，经过3年的努力，已逐步形成从总局到工商所五级纵向贯通和横向连接的信息化网络体系，部分省市初步实现食品安全网上监管的目标。2013年，国家工信部继续搭建食品质量安全信息可追溯公共服务平台，在婴幼儿配方乳粉、白酒、肉制品等领域开展食品可追溯体系试点建设，面向消费者提供企业公开法定信息实时追溯服务，强化企业质量安全主体责任。部分企业、省份的试点工作进展良好。中粮蒙牛、伊利、完达山和三元乳业成为首批四家试点企业，产品可通过网络、手机短信、二维码扫描等多种平台实现追溯，引领了食品特别是乳品行业的追溯先河。到2013年，福建省已建设省、市级可追溯体系示范企业近1000家，累计建立食品经营主体数据21.2万条，采集流通环节食品进销货台账数据2.16亿条，食品索证索票资料信息数据129.61万条，初步实现了“流向可追、来源可溯、质量可靠”。2013年，上海市新增了食品可追溯系统建设的粮食加工企业5家，粮食批发市场5家，13家粮食配送中心，14家超市公司，225家门店；水产品可追溯体系建设方面，新增1家水产批发市场，2家水产配送中心，14家超市公司，214家门店。

表 3-1　2009—2013 年间国家工商行政管理总局曝光的违法食品广告

序号	公告	发布时间	违法食品广告	监测时间
1	违法广告公告(工商广公字〔2013〕12 号)	2013 年 12 月 30 日	健都润通胶囊保健食品广告;九秘四排求来茶保健食品广告;丹参天麻组合保健食品广告	2013 年第四季
2	违法广告公告(工商广公字〔2013〕11 号)	2013 年 11 月 27 日	盈实牌参葛胶囊保健食品广告	2013 年第三季
3	违法广告公告(工商广公字〔2013〕10 号)	2013 年 11 月 6 日	玛卡益康保健食品广告;青钱柳降糖神茶保健食品广告;轻漾畅比芙小麦纤维素颗粒保健食品广告	2013 年第三季
4	违法广告公告(工商广公字〔2013〕9 号)	2013 年 9 月 23 日	脑鸣清保健食品广告;益寿虫草口服液保健食品广告;葵力果保健食品广告	2013 年第三季
5	违法广告公告(工商广公字〔2013〕8 号)	2013 年 9 月 16 日	毕挺灵芝鹿茸胶囊保健食品广告;美琳婷羊胎素口服液保健食品广告	2013 年第二季
6	违法广告公告(工商广公字〔2013〕7 号)	2013 年 8 月 15 日	美国 NA 奥复康保健食品广告;鸡尾普洱大肚子茶保健食品广告;萃能牌蓝荷大肚减肥茶保健食品广告	2013 年第二季
7	违法广告公告(工商广公字〔2013〕6 号)	2013 年 6 月 26 日	易道稳诺软胶囊保健食品广告;寿瑞祥全松茶保健食品广告;威士雅虫草菌丝体胶囊保健食品广告;沃能胶囊保健食品广告;玛卡益康能量片保健食品广告	2013 年第二季
8	违法广告公告(工商广公字〔2013〕4 号)	2013 年 5 月 28 日	龙涎降压茶保健食品广告;雪域男金保健食品广告;帝勃参茸胶囊保健食品广告;臻好牌大肚子茶保健食品广告;虫草固精丸食品广告;帝龙丸食品广告	2013 年第一季
9	违法广告公告(工商广公字〔2013〕3 号)	2013 年 5 月 2 日	李鸿章五日瘦身汤保健食品广告;福棠醇胶囊(深奥牌修利胶囊)保健食品广告;为公牌天麻软胶囊保健食品广告;盐藻(红阳牌海葆软胶囊)保健食品广告;扶元堂灵芝孢子粉胶囊(原名 α—南瓜玉米粉)保健食品广告	2013 年第一季
10	违法广告公告(工商广公字〔2013〕2 号)	2013 年 3 月 10 日	东星牌灵芝益甘粉剂保健食品广告	2013 年第一季

（续表）

序号	公告	发布时间	违法食品广告	监测时间
11	违法广告公告（工商广公字〔2013〕1 号）	2013 年 1 月 30 日	藏达冬虫夏草保健食品广告（致仁堂牌蝙蝠蛾拟青霉菌丝胶囊）；HD 元素保健食品广告；黄金菌美保健食品广告	2012 年第四季度
12	违法广告公告（工商广公字〔2012〕13 号）	2012 年 12 月 31 日	金脉胶囊保健食品广告；压美胶囊（不凡牌银菊珍珠胶囊）保健食品广告	2012 年第四季度
13	违法广告公告（工商广公字〔2012〕12 号）	2012 年 12 月 5 日	藏雪玛冬虫夏草胶囊（补王虫草精）保健食品广告；问美胶囊保健食品广告	2012 年第四季度
14	违法广告公告（工商广公字〔2012〕11 号）	2012 年 11 月 14 日	富康神茶保健食品广告；全清牌大肚子茶保健食品广告	2012 年第三季度
15	违法广告公告（工商广公字〔2012〕10 号）	2012 年 10 月 18 日	极融牌大肚茶保健食品广告；巴西雄根（兴安健鹿牌参鹿胶囊）保健食品广告；国老问肝茶保健食品广告；妙巢胶囊保健食品广告	2012 年第三季度
16	违法广告公告（工商广公字〔2012〕9 号）	2012 年 9 月 10 日	雷震子牌护康胶囊（北大护康胶囊）保健食品广告	2012 年第三季度
17	违法广告公告（工商广公字〔2012〕8 号）	2012 年 8 月 16 日	藻黄金稳压肽胶囊食品广告；活益康牌益生菌胶囊（黄金菌美）保健食品广告；排毒一粒通保健食品广告；梅山牌减肥神茶保健食品广告；美国 360（广告名称：康尔健胶囊）保健食品广告	2012 年第二季度
18	违法广告公告（工商广公字〔2012〕7 号）	2012 年 7 月 9 日	藏秘雪域冬虫夏草胶囊食品广告；那曲雪域冬虫夏草胶丸（批准名称灵智牌冬虫夏草胶丸）保健食品广告；三清三排茶保健食品广告；妙巢胶囊保健食品广告；美国 AN 奥复康保健食品广告；雷震子牌护康胶囊（批准名称北大护康胶囊）保健食品广告	2012 年第二季度
19	违法广告公告（工商广公字〔2012〕6 号）	2012 年 5 月 29 日	都邦食品广告；天地通三七茶食品广告；五日瘦身汤（五日牌减肥茶）保健食品广告；中研万通胶囊保健食品广告；臻好牌大肚子茶保健食品广告	2012 年第二季度

（续表）

序号	公告	发布时间	违法食品广告	监测时间
20	违法广告公告（工商广公字〔2012〕4 号）	2012 年 5 月 7 日	古汉养生酒食品广告；富硒灵芝宝保健食品广告；雷震子牌护康胶囊（北大护康胶囊）保健食品广告	2012 第一季度
21	违法广告公告（工商广公字〔2012〕3 号）	2012 年 3 月 29 日	同仁益健茶保健食品广告；HD 元素食品广告	2012 第一季度
22	违法广告公告（工商广公字〔2012〕2 号）	2012 年 2 月 28 日	前列三宝食品广告；水德胶囊（谷比利）保健食品广告	2012 第一季度
23	违法广告公告〔2012〕1 号	2012 年 1 月 16 日	那曲雪域冬虫夏草保健食品广告；东方之子牌双歧胶囊（双奇胶囊）保健食品广告；健都牌润通胶囊保健食品广告	2011 第四季度
24	违法广告公告（工商广公字〔2011〕5 号）	2011 年 11 月 28 日	问美美容宝胶囊保健食品广告；藏秘雪域冬虫夏草胶囊食品广告	2011 第三季度
25	违法广告公告（工商广公字〔2011〕4 号）	2011 年 8 月 10 日	颐玄虫草全松茶食品广告；金王蜂胶苦瓜软胶囊保健食品广告；国老问肝茶食品广告；同仁修复口服胰岛素保健食品广告	2011 第二季度
26	违法广告公告（工商广公字〔2011〕3 号）	2011 年 6 月 13 日	寿瑞祥全松茶食品广告；国研前列方食品广告；厚德蜂胶软胶囊保健食品广告	2011 第二季度
27	北京、昆明工商曝光违法广告	2011 年 3 月 10 日	葵力康食品广告； 虫草养生酒保健食品广告；同仁唐克保健食品广告；知蜂堂蜂胶保健食品广告	2011 第一季度
28	违法广告公告（〔2011〕1 号）	2011 年 1 月 30 日	《郑州晚报》12 月 3 日 A31 版发布的活力降压酶食品广告；《兰州晚报》12 月 2 日 A13 版发布的睾根果食品广告	2010 第四季度
29	违法广告公告（工商广公字〔2010〕7 号）	2010 年 11 月 11 日	《三秦都市报》10 月 13 日 11 版发布的 MAXMAN 食品广告；《太原晚报》10 月 13 日 17 版发布的天脉素食品广告；新疆卫视 9 月 3 日发布的敏源清保健食品广告	2010 第三季度
30	违法广告公告（工商广公字〔2010〕6 号）	2010 年 9 月 21 日	西木左旋肉碱奶茶食品广告；东方之子双奇胶囊食品广告；净石清玉薏茶食品广告；雪樱花纳豆复合胶囊食品广告；排酸肾茶食品广告	2010 第二季度

（续表）

序号	公告	发布时间	违法食品广告	监测时间
31	违法广告公告（工商广公字〔2010〕4号）	2010年5月10日	《新晚报》（黑龙江）3月20日A10版发布的同仁强劲胶囊食品广告;《南宁晚报》3月20日09版发布的西摩牌免疫胶囊保健食品广告	2010第一季度
32	国家工商行政管理总局、国家食品药品管理局违法广告公告（工商广公字〔2010〕3号）	2010年2月10日	《南国都市报》（广西）12月3日A09版发布的梨花降压藤茶保健食品广告;《海峡都市报》（福建）12月3日A32版发布的北奇神好汉两粒帮软胶囊食品广告	2009第四季度
33	违法广告公告（工商广公字〔2009〕8号）	2009年10月27日	《作家文摘》（北京）9月18日4版发布的泽正多维智康胶囊保健食品广告;《南宁晚报》9月17日09版发布的都邦超英牌麦芪参胶囊保健食品广告;《京华时报》（北京）9月17日A31版发布的肝之宝保健食品广告	2009第三季度
34	2009年第二季度违法广告公告（〔2009〕6号）	2009年7月29日	《楚天都市报》（湖北）6月11日发布的知蜂堂保健食品广告;《北方新报》（内蒙古）6月10日发布的美国美力坚保健食品广告	2009第二季度
35	2009年第一季度违法广告公告（工商广公字〔2009〕5号）	2009年5月17日	《西安晚报》3月18日发布的生命A蛋白食品广告;《新晚报》（黑龙江）3月18日发布的倍力胶囊保健食品广告;《燕赵晚报》（河北）3月16日发布的仲马食品广告;青岛电视台一套节目3月26日发布的圣首荞芪胶囊保健食品广告	2009第一季度
36	违法广告公告（工商广公字〔2009〕2号）	2009年2月11日	《半岛都市报》12月3日发布的爱动力保健食品广告	2008第四季度

资料来源：根据国家工商行政管理总局公布的2009—2013年违法广告公告资料整理形成。

二、流通环节食品安全事件的应对处置

2013 年全国工商行政管理系统重点查处、应对食品安全中的以假乱真事件、添加剂滥用事件、农药或兽药残留超标事件等突发事件，努力保障流通环节的食品安全和消费者权益。

（一）沃尔玛“狐狸肉”事件

2013 年 12 月，一位山东济南市民王先生从当地沃尔玛超市买了包装好的、产地为山东德州的熟牛肉、驴肉，食用后发现味道和色泽不对，于是将这些肉送到了山东出入境检验检疫局检验检疫技术中心，检测报告显示驴肉成分未检出，检出狐狸肉成分。对于这一涉嫌欺诈消费者的行为，2013 年 12 月 24 日沃尔玛发道歉声明，表示公司在第一时间下架封存了问题商品，问题产品并未在北京市场销售，公司已暂停与问题产品生产商的合作，并正积极配合工商部门对此事严查，追究相关责任人的法律责任，并会根据检测结果采取进一步行动。沃尔玛所售“五香驴肉”掺有狐狸肉事件，自 2013 年 12 月下旬以来持续发酵。①

2013 年 12 月 20 日，济南市泉城路工商所立即将剩余的 1487 袋五香牛肉、五香驴肉封存扣押，并召集相关人员对商品供应商——济南哲昱经贸有限公司立案调查，商品生产商德州福聚德公司被当地公安机关立案查处。在深入调查的基础上，德州福聚德食品有限公司生产执照被吊销，企业被终身禁入食品行业，事件的主要责任人被刑拘，沃尔玛公司组织退货并对消费者进行补偿。2014 年 1 月 6 日山东省食品药品监管局约请沃尔玛中国公司负责人召开行政约谈会。② 在食药监、质检、工商、公安机关等多部门的通力合作下，“狐狸肉”迅速被清理出市，消费者权益得到有效保护。

（二）汇源等“烂果门”事件

2013 年 9 月 23 日，汇源、安德利和海升三大果汁巨头被报道透过厂房所处的水果购销中心或水果行作为中间人，向果农大量购买“瞎果”，再用来制成果汁或浓缩果汁，自此该三大上市公司陷入“烂果门”事件。2013 年 9 月 23 日，针对媒体报道的包括汇源在内的部分果汁饮料生产企业涉嫌使用腐烂“瞎果”加工果汁的问题，国家食品药品监督管理总局高度重视，紧急部署安徽、江苏、山东等地食品安全监管部门立即开展调查，并对企业进行监督检查。经初步调查，山东汇源食品饮料有限公司自 2012 年 12 月以来一直未生产果汁。江苏省徐州市安德利果蔬

① 《沃尔玛为狐狸肉道歉事情始末》，第一金融网，2013-12-25［2014-05-20］，http://www.afinance.cn/new/cjxw/201312/653307.html。

② 《济南市民沃尔玛买千袋驴肉被检出狐狸肉 工商依法封存扣押》，潍坊传媒网，2013-12-21［2014-05-20］，http://www.wfcmw.cn/html/cmwsd/354770.shtml。

汁有限公司当日未生产，现场未发现原料水果。安徽砀山海升果业有限责任公司、北京汇源集团皖北果业有限公司现场未发现有腐烂水果存货。砀山县食品安全监管部门已责令两家公司停产自查，配合执法部门调查，并现场依法对两家公司的产品进行了抽检。在多方监督和努力下，基本保障了果汁厂收购原料的质量和消费者的权益。

（三）南山奶粉5批次倍慧婴幼儿奶粉含强致癌物事件

2013年6月29日，广东省广州市工商局对市场上乳制品及含乳食品抽检中发现，"南山奶粉"被抽检的5个批次"倍慧"婴幼儿奶粉中全部含有强致癌性物质黄曲霉毒素M1。事件曝光后，食品安全、工商、质监等部门立即在"南山奶粉"生产现场开展彻查。在1231批次抽样中，实物质量合格1204批次，合格率97.81%。南山、皇室、爱馨多等品牌部分乳制品多个项目被检出超标，5款婴幼儿奶粉被检出黄曲霉素含量不合格，含有强致癌物质。广州市工商局表示，抽检中问题最为严重的当属南山"倍慧"奶粉，南山奶粉被抽检的5个批次"倍慧"婴幼儿奶粉，全部含有强致癌性物质黄曲霉毒素M1。

针对湖南生产的名牌南山婴幼儿奶粉在广州被通报发现"含强致癌物"事件，湖南省长沙市组织食品安全、工商、质监等部门也同时立即在"南山奶粉"生产现场开展彻查。由于南山奶粉检测结果问题严重，广州市工商部门勒令问题批次产品下架，并采取严厉处罚措施。① 在全国范围多部门的联合监管下，南山奶粉事件得到有效控制。

（四）"镉大米"事件

2013年2月27日，媒体记者在广州市场随机抽取多批次湖南大米，结果均显示镉超标，属于不合格产品，同时指出"湖南大米镉普遍超标"，该事件迅速引发关注。从5月20日开始，广东省珠海市食安办牵头，组织市食药监、工商等部门，按照媒体曝光的"含镉大米和米粉"品种，对全市餐饮、流通、生产领域进行按图索骥式的全面排查。5月21日，广东省食安办公布31批次"镉大米"名单，其中省质监局、省工商局分别抽检出11批次、20批次"镉大米"。名单显示，抽检出问题大米的经销商包括广州、深圳、中山等地，大米生产企业所在地则包括广州、佛山、东莞、中山和高要等地，大米原产地则包括广东佛山、台山、韶关、乐昌以及广西全州、广西桂平、江西、湖南攸县等地。在调查后，珠海共扣押涉嫌镉超标的米粉1054.5公斤。在珠中江三地多部门联合清查行动和采取一系列应对措施后，湖南

① 《是谁让我们吃的诚惶诚恐？盘点2013食品安全大事件》，食品科技网，2013-12-30［2013-06-01］，http://www.tech-food.com/news/2013-12-30/n1060349.htm。

问题大米被基本清理出市。[①]

三、流通环节安全监管执法中存在的问题:天津市的案例

基层流通环节食品质量安全监管是监管的重心之一。因此,研究基层食品安全监管的难点与面临的问题,对更深层次地研究新问题具有更强的指导意义,对强化新组建的食品监管机构对流通环节的食品安全进行有效监管更具有借鉴价值。为此,本《报告》的研究小组 2013 年以天津市工商行政系统为案例进行了研究,[②]努力以解剖的方法来思考如何强化基层流通环节食品质量安全的监管问题,试图为政府监管部门提供有益的参考样本。

(一)流通环节食品经营者的基本情况及分析

天津市食品流通经营主体实有 54697 户,同比增长 12.59%(因滨海新区食品安全监管职能划转,本章节的所有数据均不含滨海新区数据)。其中食品流通经营企业实有 13079 户,占 23.91%,同比增长 21%,个体食品流通经营者实有 41618 户,占 76.09%,同比增长 10.19%;持食品流通许可证的有 52293 户,占 95.6%,持原卫生许可证的有 2404 户,占 4.4%;区县级流通环节食品安全管理示范店实有 372 户,占 0.68%。

《食品安全法》实施以来,全市食品流通经营主体呈较快增长态势。这说明,在食品安全受到政府高度重视和人民群众高度关注的形势下,工商部门作为流通环节食品安全监管的主责部门,采取加大监管执法力度、服务市场主体快速发展、消费维权与强化行政指导和宣传教育相结合的措施,为食品流通经营主体的发展创造了良好的环境。尤其是 2013 年,天津市工商局认真落实市政府关于开展 20 项民心工程建设的部署要求,全力推进开展流通环节食品安全管理示范店建设,对全市首批 372 家区县级流通环节食品安全管理示范店进行了授牌,圆满完成了市政府 2013 年民心工程流通环节食品安全管理示范店不少于 200 家的建设任务。

(二)监管执法中暴露的食品流通领域存在的主要问题

2013 年天津市工商行政管理部门紧紧围绕"树责任、强监管、增效能、保安全"的工作重心,以推进流通环节食品安全管理示范店建设和加大食品安全监管力度为重要抓手,努力维护流通环节食品市场秩序。流通环节食品抽样检验质量合格率逐年上升。但是一些问题仍然较为突出。

---

① 《珠中江三地多部门严查镉大米》,新浪财经网,2013-05-24[2014-06-01],http://finance.sina.com.cn/consume/puguangtai/20130524/071915571684.shtml。

② 《2013 年天津市流通环节食品安全监管报告》,天津市工商行政管理局,2014-03-26[2014-06-07],http://www.tjaic.gov.cn/。

1. 食品抽样总体合格率有待提升

2013 年全市流通环节已完成 65 个品种 1768 个批次食品的抽样检验，质量合格率为 95.87%。其中计划内抽检食品 1574 个批次，合格率为 95.81%；专项抽检食品 50 个批次，合格率为 94%；风险监测食品 91 个批次，合格率为 98.9%；跟踪抽检食品 53 个批次，合格率为 94.34%。由此可见，除了风险监测食品合格率高于 98% 以外，其余抽检类型的合格率基本在 95% 左右徘徊，专项抽检食品合格率仅为 94%。

2. 农村食品安全问题仍然较多

农村地区销售的食品进货来源复杂，小作坊生产的食品较多。流通环节食品抽样检验结果显示，在城市地区抽检食品 754 个批次，合格率为 97.35%；在城乡结合部抽检食品 516 个批次，合格率为 95.93%；在农村地区抽检食品 498 个批次，合格率为 93.57%。农村地区发生的食品安全违法案件 322 件，占到了全市食品安全案件的 40.5%，销售假冒伪劣食品案件、未履行食品进货查验和查验记录义务的违法行为案件以及未按规定要求贮存、销售食品或清理库存食品违法行为案件是农村地区查办较多的案件类型。

3. 食品标签不合格成为食品抽检新问题

被抽检食品中有 226 个批次的食品不合格，其中，质量不合格的为 53 个批次，标签不合格的为 153 个批次，质量和标签同时不合格的为 20 个批次。食品标签不合格主要表现为标签标注字体大小不符合标准要求、未按标准标注应当标注的内容等问题。究其原因，目前我国的食品安全标准还没有形成一套完整的体系，比较混乱，同时生产企业对国家新发布实施的《预包装食品标签通则》(GB 7718-2011)重视不够，忽视了对新标准的学习和掌握，食品标签管理不规范，未能及时对不符合标准的食品标签进行更换。

4. 休闲类食品抽检合格率最低

抽检婴幼儿配方乳粉、婴幼儿辅助食品等儿童类食品 312 个批次，合格率为 97.76%，主要是婴幼儿辅助食品合格率较低；抽检食用油、食盐、酱油等副食调料类食品 452 个批次，合格率为 97.79%；抽检粽子、月饼等节日类食品 387 个批次，合格率为 95.09%；抽检包子、饺子、栗羊羹等本地特色类食品 40 个批次，合格率为 95%；抽检膨化食品、运动、功能性饮料等休闲类食品 577 个批次，合格率为 94.45%。

5. 销售不符合食品安全标准和假冒伪劣食品案件居多

2013 年，全市工商系统在强化监管的基础上，加大对食品安全案件的查办力度。2013 年，全市累计查处食品安全案件 795 件，罚没款为 576.47 万元，查处不符合食品安全标准的食品 20.19 吨。销售不符合食品安全标准的案件、销售假冒伪劣食品的案件分别是 311 件、265 件，位于第一、二位。这表明：工商部门通过扩大抽检区域和场所范围，增加检测批次和项目等方式，切实加大了质量抽检力度，更加严厉打击了销售不符合食品安全标准食品的行为；工商部门多次开展“三无”、过期变质等食品的专项治理行动，更加严厉打击了销售假冒伪劣食品行为。

6. 食杂店仍为流通环节食品安全监管的薄弱环节

从食品安全案件涉及经营者情况来看，食杂店发生食品安全违法案件最多，为 495 件，占到了案件总数的 64.48%。

四、食品安全消费环境与消费行为：基于消费者调查的视角

为了解我国城乡居民食品安全的消费环境与行为特征，本《报告》研究小组展开了调查。具体调查样本的情况与统计性分析等见第六章。本章节主要依据调查问卷的分析统计，研究接受调查的城乡消费者对食品安全消费环境等方面的评价，以及消费者食品安全消费行为的相关情况。

（一）食品购买主要场所的安全性评价

图 3-1 显示，绝大多数受访者在选择食品购买场所时青睐超市，比例高达 84.15%；选择在小卖部和集贸市场购买食品的受访者比例均在 41% 左右；选择路边流动摊贩和其他场所的比例都比较低，分别为 15.48% 和 6.9%。就食品消费安全保障水平而言，超市要优于小卖部和集贸市场，更优于路边流动摊贩。本《报告》的进一步调查也证实，在消费者心目中，对食品购买场所的放心程度由高到低依次为超市、集（农）贸市场、小卖部、路边流动摊贩，所占比例分别为 90.21%、51.46%、34.85%、9.04%（如图 3-2 所示）。由此可见，受访者的食品消费安全意识有了很大的提升，对购买场所的食品安全水平评价也较为理性。

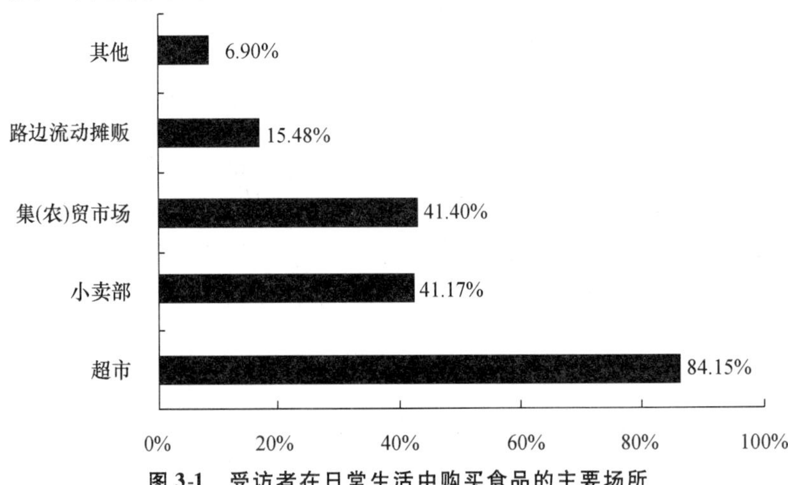

图 3-1 受访者在日常生活中购买食品的主要场所

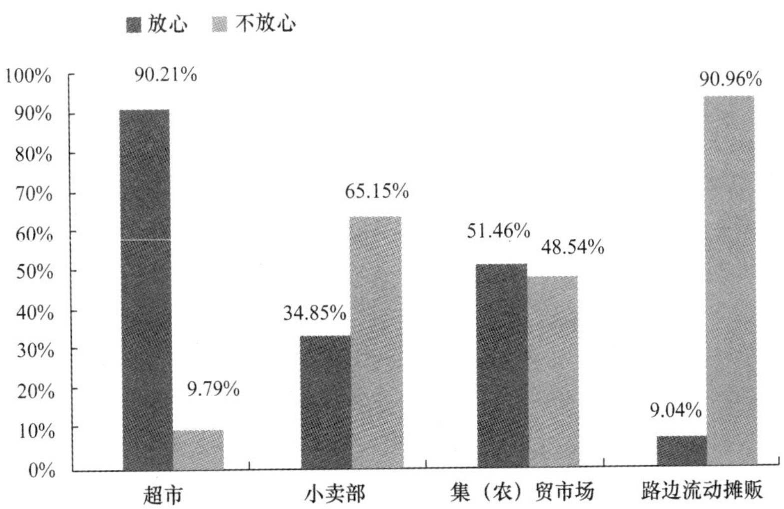

图 3-2　受访者关于食品购买场所的放心程度

(二) 食品安全消费的维权意识

图 3-3 显示，绝大部分受访者曾遇到过不安全食品的侵害，所占比例约为 95%。分别有 7.47%、39.34%、21.70% 和 26.63% 的受访者表示经常遇到、有时遇到、一般和很少遇到不安全食品的侵害。从来没有遇到过不安全食品侵害的受访者仅占 4.86%。

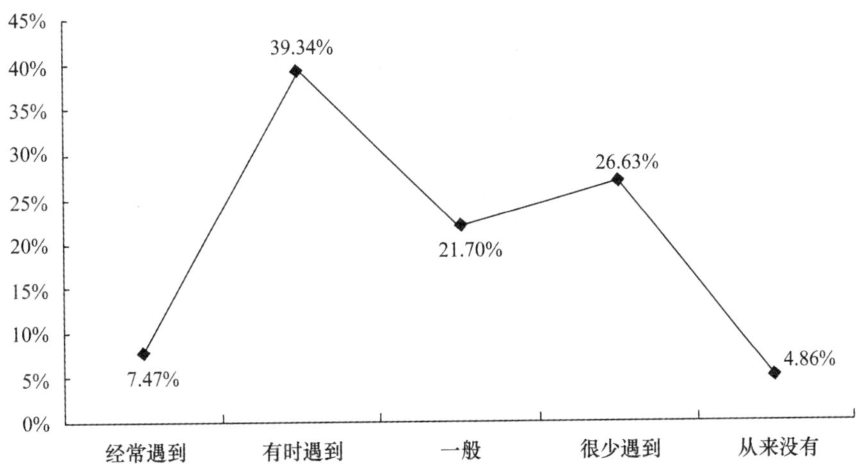

图 3-3　受访者遇到不安全食品侵害的比例

图 3-4 显示，受访者在遇到不安全食品侵害时，选择与经营者交涉、向消费者协会投诉、向政府部门投诉、向媒体反映和向法院控告的比例分别为 47.02%、15.52%、8.85%、4.20% 和 3.1%。此外，仍有约 21.31% 的受访者选择自认倒霉。可见，消费者的维权意识有待进一步提升。

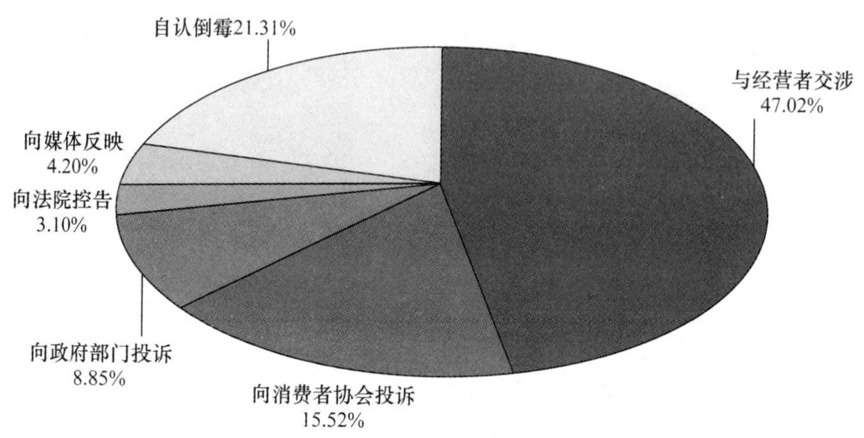

图 3-4 受访者遇到不安全食品侵害时所采取的措施

（三）食品消费投诉总体上持续上扬

表 3-2 是 2007—2013 年间全国消协组织受理的食品消费投诉量，其中绝大多数反映的是城市消费者的食品消费投诉。2007 年全国消协组织受理的食品消费投诉为 36815 件，比 2006 年的 42106 件下降了 12.57%。而 2008 年"三聚氰胺"奶粉事件后，全国的食品消费投诉量急剧上升，比 2007 年上升了 25.6%。2009 年、2010 年消费者食品消费投诉量持续下降。而 2011 年则再次出现反弹，食品消费投诉量比 2010 年上升了 12.34%。2012 年食品消费投诉量与 2011 年基本相当。2013 年则比 2012 年上升了 10.08%。因此，进一步鼓励消费者通过合理合法的方式维护其正当权益就显得非常重要。2007—2013 年间我国食品消费投诉持续上扬的事实说明，消费者食品安全消费的意识正在逐步加强。

表 3-2 2007—2013 年间全国消协组织受理的食品消费投诉量 （单位：件、%）

	2007	2008	2009	2010	2011	2012	2013
投诉量	36815	46249	36698	34789	39082	39039	42973
比上年增长	-12.57	25.63	—20.65	-5.20	12.34	-0.11	10.08

注：2007—2013 年间数据根据全国消费者协会发布的《全国消费者协会组织受理投诉情况》统计资料整理所得。

(四) 投诉与举报渠道的畅通性有待加强

图 3-5 显示,当遇到不安全食品侵害时,认为投诉与举报渠道畅通、比较畅通、一般、不太畅通和不畅通的受访者比例分别为 4.6%、10.71%、36.24%、20.88% 和 27.57%。统计结果表明,在消费者维权的过程中,投诉与举报渠道的畅通性有待进一步加强。

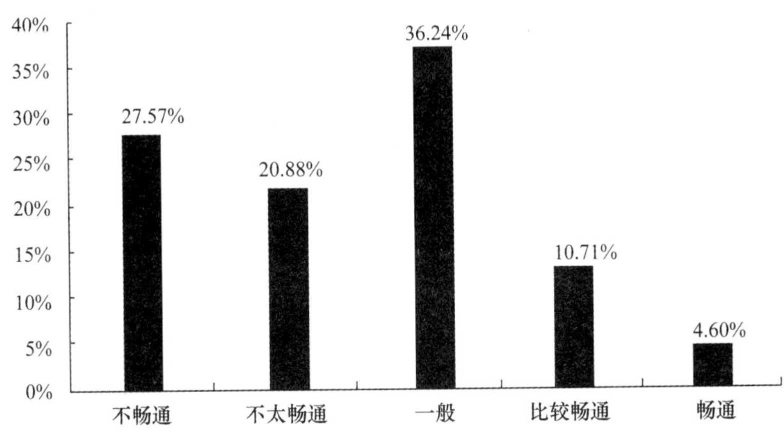

图 3-5　受访者食品消费投诉与举报渠道畅通性评价

(五) 食品安全消费的认知与相关行为

1. 对可追溯食品的认知度较低

图 3-6 显示,消费者对可追溯食品的认知度不高,63.15% 的受访者没有听说过可追溯食品,仅 36.85% 的受访者表示听说过可追溯食品。

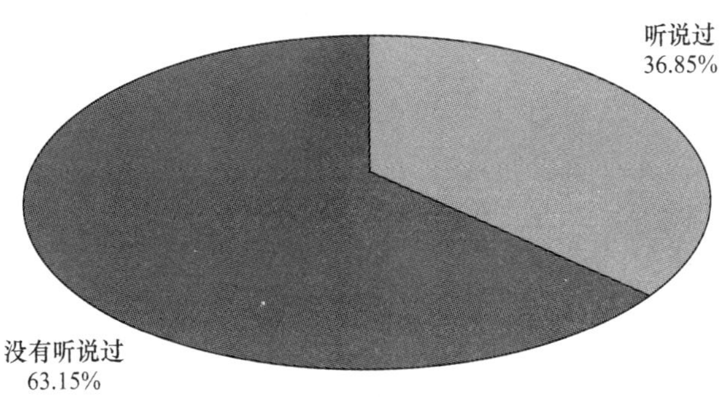

图 3-6　受访者对可追溯食品的了解情况

2. 对可追溯猪肉的购买意愿比较高

从图 3-7 可以看出,以猪肉为例,如果与普通猪肉相比,可追溯猪肉的价格适当贵一些,那么大部分受访者(67.66%)愿意购买稍贵的可追溯猪肉,而不愿意购买的受访者仅占32.34%。

图 3-7 受访者愿意购买稍贵的可追溯猪肉的比例

3. **大部分受访者愿意支付的额外价格不超过 20%**

从图 3-8 可以看出,假设普通猪肉的价格为每斤 20 元,那么在愿意购买可追溯猪肉的受访者中,愿意接受价格增幅为 10%、10%—20%、20%—50%、50%以上的受访者占比分别为 40.12%、30.79%、19.37%、9.72%。由此可见,70%以上的有支付意愿的受访者愿意支付的额外价格增幅不超过 20%。

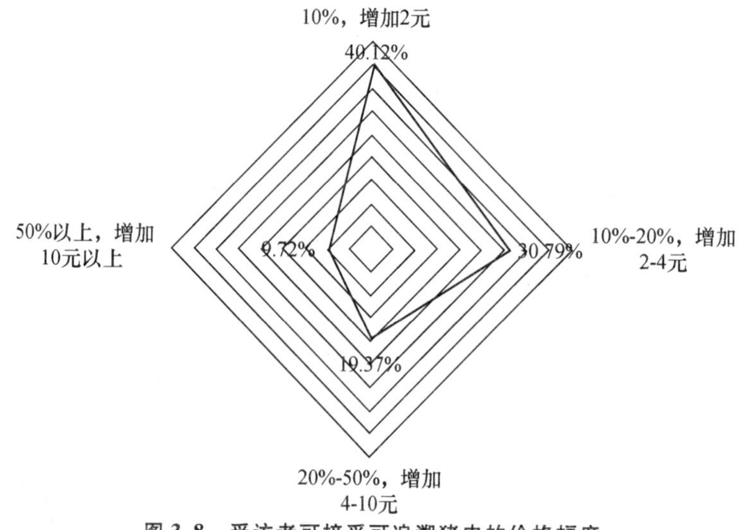

图 3-8 受访者可接受可追溯猪肉的价格幅度

（六）食品安全信息的主要来源

图 3-9 显示，受访者获得食品安全信息或知识的途径多样。分别有 72.05%、52.58%、44.55% 和 20.2% 的受访者表示获取食品安全信息或知识的来源为报刊或电视、互联网、家人或朋友和医生或专业人士，只有 7.35% 受访者表示没有接触过相关信息。统计结果表明，报刊、电视、互联网等主流媒体是主要的信息来源渠道。

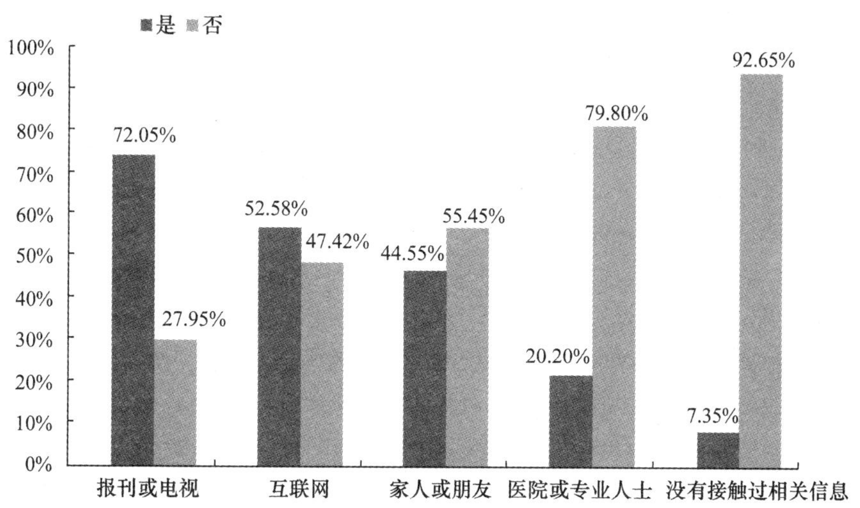

图 3-9　受访者获得食品安全信息或知识的主要途径

五、餐饮环节安全消费行为与评价：基于消费者调查的视角

本章节继续采用调查数据，基于消费者调查的视角，研究消费者对餐饮业安全消费的评价。

（一）对餐饮业食品安全状况和饭店经营者诚信状况的评价

1. 对餐饮业食品安全总体情况的评价一般

由图 3-10 可知，在受访者总体样本中，分别有 6.43%、27.58%、48.78%、12.68% 和 4.53% 的受访者评价所在地区的餐饮业食品安全总体状况为“很好”“比较好”“一般”“比较差”和“很差”。接近一半的受访者对餐饮业食品安全状况评价一般。

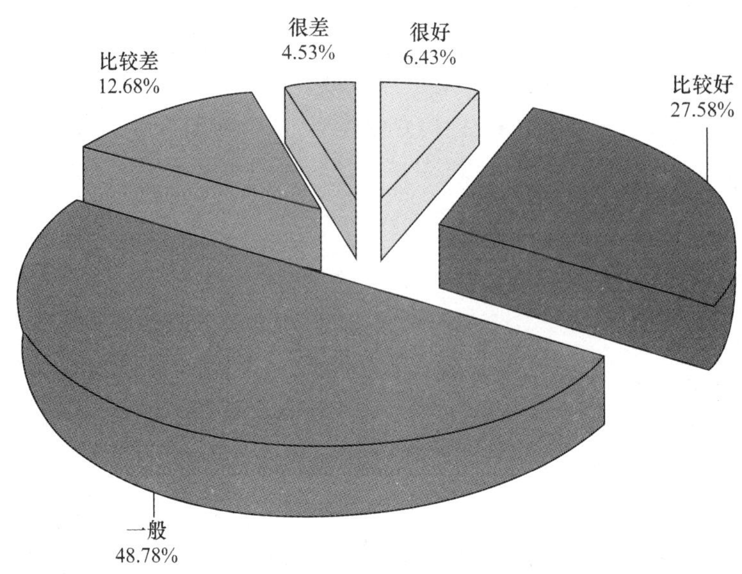

图 3-10 受访者对所在地区的餐饮业食品安全总体状况的评价

2. 大部分受访者认为饭店经营者的诚信状况一般

如图 3-11 所示，分别有 38.82%、37.69%、11.25%、7.31% 和 4.93% 的受访者在外出就餐时选择了小型餐饮店、中型餐饮店、大型饭店、路边摊点和其他。可见中小型餐饮店是受访者外出就餐时的主要场所。由图 3-12 可知，在受访者总体

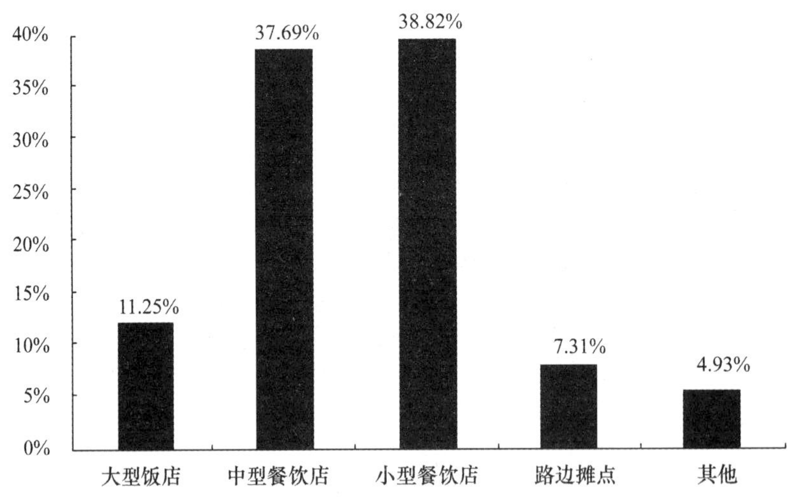

图 3-11 受访者外出就餐时对就餐场所的选择

样本中,分别有6.43%、29.59%、51.34%、8.08%和4.56%的受访者对所就餐饭店经营者的诚实程度评价为“很好”“比较好”“一般”“比较差”和“很差”。超过一半的受访者认为饭店经营者的诚信状况一般。

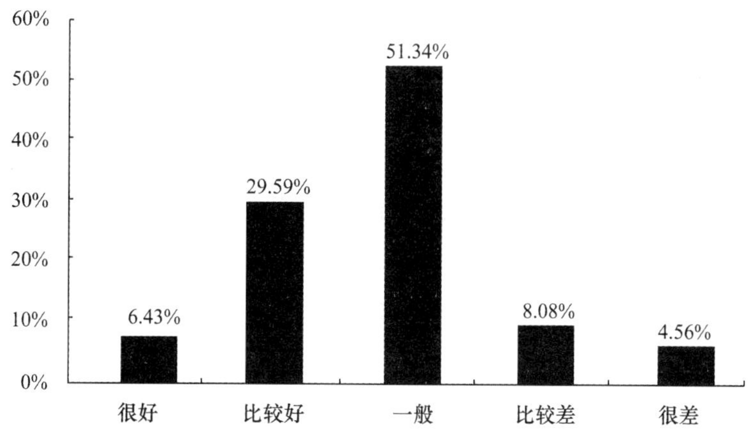

图3-12　受访者对所就餐饭店经营者的诚实程度的评价

(二)选择饭店与就餐时关注的因素

1. 最关注就餐饭店的卫生状况

受访者外出就餐选择饭店时,最关注的因素分别为:“是否卫生”(62.19%);“口味”(47.96%);“价格”(46.71%);“用餐环境,比如比较安静”(24.28%);“便利性”(18.34%);“朋友介绍”(16.49%);“其他”(1.81%)等,如图3-13所示。由此表明,受访者对于外出就餐饭店的卫生状况普遍比较重视。

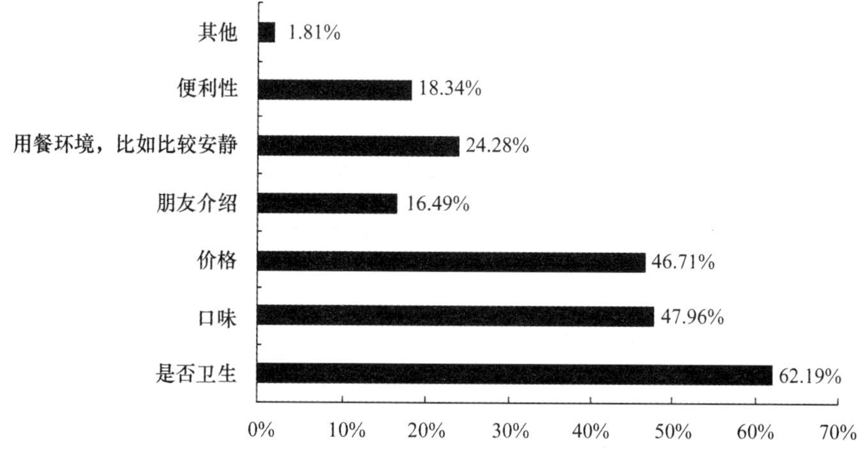

图3-13　受访者外出就餐选择饭店时最关注的因素

2. 就餐时关注卫生许可证和经营许可证的受访者不足 50%。图 3-14 显示，在饭店就餐时会关注饭店是否具有卫生许可证及经营许可证的受访者比例为 42.37%，不足 50%。而“不会关注”和“没有考虑到这个问题”的比例分别为 20.95% 和 36.68%。

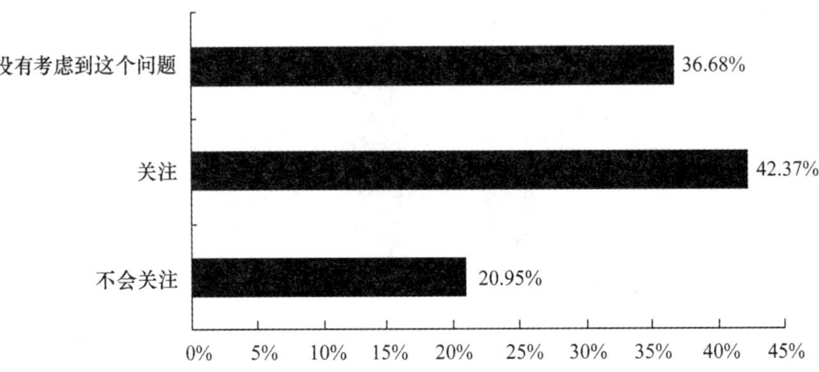

图 3-14　受访者在饭店就餐时对饭店是否具有卫生许可证、经营许可证的关注

（三）对路边摊贩小吃的态度

路边摊贩小吃需要保留，但要加强监督。由图 3-15 可知，47.37% 的受访者认为城市路边摊贩餐饮小吃“需要保留，但要加强监督”；24.71% 的认为“应该逐步取消”；18.57% 的认为“需要保留，以便于普通群众消费”，9.35% 的则认为“应该迅速取消”。调查结果表明，大部分受访者（66%）认为需要保留城市路边摊贩餐饮小吃，以方便消费者，但同时需要对其加强监管。

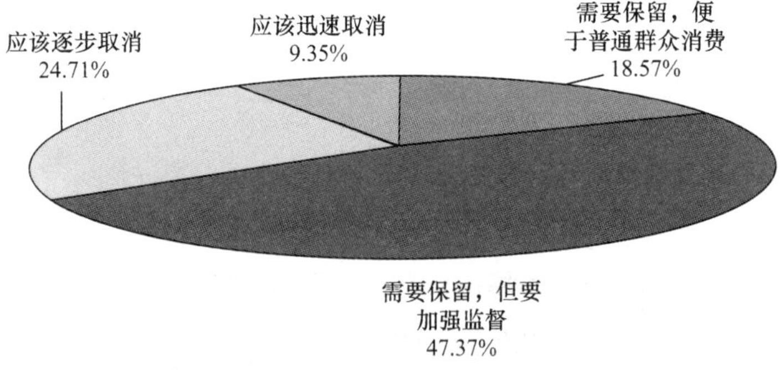

图 3-15　受访者对如何处置城市路边摊贩餐饮小吃所持的态度

（四）地沟油回流餐桌的主要原因与态度

如图 3-16 显示，分别有 64. 19%、51. 43%、44. 53%、31. 12%和 26. 66%的受访者认为导致地沟油回流餐桌的主要原因是“餐饮业商家贪便宜谋利益”“地沟油生产者黑心，赚取高额利润”“政府监管部门力度不大，放之任之”“消费者态度麻痹，没有反抗”和“相关法律规范不完善，难以保护消费者”。由此可见，“餐饮业商家贪便宜谋利益”和“地沟油生产者黑心，赚取高额利润”是引起地沟油回流餐桌的最主要原因。

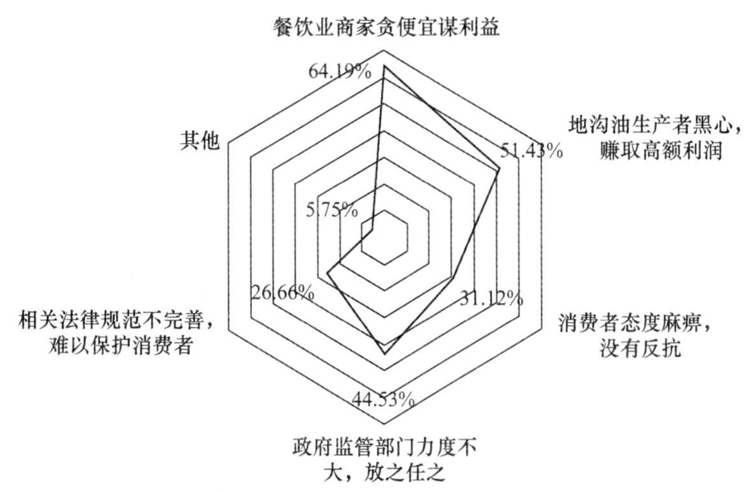

图 3-16　受访者认为地沟油回流餐桌的原因统计

对于如何制止地沟油回流餐桌的问题，如图 3-17 所示，34. 92%的受访者认为可以通过提高地沟油检测技术，经常性地对餐饮行业进行检查来制止地沟油回流餐桌；39. 74%的受访者认为应加强市民法治观念，积极举报地沟油非法行为；37. 72%的受访者认为应大力支持利用地沟油进行资源化的企业；59. 82%的受访者认为应严惩使用地沟油的餐馆；44. 08%的受访者认为应该制定餐厨垃圾回收法，由政府统一回收。由此可见，在受访者看来，严惩使用地沟油的餐馆以及制定餐厨垃圾回收法，由政府统一回收，是制止地沟油回流餐桌的可行途径。

图 3-18 的数据显示，如果食用了地沟油，则选择举报、要求赔偿损失、提起诉讼、自认倒霉和减少在外餐饮的受访者比例分别为 51. 1%、36. 52%、20. 46%、28. 56% 和 46. 64%。统计结果表明受访者的自我保护意识比较强。

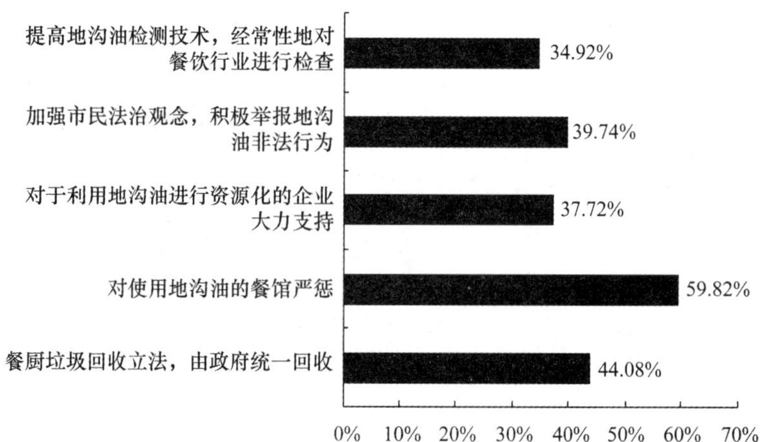

图 3-17 受访者对如何制止地沟油回流餐桌的路径选择

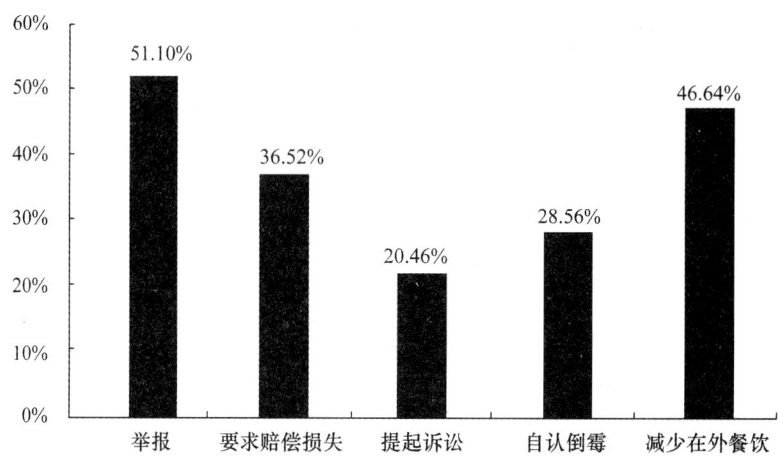

图 3-18 受访者如发现自己食用了地沟油所采取的措施选择

（五）就餐过程中遇到的问题与餐饮业食品安全隐患

1. 受访者在饭店就餐过程中遇到的问题

图 3-19 的调查数据显示，在饭店等就餐时，56.53% 的受访者反映其就餐地不主动提供发票；53.33% 的受访者表示遇到过餐具并未真正消毒，很不卫生的情况；43.26% 的受访者遇到过自带酒水收取服务费或者不允许自带酒水的情况；20.55% 的受访者表示就餐地排队或上菜等候时间过长；18.01% 的受访者表示就餐地包厢设最低消费；15.12% 的受访者遇到过收取服务费，但没有享受应有的服务的情况；9.84% 的受访者因所点菜品价格较低而受到歧视；9.93% 的受访者遇

到过捆绑消费或未经明示即收取的消费。统计结果表明，受访者在饭店就餐时，就餐地不主动提供发票、餐具不卫生、不允许或不能自带酒水三种问题最为严重。

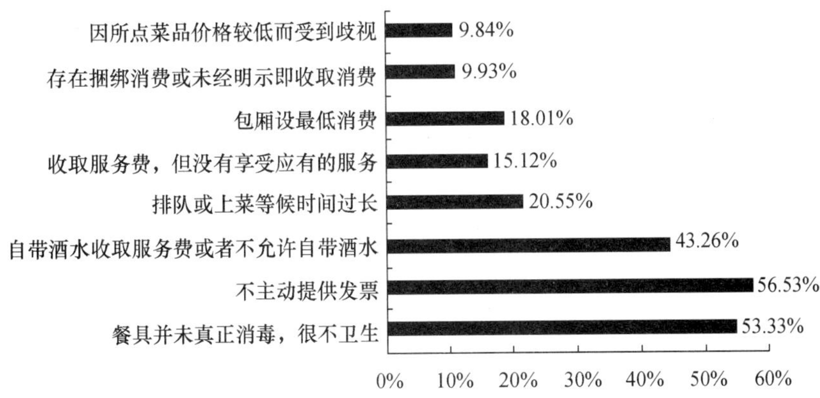

图 3-19 受访者在饭店等就餐过程中遇到的问题

2. 认为滥用食品添加剂是餐饮业食品安全最大的隐患

图 3-20 的调查数据显示，认为餐饮业食品安全的最大隐患是“经营者为了追求口味，滥用相关的食品添加剂”，“相关设备落后，食物存储时间过长或存储方式不当”，“所使用餐具卫生状况条件差”，“从业人员健康状况差”的受访者所占比例分别为 70.15%、54.20%、51.67%、32.64%。这反映出餐饮业的食品添加剂问题较为突出。

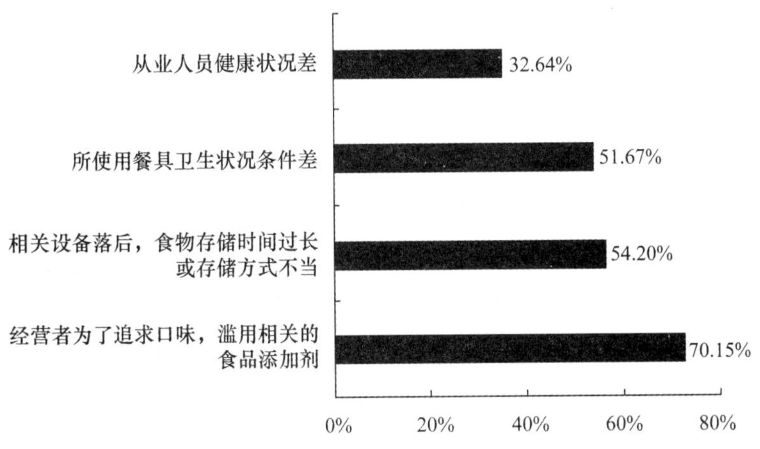

图 3-20 受访者评价的餐饮行业食品安全的最大隐患

3. 餐饮环节的权益保障意识有待加强

图 3-21 显示，有 53.43% 的受访者表示在购买食品或在饭店就餐后不会主动

索要发票，仅有 46.57% 的受访者表示会索要发票。由此可见，人们对于发票的认知度有待提升，需要提高食品消费的权益保障意识，帮助消费者认识到消费票据在国家税收、消费者权益保护、食品安全保障等方面的重要作用。

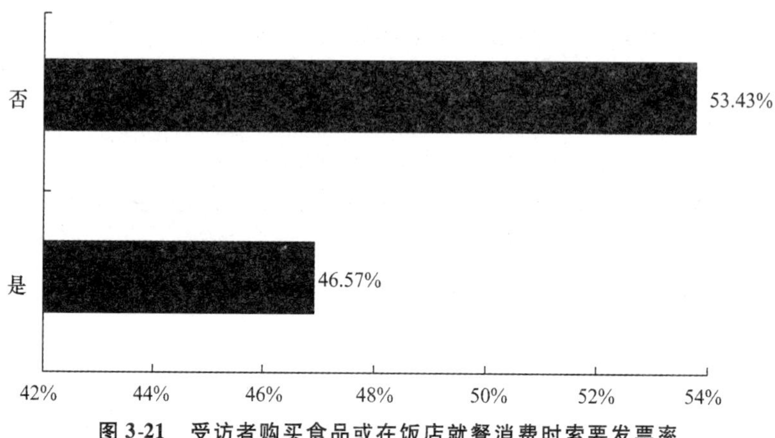

图 3-21 受访者购买食品或在饭店就餐消费时索要发票率

（六）政府监管对餐饮业安全食品提升的作用

1. 对目前政府监管力度的评价

图 3-22 的调查数据显示，分别有 70.06%、69.92% 和 51.60% 的受访者认为政府对餐饮业食品安全的监督力度不大、经营者片面追求经济利益和消费者自己警惕性不高，是造成目前餐饮业食品安全问题的主要原因。表明受访者希望政府在食品安全问题中加大监管力度。

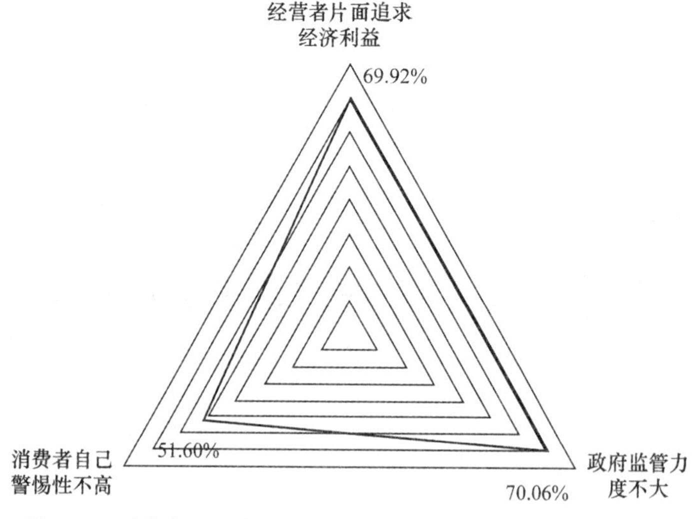

图 3-22 受访者认为造成目前餐饮业食品安全问题最主要的原因

2. 如何有效提高餐饮业的安全水平。图 3-23 显示,在提高餐饮业安全水平最有效的方法的调查中,56.53% 的受访者认为政府部门应加强监管和惩罚力度;19.09% 的受访者则认为应提高群众食品安全意识;而 18.34% 的受访者较支持曝光典型事件与违法企业;6.04% 的受访者表示了其他看法。由此表明,受访者在如何提高餐饮业安全水平这一问题上,对政府寄予很大的期待。

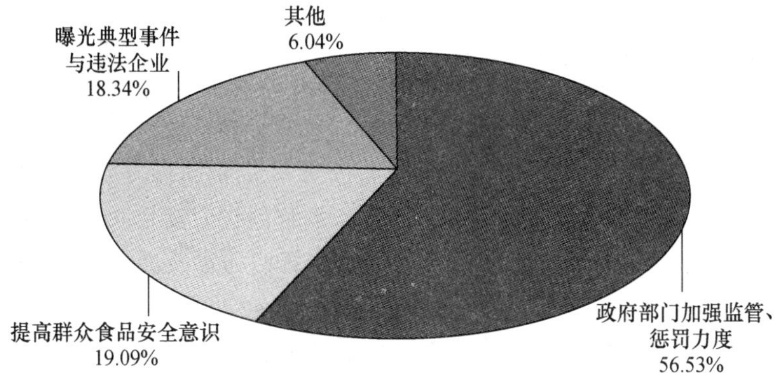

图 3-23 受访者认可的提高餐饮业安全水平的有效方法

3. 政府将餐饮单位划分等级进行管理的效果一般

目前,相关城市对餐饮单位实施等级管理,以提升餐饮行业的安全水平。然而,消费者认为这一做法的效果有待检验。图 3-24 显示,认为政府食品监督部门对餐饮单位进行等级管理有效、一般和无效的受访者分别占 23.53%、50.82% 和 25.65%。

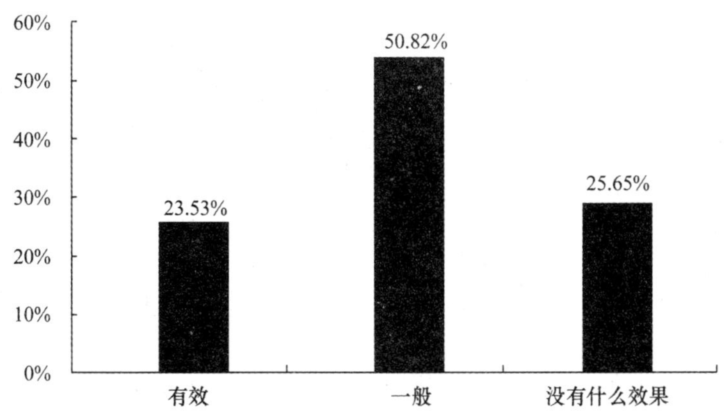

图 3-24 受访者就政府食品监督部门对餐饮单位进行等级管理有效程度的评价

六、流通环节安全监管中的问题与思考:宏观层次上的分析

在2013年国家食品安全监管体制改革之前,国家工商总局每年发布市场流通环节食品安全监管数据,但可能由于监管机构之间处于交接之中,至少在2014年6月30日之前尚未公开发布市场流通环节食品安全监管数据。但从以上相关的分析中可以发现,尽管2013年流通环节的食品安全监管成效显著,总体监管执法水平不断提高,消费者合法权益得到有效保护,食品市场经营秩序保持稳定,但食品药品监督管理部门和工商部门在履行职责时,由于受力量有限、经费保障、检测标准落后等诸多因素的制约,流通环节食品安全监管仍存在一些亟待完善的突出问题。需要指出的是,目前我国的食品安全监管机构尚没有发布完整、统一的餐饮环节食品安全消费的评价性指标。因此,本章仅在宏观层次上分析对流通环节食品安全监管中存在的问题展开分析,并提出我们的思考。

(一)食品安全长效机制有待完善

《食品安全法》规定食品安全监督管理部门对食品不得实施免检。县级以上质量监督、工商行政管理、食品药品监督管理部门应当对食品进行定期或者不定期的抽样检验。进行抽样检验,应当购买抽取的样品,不收取检验费和其他任何费用。事实上,虽然各部门一直对食品进行定期或不定期的抽样检验,但实际效果却不尽如人意。一方面,长期以来,我国的市场整治最见效果的却是这样一条轨迹:新闻曝光—消费者叫苦—政府干预—企业整改,这变成了人们耳熟能详的公式。但是每当这个公式完成后,下一次仍然是这种公式的循环。这种周而复始的循环,结果是每次整治行动结束一段时间后,又回到原来的起点上。食品流通领域安全监管缺乏能够从源头上控制,经营者自律与执法部门监管相结合的全方位无缝覆盖的食品安全监管长效机制。另一方面,中国是一个人口大国,人口众多,消费者、经营者众多。作为食品监督管理部门的监管力量毕竟是有限。尽管在基层工商所中建立了食品安全监管网络,但监管领域广阔,工作面宽、量大,人力不足,必然存在盲区,无力实施全程监管,使得食品流通领域的监管强度高、难度大、效果不理想。这个问题可能将长期困扰食品流通领域的基层监管工作。

(二)食品经营者履行义务难以到位

食品经营者法律意识淡薄,自觉履行法定责任意识较差,购进食品时更多关注的是能赚多少钱、是否好销售等问题,不注重商标、厂名、厂址、生产日期及合格证等安全要件,建立进销货台账时紧时松,流于形式,只图应付检查;少数食品经营者诚信意识丧失,受经济利益的驱动,经营假冒伪劣食品,甚至采取涂改生产日期、保质期,对过期食品进行重新包装,再次上市销售,损害消费者利益。现实的情况表明,多数食品经营者销售散装食品时,难以坚持在散装食品的容器、外包装

上标明食品的名称、生产日期、保质期、生产经营者名称及联系方式等内容。国家虽然制定了索证索票等制度，但是现实中切实履行这些制度的经营者还很少。与此同时，有的食品经营者文化水平低，对基本的进货查验、记录、不合格食品下架退市等食品安全知识不清楚，不会整理规范索票索证资料，从而使食品安全监管自律制度无法在这些经营户中贯彻落实。

（三）专业人员与设施保障不足

食品安全监管工作对专业性有一定的要求，相关配套设施配备情况、制度落实情况还跟不上现实的需要。当前，各级部门都把食品安全快速检测作为履行食品安全监督管理职责的重要手段，要求基层工商分局每月至少快检 15 批次以上。但由于人员的不足，特别是严重缺乏相关专业技术人员和设备的保障，使得食品快检难以发挥相应的效能。食品检测是一项非常精细的工作，对专业技术和检测设备、检测环境都有很高的要求，但目前从事食品快检的人员都为以前从事其他工作的普通工商人员，虽然经过快检培训，但其在检验的程序控制、试剂的使用等诸多方面离专业要求相距甚远，在没有专业的技术和标准检测室等检测环境情况下，检测结果有效性差，导致快检作为食品安全风险监测和防范措施的效能不高。

（四）检测与监管存在盲区

前店后厂、现制现售食品小作坊和食品摊贩成为食品检测及监管的盲区。《食品安全法》第 29 条规定：食品生产加工小作坊和食品摊贩从事食品生产经营活动，具体管理办法由省、自治区、直辖市人民代表大会常务委员会依照本法制定。但到目前为止，诸多省区尚未出台相应规定，对于前店后厂、现做现卖食品经营的主体资格认定无据可依、监管权责不明确。同时，由于商场、超市、食品店内现场制售的食品没有国家食品生产标准，故也没有检测的标准，此类食品大部分未标明或隐瞒添加成分及含量，在制定检测方案时无从下手，导致形成监管真空，存在如食品摊贩、前店后厂等大量的无照经营。这些人员往往就是靠经营一点小吃、摆个食品摊点维持生计。若依法取缔，势必有碍于社会和谐稳定，导致无照经营取缔困难，留下食品安全隐患。如果进行规范，他们又不具备良好的卫生、经营条件，没有能力承担办理各项证照的费用。所以现实中面临既不能依法核发证照，又无法取缔的窘境，食品安全隐患难以消除。

（五）农村食品安全问题仍然严重

随着对流通领域食品安全监管力度的不断加大，农村食品安全形势也有所好转。但是农村食品安全的现状仍然不容乐观。比如，农村地区销售的食品进货来源复杂，小作坊生产的食品较多。天津市 2013 年流通环节食品抽样检验结果显示，在城市地区抽检食品 754 个批次，合格率为 97.35%；在城乡结合部抽检食品 516 个批次，合格率为 95.93%；在农村地区抽检食品 498 个批次，合格率为

93.57%。农村地区发生的食品安全违法案件322件,占到了全市食品安全案件的40.5%,销售假冒伪劣食品案件、未履行食品进货查验和查验记录义务的违法行为案件以及未按规定要求贮存、销售食品或清理库存食品违法行为案件是天津农村地区查办较多的案件类型。以天津市为例,农村流通领域食品安全存在的问题主要表现为,一是经营者经营不够规范。尤其是农村的小商店可谓“麻雀虽小,五脏俱全”,经营范围不规范,经营品种多而杂。比如,一个十几平米的小商店,机油、食品、调料、烟酒、化妆品无所不包,所售商品不分食品、百货均混杂一起,往往随意堆放在货架上、地上、柜台上。二是劣质杂牌食品比较多。在大部分农村小商店,劣质杂牌食品随处可见。从外观上看,包装简陋,且多是“三无”产品,包装袋上食品主要成分、有效期和含量标识不全或根本没有,销售过期食品屡禁不止。三是监管力量仍比较薄弱。农村基层工商分局监管辖区幅员广、经营户也比较分散,加之人员少、车辆少,监管执法力量相对比较薄弱,容易出现食品监管“死角”。

(六)监管职能划转进度不一导致执法风险

2013年,随着全国食品安全监管机构职能的改革,工商部门在职能划转与监督执法过程中,面临如下的问题:一是各地职能划转的进度不一,基层人员思想出现波动。《国务院机构改革和职能转变方案》于2014年3月14日正式批准实施,但并没有明确工商流通领域食品安全监管职能划转的“时间表”和“路线图”,造成各地区没有统一的执行标准,且在执行的时间上存在较大的滞后(具体可参见本书第八章的相关内容),导致一些基层工作人员逐渐产生厌烦情绪,对流通领域食品安全监管工作产生抵触,甚至出现消极怠工。二是相关法律法规还尚未修正,客观存在履职缺位风险。工商部门在食品监管方面遵从的《食品安全法》(目前已在修改之中)、《产品质量法》等基本法律,国务院制定的《食品安全法实施条例》《国务院关于加强食品等产品安全监督管理的特别规定》等基本法规,《流通环节食品安全监督管理办法》《食品流通许可证管理办法》等工商法规,除《食品安全法》正在修改外,其他的大部分规范所规定的相应职能转变还没有具体的时间表,在职能划转后这些法律法规所赋予的职责还未终止,单纯从法律法规角度看,工商部门存在缺位风险。为避免职能衔接期间出现监管“真空”,工商部门应及时分析划转期间存在的问题,制定相应措施,以避免执法风险。

(七)抽样检验面临缺乏经费的困局

目前,食品的购样费、检测费是一项很大的开支,直接影响了工商部门质量监管工作顺利开展。随着人民生活水平的不断提高,食品的种类和品种也日益增多,需要监测的食品品种和监测项目数量繁多。加之,随着消费者安全意识的提升,消费投诉逐年剧增,在开展定向监测的同时,不定向监测任务也不断增加,开展食品抽样检验所需费用包括购买样品、支付检验费等抽样检验费用也不断增加。许多地方政府,特别是县一级政府没有将食品抽样检验所需费用列入预算,抽样检验面临缺乏经费的困局。此外,国家尚未有相关法律法规对快速检测的法律效力做出明确规定。当检测为不合格的商品需立案处理时,因办案程序相对复杂,案件数量多、办案周期长、案值小等多项难题,影响了基层执法人员办案积极性,束缚了处罚工作的开展,同时也间接削弱了检测结果的执行力。

第四章　进口食品的质量安全

世界经济一体化进程在食品工业方面表现得尤为显著,全球食品工业不断向多领域、全方位、深层次方向发展,比以往任何历史时期都更加深刻地影响着世界各国。我国食品工业与全球食品工业也从未像现在这样高度关联。事实也证实,进口境外食品在满足国内多样化消费需求,平衡食品需求结构,优化食品产业结构等方面发挥了重要的作用。但是进入新世纪以来,尤其近年来我国进口食品不合格数量呈持续增加的态势。确保我国进口食品的质量安全,成为保障国内食品安全的重要组成部分。本章在简单研究进口食品数量变化的基础上,重点考察进口食品的安全性,并提出强化进口食品安全性的建议。[①]

一、进口食品贸易的基本特征

我国真正较大规模的进口食品起步于20世纪90年代初。自20世纪90年代以来,我国食品进口贸易的发展呈现出总量持续扩大,结构逐步优化,市场结构保持相对稳定的基本特征,在调节国内食品供求关系,满足食品市场多样性等方面发挥了日益重要的作用。[②]

(一)进口规模持续上扬

1991年以来,我国食品进口贸易规模变化见表4-1与图4-1。图4-1显示,我国食品进口贸易规模在上世纪90年代平稳发展的基础上,进入新世纪后有了新的更为迅猛的增长,具体表现为贸易总额持续增长,年均增长率屡创新高。2013年,我国进口食品贸易总额达到570.86亿美元的历史新高,较2012年增长了7.9%,在高基数上继续实现新增长。

---

① 为了与《中国食品安全发展报告2013》的数据保持一致,本章的相关数据除来源于《中国统计年鉴》、国家质检总局外,主要来自于UN Comtrade。

② 《中国食品安全发展报告2013》关于进口食品贸易额等数据采用的是国际贸易标准分类(Standard International Trade Classification,SITC)的数据。由于2013年我国进口食品相对应的SITC数据缺失,为了与《中国食品安全发展报告2013》的数据保持一致,2013年的数据依据《商品名称及编码协调制度的国际公约》[International Convention for Harmonized Commodity Description and Coding System,简称协调制度(Harmonized System,HS)]的数据计算、转换所得,实际数据以《中国统计年鉴》为准。

表 4-1　1991—2013 年间按国际贸易标准分类的中国进口食品商品构成表

（单位：亿美元、%）

年份	食品及主要供食用的活动物	饮料及烟类	动、植物油脂及蜡	进口总额	年增长率
1991	27.99	2.00	7.19	37.18	-16.90
1992	31.46	2.39	5.25	39.10	5.16
1993	22.06	2.45	5.02	29.53	-24.48
1994	31.37	0.68	18.09	50.14	69.79
1995	61.32	3.94	26.05	91.31	82.11
1996	56.72	4.97	16.97	78.66	-13.85
1997	43.04	3.20	16.84	63.08	-19.81
1998	37.88	1.79	14.91	54.58	-13.47
1999	36.19	2.08	13.67	51.94	-4.84
2000	47.58	3.64	9.77	60.99	17.42
2001	49.76	4.12	7.63	61.51	0.85
2002	52.38	3.87	16.25	72.50	17.87
2003	59.60	4.90	30.00	94.50	30.34
2004	91.54	5.48	42.14	139.16	47.26
2005	93.88	7.83	33.70	135.41	-2.69
2006	99.94	10.41	39.36	149.71	10.56
2007	115.00	14.01	73.44	202.45	35.23
2008	140.51	19.20	104.86	264.58	30.69
2009	148.27	19.54	76.39	244.20	-7.70
2010	215.70	24.28	90.17	330.15	35.20
2011	287.71	36.85	116.29	440.84	33.53
2012	352.62	44.03	132.43	529.08	20.02
2013	417.45	45.18	108.23	570.86	7.90

资料来源：《中国统计年鉴 2013》，UN Comtrade 数据库（http://comtrade.un.org/db/）。

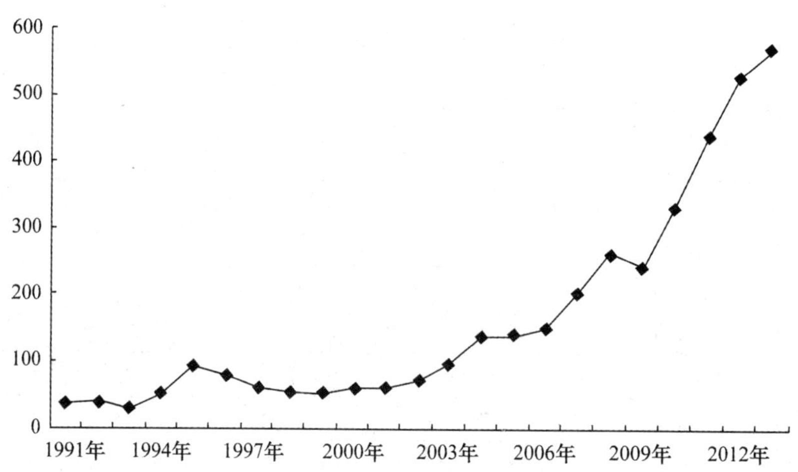

图 4-1 1991—2013 年我国食品进口贸易总额变化图（单位：亿美元）

资料来源：《中国统计年鉴 2013》，UN Comtrade 数据库（http://comtrade.un.org/db/）。

（二）三大类食品进口贸易额占近半壁江山

2013 年我国进口的食品主要是植物油脂、谷物及其制品、蔬菜及水果等三大类商品，分别占据进口食品总额的 17.38%、14.78%、12.81%，三类商品所占比例之和为 44.97%，占比虽然比 2012 年下降 0.62 个百分点，但占进口食品总额的比例接近 50%。2006—2013 年间我国食品进口贸易结构变化的基本态势是：

1. 谷物及其制品、乳品及蛋品、肉及肉制品的增幅较大

由于国内耕地的减少，人口刚性的增加，我国对谷物及其制品的进口增长幅度最大，进口额从 2006 年的 9.09 亿美元迅速攀升到 2013 年的 84.4 亿美元，七年间增长了 828.49%。由于国内消费者对国产奶制品等行业的信心严重不足，导致对进口乳品、蛋品的需求不断攀升，乳品及蛋品的进口额从 2006 年的 5.66 亿美元增至 2013 年的 51.89 亿美元，七年间增长了 8.17 倍，占进口食品总额的比重从 2006 年的 3.78% 上升至 2013 年的 9.09%。同样受国内肉制品安全事件的持续发生的影响，肉及肉制品的进口额也迅速增长，进口额由 2006 年的 7.28 亿美元迅速达到 2013 年的 59.3 亿美元，七年间的增长了 714.56%（表 4-2）。

表 4-2 2006 年和 2013 年我国进口食品分类总值和结构变化

（单位:亿美元、%）

食品分类	2006 年		2013 年		2013 年比 2006 年增减	
	进口金额	比重	进口金额	比重	增减金额	增减比例
食品进口总值	149.71	100	570.86	100	421.15	281.31
一、食品及活动物	99.94	66.76	417.45	73.13	317.51	317.70
1. 活动物	0.63	0.42	4.33	0.76	3.70	587.30
2. 肉及肉制品	7.28	4.86	59.30	10.39	52.02	714.56
3. 乳品及蛋品	5.66	3.78	51.89	9.09	46.23	816.78
4. 鱼、甲壳及软体类动物及其制品	31.57	21.09	61.91	10.85	30.34	96.10
5. 谷物及其制品	9.09	6.07	84.40	14.78	75.31	828.49
6. 蔬菜及水果	17.20	11.49	73.11	12.81	55.91	325.06
7. 糖、糖制品及蜂蜜	6.21	4.15	24.07	4.22	17.86	287.60
8. 咖啡、茶、可可、调味料及其制品	2.47	1.65	9.71	1.70	7.24	293.12
9. 饲料(不包括未碾磨谷物)	12.98	8.67	36.54	6.40	23.56	181.51
10. 杂项食品	6.85	4.58	12.19	2.13	5.34	77.96
二、饮料及烟类	10.41	6.95	45.18	7.92	34.77	334.01
11. 饮料	5.77	3.86	30.58	5.36	24.81	429.98
12. 烟草及其制品	4.63	3.09	14.60	2.56	9.97	215.33
三、动植物油、脂及蜡	39.36	26.29	108.23	18.95	68.87	174.97
13. 动物油、脂	1.73	1.15	2.42	0.42	0.69	39.88
14. 植物油、脂	34.75	23.21	99.24	17.38	64.49	185.58
15. 已加工过的动植物油、脂及动植物蜡	2.88	1.92	6.57	1.15	3.69	128.13

资料来源:根据 UN Comtrade 数据库相关数据由作者整理计算所得(http://comtrade.un.org/db/)。

2. 供食用的活动物、饮料、蔬菜及水果的进口增长同样显著

由于国内食品需求结构的升级,我国对供食用的活动物的进口也迅速增长,进口额从 2006 年的 0.63 亿美元增至 2013 年的 4.33 亿美元,七年间增长了 587.3%,占进口食品总额的比重提升了 0.34 个百分点。由于国内消费能力的不断攀升,饮料的进口额从 2006 年的 5.77 亿美元增加到 2013 年的 30.58 亿美元,七年间增长了 4.3 倍,占食品进口贸易总额的比重由 2006 年的 3.86% 增加到 2013 年的 5.36%。2006 年我国蔬菜及水果的进口额为 17.2 亿美元,占进口食品总额的 11.49%,而 2013 年的进口额增加到 73.11 亿美元,同比增长 325.06%,所占比重也提高到 12.81%。

3. 水产品、动物油脂增幅较慢且比重下降

2006 年我国水产品的进口额为 31.57 亿美元,2013 年则达到 61.91 亿美元,七年间增长了 96.1%,但占所有进口食品总额的比重由 2006 年的 21.09% 下降到 2013 年的 10.85%。相对于其他进口食品的增长幅度,水产品进口增长相对缓慢,但在进口食品贸易总额中仍然占据较大的比重。动物油脂的进口额从 2006 年的 1.73 亿美元增长到 2013 年的 2.42 亿美元,七年间增长了 39.88%,显著低于其他进口食品贸易额的增长率。

(三) 进口市场结构保持相对稳定

2006 年我国食品主要进口的国家和地区是,东盟(46.97 亿美元,31.38%)、美国(15.29 亿美元,10.21%)、欧盟(13.08 亿美元,8.74%)、俄罗斯(12.81 亿美元,8.56%)、澳大利亚(7.28 亿美元,4.86%)、巴西(7.03 亿美元,4.70%)、秘鲁(6.25 亿美元,4.17%)、新西兰(5.47 亿美元,3.65%),从上述八个国家和地区进口的食品贸易总额达到 114.17 亿美元,占当年食品进口贸易总额的 76.27%。2013 年我国食品主要进口国家和地区则分别是,东盟(152.82 亿美元,26.77%)、美国(85.70 亿美元,15.01%)、欧盟(71.86 亿美元,12.59%)、新西兰(49.50 亿美元,8.67%)、澳大利亚(34.41 亿美元,6.03%)、巴西(30.41 亿美元,5.33%)、俄罗斯(15.18 亿美元,2.66%)、秘鲁(10.75 亿美元,1.88%),我国从以上八个国家和地区进口的食品贸易总额为 450.63 亿美元,占当年所有进口食品额的 78.94%。

2006—2013 年我国进口食品主要国家和地区贸易额的变化见图 4-2。图 4-2 显示,东盟、美国、欧盟稳居我国食品进口贸易的前三位,除东盟在 2013 年对我国

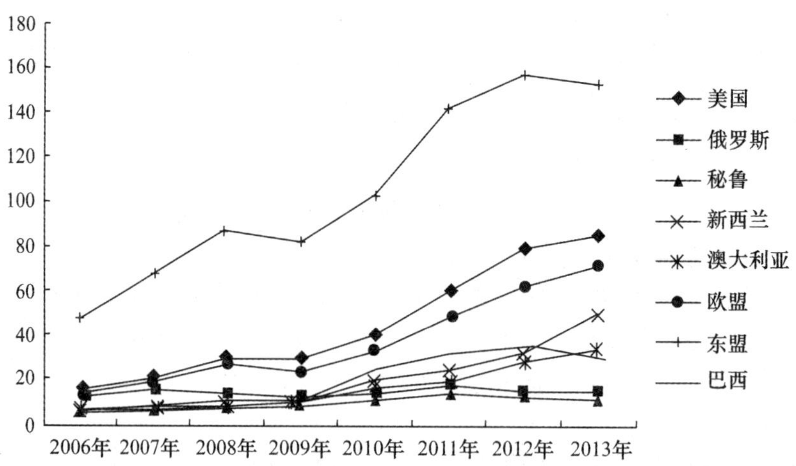

图 4-2 2006—2013 年间我国食品进口贸易的主要国家和地区的贸易额(单位:亿美元)

资料来源:根据 UN Comtrade 数据库相关数据由作者整理计算所得(http://comtrade.un.org/db/)。

食品的出口额略有下降外，自2009年以来以上三个国家和地区对我国出口的增幅均较大。美国与欧盟在我国食品进口市场中的份额呈逐年上升的趋势，新西兰自2010年超越俄罗斯、澳大利亚居我国食品进口贸易市场的第四位，之后一直保持这个地位。伴随着新西兰的超越，俄罗斯和秘鲁对我国食品出口的市场份额则进一步缩减，澳大利亚的市场份额增减趋势并不明显。

二、具有安全风险的进口食品的检出批次与主要来源地

经过改革开放三十多年的发展，我国已成为世界上食品进口大国之一，食品的进口量逐年攀升，但进口食品的质量安全形势日益严峻。从保障消费者食品消费安全的全局出发，基于整个进口食品的安全视角，本章节重点从进口不合格食品的检出批次与主要来源地展开分析。

（一）进口不合格食品的批次

随着我国经济的发展和城乡居民食品消费方式的转变，进口食品的需求激增。伴随着进口食品的大量涌入，近年来被我国质检总局检出的不合格食品的批次和数量整体呈现上升趋势。2009年，我国进口食品的不合格批次为1543批次，2010年和2011年分别增长到1753批次和1818批次，2012年的不合格批次达到近年来的峰值，为2499批次。2013年共有2164批次的进口不合格食品因各种原因被拒绝入境，比2012年有较为明显的下降，降幅达到13.41%。尽管2013年下降较为明显，但进口食品的问题依然严峻，其安全性备受国内消费者关注（见图4-3）。

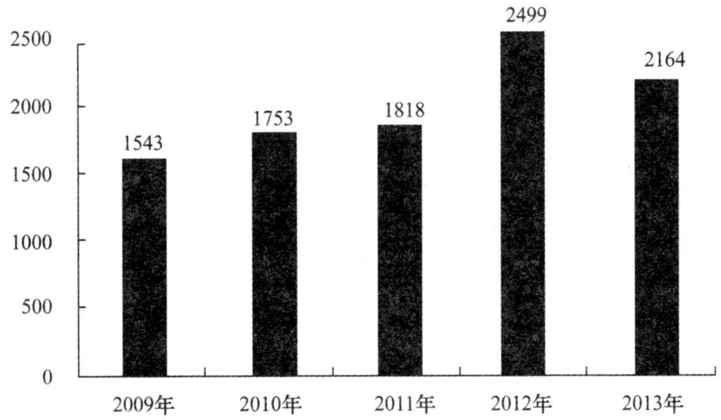

图4-3　2009—2013年进口食品不合格批次

资料来源：国家质检总局进出口食品安全局，2009—2013年1—12月进境不合格食品、化妆品信息，并由作者整理计算所得。

（二）进口不合格食品的主要来源地

表4-3是2012—2013年间我国进口不合格食品的来源地分布。据国家质检总局发布的相关资料，2012年我国进口不合格食品批次最多的前十位来源地是，中国台湾（409批次，16.37%）、美国（309批次，12.36%）、法国（219批次，8.76%）、马来西亚（138批次，5.52%）、意大利（134批次，5.36%）、澳大利亚（128批次，5.12%）、德国（119批次，4.76%）、奥地利（83批次，3.32%）、韩国（82批次，3.28%）、西班牙（75批次，3%）。以上10个国家和地区不合格进口食品合计为1696批次，占全部不合格2164批次的67.85%。

2013年我国进口不合格食品批次最多的前十位来源地分别是，中国台湾地区（380批次，17.56%）、法国（215批次，9.94%）、美国（175批次，8.09%）、马来西亚（148批次，6.84%）、德国（125批次，5.78%）、泰国（103批次，4.76%）、意大利（100批次，4.62%）、韩国（97批次，4.48%）、新西兰（84批次，3.88%）、西班牙（66批次，3.05%）（见图4-4）。上述10个国家和地区不合格进口食品合计为1493批次，占全部不合格2164批次的69%。可见，我国主要的进口不合格食品来源地相对比较集中且近年来变化不大。

从进口不合格食品来源地的数量来看，我国进口不合格食品来源地的数量从2012年的62个国家和地区增长到2013年的68个国家和地区，进口不合格食品来源地呈现出逐步扩散的趋势。

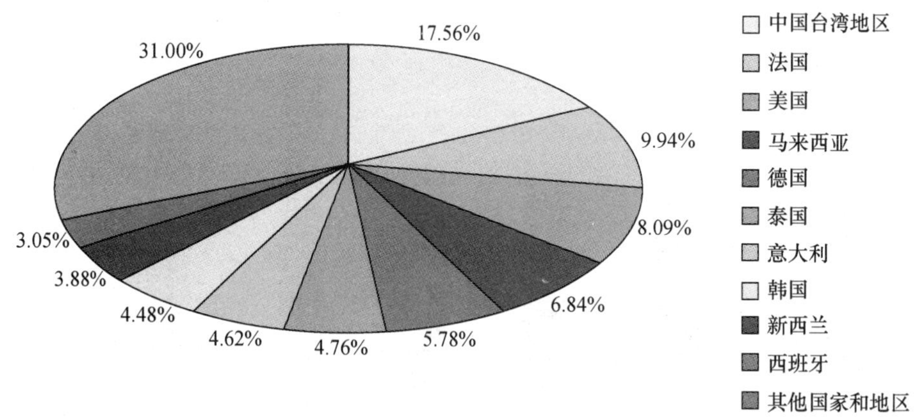

图4-4　2013年我国进口不合格食品来源地分布图

资料来源：国家质检总局进出口食品安全局，2013年1—12月进境不合格食品、化妆品信息，并由作者整理计算所得。

表 4-3　2012—2013 年我国进口不合格食品来源地汇总表　（单位：次、%）

2012 年不合格食品的来源国家或地区	不合格食品批次	所占比例	2013 年不合格食品的来源国家或地区	不合格食品批次	所占比例
中国台湾地区	409	16.37	中国台湾地区	380	17.56
美国	309	12.36	法国	215	9.94
法国	219	8.76	美国	175	8.09
马来西亚	138	5.52	马来西亚	148	6.84
意大利	134	5.36	德国	125	5.78
澳大利亚	128	5.12	泰国	103	4.76
德国	119	4.76	意大利	100	4.62
奥地利	83	3.32	韩国	97	4.48
韩国	82	3.28	新西兰	84	3.88
西班牙	75	3.00	西班牙	66	3.05
泰国	72	2.88	澳大利亚	60	2.77
新西兰	70	2.80	日本	53	2.45
英国	61	2.44	比利时	46	2.13
日本	60	2.40	英国	42	1.94
加拿大	59	2.36	阿根廷	40	1.85
越南	48	1.92	荷兰	40	1.85
智利	48	1.92	越南	36	1.66
波兰	35	1.40	印度尼西亚	35	1.62
比利时	29	1.16	加拿大	33	1.52
阿根廷	28	1.12	土耳其	24	1.11
斯里兰卡	28	1.12	南非	21	0.97
印度尼西亚	23	0.92	菲律宾	19	0.88
印度	19	0.76	中国香港地区	18	0.83
匈牙利	17	0.68	新加坡	17	0.79
荷兰	16	0.64	波兰	15	0.69
土耳其	16	0.64	捷克	12	0.55
巴西	15	0.60	朝鲜	11	0.51
中国香港地区	15	0.60	奥地利	10	0.46
菲律宾	14	0.56	印度	10	0.46
新加坡	12	0.48	智利	10	0.46
丹麦	10	0.40	丹麦	9	0.41
捷克	10	0.40	希腊	9	0.41
南非	10	0.40	瑞士	7	0.32
巴布亚新几内亚	9	0.36	缅甸	6	0.28
挪威	7	0.28	葡萄牙	6	0.28
斯洛文尼亚	7	0.28	瑞典	6	0.28

（续表）

2012年不合格食品的来源国家或地区	不合格食品批次	所占比例	2013年不合格食品的来源国家或地区	不合格食品批次	所占比例
希腊	6	0.25	巴西	5	0.23
罗马尼亚	5	0.20	挪威	5	0.23
爱尔兰	4	0.16	巴基斯坦	4	0.18
秘鲁	4	0.16	厄瓜多尔	4	0.18
克罗地亚	3	0.12	斯里兰卡	4	0.18
墨西哥	3	0.12	乌克兰	4	0.18
葡萄牙	3	0.12	匈牙利	4	0.18
塞浦路斯	3	0.12	莫桑比克	3	0.14
伊朗	3	0.12	中国※	3	0.14
巴基斯坦	2	0.08	中国澳门地区	3	0.14
芬兰	2	0.08	保加利亚	2	0.09
格鲁吉亚	2	0.08	格鲁吉亚	2	0.09
以色列	2	0.08	古巴	2	0.09
阿联酋	1	0.04	哈萨克斯坦	2	0.09
埃及	1	0.04	基里巴斯	2	0.09
埃塞俄比亚	1	0.04	孟加拉	2	0.09
朝鲜	1	0.04	墨西哥	2	0.09
厄瓜多尔	1	0.04	阿尔巴尼亚	1	0.05
梵蒂冈	1	0.04	阿联酋	1	0.05
吉尔吉斯斯坦	1	0.04	巴布亚新几内亚	1	0.05
几内亚	1	0.04	白俄罗斯	1	0.05
马拉维	1	0.04	冰岛	1	0.05
乌克兰	1	0.04	俄罗斯	1	0.05
中国※	1	0.04	肯尼亚	1	0.05
			立陶宛	1	0.05
			沙特阿拉伯	1	0.05
			苏丹	1	0.05
			坦桑尼亚	1	0.05
			突尼斯	1	0.05
			乌拉圭	1	0.05
合计	2499	100.00	合计	2164	100.00

注：※货物的原产地是中国，是出口食品不合格退运而按照进口处理的不合格食品批次。

资料来源：国家质检总局进出口食品安全局，2012年、2013年1—12月进境不合格食品、化妆品信息。

三、进口食品不合格具体原因的考察

分析国家质检总局发布的相关资料，2013 年我国进口食品不合格的主要原因是，微生物污染、食品添加剂不合格、标签不合格、品质不合格、超过保质期、证书不合格、重金属超标、货证不符、检出异物、包装不合格、检出有毒有害物质、感官检验不合格、未获准入许可、非法贸易、携带有害生物、农兽药残留超标、含有违规转基因成分、来自疫区等（见表 4-4、图 4-5）。

表 4-4　2012—2013 年我国进口不合格食品的主要原因分类　（单位：次、%）

2012 年			2013 年		
进口食品不合格原因	批次	所占比例	进口食品不合格原因	批次	所占比例
微生物污染	575	23.01	微生物污染	446	20.61
品质不合格	435	17.41	食品添加剂不合格	408	18.85
食品添加剂不合格	411	16.45	标签不合格	320	14.79
标签不合格	390	15.61	品质不合格	224	10.35
证书不合格	234	9.36	超过保质期	193	8.92
重金属超标	120	4.80	证书不合格	126	5.82
货证不符	57	2.28	重金属超标	120	5.55
包装不合格	53	2.12	货证不符	86	3.97
未获准入许可	52	2.08	检出异物	45	2.08
检出有毒有害物质	40	1.60	包装不合格	42	1.94
感官检验不合格	27	1.08	检出有毒有害物质	33	1.52
含有违规转基因成分	27	1.08	感官检验不合格	31	1.43
农兽药残留	25	1.00	未获准入许可	25	1.16
检出异物	17	0.68	非法贸易	13	0.60
非法贸易	13	0.52	携带有害生物	12	0.55
来自疫区	6	0.24	农兽药残留	11	0.51
携带有害生物	3	0.12	含有违规转基因成分	7	0.33
其他	14	0.56	来自疫区	2	0.09
			其他	20	0.93
合计	2499	100.00	合计	2164	100.00

资料来源：国家质检总局进出口食品安全局，2012 年、2013 年 1—12 月进境不合格食品、化妆品信息，并由作者整理计算所得。

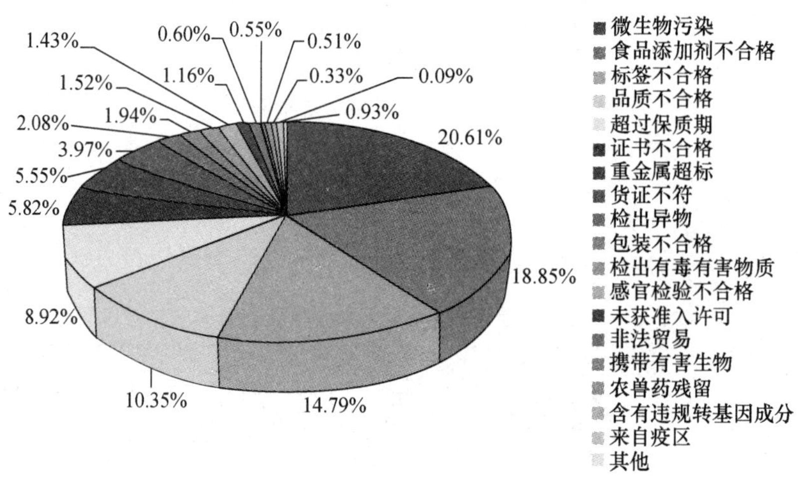

图 4-5 2013 年我国进口食品不合格项目分布

资料来源:国家质检总局进出口食品安全局,2013 年 1—12 月进境不合格食品、化妆品信息。

(一) 微生物污染

1. 具体情况

微生物繁殖速度较快、适应能力强,在食品的生产、加工、运输和经营过程中很容易因温度控制不当或环境不洁造成污染。微生物污染是威胁全球食品安全的主要因素。2013 年我国质检总局检出的进口不合格食品中因微生物污染的共 446 批次,占全年所有进口不合格食品批次的 20.61%,虽然比 2012 年下降了 129 批次,下降幅度较为明显,但仍然是导致当年进口食品不合格的批次最多、最主要的原因。其中菌落总数超标、大肠菌群超标以及霉菌超标的情况较为严重。表 4-5 分析了 2012—2013 年间由微生物污染引起的进口不合格食品的具体原因分类。

表 4-5 2012—2013 年由微生物污染引起的进口不合格食品的具体原因分类

(单位:次、%)

序号	2012 年			2013 年		
	进口食品不合格的具体原因	批次	比例	进口食品不合格的具体原因	批次	比例
1	菌落总数超标	229	9.16	菌落总数超标	169	7.81
2	大肠菌群超标	191	7.64	大肠菌群超标	155	7.16
3	霉菌超标	70	2.80	霉菌超标	71	3.28
4	大肠菌群、菌落总数超标	17	0.68	检出金黄色葡萄球菌	10	0.41
5	黄曲霉毒素超标	14	0.56	大肠菌群、菌落总数超标	7	0.32

（续表）

序号	2012 年			2013 年		
	进口食品不合格的具体原因	批次	比例	进口食品不合格的具体原因	批次	比例
6	霉菌、酵母菌超标	10	0.40	霉变	5	0.24
7	霉菌、大肠菌群超标	9	0.36	大肠菌群、霉菌超标	4	0.19
8	检出副溶血性弧菌	6	0.24	检出单增李斯特菌	3	0.14
9	检出金黄色葡萄球菌	6	0.24	检出氯霉素	3	0.14
10	菌落总数、霉菌超标	4	0.16	酵母菌超标	3	0.14
11	大肠菌群、菌落总数、霉菌超标	4	0.16	细菌菌落总数超标	3	0.14
12	霉变	4	0.16	检出副溶血性弧菌	3	0.14
13	检出单增李斯特菌	3	0.12	菌落总数、霉菌、大肠菌群超标	2	0.10
14	检出阪崎肠杆菌	2	0.08	检出霍乱弧菌	2	0.10
15	检出两歧双歧杆菌、长双歧杆菌	2	0.08	嗜渗酵母超标	1	0.05
16	菌落总数、霉菌、酵母菌超标	1	0.04	非商业无菌	1	0.05
17	大肠菌群、霉菌、酵母菌超标	1	0.04	微生物污染	1	0.05
18	检出沙门氏菌	1	0.04	检出洋葱条黑粉菌	1	0.05
19	酵母菌超标	1	0.04	菌落总数、霉菌超标	1	0.05
20				检出 Newlands 血清型沙门氏菌	1	0.05
总计		575	23.01	总计	446	20.61

资料来源：国家质检总局进出口食品安全局，2012 年、2013 年 1—12 月进境不合格食品、化妆品信息，并由作者整理计算所得。

2. 主要来源地

如图 4-6 所示，由微生物污染引起的进口不合格食品的主要来源国家和地区分别是中国台湾地区（139 批次，31.17%）、马来西亚（48 批次，10.76%）、泰国（32 批次，7.17%）、韩国（28 批次，6.28%）、越南（25 批次，5.61%）、德国（21 批次，4.71%）、美国（17 批次，3.81%）、英国（12 批次，2.69%）、澳大利亚（12 批次，2.69%）、新西兰（12 批次，2.69%）。以上 10 个国家和地区因微生物污染而食品不合格的批次为 346 批次，占所有微生物污染批次的 77.58%，成为进口食品微生物污染的主要来源地。

3. 典型案例

以下的案例具有一定的典型性。

（1）进口奶粉中检出阪崎肠杆菌。阪崎肠杆菌（E. Sakazakii）能引起严重的新生儿脑膜炎、小肠结肠炎和菌血症，并且可引起神经系统后遗症和死亡，该菌感

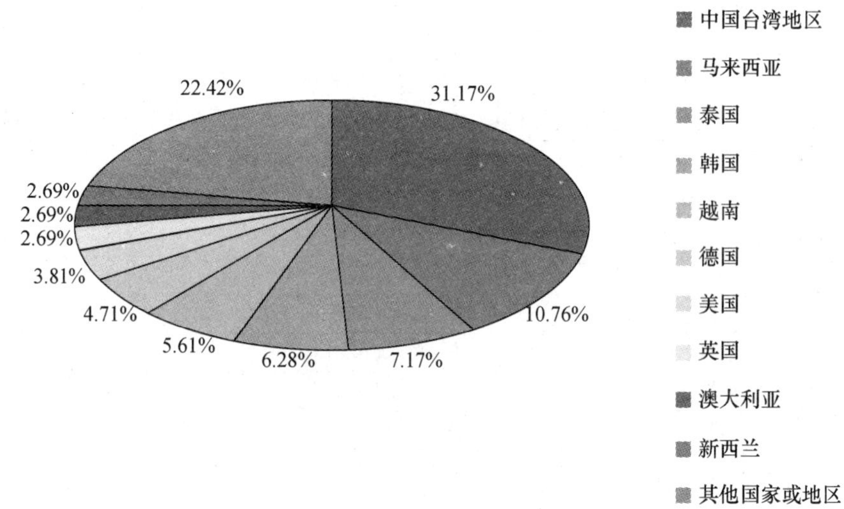

图 4-6 微生物污染引起的进口不合格食品的主要来源地

资料来源:国家质检总局进出口食品安全局,2013 年 1—12 月进境不合格食品、化妆品信息,并由作者整理计算所得。

染引起的死亡率高达 50% 以上,[①]婴儿配方奶粉是其主要的感染渠道。[②] 2005 年 5 月 20 日,我国出台《奶粉中阪崎肠杆菌检验方法》行业标准,解决了检测婴幼儿配方奶粉中阪崎肠杆菌无标准、无检测方法的问题。2005 年 10 月该标准获准实施,阪崎肠杆菌成为我国进口奶粉的检测重点。[③] 如表 4-6 所示,2008 年以来我国已在多批次的进口奶粉中检测出阪崎肠杆菌,其中不乏味全、澳优等国际著名的品牌食品公司。由于阪崎肠杆菌是进口奶粉的重点检测项目,近年来含阪崎肠杆菌的进口奶粉逐渐变少。可见,加强食品安全项目的检测能够促使相关向我国出口的境外食品企业加强自身监管。

---

① 《Enterobacter sakazakii and other microorganisms in powdered infant formula》, Joint FAO/WHO workshop, 2004-02-05 [2014-06-12], http://www.who.int/food-safety/micro/meetings/en/report.pdf.

② 裴晓燕、刘秀梅:《阪崎肠杆菌的生物学性状与健康危害》,《中国食品卫生杂志》2004 年第 6 期。

③ 《奶粉中阪崎肠杆菌检测方法行业标准通过审定婴幼儿奶粉检测有规可依》,《中国标准导报》2005 年第 6 期。

表 4-6 2008—2013 年部分含阪崎氏肠杆菌的进口奶粉

时间	产地	具体产品	处理方式
2008 年 10 月	中国台湾地区	味全婴幼儿奶粉	销毁
2008 年 11 月	澳大利亚	澳优奶粉	退货
2009 年 2 月	澳大利亚	百乐斯奶粉	退货
2009 年 7 月	新加坡	婴儿配方奶粉	退货
2010 年 2 月	美国	金装婴儿配方奶粉、幼儿配方奶粉	退货
2010 年 6 月	新加坡	ANBROS INDUSTRIES(S)PTE LTD. 全脂奶粉	退货
2011 年 8 月	中国台湾地区	味全配方奶粉	销毁
2012 年 10 月	中国台湾地区	桂格成长粉	退货
2013 年 5 月	德国	好乐婴儿配方奶粉	销毁

资料来源:国家质检总局进出口食品安全局,2008—2013 年 1—12 月进境不合格食品、化妆品信息,并由作者整理所得。

(2) 恒天然“毒奶粉”事件。2013 年 8 月,新西兰知名企业恒天然被曝检测出肉毒杆菌。早在 2013 年 3 月,恒天然集团在一次检查中发现,2012 年 5 月生产的特殊类型浓缩乳清蛋白(WPC 80)梭菌属微生物指标呈阳性,经进一步检测发现,在一个样本中可能存在会导致肉毒杆菌中毒的梭菌属微生物菌株。2013 年 8 月 2 日,恒天然为此对包括中国客户在内的 8 家客户发出提醒,其中 3 家为食品公司,2 家为饮料公司,3 家为动物饲料生产企业。2014 年 8 月 4 日,国家质检总局公布 4 家可能受肉毒杆菌污染的进口商名单,上海市质监部门第一时间对涉案的上海企业进行了监督检查,督促企业通过追溯系统查明问题产品可能的流向。此事件导致中国消费者对新西兰奶粉的安全性感到担忧,严重影响恒天然企业在中国的发展。为此,新西兰外交部长默里 · 麦卡利表示,新西兰政府就恒天然问题乳品事件在中国消费者中引起的不安深表歉意。①

(二) 食品添加剂超标或使用非食用添加剂

1. 具体情况

食品添加剂的违规使用或非食用物质的违法添加是影响全球食品安全性的又一重要因素。2013 年由食品添加剂不合格引起的我国进口不合格食品为 408 批次,相比 2012 年变化不大,但占所有进口不合格食品的比例由 2012 年的 16.45% 上升到 2013 年的 18.85%,主要是由着色剂、防腐剂、甜味剂、营养强化剂违规使用所致(表 4-7)。比较 2012 年和 2013 年由食品添加剂超标等引起的进口

① 《恒天然和它的小伙伴们:毒奶粉污染“半径”还原》,《21 世纪经济报道》,2013-08-10 [2014-06-12],http://www.21cbh.com/2013/8-10/wNNDE4XzczOTkwNw.html。

不合格食品具体原因,进口食品中着色剂、甜味剂、香料的违规使用需要引起进出口食品监管部门足够的重视。

表 4-7 2012—2013 年由食品添加剂超标等引起的进口不合格食品的具体原因分类

(单位:次、%)

序号	2012 年			2013 年		
	进口食品不合格的具体原因	批次	比例	进口食品不合格的具体原因	批次	比例
1	着色剂	126	5.04	着色剂	153	7.07
2	防腐剂	126	5.04	防腐剂	91	4.21
3	营养强化剂	50	2.00	甜味剂	41	1.89
4	膨松剂	20	0.80	营养强化剂	40	1.85
5	加工助剂	18	0.72	香料	12	0.55
6	乳化剂	13	0.52	塑化剂	12	0.55
7	面粉处理剂	9	0.40	乳化剂	10	0.46
8	甜味剂	9	0.36	增稠剂	9	0.42
9	香料	9	0.36	抗氧化剂	8	0.37
10	抗氧化剂	8	0.36	分离剂	3	0.14
11	塑化剂	5	0.32	膨松剂	2	0.09
12	增稠剂	3	0.20	漂白剂	2	0.09
13	被膜剂	2	0.12	品质改良剂	2	0.09
14	品质改良剂	2	0.08	被膜剂	2	0.09
15	其他	11	0.44	加工助剂	2	0.09
16				面粉处理剂	2	0.09
17				其他	17	0.80
总计		411	16.45	总计	408	18.85

资料来源:国家质检总局进出口食品安全局,2012 年、2013 年 1—12 月进境不合格食品、化妆品信息,并由作者整理计算所得。

2. 主要来源地

如图 4-7 所示,由食品添加剂超标等引起的进口不合格食品的主要来源国家和地区分别是中国台湾地区(66 批次,16.18%)、美国(44 批次,10.78%)、泰国(42 批次,10.29%)、比利时(34 批次,8.33%)、意大利(20 批次,4.90%)、马来西亚(19 批次,4.66%)、印度尼西亚(19 批次,4.66%)、法国(18 批次,4.41%)、德国(17 批次,4.17%)、荷兰(14 批次,3.43%)、日本(14 批次,3.43%),共 11 个国家和地区。以上 11 个国家和地区因食品添加剂超标等而导致我国进口食品不合格的批次为 307 批次,占所有食品添加剂超标批次的 75.24%。

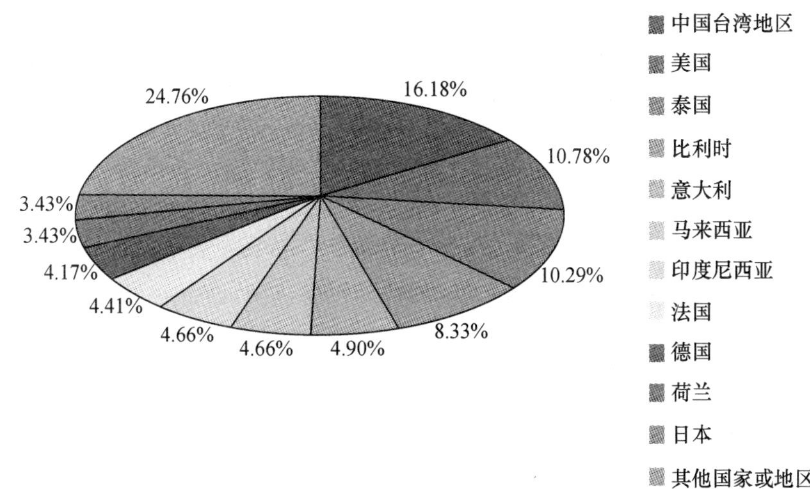

图 4-7 食品添加剂超标等引起的进口不合格食品的主要来源

资料来源:国家质检总局进出口食品安全局,2013 年 1—12 月进境不合格食品、化妆品信息,并由作者整理计算所得。

3. 典型案例

2012—2013 年间的典型案例是:

(1) 白兰地酒塑化剂超标。2013 年 3 月,一批进口自法国的干邑白兰地酒因塑化剂(邻苯二甲酸酯)含量超标而被中国检验检疫机构退运,其中包括卡慕(Camus)、法拉宾(Frapin)、人头马(Remy Martin)等著名品牌。根据我国的塑化剂残留值标准,关于蒸馏酒 3 类邻苯二甲酸盐允许最大残留值分别为 DEHP 1.5 mg/kg、DINP 9.0 mg/kg、DBP 0.3 mg/kg,而这些干邑白兰地陈酿被检出邻苯二甲酸酯残留值超过 30 mg/kg,远超我国的标准。2013 年 4 月,从阿塞拜疆进口的 6210 瓶白兰地酒因塑化剂远超我国的标准 50 多倍而被新疆出入境检验检疫局碾压销毁。①

(2) 美国玛氏公司"M&M's 黑巧克力豆"日落黄超标。2013 年 7 月,一批来自国际食品巨头美国玛氏公司的"M&M's 黑巧克力豆"被检出色素日落黄超标。"日落黄"是色素的一种,添加到糖果中可以令其外观颜色更好看,不过有严格的使用量限制。长期或一次性大量食用色素含量超标的食品,可能会引起过敏、腹泻等症状。该批食品由上海伊纳思贸易有限公司从美国玛氏公司进口,共 171 千克,全部被国家质检总局的检验检疫部门销毁。②

① 《2013 年 3—4 月进境不合格食品、化妆品信息》,国家质检总局进出口食品安全局,[2014-06-12],http://jckspaqj.aqsiq.gov.cn/jcksphzpfxyj/jjspfxyj/jjbhgsptb/。

② 《2013 年 7 月进境不合格食品、化妆品信息》,国家质检总局进出口食品安全局,[2014-06-12],http://jckspaqj.aqsiq.gov.cn/jcksphzpfxyj/jjspfxyj/jjbhgsptb/。

（3）雅培、惠氏等1阶段奶粉含香兰素。2012年7月，湖南省信用促进会委托湖南省品牌信誉调查中心对几种洋品牌婴儿配方奶粉（1阶段）进行送检，结果发现雅培、惠氏等洋品牌的1阶段婴儿配方奶粉均检测出香兰素，被判不合格。根据《食品安全国家标准食品添加剂使用规定》（GB2760-2011）要求，凡使用范围涵盖0—6个月婴幼儿配方食品不得添加任何食用香料。香兰素是一种合成香精，通常分为甲基香兰素和乙基香兰素，具有香荚兰香气及浓郁的奶香，乙基香兰素香气较甲基香兰素更浓。但据欧盟专家委员会2000年2月24日报道，大剂量可导致头痛、恶心、呕吐、呼吸困难，甚至损伤肝、肾。因此，我国禁止将其在0—6月的1阶段婴儿配方奶粉中添加。①

（三）重金属超标

1. 具体情况

不仅在中国，而且包括发达国家在内的其他国家或地区也不同程度地存在着重金属污染食品的情况。表4-8显示，2013年我国进口食品中由重金属超标而被拒绝入境的批次规模保持不变，但占所有进口不合格食品批次的比例较2012年上升了0.75个百分点。除了常见的如铅、镉、铬等重金属污染物超标外，进口食品中稀土元素、锰等重金属超标的现象也需引起重视。

表4-8 2012—2013年由重金属超标引起的进口不合格食品具体原因

（单位：次、%）

序号	2012年			2013年		
	进口食品不合格的具体原因	批次	比例	进口食品不合格的具体原因	批次	比例
1	铜超标	38	1.52	铜超标	34	1.57
2	稀土元素超标	23	0.92	铁超标	27	1.25
3	砷超标	17	0.68	铅超标	15	0.69
4	镉超标	14	0.56	镉超标	11	0.51
5	锰超标	13	0.52	砷超标	9	0.42
6	铅超标	9	0.36	铬超标	8	0.37
7	铬超标	4	0.16	锰超标	6	0.28
8	汞超标	1	0.04	汞超标	4	0.18
9	镍超标	1	0.04	稀土元素超标	3	0.14
10				铝超标	2	0.09
11				铬超标、稀土超标	1	0.05
	总计	120	4.80	总计	120	5.55

资料来源：国家质检总局进出口食品安全局，2012年、2013年1—12月进境不合格食品、化妆品信息，并由作者整理计算所得。

① 《美赞臣等1阶段奶粉违禁“添香”危害婴儿肝肾》，东方网，2012-07-10［2014-06-12］，http://news.eastday.com/c/20120710/u1a6692075.html。

2. 主要来源地

如图4-8所示，由重金属超标引起的进口不合格食品的主要来源国家和地区分别是法国（20批次，16.67%）、中国台湾地区（12批次，10%）、西班牙（12批次，10%）、朝鲜（11批次，9.17%）、澳大利亚（10批次，8.33%）、意大利（7批次，5.83%）、美国（6批次，5%）、德国（5批次，4.17%）、阿塞拜疆（4批次，3.33%）、泰国（4批次，3.33%）。以上10个国家和地区因重金属超标而食品不合格的批次为91批次，占所有重金属超标批次的75.83%。

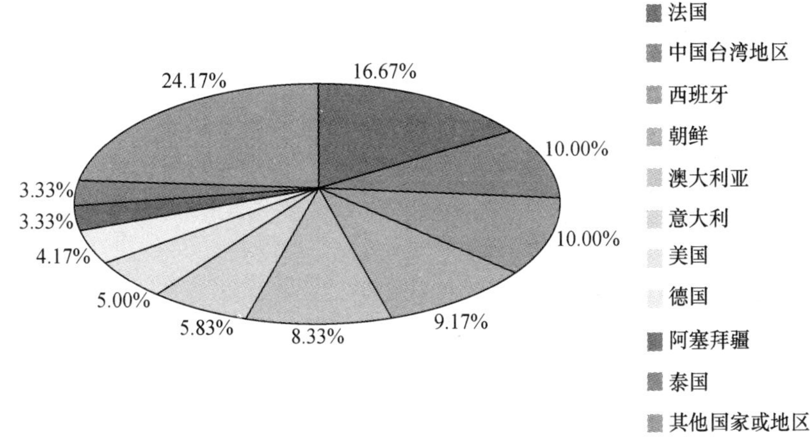

图4-8　重金属超标引起的进口不合格食品的主要来源地

资料来源：国家质检总局进出口食品安全局，2013年1—12月进境不合格食品、化妆品信息，并由作者整理计算所得。

3. 典型案例

英伯伦茶叶稀土元素超标，是近年来我国进口食品重金属超标的典型案例。2012年7月，英伯伦茶出口有限公司生产的英伯伦黑加仑味绿茶、英伯伦玫瑰味绿茶、英伯伦风味绿茶等12批茶叶被国家质检总局检出稀土元素超标。该12批次的茶叶分别由北京和上海两个口岸检出，共约2.24吨，并对所有的茶叶做退货处理（表4-9）。在一般情况下，接触稀土不会对人带来明显危害，但长期低剂量暴露或摄入可能会给人体健康或体内代谢产生不良后果，包括影响大脑功能，加重肝肾负担，影响女性生育功能等。

表 4-9 2012 年 7 月英伯伦茶叶稀土元素超标的具体批次

具体产品	产地	重量(kg)	进口口岸
英伯伦黑加仑味绿茶	英国	99.6	北京
英伯伦玫瑰味绿茶	波兰	120	北京
英伯伦风味绿茶	波兰	116.4	北京
英伯伦黑加仑味绿茶	波兰	22.8	北京
英伯伦风味绿茶	波兰	1.2	北京
绿茶茶包	波兰	3.6	北京
川宁侍女伯爵红茶(2 克 * 25)	波兰	172.8	上海
川宁英国早餐红茶(2 克 * 100)	波兰	345.6	上海
川宁英国早餐红茶(2 克 * 25)	波兰	230.4	上海
川宁豪门伯爵红茶(2 克 * 25)	波兰	518.4	上海
川宁豪门伯爵红茶(2 克 * 100)	波兰	259.2	上海
川宁威尔士王子红茶(2 克 * 25)	波兰	345.6	上海

资料来源:国家质检总局进出口食品安全局,2012 年 7 月进境不合格食品、化妆品信息,并由作者整理所得。

(四)农兽药残留超标或使用禁用农兽药

1. 具体情况

由表 4-10 可以看出,相比 2012 年,2013 年我国进口食品中因农兽药残留超标和使用禁用农兽药而被拒绝入境的批次明显减少,占所有进口不合格食品的比例也有所下降。莱克多巴胺、滴滴涕、隐形孔雀石绿等已经不是引发农兽药不合格原因的重点,呋喃西林代谢物则成为最关键的因素。

表 4-10 2012—2013 年由农兽药残留超标或使用禁用农兽药等引起的进口不合格食品具体原因分类(单位:次、%)

序号	2012 年			2013 年		
	进口食品不合格的具体原因	批次	比例	进口食品不合格的具体原因	批次	比例
1	检出莱克多巴胺	5	0.20	检出呋喃西林代谢物	7	0.31
2	检出滴滴涕	4	0.16	检出呋喃西林	1	0.05
3	检出呋喃西林	4	0.16	检出氰戊菊酯	1	0.05
4	检出呋喃唑酮代谢物	3	0.12	检出三氯杀螨醇	1	0.05
5	检出孔雀石绿	3	0.12	检出顺丁烯二酸	1	0.05
6	检出氯霉素	3	0.12			
7	检出三氯杀螨醇	2	0.08			
8	六六六超标	1	0.04			
	总计	25	1.00	总计	11	0.51

资料来源:国家质检总局进出口食品安全局,2012 年、2013 年 1—12 月进境不合格食品、化妆品信息,并由作者整理计算所得。

2. 典型案例

“立顿”茶农残超标是近年来有代表性的案例。2012 年 4 月，“绿色和平组织”对全球最大的茶叶品牌——“立顿”牌袋泡茶叶的抽样调查发现，该组织所抽取的 4 份样品共含有 17 种农药残留，绿茶、茉莉花茶和铁观音样本中均含有至少 9 种农药残留，其中绿茶和铁观音样本中农药残留多达 13 种。而且，“立顿”牌的绿茶、铁观音和茉莉花茶 3 份样品，被检测出含有中华人民共和国农业部公告第 1586 号规定的不得在茶叶上使用的灭多威，而灭多威被世界卫生组织列为高毒农药。① 同时，香港“明一”金智婴婴儿配方奶粉磺胺多辛超标事件也具有典型性。2013 年 5 月，四川省保护消费者权益委员会对 18 个品牌的婴儿配方奶粉进行比较试验，结果从香港进口的“明一”金智婴婴儿配方奶粉检出了磺胺多辛，含量为 0.015mg/kg。磺胺类药品属于抗生素，新生儿及两个月以下婴儿禁用。但是《婴儿配方食品》国家标准并没有关于抗生素药物残留的相关规定，这暴露了我国在食品卫生标准制定方面存在的缺陷。②

（五）进口食品标签标识不合格

1. 具体情况

根据我国《食品标签通用标准》的规定，进口食品标签应具备食品名称、净含量、配料表、原产地、生产日期、保质期、国内经销商等基本内容。实践已经证明，规范进口食品的中文标签标识是保证进口食品安全、卫生的重要手段。2013 年我国进口食品标签中存在的问题主要是食品名称不真实、隐瞒配方、标签符合性检验不合格等，共计 320 批次，占全部不合格批次总数的 14.79%。

2. 主要来源地

如图 4-9 所示，由标签不合格引起的进口不合格食品的主要来源国家和地区分别是中国台湾地区（59 批次，18.44%）、法国（39 批次，12.19%）、新西兰（31 批次，9.69%）、德国（29 批次，9.06%）、加拿大（18 批次，5.63%）、美国（16 批次，5%）、意大利（12 批次，3.75%）、南非（12 批次，3.75%）、澳大利亚（11 批次，3.44%）、阿根廷（10 批次，3.12%）、荷兰（10 批次，3.12%）、新加坡（10 批次，3.12%），共 12 个国家和地区。以上 12 个国家和地区因标签不合格而食品不合格的批次为 257 批次，占所有标签不合格批次的 80.31%。

3. 典型案例

2013 年 1 月，国家质检总局在检验进口食品时发现，超过 9 千克的迪乐多较

① 《茶叶被指涉有高毒性农药残留 上海多超市未下架》，中国新闻网，2012-04-25［2014-06-12］，http://finance.chinanews.com/jk/2012/04-25/3845646.shtml。

② 《香港明一奶粉检出抗生素药物残留》，中国食品报网，2013-06-25［2014-06-12］，http://www.cnfood.cn/npage/shownews.php? id=16814。

大婴儿配方奶粉(2 阶段)和来自法国的美智宝超级宝护婴儿配方奶粉标签不合格,这两批次的奶粉因此被退货处理。①

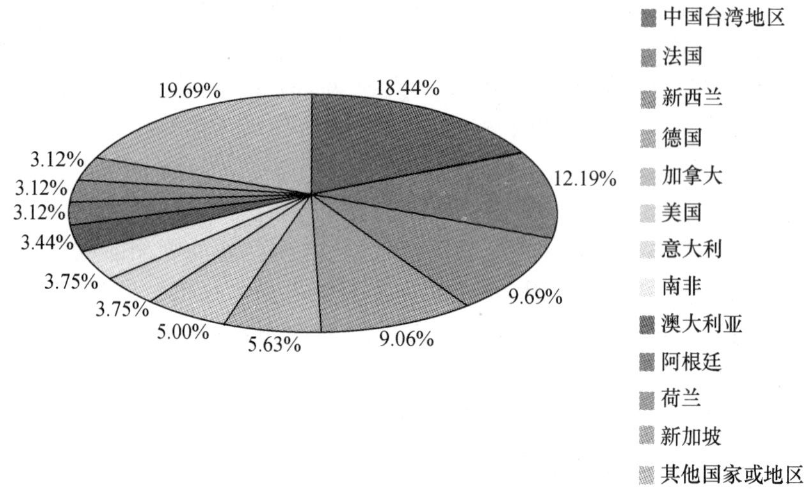

图 4-9 标签不合格引起的进口不合格食品的主要来源地

资料来源:国家质检总局进出口食品安全局,2013 年 1—12 月进境不合格食品、化妆品信息,并由作者整理计算所得。

(六) 含有转基因成分的食品

1. 具体情况

作为一种新型的生物技术产品,转基因食品的安全性一直备受争议,而目前学界对于其安全性也尚无定论。2014 年 3 月 6 日,农业部部长韩长赋在十二届全国人大二次会议新闻中心举行的记者会上指出,转基因在研究上要积极,坚持自主创新,在推广上要慎重,做到确保安全。② 我国对转基因食品的监管政策一贯是明确的。2013 年,我国进口食品中含有违规转基因成分共计 7 批次,占全部不合格批次总数的 0.33%。

2. 典型案例

2013 年 11—12 月,深圳、福建、山东、广东、浙江、厦门等口岸检验检疫机构,相继从超过 72 万吨的美国输华玉米中,检出含有未经我国农业部批准的 MIR162 转基因成分,分别在 2013 年 11 月、12 月初、12 月中旬三个时间段截获 6 万吨、12

① 《2013 年 1 月进境不合格食品、化妆品信息》,国家质检总局进出口食品安全局,[2014-06-12],http://jckspaqj.aqsiq.gov.cn/jcksphzpfxyj/jjspfxyj/jjbhgsptb/。

② 《农业部部长回应转基因质疑:积极研究慎重推广严格管理》,新华网,2014-03-06 [2014-06-12],http://news.xinhuanet.com/politics/2014-03/06/c_126229096.htm。

万吨、54.5 万吨,并依法对这些进口自美国的玉米作退货处理。[①]

四、现阶段需要解决的四个重要问题

面对日益严峻的进口食品安全问题,着力完善覆盖全过程的具有中国特色的进口食品安全监管体系,保障国内食品安全已非常迫切。立足于保障进口食品质量安全的现实与未来需要,应该构建以源头监管、口岸监管、流通监管和消费者监管为主要监管方式,以风险分析与预警、召回制度为技术支撑,以安全卫生标准与法律体系为基本依据,构建与完善具有中国特色的进口食品安全监管体系。由于篇幅的限制,本章节重点思考以下四个问题。

(一)实施进口食品的源头监管

进口食品往往具有在境外加工、生产的特征,一国的监管者很难在本国境内全程监管这些食品的加工与生产过程。虽然我国已经颁布实施《进口食品境外生产企业注册管理规定》等,并逐步对进口食品的企业进行资格认证,努力从进口源头上杜绝不合格产品,但成效尚不明显。应该借鉴欧美等发达国家的经验,进一步加强对食品输出国的食品风险分析和注册管理,尤其是重要的进口食品,问题较多的进口食品,明确要求食品出口商在向所在国家取得类似于 HACCP(Hazard Analysic Critical Control Point,危害分析及关键控制点)的安全认证[②],同时要加强与食品出口国的合作,必要时可以对外派出食品安全官,到出口地展开实地调查和抽查,督查食品生产企业按我国食品安全国家标准进行生产。

(二)强化进口食品的口岸监管

如图 4-10 所示,2013 年我国查处不合格进口食品前十位的口岸分别是上海(724 批次,33.46%)、厦门(362 批次,16.73%)、广东(281 批次,12.99%)、深圳(162 批次,7.49%)、山东(123 批次,5.68%)、福建(111 批次,5.12%)、宁波(93 批次,4.29%)、珠海(75 批次,3.47%)、江苏(62 批次,2.87%)、天津(48 批次,2.22%)。以上 10 个口岸共检出不合格进口食品 2041 批次,占全部不合格进口食品批次的 94.32%。因此,上述 10 个口岸应该成为我国加强进口食品安全性监管的最主要口岸。进口食品的口岸监督监管是指利用口岸在进出口食品贸易中的特殊地位,对来自境外的进口食品进行入市前管理,对不符合要求的食品实施拦截的监管方式。[③] 强化进口食品的口岸监管,核心的问题是根据各个口岸进口

---

① 《我国两月内 3 次退运美国玉米超 72 万吨 均因含 MIR162 转基因》,人民网,2013-12-20 [2014-06-12],http://news.xinhuanet.com/world/2013-12/20/c_118645845.htm。

② HAPPC:Hazard Analysic Critical Control Point,即“危害分析及关键控制点”,是一个国际认可的、保证食品免受生物性、化学性及物理性危害的预防体系。

③ 陈晓枫:《中国进出口食品卫生监督检验指南》,中国社会科学出版社 1996 年版。

不合格食品的类别、来源地，实施有针对性的监管。目前，我国对不同种类的进口食品的监管采用统一的标准和方法，不同种类的进口食品均处于同一尺度的口岸监管之下，这可能并不完全符合现实要求。以酒和米面速冻制品（如速冻水饺、小笼包等）为例，从 HAPPC 的角度而言，前者质量的关键控制点仅包括原料、加工时

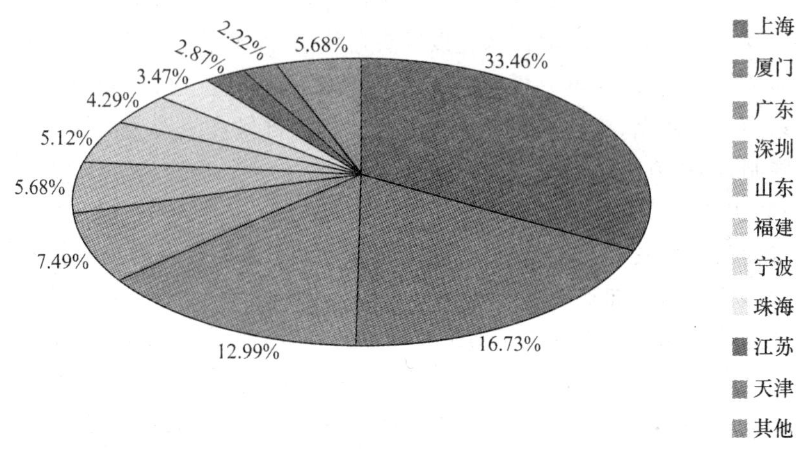

图 4-10 2013 年检测不合格进口食品的主要口岸

资料来源：国家质检总局进出口食品安全局，2013 年 1—12 月进境不合格食品、化妆品信息，并由作者整理计算所得。

间和温度三个点，即只要控制好原料的质量和加工时间、温度这三个关键控制点，就能控制酒类的卫生质量。除此之外，酒类在成型后稳定性好，食品的保质期长（几年甚至高达十年以上）。而后者的质量关键控制点有面、馅的原料来源，面的发酵时间和温度，成品蒸煮的时间和温度，手工加工步骤中人员卫生因素等十几个关键控制点，控制点越多，食品质量的风险系数就越大。而且这类食品的保存要求高、保质期短、稳定性差。显然，相比酒类，米面速冻制品存在质量缺陷的可能性更大，食品安全风险更高。因此，要对不同的进口食品进行分类，针对不同食品的风险特征展开不同种类的重点检测。

（三）实施口岸检验与后续监管的无缝对接

在 2000 年我国政府机构管理体制的改革中，口岸由国家质检系统管理，市场流通领域由工商系统管理，进口食品经过口岸检验进入国内市场，相应的检测部门就由质检系统转向工商系统，前后涉及两个政府监管系统。相比于发达国家实行的“全过程管理”，我国的进口食品的分段式管理容易造成进口食品监管的前后脱节。2013 年 3 月，我国对食品安全监管体制实施了新的改革，食品市场流通领域由食品药品监管系统负责，但口岸监管仍然属于质检系统，并没有发生改变，进

口食品安全监管依然是分段式管理的格局。口岸对进口食品监管属于抽查性质，在整个进口食品的监管中具有“指示灯”的作用。然而，进口食品的质量是动态的，进入流通、消费等后续环节后仍然可能产生安全风险。因此，对进口食品流通、消费环节的后续监管是对口岸检验工作的有力补充，实施口岸检验和流通监管的无缝对接就显得十分必要。

（四）完善食品安全国家标准

为进一步保障进口食品的安全性，国家卫生计生委应协同相关部门努力健全与国际接轨、同时与我国食品安全国家标准、法律体系相匹配的进口食品安全标准，最大限度地通过技术标准、法律体系保障进口食品的安全性。（1）提高食品安全的国家标准，努力与国际标准接轨。我国食品安全标准采用国际标准和国外先进标准的比例为23%，远远低于我国国家标准44.2%采标率的总体水平。[①] 我国食品安全国家标准有相当一部分都低于CAC等国际标准。[②] 以铅含量为例，CAC标准中薯类、畜禽肉、鱼类、乳等食品中铅限量指标分别为0.1 mg/kg、0.1 mg/kg、0.3 mg/kg、0.02 mg/kg，而我国相应的铅限量指标[③]分别为0.2 mg/kg、0.2 mg/kg、0.5 mg/kg、0.05 mg/kg标准水平明显低于CAC标准，在境外不合格的有些食品通过口岸流入我国就成为合格食品。（2）提高食品安全标准的覆盖面。与CAC食品安全标准相比，我国食品安全标准涵盖的内容范围小，提高食品安全标准的覆盖面十分迫切。（3）确保食品安全国家标准清晰明确，努力减少交叉。我国现有的食品安全标准存在相互矛盾、相互交叉的问题，这往往导致标准不一的问题，虽然近年来我国食品安全国家标准在清理、整合上取得了重要进展，但仍然不适应现实要求。（4）提高食品安全标准的制修订的速度。发达国家的食品技术标准修改的周期一般是3—5年，[④]而我国很多的食品标准实施已经达到10年甚至是10年以上，严重落后于食品安全的现实需求。因此，要加快食品安全标准的更新速度，使食品标准的制定和修改与食品技术发展、食品安全需求相匹配。

从长远来分析，我国对进口食品的需求量将进一步上扬，进口食品质量安全面临的挑战将日趋复杂化。提高进口食品的安全性，根本的路径就在于建立健全具有中国特色的进口食品的安全监管体系，这是一个较为漫长的发展与改革过程。

---

① 江佳、万波琴：《我国进口食品安全侵权问题研究》，《广州广播电视大学学报》2010年第3期。

② 国际食品法典委员会制定的全部食品标准构成国际食品标准体系（简称CAC食品标准体系），该标准体系标准覆盖面广、制定重点突出、制定程序具有科学性，是唯一认可的国际食品标准体系，已成为解决国际食品贸易争端的仲裁性标准。

③ 邵懿、王君、吴永宁：《国内外食品中铅限量标准现状与趋势研究》，《食品安全质量检测学报》2014年第1期。

④ 江佳：《我国进口食品安全监管法律制度完善研究》，西北大学硕士学位论文，2011年。

第五章　食品安全风险区间的评判与风险特征的再研究

按照食品工业“十二五”规划，我国的食品工业形成了4大类、22个中类、57个小类，食品的品种数以万计。风险评估是政府制定食品安全法规、标准和政策的主要基础，具有严格的评估技术标准与法规，需要依靠专业性的机构来实施。国家卫生计生委食品安全风险评估重点实验室(Key Laboratory of Food Safety Risk Assessment, Ministry of Health)就是我国最高层次的专业性机构。本章思考的问题是，如何从宏观上来总体研究食品安全风险？一个一个地对食品进行抽查检测，并公布合格率固然非常重要，但是在信息网络非常发达的背景下，今天猪肉，明天蔬菜，后天乳粉、肉制品、食用植物油……出现了问题，在网络传播的巨大推动下，相当一部分老百姓不同程度地对食品安全具有恐慌的消费心理。我国食品安全总体情况如何，食品安全的风险是怎么一个走势？这是一个迫切需要回答的现实问题。本章延续前两个食品安全年度报告的风格，主要基于国家宏观层面，从管理学的角度，运用计量模型方法，在充分考虑数据的可得性与科学性的基础上，评估2006—2013年间我国食品安全风险，分析食品安全风险的现实状态，全景式地描述我国食品质量安全水平的主要特征、真实变化与发展趋势，并揭示我国食品安全风险的基本特征，探讨构建我国食品安全风险社会共治体系的逻辑起点。

一、突变模型与指标体系

鉴于前两个食品安全年度报告对食品安全风险的概况和理论进行了较为清晰的分析，本《报告》将着重介绍食品安全风险的评判与测量方法。

本章对2006—2013年间食品安全风险区间的评判与量化分析，主要基于管理学的视角，应用突变模型来进行。

(一) 基本原理与模型

1. 突变模型的原理

用突变模型评估社会学、经济学中的问题时，最常用的是尖点突变模型、燕尾突变模型和蝴蝶突变模型，相关情况见表 5-1。①

表 5-1 中的突变函数是一个系统的状态变量的势函数，状态变量的系数 a,b,c,d 表示该状态变量的控制量。

表 5-1　常用的三种突变模型

突变类型	状态变量数目	控制变量数目	突变函数
尖点突变	1	2	$f(x)=x^4+ax^2+bx$　(1)
燕尾突变	1	3	$f(x)=\frac{1}{5}x^5+\frac{1}{3}ax^3+\frac{1}{2}bx^2+cx$　(2)
蝴蝶突变	1	4	$f(x)=\frac{1}{6}x^6+\frac{1}{4}ax^4+\frac{1}{3}bx^3+\frac{1}{2}cx^2+dx$　(3)

2. 突变级数法

突变级数是突变模型的分歧方程与模糊数学中的模型隶属函数相结合的结果，该方法的关键在于由雷内·托姆初等突变理论的几级分歧方程引申推导而得的归一公式和与模糊数学的隶属函数相结合产生的突变模糊隶属函数。分别对势函数状态变量求一阶和二阶导数，可得到如下的尖点突变、燕尾突变、蝴蝶突变三个模型的归一公式。

$$x_a=\sqrt{a},\quad x_b=\sqrt[3]{b} \tag{5-1}$$

$$x_a=\sqrt{a},\quad x_b=\sqrt[3]{b},\quad x_c=\sqrt[4]{c} \tag{5-2}$$

$$x_a=\sqrt{a},\quad x_b=\sqrt[3]{b},\quad x_c=\sqrt[4]{c},\quad x_d=\sqrt[5]{d} \tag{5-3}$$

式中：x_a,x_b,x_c,x_d 分别对应 a,b,c,d 的 x 的值。各控制变量的重要程度排序是 $a<b<c<d$。这种方法消除了研究人员对各种指标给定的“权重”的主观性。通过分解形式的分歧集点方程导出归一公式，由归一公式将系统内诸控制变量不同的质态化为同一质态，即化为状态变量表示的质态。然后利用归一公式进行综合评价。利用归一公式对同一对象各个控制对象计算出对应的数量值，对应的状态变量取值根据控制变量之间的关系确定。同一层次控制变量之间的关系分为互补和非互补两种，具体见表 5-2。

互补时由于控制变量之间可以相互弥补不足，所以状态变量取各控制变量对应的状态变量的平均值；而非互补的情况下，控制变量之间既不可相互替代，又不能相互弥补不足，所以最小值的那个控制变量成为“瓶颈”，要选取最小的控制变

① 苗东升：《系统科学大学讲稿》，中国人民大学出版社 2007 年版。

量对应的状态变量值作为状态变量的值。①

表 5-2 基于"互补"与"非互补"原则的突变类型二维分析

突变类型 控制变量间关系	尖点突变	燕尾突变	蝴蝶突变
互补关系	互补尖点突变	互补燕尾突变	互补蝴蝶突变
非互补关系	非互补尖点突变	非互补燕尾突变	非互补蝴蝶突变

（二）食品安全风险评估指标体系

由于食品安全问题的复杂性，进行评估分析时，既存在可数值化计量的指标，也存在着不可直接计量的因素，陈秋玲等在进行食品安全风险评估时借鉴了食品安全预警的指标体系，结合指标设计的全面性（即指标的设计尽量涵盖所有可能产生食品安全风险的因素），灵敏性（即所选指标能准确、科学地反映食品安全风险状况），实用性和可操纵性（由于所选模型最终要在实际中运用，指标体系必须考虑数据的可获得性及其量化的难易程度）以及动态性（即食品安全风险评估应该是一种动态的分析与监测，而不仅仅是一种静态的反映系统，所选取指标应该能反映风险波动的趋势，应该在分析过去的基础上把握未来的发展趋势）原则，结合反映食品安全风险的评估指标，包括生产环节中的兽药残留抽检合格率、蔬菜农残抽检合格率、水产品抽检合格率、生猪（瘦肉精）抽检合格率，流通环节中的食品质量国家监督抽查合格率、饮用水经常性卫生监测合格率、流通环节食品抽检合格率和消协组织受理食品投诉件数，消费环节中的消费者食品中毒数、中毒死亡人数和中毒事件等 11 个指标，设计了食品安全风险评估指标体系。②

本章对我国食品安全风险评估研究的指标体系直接采用《中国食品安全发展报告 2013》的指标体系（见表 5-3）。这个指标体系具有如下特点：第一，可得性。数据绝大多数来源于国家相关部门发布的统计数据。第二，权威性。由于这些数据均来自国家有关食品安全监管部门，相对具有权威性。第三，合理性。比如，原来使用食品卫生监测总体合格率、食品化学残留检测合格率、食品微生物合格率、食品生产经营单位经常性卫生监督合格率来衡量流通环节的食品安全风险，虽有一定的价值，但不如使用流通环节中的食品质量国家监督抽查合格率、饮用水经常性卫生监测合格率、流通环节食品抽检合格率等指标，后者更具普遍性。

① 陈秋玲、张青、肖璐：《基于突变模型的突发事件视野下城市安全评估》，《管理学报》2010 年第 6 期。
② 同上。

二、食品安全风险区间的计算与主要结论

应用国家层次上的食品安全风险的相关宏观指标，基于突变模型，可以对2006—2013年间我国食品安全生产、消费和流通等三个子系统进行风险评估，并可以在此基础上评估相应年度的食品安全总风险度。

（一）数据来源与处理

采用上述指标评估食品安全风险需要采集数据，并进行数据处理。

1. 数据来源

表5-3是2006—2013年间我国食品安全风险评估的指标值。数据主要来源于《中国卫生统计年鉴》《中国统计年鉴》《中国食品工业年鉴》和《中国食品安全发展报告2012》《中国食品安全发展报告2013》等相关文献。由于展开本《报告》研究时，国家有关部门并未正式出版相关统计年鉴，故2013年的数据主要来源于政府网站，少数来源于新闻报道中的数据。因此，最终的数据应以国家相关部门正式出版物为准。

2. 数据处理

生产环节、流通环节、消费环节分别是蝴蝶突变、燕尾突变和蝴蝶突变，且三个子系统均为互补关系。因此，必须首先进行标准化处理，使之为0—1之间的数值，并用线形比例变换法进行修正。若指标为正向指标，则其修正公式如下：

$$y_{ij} = (\max P_{ij} - P_{ij})/(\max P_{ij} - \min P_{ij}) \tag{5-4}$$

若指标为逆向指标，则其修正公式如下：

$$y_{ij} = (P_{ij} - \min P_{ij})/(\max P_{ij} - \min P_{ij}) \tag{5-5}$$

修正后可以得到相应的数据，然后利用上面给定的相应突变类型的突变模型归一公式，对标准化处理后的指标值进行量化递归运算，可得到表5-4。

根据互补与非互补的原则，求取环节总突变隶属函数值，即食品安全各个环节总风险度。由于生产、流通、消费三个环节的子指标均是互补关系，因此就取控制变量相应的突变级的平均值为突变总隶属函数值，具体如表5-5。

重复上述步骤，用归一公式逐步向上综合，直到“最高层食品安全风险总值”，对2006—2013年间不同年份的食品安全风险度进行跟踪测评与评价。最终的2006—2013年间食品安全风险总值见表5-6。

表 5-3　2006—2013 年间食品安全风险评估指标值

环节	指标	2006	2007	2008	2009	2010	2011	2012	2013
生产环节	兽药残留抽检合格率(%)	75.0	79.2	81.7	99.5	99.6	99.6	99.7	99.7
	蔬菜农残抽检合格率(%)	93.0	95.3	96.3	96.4	96.8	97.4	97.9	96.6
	水产品抽检合格率(%)	98.8	99.8	94.7	96.7	96.7	96.8	96.9	94.4
	生猪(瘦肉精)抽检合格率(%)	98.5	98.4	98.6	99.1	99.3	99.5	99.7	99.7
流通环节	食品质量国家监督抽查合格率(%)	80.8	83.1	87.3	91.3	94.6	95.1	95.4	96.5
	饮用水经常性卫生监测合格率(%)	87.7	88.6	88.6	87.4	88.1	92.1	92.1	93.4
	流通环节食品抽检合格率(%)	80.19	80.19	93.0	93.0	93.0	93.0	93.1	94.1
	全国消协组织受理食品投诉件数(万件)	4.2	3.7	4.6	3.7	3.5	3.9	2.92	4.30
消费环节	食物中毒人数(人)	18063	13280	13095	11007	7383	8324	6685	5559
	中毒后死亡人数(人)	196	258	154	181	184	137	146	109
	中毒事件数(件)	596	506	431	271	220	189	174	152

数据来源:《中国卫生统计年鉴》《中国统计年鉴》《中国食品工业年鉴》《中国食品安全发展报告 2012》《中国食品安全发展报告 2013》等。2013 年的数据主要来源于政府网站或新闻报道。其中由于无法查实 2012 年饮用水经常性卫生监测合格率,这里采用了 2011 年的数据;流通环节食品抽检合格率,2007 年、2008 年、2009 年、2012 年、2013 年的数据均能够在相关文献与统计资料中查到,但 2006 年、2010 年、2011 年的无法查到,故采用近似的方法,即 2006 年采用 2007 年的数据,2010 年、2011 年则均采用 2009 年的数据。有关消协组织受理食品投诉件的数据,均来源于全国消费者协会发布的《全国消费者协会组织受理投诉情况分析》。

表 5-4　2006—2013 年间食品安全风险评估修正并经过归一公式处理之后的数据

环节	指标	2006	2007	2008	2009	2010	2011	2012	2013
生产环节	兽药残留抽检合格率(%)	1.000	0.830	0.729	0.008	0.004	0.004	0.000	0.000
	蔬菜农残抽检合格率(%)	1.000	0.531	0.327	0.306	0.224	0.102	0.000	0.265
	水产品抽检合格率(%)	0.185	0.000	0.944	0.574	0.574	0.556	0.537	1.000
	生猪(瘦肉精)抽检合格率(%)	0.923	1.000	0.846	0.462	0.308	0.154	0.000	0.000
流通环节	食品质量国家监督抽查合格率(%)	1.000	0.854	0.586	0.331	0.121	0.089	0.070	0.000
	饮用水经常性卫生监测合格率(%)	1.000	0.842	0.842	1.053	0.930	0.228	0.228	0.000
	流通环节食品抽检合格率(%)	1.000	1.000	0.079	0.079	0.079	0.079	0.072	0.000
	全国消协组织受理食品投诉件数(万件)	0.762	0.464	1.000	0.464	0.345	0.583	0.000	0.821
消费环节	食物中毒人数(人)	1.000	0.617	0.603	0.436	0.146	0.221	0.090	0.000
	中毒后死亡人数(人)	0.584	1.000	0.302	0.483	0.503	0.188	0.024	0.013
	中毒事件数(件)	1.000	0.797	0.628	0.268	0.153	0.083	0.050	0.000

表 5-5 2006—2013 年间食品安全风险评估突变级数处理后数据

环节	指标	年份							
		2006	2007	2008	2009	2010	2011	2012	2013
生产环节	X_a	1.000	0.830	0.729	0.008	0.004	0.004	0.000	0.000
	X_b	1.000	0.531	0.327	0.306	0.224	0.102	0.000	0.265
	X_c	0.185	0.000	0.944	0.574	0.574	0.556	0.537	1.000
	X_d	0.923	1.000	0.846	0.462	0.308	0.154	0.000	0.000
	合计	0.777	0.590	0.711	0.337	0.278	0.204	0.134	0.316
流通环节	X_a	1.000	0.854	0.586	0.331	0.121	0.089	0.070	0.000
	X_b	1.000	0.842	0.842	1.053	0.930	0.228	0.228	0.000
	X_c	1.000	1.000	0.079	0.079	0.079	0.079	0.072	0.000
	X_d	0.762	0.464	1.000	0.464	0.345	0.583	0.000	0.821
	合计	0.940	0.790	0.627	0.482	0.369	0.245	0.093	0.205
消费环节	X_a	1.000	0.617	0.603	0.436	0.146	0.221	0.090	0.000
	X_b	0.584	1.000	0.302	0.483	0.503	0.188	0.248	0.000
	X_c	1.000	0.797	0.628	0.268	0.153	0.083	0.050	0.000
	合计	0.861	0.805	0.511	0.396	0.267	0.164	0.047	0.033

表 5-6　2006—2013 年间食品安全风险总值

指标	2006	2007	2008	2009	2010	2011	2012	2013
X_a	0.777	0.590	0.711	0.337	0.278	0.204	0.134	0.316
X_b	0.940	0.790	0.627	0.482	0.369	0.245	0.093	0.205
X_c	0.861	0.805	0.511	0.396	0.267	0.164	0.047	0.033
风险总值	0.942	0.880	0.848	0.719	0.654	0.571	0.428	0.493

需要指出的是，对比《中国食品安全发展报告 2013》，在本章节表 5-3 中的 2006—2012 年间食品安全风险评估指标值并没有变化，但对应年度的相关风险值数略有差异。主要的原因是，食品安全风险的评估是动态的，会随着所选取样本数据的时间跨度发生变化。虽然，风险评估对象的原始数据客观不变，但处在不同的风险评估的时间区域里，风险评估值并不相同。

（二）风险度量标准

经过处理得到年度食品安全总风险度量值，根据风险度量结果可以对我国食品安全风险状况作出判断。但由于突变级数法本身并未提供判别阈值的确定方法，这里主要采用世界通行标准法、极值—均值法和专家经验判断法来划分阈值评判标准，可见表 5-7 和表 5-8。采用上述方法，可以得到我国食品安全风险度归一处理标准。

表 5-7　食品安全子系统风险度划分标准

目标层	准则层	风险度归一化处理标准				
		潜在风险	轻度风险	中度风险	重度风险	危机区
食品安全风险度	生产环节	0—0.227	0.227—0.471	0.471—0.673	0.673—0.877	0.877—1.000
	流通环节	0—0.471	0.471—0.615	0.615—0.758	0.758—0.902	0.902—1.000
	消费环节	0—0.382	0.382—0.544	0.544—0.706	0.706—0.868	0.868—1.000

表 5-8　食品总安全风险度划分标准

安全度 U	安全等级	食品安全状况等级判断
0.918—1.000	Ⅰ级	处于危机区，风险最大
0.848—0.918	Ⅱ级	处于重度风险区，风险很大
0.778—0.848	Ⅲ级	处于较重风险区，风险较大
0.708—0.778	Ⅳ级	处于中度风险区，风险稍大
0.500—0.708	Ⅴ级	处于轻度风险区，风险较小
0.000—0.500	Ⅵ级	处于安全区，存在潜在风险

（三）风险评估结果

食品安全风险度计算得出的阈值在 0—1 之间。越接近 1，表示风险度越高，则脆弱度越高,安全度越低;越接近0,表示风险度越低,脆弱度越低,安全度越高。食品安全风险度为0,则表示食品安全性最优,是一个理想、最优化的系统;食品安全风险度为1,则表示食品安全体系非常脆弱,几乎随时处于危机之中。表5-9是依据上述评估方法,对2006—2013年间我国食品安全生产、流通、消费三个子系统评估所得到的风险值、风险度。

表 5-9 2006—2013 年间食品安全子系统风险评估

年份	生产环节		流通环节		消费环节	
	风险值	风险度	风险值	风险度	风险值	风险度
2006	0.777	较重风险	0.940	危机区	0.861	较重风险
2007	0.590	轻度风险	0.790	中度风险	0.805	较重风险
2008	0.711	中度风险	0.627	轻度风险	0.511	安全区
2009	0.337	安全区	0.482	安全区	0.396	安全区
2010	0.278	安全区	0.369	安全区	0.267	安全区
2011	0.204	安全区	0.245	安全区	0.164	安全区
2012	0.134	安全区	0.093	安全区	0.047	安全区
2013	0.316	安全区	0.205	安全区	0.033	安全区

根据表5-8的食品安全风险度划分标准,可以计算获得2006—2013年间我国的食品安全风险度总体评估结果,见表5-10。

表 5-10 2006—2013 年间食品安全风险总体评估

年份	2006	2007	2008	2009	2010	2011	2012	2013
风险总值	0.942	0.880	0.848	0.719	0.654	0.571	0.428	0.493
风险等级	Ⅰ级	Ⅱ级	Ⅱ级	Ⅴ级	Ⅴ级	Ⅵ级	Ⅵ级	Ⅵ级
风险区间	危机区	重度风险区	重度风险区	轻度风险区	轻度风险区	安全区	安全区	安全区

(四)主要结论

依据表5-9和表5-10的数据,2006—2013年间我国食品安全总系统相对应的风险度、食品安全生产、流通、消费三个子系统和变化轨迹如图5-1、图5-2所示。据此,可以进一步分析2006—2013年间食品安全风险变化。

1. 食品安全风险的总体特征

本章的实证分析结果在图5-1和图5-2中已清楚地表明,我国食品安全系统风险总值一路下行的趋势非常明显,2011年食品安全系统风险总值为0.571,虽存在潜在的各种风险,但处于相对安全的区间;2012年食品安全系统风险总值下行至0.428,达到历史最低点,而2013年出现轻微的反弹,风险值为0.493,比2012

年高0.065。简单地分析，主要的原因是衡量食品安全风险总值的11个指标中，在2013年有兽药残留抽检合格率、生猪（瘦肉精）抽检合格率指标持平，蔬菜农残抽检合格率、水产品抽检合格率指标下降与全国消协组织受理食品投诉件数提高，虽然有其他6个指标好于2012年，但指标的权重不一，最终导致2013年食品安全风险总值小幅提升。需要指出的是，2013年食品安全风险总值虽有上升，但仍然处于安全区间。当然，食品安全是相对的，世界上没有绝对安全的食品，食品风险的安全区间也必然存在着潜在的风险。因此，本章的研究可以得出近年来我国食品安全保障水平是“总体稳定，逐步向好”的判断。

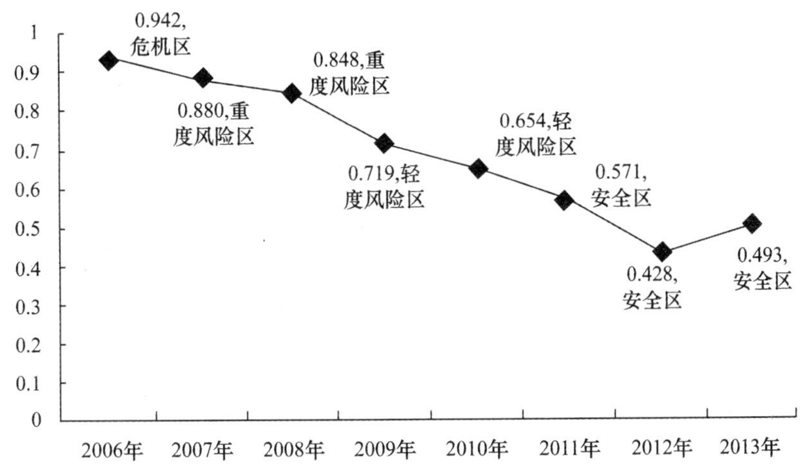

图5-1　2006—2013年间我国食品安全风险总值

2. 主要子系统的风险特征

2013年我国食品生产、流通与消费三个子系统均已处于相对安全的区间。2006—2013年间食品生产、流通与消费三个子系统风险度变化的情况如下。

（1）生产环节。生产环节的风险值在2006年处于这一时段的最高点，达到0.777，处于较重的风险区间内。对2006年以来各年度风险值的总体态势分析表明，虽然在2008年生产环节的风险值超过2007年出现了波动，但总体趋势持续下降，到2012年达到0.134这一历史的最低点，但2013年略有上升，为0.316。主要的原因是2013年蔬菜农残抽检合格率（96.6%）指标下降，均低于2010年的96.8%、2011年的97.4%和2012年的97.9%；而2013年的水产品抽检合格率（94.4%）下降程度更大，处于2006年以来的最低水平。

（2）流通环节。流通环节的风险值从2006年的0.940一直下降，2012年为0.093，2013年为0.205。2013年流通环节的风险值虽然仍然处于一个较低的水平，但与2012年相比较出现了反弹。主要原因是全国消协组织受理食品投诉件数出现新高，达到4.3万件，仅低于2008年的4.6万件（当年发生了“三聚氰胺”奶粉事件，食品投诉量非常之大）。但自2009年以来流通环节的风险一直处在相对安全的区间。

（3）消费环节。消费环节的风险值一直下降，由2006年的0.861下降到2013年的0.033，风险程度由2006年的较重风险潜区间进入了2013年的安全风险区。与生产、流通环节的情形不同，衡量消费环节的食物中毒人数、中毒后死亡人数、中毒事件数等指标均一路下降，故总体而言，自2008年以来我国消费环节均稳定在相对安全的风险区间。

如图5-2，可以进一步比较的是，在2006—2013年间食品生产、流通与消费三个子系统的风险值，生产环节的风险大于消费环节，消费环节的风险大于流通环节。因此，生产环节的食品安全是政府监管部门的重点。当然，这是从宏观层次上的结论，不同的区域、不同的食品情况不一，应该从实际出发加以监管。

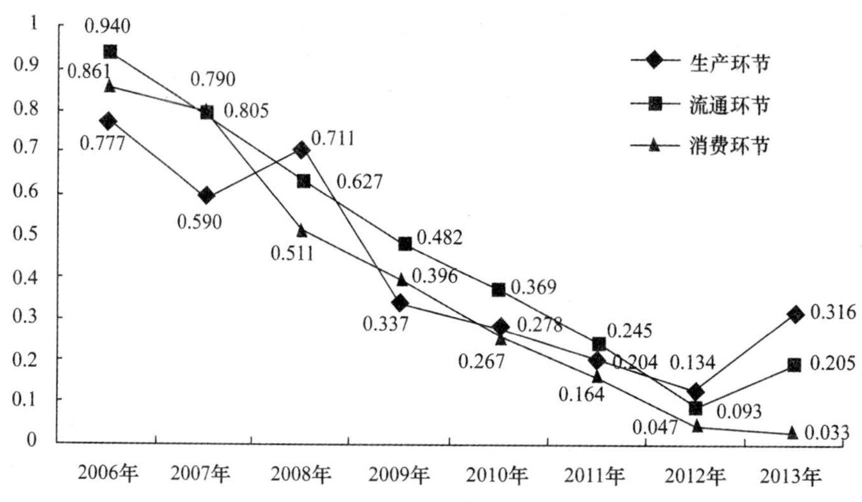

图5-2 2006—2013年间食品安全子系统风险值

3. 食品安全风险未来走势

然而，目前社会各界对我国食品安全总体水平有诸多甚至是很大的争议。2012年5月7日在“乳制品质量安全”研讨会上，中国乳制品工业协会发布的《婴幼儿乳粉质量报告》为当下国产乳粉质量给出了“历史最好”的评价，引发了“乳品史上最好乃因标准全球最差”的巨大争论。[①] 而且在本章的后续分析中也将进一步指出，我国食品安全风险防控具有长期性、艰巨性与复杂性的特点。

因此，基于本章的研究可以认为，从国家食品安全宏观环境来看，在目前已有的生产技术、政府规制等背景下，特别是，随着2013年3月国务院食品体制改革的到位，《国务院关于加强食品安全工作的决定》（国发〔2012〕20号）等一系列文件的有效贯彻实施，食品安全监管力量重心的下移，可以判断，“总体稳定，逐步向好”将成为未来我国食品安全风险的基本走势。虽然难以排除未来在食品的个别行业、局部生产区域出现反弹甚至是较大程度的波动，但如果不发生不可抗拒的大范围的突发性、灾难性事件，我国食品安全总体的这一基本走势恐怕难以改变。这是本《报告》的最基本的观点，也是本《报告》对目前社会各界对我国食品安全总体保障水平诸多质疑所作出的正面回答。

（五）研究的局限

需要指出的是，受制于数据可得性等客观因素的制约，上述对2006—2013年间我国食品安全风险程度评估的准确性具有局限性：（1）本章研究的相关数据，除了国家统计年鉴上的数据外，2012年的数据有些来源于政府网站，有些则来自于网络文献的资料数据，而本章节研究结论的准确性在一定程度上依赖于所引用数据的真实性，显然目前有些数据的真实性难以判断。（2）有些数据的缺失影响计算结果的科学性，特别是在表5-3的数据中，由于无法查实2012年饮用水经常性卫生监测合格率，采用了2011年的数据以近似代替；2006年、2010年、2011年流通环节食品抽检合格率数据同样缺失，并采用近似的方法，即2006年采用2007年的数据，2010、2011年均采用2009年的数据。饮用水经常性卫生监测合格率、流通环节食品抽检合格率均是反映流通环节安全风险的重要指标，由于数据的缺失，不仅难以精确计算流通环节安全的风险走势，更影响了食品安全总风险值的科学计算。（3）食品安全风险总值、三个子系统各自的风险总值最后计算的数据，与我国食品安全检测标准、执法的严格程度、全社会的食品安全消费意识密切相关。如果标准提高，风险值就上升，对应的风险区间就发生变化，因此本章节得出的我国食品安全的风险等级，所处的安全风险区间只具有参考的价值。因此，本章节的研究仅提供了相对性的食品安全风险的走势，具有局限性。虽然如此，本研究基于食品供应链全程视角，采用突变计量模型得出的我国食品安全保障水平“总体稳定，逐步向好”的基本结论是可信的，并且也符合我国食品安全保障的实际。

① 《奶粉历史最好 成为国产奶粉的一个梦》，中极网，2012-05-28［2012-06-20］，http://www.18new.com/news/2012/0528/1437.html。

三、食品安全风险的基本特征

为了防范食品安全风险,近年来我国政府展开了大量的实践探索。2013 年 6 月 17 日在以"社会共治,同心携手维护食品安全"为主题的 2013 年全国食品安全宣传周活动上,国务院副总理汪洋指出,要发挥社会主义的制度优势和市场机制的基础作用,多管齐下、内外并举,综合施策、标本兼治,构建企业自律、政府监管、社会协同、公众参与、法制保障的食品安全社会共治格局,凝聚起维护食品安全的强大合力。党的十八届三中全会则进一步提出了国家治理体系与治理能力的现代化。任何一个国家或地区的食品安全风险社会共治体系与治理能力的有效性,首先取决于其与所面临的现实食品安全风险本质特征的契合程度。因此,厘清食品安全风险现实问题的本质特征是构建具有中国特色的食品安全风险治理体系的基础。本《报告》研究团队始终认为,中国食品安全风险本质特征的研究应该包括引发风险的主要因素、风险类型与危害、基本矛盾等内容。

(一)食品安全风险的人源性因素

本《报告》研究团队对食品安全风险的人源性因素等方面的问题做了大量的研究,引发了广泛的社会关注且达成基本共识,这就是中国食品安全风险固然有技术、自然的因素,但人源性因素尤为明显。① 对 2002—2011 年间我国发生的 1001 件食品安全典型案例的研究表明,68.2% 的食品安全事件缘由供应链上利益相关者的私利或盈利目的,在知情的状况下造成食品质量安全问题。这充分说明了食品生产经营者的"明知故犯"是目前食品安全问题的主要成因。而在发达国家,发生的食品安全事件大多由生物性因素、环境污染及食物链污染所致,大多不是人为因素故意污染。与发达国家发生的食品安全事件相比较,我国的食品安全事件虽然也有技术不足、环境污染等方面的原因,但更多是生产经营主体的不当行为、不执行或不严格执行已有的食品技术规范与标准体系等违规违法的人源性因素所造成,人源性因素是导致食品安全风险重要源头之一。

当然,上述观点绝对不是否定自然、环境与技术等因素是现实中国的食品安全风险产生的重要源头。也就是说,虽然目前在我国食品安全事件多数为人源性因素所致,但生物性、化学性、物理性因素等引发的食源性疾病依然是我国极为严

① 对于"食品安全风险的人源性因素",《中国食品安全发展报告 2012》就作出了界定。生物性、化学性和物理性是产生食品安全风险主要的直接因素,这些因素均是食品安全风险产生的自然性因素,在某种意义上这些因素难以完全杜绝。除生物性、化学性和物理性外,还存在人的行为不当、制度性等因素,包括生产者因素、信息不对称性因素、利益性因素和政府规制性因素等也可能引发食品安全风险。虽然人源性因素也是通过物理性、化学性、生物性因素等多种形式体现,并产生食品安全风险,但为了区别于自然性因素,在这里,我们将人的行为不当、制度性等因素称为人源性因素或人为性因素。可参见吴林海、钱和:《中国食品安全发展报告 2012》,北京大学出版社 2012 年版。

重的食品安全问题,消耗的医疗资源与社会资源更是难以估计。以农产品为例,在我国,由于农兽药的不合理使用,重金属污染,工业“三废”和城市垃圾的不合理排放等物理性污染、化学性污染、生物性污染和本地性污染所引发的农产品安全风险的隐患日趋增多,见图5-3。保障食品安全的技术水平也存在突出的问题,比如,我国自然环境污染和化学物质污染食品还很严重,但是食品检测技术水平还不高。据报道,我国2200种食品添加剂中还有近60%无法检测。再如,在我国用于危险性评估的技术支撑体系尚不完善,危害识别技术、危害特征描述技术、暴露评估技术等层次有待进一步提升;食品中诸多污染物暴露水平数据缺乏,用于风险评估的膳食消费数据库和主要食源性危害的数据库还很不完善等等,由此导致食品安全风险治理能力的缺陷。

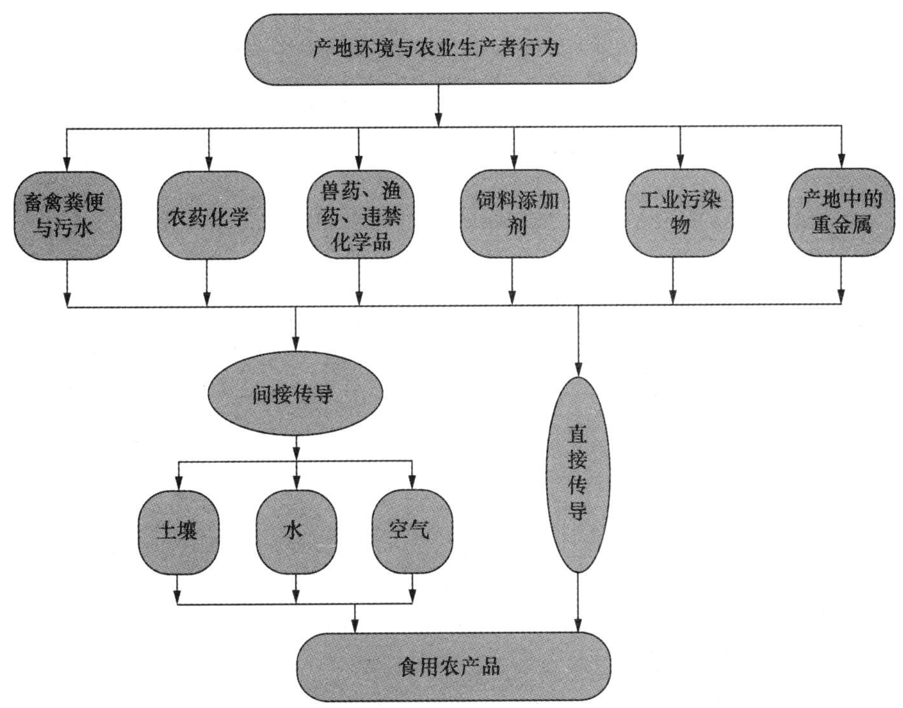

图5-3　产地环境、农业生产行为与农产品质量安全间的传导机制示意图

(二)引发风险的主要因素与风险危害程度

以人源性因素引发的风险危害为典型案例进行分析。研究表明,在我国农产品初级生产、农产品初级加工、食品深加工,食品流通、销售、餐饮和消费等多个环节均出现了不同程度的人源性事件,而且食品安全事件的危害程度不同[按照我国《食品安全预案》把食品安全事件的等级划分,一般将食品安全事件划分为特别重大事件(Ⅰ)、重大事件(Ⅱ)、较大事件(Ⅲ)、一般食品安全事件(Ⅳ)]。对2002—2011年发生的1001件食品安全典型案例的研究表明,目前食品供应链上发生特别重大食品安全事件(Ⅰ)的频数由大到小依次为食品深加工、农产品产出、食品流通、农产品初加工、销售与餐饮、消费;发生重大食品安全事件(Ⅱ)的频数由大到小依次为食品深加工、农产品初加工、销售与餐饮、食品流通、农产品产出与消费;发生较大食品安全事件(Ⅲ)的频数由大到小依次为食品深加工、农产品初加工、销售与餐饮、农产品产出、食品流通、消费;发生一般食品安全事件(Ⅳ)的频数由大到小依次为食品深加工、农产品初加工、销售/餐饮、农产品产出、食品流通、消费。由此可知,在食品供应链不同环节中风险危害程度差异显著,而食品深加工是危害程度最大的环节(图5-4)。食品深加工环节发生的食品安全事件不

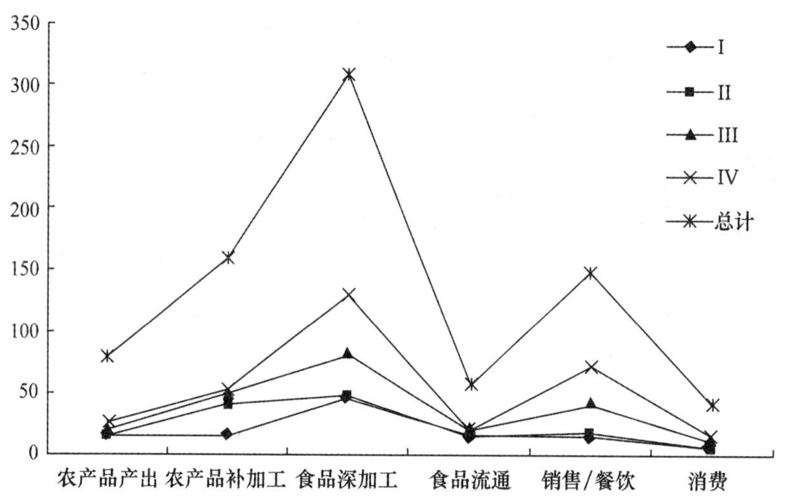

图5-4 食品供应链不同环节安全风险的危害程度

资料来源:文晓巍、刘妙玲:《食品安全的诱因、窘境与监管:2002—2011年》,《改革》2012年第9期。

仅涉及范围较广,而且所造成的伤害人数较多。食品安全问题最直接的表现方式就是食源性疾病,其危害程度与覆盖面相当广泛。

(三)风险治理的基本矛盾

生产经营组织方式与风险治理内在要求之间的基本矛盾构成了当前中国食品安全风险本质特征的基本矛盾。与发达国家相比,不难发现,分散化、小规模的食品生产经营方式与风险治理之间的矛盾是引发我国食品安全风险最具根本性的核心问题(图5-5)。由于我国食品工业的基数大、产业链长、触点多,更由于食品生产、经营、销售等主体的不当行为,且由于处罚与法律制裁的不及时、不到位,

更容易引发行业潜规则,在"破窗效应"的影响下,食品安全风险在传导中叠加,必然导致我国食品安全风险的显示度高、食品安全事件发生的概率大,并由此决定了我国食品安全风险治理的长期性、艰巨性。

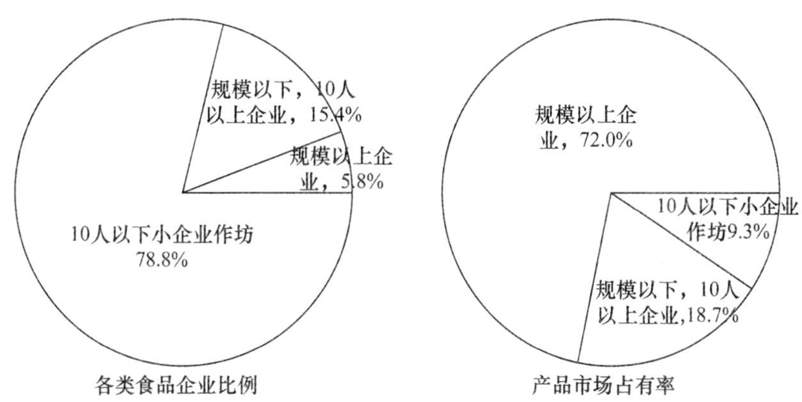

图 5-5　现阶段中国食品制造与加工企业比例及其产品市场占有率

资料来源:根据相关资料整理形成。

(四) 食品安全风险引发的社会公共问题

食品安全风险是世界各国普遍面临的共同难题,[①]全世界范围内的消费者普遍面临着不同程度的食品安全风险问题,[②]全世界每年因食品和饮用水不卫生导致约有 1800 万人死亡。[③] 即使发达国家也存在较高的食品安全风险。1999 年以前美国每年约有 5000 人死于食源性疾病。[④] 但是食品安全风险在我国表现得更为突出,与此相对应的食品安全事件高频率地发生,难以置信,全球瞩目。尽管我国的食品安全水平稳中有升,趋势向好,[⑤]但目前一个不可否认的事实是,食品安全风险与由此引发的安全事件已成为我国最大的社会风险之一。[⑥] 本《报告》研究团队基于相关资料对 2008 年以来公众对食品安全关注情况的有关典型调查数据进行了初步的汇总(参见本书导论部分表 0-1)。图 5-6 是国家信息中心网络政府

---

① M. P. M. M. De Krom, "Understanding Consumer Rationalities: Consumer Involvement in European Food Safety Governance of Avian Influenza", *Sociologia Ruralis*, Vol. 49, No. 1, 2009, pp. 1-19.

② Y. Sarig, "Traceability of Food Products", *Agricultural Engineering International: The CIGR Journal of Scientific Research and Development*, Vol. 5, No. 12, 2003, pp. 1-17.

③ 魏益民、欧阳韶晖、刘为军:《食品安全管理与科技研究进展》,《中国农业科技导报》2005 年第 5 期。

④ P. S. Mead, L. Slutsker, V. Dietz, et al., "Food-related Illness and Death in the United States", *Emerging Infectious Diseases*, Vol. 5, No. 5, 1999, p. 607.

⑤ 吴林海、王建华、朱淀:《中国食品安全发展报告 2013》,北京大学出版社 2013 年版。

⑥ 英国 RSA 保险集团发布的全球风险调查报告:《中国人最担忧地震风险》,《国际金融报》2010 年 10 月 19 日。

研究中心分析提供的2013年网民对食品安全等相关民生问题的关注度。结合表0-1与图5-6的数据,足以说明人们对当前食品安全问题的焦虑、无奈乃至极度的不满意。目前现实生活中的人们或已发出了"到底还能吃什么"的巨大呐喊?对此,十一届全国人大常委会在2011年6月29日召开的第二十一次会议上建议把食品安全与金融安全、粮食安全、能源安全、生态安全等共同纳入"国家安全"体系,[①]这足以说明食品安全风险已在国家层面上成为一个极其严峻、非常严肃的重大问题。

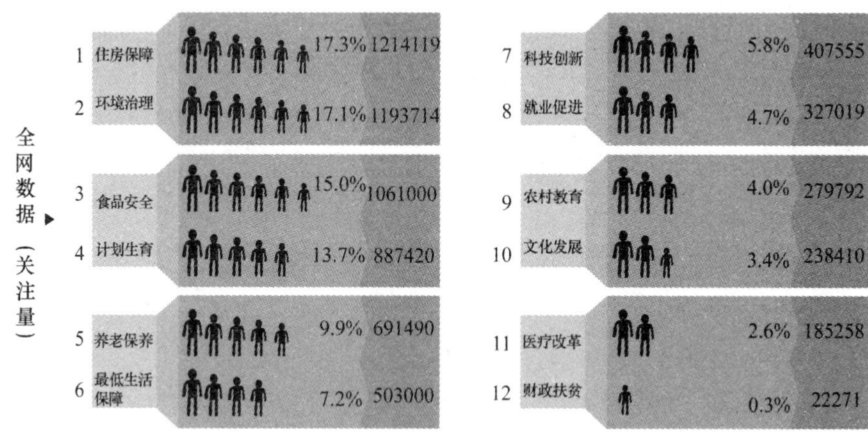

图5-6 2013年网民对民生问题的关注度

数据来源:国家信息中心网络政府研究中心。

因此,我国食品安全风险社会共治的逻辑起点应该是,以我国食品安全风险类型、风险危害与引发风险的主要因素为出发点,以客观现实中的分散化、小规模的生产经营方式与风险治理内在本质要求间的基本矛盾为主要背景,以深入分析政府、社会、市场在共治中失灵的主要表现与制度、技术因素为切入点,基于整体性理论科学构建具有中国特色的食品安全风险社会共治体系,据以设计相适应的一系列制度安排,并通过方方面面的努力来落实。

四、食品安全风险人源性因素的再考察:病死猪的不当处理行为

上述的研究中,以2002—2011年发生的1001件食品安全典型案例进行了分析。实际上,现阶段农产品生产过程中由于人的因素而可能导致的食用农产品安全风险更为广泛。本章节以江苏省阜宁县生猪养殖户作为案例,展开简单的分

① 《人大常委会听取检查食品安全法实施情况报告》,新浪网,2011-06-29[2012-03-20],http://news.sina.com.cn/c/2011-06-29/175422728330.shtml。

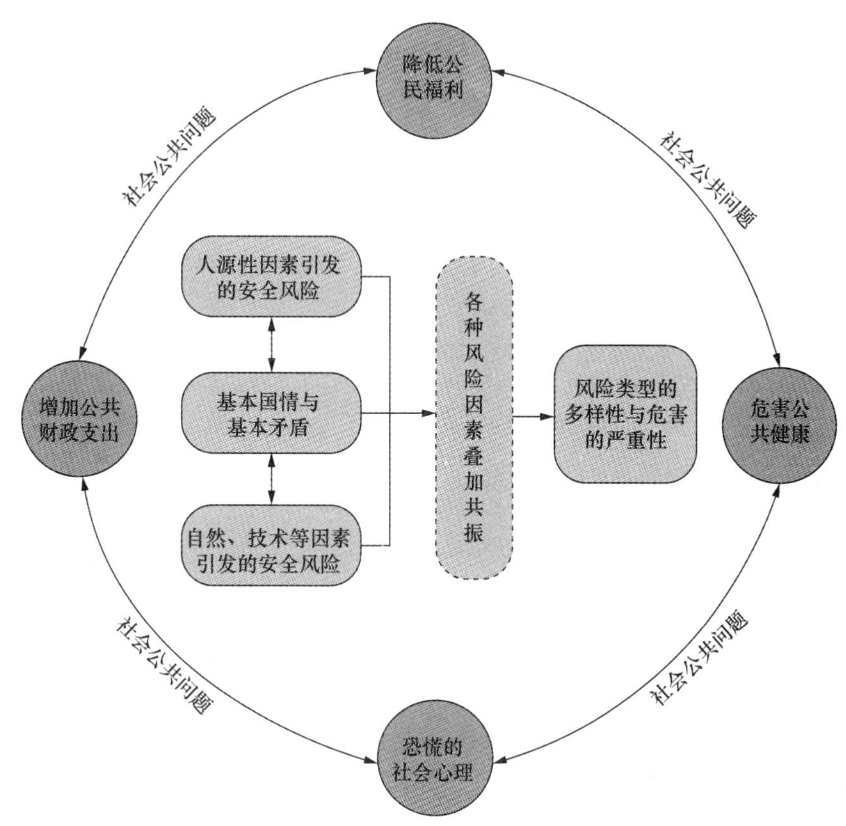

图 5-7　食品安全风险防范逻辑点的示意图

析,以进一步验证上述相关观点的可行性。

(一) 研究的视角

病死猪是生猪养殖过程中不可避免的产物。排除各类疾病因素的干扰,在正常情况下,目前在我国生猪的正常死亡量年均增长率为2.09%,可以测算,在2012年我国的生猪正常死亡量高达2158万头。[①] 虽然政府强化了监管,但是受各种复杂因素的影响,在我国部分生猪养殖户将病死猪非法出售给中间商或自己加工后进入市场,仍屡禁不止。病死猪体内不仅含有危害微生物,而且由于病死猪生前大多经过抗生素的治疗,体内含有高浓度的兽药残留或其代谢物质以及致病菌和传染病源。[②] 大量的研究证实,食用含有害微生物、兽药残留或其代谢物质的肉类

---

① 数据来源:中华人民共和国统计局,http://219.235.129.58/reportYearQuery.do? id = 1400&r = 0.43901071841247474,肉猪死亡量和死亡增长率是作者以成年生猪最低的正常死亡率3%计算而得。

② 倪永付:《病死猪肉的危害、鉴别及控制》,《肉类工业》2012年第11期。

或其他动物源食物会威胁消费者的健康，尤其可能破坏人体胃肠道系统，引起胃肠道感染。[①] 国家疾病预防控制中心和卫生部统计数据显示，胃肠炎是仅次于高血压的我国居民易患的慢性疾病。

为了满足人们对猪肉的消费需求，同时为确保猪肉市场安全，保护生态环境，新世纪以来政府就科学处置病死猪出台了一系列的政策法规。2012 年国家农业部颁布的文件明确了病死猪无害化处理的补贴政策。2013 年中国国务院颁布实施的《中华人民共和国动物防疫法（2013 修正）》明确规定，病死及死因不明动物尸体不得随意丢弃，并明确了处罚规定。但病死猪负面处理行为依然屡禁不止。[②] 虽然缺乏病死猪肉摄入量的数据，也没有直接的医学证据证明食用病死猪肉与胃肠炎患病率之间的因果关系，但生猪养殖户病死猪处理的负面行为已严重威胁了猪肉安全和公众健康，影响了生态环境。[③] 因此，研究与识别影响养殖户病死猪处理行为的关键因素，并据此探讨政府监管的现实路径，是目前政府难以回避的重大现实问题。

（二）案例调查

本《报告》以江苏省阜宁县为研究案例，采用问卷调查的形式收集生猪养殖户的基本信息和病死猪处理行为等相关数据。之所以以阜宁县为案例，主要是阜宁是中国闻名的生猪养殖大县，连续 15 年卫冕江苏省"生猪第一县"，素有"全国苗猪之乡"之称。2011 年、2012 年该县生猪出栏量分别为 157.66 万头、166.16 万头，生猪养殖是当地农户家庭经济收入的重要来源，众多农户以养猪作为谋生的重要职业。

对江苏省阜宁县的调查于 2014 年 1—3 月陆续进行。调查之前对该县下辖的罗桥镇、三灶镇的龙窝村、双联村、新联村、王集村等四个村的不同规模的生猪养殖户展开了预调查，通过预调查发现问题并修改后最终确定调查问卷。调查面向阜宁县辖区内所有的 13 个乡镇，在每个乡镇选择一个农户收入中等水平的村，在每个村由当地村民委员会随机安排一个村民小组。在 13 个乡镇共调查 13 个村民小组（每个村民小组的村民家庭数量不等，以 40—60 户为主），共调查了 690 户生

① M. Baş, A. Şafak Ersun, G. Klvanç, "The Evaluation of Food Hygiene Knowledge, Attitudes, and Practices of Food Handlers' in Food Businesses in Turkey", *Food Control*, Vol. 17, No. 4, 2006, pp. 317-322; M. Reig, F. Toldrá, "Veterinary Drug Residues in Meat: Concerns and Rapid Methods for Detection", *Meat Science*, Vol. 78, No. 1, 2008, pp. 60-67; B. M. Marshall, S. B. Levy, "Food Animals and Antimicrobials: Impacts on Human Health", *Clinical Microbiology Reviews*, Vol. 24, No. 4, 2011, pp. 718-733.

② 吴林海、王淑娴、徐玲玲：《可追溯食品市场消费需求研究——以可追溯猪肉为例》，《公共管理学报》2013 年第 3 期。

③ C. Y. Liu, "Dead Pigs Scandal Questions China's Public Health Policy", *The Lancet*, Vol. 381, No. 9877, 2013, p. 1539.

猪养殖户，获得有效样本 654 户，样本有效比例为 94.78%。在实际调查中，考虑到面对面的调查方式能有效地避免受访者对所调查问题可能存在的认识上的偏误且问卷反馈率较高，[①]本调查安排经过训练的调查员对生猪养殖户进行面对面的访谈式调查。

（三）案例调查分析

1. 养殖户的基本特征与病死猪的处理行为

表 5-11 显示，教育程度低、年龄偏大的男性养殖户是本次调查的主体。这与中国农村生猪养殖户的特征基本一致。且调查数据显示，男性养殖户可能发生的病死猪负面处理行为的比例略高于女性；年龄偏大、教育程度偏低的生猪养殖群体更易发生病死猪负面处理行为，这与已有的关于农户的性别、年龄、受教育程度是影响其行为决策重要因素的文献报道相吻合。[②] 从受访者的家庭特征分析，家庭人口数为 5 人及以上最多，占比为 51.4%。为了考察养殖户的专业化程度，问卷中设计了养猪收入占家庭总收入的比重，70.64% 的受访者表示养猪收入占家庭总收入比重为 30% 及以下。养殖户的家庭特征与其病死猪负面处理行为选择的相关性如表 5-11 所示，家庭人口数低于 3 人，养猪收入占家庭总收入的比重低于 50% 的养殖户选择负面处理病死猪的比例较高，这一调查结果与 Abdulai 等和崔新蕾等，有关农户的家庭人口数和收入结构影响其生产行为决策的结论相一致。[③] 因此，在此假设生猪养殖户的基本特征（个体特征和家庭特征）影响病死猪处理行为。

2. 生猪养殖户的生产经营特征与病死猪处理行为

表 5-12 显示，在受访的 654 位养殖户中，生猪养殖年限在 10 年以上的占比为 67%，且 73.9% 的受访者为散户，即养殖户规模[④]低于 50 头，这与阜宁县生猪生产模式相吻合。同时养殖年限在 10 年及以上、养殖规模低于 50 头的养殖户发生病死猪负面处理行为的比例相对较高。案例的调查结果与现有文献关于养殖年限、

---

① S. Boccaletti, M. Nardella, "Consumer Willingness to Pay for Pesticide-free Fresh Fruit and Vegetables in Italy", *The International Food and Agribusiness Management Review*, Vol. 3, No. 3, 2000, pp. 297-310.

② J. H. Zhou, S. S. Jin, "Safety of Vegetables and the Use of Pesticides by Farmers in China: Evidence from Zhejiang Province", *Food Control*, Vol. 20, 2009, pp. 1043-1048; T. T. Deressa, R. M. Hassan, C. Ringler, et al., "Determinants of Farmers' Choice of Adaptation Methods to Climate Change in the Nile Basin of Ethiopia", *Global Environmental Change*, Vol. 19, No. 2, 2009, pp. 248-255.

③ A. Abdulai, P. Monnin, J. Gerber, "Joint Estimation of Information Acquisition and Adoption of New Technologies under Uncertainty", *Journal of International Development*, Vol. 20, No. 4, 2008, pp. 437-451; 崔新蕾、蔡银莺、张安录：《农户减少化肥农药施用量的生产意愿及影响因素》，《农村经济》2011 年第 11 期。

④ 按照中国的统计口径，文中的养殖规模均指生猪养殖户年出栏肉猪的头数。

养殖规模及养殖模式与生产者安全生产行为之间相关性研究相吻合。① 因此,本研究假设养殖年限、养殖规模、养殖模式影响养殖户病死猪处理行为。

表 5-11 养殖户的基本特征描述

统计特征	分类指标	数量(人)	比例(%)	病死猪负面行为处理比例(%)
个体特征				
性别	男	387	59.2	25.6
	女	267	40.8	22.5
年龄	44 岁及以下	78	11.9	11.5
	45—54 岁	183	28.0	18.0
	55—64 岁	267	40.8	21.3
	65 岁及以上	126	19.3	47.6
教育程度	小学及以下	384	58.7	33.6
	初中	186	28.4	14.5
	高中及以上	84	12.8	3.6
家庭特征				
家庭人口数	1 人	12	1.8	75.0
	2 人	57	8.7	52.6
	3 人	93	14.2	33.5
	4 人	156	23.9	15.4
	5 人及以上	336	51.4	18.8
养猪收入占总收入的比重	30% 及以下	432	66.1	27.8
	31% —50%	78	11.9	30.8
	51% —80%	54	8.3	11.1
	81% —90%	33	5.0	9.1
	90% 及以上	57	8.7	10.5

① 虞祎、张晖、胡浩:《排污补贴视角下的养殖户环保投资影响因素研究——基于沪、苏、浙生猪养殖户的调查分析》,《中国人口资源与环境》2012 年第 22 期;A. D. Karaman, "Food Safety Practices and Knowledge Among Turkish Dairy Businesses in Different Capacities", *Food Control*, Vol. 2, No. 1, 2012, pp. 125-132; C. S. Ithika, S. P. Singh, "Gautam G. Adoption of Scientific Poultry Farming Practices by the Broiler Farmers in Haryana, India", *Iranian Journal of Applied Animal Science*, Vol. 3, No. 2, 2013, pp. 417—422.

表 5-12　养殖户的生产经营特征描述

统计特征	分类指标	数量(人)	比例(%)	病死猪负面行为处理比例(%)
养殖年限	1—3 年	87	13.3	13.8
	4—6 年	42	6.4	14.3
	7—10 年	87	13.3	20.7
	10 年以上	438	67.0	28.1
养殖规模	50 头以下	483	73.9	30.4
	50—100 头	102	15.6	11.8
	101—500 头	54	8.3	0.0
	501—1000 头	15	2.3	0.0
养殖模式	散养	483	73.9	30.4
	规模养殖	171	26.1	11.8

3. 养殖户的认知特征与病死猪处理行为

表 5-13 的调查显示,58.3% 和 20.6% 的受访者分别表示对相关法律法规[①]非常不了解和不了解,且 62.8% 的受访者同时表示对生猪疫情与防疫知识非常不了解。调查获得的生猪养殖户的认知特征与其病死猪负面处理行为的相关数据如表 5-13 所示。相关法律法规认知程度低、生猪疫情与防疫认知程度低的生猪养殖户对病死猪采取负面行为的比例较高。这与认知是影响生产者行为选择的重要因素的文献结论相符。[②] 因此,在此假设相关法律法规认知、生猪疫情与防疫认知影响养殖户病死猪处理行为。

4. 病死猪处理行为与处理动机

表 5-14 反映了在养殖过程中遭遇病死猪时,24.3% 的受访者并没有采用无害化的方式处理,成本原因是养殖户不采用无害化方式处理病死猪的主要原因。这

① 中国就如何科学处置病死猪出台了一系列的政策与法律法规。本中养殖户对相关法律法规的认知,主要是指对这一系列政策与法规等方面的认知。

② C. C. Launio, C. A. Asis, R. G. Manalili, et al., "What Factors Influence Choice of Waste Management Practice? Evidence From Rice Straw Management in the Philippines", *Waste Management & Research*, Vol. 32, No. 2, 2014, pp. 140-148; Y. Fernando, H. H. Ng, Y. Yusoff, "Activities, Motives and External Factors Influencing Food Safety Management System Adoption in Malaysia", *Food Control*, Vol. 41, No. 12, 2014, pp. 69-75.

与 Edwards-Jones 和 Chen 等认为农户是理性人,其行为目标是追求利益最大化吻合。① 因此,在此假设成本和收益是影响养殖户病死猪处理行为的因素。

表 5-13　养殖户认知特征描述

统计特征	分类指标	数量(人)	比例(%)	病死猪负面行为处理比例(%)
相关法律法规认知	非常不了解	381	58.3	35.4
	不了解	135	20.6	11.1
	一般	33	5.0	9.1
	比较了解	96	14.7	6.3
	非常了解	9	1.4	0.0
生猪疫情及防疫认知	非常不了解	411	62.8	34.3
	不了解	51	7.8	23.5
	一般	147	22.5	4.1
	比较了解	30	4.6	0.0
	非常了解	15	2.3	0.0

表 5-14　病死猪处理行为描述

统计特征	分类指标	数量(人)	比例(%)
是否无害化处理病死猪	是	495	75.7
	否	159	24.3
不进行无害化处理的原因	怕麻烦	33	20.8
	考虑成本	99	58.5
	无法相关设施	30	18.9
	其他	3	1.9

(四)影响养殖户病死猪处理行为的因素设置与研究方法

1. 因素设置

归纳表 5-11、表 5-12、表 5-13 和表 5-14 发现,影响养殖户病死猪处理行为可能的因素主要有:养殖户的性别、年龄、受教育程度、家庭人口数、收入结构、养殖年限、养殖规模、养殖模式、成本和收益、相关法律法规认知、生猪疫情与防疫认知、成本和收益。这些影响因素的设置高度吻合现有文献研究结论(见表 5-15)。

由于养殖户病死猪处理行为不仅受养殖户自身因素的影响,而且受外部环境

① G. Edwards-Jones, "Modelling Farmer Decision-Making: Concepts, Progress and Challenges", *Animal Science*, Vol. 82, No. 6, 2006, pp. 783-790; Y. Chen, K. Y. Chen, Y. Li, "Simulation on Influence Mechanism of Environmental Factors to Producers' Food Security Behavior in Supply Chain", in the 8th international conference on Fuzzy Systems and Knowledge Discovery (FSKD), *IEEE*, Vol. 4, 2011, pp. 2104-2109.

等因素的影响，故仅从养殖户的角度展开案例调查探求影响养殖户病死猪处理行为的主要因素，难以避免调查样本的利益诉求对实证结果的影响。且根据上文所述，政府的政策与监管力度也深刻影响养殖户的病死猪处理行为。已有的研究表明，政策环境相关的变量显著影响农户行为。[①] 鼓励农户选择良好行为，政府可以通过补贴的手段。[②] 刘殿友认为，完善的生猪保险政策能有效地控制病死猪流入市场；[③]中国法律对病死猪负面行为的惩罚力度较轻，导致病死猪负面处理行为屡禁不止；[④]Wu 等的研究表明，政府监管力度是影响中国生产者负面行为的关键因素之一；[⑤]Mol 则认为过分地依赖法律法规、政府监管难以解决中国食品安全问题，[⑥]且病死猪负面处理行为较为隐蔽，需要发挥公众的力量。一个鲜活的案例是，在浙江省实施了病死猪负面处理行为的举报奖励制度，依靠公众的举报取得了明显效果。因此，在政府规制中加入相关激励机制可能更有效地治理食品安全问题。[⑦] 同时生猪养殖户的行为决策受制于周围群体，[⑧]同行行为对养殖户病死猪处理具有一定的影响力。由此可见，单纯从养殖户角度分析病死猪处理行为的影响因素，结论难免具有局限性，必须充分考虑养殖户和政府两大主体。故本研究在对阜宁县生猪养殖户案例调查的基础之上，借鉴现有的研究成果，归纳总结了表 5-15 所示的可能影响养殖户病死猪处理行为的四个维度和 17 个因素。

---

① C. C. Launio, C. A. Asis, R. G. Manalili, et al., "What Factors Influence Choice of Waste Management Practice? Evidence from Rice Straw Management in the Philippines", *Waste Management & Research*, Vol. 32, No. 2, 2014, pp. 140-148.

② G. Danso, P. Drechsel, S. Fialor, et al., "Estimating the Demand for Municipal Waste Compost via Farmers' Willingness-to-pay in Ghana", *Waste management*, Vol. 26, No. 12, 2006, pp. 1400-1409; D. Läpple, "Adoption and Abandonment of Organic Farming: An Empirical Investigation of the Irish Drystock Sector", *Journal of Agricultural Economics*, Vol. 61, No. 3, 2010, pp. 697-714.

③ 刘殿友:《生猪保险的重要性，存在问题及解决方法》，《养殖技术顾问》2012 年第 2 期。

④ 连俊雅:《从法律角度反思"死猪江葬"生态事件》，《武汉学刊》2013 年第 3 期。

⑤ L. Wu, Q. Zhang, L. Shan, et al., "Identifying Critical Factors Influencing the Use of Additives by Food Enterprises in China", *Food Control*, Vol. 31, No. 2, 2013, pp. 425-432.

⑥ A. P. J. Mol, "Governing China's Food Quality through Transparency: A Review", *Food Control*, Vol. 43, 2014, pp. 49-56.

⑦ U. Jayasinghe-Mudalige, S. Henson, "Identifying Economic Incentives for Canadian Red Meat and Poultry Processing Enterprises to Adopt Enhanced Food Safety Controls", *Food control*, Vol. 18, No. 11, 2007, pp. 363-1371; E. Maldonado-Siman, L. Bai, R. Ramírez-Valverde, et al., "Comparison of Implementing HACCP Systems of Exporter Mexican and Chinese Meat Enterprises", *Food Control*, Vol. 38, 2014, pp. 109-115.

⑧ N. Mzoughi, "Farmers Adoption of Integrated Crop Protection and Organic Farming: Do Moral and Social Concerns Matter?", *Ecological Economics*, Vol. 70, No. 8, 2011, pp. 536-1545.

表 5-15 影响养殖户病死猪处理行为因素的文献回顾

维度	影响因素	参考文献
基本特征(D_1)	性别(C_{11})	Zhou & Jin①, Deressa 等②
	年龄(C_{12})	
	教育程度(C_{13})	
	家庭人口数(C_{14})	Abdulai 等③, 崔新蕾等④
	收入结构(C_{15})	
生产经营特征(D_2)	养殖年限(C_{21})	Tey & Brindal⑤, 虞祎等⑥
	养殖规模(C_{22})	孙世民等⑦, Karaman⑧, Ithika 等⑨
	养殖模式(C_{23})	
	成本和收益(C_{24})	Edwards-Jones⑩; Chen 等⑪

① J. H. Zhou, S. S. Jin, "Safety of Vegetables and the Use of Pesticides by Farmers in China: Evidence from Zhejiang Province", *Food Control*, Vol. 20, 2009, pp. 1043-1048.

② T. T. Deressa, R. M. Hassan, C. Ringler, et al., "Determinants of Farmers' Choice of Adaptation Methods to Climate Change in the Nile Basin of Ethiopia", *Global Environmental Change*, Vol. 19, No. 2, 2009, pp. 248-255.

③ A. Abdulai, P. Monnin, J. Gerber, "Joint Estimation of Information Acquisition and Adoption of New Technologies Under Uncertainty", *Journal of International Development*, Vol. 20, No. 4, 2008, pp. 437-451.

④ 崔新蕾、蔡银莺、张安录:《农户减少化肥农药施用量的生产意愿及影响因素》,《农村经济》2011 年第 11 期。

⑤ Y. S. Tey, M. Brindal, "Factors Influencing the Adoption of Precision Agricultural Technologies: A Review for Policy Implications", *Precision Agriculture*, Vol. 13, No. 6, 2012, pp. 713-730.

⑥ 虞祎、张晖、胡浩:《排污补贴视角下的养殖户环保投资影响因素研究——基于沪、苏、浙生猪养殖户的调查分析》,《中国人口资源与环境》2012 年第 22 期。

⑦ 孙世民、张媛媛、张健如:《基于 Logit-ISM 模型的养猪场(户)良好质量安全行为实施意愿影响因素的实证分析》,《中国农村经济》2012 年第 10 期。

⑧ A. D. Karaman, "Food Safety Practices and Knowledge among Turkish Dairy Businesses in Different Capacities", *Food Control*, Vol. 2, No. 1, 2012, pp. 125-132.

⑨ C. S. Ithika, S. P. ingh, "Gautam G. Adoption of Scientific Poultry Farming Practices by the Broiler Farmers in Haryana, India", *Iranian Journal of Applied Animal Science*, Vol. 3, No. 2, 2013, pp. 417-422.

⑩ G. Edwards-Jones, "Modelling Farmer Decision-making: Concepts, Progress and Challenges", *Animal Science*, Vol. 82, No. 6, 2006, pp. 783-790.

⑪ Y. Chen, K. Chen, Y. Li, "Simulation on Influence Mechanism of Environmental Factors to Producers' Food Security Behavior in Supply Chain".

（续表）

维度	影响因素	参考文献
认知特征(D_3)	相关法律法规认知(C_{31})	陈晓贵等①，Launio 等②
	生猪疫情与防疫认知(C_{32})	Toma 等③，张桂新 & 张淑霞④
外部环境特征(D_4)	无害化处理的政府补贴(C_{41})	Danso 等⑤，Läpple⑥
	病死猪保险及赔偿(C_{42})	刘殿友⑦
	法律约束及惩罚力度(C_{43})	Chen 等⑧，连俊雅⑨
	相关激励机制(C_{44})	Jayasinghe-Mudalige & Henson⑩，Maldonado-Siman 等⑪
	政府监管(C_{45})	Greiner & Gregg⑫，Wu 等⑬
	同行行为(C_{46})	Mzoughi⑭

① 陈晓贵、陈禄涛、朱辉鸿等：《一起经营病死猪肉案的查处与思考》，《上海畜牧兽医通讯》2010 年第 6 期。

② C. C. Launio, C. A. Asis, R. G. Manalili, et al., "What Factors Influence Choice of Waste Management Practice? Evidence from Rice Straw Management in the Philippines", *Waste Management & Research*, Vol. 32, No. 2, 2014, pp. 140-148.

③ L. Toma, A. W. Stott, C. Heffernan, et al., "Determinants of Biosecurity Behaviour of British Cattle and Sheep Farmers—A Behavioural Economics Analysis", *Preventive veterinary medicine*, Vol. 108, No. 4, 2013, pp. 321-333.

④ 张桂新、张淑霞：《动物疫情风险下养殖户防控行为影响因素分析》，《农村经济》2013 年第 2 期。

⑤ G. Danso, P. Drechsel, S. Fialor, et al., "Estimating the Demand for Municipal Waste Compost via Farmers' Willingness-to-pay in Ghana", *Waste management*, Vol. 26, No. 12, 2006, pp. 1400-1409.

⑥ D. Läpple, "Adoption and Abandonment of Organic Farming: An Empirical Investigation of the Irish Drystock Sector", *Journal of Agricultural Economics*, Vol. 61, No. 3, 2010, pp. 697-714.

⑦ 刘殿友：《生猪保险的重要性，存在问题及解决方法》，《养殖技术顾问》2012 年第 2 期。

⑧ Y. Chen, K. Chen, Y. Li, "Simulation on Influence Mechanism of Environmental Factors to Producers' Food Security Behavior in Supply Chain".

⑨ 连俊雅：《从法律角度反思"死猪江葬"生态事件》，《武汉学刊》2013 年第 3 期。

⑩ U. Jayasinghe-Mudalige, S. Henson, "Identifying Economic Incentives for Canadian Red Meat and Poultry Processing Enterprises to Adopt Enhanced Food Safety Controls", *Food control*, Vol. 18, No. 11, 2007, pp. 363-1371.

⑪ E. Maldonado-Siman, L. Bai, R. Ramírez-Valverde, et al., "Comparison of Implementing HACCP Systems of Exporter Mexican and Chinese Meat Enterprises", *Food Control*, Vol. 38, 2014, pp. 109-115.

⑫ R. Greiner, D. Gregg, "Farmers' Intrinsic Motivations, Barriers to the Adoption of Conservation Practices and Effectiveness of Policy Instruments: Empirical Evidence from Northern Australia", *Land Use Policy*, Vol. 28, No. 1, 2011, pp. 257-265.

⑬ L. Wu, Q. Zhang, L. Shan, et al., "Identifying Critical Factors Influencing the Use of Additives by Food Enterprises in China", *Food Control*, Vol. 31, No. 2, 2013, pp. 425-432.

⑭ N. Mzoughi, "Farmers Adoption of Integrated Crop Protection and Organic Farming: Do Moral and Social Concerns Matter?", *Ecological Economics*, Vol. 70, No. 8, 2011, pp. 536-1545.

2. 研究方法

为了量化影响养殖户病死猪处理行为因素和维度间的相互关系，获得各因素和维度的影响权重，本章的研究引入决策实验分析法的网络层次分析法。DANP是决策实验分析法和网络层次法的结合，能构建各因素和维度间相互影响关系的网络图，将因素和维度间复杂的依存关系可视化，且能获得复杂系统中各个因素和维度的影响权重的科学方法。[①]

为了避免调查过程中生猪养殖户的利益诉求影响调查结果，故分别在中国食品工业协会、中国农业大学食品学院、山东农业大学经济管理学院、江南大学食品学院、江苏省食品安全研究基地、江苏省农业科学研究院等单位邀请了 9 位熟悉生猪养殖规范的技术和管理专家共同组成专家群体，按照表 5-16 设置的专家群体使用的与因变量对系统中各因素间的影响程度进行打分。[②] 获得专家群组评定的影响养殖户病死猪处理行为的 17 个因素间的初始关系。由于篇幅的限制，本章节在此不展开运用 DANP 方法获取各因素间的相关关系和计算各因素影响权重的具体内容。

（五）主要研究结果与分析

1. 主要的研究结论如下

（1）影响养殖户病死猪处理行为因素间和维度间的相互关系。表 5-16 反映了四个维度、17 个因素的 D 值、R 值、$D+R$ 值和 $D-R$ 值。借鉴 Chiu 等[③]的研究，本《报告》运用净影响度来分析系统中影响养殖户病死猪处理行为维度和因素间的相互关系。由表 5-17 可知，基本特征（D_1）和外部环境特征（D_4）的净影响度分别为 0.174 和 0.089，在系统中居于主导地位，对养殖户行为产生主动且积极的影响。而生产经营特征（D_2）和认知特征（D_3）的净影响度分别为 -0.099 和 -0.164，在系统中居于相对从属地位，受基本特征（D_1）、外部环境特征（D_4）的支配。参考 Yang 和 Tzeng 影响关系图的绘制理论，[④]并基于（r_i-c_i, r_i-c_i）的数据集，可以绘制图 5-8 所示的影响养殖户病死猪处理行为维度和因素间的影响关系图。

---

① C. N. Huang, J. J. H. Liou, Y. C. Chuang, "A Method for Exploring the Interdependencies and Importance of Critical Infrastructures", *Knowledge-Based Systems*, Vol. 55, 2014, pp. 66-74.

② C. H. Hsu, F. K. Wang, G. H. Tzeng, "The Best Vendor Selection for Conducting the Recycled Material Based on a Hybrid MCDM Model Combining DANP with VIKOR", *Resources, Conservation and Recycling*, Vol. 66, 2012, pp. 95-111; M. T. Lu, S. W. Lin, G. H. Tzeng, "Improving RFID Adoption in Taiwan's Healthcare Industry Based on a DEMATEL Technique with a Hybrid MCDM Model", *Decision Support Systems*, Vol. 56, 2013, pp. 259-269.

③ W. Y. Chiu, G. H. Tzeng, H. L. Li, "A New Hybrid MCDM Model Combining DANP with VIKOR to Improve E-store Business", *Knowledge-Based Systems*, Vol. 37, pp. 48-61.

④ J. L. Yang, G. H. Tzeng, "An Integrated MCDM Technique Combined with DEMATEL for a Novel Cluster-weighted with ANP Method", *Expert Systems with Applications*, Vol. 38, No. 3, 2011, pp. 1417-1424.

表 5-16　养殖户病死猪处理行为影响因素的 D、R、$D+R$、$D-R$ 值

维度	r_i	c_i	r_i+c_i	r_i-c_i	影响因素	r_i	c_i	r_i+c_i	r_i-c_i
D_1	0.294	0.120	0.414	0.174	C_{12}	0.896	0.000	0.896	0.896
					C_{12}	1.292	0.000	1.292	1.292
					C_{13}	1.297	0.347	1.644	0.951
					C_{14}	0.703	0.314	1.017	0.388
					C_{15}	1.118	1.889	3.007	-0.770
D_2	0.352	0.450	0.802	-0.099	C_{21}	1.274	1.338	2.612	-0.064
					C_{22}	1.540	2.071	3.610	-0.531
					C_{23}	1.296	2.098	3.394	-0.802
					C_{24}	1.108	2.181	3.289	-1.073
D_3	0.285	0.449	0.733	-0.164	C_{31}	1.172	2.002	3.175	-0.830
					C_{32}	1.064	1.931	2.995	-0.868
D_4	0.323	0.235	0.558	0.089	C_{41}	1.298	0.995	2.293	0.304
					C_{42}	1.130	1.128	2.259	0.002
					C_{43}	1.309	0.523	1.832	0.785
					C_{44}	1.176	0.540	1.716	0.636
					C_{45}	1.313	0.911	2.224	0.403
					C_{46}	1.111	1.829	2.940	-0.719

表 5-17　影响养殖户病死猪处理行为维度和因素的影响权重

维度	影响权重	排序	因素	影响权重	排序
D_1	0.093	4	C_{11}	0.000	16
			C_{12}	0.000	16
			C_{13}	0.011	14
			C_{14}	0.010	15
			C_{15}	0.072	6
D_2	0.360	1	C_{21}	0.066	7
			C_{22}	0.097	4
			C_{23}	0.097	4
			C_{24}	0.101	3
D_3	0.349	2	C_{31}	0.177	1
			C_{32}	0.172	2
D_4	0.198	3	C_{41}	0.035	10
			C_{42}	0.039	9
			C_{43}	0.016	12
			C_{44}	0.016	12
			C_{45}	0.033	11
				0.059	8

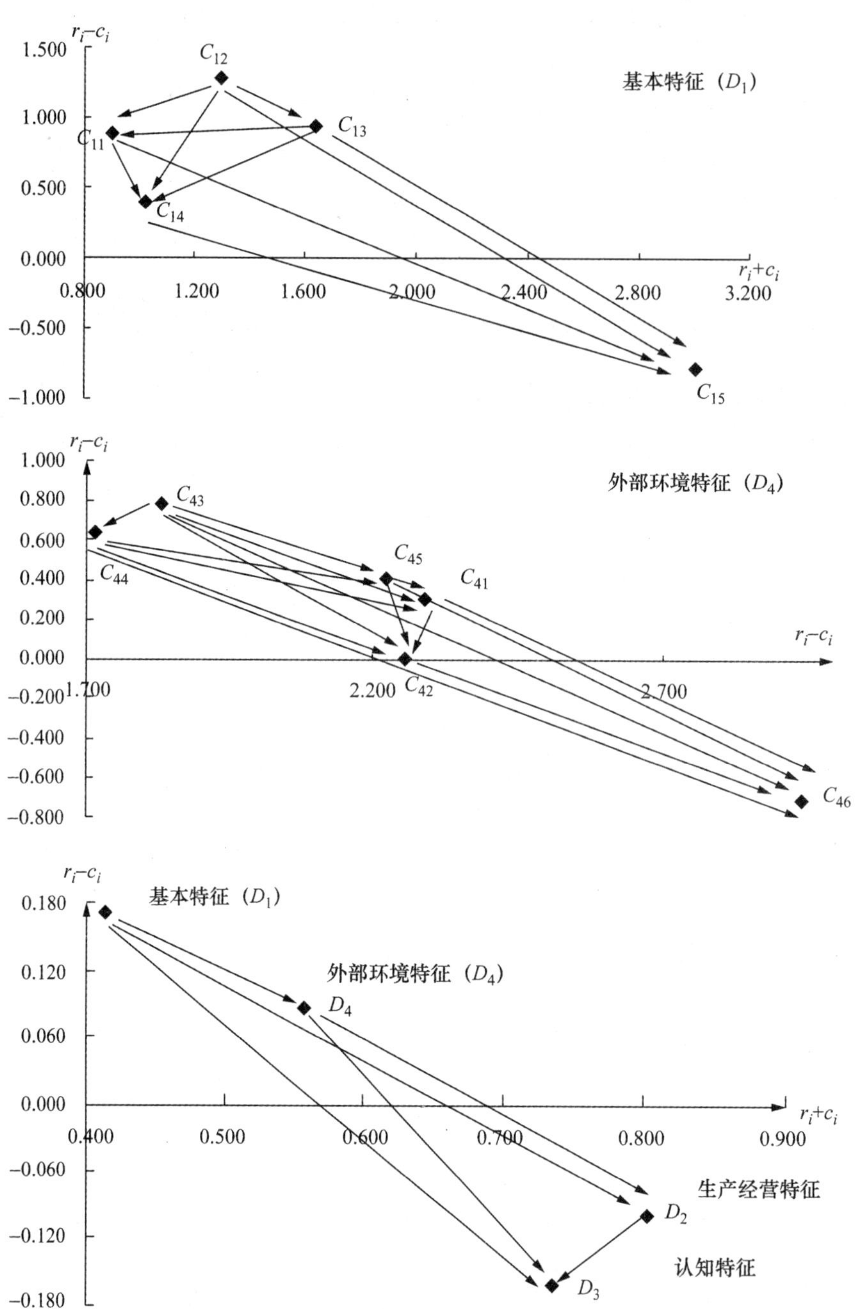

r_i-c_i
1.500
1.000
0.500
0.000
-0.500
-1.000
0.800
1.200
1.600
2.000
2.400
2.800
3.200
r_i+c_i
C_{12}
C_{13}
C_{11}
C_{14}
C_{15}
基本特征（D_1）
r_i-c_i
1.000
0.800
0.600
0.400
0.200
0.000
-0.200
-0.400
-0.600
-0.800
1.700
2.200
2.700
r_i-c_i
C_{43}
C_{44}
C_{45}
C_{41}
C_{42}
C_{46}
外部环境特征（D_4）
r_i-c_i
0.180
0.120
0.060
0.000
-0.060
-0.120
-0.180
0.400
0.500
0.600
0.700
0.800
0.900
r_i+c_i
基本特征（D_1）
外部环境特征（D_4）
D_4
生产经营特征
D_2
认知特征
D_3

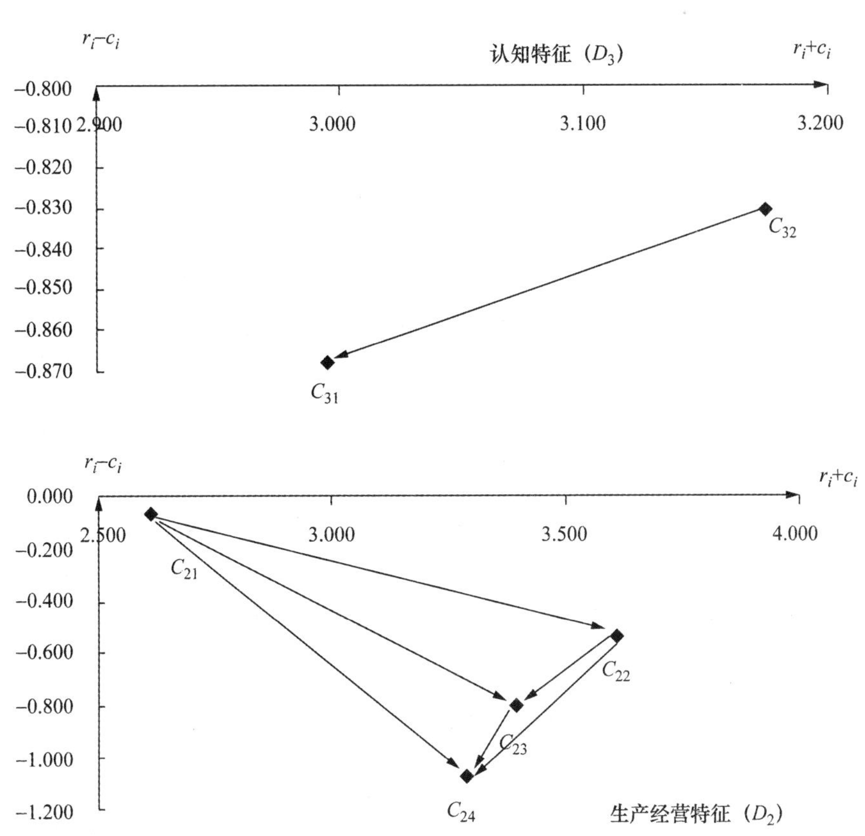

图 5-8　影响养殖户病死猪处理行为维度和因素间的关系图

表 5-16 显示，从 *D-R* 值的大小来分析，年龄（C_{12}）是系统中最有影响力的因素（$r_i - c_i = 1.292$）；而成本和收益则是系统中影响力最弱的因素（$r_i - c_i = -1.073$），表明系统中的其他因素对其均有不同程度的影响。从四个维度层次上分析，年龄（C_{12}）是基本特征（D_1）中影响力最大的因素，收入结构（C_{15}）则是基本特征（D_1）中影响最小的因素；在生产经营特征（D_2）中，养殖年限（C_{21}）具有最大的影响力，成本和收益（C_{24}）则是影响力最弱的因素。养殖年限（C_{21}）的原因度小于 0，是因为设置这一因素时，考虑了系统中的其他因素将影响养殖户今后是否仍继续从事生猪养殖；在认知特征（D_3）中，由于相关法律法规认知（C_{31}）的净影响度为 -0.830，生猪疫情与防疫认知（C_{32}）的净影响度为 -0.868，故这两个因素间相互显著影响；在外部环境特征（D_4）中，法律约束及惩罚力度（C_{41}）是影响最大的因素，同行行为（C_{46}）则是最弱的因素。

（2）影响养殖户病死猪处理行为的关键因素识别。表 5-17 显示了影响养殖户病死猪处理行为的四个维度和 17 个因素的影响权重。参考 Huang 等重要因素的判别标准，①可以根据影响权重的大小来确定影响生猪养殖户病死猪处理行为的关键因素。

第一，在四个维度中，生产经营特征（D_2）具有最大的影响权重（0.360），表明 D_2 是影响养殖户病死猪处理行为最重要的维度。第二，相关法律法规认知（C_{31}）和生猪疫情与防疫认知（C_{32}）的影响权重分别为 0.177 和 0.172，是系统中影响权重最大的两个因素，因此可以认为 C_{31}、C_{32} 是系统中两个关键因素。这与 Toma 等②和 Launio 等③对相关研究得出的结论相似。

第三，成本和收益（C_{24}）的影响权重排序第三，故可以认为 C_{24} 也是系统中的关键因素之一。本章案例的调查结果佐证了这一结论。实际上本章案例中的 654 位养殖户选择病死猪处理行为首要考虑是成本因素。第四，养殖规模（C_{22}）与养殖模式（C_{23}）具有相同的影响权重（0.097），是并列第四的影响权重最大的因素，也可认为 C_{22} 与 C_{23} 是系统中的两个关键因素。C_{22} 与 C_{23} 的影响权重相等，这可能是这两个均与年出栏生猪头数有关，且 C_{22} 是 C_{23} 的进一步细分。这一结果与孙世民等研究得出的在中国养殖规模与养殖模式是影响养殖户正面行为深层原因的结论吻合。④

表 5-17 显示，性别（C_{11}）、年龄（C_{12}）、教育程度（C_{13}）和家庭人口数（C_{14}）是所有影响因素中影响权重最小的四个因素，且这些因素是养殖户的固有属性，难以受系统中其他因素的影响，故为非关键因素。收入结构（C_{15}）、养殖年限（C_{21}）、无害化处理的政府补贴（C_{41}）、病死猪保险及赔偿（C_{42}）、法律约束及惩罚力度（C_{43}）、相关激励机制（C_{44}）、政府监管（C_{45}）、同行行为（C_{46}）等因素的影响权重位居在所有影响因素的中间、对系统中其他因素均有影响且受系统中其他因素的影响，故为次关键因素。

2. 主要结论与政策含义

归纳上述研究，可以得到如下的主要结论是：(1) 在现阶段影响养殖户病死猪处理行为的四个维度和 17 个因素交织在一起，相互作用，构成一个复杂的网络

① C. N. Huang, J. J. H. Liou, Y. C. Chuang, "A Method for Exploring the Interdependencies and Importance of Critical Infrastructures".

② L. Toma, A. W. Stott, C. Heffernan, et al., "Determinants of Biosecurity Behaviour of British Cattle and Sheep Farmers—A Behavioural Economics Analysis".

③ C. C. Launio, C. A. Asis, R. G. Manalili, et al., "What Factors Influence Choice of Waste Management Practice? Evidence from Rice Straw Management in the Philippines".

④ 孙世民、张媛媛、张健如：《基于 Logit-ISM 模型的养猪场（户）良好质量安全行为实施意愿影响因素的实证分析》，《中国农村经济》2012 年第 10 期。

关系，共同影响养殖户的病死猪处理行为。(2) 不同维度和因素的影响程度、影响方式各有不同，基本特征(D_1)和外部环境特征(D_4)在系统中在不同程度上积极主动地影响生产经营特征(D_2)和认知特征(D_3)；年龄(C_{12})、养殖年限(C_{21})、相关法律法规认知(C_{31})和法律约束及惩罚力度(C_{43})分别是相对应的四个维度中净影响度最大的因素，同时年龄(C_{12})也是整个系统中净影响度最大因素。(3) 在影响养殖户病死猪处理行为的四个维度和 17 个因素中，生产经营特征(D_2)是最重要的维度，相关法律法规认知(C_{31})、生猪疫情与防疫认知(C_{32})、成本和收益(C_{24})、养殖规模(C_{22})、养殖模式(C_{23})是最关键的 5 个因素。

归纳表 5-11、表 5-12、表 5-13 和表 5-14 可以发现，养殖户的性别、年龄、受教育程度、家庭人口数、收入结构、养殖年限、养殖规模、养殖模式、成本和收益、相关法律法规认知、生猪疫情与防疫认知等在不同程度地影响养殖户病死猪的处理行为，产生病死猪流入生猪市场的风险，并有可能导致猪肉的安全风险。由此可见，在我国分散化、小规模的农产品生产方式与风险治理之间的矛盾是最具根本性的核心问题，优化和约束农业生产经营主体的行为、转变农业生产方式，成为当前和未来一个较长时期内我国防控食品安全风险的基本选择和必由之路。

政府有限的监管力量，食品安全风险监管的主要社会资源要优先满足上述主要矛盾的解决。本案例的研究结论对政府治理目前病死猪负面处理乱象，规范养殖户病死猪的处理行为具有政策的借鉴意义。主要是：(1) 养殖户的生产特征对其病死猪处理行为具有最大的影响，追求利益最大化是影响养殖户病死猪处理行为的最关键的因素之一。因此，政府部门应该依据相关的法律法规强化对病死猪负面处理行为的处罚力度，达到对养殖户病死猪负面处理行为的震慑作用。(2) 相关部门可制定优惠与扶持政策，鼓励养猪户适度扩大养殖规模，促进散户向规模养殖户转变，小规模的养殖场向中大规模的养殖场转变。(3) 基于目前在中国农村政府监管力量相对有限的客观现状，政府应该将有限的监管力量集中监管生猪养殖的散户，并通过奖励举报等方式，积极发挥养殖户之间相互监督的力量。(4) 媒体应加强科普知识的宣传，增强养殖户对相关法律法规和生猪疫情及防疫的认知水平。

第六章　城乡居民食品安全满意度研究：基于10个省区的调查

《中国食品安全发展报告2012》对全国12个省区4289个城乡居民就食品安全满意度评价与所关注的若干问题进行了调查(以下简称2012年的调查)。[①] 为了动态地考察近年来我国城乡居民对食品安全满意度的变化,本《报告》延续了《中国食品安全发展报告2012》的调查,在2014年1—3月间组织专门的调查,重点调查了10个省(区)58个城市(包括县级城市)与这些城市所辖的165个农村行政村的4258个城乡居民,农村与城市受访者分别有2119个、2139个,分别占总体样本比例的49.77%、50.23%(以下简称2014年的调查)。本章节主要介绍2014年的调查状况,并与2012年的调查进行简单比较,分析近年来我国城乡居民对食品安全满意度的变化。

一、调查说明与受访者特征

我国城乡间食品安全水平具有差异性,食品安全状况可谓千差万别,而且由于城乡居民食品安全认知、防范意识等存在较大的差距,对其所在地区食品安全的满意度不尽相同。受制于目前的条件,与2012年的调查相仿,2014年的调查仍然难以对全国城乡居民的食品安全满意度进行普查,而只能采用抽样调查的方法,选取全国的部分省区的部分居民作为调查的对象,通过统计描述、分析比较的方法研究局部地区城乡居民对食品安全满意度的评价,以近似地反映全国的整体状况。

(一) 调查样本地区的选择

作为专项性的问卷调查,要近似地反映与描述我国广大城乡居民对食品安全满意度的评价,需要以分布较广的调查点和每个调查点上一定数量的样本为基础,即要求样本的抽取具有广泛的代表性和真实性,确保所选择的样本能够最大限度地代表总体。因此,为全面、真实地获取数据,2014年的调查仍然采取随机抽样的方法,在全国范围内选取了10个省(区)58个城市(包括县级城市)与这些城

① 吴林海、钱和:《中国食品安全发展报告2012》,北京大学出版社2012年版。

市所辖的165个农村行政村进行了实地的问卷调查。调查设计等相关情况描述如下:

1. 抽样设计的原则

2014年的抽样调查仍然遵循科学、效率、便利的基本原则。整体方案的设计严格按照随机抽样方法,要求样本在条件可能的情况下能够基本涵盖全国典型省区,确保样本具有代表性;在此基础上要求抽样方案的设计在相同样本量的条件下尽可能提高调查的精确度,确保目标量估计的抽样误差尽可能小。同时,设计方案注重可行性与可操作性,不仅要便于抽样调查的具体组织实施,也要便于后期的数据处理与分析。

2. 随机抽样方法

考虑到不同农村地区存在的差异性,2014年的调查仍然主要采取了分层设计和随机抽样的方法,以期获得客观、真实、理想的调查结果。分层设计和随机抽样是先将总体中的所有单位按照某种特征或标志(如性别、年龄、职业或地域等)划分成若干类型或层次,然后再在各个类型或层次中采用简单随机抽样的办法抽取子样本。

3. 调查的地区

依据上述方案,最终调查的58个城市(包括县级城市)与这些城市所辖的165个农村行政村的情况见表6-1。2014年的调查共在全国10个省区采集了4258个样本(以下简称"总体样本"),其中城市样本2139个(以下简称"城市样本"),农村样本2119个(以下简称"农村样本")。

表6-1　2014年调查区域与地点分布简况

省级	城市(包括县级城市)	农村行政村(或乡镇)
福建	福安、福州、泉州	城峰、城锋、大洋、范坑、葛岭、晋江、清凉、嵩口、台江、塘前、梧桐、永泰、樟成
贵州	安顺、关岭、贵阳、六盘水、惠水、龙里、水城、遵义	保华、比德、场坝、德坞、红花岗、化乐、汇川、教场、龙厂、水碾、挖营、碗厂、鱼塘、娱乐、龙山、芦山、湄潭、坡贡、双桥、双水、双巢、万里路
河南	济源、南阳、新郑、内黄、信阳、郑州	八里畈、白雀、承留、城关、关山、官庄、光山、槐店、克井、梨林、牛庄、潘庄、拨河镇、思礼、宛城、卧龙、五龙口、辛店、荥阳、油田、张店、镇平
湖北	荆门、荆州、老河口、武汉、咸宁、襄阳	麻城、狮子口、太平店、温泉、张集
吉林	吉林、辽源、龙山、梅河口、舒兰、通化、长春	法特、莲花、农安、上营、舒兰、双阳、湾龙
江苏	淮安、南京、连云港、如皋	伊山

（续表）

省级	城市（包括县级城市）	农村行政村（或乡镇）
江西	丰城、抚州、赣州、上犹、九江、湖口、庐山、浔阳、永修、新余	白土、赤土、东土、段潭镇、集镇、河州、荷湖镇、阙家、新泽、易家、华乡、剑光、焦坑、金鸡、九华、九江、黎川、丽村、龙华、南康、饶家、瑞金、上犹、十八塘、十里、石屋、孙渡、太窝、谭家、唐江、淘沙、铁路、拖船、小港、新洛、浔阳、永修、章贡、朱坊
山东	莱芜、青岛、淄博、潍坊、烟台	北博山、城阳、崂山、诸城
四川	成都、绵阳、内江	坝底、擂鼓、武侯、小河
陕西	安康、宝鸡、商洛、西安	碑林区、雁塔区、汉阳、渭滨、周至

4．具体调查的组织

为了确保调查质量，在实施调查之前对调查人员进行了专门培训，要求其在实际调查过程中严格采用设定的调查方案，并采取一对一的调查方式，在现场针对相关问题进行半结构式访谈，协助受访者完成问卷，以提高数据的质量。由于篇幅的限制，调查的有关细节不具体叙述。

（二）受访者基本特征

表6-2显示了由10个省区4258个城乡受访者所构成的总体样本所具有的基本特征。

1．男性略多于女性

在总体样本4258个受访者中，男性略多于女性，男女比例分别为51.22%和48.78%。其中，在2119个农村受访者中，男性比例略高于女性，分别为50.92%和49.08%；在2139个城市受访者中，同样男性比例略高于女性，分别为51.52%和48.48%。不论是农村样本还是城市样本，男性与女性受访者的比例均比较接近。

2．26—45岁年龄段的受访者比例最高

如图6-1所示，总体样本、城市样本和农村样本中的受访者的年龄段分布基本一致，26—45岁年龄段的受访者比例均为最高，比例分别为42.60%、45.54%、39.64%，其中城市样本中26—45岁年龄段的受访者比例最高；其次为18—25岁年龄段的受访者，总体样本、城市样本和农村样本的比例分别为31.80%、29.13%、34.50%，在此年龄段中农村受访者所占比例最高。与此同时，相对应样本的受访者年龄在46—60岁、61岁及以上、18岁以下的比例都相对较低。

表 6-2　受访者基本特征的统计性描述

（单位：个、%）

特征描述	具体特征	频数			有效比例		
		总体样本	农村样本	城市样本	全国样本	农村样本	城市样本
总体样本		4258	2119	2139	100.00	49.77	50.23
性别	男	2181	1079	1102	51.22	50.92	51.52
	女	2077	1040	1037	48.78	49.08	48.48
年龄	18 岁以下	162	78	84	3.80	3.68	3.93
	18—25	1354	731	623	31.80	34.50	29.13
	26—45	1814	840	974	42.60	39.64	45.54
	46—60	732	356	376	17.19	16.80	17.58
	61 岁及以上	196	114	82	4.61	5.38	3.82
婚姻状况	未婚	1659	838	821	38.96	39.55	38.38
	已婚	2599	1281	1318	61.04	60.45	61.62
家庭人口数	1 人	74	41	33	1.74	1.93	1.54
	2 人	215	96	119	5.05	4.53	5.56
	3 人	1704	700	1004	40.02	33.03	46.94
	4 人	1306	778	528	30.67	36.72	24.68
	5 人及以上	959	504	455	22.52	23.79	21.28
受教育程度	初中或初中以下	921	585	336	21.63	27.61	15.71
	高中，包括中等职业	1024	523	501	24.05	24.68	23.42
	大专	746	300	447	17.52	14.16	20.90
	本科	1361	628	733	31.96	29.64	34.27
	研究生及以上	206	83	122	4.84	3.91	5.70

（续表）

特征描述	具体特征	频数			有效比例		
		总体样本	农村样本	城市样本	全国样本	农村样本	城市样本
个人年收入	1 万元及以下	490	268	222	11.51	12.65	10.38
	1 万—2 万元之间	663	378	285	15.57	17.84	13.32
	2 万—3 万元之间	747	356	391	17.54	16.80	18.28
	3 万—5 万元之间	632	262	370	14.84	12.36	17.30
	5 万元以上	725	295	430	17.03	13.92	20.10
	是学生，没有收入	1001	560	441	23.51	26.43	20.62
家庭年收入	5 万元及以下	1098	591	507	25.79	27.89	23.70
	5 万—8 万元之间	1248	600	648	29.31	28.32	30.29
	8 万—10 万元之间	1008	519	489	23.67	24.49	22.86
	10 万元以上	904	409	495	21.23	19.30	23.15
家中是否有 18 岁以下的小孩	有	2304	1162	1142	54.11	54.84	53.39
	没有	1954	957	997	45.89	45.16	46.61
职业	公务员	191	77	114	4.49	3.63	5.33
	企业员工	758	290	468	17.80	13.69	21.88
	农民	496	355	141	11.65	16.75	6.59
	事业单位职员	572	237	335	13.43	11.18	15.66
	自由职业者	603	288	315	14.16	13.59	14.73
	离退休人员	180	89	91	4.23	4.20	4.25
	无业	132	81	51	3.10	3.82	2.38
	学生	1057	583	474	24.82	27.51	22.16
	其他	269	119	150	6.32	5.63	7.02

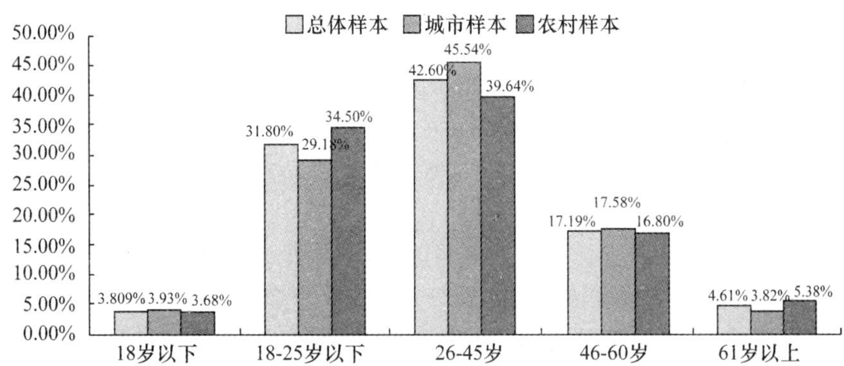

图 6-1　2014 年调查的不同类别样本受访者的年龄构成

3. 已婚的受访者占大多数

表 6-1 数据显示,总体样本、城市样本及农村样本中的已婚受访者占大多数,比例均高于 60% 且比较接近,分别为 61.04%、61.62%、60.45%。而未婚的受访者比例也都超过了三分之一,分别为 38.96%、38.38%、39.55%。

4. 总体样本中家庭人口数为 3 人的受访者比例较高

图 6-2 显示,从样本的总体情况来看,40.02% 的受访者家庭人口数为 3 人;30.67% 的受访者家庭人口数为 4 人;家庭人数为 5 人及以上的受访者所占比例为 22.52%;此外,家庭人口数为 2 人和 1 人的比重较低,比例分别仅占受访者的 5.05% 和 1.74%。城市样本的家庭人口数据与总体样本较为吻合,而农村样本的数据显示,家庭人口数为 4 人的受访者比例最高,为 36.72%;其次是家庭人口

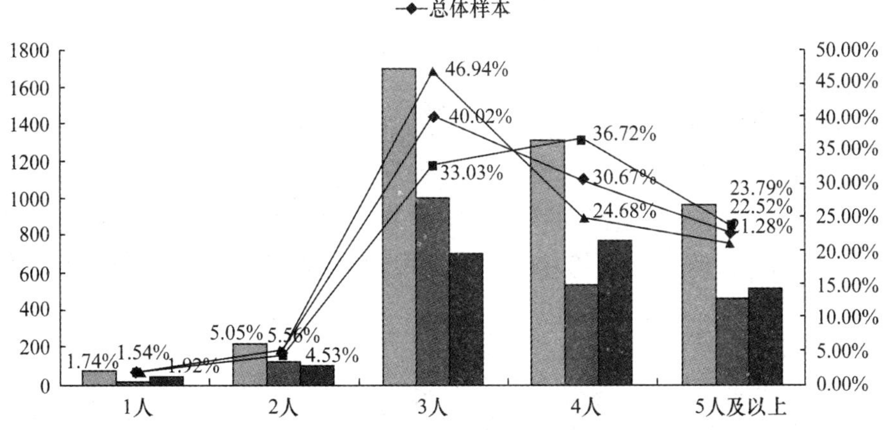

图 6-2　2014 年调查的不同类别样本受访者家庭人数结构

数为 3 人的受访者，占总体受访者比例的 33.03%；家庭人数为 5 人及以上的受访者所占比例超过五分之一，为 23.79%；同样与总体样本相吻合，农村受访者的家庭人口数为 2 人和 1 人的比重较低，比例分别仅占受访者的 4.53% 和 1.93%。

5. 受访者学历层次整体较高

图 6-3 显示了 2014 年调查的不同类别样本受访者的受教育程度。在总体样本中，31.96% 的受访者学历为本科，占比最高。其中 29.64% 的农村受访者为本科学历，34.27% 的城市受访者为本科学历；总体样本、城市样本、农村样本中受访者学历为高中（包括中等职业）的比例分别为 24.05%、23.42%、24.68%，初中或初中以下的受访者比例比较接近，相对应样本类别的比例分别为 21.63%、15.71%、27.61%。

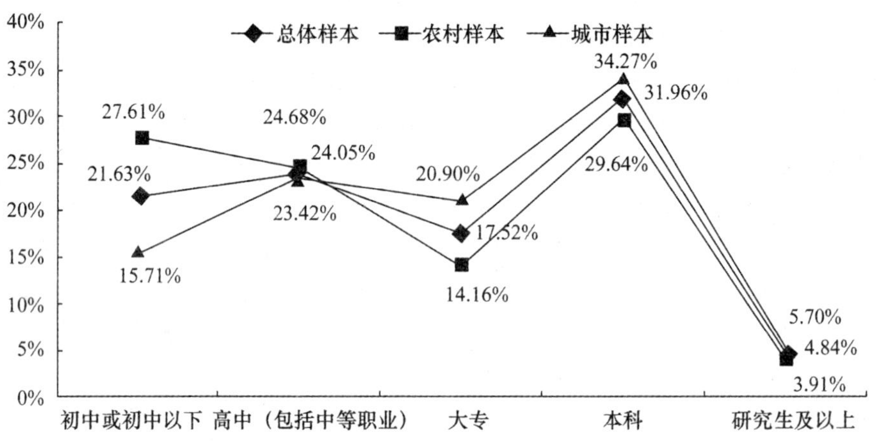

图 6-3 2014 年调查的不同类别样本受访者的受教育程度

6. 个人年收入分布相对均匀

在总体样本的 4258 个受访者中，没有收入的学生比例最高，总体样本、城市样本、农村样本的学生受访者比例分别为 23.51%、20.62%、26.43%。其余受访者的收入分布相对均匀。从总体样本来分析，个人年收入在 2 万—3 万元之间、5 万元以上的比例基本相同，分别为 17.54%、17.03%；收入在 1 万—2 万元、3 万—5 万元之间的受访者比例也较为接近，分别为 15.57%、14.84%；此外，1 万元及以下比例为 11.51%。

比较城市和农村受访者的个人收入，城市受访者个人年收入在 1 万元及以下、1 万—2 万元之间的比例相对较低，分别为 10.38%、13.32%，且均低于个人年收入在 1 万元及以下、1 万—2 万元之间的农村受访者；个人年收入在 2 万—3 万元之间、3 万—5 万元之间和 5 万元以上的城市受访者比例分别为 18.28%、

17.30%、20.10%，皆高于个人年收入在2万—3万元之间、3万—5万元之间和5万元以上的16.80%、12.36%、13.92%的农村受访者比例。以上分析可知，相对来说，城市受访者的个人年收入要高于农村受访者的个人年收入。相关情况见图6-4。

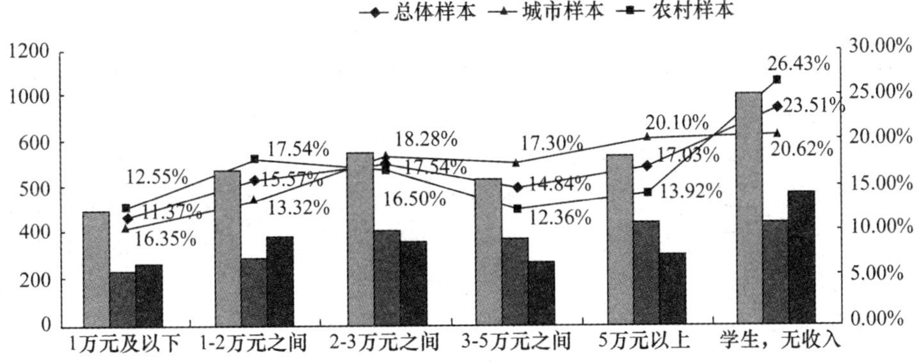

图6-4　2014年调查的不同类别样本受访者的个人年收入分布

7. 家庭年收入分布均匀

图6-5显示，受访者家庭年收入整体分布相对均匀，城乡各层次的比例基本上在20%—30%之间。总体样本中的收入层次由高到低分别为5万—8万元之间、5

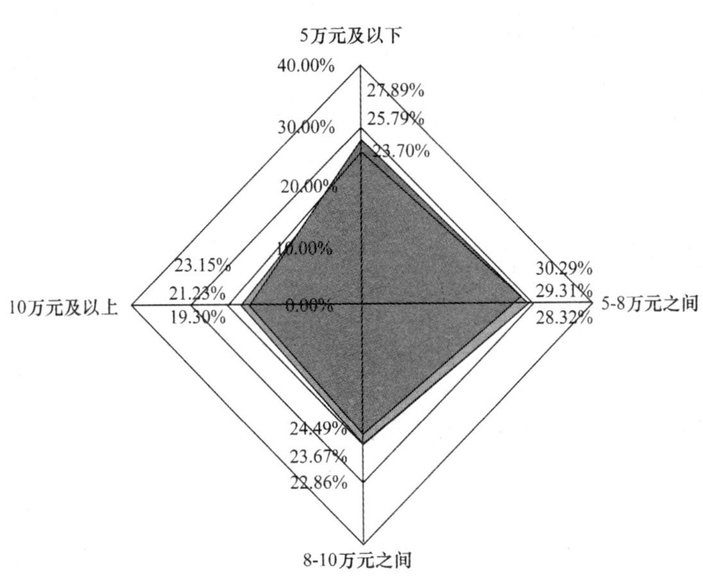

图6-5　2014年调查的不同类别样本受访者的家庭年收入结构分布

万元及以下、8 万—10 万元之间和 10 万元以上，所占比例分别为 29.31%、25.79%、23.67%和 21.23%。城乡受访者的家庭年收入分布也相对均匀，农村样本的家庭年收入较城市样本和总体样本的平均水平偏低。

8. 家中有 18 岁以下小孩的比例较高

从总体样本来分析，54.11%的受访者家中有 18 岁以下的小孩，城市和农村受访者家中有 18 岁以下的小孩比例分别为 53.39%、54.84%，由此也说明超过半数的受访者正值中青年，是社会的栋梁。

9. 受访者的职业分布较为广泛

图 6-6 显示，总体样本中 24.82%的受访者为学生，占比最高；其次为企业员工，占比为 17.80%；自由职业者、事业单位职员、农民的比例相对接近，占比分别为 14.16%、13.43%、11.65%；公务员、离退休人员、无业人员的比例分别为 4.49%、4.23%、3.10%。

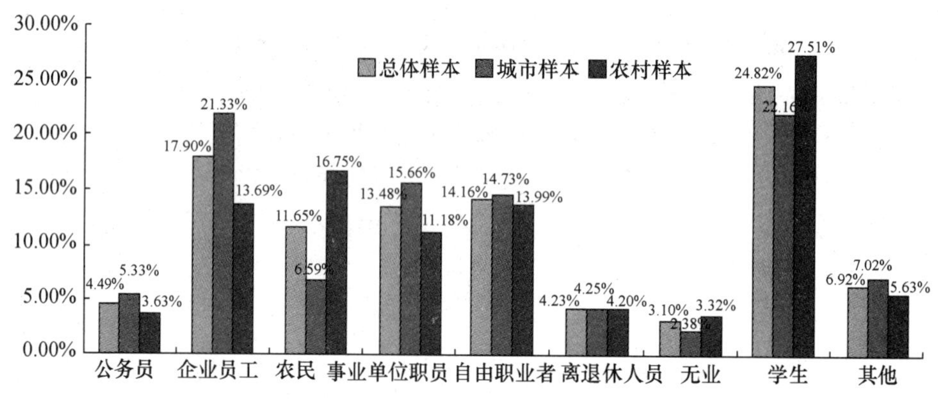

图 6-6 2014 年调查的不同类别样本受访者的职业构成

二、受访者的食品安全总体满意度与未来信心

基于调查数据，本部分主要研究城乡受访者对食品安全总体满意度、担忧的主要食品安全问题、受重大事件影响的食品安全信心、对未来食品安全的信心等问题，并比较城乡受访者相关评价的差异性。

（一）对当前市场上食品安全满意度的评价

如表 6-3 与图 6-7 所示，当受访者被问及“对本地区食品安全的满意度时”，2014 年调查的总体样本的受访者“非常不满意”和“不满意”的比例之和与“比较满意”和“非常满意”的比例之和分别为 47.88%与 21.02%，接近一半的受访者对当前市场上食品安全满意度不高，不满意度远高出 2012 年调查的 29.72%的比例。虽然如此，但仍然需要指出的是，2014 年的调查结果显示，受访者对食品安全的总体满意度还是趋于好转。①

表6-3 2014年调查的不同类别的受访者对食品安全的满意度 (单位:%)

样本	非常不满意	不满意	一般	比较满意	非常满意
总体样本	14.98	32.90	31.10	17.78	3.24
农村样本	13.64	32.56	31.71	18.97	3.11
城市样本	16.32	33.23	30.48	16.60	3.37

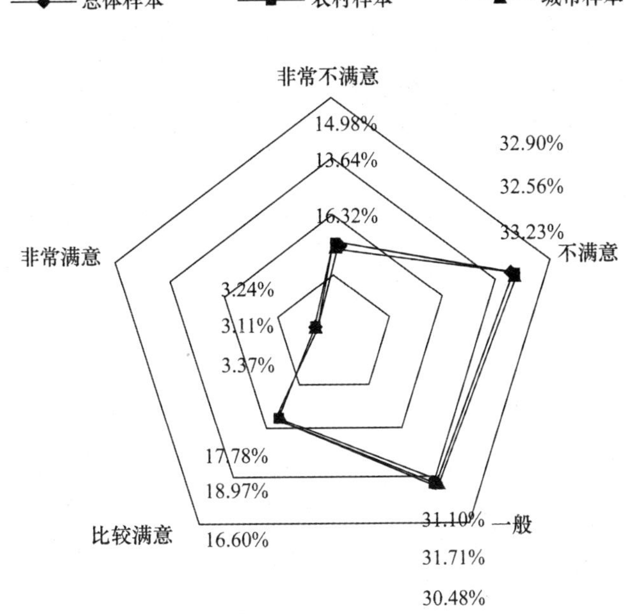

图6-7 2014年调查的总体样本的受访者对当前市场上食品安全的满意度

在2014年的调查还显示,城市受访者"非常不满意"和"不满意"的比例之和为49.55%,比农村受访者满意度低3.35个百分点。总体而言,受访者对所在地区食品安全状况的价评并不乐观。

(二)对本地区食品安全是否改善的评价

表6-4显示,在回答与过去相比(如去年)本地区食品安全性是否改善的问题时,总体样本中,25.71%的受访者认为好转,33.80%的受访者认为不但没有好

① 中国全面小康研究中心等发布的《2010—2011消费者食品安全信心报告》称,有近七成人对中国的食品安全状况感到"没有安全感";其中52.3%的受访者心理状态是"比较不安",15.6%的人表示"特别没有安全感"。

转,反而变得更差了,同时有40.49%的受访者认为基本上没变化。城市、农村受访者对所在地食品安全性改善比较的评价也是非常类似。可见,受访者对食品安全状况明确好转的肯定回答的比例并不高,绝大多受访者对食品安全状况的改善状况持较为中性的评价态度。

表6-4 2014年调查中不同类别样本的受访者对本地区食品安全状况的评价

(单位:%)

样本	变差了	有所变差	基本上没变化	有所好转	大有好转
总体样本	16.70	17.10	40.49	21.91	3.80
农村样本	15.53	18.17	39.17	21.99	5.14
城市样本	17.86	16.03	41.80	21.83	2.48

图6-8显示,在2012年调查的总体样本中,31.02%的受访者认为好转,24.88%的受访者认为不但没有好转,反而变得更差了,44%的受访者认为基本上没变化。因此,与之相比2014年的调查显示,总体样本的受访者对食品安全状况改善的评价下降了。

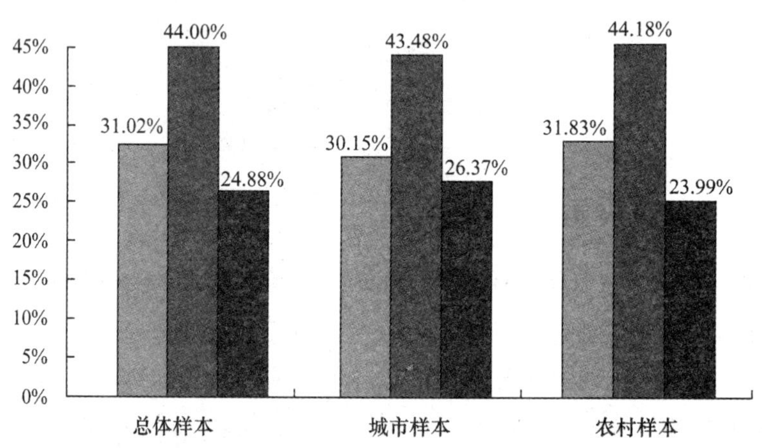

图6-8 2012年调查的受访者对本地区食品安全改善状况的评价

(三)受重大事件影响的食品安全信心

近年来我国食品安全事件频发。在2014年的调查中,当受访者被问及"是否会因上海黄浦江死猪事件等重大事件影响食品安全的信心时",总体样本中66.44%的受访者认为比较有影响或有严重影响(图6-9),而城市和农村受访者的食品安全信心受食品安全事件频发影响的比例分别为67.46%和65.41%,城市与农村受访者之间的差异性较小。

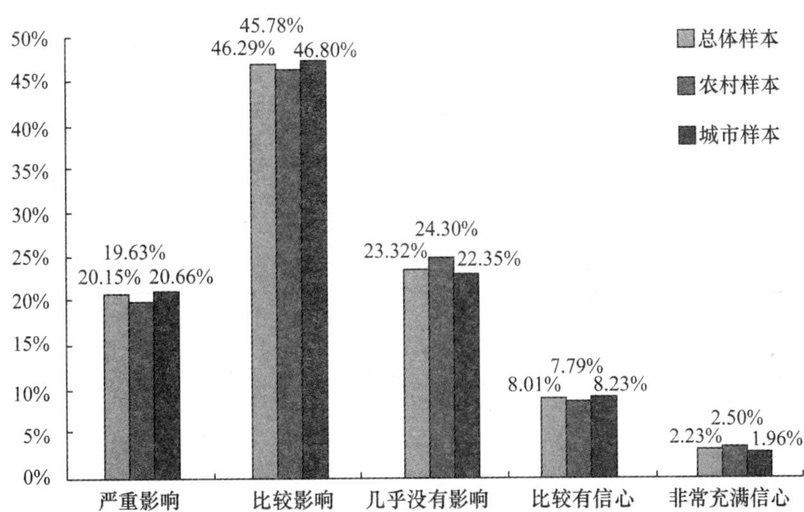

图6-9　2014年调查中不同类别样本受访者食品安全信心受重大事件频发影响

相比较之下,在2012年的调查中,70%以上受访者的食品安全信心受到重大食品安全事件频发的影响,而城市和农村受访者的食品安全信心受到重大事件频发影响的比例分别为73.03%和69.02%(图6-10)。相比2012年的调查,2014年调查的总体样本、城市样本、农村样本的受访者的食品安全信心受食品安全事件频发影响的比例分别降低了3.76、5.57和3.76个百分点。由此可见,近年来食品安全事件对受访者食品安全信心的影响有所减弱。

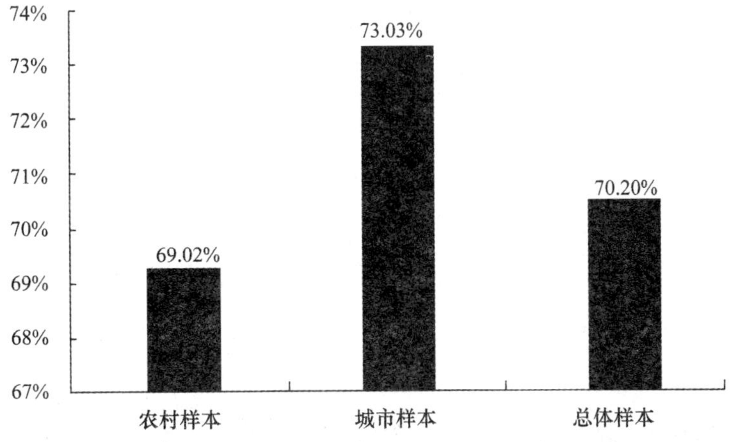

图6-10　2012年调查的受访者食品安全信心受重大事件频发影响的比例

（四）对未来食品安全状况的信心

如表 6-5 所示，在总体样本的受访者中，在被问及“对未来食品安全状况信心”时，“很没有信心”“没有信心”“一般”“比较有信心”和“非常有信心”的比例分别为 11.11%、20.13%、43.49%、19.66% 和 5.61%。城市、农村受访者对所在地食品安全状况信心的评价也是非常类似。总体样本、城市样本、农村样本的受访者对未来食品安全状况持有信心的比例为 25.27%、25.06%、25.48%。从 2014 年的调查中仍然可以看出，受访者对未来食品安全状况信心仍然不足。

表 6-5　2014 年调查的不同类别的受访者对未来食品安全状况的信心（单位：%）

样本	很没有信心	没有信心	一般	比较有信心	非常有信心
总体样本	11.11	20.13	43.49	19.66	5.61
农村样本	10.19	20.21	44.12	19.25	6.23
城市样本	12.01	20.06	42.87	20.06	5.00

2012 年的调查中，总体样本、城市样本、农村样本中分别有 45.44%、45.49%、45.39% 的受访者对食品安全状况好转表示有信心。相比 2012 年的调查，2014 年的调查的总体样本、城市样本、农村样本的受访者对未来食品安全状况持有信心的比例大幅下降了 20 个百分点。这凸显正确引导食品安全舆情，提升全社会食品安全信心具有紧迫性。

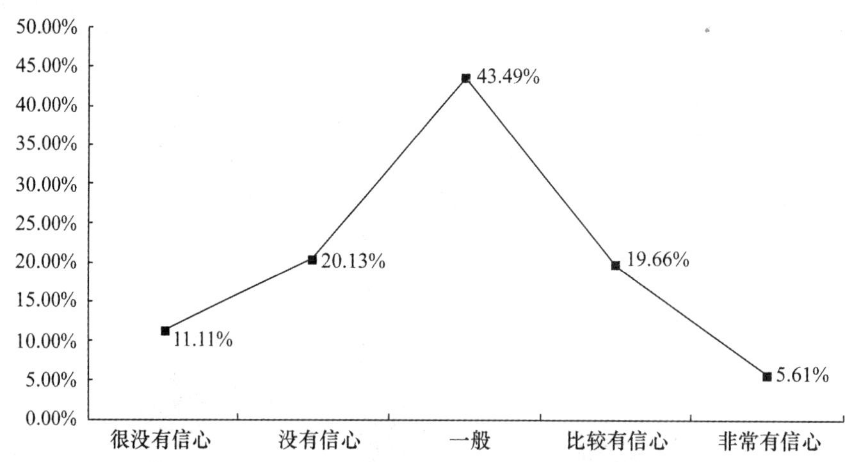

图 6-11　2014 年调查的总体样本的受访者对未来食品安全状况的信心

三、最突出的食品安全风险与受访者的担忧度

城乡居民对食品安全状况的认知程度与评价更直接地反映在其是否识别食

品中可能隐含的安全风险,以及其对安全风险可能造成的健康危害的担忧程度上。为此,2014 年的调查中继续衔接 2012 年的调查内容,考察受访者对目前最突出的食品安全风险关注度,以及受访者对这些安全风险的担忧度。

(一) 目前食品安全最突出安全风险

在回答目前最突出的食品安全风险时,2014 年调查的总体样本中的受访者对目前食品安全最突出安全风险关注度见表 6-6。相比 2012 年的调查,2014 年的调查总体样本的受访者对“重金属超标”“食品本身带有的有害物质超标”“微生物污染超标”“农兽药残留超标”“滥用食品添加剂与非法使用化学物质”这五类食品安全风险的关注度均有较大幅的提高,尤其是“重金属超标”的关注度迅速提升,由 2012 年的 9.50% 上升到 2014 年的 45.10% 。2014 年调查的受访者对最突出的食品安全风险关注度的排序发生了较大的变化,依次为“农兽药残留超标”“滥用食品添加剂与非法使用化学物质”“微生物污染超标”“重金属超标”“食品本身带有的有害物质超标”。具体见图 6-12。

表 6-6　受访者对目前最突出的食品安全风险的关注度　（单位:%）

样本	微生物污染超标	重金属超标	农兽药残留超标	滥用食品添加剂与非法使用化学物质	食品本身带有的有害物质超标
总体样本	45.80	45.10	59.42	56.41	18.60
农村样本	49.65	43.75	56.58	51.30	18.36
城市样本	41.98	46.42	62.23	61.48	18.84

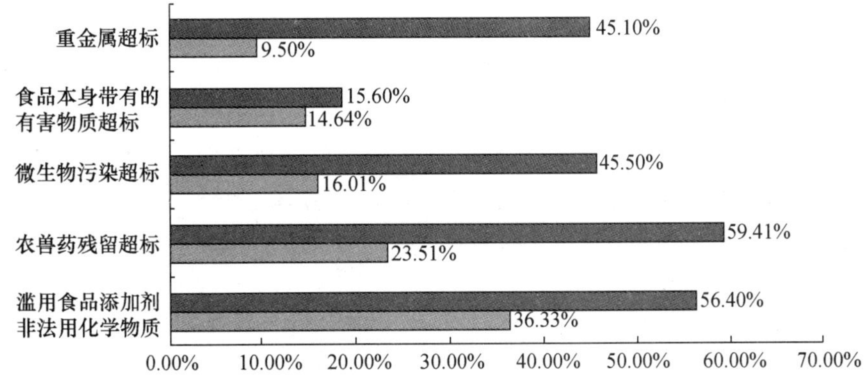

图 6-12　2012 年和 2014 年受访者对最突出的食品安全风险因素的判断

(二) 最突出的食品安全风险的担忧度

2014 年的调查显示,城市受访者对“农兽药残留超标”“滥用食品添加剂与非法使用化学物质”“微生物污染超标”“重金属超标”“食品本身带有的有害物质超标”的担忧度普遍高于农村受访者。

1. 对不当或违规使用添加剂、非法添加剂的担忧程度

对于不当或违规使用添加剂、非法添加剂,图 6-13 中显示了 2014 年的调查结果,77.10% 城市受访者表示非常担忧与比较担忧,这一比例高于农村受访者约 5 个百分点。2012 年的调查显示,城市受访者中对不当或违规使用添加剂、非法添加剂非常担忧、比较担忧的比例为 77.93%,高出农村受访者比例 75.96% 接近 2 个百分点。

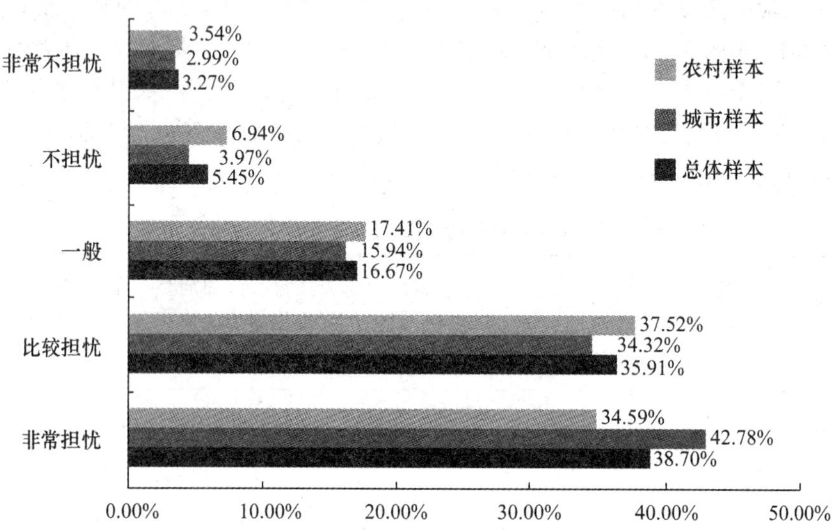

图 6-13 2014 年调查中受访者关于食品中不当或违规使用添加剂、非法添加剂担忧度

2. 对重金属含量的担忧程度

图 6-14 显示了 2014 年的调查结果,城市受访者相比较农村受访者,对于食品中重金属含量非常担忧、比较担忧的比例为 64.71%,高出农村受访者比例 5.11 个百分点。2012 年的调查显示,71.58% 的城市受访者比较担忧与非常担忧重金属污染,高出农村受访者 63.98% 比例约 7.6 个百分点。

3. 对农药残留的担忧程度

图 6-15 显示了 2014 年的调查结果,对于农药残留,城市受访者非常担忧、比较担忧的比例之和为 70.64%,高出农村受访者比例 6.65 个百分点。2012 年的调查显示,74.62% 城市受访者对食品中的农兽药残留超标比较担忧和非常担忧,高出农村 71.25% 比例约 3 个百分点。

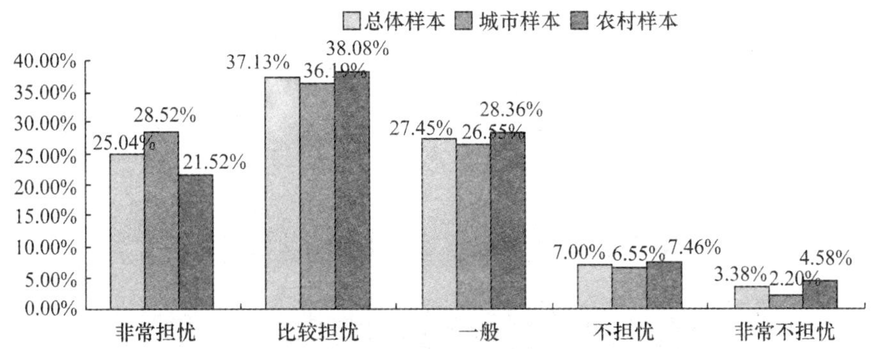

图 6-14　2014 年调查中受访者对食品中重金属含量担忧度

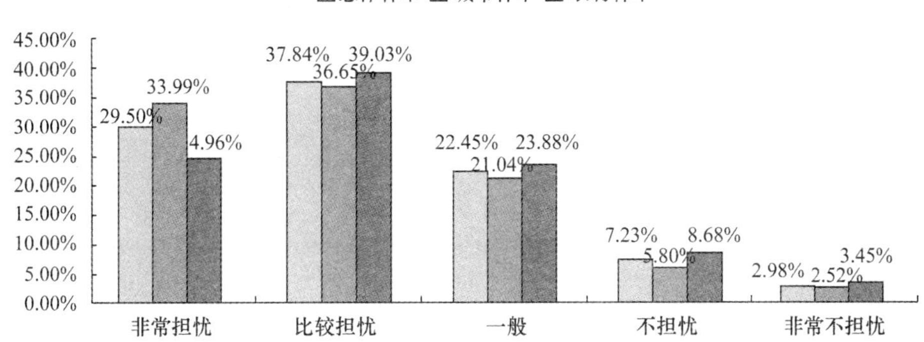

图 6-15　2014 年调查中受访者对食品中农药残留担忧度

4. 对细菌与有害微生物的担忧程度

图 6-16 显示了 2014 年的调查结果,城市受访者对细菌与有害微生物非常担忧、比较担忧的比例为 58.95%,高于农村受访者比例 5.25 个百分点。2012 年的调查显示,67.75% 的城市受访者非常担忧、比较担忧的食品中的细菌与有害微生物风险,高出农村受访者 62.12% 比例 5.63 个百分点。

5. 对食品本身带有的有害物质的担忧程度

图 6-17 显示了 2014 年的调查结果,城市受访者对食品本身带有的有害物质持非常担忧、比较担忧的比例为 51.43%,高出农村受访者比例 1.97 个百分点。

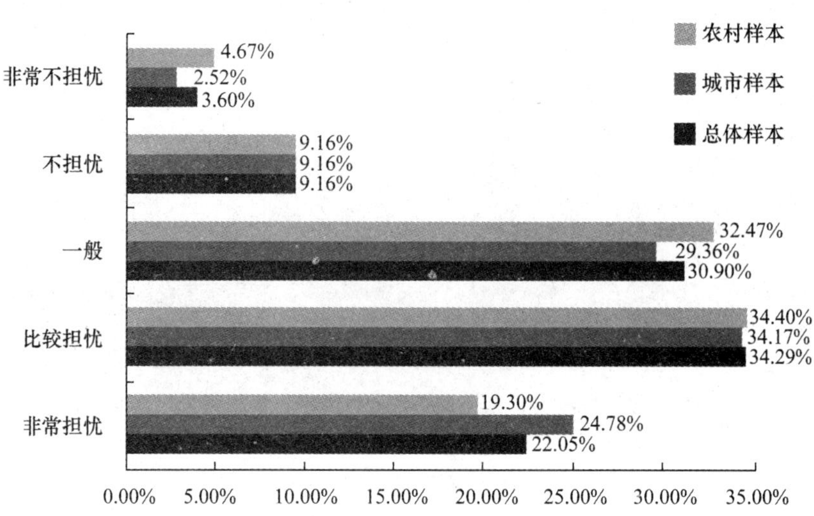

图 6-16 2014 年调查中受访者关于食品中细菌与有害微生物担忧度

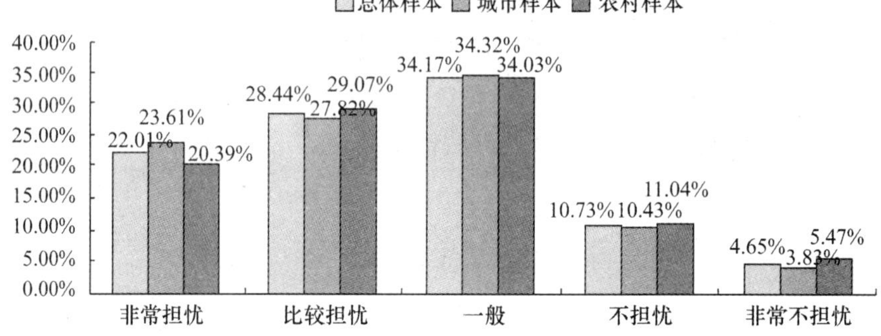

图 6-17 2014 年调查中受访者对食品中本身带有的有害物质担忧度

四、食品安全风险成因判断与对政府监管力度的满意度

（一）受访者对食品安全风险成因的判断

对“引发食品安全风险的主要原因”，2014 年调查的样本中，超过 65% 的受访者认为与“企业片面追求利润，社会责任意识淡薄”有关。同时分别有 50.85%、49.48%、30.77%、26.80% 的受访者认为“消费者和政府监管部门无法完全获知食品生产行为”、“政府监管不到位”、“国家标准不完善”、“环境污染严重”是引发了食品安全风险的主要原因。而只有 7.96% 的受访者认为“企业生产与技术水平不高”是引发食品安全风险的主要原因。城市与农村受访者对引发食品安全风险

的主要原因的判断非常类似。

表6-7　2014年调查中受访者对引发食品安全风险主要原因的判断　（单位：%）

样本	消费者和政府无法获知生产行为，不良厂商有机可乘	企业片面追求利润，社会责任意识淡薄	国家标准不完善	政府监管不到位	环境污染严重	企业生产技术水平不高	其他
总体样本	50.85	65.12	30.77	49.48	26.80	7.96	3.43
农村样本	50.26	63.95	30.10	43.32	24.49	9.25	4.58
城市样本	51.43	66.29	30.43	55.59	29.08	6.69	2.29

图6-18显示，相比2012年的调查，2014年的调查发现，受访者对食品安全风险主要成因的判断更为深刻，其中认为与“企业片面追求利润，社会责任意识淡薄”有关的比例提升幅度最大，超出2012年调查31.59个百分点；认为与“消费者和政府监管部门无法完全获知食品生产行为”、“政府监管不到位”、“国家标准不完善”、“环境污染严重”、“企业生产与技术水平不高”等的比例都有相应的提高。

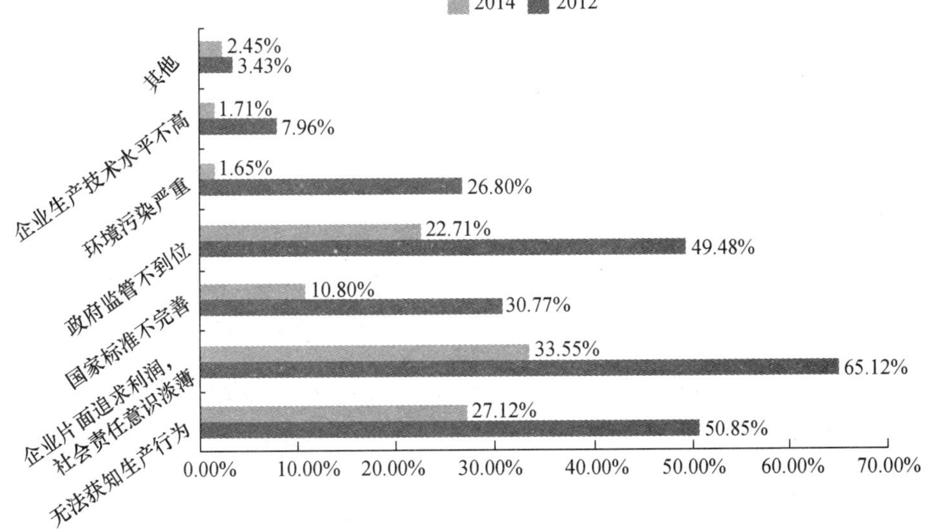

图6-18　2012年、2014年的调查中受访者对引发食品安全风险主要成因判断的比较

（二）对政府监管力度的满意度

我国地域宽广，人口密集，食品销售点分布广泛，食品安全的检测设备相对不足，专业教授人员也比较匮乏，导致食品监管空档增多，一些农村地区食品安全监管状况不容乐观。2014年的调查再次发现，受访者对政府食品安全监管工作评价仍然不高。

1. 对政府政策、法律法规对保障食品安全有效性的满意度

2014年调查的总体样本中,受访者对政府政策、法律法规对保障食品安全有效性非常不满意、不满意的比例为41.38%,而城市受访者非常不满意、不满意的比例之和达到42.73%,高于农村受访者非常不满意、不满意比例2.71个百分点,高于总体样本1.35个百分点。

表6-8 2014年调查中受访者对政府政策、法律法规对保障食品安全有效性评价

(单位:%)

样本	非常不满意	不满意	一般	比较满意	非常满意
总体样本	14.14	27.24	41.03	14.87	2.72
农村样本	11.61	28.41	41.34	15.15	3.49
城市样本	16.64	26.09	40.72	14.59	1.96

图6-19显示,相比2012年的调查,2014年的调查总体样本的受访者对政府政策、法律法规对保障食品安全有效性非常不满意、不满意比例分别提高3.44%、10.90%,而比较满意和非常满意比例则分别下降12.48%和2.55%;而持一般态度的比例基本相当,受访者对政府政策、法律法规对保障食品安全有效性的满意度出现较大幅的下降。

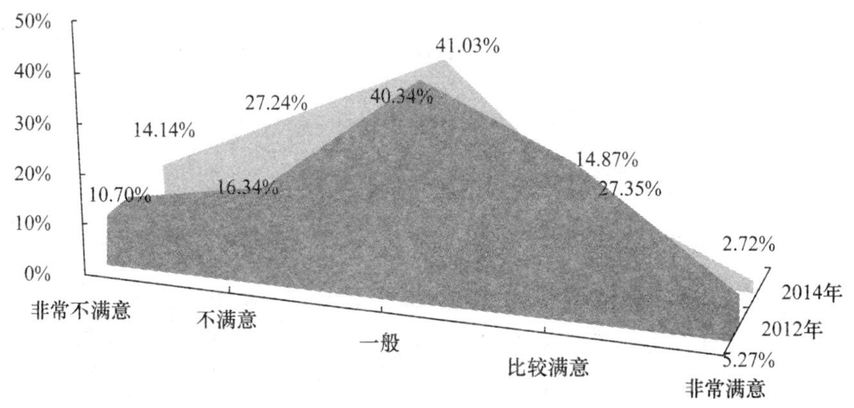

图6-19 2012年、2014年的调查中受访者对政府政策、法律法规对保障食品安全满意度的比较

2. 对政府保障食品安全的监管与执法力度的满意度

2014年调查的总体样本中,受访者对政府保障食品安全的监管与执法力度持比较满意、非常满意的比例达17.59%,城市与农村受访者持比较满意、非常满意的比例为16.55%、18.64%。与2012年相比较,2014年的调查总体样本的受访者

持比较满意、非常满意的比例下降了6.12个百分点（见图6-20）。说明受访者对政府保障食品安全的监管与执法力度的评价处于比较低的水平上。

表6-9　2014年调查中政府保障食品安全的监管与执法力度评价　（单位：%）

样本	非常不满意	不满意	一般	比较满意	非常满意
总体样本	14.14	27.24	41.03	14.87	2.72
农村样本	11.61	28.41	41.34	15.15	3.49
城市样本	16.64	26.09	40.72	14.59	1.96

这表明，近年来虽然政府保障食品安全的监管与执法力度有新的提升，但受访者仍不满意，满意度下降。同时也看出，受访者对食品安全需求与安全消费意识正在逐步提高，政府应不断加强食品监管与执法力度，努力提高居民对其满意度。

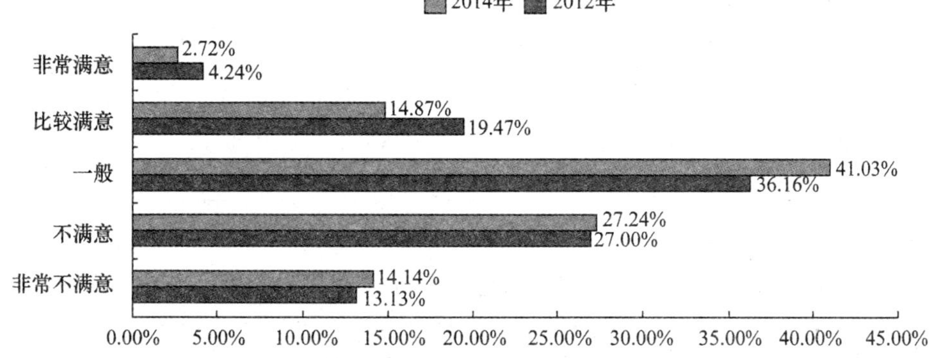

图6-20　2012年、2014年的调查中受访者对政府保障食品安全的监管与执法力度满意度比较

3. 政府与社会团体的食品安全宣传引导能力的满意度

2014年的调查中的总体样本的受访者对政府与社会团体的食品安全宣传引导能力持非常满意、比较满意的比例为19.35%，城市与农村受访者相对应的比例分别为18.10%与20.62%。在非常不满意这一选项中，城市受访者所占比例为13.65%，明显高于总体样本和农村样本受访者的比例。在比较满意和非常满意的选项中，农村受访者的比例分别为16.28%和4.34%，均高于城市和总体样本的比例。

表 6-10 2014 年调查中政府与社会团体的食品安全宣传引导能力评价（单位:%）

地区	非常不满意	不满意	一般	比较满意	非常满意
总体样本	12.78	23.81	44.06	15.78	3.57
农村样本	11.89	24.63	42.85	16.28	4.34
城市样本	13.65	23	45.25	15.29	2.81

较 2012 年的调查,2014 年的调查中受访者对政府与社会团体的食品安全宣传引导能力非常不满意的比例上升了 9.1 个百分点,不满意的比例也微幅上涨,一般的比例基本持平,而比较满意和非常满意的比例均下降了约 5 个百分点。

4. 政府食品质量安全认证的满意度

2014 年的调查中,关于对政府有关食品质量安全的认证的满意度评价,农村受访者比较满意和非常满意的比例分别为 20.29% 和 6.23%,均高于城市受访者和总体样本的比例。城市受访者选择非常不满意、不满意的比例为 34.64%。2012 年的调查没有涉及此方面的评价。

表 6-11 2014 年调查中政府食品质量安全的认证的评价（单位:%）

样本	非常不满意	不满意	一般	比较满意	非常满意
总体样本	13.32	20.85	41.83	19.02	4.98
农村样本	12.22	21.47	39.78	20.29	6.23
城市样本	14.40	20.24	43.85	17.77	3.74

5. 食品安全事故发生后政府处置能力的满意度

2014 年的调查中,城市受访者对食品安全事故发生后政府处置能力的评价,非常不满意、不满意的比例之和为 34.22%,农村受访者相对应的比例之和为 36.53%,比较接近,但均分别高于非常满意、比较满意的比例之和 9.77、10.43 个百分点,无论是城市受访者,还是农村受访者对食品安全事故发生后政府及时处置事件能力的评价均不高。

表 6-12 2014 年调查中受访者对食品安全事故发生后政府处置能力的评价

（单位:%）

地区	非常不满意	不满意	一般	比较满意	非常满意
总体样本	14.98	20.39	39.36	19.54	5.73
农村样本	14.68	21.85	37.38	19.49	6.61
城市样本	15.29	18.93	41.33	19.59	4.86

较 2012 年的调查(图 6-21),2014 年的调查显示,总体样本中受访者非常不满意、不满意的比例都有小幅上涨,比较满意和非常满意的比例则有所下降。

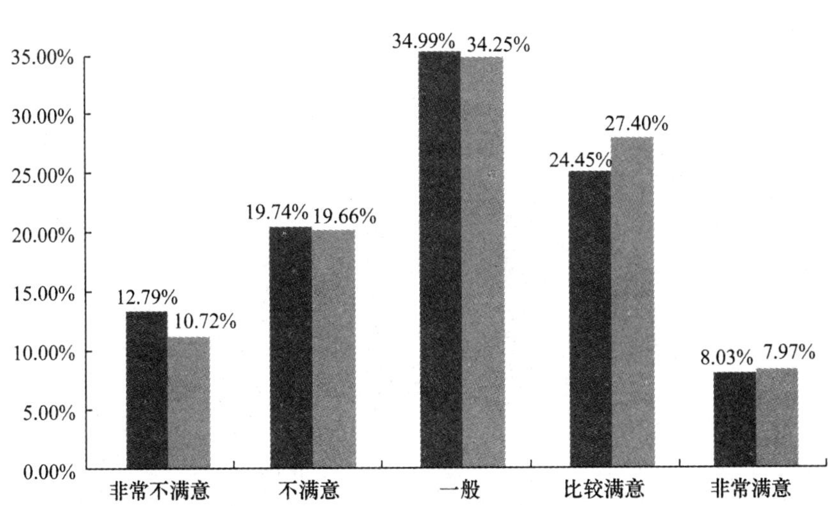

图 6-21　2012 年调查中城市与农村受访者对食品安全事故发生后政府处置能力的评价

6. 对政府新闻媒体、网络舆情等监督食品安全的满意度

2014 年的调查中,对政府的新闻媒体监督食品安全的满意度,农村的受访者满意程度较城市受访者高,比较满意和非常满意的比例分别为 19.77% 和 3.26%。城市受访者非常不满意、不满意的比例之和达到 37.73%,超过比较满意、非常满意比例之和(18.89%)18.84 个百分点。同时受访者对网络媒体对食品安全监督的满意度也并不高,具体可见图 6-22。

表 6-13　2014 年的调查中受访者对政府新闻媒体舆论监督的满意度　(单位:%)

满意度	地区	非常不满意	不满意	一般	比较满意	非常满意
对政府的新闻媒体监督的满意度	总体样本	13.97	23.23	41.85	17.90	3.05
	农村样本	13.07	23.60	40.30	19.77	3.26
	城市样本	14.87	22.86	43.38	16.04	2.85

相比 2012 年的调查,受访者对政府的新闻媒体等舆论监督非常满意和比较满意比例均有所下降,分别下降了 2.24、9.10 个百分点,同时不满意和非常不满意比例分别提高了 3.65%、2.80%。

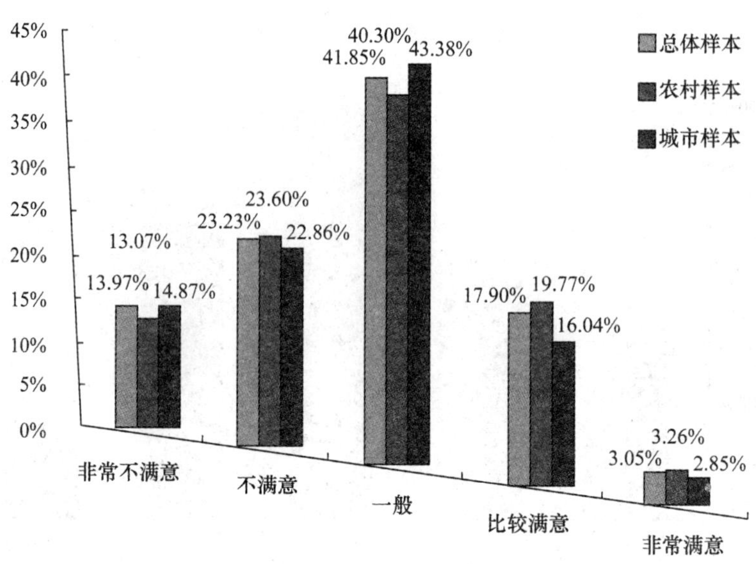

图 6-22 2014 年的调查中受访者对网络媒体舆论监督的满意度

五、基于调查的主要结论

前文比较了 2012 年、2014 年本《报告》研究团队对城乡居民就食品质量安全的满意度,不难发现,就总体而言,2014 年总体样本、城市样本、农村样本对食品安全满意度调查在大多数方面出现了不同的程度下降。应该说,近两年来,我国食品安全总体状况比较稳定,趋势向好。但为什么出现城乡居民食品安全满意度较大范围的下降呢?

从调查本身而言,可能抽样并不完全合理,而且与调查人员的调查方法也相关。同时受调查人员分布的影响,调查点也不完全相同,并且 2012 年调查了 12 个省区,而 2014 年调查了 10 个省区。调查样本的差异性可能将对本章节的比较性结论产生一定的影响。但 2014 年的调查毕竟覆盖了 10 个省区,样本量达到 4258 个,而且城市样本与农村样本在数量上十分接近,这与 2012 年的情况非常类似。10 个省区的 4285 个样本的调查结果,客观上是一种民意的反映。本《报告》研究团队认为,之所以出现 2014 年调查样本对食品安全满意度绝大多数方面出现了不同的程度下降,主要的原因是:(1) 公众对食品安全意识的增强,尤其是随着生活质量的提高,对食品安全比历史上任何时期有了更高的要求。这一状况将在未来成为一个永恒的主题。(2) 在信息开放时代,各种媒体有关食品安全的报道及时、迅速,在满足消费者食品安全知情权的同时,也有可能产生一些负面效应,尤其是由于网络、微信等传播的自由性和广泛性,有关食品安全的失实、虚假信息甚至是谣传信息等极易通过网络短时间内大范围的传播。经常、反复地受到同类信息的影响,在心理上出现某种担忧是难以避免的。(3) 食品安全知识普及是一个空白。不同区域、不同收入、不同学历层次的消费者心理上的担忧并不相同。知识层次高、对食品安全知识有较多了解的消费者,总体上这一担忧心理可能要轻一些,因为这些群体懂得,没有绝对安全的食品。因此,如何在及时、准确地报道食品安全信息的同时,在全民中普及必要的食品安全知识在当下的社会转型期就显得尤为重要。当然,本章的调查结论,更多的是警示政府监管部门,食品安全监管与风险治理任重而道远。

中编　食品安全：2013年支撑体系的新进展

2014

第七章　食品安全法律制度建设的研究报告

2013年全国食品安全的形势依然严峻，公众对国内的食品安全现状仍然抱有极不信任的态度。根据中国社会科学院社会发展战略研究院的调查，在社会宏观层面，对未来三年变化的预期方面，公众信心度最低的三项依次是物价水平（44.8%）、食品安全（33.8%）和环境质量（33.1%）。[①] 与此相应，公众也表现出严惩食品安全违法犯罪行为的强烈愿望。2014年3月6日上午，由人民日报社等共同举办的"2013年度人民法院司法为民公正司法十大举措"评选活动正式揭晓，"依法严惩危害食品安全犯罪，切实保障人民群众身体健康和生命安全"最受网民关注，以26.3万余张选票、11.12%的得票率，高票当选第一大司法举措。[②] 第十二届全国人民代表大会第一次会议收到243名代表发表提出的8件修改食品安全法的议案，[③]民意通过民主制度得以正式反映。因此，2013年依然是举国关注食品安全的一年，从2013年年初的国务院食品安全委员会第五次全体会议到2013年年底举行的中央农村工作会议，新一届中央领导集体对食品安全问题非常关注。特别值得注意的是，党的十八届三中全会通过的《中共中央关于全面深化改革若干重大问题的决定》把"完善统一权威的食品药品安全监管机构，建立最严格的覆盖全过程的监管制度，建立食品原产地可追溯制度和质量标识制度，保障食品药品安全"作为健全公共安全体系的重要任务，这将在未来很长一个历史时期对我国食品安全法制建设具有重要的指导意义。

2013年我国食品安全法律制度的发展主要表现在，贯彻落实现有法律规定，食品安全的执法监管力度有了新的提升，创新食品安全的保障措施，严厉打击食品安全违法犯罪行为等方面取得新进展；以《食品安全法》全面修订为标志，食品

---

① 路艳霞：《〈中国社会发展年度报告2013〉公布调查结果：公众对政府评价整体上升》，《北京日报》2013年12月26日。

② 张先明：《40余万网民海选2013年度十大司法举措——"严惩危害食品安全犯罪"位列榜首》，《人民法院报》2014年3月7日。

③ 《全国人民代表大会教育科学文化卫生委员会关于第十二届全国人民代表大会第一次会议主席团交付审议的代表提出的议案的审议意见》，中国人大网，2014-01-27 [2014-06-16]，http://www.npc.gov.cn/npc/xinwen/2014-01/27/content_1825094.htm。

安全立法建设进入新阶段;与此同时,积极完善现有的食品安全法律制度,2013 年国务院颁布了 4 部食品安全方面的规范性文件,颁布了 2 部部委规章与 12 部部委规范性文件,①地方性颁布了 2 部法规、8 部地方性政府规章与 62 部地方规范性文件。②

一、法律法规制度的修改与立法

2009 年我国确立了以《食品安全法》为核心的新的食品安全法律制度框架。随后的几年中,以《食品安全法》为基础,努力构建完整的食品安全法律体系。到现阶段我国实际上已经基本建立了相对完善的食品安全法律体系,食品安全领域无法可依的状态已经不存在了。但是在实践中《食品安全法》与相关法律规则的不足也日益暴露。为此,国家相关部门启动了《食品安全法》与具体食品安全法律法规制度的修改、完善与新的立法等建设工作。有关情况可参见本章附后的表 7-1至表 7-6。

(一)《食品安全法》的修订

2013 年 5 月,国务院将《食品安全法》修订列入 2013 年立法计划,③并确定由国家食品药品监督管理总局牵头修订。经过广泛调研和论证,2013 年 10 月 10 日,国家食品药品监督管理总局向国务院报送了《食品安全法(修订草案送审稿)》。2013 年 10 月 29 日,国务院法制办通过网络向社会公开征求《食品安全法(修订草案)》修改意见和建议。2013 年 10 月 30 日公布的十二届全国人大常委会立法规划中,《食品安全法》的修改被列为"条件比较成熟、任期内拟提请审议的法律草案"之一。④

修订草案从落实监管体制改革和政府职能转变成果、强化企业主体责任落实、强化地方政府责任落实、创新监管机制方式、完善食品安全社会共治、严惩重处违法违规行为六个方面对现行法律作了修改、补充,增加了食品网络交易监管制度、食品安全责任强制保险制度、禁止婴幼儿配方食品委托贴牌生产等规定和食品安全责任约谈、突击性检查等监管方式。在行政许可设置方面,增加规定了

---

① 数据是根据国务院各有关部委网站统计得出的。

② 在北大法宝中用"食品安全""餐厨""摊贩""农产品质量""餐饮""屠宰""乳""酒""盐""肉"等为法规标题进行检索,按照具有法规范内容的标准进行筛选得出地方性法规、地方政府规章和地方规范性文件的相关数据。

③ 在食品安全方面,2013 年列入国务院立法计划的还包括对《乳品质量安全监督管理条例》的修订,该项立法工作由农业部起草,属于"力争年内完成的项目"。但关于该条例的修改起草工作没有太多的信息,具体进展情况不明。

④ 《十二届全国人大常委会立法规划》,新华网,2013-10-30 [2014-06-16],http://news.xinhuanet.com/politics/2013-10/30/c_117939129.htm。

食品安全管理人员职业资格和保健食品产品注册两项许可制度。[①] 修订草案总计修改了 89 条规定,增加了 30 条规定。对于总共 104 条的《食品安全法》,这次修订是一次大规模的立法修改。

《食品安全法》实施不满五年即进行全面修订,不仅是出于对 2013 年 3 月国家食品安全监管体制改革进行立法回应的需要,更是出于公众对食品安全现状强烈不满而试图进行的全面改革。事实上,在近几年的全国人大会议中,食品安全法的修订每年都是全国人大代表提案的焦点。许多新制度——如食品追溯管理制度、食品安全自查制度、食品安全责任强制保险制度、食品安全风险分类分级监督管理制度、突击性检查制度、有奖举报制度等,实际上已经逐步开始在实践中进行运用。

(二) 食品安全"黑名单"管理制度与抽检制度的立法

2013 年国家部委层次起草并送审了《食品药品安全"黑名单"管理规定(征求意见稿)》《食品监督抽检管理办法(征求意见稿)》《国家食品药品监督管理总局立法程序规定(征求意见稿)》《流通环节食品抽样检验管理办法(征求意见稿)》等四部有关食品安全规章草案。其中,由国家工商总局起草的《流通环节食品抽样检验管理办法(征求意见稿)》,由于 2013 年 3 月国家食品监管体制的大调整而终止了立法程序。

《食品药品安全"黑名单"管理规定(征求意见稿)》明确规定了以下内容,各级食品药品监督管理部门负责食品安全"黑名单"管理工作,复议诉讼不停止纳入"黑名单"原则,"黑名单"信息共享制度,列举纳入黑名单范围的各种情形,食品安全"黑名单"信息公开具体内容,食品安全"黑名单"公布期限,对纳入"黑名单"的生产经营者实施重点监管,纳入食品安全"黑名单"的生产经营者和责任人员权利受限,"累犯"重罚制度等。未来《食品药品安全"黑名单"管理规定》的实施,对进一步加强食品药品安全监督管理,推进诚信体系建设,加大对生产经营者失信行为的惩戒力度,监督生产经营者全面履行安全责任将具有重大的意义。

《食品监督抽检管理办法(征求意见稿)》明确规定了以下内容,食品监督抽检的主管部门、基本原则,抽样单位和承检机构的资格条件,监督抽检的实施程序(分为组织、抽样、检验、异议处理和结果处理五个基本的步骤),法律责任等。未来《食品监督抽检管理办法》的实施将促进食品安全监督抽检更好地遵循科学公正、抽检分离的原则,有效地规范我国的食品安全监督抽检工作。

(三) 完善乳制品的监督制度

2013 年 1 月 24 日,国家质量监督检验检疫总局以第 152 号总局令的形式,颁

---

① 对《食品安全法》修订草案主要内容的归纳可参见《关于〈中华人民共和国食品安全法(修订草案送审稿)〉的修订说明》。

布了《进出口乳品检验检疫监督管理办法》，并规定自 2013 年 5 月 1 日起施行。该《办法》着重就加强乳品进口监管设置了以下制度：对乳品进口国食品安全管理体系和食品安全状况进行评估，规定了进口国政府的说明义务和国家质检总局的调查权力；国家质检总局对向中国出口乳品的境外食品生产企业实施注册制度；对进口乳品实行检疫审批制度；实施出口商、代理商、进口商的备案制度；列举进口乳品报检材料；规范中文标签；实施不合格进口乳品销毁、退货制度；建立进口商乳品进口和销售记录制度与进口商信誉记录；规定进出口乳品生产经营者应当建立风险信息报告制度与风险预警通报，并实施召回制度等。从内容来看，《进出口乳品检验检疫监督管理办法》主要是细化了《食品安全法》《进出口商品检验法》《进出境动植物检疫法》等法律法规的内容，使之针对进出口乳品的质量监管更具有可操作性。从实施效果来看，2013 年 5 月 1 日《办法》的施行，一方面对假冒洋奶粉的企业进行了严厉的查处，另一方面也进一步保证了进口乳制品的质量。

由此，我国乳业新政正式拉开序幕。在未来的几年中，国家将着重治理中国乳制品行业特别是婴幼儿配方乳品行业的三大乱象，即生产经营质量乱象、进口乳品品牌乱象和销售渠道乱象。通过从质监部门对终端乳制品商品的强力监管，逐渐重振遭受重创的中国乳制品行业。

（四）餐厨废弃物管理成为地方立法的重点

为规范餐厨废弃物管理事项，2013 年共有 6 部地方规章、10 部地方规范性文件出台。对餐厨废弃物加强管理，对于严控“地沟油”的生产加工具有重要的作用。从各地的规定来看，内容基本相似。一是明确了餐厨废弃物管理的主管机关。各地的规定都明确由建设主管部门或城市管理机关（即城市管理局，各地名称不一致）负责对餐厨废弃物的处理进行日常管理；二是对餐厨废弃物的分类、收集、运输做出具体的管理性规定；三是重点规范了餐厨废弃物的处置，对餐厨废弃物的处置企业提出了资质要求，设立了餐厨废弃物处置的特许经营制度等；四是对餐厨废弃物的产生、收集、运输和处置采取记录凭证，实行可追溯制度，以明确各相关主体的法律责任。

（五）全面设立食品违法行为的举报奖励制度

作为发动社会力量，加强对食品生产者经营者进行监督、惩治食品违法行为的重要手段，食品违法行为举报奖励制度一直是近年来食品安全法制建设的重点内容。依据《国务院关于加强食品安全工作的决定》（国发〔2012〕20 号）的精神，2012 年我国大部分省区制定了食品违法行为的举报奖励制度，并在 2013 年展开了相关的立法。

2013 年 1 月 8 日，国家食品药品监督管理局、财政部以国食药监办〔2013〕13

号印发《食品药品违法行为举报奖励办法》。该《办法》分总则、奖励条件、奖励标准、奖励程序、监督管理、附则6章22条,自颁布之日起施行。这标志着食品违法行为举报奖励制度在中央立法层面有法可依。该办法的主要内容有,按照属地管理、分级负责的原则,由食品药品监督管理部门负责食品安全有奖举报规定的执行,实施奖励的告知、受理、评定和发放等工作;规定了举报奖励的条件、范围和原则;明确了奖励标准,确定了按照货值金额的百分比(1%—6%)计算奖励的标准;规定了奖励程序,实行举报奖励部门告知,举报人申请制度。

二、严厉打击食品安全违法犯罪行为

2013年12月召开的中央农村工作会议上对食品安全从严监管的政策做了最好的总结:"能不能在食品安全上给老百姓一个满意的交代,是对我们执政能力的重大考验。要用最严谨的标准、最严格的监管、最严厉的处罚、最严肃的问责,确保广大人民群众"舌尖上的安全"。回顾2013年,国家司法机关和行政机关均继续采取对食品安全违法犯罪行为从严从重惩治的基本政策。一方面,通过司法解释、典型案例等方式,统一定罪量刑的标准;另一方面,根据国家的统一布置,对一些重点领域进行专项整治。2013年国家对食品安全违法犯罪行为的打击力度远远强于往年。据统计,2013年,全国法院受理危害食品安全犯罪案件2366件,审结2082件,生效判决人数2647人,分别比2012年上升91.58%、88.42%、75.07%。[①] 全国各级人民检察院共起诉制售有毒有害食品、制售假药劣药等犯罪嫌疑人10540人,同比上升29.5%;最高人民检察院对785起危害食品药品安全犯罪案件挂牌督办。[②] 各地的相关数据也能反映严厉打击的结果。例如2013年,温州全市法院一审共审结危害食品安全案件84件、判处犯罪分子153人,而2012年分别仅6件、9人。[③] 温州市中级人民法院总结了两方面的原因,一方面是因为《刑法修正案(八)》降低了该类犯罪入罪门槛,案件数量大幅上升;另一方面是全市加大了对危害食品安全违法犯罪活动行政查处和司法打击力度,预计今后一段时间,案件数量仍可能持续增长。

(一)发布司法解释与坚持重典治乱

2013年5月3日,最高人民法院、最高人民检察院联合发布《关于办理危害食

① 赵刚、费文彬:《守护"舌尖上的安全"》,《人民法院报》2014年3月8日;《2014年最高人民法院工作报告(全文实录)》,人民网,2014-03-10［2014-06-16］,http://lianghui. people. com. cn/2014npc/n/2014/0310/c382480-24592263-5. html。

② 《2014年最高人民法院工作报告(全文实录)》,人民网,2014-03-10［2014-06-16］,http://lianghui. people. com. cn/2014npc/n/2014/0310/c382480-24592263-5. html。

③ 《温州市中院发布食品安全十大典型案例》,温都网,2014-03-13［2014-06-16］,http://www. wzdsb. net/html/2014/20140313/342601. html。

品安全刑事案件适用法律若干问题的解释》(以下称《解释》),进一步体现了“严”和“厉”两个字,对当下危害食品安全犯罪展示了强大的威慑力。

《解释》对危害食品安全犯罪领域较为突出的新情况、新问题进行了梳理分类,并根据刑法规定分别提出了法律适用意见,较为系统地解决了危害食品安全犯罪行为的定罪问题,基本实现了对当前危害食品安全犯罪行为的全面覆盖。集中体现在以下三个方面:

第一,对象全覆盖。《解释》区分不同对象,分别明确了具体的定罪处理意见。一是刑法第 143 条、第 144 条规定的生产、销售不符合安全标准的食品罪和生产、销售有毒、有害食品罪这两个危害食品安全犯罪基本罪名的对象不仅包括加工食品,还包括食品原料、食用农产品、保健食品等,以后者为犯罪对象的同样应适用刑法第 143 条、第 144 条的规定定罪处罚;二是食品添加剂和用于食品的包装材料、容器、洗涤剂、消毒剂或者用于食品生产经营的工具、设备包括餐具等食品相关产品不属于食品,以这类产品为犯罪对象的,应适用刑法第 140 条的规定以生产、销售伪劣产品罪定罪处罚。

第二,链条全覆盖。鉴于危害食品安全犯罪链条长、环节多等特点,为有效打击源头犯罪和其他食品相关产品犯罪,《解释》作了以下两方面的规定:一是针对现实生活中大量存在流通、贮存环节的滥用添加和非法添加行为,将刑法规定的“生产、销售”细化为“加工、销售、运输、贮存”等环节,明确加工、种(养)殖、销售、运输、贮存以及餐饮服务等环节中的添加行为均属生产、销售食品行为;二是明确非法生产、销售国家禁止食品使用物质的行为,包括非法生产、销售禁止用作食品添加的原料、农药、兽药、饲料等物质,在饲料等生产、销售过程中添加禁用物质,以及直接向他人提供禁止在饲料、动物饮用水中添加的有毒有害物质等,均属于违反国家规定的非法经营行为,应依法以非法经营罪定罪处罚。

第三,犯罪全覆盖。为依法惩治危害食品安全犯罪,发挥刑事打击合力作用,《解释》对各种危害食品犯罪行为的定罪意见以及罪与罪之间的关系作出了规定,主要有:一是针对食品违法添加中的突出问题,明确食品滥用添加行为将区分是否足以造成严重食物中毒事故或者其他严重食源性疾病分别以生产、销售不符合安全标准的食品罪和生产、销售伪劣产品罪定罪处罚;食品非法添加行为一律以生产、销售有毒、有害食品罪处理。二是明确如使用“地沟油”加工而成的所谓的食用油的“反向添加”行为同样属于刑法规定的在“生产、销售的食品中掺入有毒、有害的非食品原料”的行为。三是为堵截病死、毒死、死因不明以及未经检验检疫的猪肉流入市场的通道,明确私设生猪屠宰厂(场)、非法从事生猪屠宰经营活动应以非法经营罪定罪处罚。四是为依法惩治危害食品安全犯罪的各种行为,扫除滋生危害食品安全犯罪的环境条件，对危害食品安全犯罪的共犯以及食品虚假广告犯罪作出了明确规定。五是鉴于食品安全犯罪与一些部门监管不力，一些监管人员玩忽职守、包庇纵容有着较大关系，对食品监管渎职行为的定罪处罚意见予以了明确。

为有力震慑危害食品安全犯罪，充分发挥刑事司法的特殊预防和一般预防功能，《解释》通篇贯彻了依法从严从重惩治危害食品安全犯罪的精神。集中体现在以下五个方面。(1) 细化量刑标准。为防止重罪轻处，依法从严惩处严重犯罪，《解释》花了较大篇幅对生产、销售不符合安全标准的食品罪和生产、销售有毒、有害食品罪的法定加重情节一一予以了明确。(2) 明确罪名适用原则。明确危害食品安全犯罪一般应以生产、销售不符合安全标准的食品罪和生产、销售有毒、有害食品罪定罪处罚，只有在同时构成其他处罚较重的犯罪，或者不构成这两个基本罪名但构成其他犯罪的情况下，才适用刑法有关其他犯罪的规定定罪处罚。明确食品监管渎职行为应以食品监管渎职罪定罪处罚，不得适用法定刑较轻的滥用职权罪或者玩忽职守罪处理；同时构成食品监管渎职罪和商检徇私舞弊罪、动植物检疫徇私舞弊罪、徇私舞弊不移交刑事案件罪、放纵制售伪劣商品犯罪行为罪等其他渎职犯罪的，依照处罚较重的规定定罪处罚；不构成食品监管渎职罪，但构成商检徇私舞弊罪等其他渎职犯罪的，应当依照相关犯罪定罪处罚。(3) 提高罚金判罚标准。《解释》根据《刑法修正案(八)》的立法精神，对危害食品安全犯罪规定了远高于其他生产、销售伪劣商品犯罪的罚金标准，明确危害食品安全犯罪一般应当在生产、销售金额的两倍以上判处罚金，且上不封顶。(4) 严格掌握缓、免刑适用。《解释》强调，对于危害食品安全犯罪分子应当依法严格适用缓刑、免予刑事处罚；对于符合刑法规定条件确有必要适用缓刑的，应当同时宣告禁止令，禁止其在缓刑考验期限内从事食品生产、销售及相关活动。(5) 严惩单位犯罪。《解释》明确，对于单位实施的危害食品安全犯罪，依照个人犯罪的定罪量刑标准处罚。

《解释》根据危害食品安全刑事案件的特点和修改后刑事诉讼法的规定，对危害食品安全犯罪中的一些事实要件或者从实体上或者从程序上进行了技术处理，极大程度地增强了司法可操作性。集中体现在四个方面。(1) 转换生产、销售不符合安全标准的食品罪的入罪门槛的认定思路。《解释》基于现有证据条件，采取列举的方式将实践中具有高度危险的一些典型情形予以类型化，明确只要具有所列情形之一，比如“含有严重超出标准限量的致病性微生物、农药残留、兽药残留、重金属、污染物质以及其他危害人体健康的物质的”，即可直接认定为“足以造成严重食物中毒事故或者其他严重食源性疾病”，从而有效实现了证据事实与待证事实之间的对接。(2) 将有毒、有害非食品原料的认定法定化。《解释》明确,凡是国家明令禁止在食品中添加、使用的物质可直接认定为“有毒、有害”物质,而无需另做鉴定。(3) 确立人身危害后果的多元认定标准。《解释》结合危害食品安全犯罪案件的特点,从伤害、残疾程度以及器官组织损伤导致的功能障碍等多方面规定了人身危害后果的认定标准。(4) 明确相关事实的认定程序。《解释》规定,“足以造成严重食物中毒事故或者其他严重食源性疾病”,“有毒、有害非食品原料”难以确定的,司法机关可以根据检验报告并结合专家意见等相关材料进行认定。

(二) 公布典型案例与统一审判标准

2013 年,司法机关特别注重司法公开和法制宣传。各级人民法院通过发布审判信息、直播庭审、接受媒体采访、召开新闻发布会、公布典型案例等方式,向社会公布打击危害食品安全犯罪的成果,营造了良好舆论氛围,充分发挥了刑事司法特殊预防与一般预防的功能。

2013 年 5 月 4 日,最高人民法院召开新闻发布会,向社会公布了王长兵等生产、销售有毒食品,生产、销售伪劣产品案(生产、销售“假白酒”案件),陈金顺等生产、销售伪劣产品,非法经营、生产、销售不符合安全标准的食品案(非法经营“病死猪”肉案件),范光非法经营案(非法销售“瘦肉精”案件),李瑞霞生产、销售伪劣产品案(生产、销售伪劣食品添加剂案件),袁一、程江萍销售有毒、有害食品,销售伪劣产品案(销售“地沟油”案件)等 5 起危害食品安全犯罪典型案例。其目的在于编织严密刑事法网,进一步加大对危害食品安全犯罪的打击力度,在全社会形成预防和惩治危害食品安全犯罪的良好氛围。2013 年 10 月 9 日,江苏省高级人民法院从近年来全省法院审结的危害食品安全犯罪案件中选取了 10 个典型案例进行发布。

(三) 专项行动结合典型案例,行政机关严惩食品安全违法犯罪行为

2013 年,行政机关展开专项行动与严肃处置典型案例相结合,严惩食品安全领域的违法犯罪行为,并取得了新成效。2013 年年初,由公安部统一布置,全国公安机关开展了“打击食品犯罪保卫餐桌安全”专项行动,严厉打击涉及面广、社会影响大、群众反响强烈的带有行业“潜规则”性质的危害食品安全违法犯罪活动,全力保障人民群众餐桌安全。公安部提出来的要求是,各级公安机关应对食品安全犯罪“零容忍”,在破大案、打团伙、端窝点、捣网络的同时,也要迅速破获工作中发现和群众举报的小案件;要积极会同食安、农业、工商、质检、食药监等部门对重点场所、重点部位、重点企业加强联控联查;要加强部门、警种间的协作配合,主动加强与行政监管部门和检法机关的沟通协调,形成打击整治合力。同时,将打击

触角向食品安全的源头和前端延伸，把打击矛头对准兽药、农药、饲料等非法添加犯罪；注意发现食品安全监管的薄弱环节和空白地带，及时通报地方政府和主管部门，积极推动出台政策、完善制度，强化源头治理和日常监管，及时堵塞漏洞、清除隐患。旋即，公安部于 2013 年 2 月 3 日公布了十起打击食品安全犯罪典型案例。[①] 这十起典型案例的查处时间均为 2013 年 1 月底 2 月初，体现了各级公安机关高效贯彻落实公安部"打击食品犯罪保卫餐桌安全"专项行动的成果。从案情来看，这十起案件均具有涉案金额特别巨大、影响范围广泛、情节特别恶劣、团伙犯罪的特征。就犯罪的领域而言，主要集中在假劣肉制品、有害保健品、假劣酒类、假劣饮料和毒豆芽。

2013 年 5 月 2 日，公安部公布各地十起打击肉制品犯罪典型案例。[②] 这些案件大多也是团伙作案，涉案金额特别巨大，假劣肉制品销售范围特别广泛，社会危害性特别巨大，其中还包含了一起制售有毒有害食品致人死亡的典型案例。这十起肉制品犯罪典型案例，展示了公安机关在开展私屠滥宰和"注水肉"等违法违规行为专项整治方面的战果。

地方行政机关也采用公布典型案例，召开新闻发布会等方式公布惩治危害食品安全违法行为的战果，表示政府对食品安全监管常抓不懈的决心和能力。2013 年 12 月 3 日，厦门市食品药品监督管理局发布了 2013 年查处的十大典型案例；[③] 2013 年 12 月 19 日，温州市食安办联合各相关职能部门及各县（市、区）食安办，公布了 2013 年温州市食品安全十大典型案件；[④]2014 年 1 月 27 日，乌海市食品安全委员会和乌海市药品安全工作领导小组通报 6 起食品药品安全方面典型案例；[⑤] 2014 年 3 月 13 日，株洲市工商局消委会、食品科联合发布流通领域"食品安全违

① 《公安部公布十起打击食品安全犯罪典型案例》，中国警察网，2013-02-03 [2014-06-16]，http://news.cpd.com.cn/n18151/c15653100/content.html。这十起典型案件分别为：辽宁升泰肉制品加工厂特大制售有毒有害羊肉卷案；辽宁大连徐某某等制售伪劣羊肉卷案；北京阳光一佰生物技术开发有限公司特大制售有害保健品案；浙江温州李某等特大制售假洋酒案；河北石家庄底某某等制售注水牛肉案；内蒙古呼和浩特包某某制售假劣食品案；湖北襄阳公安机关捣毁 2 个制售假劣饮料"黑工厂"；广西南宁孙某某等制售假劣白酒案；宁夏银川公安机关打掉 2 个制售"毒豆芽"黑作坊；山东潍坊文某某等制售病死猪案。

② 《公安部公布各地十起打击肉制品犯罪典型案例》，公安部，2013-05-02 [2014-06-16]，http://www.gov.cn/gzdt/2013-05/02/content_2394736.htm。这十起案例分别为：辽宁本溪市某等销售未经检验检疫走私冻牛肉案；内蒙古包头腾达食品有限公司制售假劣牛肉案；江苏无锡卫某等制售假羊肉案；贵州贵阳袁某制售"毒鸡爪"案；江苏镇江卢某等制售劣质猪头肉制品案；陕西凤翔郝某等制售有毒有害食品致人死亡案；安徽宿州管某等制售病死猪案；福建漳州林某等制售病死猪肉案；四川自贡陈某等制售注水猪肉案；辽宁沈阳张某等制售病死鸡案。

③ 陈泥：《我市公布 2013 年十大食品药品典型案例》，《厦门日报》2013 年 12 月 3 日。

④ 《2013 年温州食品安全十大典型案件》，温州网，2013-12-20 [2014-06-16]，http://news.66wz.com/system/2013/12/20/103931681.shtml。

⑤ 乌海市食品安全委员会：《2013 年度食品安全典型案例通报》，《乌海日报》2014 年 1 月 29 日。

法十大典型案例”等。[①]

三、维护消费市场秩序与保护消费者合法权益

2013年,全国人大常委会对与人民群众生活密切相关的《消费者权益保护法》作出了重要修改。从充实细化消费者权益、强化经营者义务与责任、规范网络购物等新型消费方式、更好发挥消费者协会作用等方面,进一步完善相关法律规定,维护消费市场秩序,保护消费者合法权益。

特别值得关注的是消费者权益保障法规中对于惩罚性赔偿制度的变化。在本次修改中,将《消费者权益保护法》第49条改为第55条第一款,修改为“经营者提供商品或者服务有欺诈行为的,应当按照消费者的要求增加赔偿其受到的损失,增加赔偿的金额为消费者购买商品的价款或者接受服务的费用的三倍;增加赔偿的金额不足五百元的,为五百元。法律另有规定的,依照其规定”。将原来两倍的惩罚性赔偿标准提升到三倍,同时还规定了五百元的最低赔偿标准,明显加大了赔偿的惩罚力度。对于食品消费领域出现的消费者维权案件来说,如果适用《食品安全法》的十倍赔偿后的赔偿金额尚不足五百元的,可以适用《消费者权益保护法》的规定要求五百元的赔偿款。这对于食品消费者的维权无疑将会起到推动作用。

同时,人民法院为食品消费者权益保护提供了更宽松、更方便的司法救济环境。2013年12月23日,最高人民法院公布了《最高人民法院关于审理食品药品纠纷案件适用法律若干问题的规定》,与以往的司法实践相比发生了显著变化,主要表现在:一是在食品、药品侵权诉讼案件中,消费者只需承担损害与食用食品存在因果关系的初步证明责任,而食品的生产者、销售者对产品符合质量标准承担举证责任;二是明知食品存在质量问题而仍然购买的,人民法院支持购买者主张权利;三是挂靠者、网络交易平台提供者、广告经营者、广告发布者、食品检验机构、食品认证机构等与生产者、销售者承担连带责任;四是明确支持十倍赔偿金的惩罚性赔偿;五是认可由消费者权益保护组织在群体性食品安全事故发生后的公益诉讼主体资格;等等。

在司法实践中,人民法院的执法理念已经开始逐渐发生转变。在孟健诉广州健民医药连锁有限公司、海南养生堂药业有限公司、杭州养生堂保健品有限责任公司产品责任纠纷案中,二审法院认为违规使用添加剂的保健食品属于不安全食

① 《2013年食品安全违法十大典型案例曝光》,株洲网,2014-03-14[2014-06-16],http://www.zhuzhouwang.com/2014/0314/269706.shtml。

品，支持原告（消费者）请求价款十倍赔偿的诉讼请求，撤销了仅支持返还价款诉讼请求的一审判决。[①] 江苏省高级人民法院在其发布的2013年消费者权益保护十大案例中，除了支持出售过期食品超市赔一罚十以外，还明确了经营者对已出售商品的进货渠道承担举证责任。[②] 后者尤其重要，它实际上强调了《食品安全法》第39条规定的食品经营者应当建立并执行食品进货查验记录制度的义务。

四、净化网络环境的有益探索

在我国，对食品安全水平的社会认知和政府评价存在着普遍且较大的差异。近年来，各级政府日益重视食品安全监管工作，投入了越来越多的人力、财力、物力，致力于解决食品安全领域的热点难点问题。政府数据显示合格率逐年提高，然而媒体、公众对当前食品安全的满意度却明显较低。公众和政府对食品安全状况的认知差异日益扩大甚至走向“两极化”。公众和政府对食品安全风险认知的关注点不同，信息的严重不对称是导致公众与政府认知巨大差异的主要原因。[③] 具体而言，政府与公众的认知途径不同。政府（科学家或者是具有专业知识的群体）通过统计数据和科学实验分析问题，做出判断；而公众缺乏科学查证的条件和能力，对于陌生的、无法抵御的风险因素十分敏感，容易接受舆论——特别是导向性负面信息的引导。在实践中，公众对于食品添加剂、转基因、新的食品生产技术普遍存在强烈的抵触情绪，而从政府的角度来看，我国食品安全主要问题则在于微生物污染、致病菌污染和滥用农药、兽药。

公众认知与政府评价的不一致将产生以下后果：一是公众对政府的工作和努力持负面评价；二是公众会通过民主途径对政府行为产生影响；三是公众会采取一些措施进行自我救济。第一种后果表现为公众对政府食品安全监管的能力和廉洁性不信任；第二种结果表现为人大代表们通过提案、监督等方式对政府施加压力；第三种后果表现为公众盲目相信洋货（例如洋奶粉）、排斥食物新品种等。

---

① 《最高法发布维护消费者权益十大典型案例》，法制网，2014-03-12［2014-06-16］，http://www.legaldaily.com.cn/index_article/content/2014-03/12/content_5354405.htm? node=6148。该案是十大典型案例之首，二审判决对一审判决的改变最显著的地方就在于是否支持原告的十倍赔偿要求。

② 《江苏省高院发布2013年消费者权益保护十大案例》，新华网，2014-03-13［2014-06-16］，http://news.xinhuanet.com/local/2014-03/13/c_119751283.htm。

③ 朱明春：《科学理性与社会认知的平衡——食品安全监管的政策选择》，《华中师范大学学报》（人文社会科学版）2013年第4期，第1—6页。

严重的公众认知偏差甚至有可能对国内的食品生产行业产生毁灭性的打击。[①] 尽可能地弥补公众认知和政府评价的裂痕，对于改善和提升我国食品安全水平具有重要意义。

促进政府信息公开和净化舆论环境是解决这个问题的两项重要措施：一是通过主动、积极的政府信息公开，形成对食品安全科学、理性的公众认知，二是通过惩治造谣，减少和消除食品安全的错误舆论引导。《食品安全法》第 82 条规定，国家建立食品安全信息统一公布制度，卫生行政部门负责食品安全信息统一公布的重要职责，其他各管理部门依据各自职责公布食品安全日常监督管理信息。同时，该条规定对食品安全信息的公布提出了"准确、及时、客观"的原则性要求。2010 年 10 月卫生部发布了《食品安全信息公布管理办法》，建立食品安全信息公布制度，规范食品安全信息公布行为，包括信息内容、发布机构、发布方式等，以确保信息的准确、及时、客观，维护消费者和食品生产经营者的合法权益。然而，在实践中，我国各级政府对食品安全信息的披露主动性不够，主要原因是考虑到减少消费者恐慌、维护社会稳定等因素。但是由于微信等新的信息沟通工具的普及，食品安全事件信息的传播很难被控制，其结果是政府信息尚未披露，小道消息已经到处传播。政府再对公众认知进行纠正，反而非常困难。

因此，各级政府应该转变思路，对食品安全信息特别是风险信息应予以及时公开，并以恰当的手段与公众进行风险沟通和风险交流。当然，目前我国食品安全监管部门在食品安全风险交流方面的重视程度和投入程度远远不够，这需要各级食品安全监管部门以更专业化的风险交流人员，更专业化的交流语言，将食品安全治理的政策、制度、措施以及对社会的回应，更科学、更通俗、更友好地与公众交流。[②] 在食品安全风险沟通的具体应用环节，可能也需要根据风险程度和公众关注两个因素，将食品风险沟通机制进行分类，以此进行不同的风险沟通应对。[③]

2013 年，相关部门在惩治食品安全信息造谣，减少和消除食品安全的错误舆论引导等方面进行了有益的探索。2013 年 9 月公布施行的《最高人民法院、最高人民检察院关于办理利用信息网络实施诽谤等刑事案件适用法律若干问题的解释》是惩治网络谣言的一剂猛药。该《解释》第 5 条规定："编造虚假信息，或者明

---

① 例如国内乳制品行业，在三鹿奶粉事件后，遭受沉重打击。一方面，群众对国产乳制品，特别是婴幼儿奶粉，产生了严重的不信任，转而大规模购买洋奶粉；另一方面，政府迫于来自于权力机关和社会舆论的压力，对乳制品企业进行过于频繁、过于严厉的监督检查。参见肖余根：《一年抽检 4000 余次，国产乳制品企业频抱怨》，新华网，2012-08-30 [2013-07-21]，http://news.xinhuanet.com/2012-08/30/c_112894949.htm。

② 朱明春：《科学理性与社会认知的平衡——食品安全监管的政策选择》。

③ 刘鹏：《风险程度与公众认知：食品安全风险沟通机制分类研究》，《国家行政学院学报》2013 年第 3 期。

知是编造的虚假信息，在信息网络上散布，或者组织、指使人员在信息网络上散布，起哄闹事，造成公共秩序严重混乱的，依照刑法第293条第一款第（四）项的规定，以寻衅滋事罪定罪处罚。”根据这个规定，在网络上散布不真实信息可以按照寻衅滋事罪定罪。根据《解释》的规定，结合犯罪行为的目的、手段等客观方面情况，散布不真实言论还可以构成诽谤、敲诈勒索、非法经营等罪名。同时，《解释》第8条规定：“明知他人利用信息网络实施诽谤、寻衅滋事、敲诈勒索、非法经营等犯罪，为其提供资金、场所、技术支持等帮助的，以共同犯罪论处。”这规定了网络服务商等主体的刑事责任。《解释》的施行，明确了对在网络上散布不真实信息的行为进行定罪量刑的标准和尺度，为惩治、预防网络谣言提供了法律依据。

两高的司法解释施行后，司法机关迅速查处了一些案件。薛蛮子、秦火火等网络名人相继因为利用网络散布谣言而被捕。这对于利用网络散布谣言的犯罪行为将会发挥良好的一般预防作用。在改善、净化食品安全舆论环境方面，《解释》将发挥关键性的作用。

媒体基于利益驱动，热衷于负面报道。媒体的利益来自于公众的关注度，而相比之下，负面信息更受公众关注，同时媒体也热衷于暗访类信息，因为这些报道本身图文并茂、直观、生动、视觉冲击力强。不可否认，媒体对负面信息的曝光，是有力的社会监督手段，对于惩治食品安全违法犯罪行为，具有重要的辅助作用。但是也有人利用公众对负面信息的关注，借助网络媒体，散布不真实的信息，造成公众恐慌。这种信息的不真实表现为两种情况，一是“无中生有”，二是“夸大宣传”。食品安全事件网络舆情在传播过程中容易出现雪崩效应、群体极化，影响食品安全事件的发展。[①] 近几年来，在我国各地由于这些不真实信息引起的食品消费恐慌现象并不少见。对此，政府在努力辟谣的同时，应该追究不真实信息发布者的法律责任以遏制网络谣言。

---

① 马颖、张园园：《基于生命周期的食品安全事件网络舆情的形成与发展机理》，《生产力研究》2013年第7期，第61—62页。

表 7-1　2013 年国务院发布的有关食品安全的规范性文件

序号	制定机关	文件名称	文号	制定时间
1	国务院	国务院《关于地方改革完善食品药品监督管理体制的指导意见》	国发〔2013〕18 号	2013 年 4 月 10 日
2	国务院办公厅转发	国务院办公厅转发食品药品监管总局、工业和信息化部、公安部、农业部、商务部、卫生计生委、海关总署、工商总局、质检总局等部门《关于进一步加强婴幼儿配方乳粉质量安全工作意见的通知》	国办发〔2013〕57 号	2013 年 6 月 16 日
3	国务院食品安全委员会办公室	国务院食品安全办《关于进一步加强农村儿童食品市场监管工作的通知》	食安办〔2013〕16 号	2013 年 9 月 16 日
4	国务院食品安全委员会办公室	国务院食品安全委员会办公室《关于加强 2013 年中秋、国庆节日期间食品安全监管工作的通知》	食安办发电〔2013〕4 号	2013 年 8 月 30 日

表 7-2　2013 年国家相关部委发布的有关食品安全的部委规章

序号	制定机关	文件名称	文号	制定时间
1	国家质量监督检验检疫总局	《进出口乳品检验检疫监督管理办法》	国家质量监督检验检疫总局令第 152 号	2013 年 1 月 24 日
2	国家卫生和计划生育委员会	《新食品原料安全性审查管理办法》	国家卫生和计划生育委员会令第 1 号	2013 年 5 月 31 日

表 7-3　2013 年国家相关部委发布的有关食品安全的部委规范性文件

序号	制定机关	文件名称	文号	制定时间
1	国家食品药品监督管理局、财政部	《食品药品违法行为举报奖励办法》	国食药监办〔2013〕13 号	2013 年 1 月 8 日
2	国家食品药品监督管理局	《关于进一步加强食品药品监管信息化建设的指导意见》	国食药监办〔2013〕32 号	2013 年 2 月 8 日
3	全国工业产品生产许可证审查中心	《食品生产许可证审查员及审查员教师管理办法》	许可中心〔2013〕49 号	2013 年 3 月 25 日

（续表）

序号	制定机关	文件名称	文号	制定时间
4	国家食品药品监督管理总局办公厅、教育部办公厅	《关于加强学校食堂食品安全监管预防群体性食物中毒的通知》	食药监办〔2013〕23号	2013年5月24日
5	国家食品药品监督管理总局	《关于切实强化夏季流通消费环节食品安全监管预防食物中毒的通知》	食药监办食监二〔2013〕155号	2013年6月9日
6	国家食品药品监督管理总局办公厅	《关于切实强化夏季流通消费环节食品安全监管预防食物中毒的通知》	食药监办食监二〔2013〕155号	2013年6月9日
7	国家食品药品监督管理总局	《关于进一步加强婴幼儿配方乳粉生产监管工作的通知》	食药监食监一〔2013〕121号	2013年8月2日
8	国家食品药品监督管理总局	《关于加强食品药品安全科技工作的通知》	食药监科〔2013〕139号	2013年9月9日
9	国家食品药品监督管理总局	《关于做好改革过渡期间食品安全许可证发放工作的通知》	食药监食监二〔2013〕207号	2013年10月9日
10	国家食品药品监督管理总局、国家卫生和计划生育委员会、国家工商行政管理总局	《关于进一步规范母乳代用品宣传和销售行为的通知》	食药监食监一〔2013〕214号	2013年10月17日
11	国家食品药品监督管理总局、国家质量监督检验检疫总局	《关于加强对进口可可壳使用管理的通知》	食药监食监一〔2013〕203号	2013年10月23日
12	国家食品药品监督管理总局	《婴幼儿配方乳粉生产许可审查细则(2013版)》	—	2013年12月16日

注:“—”,表示数据缺失。

表7-4　2013年颁布的有关食品安全的地方性法规

序号	制定机关	文件名称	制定时间
1	河南省人民代表大会常务委员会	《河南省实施〈中华人民共和国农产品质量安全法〉办法》	2013年5月30日
2	海南省人民代表大会常务委员会	《海南省农产品质量安全条例》	2013年3月30日

表 7-5　2013 年颁布的有关食品安全的地方政府规章

序号	制定机关	文件名称	文号	制定时间
1	河北省人民政府	《河北省食品安全监督管理规定》	河北省人民政府令〔2013〕第 1 号	2013 年 1 月 18 日
2	唐山市人民政府	《唐山市餐厨废弃物管理办法》	唐山市人民政府令〔2013〕5 号	2013 年 12 月 28 日
3	大连市人民政府	《大连市餐厨垃圾管理办法》	大连市人民政府令第 128 号	2013 年 12 月 27 日
4	贵阳市人民政府	《贵阳市餐厨废弃物管理办法(试行)》	贵阳市人民政府令第 4 号	2013 年 6 月 13 日
5	大同市人民政府	《大同市餐厨废弃物管理办法》	大同市人民政府令第 69 号	2013 年 6 月 9 日
6	武汉市人民政府	《武汉市餐厨废弃物管理办法》	武汉市人民政府令第 238 号	2013 年 6 月 3 日
7	邯郸市人民政府	《邯郸市餐厨废弃物管理办法》	邯郸市人民政府令(第 142 号)	2013 年 1 月 18 日
8	内蒙古自治区人民政府	《内蒙古自治区酒类管理办法》	内蒙古自治区人民政府令(第 195 号)	2013 年 3 月 12 日

表 7-6　2013 年颁布的有关食品安全的地方规范性文件

序号	制定机关	文件名称	文号	制定时间
1	甘肃省人民政府办公厅	甘肃省人民政府办公厅《关于印发甘肃省食品安全事故应急预案的通知(2013 修订)》	甘政办发〔2013〕194 号	2013 年 12 月 31 日
2	北京市卫生局	《北京市食品安全标准专家管理办法》	京卫食安标字〔2013〕10 号	2013 年 12 月 25 日
3	威海市人民政府	《威海市食品安全信用监督管理办法》	威政发〔2013〕71 号	2013 年 12 月 24 日
4	威海市人民政府	《威海市食品安全风险监测管理办法》	威政发〔2013〕70 号	2013 年 12 月 24 日
5	上海市政府	上海市人民政府《关于加强基层食品安全工作的意见》	沪府发〔2013〕89 号	2013 年 12 月 14 日
6	浙江省食品安全委员会办公室、浙江省食品药品监督管理局	《浙江省食品安全黑名单管理办法(试行)》	—	2013 年 12 月 1 日

（续表）

序号	制定机关	文件名称	文号	制定时间
7	云南省商务厅	《云南省商务厅食品安全事故（事件）应急处置预案（试行）》	—	2013 年 11 月 26 日
8	深圳市市场监督管理局	《深圳市市场监督管理局食品安全监督管理办法》	深市监规〔2013〕20 号	2013 年 11 月 21 日
9	长沙市人民政府办公厅	《长沙市食品安全违法行为举报奖励办法》	长政办发〔2013〕46 号	2013 年 10 月 16 日
10	浙江省卫生厅	浙江省实施《食品安全地方标准管理办法》细则	浙卫发〔2013〕243 号	2013 年 10 月 14 日
11	深圳市市场监督管理局	《深圳市食品安全信用信息管理办法》	深市监规〔2013〕15 号	2013 年 7 月 24 日
12	海南省卫生厅	《海南省食品安全地方标准管理办法》	琼卫法规〔2013〕26 号	2013 年 7 月 3 日
13	株洲市食品药品监督管理局 株洲市教育局	《株洲市学校食堂食品安全管理办法》	株食药监发〔2013〕62 号	2013 年 7 月 1 日
14	山东省政府	《山东省食品安全监督管理行政责任追究办法》	鲁政字〔2013〕114 号	2013 年 6 月 17 日
15	新乡市人民政府	《新乡市食品安全行政责任追究办法（试行）》	新政文〔2013〕111 号	2013 年 6 月 4 日
16	濮阳市人民政府办公室	《濮阳市重大活动餐饮服务食品安全监督管理规范实施细则》	濮政办〔2013〕24 号	2013 年 5 月 29 日
17	辽宁省卫生厅	《辽宁省实施食品安全企业标准备案办法细则》	辽卫函字〔2013〕321 号	2013 年 5 月 23 日
18	上海市教育委员会	《上海高校食品安全督查员管理办法（试行）》	沪教委后〔2013〕7 号	2013 年 5 月 13 日
19	吉安市人民政府	《吉安市食品安全违法案件线索举报奖励办法》	吉府发〔2013〕5 号	2013 年 5 月 8 日
20	上海市嘉定区人民政府办公室	《嘉定区食品安全举报奖励制度》	嘉府办发〔2013〕32 号	2013 年 4 月 15 日
21	山东省食品药品监督管理局 山东省教育厅	《山东省学校食堂餐饮服务食品安全监督管理办法》	鲁食药监发〔2013〕3 号	2013 年 4 月 15 日
21	怀化市人民政府办公室	《怀化市食品安全违法案件举报奖励办法（试行）》	怀政办发〔2013〕7 号	2013 年 3 月 28 日

（续表）

序号	制定机关	文件名称	文号	制定时间
22	北京市卫生局 北京市旅游发展委员会	《北京市乡村民俗旅游户餐饮服务食品安全监督管理办法》	京卫法监字〔2013〕31 号	2013 年 3 月 27 日
23	北京市卫生局	《北京市餐饮服务食品安全违法惩戒现场公示工作规程（试行）》	京卫法监字〔2013〕32 号	2013 年 3 月 27 日
24	北京市卫生局	《北京市夜市餐饮服务食品安全监督管理办法》	京卫法监字〔2013〕30 号	2013 年 3 月 27 日
25	北京市卫生局	《北京市餐饮具清洗消毒企业食品安全监督管理办法（试行）》	京卫法监字〔2013〕29 号	2013 年 3 月 27 日
26	郑州市人民政府办公厅	《郑州市举报食品安全违法案件有功人员奖励办法》	郑政办〔2013〕16 号	2013 年 3 月 26 日
27	北京市卫生局	《北京市食品安全地方标准管理办法（试行）》	京卫食安标字〔2013〕3 号	2013 年 3 月 25 日
28	深圳市市场监督管理局	《深圳市市场监督管理局食品安全抽样检验工作管理规定（试行）》	深市监规〔2013〕7 号	2013 年 3 月 21 日
29	渭南市人民政府办公室	《渭南市食品安全行政责任追究暂行办法》	渭政办〔2013〕43 号	2013 年 3 月 18 日
30	北京市质量技术监督局	《北京市食品生产加工作坊监督管理指导意见》	—	2013 年 3 月 12 日
31	北京市质量技术监督局	《北京市食品生产许可管理办法》	—	2013 年 3 月 12 日
32	北京市质量技术监督局	《北京市食品委托生产管理办法》	—	2013 年 3 月 12 日
33	北京市质量技术监督局	《北京市食品生产企业违法惩戒现场公示规定》	—	2013 年 3 月 12 日
34	九江市人民政府办公厅	《九江市食品安全举报奖励办法》	九府厅字〔2013〕33 号	2013 年 3 月 5 日
35	齐齐哈尔市人民政府办公厅	《齐齐哈尔市食品安全目标责任考核办法》	齐政办发〔2013〕9 号	2013 年 3 月 4 日
36	齐齐哈尔市人民政府办公厅	《齐齐哈尔市食品安全监督检查办法》	齐政办发〔2013〕9 号	2013 年 3 月 4 日

（续表）

序号	制定机关	文件名称	文号	制定时间
37	天津市工商行政管理局	《天津市流通环节食品安全管理示范店建设实施办法(试行)》	津工商食字〔2013〕5号	2013年2月20日
38	大庆市政府食品安全监督协调办公室	《大庆市食品安全举报奖励实施细则》	—	2013年2月19日
39	黑龙江省食品药品监督管理局	《黑龙江省食品药品监督管理局校外托餐机构餐饮服务许可管理办法(试行)》	黑食药监餐发〔2013〕20号	2013年2月6日
40	黑龙江省食品药品监督管理局	《黑龙江省食品药品监督管理局校外托餐机构食品安全监督管理办法(试行)》	黑食药监餐发〔2013〕20号	2013年2月6日
41	黑龙江省食品药品监督管理局	《黑龙江省食品药品监督管理局食品制售摊贩食品安全监督管理办法(试行)》	黑食药监餐发〔2013〕20号	2013年2月6日
42	黑龙江省食品药品监督管理局	《黑龙江省食品药品监督管理局农村集体聚餐食品安全管理办法(试行)》	黑食药监餐发〔2013〕20号	2013年2月6日
43	六安市人民政府办公室	《六安市食品安全违法行为举报奖励办法(试行)》	六政办〔2013〕5号	2013年2月5日
44	乌鲁木齐市人民政府	《乌鲁木齐市食品安全举报奖励办法》	乌政办〔2013〕21号	2013年1月18日
45	株洲市人民政府办公室	《株洲市餐厨废弃物管理办法》	株政办发〔2013〕25号	2013年12月21日
46	湖州市人民政府办公室	《湖州市区餐厨垃圾管理办法(试行)》	湖政办发〔2013〕168号	2013年12月20日
47	衢州市人民政府办公室	《衢州市区餐厨废弃物管理办法》	衢政办发〔2013〕190号	2013年12月11日
48	十堰市人民政府办公室	《十堰市餐厨垃圾管理办法》	十政办发〔2013〕155号	2013年9月25日
49	南充市人民政府	《南充市餐厨垃圾管理办法》	—	2013年7月31日
50	晋中市人民政府办公厅	《晋中市餐厨废弃物管理办法》	市政办发〔2013〕31号	2013年6月6日

（续表）

序号	制定机关	文件名称	文号	制定时间
51	海市绿化和市容管理局	《上海市餐厨废弃油脂处理管理办法若干规定》	沪绿容〔2013〕144 号	2013.04.28
52	福建省人民政府办公厅	《福建省餐厨垃圾管理暂行办法》	闽政办〔2013〕45 号	2013 年 4 月 19 日
53	渭南市人民政府办公室	《渭南市餐厨废弃物管理办法》	渭政办发〔2013〕7 号	2013 年 1 月 30 日
54	深圳市城市管理局	《深圳市餐厨垃圾经营性收集、运输、处理行政许可实施办法》	深城管通〔2013〕31 号	2013 年 1 月 6 日
55	河北省食品药品监督管理局	《河北省药店销售婴幼儿配方乳粉管理办法（暂行）》	冀食药监食流〔2013〕208 号	2013 年 12 月 25 日
56	商洛市人民政府	《商洛市人民政府关于印发商洛市畜禽屠宰管理暂行办法的通知》	商政发〔2013〕40 号	2013 年 9 月 27 日
57	云浮市人民政府	《云浮市生猪屠宰和生猪产品市场管理办法》	云府〔2013〕7 号	2013 年 2 月 5 日
58	北京市怀柔区人民政府	《怀柔区食品摊贩监督管理办法（试行）》	怀政发〔2013〕11 号	2013 年 4 月 23 日
59	湖南省工商行政管理局	湖南省工商行政管理局关于《湖南省食品生产加工小作坊和食品摊贩管理条例》实施办法（试行）	湘工商食字〔2013〕33 号	2013 年 2 月 26 日
60	重庆市工商行政管理局	《重庆市工商行政管理局食品流通摊贩备案管理办法》	渝工商发〔2013〕2 号	2013 年 1 月 15 日
61	吉林省工商行政管理局	《吉林省工商行政管理系统食品摊贩监督管理办法（试行）》	—	2013 年 1 月 11 日
62	北京市食品药品监督管理局	《北京市食品、食品添加剂生产许可管理办法》	—	2013 年 12 月 31 日

注：“—”，表示数据缺失。

第八章　新一轮食品安全监管体制的改革进展

1993 年以来，伴随着市场经济体制的建立与不断完善，我国的食品安全监管体制一直处于变化和调整之中。2013 年 2 月之前，我国食品安全监管实行以“国务院食品安全委员会为协调机构、多部门分段监管与合作、地方政府负总责”的监管体制，但这一体制始终未能从根本上解决多部门分段监管造成的重复监管与监管盲点并存的顽症。2013 年 3 月，第十二届全国人民代表大会第一次会议通过的《国务院机构改革和职能转变方案》[①]，作出了改革我国食品安全监管体制，组建国家食品药品监督管理总局的重大决定。本章主要研究 2013 年 3 月—2014 年 6 月 30 日期间，我国食品安全监管体制改革的基本要求与进展状况。[②]

一、新一轮食品安全监管体制改革的基本要求

2013 年，新一轮食品安全监管体制改革的出发点、落脚点，可以理解为，从我国的实际出发，借鉴国际经验，进一步探索并最终解决我国食品安全多头管理、分段管理、权责不清的顽症，逐步形成一体化、广覆盖、专业化、高效率的食品安全监管体系，努力构建具有中国特色的食品安全监管社会共治格局，实现我国食品安全风险治理体系与治理能力的现代化。

（一）国家层面上改革的要求

2013 年 3 月 15 日，新华社全文公布了由第十二届全国人民代表大会第一次会议批准的《国务院机构改革和职能转变方案》（以下简称《方案》）。该方案提出“组建国家食品药品监督管理总局”，要求“将食品安全办的职责、食品药品监管局的职责、质检总局的生产环节食品安全监督管理职责、工商总局的流通环节食品安全监督管理职责整合，组建国家食品药品监督管理总局。主要职责是，对生产、流通、消费环节的食品安全和药品的安全性、有效性实施统一监督管理等”；与此

---

① 《国务院机构改革和职能转变方案》，中央政府门户网站，2013-03-15［2013-07-02］，http://www.gov.cn/2013lh/content_2354443.htm。

② 需要说明的是，本章研究的数据与资料主要基于政府相关网站公开的信息，可能与实际情况有一定的差异性。

同时，为做好食品安全监督管理衔接，明确责任，《方案》提出，“新组建的国家卫生和计划生育委员会负责食品安全风险评估和食品安全标准制定。农业部负责农产品质量安全监督管理。将商务部的生猪定点屠宰监督管理职责划入农业部”。改革后新的食品安全监管体制较以前的体制有了根本性的变化，有机整合了各种监管资源，将食品生产、流通与消费等环节进行统一监督管理，由“分段监管为主，品种监管为辅”的监管模式转变为集中监管模式。我国新的“三位一体”的食品安全监管体制总体框架见图 8-1。从食品安全监管模式的设置上看，新的监管体制重点由三个部门对食品安全进行监管，农业部主管全国初级食用农产品生产的监管工作，国家卫生计生委负责食品安全风险评估与国家标准的制定工作，国家食品药品监督管理总局对食品的生产、流通以及消费环节实施统一监督管理。①

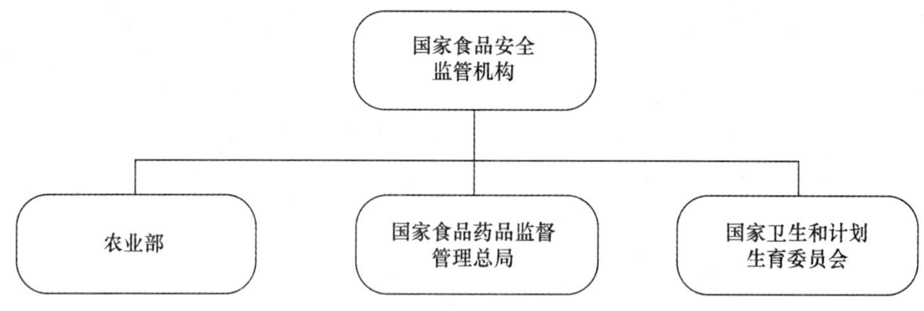

图 8-1 改革后我国“三位一体”的食品安全监管体制框架

为了推进改革，国务院办公厅于 2013 年 3 月 26 日发布了《关于实施〈国务院机构改革和职能转变方案〉任务分工的通知》(国办发〔2013〕22 号)，指出“国务院机构改革和职能转变事关重大，任务艰巨，需要统一部署、突出重点、分批实施、逐步推进，通过坚持不懈的努力，用 3 至 5 年时间完成《方案》提出的各项任务，加快建设职能科学、结构优化、廉洁高效、人民满意的服务型政府”。该文件对国务院相关机构的改革提出了在 2013—2017 年期间的工作要求。对食品监管体制改革提出的要求是：在 2013 年 3 月底前，由中央编办、食品药品监督管理总局制定印发国家食品药品监督管理总局“三定”规定和地方改革完善食品药品监管体制的指导意见。国办发〔2013〕22 号文件仅对 2013 年国家食品药品监督管理总局的改革任务提出了要求，但并未涉及 2014—2017 期间的改革任务。因此，可以理解，国务院要求在 2013 年年底之前完成食品药品监督管理体制的改革任务。

国务院办公厅于 2013 年 3 月 26 日发布了《关于印发国家食品药品监督管理

① 封俊丽：《大部制改革背景下我国食品安全监管体制探讨》，《食品工业科技》2013 年第 6 期。

总局主要职责内设机构和人员编制规定的通知》(国办发〔2013〕24 号)。国办发〔2013〕24 号文件明确了新组建的国家食品药品监督管理总局的职能转变的要求，包括取消的职责、下放的职责、整合的职责与加强的职责，规定了新组建的国家食品药品监督管理总局主要职责，以及明确了内设的 17 个机构的主要职责。在 17 个内设的机构中 13 个机构与食品安全监管相关，4 个机构是药品监管机构。同时明确了新组建的国家食品药品监督管理总局行政编制为 345 名。

国家食品药品监督管理总局于 2013 年 3 月 22 日正式挂牌成立，并加挂国务院食品安全委员会办公室的牌子。

为了进一步推进食品药品安全和监管体制改革工作，2013 年 6 月 5 日展开了全国食品药品安全和监管体制改革工作电视电话会议，中共中央政治局委员、国务院副总理、国务院食品安全委员会副主任汪洋出现会议并作重要讲话。汪洋要求，各级要从大局出发，认真贯彻落实党中央、国务院关于食品药品监管体制改革的决策部署，周密部署，精心组织，确保人员和机构整合到位，确保人、财、物划转充实到位，确保机构组建按时到位，确保各方面职责落实到位，坚决打赢打胜食品药品监管体制改革这场硬仗。

(二) 地方层面上的改革要求

2013 年 4 月 10 日国务院发布《关于地方改革完善食品药品监督管理体制的指导意见》(国发〔2013〕18 号)，进一步明确了推进地方食品药品监督管理体制改革的要求。主要是：

1. 整合监管职能和机构

为了减少监管环节，保证上下协调联动，防范系统性食品药品安全风险，省、市、县级政府原则上参照国务院整合食品药品监督管理职能和机构的模式，结合本地实际，将原食品安全办、原食品药品监管部门、工商行政管理部门、质量技术监督部门的食品安全监管和药品管理职能进行整合，组建食品药品监督管理机构，对食品药品实行集中统一监管，同时承担本级政府食品安全委员会的具体工作。地方各级食品药品监督管理机构领导班子由同级地方党委管理，主要负责人的任免须事先征求上级业务主管部门的意见，业务上接受上级主管部门的指导。

2. 整合监管队伍和技术资源

参照《国务院机构改革和职能转变方案》关于"将工商行政管理、质量技术监督部门相应的食品安全监督管理队伍和检验检测机构划转食品药品监督管理部门"的要求，省、市、县各级工商部门及其基层派出机构要划转相应的监管执法人员、编制和相关经费，省、市、县各级质监部门要划转相应的监管执法人员、编制和涉及食品安全的检验检测机构、人员、装备及相关经费，具体数量由地方政府确定，确保新机构有足够力量和资源有效履行职责。同时，整合县级食品安全检验检测资源，建立区域性的检验检测中心。

3. 加强监管能力建设

在整合原食品药品监管、工商、质监部门现有食品药品监管力量基础上，建立食品药品监管执法机构。要吸纳更多的专业技术人员从事食品药品安全监管工作，根据食品药品监管执法工作需要，加强监管执法人员培训，提高执法人员素质，规范执法行为，提高监管水平。地方各级政府要增加食品药品监管投入，改善监管执法条件，健全风险监测、检验检测和产品追溯等技术支撑体系，提升科学监管水平。食品药品监管所需经费纳入各级财政预算。

4. 健全基层管理体系

县级食品药品监督管理机构可在乡镇或区域设立食品药品监管派出机构。要充实基层监管力量，配备必要的技术装备，填补基层监管执法空白，确保食品和药品监管能力在监管资源整合中都得到加强。在农村行政村和城镇社区要设立食品药品监管协管员，承担协助执法、隐患排查、信息报告、宣传引导等职责。要进一步加强基层农产品质量安全监管机构和队伍建设。推进食品药品监管工作关口前移、重心下移，加快形成食品药品监管横向到边、纵向到底的工作体系。

5. 有序推进地方改革

食品药品日常监管任务繁重，要尽可能缩短改革过渡期。省、市、县三级食品药品监督管理机构改革工作，原则上分别于 2013 年上半年、9 月底和年底前完成。

二、新一轮地方食品安全监管体制的改革进展

食品安全监管体制改革不能仅停留于中央层面，关键是要落实在基层，从而形成上下联动、协同推进的良好改革局面。2013 年 4 月，《国务院关于地方改革完善食品药品监督管理体制的指导意见》（国发〔2013〕18 号，以下简称《意见》）发布，吹响了地方改革食品药品监督管理体制的号角。本章研究的主要观察对象是各地的食品药品监督管理体制改革实施意见和食品药品监督管理局主要职责内设机构和人员编制方案，以此作为了解各地改革内容的文本。需要说明的是，部分地区的相关文件因多种原因并未对外公布，故本文中相关数据只是对外正式发布的相关文件及其内容的统计分析。

（一）地方层面的改革进展

自《意见》公布以来，各地积极开展食品药品监督管理体制改革调研，制定符合本地区特点的食品药品监督管理体制改革方案以及“三定”方案。根据《意见》要求，省、市、县三级食品药品监督管理机构改革工作，原则上分别于 2013 年上半年、9 月底和年底前完成。但是各地区公布相关改革实施意见和“三定”方案的进度参差不齐，个别地区进展缓慢，改革进度与预想有所差距。

1. 省级食品药品安全监管体制改革进度

截止到 2014 年 6 月，全国有 29 个省（自治区、直辖市）公布了省级食品药品

监督管理机构"三定"方案,有 14 个省级单位公布了省级改革实施方案,有 21 个省级单位公布了省以下级别的改革实施方案。具体可参见表 8-1。

表 8-1 各省(自治区、直辖市)"三定"方案与改革实施意见(方案)公布情况

区域	省份(自治区、直辖市)	省级"三定"方案	省级改革实施意见(方案)	省以下级别的改革实施意见
直辖市	北京	√	√	√(同左)
	上海	√	×	×
	天津	×	×	×
	重庆	√	√	√
华北地区	河北	√	√	√(同左)
	山西	√	√	√
	内蒙古	√	×	√
华中地区	河南	√	√	√(同左)
	湖北	√	√	√(同左)
	湖南	√	×	×
华南地区	广东	√	×	√
	广西	√	√	√(同左)
	海南	√	×	×
西南地区	贵州	√	×	√
	四川	√	×	√
	西藏	√	×	
	云南	√	×	√
西北地区	甘肃	√	×	√
	青海	√	√	√(同左)
	宁夏	×	×	×
	新疆	√	×	×
	陕西	√	√	√
东北地区	黑龙江	√	√	×
	吉林	√	×	×
	辽宁	√	√	√
合计		29	14	21(单独公布:14)

注:"√"表示已公布,"×"表示未公布。

2. 地级食品药品监督管理体制改革进度

截止到 2014 年 6 月,全国 333 个地级行政区划中公开公布本级食品药品监督管理机构"三定"方案的有 49 个,占总数的 14.7%;公开公布本级食品药品监督管理体制改革实施意见的有 90 个,占总数的 24.6%。总体来看,公开公布本级食品药品监督管理体制等改革内容的地级行政区划共有 112 个,占总数的 31.2%。具体可参见表 8-2、表 8-3、表 8-4。

表 8-2 各省(自治区、直辖市)地级行政区划“三定”方案公布情况

区域	省份(自治区、直辖市)	地级行政区划数量	已公布“三定”方案的地级行政区划数量	百分比(%)
直辖市	北京	16	0	0
	上海	17	0	0
	天津	16	0	0
	重庆	38	0	0
华北地区	河北	11	1	9
	山西	11	5	45.5
	内蒙古	12	0	0
华东地区	安徽	16	0	0
	山东	17	6	35.3
	江苏	13	0	0
	浙江	11	1	9
	福建	9	1	11.1
	江西	11	0	0
华中地区	河南	17	0	0
	湖北	13	5	38.5
	湖南	14	0	0
华南地区	广东	21	9	42.9
	广西	14	4	28.6
	海南	3	0	0
西南地区	贵州	9	0	0
	四川	21	10	47.6
	西藏	7	0	0
	云南	16	0	0
西北地区	甘肃	14	4	28.6
	青海	8	0	0
	宁夏	5	0	0
	新疆	14	0	0
	陕西	10	2	20
东北地区	黑龙江	13	0	0
	吉林	9	0	0
	辽宁	14	1	7.1
合计		420(333)**	49	11.7(14.7)

注:* 地级行政区划数量引自《中国统计年鉴 2013》。** 地级行政区划数量与《中国统计年鉴 2013》有所出入,因为直辖市的下辖区(县)是地级行政单位,这里的 420 个地级行政区划数量计算了直辖市的下辖区,而括号中的数据没有将直辖市的下辖区(县)计算为地级行政单位。

表 8-3　各省(自治区、直辖市)地级行政单位改革实施意见公布情况

区域	省份(自治区、直辖市)	地级行政区划数量	已公布改革实施意见的地级行政区划		只公布改革实施意见的地级行政区划	
			数量	百分比(%)	数量	百分比(%)
直辖市	北京	16	2	12.5	2	12.5
	上海	17	2	11.8	2	11.8
	天津	16	0	0	0	0
	重庆	38	4	10.5	4	10.5
华北地区	河北	11	1	9	0	0
	山西	11	7	63.6	3	27.3
	内蒙古	12	3	25	3	25
华东地区	安徽	16	0	0	0	0
	山东	17	11	64.7	5	29.4
	江苏	13	0	0	0	0
	浙江	11	5	45.5	5	45.5
	福建	9	6	66.7	5	55.6
	江西	11	0	0	0	0
华中地区	河南	17	0	0	0	0
	湖北	13	5	38.5	3	23.1
	湖南	14	0	0	0	0
华南地区	广东	21	9	42.9	4	19.0
	广西	14	7	50	5	35.7
	海南	3	1	33.	1	33.3
西南地区	贵州	9	2	22.2	2	22.2
	四川	21	5	23.8	2	9.5
	西藏	7	0	0	0	0
	云南	16	0	0	0	0
西北地区	甘肃	14	8	57.1	5	35.7
	青海	8	0	0	0	0
	宁夏	5	0	0	0	0
	新疆	14	0	0	0	0
	陕西	10	7	70	7	70
东北地区	黑龙江	13	0	0	0	0
	吉林	9	0	0	0	0
	辽宁	14	5	0	5	0
合计		420(333)	90	21.4 (24.6)	63	15 (16.5)

表8-4 各省(自治区、直辖市)地级行政单位改革进度

区域	省份(自治区、直辖市)	地级行政区划数量	只公布改革实施意见的地级行政区划数量	公布"三定"方案的地级行政区划数量	公布改革内容的地级行政区划总数	百分比(%)
直辖市	北京	16	2	0	2	12.5
	上海	17	2	0	2	11.7
	天津	16	0	0	0	0
	重庆	38	4	0	4	10.5
华北地区	河北	11	0	1	1	9
	山西	11	3	5	8	72.7
	内蒙古	12	3	0	3	25
华东地区	安徽	16	0	0	0	0
	山东	17	5	6	11	64.7
	江苏	13	0	0	0	0
	浙江	11	5	1	6	54.5
	福建	9	5	1	6	66.7
	江西	11	0	0	0	0
华中地区	河南	17	0	0	0	0
	湖北	13	3	5	8	61.5
	湖南	14	0	0	0	0
华南地区	广东	21	4	9	13	61.9
	广西	14	5	4	9	64.3
	海南	3	1	0	1	33.3
西南地区	贵州	9	2	0	2	22.2
	四川	21	2	10	12	57.1
	西藏	7	0	0	0	0
	云南	16	0	0	0	0
西北地区	甘肃	14	5	4	9	64.3
	青海	8	0	0	0	0
	宁夏	5	0	0	0	0
	新疆	14	0	0	0	0
	陕西	10	7	2	9	90
东北地区	黑龙江	13	0	0	0	0
	吉林	9	0	0	0	0
	辽宁	14	5	1	6	42.9
合计		420(333)	63	49	112	26.7 (31.2)

3. 县级食品药品监督管理体制改革进度。截止到2014年6月,全国2835个县级行政区划中公开公布本级“三定”方案的有59个;公开公布本级改革实施意见的有38个。总体来看,公开公布本级改革内容的县级行政区划共有97个,占总数的3.7%,这其中县级市公布本地区改革内容的比例略高,约占总县级市数量的4.6%,高于市辖区3.4%的和其他区域的3.2%。具体可参见表8-5、表8-6。

三、地方食品安全监管体制新一轮改革实际进度与预设目标间的差距

改革绝不能“毕其功于一役”,需要循序渐进,按部就班实施。同时,改革也伴随着风险,“改革触动利益比触动灵魂还要困难”。食品药品监督管理体制改革不但需要自身内部机构设置和人员调整进行大幅度变化,其职能也需要和其他工商、质监等部门进行反复协商,充分酝酿。因此,实际改革的进度大部分落后于国家《意见》中的要求。

(一) 省级监管体制改革进度

根据现有资料,省级机构改革中,仅有河北、山西和甘肃3省按预定时间完成了改革,天津市和宁夏回族自治区至截稿为止没有发布任何改革相关的文件,剩下省(自治区、直辖市)拖延1个月到11个月不等。

(二) 地级改革进度

地级行政单位中,仅有福建、广西、辽宁、甘肃和河北5省按预定时间完成了改革,其中福建省部分地区提前一个月公布改革内容。四川等7个省区的地级单位拖延1个月到6个月不等,宁夏至截稿为止仍未公布改革完成实际时间,海南等14个省区未公开相关资料,改革是否完成等情况没有统计,部分省区改革的拖延时间有可能更加长久(见表8-8)。

(三) 县级改革进度

县级行政单位中,仅有四川、广西和甘肃3省的县级行政单位按预定时间完成了改革,其中甘肃省部分地区提前一个月公布改革内容。山西等5个省属的县级单位拖延1个月到5个月不等,宁夏和天津至截稿为止仍未公布改革完成实际时间,北京、辽宁等21个省区未公开相关资料,改革是否完成等情况没有统计,部分省区改革的拖延时间有可能更加长久(见表8-9)。

表 8-5　各省（自治区、直辖市）县级行政单位改革进度（分表）

区域	省份（自治区、直辖市）	县级行政区划数量*			只公布改革实施意见的县级行政区划数量			公布“三定”方案的县级行政区划数量			公布改革内容的县级行政区划总数			公布改革内容的县级行政区划所占百分比（%）		
		市辖区	县级市	其他	市辖区	县级市	其他	市辖区	县级市	其他	市辖区	县级市	其他	市辖区	县级市	其他
直辖市	北京	14	0	2	2	0	0	0	0	0	2	0	0	14.3	0	0
	上海	16	0	1	2	0	0	0	0	0	2	0	0	12.5	0	0
	天津	13	0	3	0	0	0	0	0	0	0	0	0	0	0	0
	重庆	19	0	19	1	0	3	0	0	0	1	0	3	5.3	0	15.8
华北地区	河北	37	22	107	0	0	1	0	0	0	0	0	1	0	0	1
	山西	23	11	85	0	0	2	0	0	0	0	0	2	0	0	2.3
	内蒙古	21	11	69	0	1	0	0	0	0	0	1	0	0	9	0
华东地区	安徽	43	6	56	0	2	4	1	0	1	1	2	5	2.3	33.3	9
	山东	48	30	60	1	1	1	3	2	0	4	3	1	8.3	10	1.7
	江苏	55	23	24	0	0	0	0	0	0	0	0	0	0	0	0
	浙江	32	22	26	3	4	4	0	2	1	3	6	5	9.4	27.3	19.23
	福建	26	14	45	0	0	1	0	0	0	0	0	1	0	0	2.2
	江西	19	11	70	0	0	0	0	0	0	0	0	0	0	0	0
华中地区	河南	50	21	88	0	0	0	0	0	0	0	0	0	0	0	0
	湖北	38	24	40	0	0	0	0	0	0	0	0	0	0	0	0
	湖南	35	16	71	0	0	0	0	0	0	0	0	0	0	0	0

（续表）

区域	省份（自治区、直辖市）	县级行政区划数量*			只公布改革实施意见的县级行政区划数量			公布“三定”方案的县级行政区划数量			公布改革内容的县级行政区划总数			公布改革内容的县级行政区划所占百分比(%)		
		市辖区	县级市	其他	市辖区	县级市	其他	市辖区	县级市	其他	市辖区	县级市	其他	市辖区	县级市	其他
华南地区	广东	56	23	42	2	0	0	1	1	3	3	1	3	5.3	4.3	7.1
	广西	34	7	68	1	1	3	0	0	4	1	1	7	3	14.3	10.3
	海南	4	6	10	0	1	0	0	0	0	0	1	0	0	16.7	0
西南地区	贵州	13	7	68	0	0	0	0	0	0	0	0	0	0	0	0
	四川	45	14	122	1	0	2	5	1	7	6	1	9	13.3	7.1	7.3
	西藏	1	1	72	0	0	0	0	0	0	0	0	0	0	0	0
	云南	13	11	105	1	1	1	0	0	0	1	1	1	7.6	9	1
西北地区	甘肃	17	4	65	1	0	3	1	0	2	2	0	5	11.8	0	7.6
	青海	4	2	37	0	0	0	0	0	0	0	0	0	0	0	0
	宁夏	9	2	11	0	0	0	0	0	0	0	0	0	0	0	0
	新疆	11	22	68	0	0	0	0	0	0	0	0	0	0	0	0
	陕西	24	3	80	3	0	5	0	0	3	3	0	8	12.5	0	10
东北地区	黑龙江	64	18	46	0	0	0	0	0	0	0	0	0	0	0	0
	吉林	20	20	20	0	0	0	0	0	0	0	0	0	0	0	0
	辽宁	56	17	27	0	0	0	0	0	0	0	0	0	0	0	0
合计		860	368	1607	18	11	30	11	6	21	29	17	51	3.4	4.6	3.2

注：*引自《中国统计年鉴2013》，此处统一将直辖市下辖区县计算为县级行政单位。

表 8-6 各省(自治区、直辖市)县级行政单位改革进度(总表)

区域	省份(自治区、直辖市)	县级行政区划数量*	只公布改革实施意见的县级行政区划数量	公布“三定”方案的县级行政区划数量	公布改革内容的县级行政区划总数	公布改革内容县级行政区划百分比(%)
直辖市	北京	16	2	0	2	12.5
	上海	17	2	0	2	11.7
	天津	16	0	0	0	0
	重庆	38	4	0	4	10.5
华北地区	河北	166	1	0	1	0.6
	山西	119	2	0	2	1.7
	内蒙古	101	1	0	1	1
华东地区	安徽	105	6	2	8	7.6
	山东	138	3	5	8	5.8
	江苏	102	0	0	0	0
	浙江	80	11	3	14	17.5
	福建	85	1	0	1	1.2
	江西	100	0	0	0	0
华中地区	河南	159	0	0	0	0
	湖北	102	0	0	0	0
	湖南	122	0	0	0	0
华南地区	广东	121	2	5	7	5.8
	广西	109	5	4	9	8.3
	海南	20	1	0	1	5.0
西南地区	贵州	88	0	0	0	0
	四川	181	3	13	16	8.8
	西藏	74	0	0	0	0
	云南	129	3	0	3	2.3
西北地区	甘肃	86	4	3	7	8.1
	青海	43	0	0	0	0
	宁夏	22	0	0	0	0
	新疆	101	0	0	0	0
	陕西	107	8	3	11	10.3
东北地区	黑龙江	128	0	0	0	0
	吉林	60	0	0	0	0
	辽宁	100	0	0	0	0
合计		2835	59	38	97	3.4

注:*引自《中国统计年鉴 2013》,此处统一将直辖市下辖区县计算为县级行政单位。

表 8-7　各省(自治区、直辖市)机构改革完成时间与预期差距表

省份(自治区、直辖市)	机构改革完成预计时间*	机构改革完成实际时间	差距时间
河北	2013 年 6 月	2013 年 6 月	无
山西	2013 年 6 月	2013 年 6 月	无
甘肃	2013 年 6 月	2013 年 6 月	无
湖北	2013 年 6 月	2013 年 7 月	1 个月
海南	2013 年 6 月	2013 年 7 月	1 个月
贵州	2013 年 6 月	2013 年 7 月	1 个月
四川	2013 年 6 月	2013 年 7 月	1 个月
陕西	2013 年 6 月	2013 年 7 月	1 个月
安徽	2013 年 7 月	2013 年 9 月	2 个月
江西	2013 年 6 月	2013 年 8 月	2 个月
广东	2013 年 6 月	2013 年 8 月	2 个月
吉林	2013 年 6 月	2013 年 8 月	2 个月
内蒙古	2013 年 6 月	2013 年 9 月	3 个月
山东	2013 年 6 月	2013 年 9 月	3 个月
江苏	2013 年 6 月	2013 年 9 月	3 个月
河南	2013 年 6 月	2013 年 9 月	3 个月
广西	2013 年 6 月	2013 年 9 月	3 个月
北京	2013 年 6 月	2013 年 10 月	4 个月
重庆	2013 年 6 月	2013 年 10 月	4 个月
湖南	2013 年 6 月	2013 年 10 月	4 个月
上海	2013 年 6 月	2013 年 11 月	5 个月
浙江	2013 年 6 月	2013 年 11 月	5 个月
福建	2013 年 6 月	2013 年 11 月	5 个月
辽宁	2013 年 6 月	2013 年 11 月	5 个月
青海	2013 年 6 月	2013 年 12 月	6 个月
黑龙江	2013 年 6 月	2013 年 12 月	6 个月
新疆	2013 年 6 月	2014 年 3 月	9 个月
西藏	2013 年 6 月	2014 年 5 月	11 个月
云南	2013 年 6 月	2014 年 5 月	11 个月
天津	2013 年 6 月	尚未公布	—
宁夏	2013 年 6 月	尚未公布	—

注:"—"表示资料缺失。*需要说明的是,各省(自治区、直辖市)机构改革完成时间若无本地区自行公布的时间表,应以《国务院关于地方改革完善食品药品监督管理体制的指导意见》(国发〔2013〕18 号)要求为准。

表 8-8 各省(自治区、直辖市)地级行政单位机构改革完成时间与预期差距表

省份(自治区、直辖市)	机构改革完成预计时间	机构改革完成实际时间	差距时间
福建	2014 年 3 月	2014 年 2 月	提前 1 个月
甘肃	2013 年 9 月	2013 年 9 月	无
广西	2013 年 12 月	2013 年 12 月	无
辽宁	2014 年 3 月	2014 年 3 月	无
河北	2013 年 9 月	2013 年 9 月	无
四川	2013 年 9 月	2013 年 10 月	1 个月
山东	2013 年 11 月	2014 年 1 月	2 个月
山西	2013 年 9 月	2013 年 12 月	3 个月
陕西	2013 年 10 月	2014 年 1 月	3 个月
湖北	2013 年 9 月	2014 年 3 月	6 个月
贵州	2013 年 9 月	2014 年 3 月	6 个月
广东	2013 年 9 月	2014 年 3 月	6 个月
海南	2013 年 12 月	—	—
安徽	2014 年 1 月	—	—
江西	2013 年 9 月	—	—
吉林	2013 年 9 月	—	—
内蒙古	2014 年 3 月	—	—
江苏	2013 年 9 月	—	—
河南	2014 年 3 月	—	—
湖南	2013 年 9 月	—	—
浙江	2014 年 1 月	—	—
青海	2013 年 9 月	—	—
黑龙江	2013 年 12 月	—	—
新疆	2013 年 9 月	—	—
西藏	2013 年 9 月	—	—
云南	2013 年 9 月	—	—
宁夏	2013 年 9 月	尚未公布	—

注:“—”表示数据缺失。上表中不含直辖市。

表 8-9　各省(自治区、直辖市)县级行政单位机构改革完成时间与预期差距表

省份(自治区、直辖市)	机构改革完成预计时间	机构改革完成实际时间	差距时间
甘肃	2013 年 12 月	2013 年 11 月	提前一个月
广西	2013 年 12 月	2013 年 12 月	无
四川	2013 年 12 月	2013 年 12 月	无
山西	2013 年 12 月	2014 年 1 月	1 个月
云南	2013 年 12 月	2014 年 1 月	1 个月
山东	2013 年 12 月	2014 年 2 月	2 个月
安徽	2014 年 1 月	2014 年 3 月	2 个月
陕西	2013 年 10 月	2014 年 3 月	5 个月
北京	2013 年 8 月	—	—
辽宁	2014 年 4 月	—	—
上海	2013 年 12 月	—	—
重庆	2013 年 12 月	—	—
福建	2014 年 3 月	—	—
河北	2013 年 12 月	—	—
湖北	2013 年 12 月	—	—
贵州	2013 年 12 月	—	—
广东	2013 年 12 月	—	—
海南	2013 年 12 月	—	—
江西	2013 年 12 月	—	—
吉林	2013 年 12 月	—	—
内蒙古	2014 年 3 月	—	—
江苏	2013 年 12 月	—	—
河南	2014 年 3 月	—	—
湖南	2013 年 9 月	—	—
浙江	2014 年 1 月	—	—
青海	2013 年 12 月	—	—
黑龙江	2013 年 12 月	—	—
新疆	2013 年 12 月	—	—
西藏	2013 年 12 月	—	—
宁夏	2013 年 12 月	尚未公布	—
天津	2013 年 12 月	尚未公布	—

注:“—”表示资料的缺失。

四、地方食品药品监督管理体制新一轮改革的基本内容

通过分析各地食品药品监督管理体制改革实施意见和“三定”方案不难看出，比较《国家食品药品监督管理总局主要职责内设机构和人员编制的规定》（国办发〔2013〕24 号）和《国务院关于地方改革完善食品药品监督管理体制的指导意见》（国发〔2013〕18 号），各地在食品药品监督管理体制改革的职能变化、内设机构与人员编制情况、改革的主要任务和改革领导小组负责人等方面具有广泛的共同点，特别是省一级的改革内容，具有较高的相似性。当然，也有部分地区根据本地区食品药品安全监督管理的实际情况进行了不同程度的创新。

各地市、各县的“三定”方案和相关改革文件大部分尚未公布或仍在制定中，难以全面反映当地改革情况，无法进行有效比较，因此本节重点介绍省级相关改革的基本内容，同时介绍部分市县有特色的改革内容。

（一）改革前后职能变化情况

1. 取消的职能

简放政权是本次改革重要原则，也是自十八届三中全会以来政府改革的重要方向，取消一定的行政审批事项有助于相关业务部门将更多精力投入到食品药品安全的日常维护上，将更多的监管资源投向市场行为，而非前市场行为。各省（自治区、直辖市）局取消的主要职能见表 8-10。

表 8-10 各省（自治区、直辖市）局取消的主要职能

取消的职能名称	取消该职能省（自治区、直辖市）数量
药品生产质量管理规范认证	28
药品经营质量管理规范认证	28
化妆品生产和卫生行政许可合二为一	27
执业药师资格核准和继续教育	27
第二类医疗器械临床试用、使用审批	6
蛋白同化制剂等海外委托生产备案	5

除表 8-10 所示的各省（自治区、直辖市）局主要职能取消情况之外，广东省取消了广东省食品药品监督管理局原有的餐饮服务相关机构和人员备案的职能；浙江省和吉林省取消了各自食品药品监督管理局关于药品招标代理机构资格认证的职能。

2. 下放的职能

由于国家食品药品监督管理总局的主要职责转变中没有相关向地市级下放职能的内容，各地省局在下放给地市一级食品药品监督管理部门的职能差异比较

大。各省(自治区、直辖市)局下放的主要职能见表8-11。

表8-11　各省(自治区、直辖市)局下放的主要职能

下放的职能名称	下放该职能省(自治区、直辖市)数量
医疗器械经营许可	20
药品零售企业经营质量管理规范认证	18
麻醉药品和第一类精神药品运输证明、邮寄证明核发	18
食品生产、流通许可和餐饮服务许可	7
科研教学单位毒性药品购用许可	3

除表8-10所示的各省(自治区、直辖市)局主要职能下放情况之外,北京等省(自治区、直辖市)局还向本省(自治区、直辖市)的地级局下放了其他职能,具体内容详见表8-12。

表8-12　各省(自治区、直辖市)局下放的其他职能

下放的职能名称	下放该职能的省(自治区、直辖市)
审批医疗机构制剂变更配制单位名称	北京
药品生产许可初审	重庆
药品生产许可证实质变更备案	河北、内蒙古
药品广告备案	湖北
保健食品广告审批	安徽、山东
医疗毒性药品收购、经营(批发)企业审批	安徽
出具药物、医疗器械、保健品出口销售证明	广东、广西
中药材市场监管	广东
一类医疗器械生产企业备案登记	上海
保健品经营审核权	海南
药物临床、非临床研究管理规范	海南

3. 整合的职能

整合机构职能是本次改革的重中之重,根据《意见》要求,主要是开展和工商、质监相关机构在食品药品监督管理方面的整合,同时行使本地食品安全委员会的职能。各省(自治区、直辖市)局主要的职能整合情况见表8-13。

表8-13　各省(自治区、直辖市)局整合的职能

整合的职能	整合该职能的省(自治区、直辖市)数量
质量技术监督局的生产环节食品安全监督管理职责	29
工商行政管理局的流通环节食品安全监督管理	29
质量技术监督局的化妆品生产行政许可、强制检验	28

（续表）

整合的职能	整合该职能的省（自治区、直辖市）数量
确定食品安全检验机构资质认定条件	23
原食品安全委员会相关协调职责	21
建立统一的食品安全检测技术支撑体系	18
质量技术监督局的医疗器械强制性认证	17
商务局酒类食品安全监督管理职责	6
编制食品药品方面的地方性法规及技术规范	6
查处食品安全事故	6
组织编制、实施药典	5

除表 8-13 所示的各省（自治区、直辖市）局主要职能整合情况之外，内蒙古自治区将农牧业厅的农产品安全监督管理职责也一并划归自治区食品药品安全监督管理局，进一步实现了对食品生产、加工、流通、消费全过程的监管，特别是对食品原材料的监管。

4. 增加的职能

增加的职能主要为承接国家食品药品监督管理总局下放的职能，分别是：(1) 药品、医疗器械质量管理规范认证；(2) 药品再注册以及不改变药品内在质量的补充申请行政许可；(3) 国产第三类医疗器械不改变产品内在质量的变更申请行政许可；(4) 药品委托生产行政许可；(5) 进口非特殊用途化妆品行政许可。29 个已经公布“三定”方案的省（自治区、直辖市）食品药品监督局全部承接了上述五项职能。

综合以上情况，可以形成表 8-14 的分省（自治区、直辖市）的省级食品药品监督管理局职能调整的基本情况。

表 8-14 各省（自治区、直辖市）局职能调整数量

省（自治区、直辖市）	取消的职能数	下放的职能数	整合的职能数
北京	5	4	7
上海	4	3	6
天津	—	—	—
重庆	7	4	7
河北	5	4	6
山西	5	4	7
内蒙古	5	5	9
安徽	5	5	5
山东	5	2	5

（续表）

省(自治区、直辖市)	取消的职能数	下放的职能数	整合的职能数
江苏	4	3	9
浙江	8	4	6
福建	5	0	6
江西	5	3	8
河南	6	3	5
湖北	6	4	8
湖南	4	2	9
广东	7	5	7
广西	5	4	6
海南	1	4	6
贵州	5	3	8
四川	5	0	7
西藏	5	0	3
云南	5	2	7
甘肃	5	2	7
青海	5	3	8
宁夏	—	—	—
新疆	5	0	2
陕西	5	0	6
黑龙江	5	1	6
吉林	6	3	7
辽宁	4	2	6

注:“—”表示数据缺失。

（二）内设机构与人员编制情况

1. 内设机构情况

根据各省已经公布的“三定”方案,各省局内设机构在10至18个之间,平均为15.2个。各省局的内设机构主要分为三个部分:(1)日常公务处理机构,主要负责日常办公、机构财务处、机构人事事宜、综合协调和新闻宣传。(2)业务辅助机构,主要负责政策研究、法制建设、内外部稽查、应急管理、科技与标准设立、修改和应用。(3)核心业务机构,主要负责食品生产、食品流通和食品餐饮监管,药品注册、药品生产及其流通监管,医疗器械注册及其流通监管,化妆品监管。各省的内设机构根据这三个部分进行一定的排列组合,但承担的职能固定,没有超出前述内容。各省(自治区、直辖市)的省级局内设机构与人员编制数量等基本情况可参见表8-15。

表 8-15 各省(自治区、直辖市)内设机构与人员编制数量基本情况一览表

省(自治区、直辖市)	内设机构数量	人员编制数量	处级职数	食品安全稽查员人数
西藏	10	—	—	—
青海	13	78	32	2
江西	14	90	32	4
湖北	14	100	42	5
湖南	14	115	47	4
贵州	14	93	28	5
甘肃	14	95	35	—
山西	15	103	44	8
内蒙古	15	105	44	4
江苏	15	126	41	6
浙江	15	87	37	4
福建	15	107	33	2
广西	15	104	38	5
海南	15	76	31	—
云南	15	142	46	6
新疆	15	115	—	—
上海	16	109	35	—
重庆	16	119	37	6
安徽	16	127	42	4
山东	16	130	49	5
河南	16	150	53	8
四川	16	128	37	6
陕西	16	115	39	6
黑龙江	16	120	50	8
河北	17	130	54	5
广东	17	120	55	—
吉林	17	135	55	—
辽宁	17	110	46	5
北京	18	170	57	8
天津	尚未公布	—	—	—
宁夏	尚未公布	—	—	—

注:“—”表示数据缺失。

2. 人员编制情况

表8-15数据显示,从已经公布的"三定"方案来看,各省的人员编制从78人至170人不等,平均为114.25人;处级职数28个至55个不等,平均为42.2个;大部分省份在"三定"方案中明确设立食品安全稽查专员,设置人员数从2人到8人不等,平均为5.3人。各地设立副局长职数中,有12个省份设立5个副局长,其中有9个省份的副局长兼任卫生部门副局长(副主任),以方便与卫生部门协调改革事宜;有14个省份设立4个副局长,其中有7个省份的副局长兼任卫生部门副局长(副主任);有2个省份设立3个副局长,无人兼任卫生部门副局长(副主任)。

除此之外,设立食品药品总工程师一职的有上海、浙江、湖北、海南和陕西五地,山西省设立了药品总检验师和食品总检验师各1名,并明确其行政级别为副厅级。14个省份设立了食品安全总监和药品安全总监职位,其中江苏和江西两省将两个总监合二为一,设1人担任食品药品安全总监,而青海和黑龙江两省均仅有食品安全总监1人,其余12个省份皆分别设立了食品安全总监和药品安全总监职位。

(三)改革的主要任务

本次食品药品监督管理体制改革以保障人民群众食品药品安全为目标,以转变政府职能为核心,以整合监管职能和机构为重点,需要完成的任务有:整合监管职能和机构,整合监管队伍和技术资源,加强监管能力建设,健全基层管理体系等。

1. 监管职能与机构的整合重组

整合监管职能和机构的目的是减少监管环节,防范系统性食品药品安全风险。各地结合本地实际,将原食品安全办、原食品药品监管部门、工商行政管理部门、质量技术监督部门的食品安全监管和药品管理职能进行整合,组建食品药品监督管理机构,对食品药品生产、加工、流通、消费全过程实行集中统一监管,同时承担本级政府食品安全委员会的具体工作。在一些有条件的地区试行建立统合工商、质监和食药部门的"大部制"式"市场监督管理局"。如安徽省、浙江省和辽宁省就要求县级单位"组建市场监督管理局,为同级政府工作部门,统一负责本行政区域内工商行政管理、质量技术监督和食品药品安全等市场监管工作"。

同时,在机构管理体制上,地方各级食品药品监督管理机构领导班子由同级地方党委管理,主要负责人的任免须事先征求上级业务主管部门的意见,业务上接受上级主管部门的指导。食品药品监督管理机构由原先的垂直管理变成属地管理为主,强化了其作为地方政府组成部门的责任。

2. 监管力量和技术资源的配置

根据监管职能和机构整合的需求以及国务院"将工商行政管理、质量技术监督部门相应的食品安全监督管理队伍和检验检测机构划转食品药品监督管理部门”的要求①,地方各级工商部门及其基层派出机构要划转相应的监管执法人员、编制和相关经费,地方各级质监部门要划转相应的监管执法人员、编制和涉及食品安全的检验检测机构、人员、装备及相关经费,坚持“编随事转,人随便走”的原则,确保新机构有足够力量和资源有效履行职责。同时,整合县级食品安全检验检测资源,建立区域性的检验检测中心。而湖北省则要求建立起公共性更强、覆盖范围更广的公共检测中心。

3. 监管能力的建设

监管能力由监管机构、监管政策和监管政策制定工具三者所组成。② 因此,首先需要在整合原食品药品监管、工商、质监部门现有食品药品监管力量基础上,建立食品药品监管执法机构。其次要吸纳更多的专业技术人员从事食品药品安全监管工作。根据食品药品监管执法工作需要,加强监管执法人员培训,提高执法人员素质,规范执法行为,提高监管政策执行的水平。同时地方各级政府还需要增加食品药品监管投入,改善监管执法条件,健全风险监测、检验检测和产品追溯等技术支撑体系,提升监管政策的科学性和可行性。湖南省要求将原属省质量技术监督局的省食品质量监督研究院划归新成立的省食品药品监督管理局,③以便提升食品药品监督管理政策制定的科学性和合理性。

4. 基层管理体系的优化

县级食品药品监督管理机构可在乡镇或区域设立食品药品监管派出机构。要充实基层监管力量,配备必要的技术装备,填补基层监管执法空白,确保食品和药品监管能力在监管资源整合中都得到加强。要进一步加强基层农产品质量安全监管机构和队伍建设。推进食品药品监管工作关口前移、重心下移。截止到2014年6月,已有22个省(自治区、直辖市)宣称在乡镇设立食品药品监管派出机构。

同时,在农村行政村和城镇社区要设立食品药品监管协管员,承担协助执法、隐患排查、信息报告、宣传引导等职责,有助于强化基层执法力量,也有助于在全社会形成对于食品药品安全齐抓共管的氛围,增强食品药品安全治理能力。目前已有21个省(自治区、直辖市)决定根据中央文件精神,在基层地区设立食品药品

① 《国务院机构改革和职能转变方案(全文)》,新华网,2013-03-14 [2013-07-21],http://www.china.com.cn/news/2013lianghui/2013-03/14/content_28245220.htm.2013-03-14/2014-06-17。

② 高世楫、俞燕山:《基础设施产业的政府监管——制度设计和能力设计》,社会科学文献出版社2010年版。

③ 《湖南省人民政府办公厅关于印发湖南省食品药品监督管理局主要职责、内设机构和人员编制规定的通知》(湘政办发〔2013〕57号),湖南人民政府网站,2013-10-15 [2014-06-01],http://www.hunan.gov.cn/xxgk/fz/zfwj/szfbgtwj/201311/t20131107_946511.html。

监管协管员，其中，广东省要求地方开始探索食品药品监管志愿服务机制，[①]以此促进社会监督的发展。

（四）改革的组织领导

食品药品监督管理体制改革启动以来，各地区纷纷成立食品药品监督管理体制改革领导小组，用以协调各部门相关工作，加快实施改革。改革领导小组级别越高，可协调工作范围越大，其效率一般也越高，[②]特别是领导小组负责人的级别和职务，决定着改革领导小组的级别。各省（自治区、直辖市）各级领导小组负责人配置情况见表8-16。

表8-16　各省（自治区、直辖市）各级领导小组负责人一览表

省（自治区、直辖市）	省级领导小组	省级以下领导小组
北京	市委常委、副市长	—
上海	—	政府主要领导
天津	—	—
重庆	市政府领导	—
河北	—	各地主要领导
山西	—	政府主要领导
内蒙古	—	—
安徽	—	各地主要领导
山东	—	各地主要领导
江苏	—	—
浙江	—	政府主要领导
福建	—	各地主要领导
江西	省长	—
河南	—	—
湖北	市政府主要领导	政府主要领导
湖南	—	—
广东	—	各地主要领导
广西	各地主要领导	各地主要领导
海南	—	政府领导
贵州	—	政府主要领导

① 《广东省人民政府关于改革完善市县食品药品监督管理体制的指导意见》（粤府〔2013〕85号），广东省人民政府网站，2013-08-30［2014-06-01］，http://www.gdfs.gov.cn/newspublic/80276.jhtml。

② 赖静平、刘晖：《制度化与有效性的平衡——领导小组与政府部门协调机制研究》，《中国行政管理》2011年第8期。

（续表）

省(自治区、直辖市)	省级领导小组	省级以下领导小组
四川	—	—
西藏	—	—
云南	主要领导	—
甘肃	—	政府主要领导
青海	—	—
宁夏	—	—
新疆	—	—
陕西	部门主要领导	政府主要领导
黑龙江	—	政府主要领导
吉林	—	—
辽宁	副省长	政府主要领导

注:“—”表示资料缺失。

各地区中,省级改革方案中,“各地主要领导”任改革小组组长的为2个,“政府主要领导”的有2个,部门主要领导的有1个,还有1个由政府副省级担任。省级以下的改革方案中,“各地主要领导”任改革小组组长的为6个,“政府主要领导”的有9个,“政府领导”1个。由此看来,各地高度重视此项工作,大多数的领导小组由当地主要领导或者政府主要领导担任。

五、新一轮食品药品监督管理体制改革的初步总结

改革开放以来,我国的食品安全监管体制经历了1982年、1988年、1993年、1998年、2003年、2008年、2013年7次改革,基本上每5年为一个周期。其间的2003年、2008年、2013年的3次改革,涉及范围广、改革力度大,并最终形成了目前“三位一体”的食品安全监管体制的总体框架。就我国经济社会发展阶段而言,目前的“三位一体”的政府监管体制既基本符合中国的现实国情,又与食品供应链全程体系的内在规律性初步适应,且借鉴了国际经验,因而可能是现阶段比较有效的监管体制,问题的关键是地方政府改革的落实。

本章上述的相关内容,主要研究2013年3月—2014年6月30日期间地方食品安全监管体制改革的基本要求与进展状况。由于受完整、准确信息搜集的局限,上述阐述的内容可能与客观实际具有一定的差异性。但上述的研究,并不妨碍对地方食品药品监督管理体制新一轮改革进展的初步结论:

其一,地方政府新一轮食品药品监督管理体制实际改革的进度大部分落后于国家的要求,乐观地估计,全国范围内的改革可能约在2015年年底基本落实到街

道与农村乡镇等基层。

其二,基于《国家食品药品监督管理总局主要职责内设机构和人员编制规定》和《意见》,各地在食品药品监督管理体制改革的职能变化、内设机构与人员编制情况、改革的主要任务和改革领导小组负责人等方面具有广泛的共同点,特别是省级层面上的改革内容具有较高的相似性,而部分地区也根据本地区食品药品安全监督管理的实际情况进行了一定的创新。

其三,监管机构设置主要呈现两个基本模式,一是将原食品安全办、原食品药品监管部门、工商行政管理部门、质量技术监督部门的食品安全监管和药品管理职能进行整合,组建食品药品监督管理机构,对食品药品生产、加工、流通、消费全过程实行集中统一监管,同时承担本级政府食品安全委员会的具体工作;二是一些地区试行建立统合工商、质监和食药部门的"大部制"式"市场监督管理局"。如安徽、浙江和辽宁就要求县级单位"组建市场监督管理局,为同级政府工作部门,统一负责本行政区域内工商行政管理、质量技术监督和食品药品安全等市场监管工作"。

其四,监管力量体现了向基层倾斜。截止到 2014 年 6 月,已有 21 个省(自治区、直辖市)决定根据中央文件精神,在基层地区设立食品药品监管协管员,其中,广东省要求地方开始探索食品药品监管志愿服务机制,同时已有 22 个省(自治区、直辖市)宣称在乡镇区域设立食品药品监管派出机构,有助于强化基层执法力量,也有助于在全社会形成对于食品药品安全齐抓共管的氛围,增强食品药品安全风险治理能力。

本轮食品监管体制的改革是否能够取得预期的效果,现在尚难以简单地下结论。食品安全监管体制的改革绝不是简单的相关机构之间的合并,核心与关键是职能的优化与监管力量的有效配置。下一步应该重点探索与实践中央政府食品安全监管相关部门之间、同一层次地方政府食品安全监管部门之间、中央政府与地方政府之间食品安全风险治理的职能、权限与资源的整合与优化配置,以及履行与实现政府食品安全风险治理职能等高度相关的重要问题,努力构建具有中国特色的食品安全政府治理体系。

第九章　2012—2013年间我国食品科学与技术的新进展

食品科学技术进步是食品工业跨越发展的直接推动力。我国食品科学和技术学科发展涵盖了食品产业全过程,包括食品原料、食品营养、食品加工、食品装备、食品流通与服务、食品质量安全控制等环节。食品科技进步为食品产业发展输送创新人才、发现创新知识、开发创新技术、转化创新成果,有力地支撑和引导了食品产业向可持续的方向发展。2012—2013年间在政府、企业、高等院校、科研院所及行业协会的共同努力下,我国食品科学与技术学科的建设在过去的基础上又取得了长足发展。本章节主要对2012—2013年间我国食品科学技术取得的进展作一个轮廓性的介绍。

一、科学与技术的研究进展

新世纪以来,我国食品科学与技术学科发展迅速,在食品科技的多个领域取得了显著成绩,国际影响力显著提升,部分相关研究已经达到国际先进水平。

(一) 食品安全检测技术研究

近年来,食品安全问题受到人们的广泛关注,快速检测技术越来受到国家和企业的重视,在国家各类计划的支持下,食品安全快速检测技术得到迅速发展,新技术新方法不断涌现,其中传感器法和免疫速测法等近五年在理论和技术层面取得的进展最为显著。

1. 传感器法

传感器是目前食品安全检测研究的热点。农药残留、兽药残留等快速检测领域运用最多的是纳米生物传感器,如酶传感器、免疫传感器等。

(1) 酶传感器。近年来,材料制备技术、光通信技术的发展为生物传感器提供了许多新材料、新方法,特别是在材料的选择上,传感器的制备不断吸收分子印迹、纳米材料、量子点等新技术,呈现出新的发展趋势。研究发现,将酶固定在CdTe量子点上,同时在多壁碳纳米管的表面沉积金纳米颗粒,能够极大增强有机磷水解酶传感器的选择性、灵敏度及反应速度。使用甲苯单氧化酶作为感受器,用对氧敏感的含钌磷光染料覆盖光纤维作为换能器,能够制备光纤酶催化传感器，并且当酶催化甲苯氧化时会消耗氧导致磷光强度变化，从而实现水体中甲苯含量的实时、在线、高灵敏测定。

（2）免疫传感器。免疫传感器的研究主要涉及信号放大、多组分检测、自动化、小型化以及传感器的再生等方面。最近，研究者基于金纳米棒自组装原理，首次研制了藻毒素金纳米棒免疫传感器①，对藻毒素检测结果表明，端面识别模式的组装方法具有更高的检测灵敏度和更宽的检测范围（如图9-1），从而阐述了侧面和端面识别两种自组装模式在检测中应用的选择依据。在自动化和小型化方面，近年的热点免疫传感器如全内反射荧光、光波导模式谱、表面等离子共振免疫传感器、石英晶体微天平技术都具有良好的发展前景。

（3）基于适配体的传感器。与抗体相比，适配体具有制备简单、制备成本低、重复性高等优点。② 利用适配体的特异性识别作用开发传感器，是替代免疫识别体系的一种新趋势。基于适配体竞争检测模式已经开发出新型赭曲霉毒素（OTA）

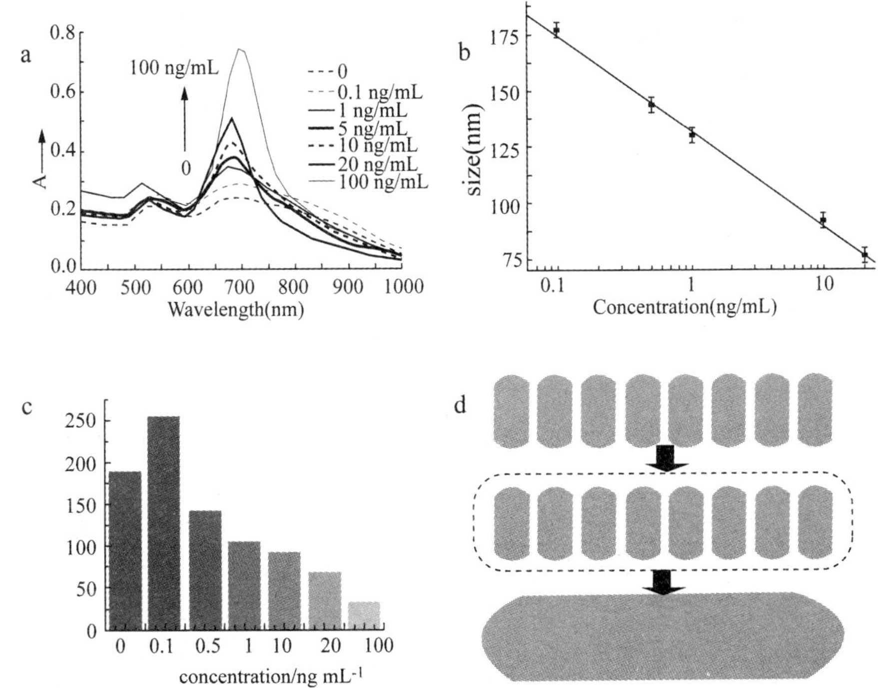

① L. B. Wang, Y. Y. Zhu, L. G. Xu, et al., "Side-by-Side and End-to-End Gold Nanorod Assemblies for Environmental Toxin Sensing", *Angewandte Chemie International Edition*, Vol. 49, No. 32, 2010, pp. 5472—5475.

② Y. Wang, Z. Ye, C. Si, et al. "Application of Aptamer Based Biosensors for Detection of Pathogenic Microorganisms", *Chinese Journal of Analytical Chemistry*, Vol. 40, No. 4, 2012, pp. 634—642.

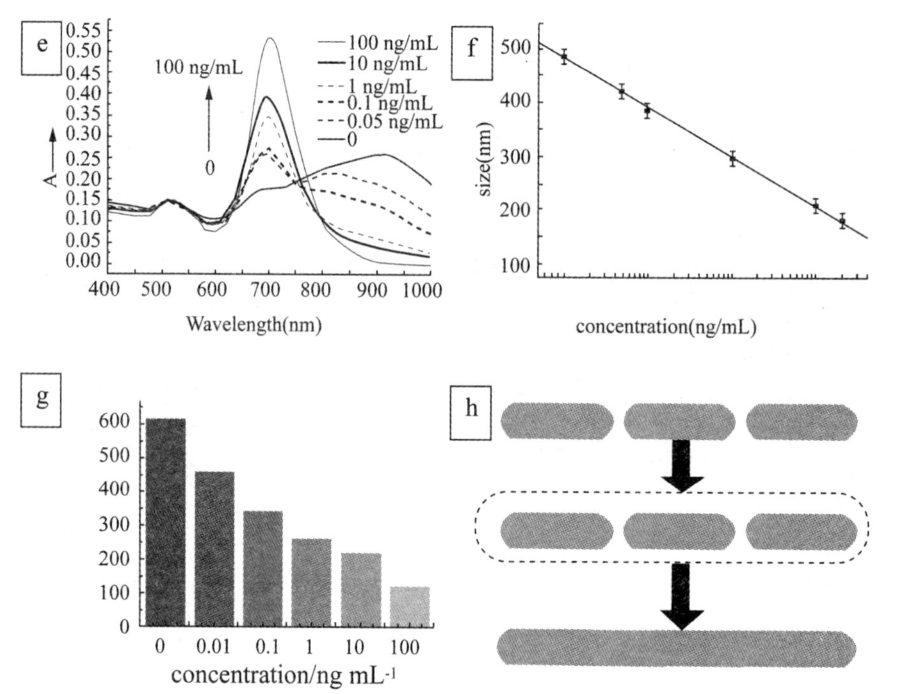

图 9-1 两种自组装方式的模式检测原理分析

电化学传感器①，在金纳米粒子的信号增强作用下，对 OTA 的检测限可达 30 pg/mL。这种 OTA 的传感器具有检测灵敏度高、制备方法简单、检测速度快(20 min)等优点。有研究者通过 OTA 适配体标记量子点②，将其替代传统的胶体金免疫层析试纸条金标抗体，开发出高灵敏的 OTA 快速检测(15 min)试纸条传感器，其检测限可达到 3 ng/mL。

(4) 其他传感器。组织传感器、细胞传感器、非生物传感器等也被应用于食品安全的检测。研究者基于溶出伏安法的原理，用纳米金掺杂石墨烯膜修饰电极，制备了高灵敏度和高选择性的汞离子传感器，在水样中的检出限为 6 ng/L。基于冠醚的离子配合作用构建新型金纳米自组装材料，与金纳米粒子的光共振相结合，该功能化纳米粒子能够实现对牛奶中三聚氰胺的快速(5 min)、灵敏(6 ppb)、特异性的检测(如图 9-2)。

---

① H. Kuang, W. Chen, D. H. Xu, et al., "Fabricated Aptamer-Based Electrochemical 'Signal-off' Sensor of Ochratoxin A", *Biosensors & Bioelectronics*, Vol. 26, No. 2, 2010, pp. 710—716.

② L. Wang, W. Chen, W. Ma, et al., "Fluorescent Strip Sensor for Rapid Determination of Toxins", *Chem Commun*, Vol. 47, No. 5, 2011, pp. 1574—1576.

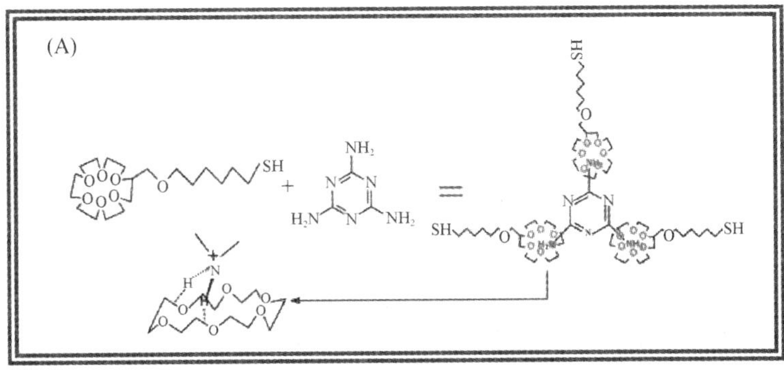

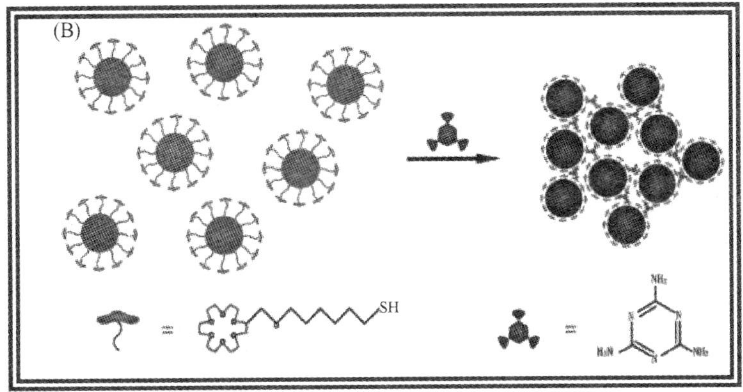

图 9-2　醚和三聚氰胺配合作用(A)和三聚氰胺诱导的 18-冠-6-巯基-改性 GNPs 的凝聚(B)

2. 免疫速测法

根据检测标记物的不同,免疫速测法分为放射免疫检测(RIA)、酶免疫检测(EIA)、荧光免疫检测(FIA)、发光免疫检测(LIA)等。近几年,又出现了大量新的免疫分析技术,如流动注射免疫层析等。

纳米材料、量子点等新技术的出现推动了荧光免疫法的发展。采用双镧系螯合硅纳米材料作为标记物可获得高灵敏度的时间分辨免疫荧光法。采用 DNA 杂交生物荧光纳米粒子探针作为生物元件检测食源性病原体沙门氏菌,检出限可达 3 fmol/L。基于量子点纳米晶体颗粒单克隆抗体结合物能够显著提高牛奶中磺胺甲嘧啶的检测灵敏度,在牛奶及磷酸缓冲溶液中的检出限分别达 0.6 μg/L 和 0.4 μg/L。研究者基于生物素和亲和素放大效应,结合 Western Blot 技术,建立了目标蛋白的超灵敏免疫检测方法,[①]在亲和素的作用下生物素修饰的荧光量子点聚集组装成荧光量子团,其荧光强度和稳定性都得到了很好提高;检测灵敏度达到了皮克级水平,有力地推动了超灵敏免疫检测技术的发展和应用。

3. 其他方法及展望

活体生物学方法利用敏感生物对有毒物的耐受程度进行测试。如发光细菌法利用农药残留抑制荧光酶的活性影响发光细菌的荧光强度,以判断残留物的量。此外,生物芯片技术、便携式气质联用技术等在快速检测中亦有应用。

目前,快速、准确、经济、简便、多残留同时检测已成为食品有害成分快速检测方法发展的主要方向。快速检测涉及的食品种类和检测对象繁多,现有的快速检测方法仍难以满足多残留同时检测的要求,因此,迫切需要研究开发多残留同时检测的快速检测方法、技术和仪器。

(二)多酚的高效分离、生理活性及抗氧化机理

多酚物质是植物的主要次生代谢产物之一,对植物的品质、色泽、风味等有显著影响,同时还具有抗氧化、抗癌、抗菌等多种重要生理功能,近几十年来始终为国内外研究热点。

1. 多酚化合物制备和分析方法

由于酚类物质易氧化,所以在提取时既要获得较高的提取率,又要防止氧化。传统的酚类化合物提取方法主要是有机溶剂提取法。然而,有机溶剂提取法具有潜在的健康风险(溶剂残余)、污染环境等问题。近年来,新的提取方法不断涌现,如超声波辅助提取、固相萃取、微波辅助提取、超临界流体萃取、加压溶剂萃取等。这些新提取方法大多能够显著提高提取效率,缩短提取时间,并且提取条件更为温和,虽然在成本、处理量等方面仍需完善,但这些技术在提升生产效率、解决环境污染问题、提高产品品质和健康性等方面有一定优势。

在分离方面,柱层析技术发展迅速,新的层析技术和高效柱层析填料不断涌现。树脂层析分离法分离植物多酚的效率高,选择性强,操作条件温和,但操作周期稍长。高速逆流色谱、串联快速色谱等方法也不断应用,为酚类成分的分离提供了更加快速、便捷的途径。

随着现代分析技术的快速发展,超高效液相、液质联用、气质联用、液相—核磁联用等先进技术广泛应用与多酚化合物的分析与鉴定,使快速、大规模分析和鉴定多种植物中的多酚成分成为可能。例如,采用 LCMS-IT-TOF 和 HPLC 技术对

① W. Chen, D. H. Xu, L. Q. Liu, et al., "Ultrasensitive Detection of Trace Protein by Western Blot Based on POLY-Quantum Dot Probes", *Analytical Chemistry*, Vol. 81, No. 21, 2009, pp. 9194-9198; L. Wang, W. Ma, L. Xu, et al., "Nanoparticle-based Environmental Sensors", *Material Science & Engeering R*, Vol. 70, No. 3, 2011, pp. 265-274.

植物中的多酚化合物进行定性和定量分析,可高效鉴定植物中的多种酚类化合物。①

2. 多酚成分的功能活性

多酚化合物对于植物本身就具有许多重要的生理功能,对人和动物具有重要的营养保健功能,包括抗氧化、抗衰老、抗病毒和抗肿瘤等。

众多学者对多种植物中的多酚组分和多酚化合物的抗氧化活性进行了大量研究,几乎涉及所有的植物种类。对68种食用或药用草药抗氧化活性的研究结果表明,②不同的提取物的抗氧化活性各不相同,多酚含量最高的6种提取物具有最强的抗氧化活性,他们是食品抗氧化剂的良好资源,而且这些植物的抗氧化活性与其多酚含量显著相关,表明多酚含量是抗氧化活性强弱的重要标志。

近年来,多酚的防癌抗癌作用受到了广泛关注。研究发现,没食子酸能够诱导肺肿瘤细胞的凋亡和显著抑制肿瘤的生长。③ EGCG是通过抑制蛋白激酶、拓扑异构酶Ⅰ、MAP-1和NF-kappa B等多个靶点发挥抗肿瘤作用。莲房原花青素、葡萄籽多酚和茶多酚对Hela肿瘤细胞株具有明显的体外抑制作用,且存在良好的剂量—效应关系。

多酚能够抑制细菌、真菌和酵母菌,尤其对金黄色葡萄球菌、大肠杆菌、霍乱菌等常见致病细菌有很强的抑制能力。对46种食用香辛料和传统药用植物提取物的研究发现,大多数提取物对食源性致病菌具有较强的抑制活性,而且这些提取物的抗菌活性与其多酚含量成正比。最近的研究表明茶多酚、葡萄籽提取物和苹果多酚对大肠杆菌、金黄色葡萄球菌、沙门氏菌、酿酒酵母及青霉菌具有较强的抑制作用,与其他两种植物多酚相比,茶多酚的抑菌效力更为显著,抑菌活性PH值范围更宽,热稳定性更好。

3. 多酚化合物的抗氧化机理

多酚化合物的抗氧化机理国内外普遍认可的是氢原子转移机理、电子伴随质子转机理和络合机理。④ 有研究发现,连翘叶黄酮对·OH(自由基)具有清除作

① X. Wu, W. Ding, J. Zhong, et al., "Simultaneous Qualitative and Quantitative Determination of Phenolic Compounds in Aloe Barbadensis Mill by Liquid Chromatography-Mass Spectrometry-Ion Trap-Time-of-Flight and High Performance Liquid Chromatography-Diode Array Detector", *Journal of Pharmaceutical and Biomedical Analysis*, Vol. 80, 2013, pp. 94-106.

② H. Liu, N. Qiu, H. Ding, et al., "Polyphenols Contents and Antioxidant Capacity of 68 Chinese Herbals Suitable for Medical or Food Uses", *Food Research International*, Vol. 41, No. 4, 2008, pp. 363-370.

③ B. Ji, W. Hsu, J. Yang, et al., "Gallic Acid Induces Apoptosis via Caspase-3 and Mitochondrion—Dependent Pathways in Vitro and Suppresses Lung Xenograft Tumor Growth in Vivo", *Journal of Agricultural and Food Chemistry*, Vol. 57, No. 16, 2009, pp. 7596-7604.

④ K. Chen, G. Plumb, R. Bennett, et al., "Antioxidant Activities of Extracts from Five Anti-Viral Medicinal Plants", *Journal of Ethnopharmacology*, Vol. 96, No. 1, 2005, pp. 201-205; A. Galano, R. álvarez-Diduk, M. Ramírez-Silva, "Role of the Reacting Free Radicals on the Antioxidant Mechanism of Curcumin", *Chemical Physics*, Vol. 363, No. 1, 2009, pp. 13-23.

用,抑制邻苯三酚自氧化,并抑制 · OH 所致 MDA 的产生。而大蒜精油中的硫化物能与引起油脂自动氧化的活泼自由基发生反应而终止自由基的连锁反应,延缓多不饱和脂肪酸的自动氧化。大蒜提取物具有清除自由基的作用是由于其分子中有亚甲基亚砜及烯丙基结构,其本身是通过提供活泼氢与自由基反应,自身形成自由基共振杂化而被稳定。还有研究发现,卷柏双黄酮对 XO 有较强的抑制作用,侧柏总黄酮对 LOX 的活性有较强的抑制作用;茶多酚的抗氧化作用不仅与其清除自由基有关,而且也与其络合铁离子的能力密切相关;红茶多酚能显著提高 GSH-Px 的活性和降低 DNA 的氧化损伤。

随着基因组学、蛋白质组学等现代生物技术的快速发展,各个植物中酚类物质的种类、含量、结构以及它们的代谢途径、互作方式、基因调控模式等方面的研究正在全面进行和逐步深入,这将有助于未来酚类物质的定向合成和利用。同时,随着现代提取工艺技术的不断改进,如超声、超临界萃取、膜技术和电化学等技术的发展,必将为植物多酚物质的提取分离提供更加简便、快速及高效的方法,从而大大提高植物多酚物质的提取效率和纯度,进而使植物多酚物质呈现出更加广阔的应用前景。

(三) 功能肽的制备及活性研究

功能肽主要被定义为具有激素类似功效或者药物类似活性的肽,也被广义化定义为具有生理活性或者加工功能的肽。① 目前有关功能肽的功能主要有抗菌肽、抗血栓、抗高血压、阿片样肽、免疫活性肽、矿物质螯合能力肽以及抗氧化功能肽等。尽管在这个领域的研究已经有大量关于功能肽制造、分离纯化、结构鉴定以及应用的研究,也有成功商业化的产品,但是肽的活性机制、结构与功能相关性等研究尚未透彻,如何提升肽活性或功能、挖掘新功能肽等,国内外研究依然活跃。

1. 功能肽的生产和加工方法

功能肽最初主要从动植物体内提取或者由各类蛋白水解获得,目前也可以采用发酵法、酶催化水解以及人工合成等方法获得。② 其中利用蛋白水解蛋白获得具有一定功能性质的水解物、分离纯化获得具有高功能性质的肽段,是各类功能肽研究得较多的方法。为了减小大规模分离纯化的负担或者提高产率,大量研究

① D. Goodwin, P. Simerska, I. Toth, "Peptides as Therapeutics with Enhanced Bioactivity", *Current Medicinal Chemistry*, Vol. 19, No. 26, 2012, pp. 4451-4461; K. J. Rutherfurd-Markwick, "Food Proteins as a Source of Bioactive Peptides with Diverse Functions", *British Journal of Nutrition*, Vol. 108, 2012, pp. S149-S157.

② J. Carrasco-Castilla, A. J. Hernández-álvarez, C. Jiménez-Martínez, et al., "Use of Proteomics and Peptidomics Methods in Food Bioactive Peptide Science and Engineering", *Food Engineering Reviews*, Vol. 4, No. 4, 2012, pp. 224-243; C. Udenigwe, R. Aluko, "Food Protein-Derived Bioactive Peptides: Production, Processing, and Potential Health Benefits", *Journal of Food Science*, Vol. 71, No. 1, 2012, pp. R11-24.

集中在酶的筛选、酶水解条件的优化以及各种蛋白质前处理或者酶水解辅助方法如热诱导、超声波、微波辅助、高静压辅助等方法。为了从水解蛋白体系中获得高纯度的具有药用价值的功能肽，很多工业化分离纯化方法被用于肽的分离纯化中，如超滤、各类工业色谱技术等。

2. 生理活性肽的功能提升

在食品和药物领域，高效开发具有高功能性的生理活性肽是新的兴趣点。很多研究集中在如何提高肽的稳定性、亲和性和体内活性。在体外具有活性的肽，由于给药效率、生物相容性以及体系可能被降解等问题在体内未必具有相当的活性。功能肽要成功成为药物或者保健品，需要有抵抗胃肠中的蛋白酶降解、能够成功抵抗刷状缘和血清肽酶降解从而通过肠道转运至血清。基于此，微胶囊技术、纳米脂质体等包埋技术和给药技术得到不断开发。另外，一些新的药物载体不断被开发以提高肽的免疫原性，从而为发展新的疫苗打下基础。

3. 肽结构与功能的研究

肽的结构与功能、生物相容性以及给药过程体内的稳定性都有巨大关联。以抗氧化性为例，迄今为止，已经从不同的蛋白质水解物中分离纯化并获得了近百个具有抗氧化能力的纯的肽段，其中尤其是含有组氨酸、脯氨酸、酪氨酸和亮氨酸的肽段，具有很强的抗氧化能力；而且，各类结构肽抗氧化活性的机制各不相同。最近研究发现，组氨酸在抗氧化肽中的位置以及构象对肽的抗氧化能力有着巨大影响。[①] 肽的抗氧化性可能基于金属离子螯合能力或者自由基淬灭能力。[②] 肽的序列对抗氧化活性有非常显著的影响，在肽序中，咪唑基的位置对于肽的抗氧化性而言具有重要意义。含有组氨酸的肽既有金属离子螯合能力，也有单线态氧淬灭能力和羟基自由基淬灭能力，尽管这些特征单独而言都与肽的抗氧化性不成线性关系，但是肽的总体抗氧化能力可能来自于这些性质的相互协作。[③] 含有酪氨酸的短肽中，相邻的氨基酸结构及肽所处的环境对肽的抗氧化性具有显著影响（见图9-3）。研究者对 tyrosine、N-acetyl tyrosine、Gly-Tyr、Glu-Tyr、Tyr-Arg 和 Lys-

① Y. Cheng, Y. L. Xiong, J. Chen, "Fractionation, Separation and Identification of Antioxidative Peptides in Potato Protein Hydrolysate That Enhances Oxidative Stability of Soybean Emulsions", *Journal of Food Science*, Vol. 75, No. 9, 2010, pp. C760-764.

② H. M. Chen, K. Muramoto, F. Yamauchi, et al., "Antioxidative Properties of Histidine-Containing Peptides Designed from Peptide Fragments Found in the Digests of a Soybean Protein", *Journal of Agricultural and Food Chemistry*, Vol. 46, No. 1, 1998, pp. 49-53.

③ Y. Cheng, J. Chen, Y. Xiong, "Chromatographic Separation and LC-MS/MS Identification of Active Peptides in Potato Protein Hydrolysate That Inhibit Lipid Oxidation in Soybean Oil-in-Water Emulsions", *Journal of Agricultural and Food Chemistry*, Vol. 58, No. 15, 2010, pp. 8825-8832; X. Tang, Z. He, Y. Dai, et al., "Peptide Fractionation and Free Radical Scavenging Activity of Zein Hydrolysate", *Journal of Agricultural and Food Chemistry*, Vol. 58, No. 1, 2010, pp. 587-593.

Tyr-Lys 这些结构相似且都含有酪氨酸的二肽和三肽的抗氧化性的研究结果显示，对于光催化氧化，带有正电荷的基团连接在酪氨酸上，在光催化氧化条件下，促进含有酪氨酸的短肽的氧化；连接中性或者酸性氨基酸，曾会降低肽的氧化速率；但是对于金属催化氧化，正好相反。

肽的结构，如肽的电荷、分子大小、亲水性以及溶解度等，不仅影响其体外功

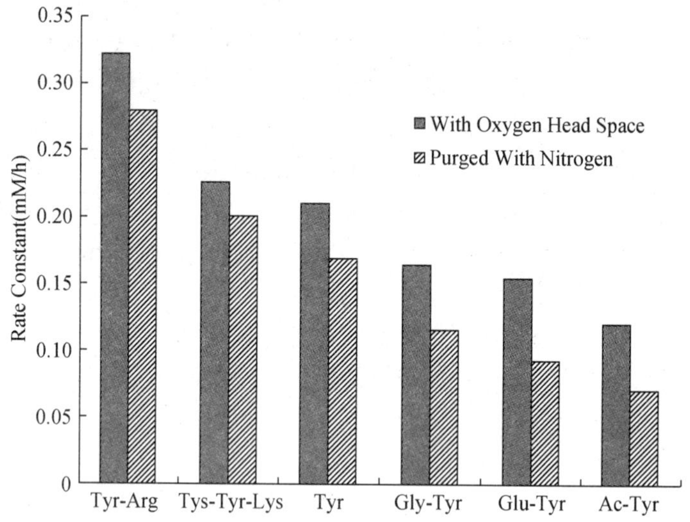

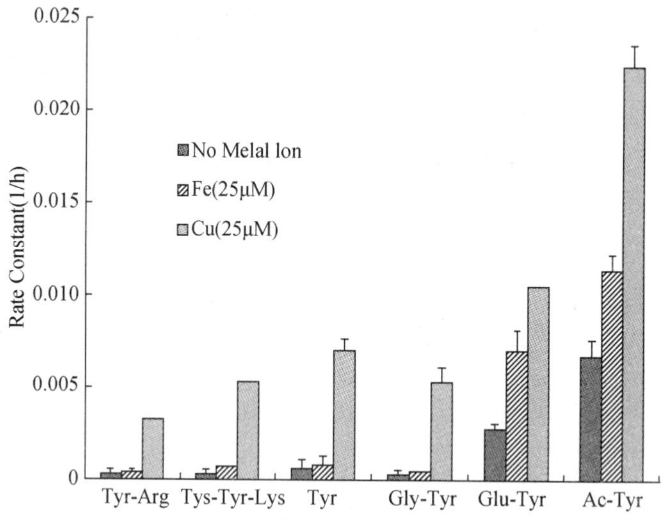

图 9-3 相邻的氨基酸结构及肽所处的环境对含有酪氨酸的短肽的抗氧化性具有显著影响

能,也影响其生物相容性。报道显示,小肽可能可以通过肠内表达的肽转运并穿过肠上皮,而寡肽则可能通过膜上皮细胞疏水区域的被动运输穿过肠上皮。部分在胃肠道表现功能的肽(如胆固醇结合态)则不一定需要吸收就可以表达功能。

迄今为止,不断有新的具有各类生理活性能力的肽段从各种蛋白水解物中被分离纯化和鉴定。随着肽合成技术的进步,利用人工合成肽,探讨生理活性肽结构与功能之间的相关性、结构明确的肽段与食品中其他成分的相互作用也在不断展开,今后的研究需要从分子机制角度去了解肽的活性机制。另外,到目前为止,大部分对于蛋白水解物或者活性肽的研究仅止步于体外测定法,并不能证实这些肽究竟在人体中是否也有着活性,在体外具有活性的肽或者蛋白水解物对于人体的健康效应可能将成为未来研究的目标之一。

(四)食品微生物制造优化原理与技术

食品微生物制造过程中微生物的生理功能受微生物的遗传机制(自身基因型)、生理行为(胞内微环境)、工程环境(宏观营养与环境条件)等三方面因素所决定。目前,揭示三大因素调控微生物细胞功能的生理机制,获得食品微生物制造过程优化理论,并应用于工业实践中,是食品微生物制造领域的研究热点。

1. 食品制造微生物生理机制的解析

基于全基因组序列构建的特定微生物代谢网络,及其结构和功能的分析,为从全局规模上深刻认识和高效、定向调控微生物生理功能奠定了坚实基础,从而为代谢工程的发展创造了前所未有的机遇。最近,在对维生素C生产菌株普通生酮基古龙酸菌和巨大芽孢杆菌进行基因组测序的基础上,研究者采用比较基因组、KAAS和SEED等方法对两株菌的全基因组进行注释,发现普通生酮基古龙酸菌难以独立生长的原因在于氨基酸合成途径的缺失,而巨大芽孢杆菌促进其生长的机理在于具有很强的氨基酸和蛋白质合成与分泌能力。基于此,通过添加特定氨基酸和调节巨大芽孢杆菌蛋白分泌能力,[①]显著提高维生素C的生产效率,使1 m^3 和200 m^3 规模的发酵罐上维生素C发酵时间缩短了18%。

为提高丁二酸的生产,研究者在对Mannheimia Succiniciproducens的基因图谱及其主要新陈代谢途径进行研究的基础上,基于全基因组序列的结果构建了包含373个反应和352个代谢物的代谢模型,代谢流分析结果表明二氧化碳和磷酸烯醇式丙酮酸羧化成草酰乙酸对细胞的生长同样重要,基于这一结果从基因组的角度提出了菌种M. Succinici-producens的改进策略。

在研究者的共同努力下,越来越多的优化策略被发现。借助代谢工程的策

① J. Zhang, J. Liu, Z. P. Shi, et al., "Manipulation of B-megaterium Growth for Efficient 2-KLG Production by K-vulgare", *Process Biochemistry*, Vol. 45, No. 4, 2010, pp. 602-606.

略，将编码 pheA 基因整合到热诱导型低拷贝表达载体构建重组菌株，能够显著提高 L-苯丙氨酸的产量。① 在 GSH 过量合成的微生物中，通过构建腺苷脱氨酶(add)缺失突变株完全阻断 Ado 向肌苷(Ino)和次黄嘌呤(Hx)的转化，或通过缺失负责降解 GSH 的关键酶 γ-谷氨酰转肽酶(γ-GGT)和三肽酶(PepT)基因，能够使 GSH 在生物合成过程中几乎不发生降解提高，从而显著提高 GSH 产量。② 操纵 cysK 基因(编码半胱氨酸合成酶)是改进菌种提高瘦素生产的新策略，改进的菌种能够显著提高细胞生长速率，其瘦素生产率能够增加达四倍之多，同时另一种富含丝氨酸蛋白的生产也会得到相应的提高

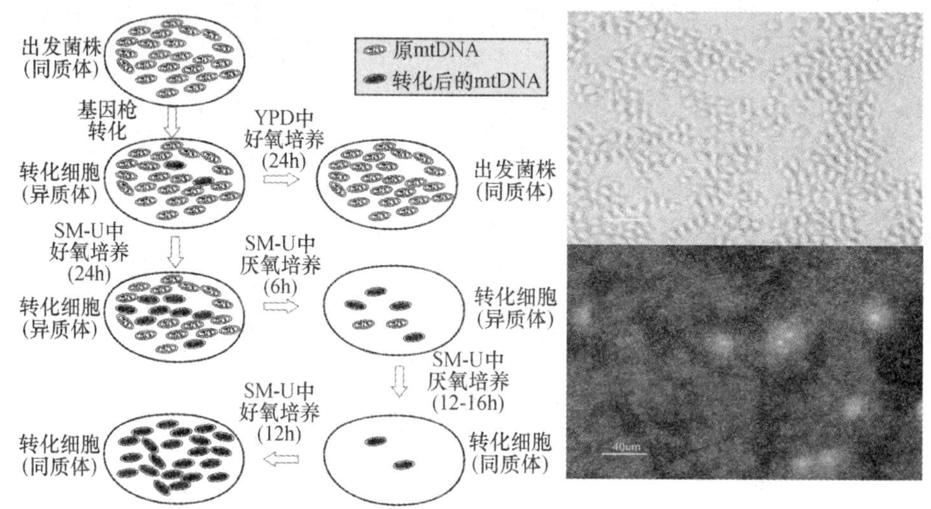

图 9-4 mtDNA 转化和 SCMGP 的过程

工业过程中食品制造微生物的代谢功能主要由自身的胞内微环境和胞外的宏观环境所共同决定。最近，研究者通过有机整合融合 PCR、酵母高效电转化、制霉菌素富集和限制性培养基筛选等技术手段，建立了一种针对单倍体真核微生物线粒体基因组的基因敲除方法，并发现野生型和转化的 mtDNA 能同时存在于转化子中，且随着培养条件的改变两种 mtDNA 所占的比例发生规律性变化的单细胞线粒体基因组多态性(图 9-4)。这一研究结果为真核微生物的线粒体基因改造提供

① H. Zhou, X. Liao, T. Wang, et al., "Enhanced l-phenylalanine Biosynthesis by Co-Expression of PheAfbr and AroFwt", *Bioresource Technology*, Vol. 101, No. 11, 2010, pp. 4151-4156.

② J. Lin, X. Liao, G. Du, et al., "Enhancement of Glutathione Production in a Coupled System of Adenosine Deaminase-Deficient Recombinant Escherichia Coli and Saccharomyces Cerevisiae", *Enzyme and Microbial Technology*, Vol. 44, No. 5, 2009, pp. 269-273; J. Lin, X. Liao, J. Zhang, et al., "Enhancement of Glutathione Production with a Tripeptidase-Deficient Recombinant Escherichia Coli", *Journal of Industrial Microbiology & Biotechnology*, Vol. 36, No. 12, 2009, pp. 1447-1452.

了一种普适的方法。

2. 食品微生物制造过程优化控制技术

在深入揭示食品制造微生物自身遗传机制和详尽阐释工业制造过程中的食品制造微生物生理功能的基础上，从整体系统和特定过程的观点出发，通过对食品微生物制造过程内部的动态过程进行数量化分析并构建数学模型，特别是针对食品微生物制造过程中微生物表现出的生理状态进行优化，是开发食品微生物制造过程优化控制技术的新趋势。有研究者采用两阶段设计法优化酒精分批补料发酵过程，①首先根据微生物发酵动态过程建立动力学模型，然后将建立的模型应用于发酵过程的优化，结合发酵数据调整模型的动力学参数，获得了酒精的最大产率，有效提高了酒精的产量。研究发现采用好氧和厌氧发酵相结合的方式能够在更大程度上提高酒精的产量，②好氧发酵能够促进菌体充分生长，而接下来的厌氧发酵则有利于更好地发挥微生物的代谢特性，从而能够显著提高酒精产量；通过动态控制溶解氧、搅拌转速，特别是葡萄糖的含量，将环境条件控制在最适合细胞生长或最适合产物合成的水平，有效地提高了酒精的产量和生产强度。

由于基因与蛋白质倾向于成组地通过网状相互作用而影响微生物细胞功能，因此对食品微生物制造的微生物生理功能的理解和全局调控的研究必须构建并分析其相互作用的网络。这些分子和基因相互作用的网络包括基因调控网络、信号转导网络、蛋白质相互作用网络和代谢网络等。另一方面，随着重要食品微生物全基因组序列的公布或即将公布，和高通量数据的不断积聚，食品微生物制造进入了后基因组时代。后基因组时代的来临，为全局性、系统化地解析、高效设计、定向调控微生物生理代谢功能奠定了坚实的基础。

（五）益生菌高效筛选、功能解析与应用

作为一类足量摄入后对宿主产生有益影响的活的微生物，益生菌具有诸多公认的优良生理功能，在食品中有着广泛的应用，已成为国内外食品科学研究中一个飞速增长的领域。开发并利用益生菌生产具有特定功能性质的功能食品是目前的研究热点和发展趋势。

1. 功能性益生菌的高效筛选与功能评价

益生菌天然生境是一非常复杂的微生态系统。如何从其生境中筛选出具有益生功能的菌株，即建立高效定向筛选模型是益生菌开发的关键。目前，对代谢

① W. Hunag, G. Shieh, F. Wang, "Optimization of Fed-Batch Fermentation Using Mixture of Sugars to Produce Ethanol", *Journal of the Taiwan Institute of Chemical Engineers*, Vol. 43, No. 1, 2012, pp. 1-8.

② D. Chang, T. Wang, I. Chien, et al., "Improved Operating Policy Utilizing Aerobic Operation for Fermentation Process to Produce Bio-Ethanol", *Biochemical Engineering Journal*, Vol. 68, 2012, pp. 178-189.

性疾病有缓解作用的益生乳酸菌、拮抗特定致病菌的益生菌、产功能胞外多糖、抗氧化和免疫调节的益生乳酸菌的开发与功能评价已成为相关领域的研究热点。代谢性疾病如高血压、高血脂、高胆固醇、肥胖等已成为现代人群的主要健康风险。针对高胆固醇和高血脂，利用胆固醇同化模型，研究者从中国传统发酵泡菜中成功筛选到植物乳杆菌 ST-Ⅲ，并发现它能够降低 SD 大鼠总胆固醇和总胆酸，降低大鼠低密度脂蛋白胆固醇水平，提高高密度脂蛋白胆固醇水平。

食源性致病菌是影响食品安全的最重要风险物。利用生物拮抗开发能抑制特定致病菌的益生菌生物控制策略是保证食品安全的有效途径。研究者已经从健康宿主口腔中筛选到一株对致龋菌变异链球菌具有抑制作用的植物乳杆菌 HO-69，抑菌物质鉴定为 N 端氨基酸序列为 NH2-Lys-Leu-Asn-Thr-Gly-Ser-Arg-Pro-Arg，是一个新抗菌肽，这一发现为口腔益生菌的开发和龋齿防治提供了一个新的方案。

随着人们生活水平的提高和健康意识的加强，免疫力已成为民众最为关注的健康话题之一，具有免疫调节功能的益生菌研究也成为研究热点。研究者从自然发酵酸马奶样品和传统发酵食品中成功筛选出 2 株优良的益生菌干酪乳杆菌干酪亚种 L. casei Zhang 和植物乳杆菌 Lp6；研究发现，Zhang 具有良好的耐酸性，人工胃液耐受性和胆盐耐受性，能在小鼠肠道内定殖和生长，具有拮抗病原菌的作用，对小鼠的细胞免疫、体液免疫及肠黏膜局部免疫具有调节功能；对 H22 荷瘤小鼠肿瘤生长有明显抑制作用，对所引起的免疫功能低下具有明显的恢复作用；Lp6 也具有显著的免疫调节作用。①

2. 益生菌微生物学性质和功能特性的解析

优良益生菌生理特性与遗传背景的深入解析是益生菌开发和利用的基础。最近，研究者以来源于中国传统发酵食品的拥有自主知识产权的优良益生菌——植物乳杆菌 ST-Ⅲ、干酪乳杆菌 Zhang 和双歧杆菌 V9 菌株为对象，采用 Roche 454 高通量测序测定构建了三株益生菌菌株的全基因组序列并进行了比较基因组分析(见图 9-5)。在基因组水平上解析了三株优良益生乳酸菌菌株生物学性状和功能性质的分子遗传基础。这是我国第一批进行系统基因组学分析的优良益生乳酸菌。②

① J. Sun, G. W. Le, L. X. Hou, et al., "Nonopsonic Phagocytosis of Lactobacilli by Mice Peyer's Patches' Macrophages", *Asia Pacific Journal of Clinical Nutrition*, Vol. 16, No. 1, 2007, pp. 204-207.

② Z. Sun, X. Chen, J. Wang, et al., "Complete Genome Sequence of Probiotic Bifidobacterium Animalis Subsp. Lactis Strain V9", *Journal of Bacteriology*, Vol. 195, No. 15, 2010, pp. 4080-4081.

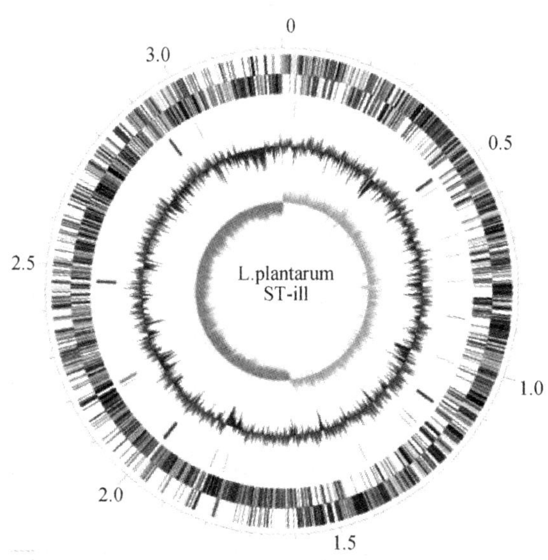

图 9-5 Lactobacillus plantarum ST-Ⅲ基因组图谱

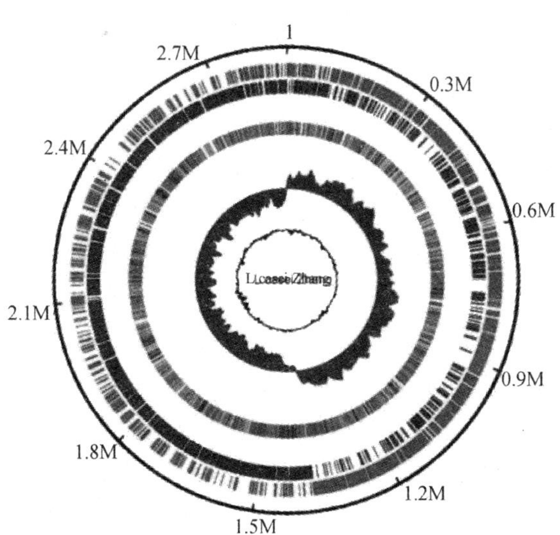

图 9-6 L. casei Zhang 染色体基因组图谱

此外,在基因组测序的基础上,完成了 L. casei Zhang(见图 9-6)的蛋白质组学分析,构建了干酪乳杆菌 Zhang 在 pH 4—7 的二维电泳参考图谱,这是国内第一株系统完成蛋白质组学研究的益生菌株,在蛋白质组水平上揭示了 L. casei Zhang 的耐酸性反应、耐胆盐性能的基本规律,为深入了解干酪乳杆菌 Zhang 菌株的生命活动规律和指导益生菌产品的高效生产奠定了基础。

粘附和免疫调节是益生乳酸菌与宿主相互作用的重要机制。粘液层是乳酸菌在肠道存活的主要微环境,粘液大分子是促进乳酸菌在肠道定植的关键步骤。最新研究表明,植物乳杆菌 Lp6 以甘露糖特异的方式结合粘液,细胞表面蛋白和多糖是主要的粘附介导物。其中粘附性蛋分子量为 29—60 kDa,以非共价形式结合于细胞壁。由于带鞭毛大肠杆菌等食源致病菌也带有甘露糖特性的粘附素,Lactobacillus plantarum Lp6 可能与这些细菌竞争粘附位点,抑制其侵袭肠道。嗜酸乳杆菌可通过其细胞壁蛋白结合到派伊尔结连滤泡上皮表面的甘露糖残基部位,并抑制病原菌结合该位点,从而发挥抗感染作用。①

3. 益生菌生物加工关键理论与技术

益生菌在食品生产过程中会面临多种胁迫作用如酸、氧、饥饿、低温、渗透压等胁迫,从而影响细胞的重要生理功能,抑制细胞的活力和功能活性的发挥。乳酸菌抗胁迫研究有利于理解其抗胁迫机制和合理设计相应的生产工艺。以乳酸乳球菌为研究模型进行研究发现,在高致死率的胁迫或宿主菌自身抗性被削弱的条件下,利用代谢工程手段在乳酸乳球菌 NZ9000 导入谷胱甘肽(GSH)能够保护乳酸乳球菌 NZ9000 增强对氧胁迫的抵抗能力。此外,还发现在乳酸乳球菌 SK11 中生产 GSH 可以显著提高宿主菌的好氧生长性能和 pHin。同时,GSH 能够增强乳酸乳球菌 SK11 对氧胁迫和酸胁迫的抗性,这是关于 GSH 能保护革兰氏阳性菌抵抗酸胁迫的首次报道。② 用于酸面团发酵的旧金山乳杆菌从胞外吸收 GSH 后对低温、冷冻干燥和冻融胁迫的抵抗能力就显著提高,并通过对细胞膜中的饱和/不饱和脂肪酸的含量及平均链长、Na +、K + - ATPase 酶活性等的分析,为乳酸菌的稳定性提高的普适方法提供了理论基础。③ 在研究干酪乳杆菌典型株 ATCC 393 株细胞在多重胁迫环境下的交互保护应答机制时,发现经酸胁迫预适应后细胞对热致死及氧致死的交互保护作用最为显著,其中,盐酸预适应引发的生理应答效应使细胞在应对热致死和氧致死胁迫时的存活率分别提高了 305 倍和 173 倍。

围绕具有自主知识产权和特定功能性质的优良益生菌,加强核心菌种资源与益生菌生物加工关键技术研究,开展新型功能性益生菌创新开发与应用,对于促进我国食品生物加工产业的发展具有重要意义。与国外益生菌研究领域的前沿相比,我

---

① J. Sun, T. T. Zhou, G. W. Le, et al., "Association of Lactobacillus Acidophilus with Mice Peyer's Patches", *Nutrition*, Vol. 26, 2010, pp. 1008-1013.

② J. Zhang, R. Fu, J. Hugenholtz, et al., "Glutathione Protects Lactococcus Lactis Against Acid Stress", *Applied and Environmental Microbiology*, Vol. 73, No. 16, 2007, pp. 5268-5275.

③ J. Zhang, G. Du, Y. Zhang, et al., "Glutathione Protects Lactobacillus Sanfranciscensis Against Freeze-Thawing, Freeze-Drying, and Cold Treatment", *Applied and Environmental Microbiology*, Vol. 76, No. 9, 2010, pp. 2989-2996.

国开展优良益生菌开发与应用研究、推动食品产业经济发展的任务仍然十分艰巨。

（六）天然多糖的活性及构效关系

随着对多糖生物学功能认识的深入，多糖生物学研究已经成为国际生物化学研究领域争夺的制高点。以多糖为重点的糖工程研究是继蛋白质、基因工程后生物化学和分子生物学领域中的科学前沿。其中作为天然植物主要有效成分之一的多糖研究，为天然植物研究带来一个全新的时代。

1. 多糖的功能活性

目前，多糖功能活性的研究主要集中在增强机体免疫功能及抗病能力、抗氧化和延缓衰老、降血糖、调血脂、抗病毒、抗辐射等方面。研究发现，多糖主要通过增强机体免疫力而发挥杀伤或抑制肿瘤细胞的作用，即通过增强机体的免疫应答，而并不是直接杀伤肿瘤细胞。例如黑灵芝多糖可通过促进小鼠淋巴细胞及腹腔巨噬细胞增殖、功能活化及诱导细胞因子分泌量的增加而达到增强机体免疫功能的作用。黑灵芝多糖还可通过线粒体凋亡途径诱导癌细胞凋亡。① 和环磷酰胺联合使用时，对肿瘤细胞的抑制率显著提高；相比于单独使用环磷酰胺，减少的IL-2，TNF-α，胸腺和脾脏指数在一定程度可以再生，T，B淋巴细胞增殖活性显著提高（图9-7）。

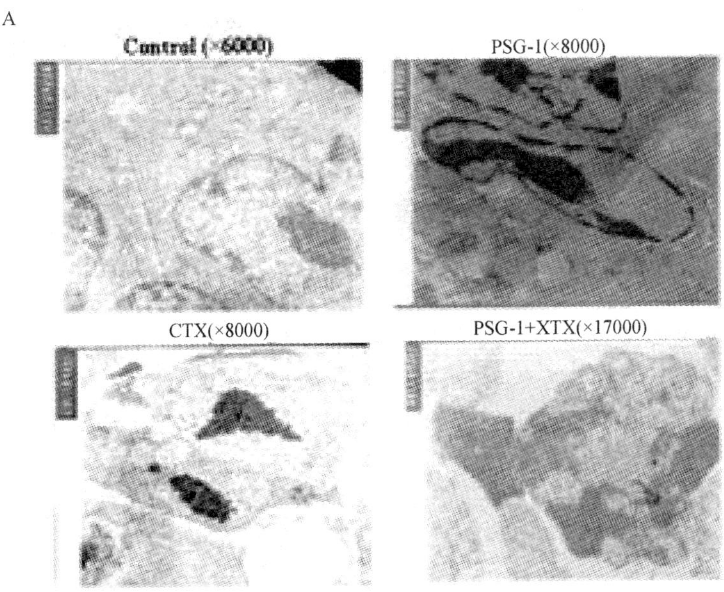

① W. J. Li, S. P. Nie, Y. Chen, et al., "Ganoderma Atrum Polysaccharide Protects Cardiomyocytes Against Anoxia/Reoxygenation-Induced Oxidative Stress by Mitochondrial Pathway", *Journal of Cellular Biochemistry*, Vol. 110, No. 1, 2010, pp. 191-200.

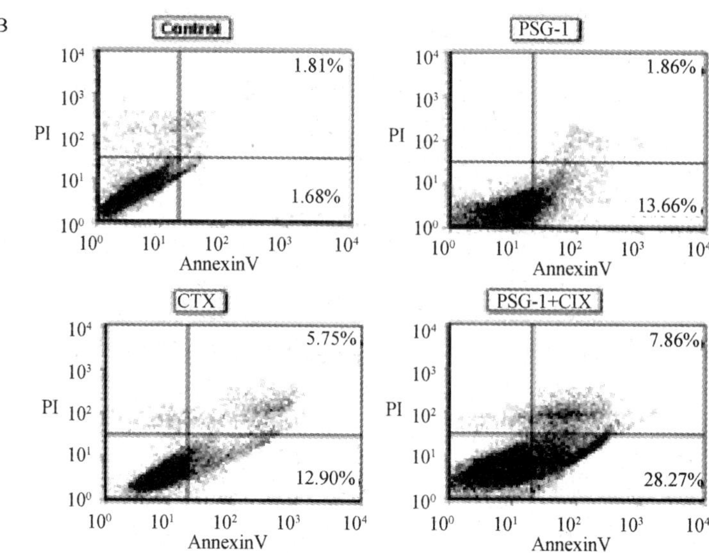

图 9-7 黑灵芝多糖 PSG-1 与环磷酰胺 CTX 共同作用对 S-180 移植小鼠肿瘤细胞凋亡作用的影响

最近几年,多糖的多种生理功效如抗病毒、抗辐射、抗凝血、抗菌、抗炎、抗突变等也引起了研究者的广泛关注。最近研究发现当归多糖对骨髓造血细胞都具有显著的辐射防护作用。① 研究者通过提取分离纯化得到了具有高活性的两种新多糖 APS-1a 和 APS-3a,在获得其单糖组成和糖苷键类型基础上,进一步对其生物活性机制进行了阐明,结果显示当归多糖具有很强的生血活性,能够保护 CD34 + 细胞的造血功能。抗辐射多糖的挖掘为贫血患者和放化疗患者提供了新的健康促进剂。

2. *多糖构效关系研究*

(1) 多糖的结构与抗肿瘤活性。研究发现,多糖抗肿瘤活性主要与硫酸基、糖苷键、金属离子络合等三个结构因素密切相关。有研究表明黄芪多糖的抑瘤率为 23.6%,而硒化黄芪多糖的抑瘤率达 51.1%,即黄芪多糖硒化之后对 S180 肉瘤有更强的抑制作用。越来越多的研究发现多糖的硫酸化水平与其抗内皮细胞增生活性正相关,②而且这些硫酸化多糖对阿霉素的抗癌作用具有协同增效作用。

---

① L. Zhao, Y. Wang, H. Shen, et al., "Structural Characterization and Radioprotection of Bone Marrow Hematopoiesis of Two Novel Polysaccharides from the Root of Angelica Sinensis (Oliv.) Diels", *Fitoterapia*, Vol. 83, No. 8, 2012, pp. 1712-1720.

② J. Cheng, C. Chang, C. Chao, et al., "Characterization of Fungal Sulfated Polysaccharides and Their Synergistic Anticancer Effects with Doxorubicin", *Carbohydrate Polymers*, Vol. 90, No. 1, 2012, pp. 134-139.

（2）多糖的结构与抗病毒活性关系。研究表明，多糖对艾滋病病毒、疱疹病毒及流感病毒等具有良好的抑制作用，且具有活性的多为硫酸多糖。人工分子修饰能够使原来不含有硫酸根或硫酸根含量低的多糖表现出较强的抗病毒活性。例如在多糖硫酸化基础上进行乙酰化等，可提高硫酸多糖亲脂性，利于透过多层生物膜屏障发挥作用，提高了硫酸多糖抗病毒活性。

多糖抗 HIV 活性与聚合度和分子量相关。多糖发挥生物活性主要是其长链分子内活性单元的存在，在与病毒膜蛋白相互作用时，通常存在一个结构特异的最小活性单位，对不同的蛋白因子，糖的最小活性序列的结构和长度是不同的，它反映了靶分子上主要作用靶点对配体的结构性要求。如硫酸褐藻多糖 SPMG，平均每个糖单位含 1.5 个硫酸基，重均分子量为 10 kDa。SPMG 通过与 HIV 表面糖蛋白 gp120 蛋白结合从而抑制 HIV 病毒对细胞的侵袭，在体内外均具有抗 AIDS 的活性。硫酸葡聚糖的分子量为 1000 时，最有效地抑制 HIV-2 诱导的合胞体的形成，分子量 10000 时其抗病毒活性达到最大。多糖抗 HIV 活性与分子链结构密切相关，如硫酸多糖抗 HIV-1 活性与分子中的主链结构有关。

具有抗疱疹病毒、抗流感病毒活性的多糖一般为硫酸多糖。在研究 κ-卡拉胶衍生物对小鼠流感病毒性肺炎的影响时，发现在低浓度时，硫酸根取代度高的 κ-卡拉胶对小鼠肺指数的抑制率更高，在高浓度时则相反。除了硫酸根含量的影响，硫酸根的取代位置也影响 κ-卡拉胶多糖抗流感病毒活性。

（3）多糖结构与降血糖活性的关系。研究发现茶多糖经硫酸酯化后，降血糖活性显著提高。而且茶多糖经金属离子 Ca^{2+}、Fe^{3+} 络合后，Ca^{2+} 络合物降血糖活性减弱，而 Fe^{3+} 络合物降血糖活性较持久，这可能与络合后活性位点被占据与否、空间结构是否利于多糖受体结合有关。

（4）多糖结构与抗尿路结石活性的关系。临床研究表明，口服从海藻中提取并经改良的分子量为 5000—6000 的硫酸多糖能明显增加尿石症患者 24h 尿中 GAGS 含量，而 GAGS 对尿石的成核、生长和聚集具有抑制作用。进一步研究表明，天然硫酸小分子量的海藻硫酸多糖比大分子量的海藻硫酸多糖能更有效地抑制大鼠膀胱内草酸钙结石的形成。

目前，清晰地阐明多糖构效关系仍属于一个科研难点，糖的研究远滞后于蛋白质和核酸，主要集中体现在多糖构效关系、代谢过程及作用机制尚未阐明。① 限制多糖研究的问题主要是高纯度多糖种类较少，化学结构与功能关系不明确，从

① M. Jin, K. Zhao, Q. Huang, et al., "Isolation, Structure and Bioactivities of the Polysaccharides from Angelica Sinensis (Oliv.) Diels: A Review", *Carbohydrate Polymers*, Vol. 89, No. 3, 2012, pp. 713-722; B. Liang, M. Jin, H. Liu, "Water-Soluble Polysaccharide from Dried Lycium Barbarum Fruits: Isolation, Structural Features and Antioxidant Activity", *Carbohydrate Polymers*, Vol. 83, No. 4, 2011, pp. 1947-1951.

而导致部分多糖活性不稳定以及难以在分子水平阐明生理功效和作用机制。因此我国需要加快多糖的开发应用,创新高纯度多糖制备技术,加强对多糖构效关系及作用机制的基础研究。相信多糖的发展趋势正如科学家所预言:“今后的数十年,将是多糖的时代。”

(七) 食品安全风险评估研究

风险评估为科学评估食品中污染物危害水平,制定切实有效的保障食品安全的管理措施,降低食源性疾病发生,更好地保护人类健康等方面有着极其重要的作用,是制定标准的科学依据,也是食品质量安全管理的有效手段。

1. 食品中重金属污染风险评估研究

目前重金属污染问题已对我国的生态环境、食品安全、百姓身体健康和农业可持续发展构成了威胁。数据表明,我国内地遭受镉、砷、铬、铅等重金属污染的耕地面积近 2000 万 hm^2,约占耕地总面积的 1/5,其中多数集中在经济较发达地区。有研究表明我国 15 个城市中,10.45% 的儿童血铅水平等于或大于卫生部确定的高铅血症的标准 100 μg/L。

谷物和蔬菜中重金属超标明显。[①] 谷类是中国人最主要的粮食,监测研究表明太湖地区大米含 Cd 0.50 ± 0.008 mg/kg,含 Pb 1.79 ± 0.95 mg/kg,两者都超标 100%。重庆市粮食中大米 Pb 超标率 13.3%,最高水平超标 3.5 倍,小麦超标率 18.5%,最高超标 2 倍。中科院生态环境研究中心调查结果表明中国谷物含砷量为 70 ug/kg—830 ug/kg,湖南砷矿区稻米含砷量可达 500 ug/kg—7500 ug/kg。我国主要城市菜地和蔬菜已受到重金属的污染。上海市蔬菜 Cd 和 Pb 超标率分别为 13.29% 和 12%。沈阳市蔬菜重金属综合超标率为 36.1%,西安市郊区蔬菜监测表明,Pb 超标率为 48%,最高超标 6.91 倍。重庆市蔬菜监测结果 Cd 含量有逐年上升趋势。南京市主要农田和蔬菜基地、零星菜地存在不同程度的重金属污染,公路两侧土壤 Cu、Pb、Cd 超过土壤背景值的 2—6 倍,所产蔬菜 Cd 超标率达到 33% 以上。中国疾病预防控制中心报告表明中国人总膳食中 Pb 摄入量远高于发达国家水平;我国人群 Cd 摄入量低于日本,与英美等国较为接近。

2. 农药暴露研究

以前的暴露评估研究主要集中于长期暴露评估,但是由于单个样品中的残留更接近于正态分布,因此更应关注急性摄入量。对此我国学者就国际农药残留联席会议(JMPR)农药残留急性膳食摄入量计算方法进行了描述,并提出了在高毒

---

① P. Zhuang, M. B. McBride, H. Xia, et al., “Health Risk from Heavy Metals Via Consumption of Food Crops in the Vicinity of Dabaoshan Mine, South China”, *Science of the Total Environment*, Vol. 407, No. 5, 2009, pp. 1551-1561; X. Feng, P. Li, G. Qiu, “Human Exposure to Methylmercury through Rice Intake in Mercury Mining Areas, Guizhou Province, China”, *Environment Science & Technology*, Vol. 42, No. 1, 2007, pp. 326-332.

和中等毒性农药登记前应进行急性膳食风险评估。对中国水稻中毒死蜱与氟虫腈农药残留风险的研究结果表明，毒死蜱对14岁之前的儿童具有高风险，延长安全间隔期可有效降低风险。手性农药对环境对映选择性风险评估的研究表明，手性农药对人体健康及环境的对映选择性风险值得关注。

农药的累积性暴露评估也是非常关键的。有研究者测定了五种有机磷农药混合物的相互作用（毒死蜱、二嗪农、乐果、乙酰甲胺磷和马拉硫磷）。发现在低剂量时五种农药混合物具有增强效应，而此剂量水平的单组分却没有可观察效应。如果忽视农药的累积性暴露，将导致低估消费者的农药暴露风险。例如用毒死蜱作为等效因子，10万名儿童的膳食暴露是毒死蜱参照剂量的10多倍，结论认为儿童膳食暴露的主要来源不是高剂量的单个农药，而是中等剂量的混合农药。最近，研究者对得克隆在生产地和回收点的风险评估进行了研究（图9-8），测定了得克隆的暴露情况，[①]表明在生产区和回收点得克隆的职业暴露是相对安全的。

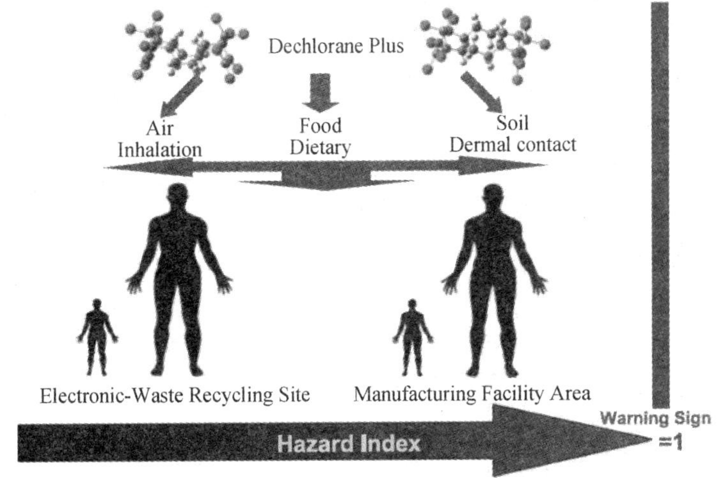

图9-8　得克隆风险评估

我国的风险评估还处于初级发展阶段，很多机制还不完善，缺乏系统的农药残留数据、重金属残留数据和各种食品消费量数据等，[②]以及易感人群如妇女、儿童和老人等群体的膳食模式。由于缺乏足够数据，也使得利用现有数据进行膳食

① D. Wang, M. Alaee, J. Byer, et al., "Human Health Risk Assessment of Occupational and Residential Exposures to Dechlorane Plus in the Manufacturing Facility Area in China and Comparison with E-Waste Recycling Site", *Science of the Total Environment*, Vol. 445, 2013, pp. 329-336.

② J. K. Huang, R. F. Hu, S. Rozelle, et al., "Insect-resistant GM rice in Farmers' Fields: Assessing Productivity and Health Effects in China", *Science*, Vol. 308, No. 5722, 2005, pp. 688-690.

暴露评估软件的开发与研究滞后和落后。开展风险评估及相关研究对我国农产品质量安全管理与有害成分残留标准的制定都有积极的理论和现实意义。

（八）营养基因组学研究

近年来，基因组学、生物信息学在生物技术领域的研究获得了巨大进展，为在营养学领域研究膳食与基因的交互作用提供了良好的技术支撑条件。在此背景下，营养基因组学（nutrigenomics）应运而生，并迅速成为营养学研究的新前沿。

1. 营养素作用机制

通过基因表达的变化可以研究能量限制、微量营养素缺乏、葡萄糖代谢等许多问题。通过研究，可以检测营养素对整个细胞、组织或系统及作用通路上所有已知和未知分子的影响。因此，这种高通量、大规模的监测无疑将使得研究者能够真正全面地了解营养素的作用机制。通过应用分子生物学技术，研究者能够测定单一营养素对某种细胞或组织基因表达谱（gene expression profile）的影响。以缺锌致脑功能异常机制的研究为例，研究者应用基因芯片技术检测了缺锌仔鼠脑中差异表达基因，初步确认缺锌组仔鼠脑中有 8 条差异表达基因，其中 5 条锌上调序列、3 条锌下调序列，该研究结果为缺锌致脑功能异常机制的研究提供了重要线索。

研究发现，营养素通过转录因子影响基因表达，其中核受体超家族是最重要的营养素传感器。这些受体能够结合营养素及其代谢产物，如过氧化物酶体增殖体激活受体 PPARα（结合脂肪酸）或肝脏 X 受体 α（结合胆固醇代谢产物）与类胡萝卜素 X 受体组成异源二聚体结合到启动子区域的特定核苷酸序列上，从而调节甘油代谢的基因表达。肝脏内的 PPARα 还可以直接调节糖异生的基因表达。西兰花所含的芥子油甙是其主要活性抗癌物质，①芥子油甙经水解后得到的 1-异硫氰基-4R-甲基亚硫酰基丁烷（SF）能够激活转录因子 Nrf2，Nrf2 是调节抗氧化和促炎基因的主要转录因子，从而在许多基因启动子区域编码抗氧化剂和解毒酶，②起到抗癌作用，SF 具体调控机制见图 9-9。

---

① L. R. Ferguson, R. C. Schlothauer, "The Potential Role of Nutritional Genomics Tools in Validating High Health Foods for Cancer Control: Broccoli as Example", *Molecular Nutrition & Food Research*, Vol. 56, No. 1, 2012, pp. 126-146; L. Tang, Y. Zhang, H. E. Jobson, et al., "Potent Activation of Mitochondria-Mediated Apoptosis and Arrest in S and M Phases of Cancer Cells by a Broccoli Sprout Extract", *Molecular Cancer Therapeutics*, Vol. 5, No. 4, 2006, pp. 935-944; I. Herr, M. W. Buchler, "Dietary Constituents of Broccoli and Other Cruciferous Vegetables: Implications for Prevention and Therapy of Cancer", *Cancer Treatment Reviews*, Vol. 36, No. 5, 2010, pp. 377-383.

② N. Juge, R. F. Mithen, M. Traka, "Molecular Basis for Chemoprevention by Sulforaphane: A Comprehensive Review", *Cellular and Molecular Life Sciences*, Vol. 64, No. 9, 2007, pp. 1105-1127.

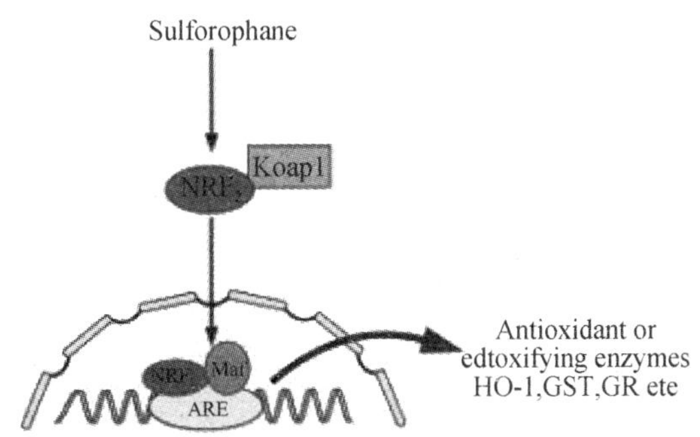

图 9-9 SF 调控抗氧化基因表达

一项蛋白质组研究表明,用丁酸盐处理结肠癌细胞 HT29,可影响 ubiquitin-proteasome 系统及细胞凋亡信号途径相关蛋白的表达。结果提示丁酸盐除可通过组蛋白乙酰化途径调节基因表达外,还能通过蛋白水解调节细胞周期、凋亡及分化过程中关键蛋白的表达。同样,利用胰岛 B 细胞发现姜黄色素也能诱导基因表达。可见,借助功能基因组方法,不仅可在分子水平开展营养素与药物的比较研究;而且为阐明营养素作用机制提供了新的工具。

2. 膳食健康效应以及营养干预的有益作用

研究发现,饮食因素至少可通过两种机制影响 DNA 甲基化。首先,叶酸和维生素 B12 可提供甲基而影响 DNA 的甲基化,叶酸长期缺乏可诱导基因组甲基化水平降低,进而诱发癌基因的激活,基因组不稳定性增加。其次,饮食中的硒对 DNA 甲基化酶具有抑制作用,硒缺乏导致 DNA 甲基化酶活性增加,与结肠癌的发生有关。有研究表明用 EGCG 处理 LNCaP 细胞可诱导与生长抑制作用相关的功能基因的表达,同时抑制 G 蛋白信号网络的基因表达。利用转基因小鼠前列腺瘤(TRAMP)的动物模型模拟人前列腺疾病的进程,再给其灌胃绿茶中分离的多酚成分(GTP),剂量为人可接受量(相当于每天喝 6 杯绿茶),结果发现可显著抑制前列腺癌的发展和转移。

3. 营养素功能

营养素功能的研究通常是在营养素缺乏或不足的状态下进行研究。以硒的功能为例,研究者将功能基因组技术与膳食硒缺乏相结合进行研究,采用代表了 6347 个鼠类基因的高密度寡核苷酸阵列对喂饲了低硒膳食的 C57BI/6J 小鼠的小肠的基因表达水平进行检测,结果显示,相对于高硒膳食对照组,在所有被检测的基因中,84 个基因的表达增高超过了两倍,而 48 个基因的表达降低了四分之三;其中表达增高的包括 DNA 损伤/氧化诱导的基因如 GADD34 和 GADD45,以及细胞增殖基因；而表达降低的则包括谷胱甘肽过氧化物酶（GPX1）、P4503A1、2B9等。研究结果表明硒的营养状况可能影响与肿瘤发生有关的多个途径。

基因组与蛋白质组技术的应用为全面认识营养素及其与疾病的关系提供了新的机遇。通过深入的营养基因组和营养蛋白质组研究，[①]将有利于营养相关疾病新型诊断生物标志物的鉴定、营养素作用新靶点的发现和新型营养保健食品的研制。

（九）生物大分子材料研究

生物大分子具有低毒性、生物可降解性、可循环再生等优点，被广泛用于医用、食品包装以及工程塑料等行业。除了淀粉和纤维素等传统大分子作为材料研究以外，蛋白质以及其他一些多糖如葡聚糖、壳聚糖的研究日益增多。

1. 多糖材料

多糖含有丰富的羟基，倾向于形成聚集体以及发生自组装，因此在生命进程中扮演不同的功能角色，由多糖带动的生物高性能材料的发展也引起了极大关注。[②] 为了将葡聚糖接枝到生物材料的表面，研究人员探索了很多表面接枝方法，例如光敏反应、等离子体表面接枝多糖、层层自组装等。具有新功能的葡聚糖不断被挖掘，有报道称从 Auricularia auricula-judae 中分离得到一种梳子状的 β-葡聚糖（AF1），带有短的支链，0.02 $g \cdot mL^{-1}$ 的 AF1 溶液可纺出高强度中空纤维[③]，在稀溶液中可自组装成直径小于 100 nm 和几十微米长度的中空纳米纤维（图 9-10），该中空纤维具有优良的抗拉强度，生物相容性，耐有机溶剂和双折射。

纤维素等具有生物相容性和可降解性能。利用羧甲基纤维素钠（CMC）和纤维素在 NaOH/尿素水溶液体系中制的一种高吸水性水凝胶 GEL91，具有特别强的溶胀能力，GEL91 在水溶液中的最大溶胀比可以达到 1000，显著高于纤维素衍生物，[④]在 GEL91 中 CMC 起到增大孔径的作用，而纤维素作为水凝胶的强壮骨架维

---

① Q. H. He, Y. L. Yin, F. Zhao, et al., "Metabonomics and its Role in Amino Acid Nutrition Research", *Frontiers in Bioscience-Landmark*, Vol. 16, 2010, pp. 2451-2460.

② S. Xu, Y. Lin, J. Huang, et al., "Construction of High Strength Hollow Fibers by Self-Assembly of a Stiff Polysaccharide with Short Branches in Water", *Journal of Materials Chemistry A*, Vol. 1, No. 13, 2013, pp. 4198-4206; C. Chang, B. Duan, L. Zhang, et al., "Superabsorbent Hydrogels Based on Cellulose for Smart Swelling and Controllable Delivery", *European Polymer Journal*, Vol. 46, No. 1, 2010, pp. 92-100.

③ S. Xu, Y. Lin, J. Huang, et al., "Construction of High Strength Hollow Fibers by Self-Assembly of a Stiff Polysaccharide with Short Branches in Water", *Journal of Materials Chemistry A*, Vol. 1, No. 13, 2013, pp. 4198-4206.

④ T. Yoshimura, K. Matsuo, R. Fujioka, "Novel Biodegradable Superabsorbent Hydrogels Derived from Cotton Cellulose and Succinic Anhydride: Synthesis and Characterization", *Journal of Applied Polymer Science*, Vol. 99, No. 6, 2006, pp. 3251-3256.

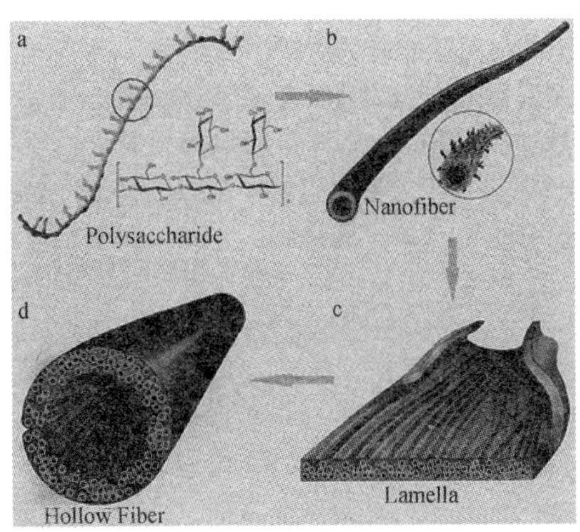

图9-10 AF1水溶液在不同浓度下分层自组装的过程

持其外观。GEL91在NaCl或CaCl2溶液中表现出智能溶胀和收缩，通过改变CMC的浓度可以控制牛血清蛋白的释放。这种基于纤维素形成的水凝胶在生物材料领域表现出很好的应用前景。

壳聚糖/甲壳素作为一种可再生的多糖资源，且具有无毒、抗菌和可降解性。用壳聚糖进行医用高分子材料的表面修饰是其中的一个大的方向。将壳聚糖固定到聚乳酸微球表面，制备出的聚乳酸细胞微载体能够更有效地促进软骨细胞的粘附和生长；等将水溶性的壳聚糖接枝到热塑性聚氨酯(TPU)表面，然后在此基础上又分别接枝了生物活性大分子肝素和多糖硫酸酯，发现壳聚糖的接枝可以有效地提高生物活性大分子的接枝密度，而且修饰后的材料对纤维蛋白原和血小板的排斥能力大大提高，抗凝血性增强。将壳聚糖接枝到PE的表面，可使改性后的PE抗血小板粘附和蛋白质吸附的能力显著提高。有研究以胶原和壳聚糖为原料制备了具有三维多孔结构的胶原聚糖/硅橡胶双层皮肤支架，动物实验表明，该支架在原位诱导了真皮的再生，并有高达94%的移植成功。报道显示，壳聚糖/明胶共混材料和壳聚糖单独使用都能促进骨髓间充质细胞在材料表面粘附并保持其在机体内的形态。

2. 蛋白质材料

蛋白质具有很高的营养价值，同时具有持水性、凝胶性、乳化性、起泡性、粘弹性等多种功能性质，加之其含有丰富的活性基团，如羰基、氨基等，可以参与很多的生化反应，逐渐为工业生产所用。[①] 近几年来，蛋白质作为生物材料被广泛应用到各个领域，如医药、食品包装、工程塑料等。

蛋白质通过改性例如乙酰化、酯化、变性、结合填料、与其他性质材料复合等途径，可以形成更高性能的材料。有报道显示，将甲壳素晶须强化大豆分离蛋白(SPI)可以有效增强 SPI 基纳米复合材料的抗拉强度和杨氏模量，例如强化长度为 500 ± 50 nm 和直径 50 ± 10 nm 的甲壳素晶须，可使 SPI 基膜片材料的抗拉强度和杨氏模量分别从为强化的 3.3 MPa 和 26 MPa 上升至 8.4 MPa 和 158 MPa，且有效加强材料的抗水性。将 SPI 与天然橡胶通过冷冻/冻干工艺共混，可以形成疏水性材料，该材料界面相容性良好，并具有光学透明性和生物可降解性，另外支持细胞粘附和增殖，暗示具有成为新型的组织工程材料的潜力。在通过溶液浇铸法制备基于羧甲基纤维素(CMC)和大豆分离蛋白、增容甘油的可食性膜时发现，提高 CMC 的含量，膜的机械性能提高，水敏感性降低，加入 CMC 形成的共混膜比蛋白膜有更好的结构和性能。[②] 用水性聚氨酯(WPU)来修饰大豆分离蛋白，可以制成热塑性材料，显著改善灵活性与持水性；WPU 的加入增强了混合膜在水中的机械性能，因此在潮湿的条件下也可以应用，另外，混合膜的毒性远比 WPU 小。

生物大分子材料在各领域的应用展现出了巨大的潜力，相信通过研究者的共同努力，还会有更多的性能优越的大分子材料问世，推动整个生物学科的发展，同时也为环境保护和能源节约做出贡献。

二、食品科学技术在产业发展中的重大应用成果

(一) 农产品高值化挤压加工与装备关键技术研究及应用

针对挤压技术应用面窄、挤压设备产量小、关键部件寿命短、自动化程度低、适应能力差等问题，食品科研人员以挤压技术为出发点，在国内首次完成了配合营养米和速溶首乌颗粒的工业化生产，并形成了多条高品质全脂大豆的挤压生产线。研究了挤压螺杆柔性组合与压力—温度分段控制技术，显著提高了国产挤压机的加工适应能力，创新了同一挤压机分别工业化生产稳定化米糠等产品的加工模式。发展了热渗透处理和等离子表面喷涂技术，大大延长了挤压机关键部件的使用寿命；实现了挤压机的自动化操作，创造性地采用软件模拟分析进行挤压设备系列化和模块化的设计与制造，完成了 50 kw—315 kw 系列挤压装备的大规模

① H. Tian, Y. Wang, L. Zhang, et al., "Improved Flexibility and Water Resistance of Soy Protein Thermoplastics Containing Waterborne Polyurethane", *Industrial Crops and Products*, Vol. 32, No. 1, 2010, pp. 13-20.

② J. Su, Z. Huang, X. Yuan, et al., "Structure and Properties of Carboxymethyl Cellulose/Soy Protein Isolate Blend Edible Films Crosslinked by Maillard Reactions", *Carbohydrate Polymers*, Vol. 79, No. 1, 2010, pp. 145-153.

化生产。

经过15年的不懈努力,在挤压关键技术、挤压装备应用以及挤压机性能提高等方面取得了显著突破,完成了在十多家食品饲料企业大规模工业化生产以及专用挤压机或配套设备的设计、制造与应用;相关成果通过国家及省部级验收和鉴定,整体水平达国内领先,获山东省技术发明二等奖、教育部科技进步二等奖等省部级奖励8项。通过项目的实施,获国家授权发明专利18项,授权实用新型专利25项。该成果主要由山东理工大学、江南大学、江苏牧羊集团有限公司等单位完成,2011年荣获国家科技进步二等奖。

(二)大豆精深加工关键技术创新与应用

通过生物技术、高效萃取技术、膜技术等现代高新技术的融合,突破了大豆蛋白生物改性、醇法连续浸提大豆浓缩蛋白、可控酶解制备大豆功能肽、超滤膜处理大豆乳清废水、大豆油脂酶法精炼、大豆功能因子产品开发等大豆精深加工共性关键技术,实现了提质增效和技术创新,打破了国外在功能性蛋白、油脂生物炼制、副产物综合利用方面的技术封锁,为我国大豆加工产业快速发展提供技术支撑,显著提升了我国大豆加工业的核心竞争力。

成功开发出功能性蛋白、大豆肽、酶法精炼油等新产品23种;获得授权发明专利16项、实用新型专利3项;成果得到了广泛推广,取得了显著的效益。项目研发新技术装备已在全国18家企业得到推广应用,建立生产线45条,包括山东谷神集团、广州合诚生物科技股份公司、哈高科大豆食品公司、黑龙江双河松嫩大豆生物公司等,累计创经济效益64亿元,其中9家企业近三年新增利税7.1亿元,创汇2.1亿美元,节支4600万元。该成果主要由国家大豆工程技术研究中心、华南理工大学、河南工业大学、东北农业大学、哈高科大豆食品有限责任公司、黑龙江双河松嫩大豆生物工程有限责任公司、谷神生物科技集团有限公司等单位完成,2011年荣获国家科技进步二等奖。

(三)稻米深加工高效转化与副产物综合利用

针对我国稻米特别是低值稻米(节碎米等)深加工与副产物综合利用落后局面,国内外首创稻米(节碎米)淀粉糖深加工及副产物高效综合循环经济模式,在创新工艺与设备基础上,实现副产物高效综合利用率100%,真正达到“无三废、零排放”的最佳生态环保、节能效果。构建高活力、超高耐温复合酶制剂和酶助剂,显著提高酶活力30%以上,显著提高淀粉转化率97%以上;以节碎米为原料,制取了高色价(≥200 U/g红曲色素)低桔霉素(≤0.02 mg/Kg)红曲色素,被评为国家重点新产品;国内率先以低值稻米为原料,将低值稻米淀粉改性成高附加值稻米变性淀粉。

研发出11大系列(淀粉糖、红曲色素、改性淀粉、米蛋白和功能肽、米胚油和米糠膳食纤维、稻壳活性炭等)30 多种高附加值产品,申报了 73 项专利,其中授权 39 项。技术先后在 30 多家企业推广应用,产生了极好的经济效益和社会效益,为我国稻米特别是低值稻米深加工高效转化与副产物综合利用起到了强劲的推进作用。该成果主要由中南林业科技大学、华南理工大学、万福生科(湖南)农业开发股份有限公司、华中农业大学、长沙理工大学、湖南润涛生物科技有限公司、湖南农业大学等单位完成,2011 年荣获国家科技进步二等奖。

(四)高效节能小麦加工新技术

通过攻克小麦加工的关键共性难题,创新一批具有自主知识产权的新工艺、新装备、新技术,全面提升了我国小麦加工业的整体技术水平。项目成果主要包括高效节能小麦加工技术、蒸煮类小麦专用粉生产新技术、高效节能挂面生产新技术等内容。项目创新强化物料分级与纯化技术和磨撞均衡制粉技术、首创以在制品配制为主导的专用粉生产技术,集成一套完整的高效节能小麦加工新技术。提高小麦加工单位产能 25% 以上,降低电耗 15%—20%;优质粉出率提高 10% 以上,面粉总出率增加 2% 以上;专用粉品质更加适合蒸煮类食品质量要求,同时大幅度提高专用粉出率。显著提高了面粉及其制品的安全性,对促进主食工业化健康发展具有重要意义。

目前,项目技术已在全国 600 多条生产线应用,并推广至国外多个国家,大大推动了行业技术进步,取得了较好的经济效益和社会效益。项目的推广应用,大幅度提高了面粉出率,节约了大批粮食,相当于增加数千万亩良田,对保障国家粮食安全具有重要意义;累计节电数十亿度,减少不可再生资源消耗;产品质量与安全性的改善,满足了日益提高的食品安全需求,对提高人民物质生活及健康水平做出突出贡献;项目实施过程为行业培养了大批技术人才,为行业的快速发展提供了人才保障,推动了行业的整体技术进步,使我国小麦加工业技术跃居国际先进水平。该成果主要由河南工业大学、武汉工业学院、克明面业股份有限公司、河南东方食品机械设备有限公司、郑州智信实业有限公司、郑州金谷实业有限公司等单位完成,2011 年荣获国家科技进步二等奖。

(五)L-乳酸产业化关键技术研究与应用

历经 13 年联合攻关,先后解决了 L-乳酸菌种不稳定、发酵产酸率低、周期长、生产效率低、产品纯度低,难以实现规模化生产等重大技术难题;先后开发了高产乳酸生产菌株 JD-076L 的选育、L-乳酸高浓度发酵工艺的应用与优化,L-乳酸的耦合分离提纯新技术的发明与应用、L-乳酸专用新型发酵罐的研制与应用等关键技术。这 4 项关键技术分离效率高,耦合吸附分离后原液中 L-乳酸残存量在 0.01% 以下;选择性强,只吸附 L-乳酸;分离效果好,产品质量指标达到世界同类产品先进水平。与传统提取工艺相比,耦合吸附分离在常压下进行,耦合吸附剂可反复循环使用，且不需要消耗其他原辅材料，大幅度减少了原材料消耗和设备投资。

实现了乳酸行业的重大原创性技术创新，形成了具有自主知识产权的L-乳酸关键技术，填补了国内L-乳酸的技术和生产空白。以上技术创新在我国首次实现工业化生产后，可以提升玉米原粮效益三倍，整体技术水平和产品质量达到国际领先水平，生产成本大大低于国际同类产品，彻底改变了我国L-乳酸生产技术被国外垄断的状况，产品远销日本、美国、欧洲、东南亚等的八十多个国家和地区。该成果主要由河南金丹乳酸科技有限公司、哈尔滨工业大学（威海）等单位完成，2011年荣获国家科技进步二等奖。

（六）食品安全危害因子可视化快速检测技术

针对食源性致病菌和小分子化学危害物可视化分析理论进行了创新研究，开发了7项具有自主知识产权的可视化快速检测核心技术；首次建立了2个属及9种食源性致病菌的基于生物薄膜传感器的可视芯片检测方法和15种食源性致病菌LAMP现场检测方法，实现了多目标菌的高通量同时检测和现场快速检测；开发了70余种食品中有害物可视化快速检测产品，技术指标达到了国际先进水平。获得国家发明专利13项。

开发的快速检测技术和系列产品陆续在我国进出口口岸检验检疫、农业、工商、质监和卫生等食品安全监测机构以及食品生产企业等2000多家单位得到广泛应用。近3年，产生直接经济效益21.63亿元；产品在检测机构的广泛应用，保障了年均货值为175亿美元食品、农产品的进出口贸易，有效应对了国外技术壁垒，维护了我国1500多家食品企业的利益，提升了我国食品安全监管水平和企业的自检自控能力，保障了消费者的健康和生命安全。该成果主要由天津科技大学、中国检验检疫科学研究院、天津出入境检验检疫局动植物与食品检测中心、辽宁出入境检验检疫局检验检疫技术中心、天津生物芯片技术有限责任公司、天津九鼎医学生物工程有限公司等单位完成，2012年荣获国家科技进步二等奖。

（七）果蔬食品的高品质干燥关键技术研究及应用

通过18个主要纵向和产学研大型横向课题的联合研发，建立了果蔬食品干燥过程品质调控新技术理论体系和技术平台；针对不同的出口需求，在17年中已应用该系列技术开发了四大类果蔬食品高品质脱水加工创新产品，较好地解决了传统果蔬食品干制品普遍存在的加工和后续保藏过程中品质变劣快、不稳定的国际性难题；开发的高效保质联合干燥新技术为高耗能的干燥行业做出了节能减排贡献。

本领域获得授权国家发明专利33项；4项核心技术成果达到了国际同类领先或先进水平。通过在海通食品集团、山东鲁花集团等10家行业或地方龙头企业的实际应用，为企业构建了能自主开发新型高品质果蔬食品干制品的创新平台，显著提高了企业的市场竞争力，项目的实施既扶持了当地农业龙头企业，又使农民增收，有效推动了当地农业产业化进程，依托本项目还培养了一批本领域的高级研究人才与龙头企业实践性技术人才，取得了很显著的经济和社会效益。本成果的应用为实现我国果蔬食品高品质干燥技术的跨越式发展奠定了坚实的理论与技术基础，也为全球经济危机形势下竞争日益激烈的我国优势果蔬脱水产品扩大出口份额和拓展国内市场提供有力的技术支持。该成果主要由江南大学、宁波海通食品科技有限公司、中华全国供销合作总社南京野生植物综合利用研究院、山东鲁花集团有限公司、江苏兴野食品有限公司等单位完成，2012 年荣获国家科技进步二等奖。

三、科学与技术发展对食品产业的影响：国内外的比较

（一）食品工业科学与技术发展水平

食品工业的科学与技术发展水平一般可以由食品工业科技研发经费投入强度、授权专利和技术创新收益等指标来反映。

1. 食品工业科技研发经费投入强度

研发经费（R&D）投入强度指 R&D 经费占产品销售收入的比重，是反映行业科技创新投入最重要且具有世界可比性的指标。从图 9-11 所示的食品工业 R&D 经费投入强度来看，美国食品工业 R&D 经费投入强度远高于我国，从 2008 年到 2011 年，其 R&D 经费投入强度分别是我国食品工业的 1.81 倍、1.34 倍、1.71 倍和 2.5 倍。

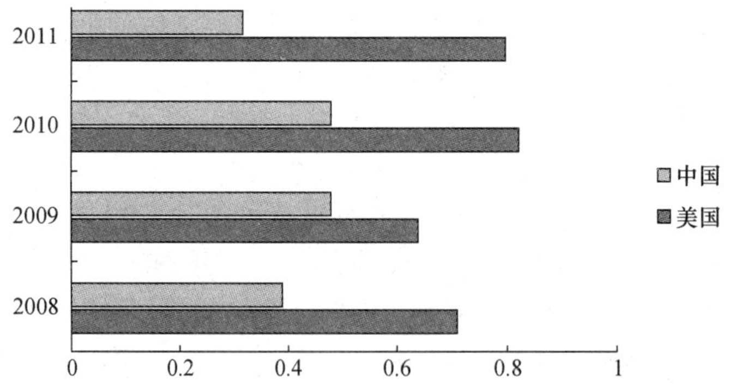

图 9-11 2008—2011 年中、美食品工业研发经费投入强度

来源：National Science Foundation/Division of Science Resources Statistics, *Business R&D and Innovation Survey*: *2012*；《中国科技统计年鉴》。

2. 授权专利与技术创新收益

专利不仅能够反映一国食品科技创新活动产出，而且能够反映一国科技创新成果水平。2009—2011 年间美国食品工业的专利申请数由 966 件增加到 3261 件，其中专利授权数由 371 件增加到 1398 件，分别增加了 237.58% 和 276.82%。由图 9-12 显示，从平均专利申请数和授权数来看，2009—2011 三年间美国平均每个食品工业企业的专利申请数和授权数分别为 0.74 和 0.29，远远超过我国的 0.39 和 0.10。

此外，食品工业新产品销售收入也是反映美国科技创新成果水平的重要指标。从 2009—2011 年，美国食品工业企业中，34% 的企业在产品或生产工艺方面有重大创新，新产品或新工艺的创新给企业带来的总利润为 13928.3 万美元。

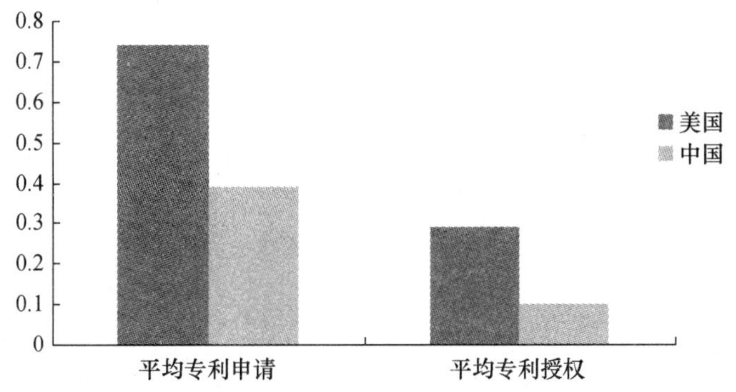

图 9-12　中美食品工业平均专利申请数与专利授权数

来源：The Patent Board, Proprietary Patent database, special tabulations (2011). See appendix tables 6-47—6-56 and 6-58—6-61. Science and Engineering Indicators 2012。

（二）科学与技术进步对食品产业发展的贡献

本《报告》用食品工业产值的增长代表食品产业的发展，并运用柯布—道格拉斯生产函数与索洛模型估算食品科技进步及其对食品工业产值增长的贡献，相关数据见表 9-1。通过索洛模型可以求得科技进步增长速度 a，结果如图 9-13 所示，2007—2011 年间美国食品科技进步增长速度基本保持在 3%—8% 左右，并且从 2006 年开始被我国赶超，此后的 2010 年和 2011 年我国食品科技进步增长速度分别是美国的 3.16 倍和 2.39 倍。由此可见，我国食品科学技术水平虽无法与美国媲美，但科学技术进步的增长速度是比较快的。

表 9-1 2004—2011 年食品工业总产值、劳动力投入与固定资产投入

（单位：亿美元/元、万人）

年份	工业产值(Y)		就业人数(L)		固定资产(K)	
	美	中	美	中	美	中
2005	659.70	20473.00	161.70	464.00	18.10	1881.62
2006	664.30	24801.00	162.10	482.00	18.80	2898.75
2007	717.20	31912.00	162.20	519.00	19.00	3342.12
2008	773.00	42600.70	161.60	603.00	22.80	4173.03
2009	766.80	49678.00	157.80	593.00	19.80	5616.06
2010	789.30	63079.90	156.20	654.00	19.90	7141.50
2011	863.00	78078.30	157.50	682.00	23.00	9790.40

注：食品工业包括食品、饮料和烟草制造业。

数据来源：Bureau of Economic Analysis, December 13, 2012。

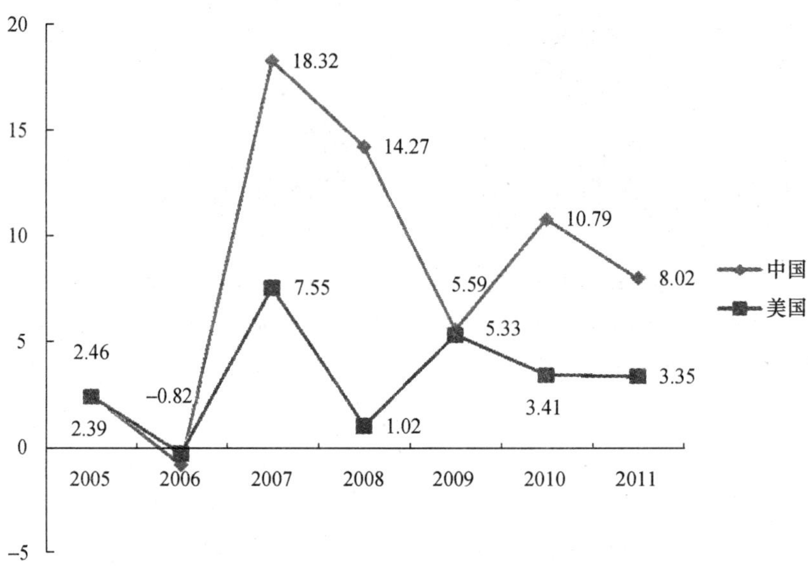

图 9-13 2005—2011 年食品工业科技进步的增长速度(%)

由柯布—道格拉斯生产函数和索洛模型，计算出食品工业产值增长中科技进步贡献率、资金投入贡献率和研发人员贡献率，具体见表 9-2。图 9-13 显示，从 2005 年到 2011 年，美国劳动力投入对食品工业增长的贡献率很低，除了 2006 年以外均在 6% 以下，有些年份甚至是负贡献，这主要是因为美国食品工业就业增长率几乎停止不前甚至负增长。资本投入对食品工业增长有重要的正向推动作用。

从 2007 年开始，除个别年份外，美国食品科技进步对食品工业增长的贡献率高于资金和劳动力投入对食品工业增长的贡献率，对食品工业增长有很大的正向推动作用，尤其是 2009 年达到了 443.58% 的高峰，2010 年为 251.79%，2011 年回落至 35.81%，表明科技进步是拉动美国食品工业增长的关键因素。相比之下，我国食品科技进步对食品工业增长的贡献整体小于美国，但从 2007 年开始均稳定在 33% 以上，2011 年达到 33.71%，对食品工业的增长发挥了积极的作用。

表 9-2 科技进步、劳动力及资本对食品工业增长的贡献率(%)

年份	科技进步贡献率		资金贡献率		劳动力贡献率	
	美国	中国	美国	中国	美国	中国
2005	46.52	8.80	68.46	66.12	-14.98	25.08
2006	-117.20	-1.43	194.12	89.50	23.06	11.93
2007	94.82	63.91	4.68	18.68	0.50	17.41
2008	13.12	42.60	89.97	25.98	-3.09	31.42
2009	443.58	33.63	-257.96	72.87	-85.62	-6.50
2010	251.79	39.98	55.63	35.23	-27.42	24.79
2011	35.81	33.71	58.39	54.59	5.80	11.70

（三）促进食品科技进步的举措

1. 政府政策引导

为了推动科技成果的产业化应用，美国政府颁布了多部保护和鼓励 R&D 活动和科技成果转化的法规。如 1980 年的 *Bayh-Dole* 法案、2000 年的《技术转移商业法案》、2007 年旨在促进创新的竞争力法案、2011 年的《美国专利法》。美国还颁布了多部有关鼓励风险投资，促进科技主体交流与合作的法案。在政府的鼓励和引导下，美国大学联合会、美国公立和赠地大学联盟和来自美国全国的 135 位大学校长承诺与企业、发明人和相关机构展开更密切的合作，从而支持企业创新、促使知识产权产品市场化和推动经济发展。

2. 政府资金支持

美国政府还要求 11 个联邦政府部门参加中小企业创新研究(SBIR)项目，5 个部门参与中小企业技术转移(STTR)项目，参与方式为每年从其财政预算中拨出一定比例的经费用于支持上述两个项目。同时，绝大多数产学研合作比较成功的高校都从美国联邦政府那里获得了大量研究经费。Coulter 基金会和国家科学基金会(NSF)与美国科学发展协会(AAAS)启动大学科研成果商业转化奖，该奖项旨在激励大学院校科研成果商业化。Coulter 基金会和国家科学基金会为奖项提供 400 万美元的运作资金，美国科学发展协会牵头规划和实施，多个合作机构、基金会和组织协办。

3. 高校积极参与

大学的科研机构除院系的研究实验室和独立研究单位外，在产学研合作方面起作用的主要是企业—大学合作研究中心。比如，康奈尔大学通过设立乳制品技术研究中心、食品加工与放大中试工程中心、风味分析实验室，与当地企业共同建立了果蔬中试加工线、葡萄栽种与酿酒技术实验室，在资源高附加值等应用领域上不断研发新技术；普渡大学设立产业合作计划，加强与各大食品企业联合，培养出符合企业要求的毕业生，目前有 Alfa Laval, Cargill Food System Design, Coca Cola, General Mills, Nestle R&D Center, Pepsico Beverages and Foods 等食品企业参与产业合作计划；加州大学戴维斯分校设立了加州食品与农业技术研究所（食品科学前沿趋势智能库、生物质能技术、食品节能加工技术等），启动食品前瞻性战略合作计划（CIFAR），该计划的国际合作网络已经扩展到亚洲、欧洲、南美等地。目前正在进行中的计划包括食品趋势前瞻智能系统、加州食品工业能源研究计划（与加州政府合作）。

四、我国食品科学与技术未来发展趋势与重点研究方向

（一）未来的发展趋势

1. 学科领域以食品为中心，向功能营养发展

科技进步使膳食干预疾病成为科学现实，由此促使食品营养研究在世界范围内热烈开展。基于现有对食品组分的了解，融合生命科学的最新进展，探究食品成分在人体内的变化及产生的各种效果，不仅是食品科学研究的新领域，也是食品产业发展的新方向。我国营养产业产值已经超过 1000 亿元，开发多样化的“全”营养食品、营养专用食品、营养强化食品、营养补充剂及营养功能食品等新形式，将是食品设计的最终目标。

2. 基础研究以健康为目标，向交叉学科发展

营养健康相关研究已经成为学术界、产业界和政府的共识。比如 2013 年食品类国家自然科学基金重点支持食品组分相互作用、分子营养学、膳食结构与人体健康等领域，并且越来越强调与生命科学、医学、营养科学、生物学、先进材料等学科的交叉与合作，由此衍生出一批新的研究热点。高等院校和科研院所中将组成一批高端人才领军的国际化研究团队，致力于食品—营养—疾病—生命相关的战略性基础研究工作。

3. 技术开发以创新为驱动，向可持续发展

可持续发展是食品产业发展的不变方向，因此采用高新技术改造现有工艺技术，覆盖原料生产、预处理、加工、后处理、包装、储运、销售等全生产链，实现质量

安全、高效利用、节能生产、清洁环保，是食品技术创新研发的指导方针。我国已经在非热加工（如超高压、脉冲电场、超声波等）、物理分离（如膜分离、色谱床等）、生物加工（如酶技术、基因工程、发酵工程等）等领域取得了令人瞩目的进展，如何拓展这些高新技术的应用面和集成度，将是实现可持续发展的重要内容。

4. 成果转化以效益为主导，向高性价比发展

随着食品 R&D 投入的逐渐提高，及食品成果转化数量和规模的提升，投入/产出效益将是下一个需要解决的问题。特别是在企业成为创新主体和成果转化载体后，市场竞争必然要求在同样的研发投入下，进一步提高成果转化率、形成批量生产和产业化规模。我国科学技术中能转化为批量生产的仅占 20%，能形成产业规模的只有 5%，而西方发达国家科技成果转化率一般在 60%—80%。

5. 人才培养以学以致用为宗旨，向多元化转变

食品科学是一个高度应用型的学科，科学技术研究、工程化开发、现代化生产领域的不断拓展分化，对人才培养提出更实际更多元化的要求。学术研究型人员、应用研究型人员、工程化技术人员、产品设计与营销人员等专门人才将是培养的典型目标，而专门人才的培养模式也将从本科开始相应地有所区分。大学教授、研究所研究员、工业企业家等高端人才作为人才培养导师的地位将越来越重要。

6. 平台队伍以高端人才领军，向优专精建设

结合现有食品优势学科和产业区域分布特定，亟须整合建立一批国家级科技创新示范实验室、工程创新中心及产学研创新平台，继续实施创新团队和人才推进计划，培养一批科技领军人才、优秀专业技术人才和青年科技人才；依托创新型企业、高等院校和研究所的人才资源，建立一批科学家工作室、创新团队和科技重大项目攻关团队。

（二）未来重点研究方向

1. 以满足加工要求和市场需求为特性的新食品资源

食品原料的理化加工特性和生理营养特性决定了其加工方式和产品形式。针对目前高新技术应用频繁，以营养、方便、新颖为特征的新食品需求旺盛，开发寻找能满足加工和市场要求的新食品资源是值得重点发展的方向之一。

（1）利用基因工程技术开发安全的高附加值食品原料

针对我国食品原料来源单一、适于深度加工食品原料有限且损失率大的特点，将传统育种与基因改造相结合，在生物活性成分明确的基础上，通过挑选富含不同功能成分的优良亲本，采用传统育种技术获得富集多种功能成分于一身的食品原料资源。同时，在构效关系明确的基础上，通过转基因技术改变次生代谢流，促进靶向成分的积累，在保障食品安全同时，获得高附加值食品新资源。

(2) 研发原料高附加值转化技术。针对食品加工深度不够、农产品转化能力弱的特点,重点围绕产品深度开发和转化增值,推进粮油、果蔬、畜禽产品、水产品等大宗食品原料的精深加工,突破高效分离、定向重组、联合干燥、智能包装、集成综合加工、清洁生产等系列共性关键技术,加快终端产品设计开发,提升产品科技含量和附加值。

(3) 深度挖掘我国传统特色食品资源。发展天然、绿色、环保、安全有效的食品原料,充分利用我国特有动植物资源,开发具有民族特色和新功能的传统特色膳食食品。对大范围动植物资源进行生物活性物质靶向筛选,明确不同动植物的代谢产物分布规律,推定代谢途径,以期为功能成分资源选择提供依据。

2. 以营养健康和方便快捷为导向的新食品设计开发

针对国家在人口与健康方面的重大需求,开展基于我国居民特色的营养设计与健康调控研究,控制慢性病,提高人群素质和健康水平,实现国民健康保障从"治已病"为主前移到"治未病"和养生保健,从"被动医疗"转向"主动健康",为全面提升公众营养水平与生活质量提供理论依据。

(1) 食品营养与人体健康的关系研究。在全面理解膳食平衡与肥胖、糖尿病发生的相关性及作用机制的基础上,研究环境因素(营养、生活方式等)和基因的相互作用对人体健康以及慢性疾病发生发展的影响和相关机理。重点研究营养性慢性代谢疾病的分子机制,从分子、细胞和动物水平研究各种营养因素与肥胖、糖尿病、代谢综合征发生发展的关系。基于营养基因组学,建立个体化营养模型,通过以基因型为基础的"个性化"饮食干预来预防、减轻或治愈多种慢性疾病。研究功能性食物及其有效成分对营养性代谢疾病的改善作用和相关机理,围绕代谢调控与代谢疾病的分子发病机制,探讨功能性食物成分对细胞关键信号通路的调控,揭示其在慢性代谢疾病发生发展中的作用。

(2) 满足个性化人群的营养需求。针对食物结构不合理、营养不协调等问题,重点研究食品营养品质靶向设计技术、特殊膳食食品设计与制造技术、功能食品设计与制造技术以及食品营养基因组学等前沿技术研究;开发一系列可适用于易疲劳人群、肥胖人群以及低免疫力人群等亚健康人群的个性化营养健康食品。同时开发适合不同人群的营养强化食品,如孕妇、婴幼儿及儿童、老人、军队人员、运动员、临床病人特殊膳食食品,及用于人体营养素补充剂。

(3) 保持营养的高稳定性和高活性。针对食品营养组分在食品加工过程中的损失与破坏等问题,重点研究以高效、高活性和高稳定性为特征的现代食品加工技术,着力攻克食品组分与功能调控技术、食品分子酶法改性与分子修饰技术、高效分离技术、微胶囊包埋技术、新型物理场杀菌、超微化加工以及绿色智能化食品包装新材料与包装技术等核心技术。

(4) 营养健康产品。开发符合“营养、健康、方便”需求和具自主知识产权的规模化、连续化和智能化营养健康产品，围绕靶向性的个性化营养膳食干预与调控策略，开发一系列用于预防易疲劳人群、高血压、高血糖、高血脂以及低免疫等亚健康人群等疾病的营养食品。

3. 以生命科学和生物技术为核心的食品加工新技术

生物加工技术具有清洁、安全、节能的优点，是食品制造可持续发展的重要内容。世界范围内，食品龙头企业和发达国家的食品研究均在着力推动食品生物技术。因此，以生物加工为核心的系统新食品技术体系，将是我国食品技术升级的核心趋势。

(1) 食品加工新技术基础理论和应用研究。重点对中国传统食品现代化、营养素与功能因子的保持和增效、新资源新技术利用以及新型食品的制造技术展开研究。重点探讨非热加工技术和新型杀菌技术特别是超高压技术和脉冲电场技术对食品体系中典型组分、微生物及酶的微观结构与宏观性能的影响，从分子水平上阐述重要理化因子对这些典型食品组分及其所构建的食品体系特性影响的内在规律。探讨生物催化修饰增效、微胶囊技术、新型缓释技术等各种新加工技术的特征以及对复杂食品体系中营养素和功能因子的影响。

(2) 食品组分变化及品质调控技术。探索加工过程食品材料分子之间在热、冷、剪切、压力等作用下的相互作用机制，特别从分子水平深入研究材料之间的相互作用，揭示影响食品品质与安全性的因素及本质。着重研究食物中的各种组分、功能因子在流动、混合、分离、浓缩、干燥、加热、杀菌、冷却以及冷冻等加工过程化学变化以及相互作用，变化的化学本质和影响因素，组分和组分之间的相互作用以及这些相互作用对于组分结构功能、加工性和食品品质的影响。研究食品加工、贮存、运输过程各个条件和环节、加工过程的添加物等对于制品结构、风味、质构、色泽、营养素的影响，引起上述品质变化的原因以及控制品质变化的方法。

(3) 食品生物加工技术。针对食品生物加工过程组分改变复杂、影响因素多、调控难度大等问题，利用基因工程、细胞工程技术对食品资源加以改造和改良，利用发酵工程、酶工程技术等将农副原材料加工制成高附加值产品，研究食品生物制造过程优化控制策略，将生物反应器技术与之结合，对原有食品加工工艺进行改造，甚至实现生物技术产品二次开发，达到降低能耗、提高产率、改善食品品质的目的，从根本上改良食品的原料特性、加工特性和营养价值等。

(4) 传统食品工业化技术。我国传统食品及其生产工艺技术是中华民族饮食文化的一个组成部分。一方面有些传统食品在风味、色泽、口感和健康效应等方面有其独特的内涵，另一方面许多传统食品的加工和保藏技术又相对落后，不利于大工业化生产，因而在挖掘我国传统食品的科学合理内涵的同时，对其进行科学化的改造又显得极其重要。重点研究传统食品的加工特色、组分变化及相互作用机制，探索如何利用现代食品加工的工程原理及单元操作对传统食品进行大规模加工，同时不丧失传统食品的特征性风味、质构特征和健康作用。研究食品原材料特点、食品保藏原理、影响食品质量、包装及污染的加工因素、良好生产操作及卫生操作。

4. 以智能集成和核心成套技术为目标的食品装备研发制造

针对我国食品加工装备水平较低、创新能力不足、低水平重复、产品结构不合理等问题，运用现代高新技术，促进食品装备技术升级，开发新型的食品装备产品。

（1）食品加工装备。围绕重点食品加工单元装备、食品装备集成与成套技术、食品检测技术等，开展食品物理场加工工程及工业化装备的研究，针对新型物理场包括声（超声波）、光（脉冲强光）、电（脉冲电场）、磁（脉冲磁场）、压（超高压）、波（微波）等，研究物理场辅助生物、食品加工工程中的传热、传质和反应规律，装备的放大规律和技术，重点突破超高压设备的设计和制造，微波辅助干燥、提取的规模化生产设备，微波等物理场辅助酶催化、辅助化学反应器等。紧密结合实际需求，开展新型杀菌、物性重组、干燥、超细粉碎、高速灌装、气调与无菌包装等食品加工与包装单元技术与装备研发；研究传统食品工业化、食品加工成套装备技术；集成计算机控制、机器视觉、传感检测与智能控制、物联网、机器人等技术与传统食品加工装备及生产过程，实现食品物料分级、快速无损检测、传统食品加工装备的自动化与智能化。

（2）食品包装装备。针对我国食品包装技术原创力弱、包装质量监控难、食品包装存在安全性风险等问题，研究天然资源型、抗菌型、气体吸附型、智能型、选择性渗透包装材料等的加工过程关键技术，重点研究高效广谱的材料配方、功能性分子的结构改造、功能成分的作用与调节机制、食品组分与包装材料间的相互作用、特定功能包装材料的制备加工等技术，揭示食品包装材料中重要有害物质的迁移、食品风味物质吸附等规律，开发功能性、环保安全型食品包装材料；分析不同食品处理方式对包装材料微观结构与宏观性能的影响，提出新型食品加工技术对于复杂食品体系的包装要求及控制方法。

（3）食品检测装备。围绕社会经济发展和食品工业的具体要求，重点开发高精度、便携、快捷、无损的食品原料现场检测装备；推进国产色谱、质谱、光谱仪，以及蛋白质、多糖和脂类生物分子检测的生化仪器的开发和应用；结合视觉识别、光学识别，无线传感器网络等先进技术，进一步加深和拓展现有检测技术的应用范围，提高识别准确性。

5. 以主动保障和全程控制为核心的食品安全体系建设

食品安全问题关乎国计民生、社会稳定和国际声誉。针对食品安全、人体健康和环境效应的综合交叉的前瞻性研究，揭示食品生境和加工过程中危害因子迁移、转化和交互作用本质，开拓基于健康保障为目的的食品安全研究新领域，建立食源性危害因子主动干预体系和控制策略。

(1) 食品全产业链危害物产生机理及调控方法。加强食品产业链中营养物质的降解，有害物质产生和代谢机理的基础研究，探索食品危害因子产生、转化及人类健康摄入风险导致的慢性疾病和癌症的关系，研究多学科，多角度审视其控制途径。以敏感测试细胞为对象，结合多种组学技术，研究致病菌及其毒素和宿主细胞之间的相互作用；针对食品加工过程中生物危害物，从微生物胞内代谢网络、微生物与环境相互作用和微生物群落效应等层面，确定控制食品加工过程中有害因子产生的目标加工单元、途径及位点，揭示靶向控制、阻断和降低危害物生成的分子机制和控制模型。

(2) 危害物高精度检测的基础研究及新型检测技术。加速食品毒理学的应用研究，加强分子生物学、代谢组学等新兴技术的在毒理学上的应用并且关注构建新型食品毒理学动物模型的研究，攻克食品毒理学技术研究难题；发展新型快速检测技术，着重发展易用型和小型化仪器；突破农产品等加工过程中无损检测核心技术，建立支持我国食品加工无损检测的数字化、智能化的重大技术、重大产品和重大应用系统；加强食品真伪鉴定技术的研究，建立对组分的分析和判别模型，优化实验设计和测量方法；加强危害物的风险评估。

(3) 食品风险评估及预警、可追溯系统。开展食品质量安全追溯的基础研究，制定可操纵的质量控制体系和标准体系，实现我国食品产业链全程可预警、可追溯、可控制。在线实时检测技术的理论基础的完善，完备预警体系，加强预检机构的检测能力；加大对追溯标识与标志技术的研究，建立产业链产品危害因子来源追溯，建立多方共同使用的全面可追溯体系；基于科学研究完善我国食品产品标准，提高食品行业以标准为载体体现和推动技术创新的水平；重点开展食品质量与消费者接受性的相关性研究，建立结合感官分析、计算智能、现代仪器分析和信息化技术等多技术融合的配方管理、风味评价专家决策系统和特色质量稳定性控制体系的示范性研究与应用。

6. 以电子平台和通讯技术为支撑的食品物流系统升级

我国食品物流存在食品物流链来路不明、货源不确定、运作难度大、交货期长、送货不及时、配送成本高、运输过程中的职责难以区分等诸多问题。我国食品物流与服务重点从以下方面发展：

(1) 食品物流装备。基于现阶段我国物流营养研究与产业现状与存在问题，结合国际研发动态和趋势，建立和完善预冷以及包装等物流工艺，开发冰温、减压、辐照等新型物流技术及相应的装备，研制绿色环保智能的物流装备。集成食品营养物质保持各项核心技术与装备，尤其是全程冷链物流技术体系，制定相关操作规程/技术标准，并开展示范应用。

（2）智能食品物流技术及装备。围绕物流期间各类食品中各种营养物质的变化规律探索的基础研究，重点开展食品保鲜技术、包装技术、运输技术、信息化技术、标准化技术等关键技术的攻关和研究，开发最低浪费程度的物流系统，最大限度地减少浪费；将传感技术、包装标识技术、远距离无线电通讯技术、过程跟踪与监控技术、智能决策技术相结合，研发有助于食品营养物质保持的物流环境精准控制技术、预冷、包装及储藏运输等物流工艺及相应的装备；集成食品营养物质保持各项核心技术与装备，尤其是全程冷链物流技术体系，制定相关操作规程/技术标准，并开展示范应用。

（3）食品物流交易平台构建。开展食品和农产品电子商务、拍卖、期货交易理论的研究，完善食品物流交易平台；开展食品物流溯源技术、食品物流动态监测技术、食品物流适时跟踪技术等的研究，为行业加快市场响应速度、降低经营风险和严格成本控制提供基础；发展食品物流远距离无线通信技术，将移动通讯的3G技术应用到食品物流服务中的物流货运调度管理、车辆定位、视频监控、物流信息化应用等；建立模型库、知识库、方法库与现代网络技术相结合的现代物流职能决策系统。

第十章　食品安全政府信息公开的研究报告

本章是《报告》研究团队对食品安全政府公开信息的持续性的研究成果，主要研究我国食品安全政府信息公开的整体状况、评价与分析及未来展望，力争保证与《中国食品安全发展报告 2012》和《中国食品安全发展报告 2013》在风格上的一致性，内容上的可比性，时间上的连续性，并进行一定的对比。本章对食品安全信息公开状况研究的时间节点为 2013 年 7 月 1 日至 2014 年 5 月 30 日。本《报告》研究团队研究的总体结论是，2013 年 3 月新组建的国家食品药品监督管理总局在食品安全信息公开方面并没有取得令人期待的成绩。虽然出台了相关食品安全政府信息公开的部分规范性文件，而且做了大量的工作，但与前两年相比，新组建的国家食品药品监督管理总局在食品安全政府信息公开工作方面并没有本质上的提高，甚至在一定程度上有所倒退，食品安全政府信息公开总体状况不容乐观，整体步伐比较缓慢。目前中国的食品安全监管与政府食品安全信息公开处于大数据时代，一方面，出于社会稳定的需要，相当敏感的食品安全信息应该有所保密；另一方面，政府食品安全信息公开是防范食品安全风险的基本路径，应该依据相关法规要求必须公开。如何破解这个矛盾，依法划定食品安全信息保密与信息开放的边界，不仅直接影响中国食品安全风险社会共治的进程，在某种程度上更考验着政府执政能力。

一、食品安全政府信息公开的新进展

总体上分析，2013 年食品安全政府信息公开在以下四个方面取得了新的进展。

（一）食品安全标准的整合和信息公开

“食品安全标准”的公开是上一报告期中食品安全政府信息公开的重点工作内容之一。为了推进这项工作，2012 年 11 月 30 日卫生部发布《关于做好食品安全标准信息公开工作的通知》（卫监督发〔2012〕77 号）。在本《报告》期内，政府部门的工作重点在于食品安全标准的“整合”。2014 年 5 月 7 日国家卫生计生委办公厅发布《食品安全国家标准整合工作方案(2014—2015)》(国卫办食品函〔2014〕386号),提出"到2015年底,完成食用农产品质量安全标准、食品卫生标准、食品质量标准以及行业标准中强制执行内容的整合工作,基本解决现行标准交叉、重复、矛盾的问题,形成标准框架、原则与国际食品法典标准基本一致,主要食品安全指标和控制要求符合国际通行做法和我国国情的食品安全国家标准体系"。食品安全标准信息公开的前提是标准的统一性和权威性,只有在完成这一目标的前提下政府信息公开才有可能获得实质的推进。与食品安全标准有关的政府信息公开,在上一报告期和本《报告》期内都是亮点之一。不过根据上述工作方案,到2015年底才能完成食品安全标准的整合工作,对于相关内容的政府信息公开,可预期的时间也要等到2016年。但需要指出的是,尽管食品安全标准的整合和信息公开的内容不完整,至少比较分散在相关的新闻媒体、相关网站的内容中,政府相关部门至少没有形成完整的信息公开发布。

(二)食品安全信用信息公开的制度建设

食品安全信用制度一直是食品安全监管领域的重要手段之一,本年度政府部门着力于加强食品安全信用信息的公开,并通过规章和规范性文件予以制度化。《2012年食品安全重点工作安排》(国办发〔2012〕16号)和《2013年食品安全重点工作安排》(国办发〔2013〕25号)都明确提出了"加强食品行业诚信体系建设",连续两年将这一问题作为国家层面上的食品安全重点工作而且措辞完全一致,既说明了食品安全信用信息的重要性,同时也表明了这一制度建设的缓慢。在本年度这一制度得到一定程度的推进,《2014年食品安全重点工作安排》(国办发〔2014〕20号)明确提出:"完善诚信管理法规制度,全面建立各类食品生产经营单位的信用档案,完善诚信信息共享机制和失信行为联合惩戒机制,探索通过实施食品生产经营者'红黑名单'制度促进企业诚信自律经营。"广州市早在2012年颁布了《广州市食品安全信用监督管理办法》(穗府〔2012〕9号,广州市人民政府2012年2月16日颁布),设专章规定了食品安全信用信息的公布。本年度中在这一制度建设领域中有突出表现的当属深圳市和杭州市,深圳市市场监督管理局2013年7月24日发布《深圳市食品安全信用信息管理办法》(深市监规〔2013〕15号),杭州市人民政府办公厅2014年2月26日发布《杭州市食品安全信用信息公开管理办法(试行)》(杭政办函〔2014〕32号)。

(三)食品安全"黑名单"信息公开制度的逐步推行

"黑名单"制度也是食品安全监管领域中早已有知的制度。所谓食品安全"黑名单"就是各级食品安全监管部门将有不良行为记录的生产经营者列入"黑名单”,报请同级食品安全委员会办公室向社会公布,并实施重点监督管理的制度。[①]甘肃省食品安全委员会于2011年10月17日发布了《甘肃省食品安全黑名单管理办法(试行)》(甘食安办〔2011〕20号)。此后河北省保定市人民政府2012年4月17日发布了《保定市食品安全黑名单管理办法(试行)》(〔2012〕保市府办72号),福建省三明市人民政府2012年12月16日发布了《三明市食品安全黑名单管理制度(试行)》(明政办〔2012〕169号)。“黑名单”制度在药品监管领域早已推广,2012年8月13日国家食品药品监督管理局发布《药品安全“黑名单”管理规定(试行)》。随着实践的发展,逐步将这一制度扩大至食品安全监管领域。2013年底国家食品药品监督管理总局发布《食品药品安全“黑名单”管理规定》(征求意见稿),向社会广泛征集意见。截至2014年5月30日管理规定尚未正式公布。各地方监管机构为了响应国家食品药品监督管理总局的号召,纷纷出台了相关的管理规范,包括2014年4月11日,江西省食品药品监督管理局发布《江西省食品药品安全信用信息及“黑名单”管理办法(试行)》,自5月1日起施行;济南市食品安全委员会办公室2014年5月5日《济南市食品生产加工企业“黑名单”管理办法(试行)》(济食安办发〔2014〕10号);广州市食品安全委员会2014年2月12日《广州市食品安全“黑名单”管理试行办法》(穗食安委〔2014〕1号);浙江省食品安全委员会办公室、浙江省食品药品监督管理局2013年12月1日《浙江省食品安全黑名单管理办法(试行)》。预计这一制度未来还将在全国各地继续推进。“黑名单”公布的信息主要包括:(1)违法生产经营者的名称、地址及法定代表人姓名,主要违法违规事实、处罚依据、处罚结果等;(2)责任人员的姓名、职务、身份证号,主要违法违规事实、处罚依据、处罚结果等以及法律法规禁止生产经营者、责任人员从事相关活动的期限;(3)涉案产品相关信息,包括产品名称、批次、标识、批准文号、许可证号等。[②]“黑名单”制度实行动态管理,对于公布的期限,各地规定差别较大,例如江西省规定公布期限为2年,[③]浙江省规定公布期限为1年,[④]而济南市则规定公布期限不少于6个月,[⑤]而国家食品药品监督管理总局发布的《食品药品安全“黑名单”管理规定》(征求意见稿)第19条规定公布期限为2年。

---

① 浙江省食品安全委员会:《浙江省食品安全黑名单管理办法(试行)》,2014-01-10[2014-06-10],http://www.zjfs.gov.cn/info.jsp?newsid=27363。

② 江西省食品药品监督管理局:《江西省食品药品安全信用信息及“黑名单”管理办法(试行)》,2014-04-21[2014-05-16],http://www.jxda.gov.cn/ZWGK/GZTZ/2014/04/1916181.html。

③ 同上。

④ 浙江省食品安全委员会:《浙江省食品安全黑名单管理办法(试行)》,浙江食品安全信息网,2014-01-10[2014-06-10],http://www.zjfs.gov.cn/info.jsp?newsid=27363。

⑤ 济南市食品药品监督管理局:《济南市食品生产加工企业“黑名单”管理办法(试行)》,2014-05-07[2014-06-18],http://www.sdfda.gov.cn/art/2014/5/7/art_151_46495.html。

（四）食品安全风险警示信息体系的建设

食品安全监管信息注重的是事后的监管，而食品安全风险警示信息则将着眼点从事后的监管转向了事前的预防，通过提示性信息，引导社会食品安全消费行为，以防范食品安全风险。从行政主体的行政行为出发，发布提示性信息是一种典型的行政指导行为，被行政主体在各个管理领域所广泛应用。在食品安全管理领域，相关部门运用行政指导行为的事例并不鲜见。本《报告》期内国家食品药品监督管理局网站发布的提示类信息有三条：《端午节粽子安全消费提示》（2014年5月27日发布）、《预防野生毒蘑菇中毒消费提示》（2014年3月27日发布）、《国家食品药品监督管理总局提示：保健食品五大非法宣传"陷阱"》（2013年5月24日发布）。值得一提的是，国家食品药品监督管理总局在2014年5月27日同时发布了《粽子产品监督抽检结果显示总体质量安全状况良好》和《端午节粽子安全消费提示》，围绕同一问题分别从监管执法和消费提示两方面公布信息，引导公众消费，着实体现了"依法行政"和"预防为主"的原则。

二、食品安全政府信息公开状况之评析

衔接本研究团队《中国食品安全发展报告2012》、《中国食品安全发展报告2013》对食品安全政府信息公开状况的研究，可以发现，目前食品安全政府信息公开至少在以下三个方面存在突出的问题。

（一）食品安全政府信息公开统一平台依然缺位

《国家食品安全监管体系"十二五"规划》（国办发〔2012〕36号）要求，"十二五"期间应"加强食品安全监管信息化建设的顶层设计，根据国家重大信息化工程建设规划的统一部署，建立功能完善、标准统一、信息共享、互联互通的国家食品安全信息平台。国家食品安全信息平台由一个主系统（设国家、省、市、县四级平台）和各食品安全监管部门的相关子系统共同构成。主系统与各子系统建立横向联系网络"。同时这一目标被纳入了立法规范，《食品安全法》（修订草案送审稿）第103条第四款规定："国务院食品药品监督管理部门建立统一食品安全信息平台，依法公布食品安全信息。"统一的信息平台是内部各部门食品安全信息共享和信息公开的基础，也是我国食品安全政府信息公开实现实质突破的关键所在。然而，到目前为止，从政府部门发布的规范性文件和工作动态来分析，这一平台建设方面并没有多大的进步。"重庆市食品安全政府信息公开网"（http://222.177.20.20:81/）是少有的专门针对食品安全的政府信息公开省级统一平台，设置有法律法规、风险评估和警示、事故查处等栏目，便于查阅。但该网站目前已基本处于停滞状态。基于目前的状况，本《报告》研究团队对在"十二五"规划期内能否完成这一目标持怀疑态度。《食品安全法》建立了纵横交错的食品安全信息发布制度，

确立了我国食品安全政府信息公布制度的基本架构,《食品安全信息公布管理办法》对这一制度进行了补充。虽然现行法律建立的食品安全信息公布制度还有诸多不完善之处。然而,从法律实施五年来的实践来看,食品安全信息公布制度与《食品安全法》出台之前相比并没有质的改变。如果说,在2013年3月之前由于食品安全实行多部门、分段监管的体制,各部分之间缺乏信息的共享,《食品安全法》所确立的"重大食品安全信息统一公布制度"只能是一种理想化的状态和未来的发展前景,而现在食品安全监管体制已改革了一年多,多部门、分段监管的体制得到初步改变,但目前尚没有明显的迹象表明,"重大食品安全信息统一公布制度"的有效确立。没有统一的食品安全信息平台,很难奢望食品安全政府信息公开在未来会有根本的改变,政府食品安全信息引导社会食品安全消费的功能就难以发挥,政府监管食品安全的能力必然备受质疑。本《报告》第六章反映了当下消费者对政府监管能力的不信任,这与政府食品安全信息的公开能力密切相关。

(二)信息公开制度建设缺乏持续性

2012年和2013年的食品安全政府信息公开工作中,各级政府创新地出台了一些具有亮点的制度,例如2012年建立的食品安全信息统一公布制度、2013年日渐增多的食品安全年度白皮书制度。但持续至目前这些具有创新性的制度却有所中断,已经鲜有地方政府再公布食品安全年度白皮书。不仅缺乏全国性的食品安全白皮书,能够每年连续出台食品安全白皮书的地方政府也是凤毛麟角。2014年1月,上海市食品药品监督管理局编制的《2013年上海市食品安全状况报告(白皮书)》出炉,这是该市连续三年向社会公开发布食品安全白皮书。[①] 此外,食品安全信息统一公布制度是为了解决各部门分别公布信息导致信息不统一甚至混乱的问题,重大的食品安全信息由国家食品药品监督管理总局统一公布。然而,在国家食品药品监督管理总局的网站上却很难发现哪些是"重大的食品安全信息",同时由于这一职能已统一转移至国家食品药品监督管理总局,其他部门已没有义务公布这类信息,导致的结果是公众根本无法获取相关信息。以前各部门分别公布相关信息虽然有一定的弊端,但至少公众可以获得部分信息,哪怕这些信息之间存在着部分不一致的情况。而目前公众根本无法获取信息。与以往相比,食品安全信息公布量大大缩减了。

(三)公众对信息公开的满意度不高

从本《报告》研究团队对食品安全政府信息公开的跟进研究与个体感觉出发,信息公开的状况无法令公众满意。有关机构的调查也印证了研究团队的结论,

---

① 《2013年上海市食品安全白皮书发布》,中国质量新闻网,2014-01-28[2014-03-12],http://sh.cqn.com.cn/news/61851.htm。

《中国政府透明度指数报告》指出:“主动公开工作还远远没有达到法律法规的要求,未能满足公众获取信息的基本需求。大量应主动公开的信息要么不公开、要么不能全面公开、要么不能及时公开、要么公开了难以查找。”①根据《中国青年报》的调查,“对于监管部门的食品安全信息公开工作,仅1.1%的受访者认为做得非常充分,3.2%的受访者认为比较充分,10.7%的受访者感觉一般,83.6%的受访者直言很不充分或不太充分,1.4%的受访者回答不好说”。“当前监管部门在食品安全信息公开工作上存在什么问题?84.7%的受访者指出监管部门不主动,信息公开‘挤牙膏’;81.7%的受访者人感觉信息公开避重就轻,公众真正需要的信息被隐瞒;80.9%的受访者认为地方保护主义盛行,个别管理部门选择性公开;61.7%的受访者表示监管部门食品安全信息公开渠道有限,公众不容易看到;55.1%的受访者感觉信息公开不统一”②。

三、食品安全政府信息公开的案例分析:国家食药总局的公开状况

根据第十二届全国人民代表大会第一次会议批准的《国务院机构改革和职能转变方案》和国务院《关于机构设置的通知》(国发〔2013〕14号),2013年3月新组建了国家食品药品监督管理总局。根据2013年3月31日国务院办公厅印发的《国家食品药品监督管理总局主要职责内设机构和人员编制规定》,国家食品药品监督管理总局负责建立食品安全信息统一公布制度,公布重大食品安全信息。本《报告》研究团队分析了新组建的国家食品药品监督管理总局有关食品安全信息公开的情况。可以得出一个基本结论是,国家食品药品监督管理总局在食品安全信息公开方面并没有取得令人期待的成绩,一个重要的原因是机构重组后职能的履行有一个过程。

(一)政府信息公开的基本数据

虽然负有食品安全监管职能的政府部门包括了国家食品药品监督管理总局、卫生与计划生育委员会、农业部、商务部、质检总局等诸多部门,但国家食品药品监督管理总局无疑是最核心的部门,是食品安全政府信息公开的最重要的部门。《国家食品药品监督管理总局政府信息公开工作年度报告(2013年)》显示,“自总局成立到2013年底,共计主动公开政府信息4686条。食品药品监管系统动态类信息1819条,占38.8%;公告通告类信息756条,占16.1% ;行政许可类信息1249条,占26.7%;法规文件类信息216条,占4.6%;专栏及综合管理类信息585

① 《中国社会科学院24日发布<法治蓝皮书>》,中华人民共和国中央人民政府网站,2014-02-24[2014-03-10],http://www.gov.cn/jrzg/2014-02/24/content_2620273.htm。

② 《超8成受访者认为当前食品安全信息公开不充分》,新华网,2013-07-25[2014-01-13],http://news.xinhuanet.com/food/2013-07/25/c_125062493.htm。

条，占12.5%；人事类信息25条，占0.5%；征求意见类信息36条，占0.8%。截至2013年底，已通过总局政府网站主动公开基础数据库43个，数据量为166万条；进度查询数据库7个，数据量为84万余条；英文版数据库3个，数据量为9400余条”，而且该《报告》还指出，“利用政府网站、新闻发布会等载体，及时、准确、全面公开群众普遍关心、涉及群众切身利益的食品药品监管信息。重点围绕保健食品‘打四非’、加强婴幼儿配方乳粉质量监管、药品‘两打两建’等重大行动，及时公布采取的措施和整治情况。对百姓关注的食品药品安全热点敏感问题，回应社会关切，组织专家解读、召开新闻发布会、接受媒体专访，解疑释惑。如针对媒体曝光中药材农药残留超标问题，第一时间通过主流媒体发布了《中药材农药污染调查报告》；针对新西兰恒天然公司浓缩乳清蛋白粉检出肉毒杆菌、强生召回案件、乙肝疫苗等突发事件及时发布相关信息，回应社会关切”。总体而言，这份政府信息公开年度报告重在总结成绩，问题分析不多；信息公布途径笼统，公众参与渠道不明；[①]其所载内容与《食品安全法》《食品安全法实施条例》以及《食品安全信息公布管理办法》所规定的“食品药品监督管理部门”的信息公开职责无法对应，公众仍然无从知晓全国食品安全整体情况信息、食品安全风险评估和风险警示信息以及重大食品安全事故信息。可见，食品安全政府信息公开的法律、规范性文件的要求在实践中并没有得到有效贯彻，理论与实际之间严重脱节。

（二）保健食品“打四非”信息公开

单纯的数据并不能说明国家食品药品监督管理总局食品安全信息公开的质量。以保健食品“打四非”的信息公开为例展开说明。国家食品药品监督管理总局网站专题专栏下设有“打击保健食品‘四非’专项行动”栏目[②]，截至2014年5月30日止该栏目下的政府信息共171条，时间跨度为2013年5月16日至2013年10月25日。这些信息内容严格来说属于新闻或政府工作动态，无法与相关法律规范对食品安全政府信息的分类别相衔接。将政府部门某一段时间的工作重点作为一个专栏式的信息加以公开，必然带有运动式的特点，随着工作重点的转移，这一栏目必然出现冷场或者无信息的情况。这种方式的信息公开没有延续性、信息质量不高，无法应对公众对政府信息的需求。

（三）婴幼儿配方乳粉质量监管类信息的公开

2013年6月16日《国务院办公厅转发食品药品监管总局等部门关于进一步加强婴幼儿配方乳粉质量安全工作意见的通知》（国办发〔2013〕57号），将婴幼儿

---

① 深圳市市场和质量监督管理委员会：《〈深圳市市场监督管理局2013年政府信息公开工作年度报告〉对“主动公开政府信息情况的说明”》，2014-03-28［2014-06-06］，http://sso.sz.gov.cn/pub/gsj/qt/ndbg/201403/t20140331_2334697_15888.htm。

② 国家食品药品监督管理总局：http://www.sda.gov.cn/WS01/CL1522/index.html。

配方奶粉作为食品安全监管的重点工作之一。与“打四非”相比，婴幼儿配方乳粉质量监管类信息并没有被国家食品药品监督管理总局作为一类专题信息予以发布。以“婴幼儿配方乳粉”作为关键词进行检索，在总局的网站上共有 131 条相关信息，其中属于本《报告》研究期内的信息共 77 条。这些信息又可以具体划分为“政府工作动态信息”、“新闻类信息”以及与婴幼儿配方乳粉质量监管无直接关系的信息；政府工作动态信息中，有相当部分属于同类信息，例如“青海省全面启动药店销售婴幼儿配方乳粉试点工作（2013 年 5 月 8 日发布）”、“广西壮族自治开展药店专柜销售婴幼儿配方乳粉试点工作”（2014 年 2 月 24 日发布）、“安徽省铜陵市开展婴幼儿配方乳粉药店专柜销售试点工作”（2014 年 1 月 10 日发布），以及《国家食品药品监督管理总局关于公布婴幼儿配方乳粉生产企业信息的公告》（2013 年 8 月 2 日发布）和《国家食品药品监督管理总局公布婴幼儿配方乳粉生产企业名单》（2013 年 8 月 6 日发布）等。剔除无关信息、工作动态信息和重复性信息，与“婴幼儿配方乳粉质量监管”相关的核心信息不足三分之一；信息的形式多表现为通知、公告和通告，主要包括《国家食品药品监督管理总局关于公布婴幼儿配方乳粉生产企业信息的公告》（2013 年 8 月 2 日发布）、《关于禁止以委托、贴牌、分装等方式生产婴幼儿配方乳粉的公告》（2013 年第 43 号，2013 年 11 月 27 日发布）、《关于发布婴幼儿配方乳粉生产企业监督检查规定的公告》（2013 年第 44 号，2013 年 11 月 27 日发布）、《关于发布婴幼儿配方乳粉生产许可审查细则（2013 版）的公告》（2013 年第 49 号，2013 年 12 月 16 日发布）、《食品药品监管总局关于进一步加强婴幼儿配方乳粉销售监督管理工作的通知》（食药监食监二〔2013〕251 号，2013 年 12 月 18 日发布）、《食品药品监管总局关于开展在药店试点销售婴幼儿配方乳粉工作的通知》（食药监食监二〔2013〕252 号，2013 年 12 月 18 日发布）、《国家食品药品监督管理总局关于公布婴幼儿配方乳粉生产许可检验机构的公告》（2014 年第 6 号，2014 年 1 月 28 日发布）、《食品药品监管总局办公厅关于使用进口基粉生产婴幼儿配方乳粉生产许可审查有关工作的通知》（食药监办食监一〔2014〕54 号，2014 年 3 月 31 日发布）。

（四）突发事件的信息公开

国家食品药品监督管理总局政府信息公开工作报告中述及“针对新西兰恒天然公司浓缩乳清蛋白粉检出肉毒杆菌、强生召回案件、乙肝疫苗等突发事件及时发布相关信息”。政府部门对突发事件及时公布信息可以回应社会的需求、遏制谣言的传播、稳定社会秩序。在国家食品药品监督管理总局的网站上，与这三个突发事件直接相关的政府信息数量不多。从信息质量上看，《国家食品药品监督管理总局约谈受肉毒杆菌污染三家企业相关负责人》（2013 年 8 月 4 日发布）中声明“国家食品药品监督管理总局将密切关注事件发展，有关情况将及时向社会公布”。但在总局的网站上并未找到后续的相关信息。乙肝疫苗事件的政府信息相对比较全面，并且以《国家食品药品监管总局、国家卫生计生委关于乙肝疫苗问题调查进展情况的通报》（2014 年 1 月 3 日发布）的形式发布。[①]

四、食品安全政府信息公开的展望

多主体共治的食品安全风险治理模式是我国未来食品安全风险治理的主要路径，这已经成为基本共识。而多主体共治的食品安全风险治理模式是建立在信息共享机制的基础之上。食品安全政府信息公开是构建信息共享机制的基础。本《报告》研究团队认为，未来一个时期食品安全政府信息公开应该关注以下四个关键环节。

（一）确立政府与社会相结合的食品安全信息监管机制

食品安全信息公开既满足了公众的知情权，也是对食品生产者和经营者加强监管的手段之一。2013 年 10 月 10 日至 11 月 29 日期间国务院法制办公室公布了《食品安全法（修订草案送审稿）》，公开对社会各界征求意见，为了规范食品安全信息发布，送审稿第 103 条第五款规定“任何单位和个人未经授权不得发布依法由食品安全监督管理部门公布的食品安全信息”；第 106 条规定：“任何单位和个人发布可能对社会或者食品产业造成重大影响的食品安全信息，应当事先向食品生产经营企业、行业协会、科研机构、食品安全监督管理部门核实。任何单位和个人不得发布未经核实的食品安全信息，不得编造、散布虚假食品安全信息。”这一规定的实质是食品安全信息的发布权是否属于政府或者其授权的行政主体专享，社会组织及个人未经权威机关审核是否有权发布信息。针对这一规定产生了比较大的争论，尤其是关注食品安全的非政府组织（Non-Governmental Organizations，NGO）对这一规定提出了诸多质疑，包括国际环保组织（“绿色和平”）针对“送审稿”向国务院法制办提交了修改意见，[②] NGO 组织“天下公”认为这些条款“将迫使媒体、公众放弃舆论监督”，[③]可见民间组织在推动政府信息公开工作中日益凸显其作用。本《报告》研究团队认为，任何社会主体发布虚假信息的行为都是违法的，这一点毋庸置疑。但社会组织、消费者发布经过调查的信息或者亲身经历的信息，并不需要经过“食品生产经营企业、行业协会、科研机构、食品安全监督

---

① 强生召回事件涉及的是药品安全问题，其相关政府信息公开与本文的主题不直接相关，不予详细阐述。

② 《NGO 食品安全信息发布或遭法律“封杀”》，新浪网，2013-11-30［2013-12-15］，http://finance.sina.com.cn/ roll/20131130/012717484833.shtml。

③ 《天下公呼吁各界关注“食品安全立法工作倒退”现象》，天下公网站，2014-02-18［2014-03-25］，http://www.tianxiagong.org/show.asp? id=366。

管理部门"核实,如果其发布的信息经过证明是虚假的并给利害关系人造成了损失,完全可以通过民事侵权、行政处罚以及刑事制裁等途径予以解决。之所以出现社会主体发布不实的食品安全信息导致相关企业受损失的情况,正是由于政府食品安全信息狭窄、信息滞后带来的恶果。但不能因此就限制社会主体发布信息的权利,社会主体发布食品安全信息可以与政府信息相互印证,也是对政府信息的必要补充。

(二)持续推进全国食品安全信息平台建设

政府网站是公众获取政府信息的有效、便捷途径。《2014年食品安全重点工作安排》(国办发〔2014〕20号)再次强调了"推进食品安全监管信息化工程建设,充分利用现代信息技术,提高监管效能。鼓励各地加大资金支持,开展试点建设,推动数据共享。加快食品安全监管统计基础数据库建设,提高统计工作信息化水平"。食品安全政府信息数量大、内容庞杂,如果不对信息进行科学、合理的分类,即使信息公开也难以查找。通过美国国家食品和药品监督管理局(Food and Drug Administration,FDA)和中国国家食品药品监督管理总局的网站信息进行对比,不难发现其差异。"美国FDA掌握着数百万份关于食品和药品安全的文件,包括对公司的检查结果,以及食品安全操作与管理程序手册。1971年以前美国FDA只是将10%的记录公之于众。但是就在那年,该机构实施了一项新规定,使90%的文件得以公开"①。美国FDA的网站(http://www.fda.gov/default.htm)是美国食品安全政府信息公开的主要渠道之一,其网站信息的重要特点是分类明确,便于查阅。我国的食品安全监管部门应该借鉴美国FDA的做法,与此同时,在完善政府网站这一主要的信息公开渠道之外,还应完善多元化的信息公开方式,以政府公报,新闻发布会,信息公开栏和报刊、广播、电视等方式主动公开政府信息,构筑门户网站、传统媒体与新兴媒体统筹协调,相互配合的全方位公开体系。

(三)确立"点面结合"的信息公开目标模式

以往我国食品安全政府信息公开工作已经具有基本的框架,未来应继续推进信息公开,《2014年政府信息公开工作要点》(国办发〔2014〕12号,国务院办公厅2014年3月17日发布)将推进食品安全监管信息作为重点公开内容之一。在具体的目标定位上,本《报告》研究团队建议确立"点面结合"的工作目标。所谓"点面结合",一方面相对于政府信息而言,食品安全信息只是政府信息这一大类中的"点",食品安全政府信息是政府信息的一部分,因此食品安全信息公开依赖于政府信息公开制度的整体发展。在政府信息公开制度整体停滞不前的情况下,食品

① 陈定伟:《美国食品安全监管中的信息公开制度》,《农村经济与科技:农业产业化》2011年第9期,第67—68页。

安全领域的政府信息公开很难取得比较大的突破，充其量只是受个别事件的影响导致部分领域信息的公开。我国有《保守国家秘密法》而没有相对应的《政府信息公开法》，《政府信息公开条例》作为行政法规地位不能与法律并肩。[①] 我国缺乏《政府信息公开法》是导致政府信息公开制度难以推进的重要原因之一。另一方面，对于食品安全领域的政府信息公开，由于信息量巨大、内容庞杂，短期内无法实现理想的公开目标，因此应确立整体信息与重点信息公开相结合的目标，通过以点带面的形式最终达到比较理想的食品安全政府信息公开状态。作为重点公布的食品安全信息，即《食品安全信息公布管理办法》所规定的"食品安全总体情况信息、食品安全风险评估信息、食品安全风险警示信息、重大食品安全事故及其处理信息等"[②]，食品安全政府信息公开的突破口，首先应从公布这些重点类别的政府信息入手。食品安全监管部门的政府信息如果不能按照这些大类进行分类和发布，可以预见短时期内很难实现食品安全政府信息工作的实质进展。

（四）基于大数据的主体间实现共治的信息共享机制

与以往相比，当下食品安全信息政府公开的背景发生了巨大的变化，一个变化是食品安全由政府治理向社会共识转变，这是战略层次上的巨大变化；一个是食品安全风险防范参与大数据时代，这是技术层面上的巨大变化。大数据技术与互联网一样，绝不仅仅是信息技术领域的革命，更是在全球范围启动透明政府、引领社会变革的利器。建立基于大数据技术的食品安全信息共享机制与平台，是大数据与互联网时代实现食品安全信息在主体间有效流动，消除信息不对称的基本工具，更是政府、社会、市场实现风险治理有效共治的基本路径，对完善食品安全监管体系向多级平台、全程监管、跨部门联网模式过渡，实现"来源可溯、流向可追，质量可控，责任可查，风险可估，疾病可防"的目标、提升食品安全风险治理能力具有极其重大的价值。但我国目前的现状是，政府与市场主体、社会组织信息披露的状况均严重"缺位"，更难以实现信息的共享。就政府而言，信息发布主体分散且各自为政、内容狭窄且质量不高、发布不及时且时效性不足等；基于复杂的利益考虑、同业竞争、成本等诸多因素，食品生产经营主体更不愿意披露本应公开的安全信息；而社会组织与公众处于弱势地位，参与缺失，信息需求难以满足，政府、市场与社会间的信息鸿沟越来越大。为消弭监管空隙，铸造治理合力，增强治理效能，提升食品安全监管公信力，应基于生态学视角研究食品安全信息共享机制，构建贯穿食品供应链全程的安全信息生态模型，研究建立以国家食药总局为

① 南京公益组织"天下公"于2014年2月25日向两会代表寄出48封信件，其内容之一是建议制定《食品药品信息公开法》，全面推动食品药品安全信息公开。

② 《食品安全信息公布管理办法》，中央政府门户网站，2010-11-10[2014-01-12]，http://www.gov.cn/zwgk/2010-11/10/content_1742555.htm。

龙头、国家食品安全风险评估中心为技术支撑的“双活中心”模式(图 10-1),实现跨部门、跨地区的信息共享、快捷高效、无缝对接、覆盖食品生产加工、流通和消费环节的新型联动监管合作机制,在构建不同层次的、由政府主导、市场与社会共同参与的,“横向到边、纵向到底”的食品安全风险信息共享网(图 10-2)。

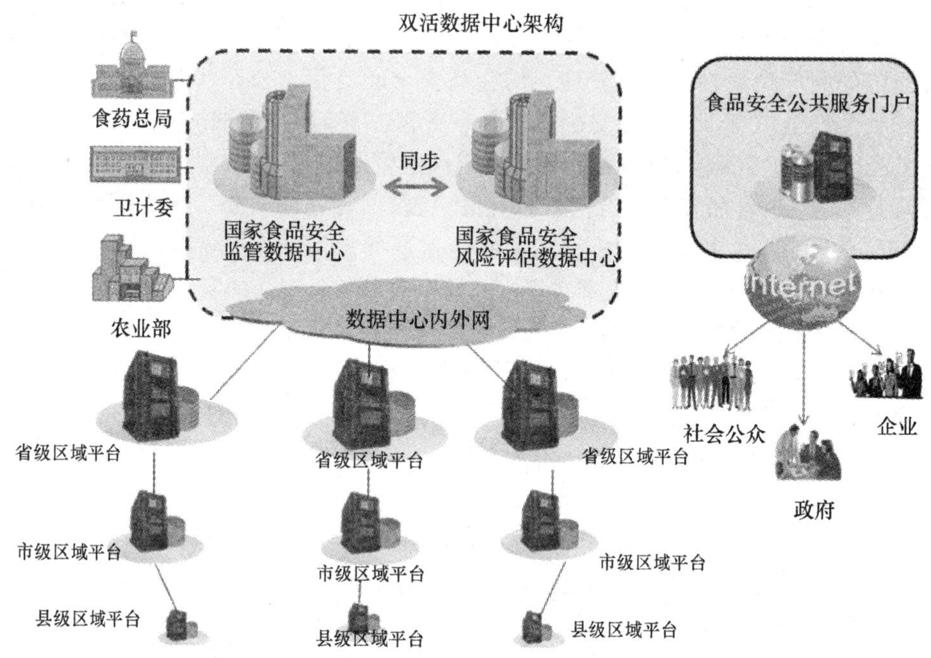

图 10-1 “双活中心”的信息共享模式示意图

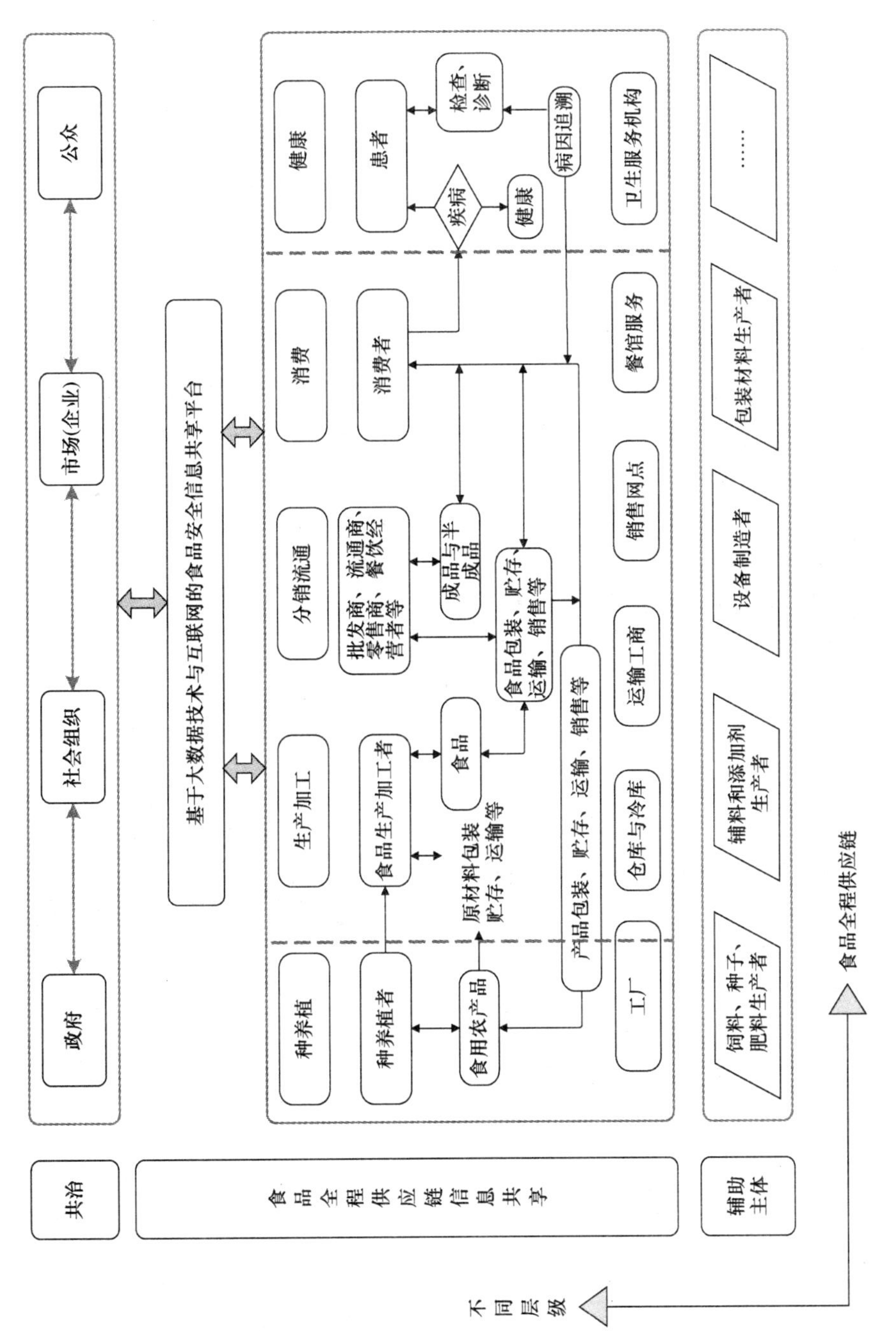

图 10-2 全国层次上的食品安全风险信息共享网示意图

第十一章　食品安全风险监测评估与预警体系发展的新进展

2009 年 6 月 1 日实施的《食品安全法》将食品安全风险监测、评估和预警确立为我国食品安全风险治理的重要的法律制度。经过近年来坚持不懈的努力,我国已初步建成覆盖全国并逐步延伸到农村地区的食品安全风险监测评估与预警体系,为保障我国的食品安全发挥了重要的基础性作用。本章重点研究 2013 年我国食品安全风险监测评估与预警体系建设的新进展。

一、食品安全风险监测的新进展

食品安全风险监测是通过系统和持续地收集食源性疾病、食品污染物以及食品中有害因素的监测数据及相关信息,并进行综合分析和及时通报的活动。[①] 食品安全风险监测能够为食品安全风险评估、预警和食品安全标准的制定提供科学数据和实践经验,是实施食品安全监督管理的重要手段。因为如此,食品安全风险监测在食品安全风险治理体系中具有不可替代的作用。图 11-1 轮廓性地显示了食品安全风险监测、评估和预警之间的关系。

2009 年 6 月 1 日我国正式实施《食品安全法》,2010 年 1 月 25 日原国家卫生部、工业和信息化部、工商总局、质检总局、食品药品监管局等五部门联合制定了《食品安全风险监测管理规定(试行)》,对食品安全风险监测第一次进行了法律界定与约束。作为食品安全风险管理中一项常规性的基础工作,食品安全风险监测直接影响了监管工作的成效。2013 年我国在食品安全风险监测方面的新进展主要体现在:

(一) 监测机构布局逐步优化

为了全面提升我国食品安全风险监测能力,增强省级监测水平,2013 年国家卫生计生委在全国 31 个省(自治区、直辖市)和新疆生产建设兵团设置了"国家食品安全风险监测(省级)中心"机构,以省级疾病预防控制中心为挂靠单位,承担省

① 《食品安全风险监测管理规定(试行)》,中央政府门户网站,2010-1-25[2013-12-01],http://www.gov.cn/gzdt/2010-02/11/content_1533525.htm。

级食品安全风险监测方案的制订、实施，以及数据分析，并提交辖区内食品安全风险监测报告。

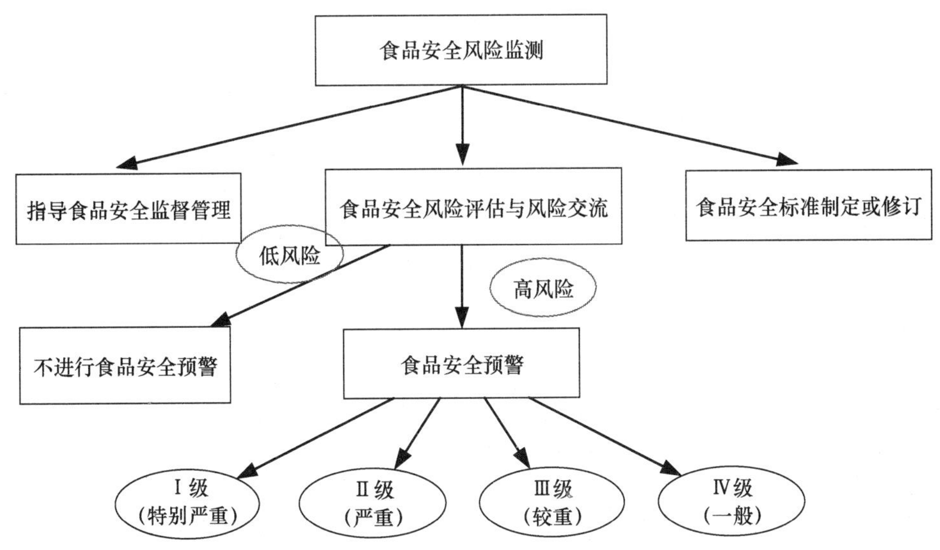

图 11-1　食品安全风险监测、评估和预警关系示意图

根据国家卫生计生委《关于省级疾病预防控制机构加挂国家食品安全风险监测(省级)中心及参比实验室牌子的通知》(国卫食品发〔2013〕36 号)，国家卫生计生委 2013 年在北京、上海、江苏、浙江、湖北及广东等地 6 家有条件的省级疾病预防控制中心设置了首批“国家食品安全风险监测参比实验室”，主要负责承担全国食品安全风险监测的质量控制、监测结果复核等相关工作，同时承担技术培训、新方法新技术等科学研究的研究工作。具体分工是，北京市疾病预防控制中心承担兽药、有害元素、非法添加物的参比项目，上海市疾控中心承担农药残留的参比项目，江苏省疾控中心负责有机污染物的参比项目，浙江省疾控中心负责真菌毒素的参比项目，湖北省疾控中心负责二噁英的参比项目，而广东省疾控中心则主要负责重金属的参比项目。①

(二) 监测覆盖面不断扩大

在食品安全风险监测范围，2013 年全国监测区域较 2012 年扩大了 44%，获得

① 《国家卫生计生委关于省级疾病预防控制机构加挂国家食品安全风险监测(省级)中心及参比实验室牌子的通知》，国家风险评估中心网，2013-12-11［2014-3-16］，http://www.nhfpc.gov.cn/sps/s5853/201312/cff064ad808144f1b3576d7b3fcc772b.shtml。

了 309 万余个监测数据，同比增加了 216%。① 省级（自治区、直辖市）监测点的数量基本达到覆盖所有地市，较 2012 年的 90% 增加到 100%，是自 2010 年首次实现监测网络覆盖全国 31 个省（自治区、直辖市）。经过三年时间的建设，基本实现了全国食品安全风险市级监测点的覆盖，而县（区）监测点的数量达到超过 50% 的覆盖，较 2012 年的 47% 提高了 3% 以上。②

与此同时，省级风险监测体系更加完善。2013 年河北省初步实现建立省级和 11 个市级、86 个县级的省市县三级食品安全风险监测体系，监测范围覆盖全省所有的市和 50% 的县（区）。监测样本由 2012 年的 1.6 万份增至 2 万份以上，监测项目由 160 项增加到 175 项，特别增加了对养殖、生产、流通及餐饮环节中非食用物质和滥用食品添加剂的专项监测。③

山东省 2013 年食品安全风险监测范围覆盖到全省的 17 个市和 85% 的县（市区），监测的食品种类增加到 254 种，涵盖食品生产、流通、餐饮服务等各环节，监测指标由 2012 年的 86 项增加到 117 项，监测样品数量由 2012 年的 3900 份增加到 2.3 万余份，增幅接近 5 倍。④

截至 2013 年年底，海南省已经形成了以省疾控中心为龙头，海口、三亚、琼海、儋州等区域重点疾控中心为骨干，各县级疾控中心为哨点的全省食品安全风险监测网络。26 家县级以上医疗机构加入了食源性疾病监测网。2013 年海南省食品安全风险监测针对食品中化学污染物及有害因素监测、食品微生物及其致病因子监测、食品中放射性物质监测等三大部分，总任务量 3220 份，同比增加 1.72 倍。海南自实施省级风险监测计划以来，先后监测了粮，油，肉，蛋，乳，蔬菜，水果及其制品，水产品，酒，饮料等 10 大类食品，获得监测数据 5000 多份，涉及有害元素、农药残留、兽药残留、食品添加剂、食品中违禁物质、致病菌、寄生虫、放射性核素等 80 多项指标。结合海南本地饮食特点，2013 年首次将海南粉等本地特色食品纳入了食品安全风险监测范围。⑤

（三）监测内容更加全面

2013 年我国食品安全风险监测的内容呈现更加全面，创新性地将网购食品纳

① 《2013 年食品安全风险监测区域扩大四成》，《健康报》，2014-1-28［2014-3-16］，http://www. jkb. com. cn/ html page/40/403610. htm? docid = 403610。

② 《2013 年国家食品安全风险监测计划情况概述》，中国行业研究网，2013-4-23［2014-3-16］，http:// www. chinairn. com/news/20130423/112302968. html。

③ 《河北：食品安全风险监测网络将全覆盖》，法制网，2013-6-24［2014-3-16］，http://www. legaldaily. com. cn/locality/content/2013-06/24/content_4587323. htm? node = 31685。

④ 山东省疾病预防控制中心：《2013 年山东省食品安全风险监测与评估宣传日活动在我中心启动》，2013-6-24［2014-3-16］，http://www. sdcdc. cn/art/2013/6/24/art_6118717. html。

⑤ 《海南启动食品安全风险监测海南粉纳入监测范围》，中国食品传媒网，2013-7-1［2014-3-16］，http:// www. cnfmg. com/index. php/Article/view/id/2760。

入食品安全风险监测范围。伴随着网购模式的快速发展,2013 年相关省份按照国家卫生计生委发布的《2013 年国家食品安全风险监测计划》的要求,结合各自的监测重点,首次将网购食品纳入食品安全风险监测范围。① 河南省网购食品监测种类包含婴幼儿食品、茶及茶制品、干果类、膨化食品、熟肉制品、葡萄酒、乳粉等,其中前三项为重点监测对象,监测范围覆盖了 18 个省辖市及大部分县(市、区)和乡镇,并首次将烧烤油炸食品也纳入了风险监测体系。山东聊城的风险监测针对网购食品特点,选择销售量大的网络店铺和安全风险较高的热销产品,从淘宝网、当当网、京东商城等大型网站购买食品展开抽样监测,主要监测五大类食品,涉及婴幼儿配方食品和谷类辅助食品类、乳粉类、膨化食品类、熟肉制品类、生食动物性水产品类等,重点检测铅、镉、铝、总汞、农药残留等 40 余项化学污染物和有害因素,以及大肠菌群、沙门氏菌等 10 余项食品微生物及其致病因子。② 北京市针对网购食品的监测注重包装的影响,采样分别选择散装食品和定型包装食品,且尽可能覆盖北京市生产销售的品牌监测。③ 太原市从淘宝网等大型网站监测的网购食品种类包括:婴幼儿食品、水产品、粮食及粮食制品、乳及乳制品、食用油、油脂及其制品、酒类、调味品、蔬菜、水果、膨化食品、即食速冻面米等 20 余种。④

(四)国家风险监测计划更趋科学

国家食品安全风险监测计划是近年来食品安全风险管理的重要指导性基础文件,随着监测工作逐渐进入常态化,该计划在实践中不仅规范了常规监测内容,而且逐步进行专项监测和应急监测,以及具有前瞻性的监测。2012 年 7 月与 2013 年 4 月,分别举办了 2013 年国家食品安全风险监测计划的制订和实施研讨会,将分类进行了调整,由食品中化学污染物和有害因素监测、食源性致病菌监测、食源性疾病监测、食品中放射性物质监测四大类,调整为食品污染及食品中的有害因素监测和食源性疾病监测两大类,使分类更加科学。新的分类以及监测内容的示意,见图 11-2。

---

① 《2013 年河南省食品安全风险监测方案确定》,《郑州晚报》,2013-3-21[2014-3-16],http:// www.ha. xinhua net. com/diet/2013-03/22/c_115111767. htm。

② 中国疾病预防控制中心:《聊城市全面启动 2013 年食品安全风险监测》,2013-4-7 [2014-3-16],http:// www. chinacdc. cn/dfdt/201304/t20130407_79538. htm。

③ 中国疾病预防控制中心:《网购食品今年纳入安全监管》,2013-2-25[2014-3-16],http:// epaper. jinghua. cn/ html/2013-02/25/content1970423. htm。

④ 《太原:启动网购食品安全风险监测》,《三晋都市报》,2013-03-13[2014-05-21],http://news. daynews. com. cn/tyxw/1741158. html。

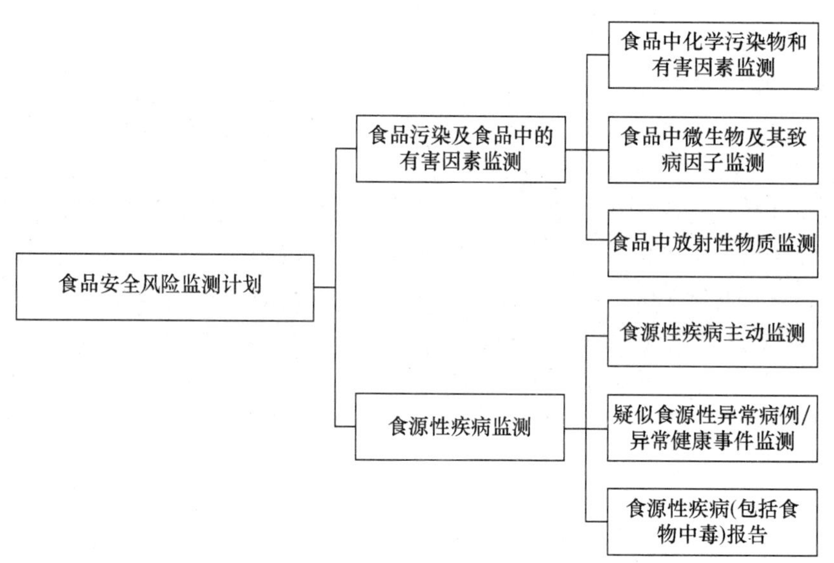

图 11-2　2013 年食品安全风险监测计划主要内容

1. 食品污染及食品中的有害因素监测

食品污染及食品中有害因素监测包括常规监测和专项监测两类。常规监测的主要目的是了解我国食品中污染物总体污染状况及污染趋势,并为食品安全风险评估、标准制(修)订提供重要的监测数据,同时也可以对食品安全隐患进行警示。专项监测的主要目的是及时发现食品安全隐患,为食品安全监管提供线索。2013 年食品有害因素及污染物的监测网点已覆盖 2100 多个县级行政区域,较 2012 年扩大 44%。[①] 在新的分类框架下,目前我国食品污染及食品中的有害因素监测主要包括三个方面内容。

(1) 食品中化学污染物和有害因素监测的变化。首先是分类变化。2012 年食品中化学污染物和有害因素监测计划的常规监测,主要按照有害元素、有机污染物、真菌毒素、农药残留及食品添加剂五大类危害物类别划分,监测项目近 140 项。2013 年监测计划按照食品类别划分,常规监测主要涉及十二类食品,即婴幼儿食品、肉及肉制品、水产品、粮食及粮食制品、乳及乳制品、蔬菜、水果、食用菌、茶及茶制品、坚果及籽类、饮用水;五大类危害物为有害元素、环境污染物、真菌毒素、农药残留和食品加工过程中形成的有害物质。

其次是监测内容的变化。在 2012 年的专项监测中,涉及禁用药物和违法添

① 《80%以上县区设食源性疾病监测哨点》,《健康报》,2014-2-14[2014-6-3],http://news.qiuyi.cn/2014/qw fb_0214/28234.html。

加的非食用物质，监测的八大类食品种类，包括肉及肉制品、水产品及其制品、乳及乳制品、豆及豆制品、调味料、婴幼儿食品、含乳食品、粮食及粮食制品。2013 年专项监测食品种类达二十类，保留了肉及肉制品、水产品及其制品、乳及乳制品、含乳食品、婴幼儿食品、豆及豆制品、调味品七大类，新增蛋类、蔬菜、酒类、焙烤、油炸食品、糕点、淀粉及淀粉类制品、食用油、油脂及其制品、茶及茶制品、食品添加剂、加工中使用明胶的食品、食品包装材料及餐饮具、餐饮食品、保健食品等相关产品共十三大类，监测的危害也拓展为有害元素、生物毒素、农药残留、禁用药物、食品添加剂、非法添加物质和包装材料迁移物等指标。

(2) 食品微生物及其致病因子监测的拓展。监测内容和监测范围同比进行了扩大，2012 年食源性致病菌常规监测食品类别包括十类食品（婴幼儿食品、肉制品、生食动物性水产品、熟制米面制品、焙烤食品、凉拌菜、果蔬类、调味酱、其他）中的十二类微生物指标，专项监测主要是肉鸡中沙门氏菌及弯曲菌的监测。2013 年，食品微生物及其致病因子监测的常规监测食品类别增加为十二类，较 2012 年有较大调整，十二类食品为婴幼儿食品、乳及乳制品、肉及肉制品、水产品、速冻面米制品、餐饮食品、速冻饮品、饮用水、膨化食品、蜂产品、豆制品、地方特色食品，针对卫生指示菌、食源性致病菌、病毒和寄生虫等指标进行监测；专项监测包括婴儿配方食品生产加工过程和城市流动早餐点的相关微生物指标，以及葡萄球菌肠毒素的监测。2013 年微生物及其致病因子的专项监测项目内容见表 11-1。

表 11-1　2013 年我国食品中微生物及其致病因子专项监测的主要内容

专项监测	样品种类	监测项目	监测地区
婴儿配方食品加工过程监测内容	原料、包装、产品、工具、环境、人员、设备等	菌落总数、肠杆菌科、阪崎肠杆菌	甘肃、湖南、黑龙江、山东、浙江
城市流动早餐点监测内容	各种散装（包括自行简易包装、即食食品）	菌落总数、大肠埃希氏菌计数、金黄色葡萄球菌、沙门氏菌、致泻大肠埃希氏菌	全国
葡萄球菌肠毒素的检测内容	生乳、散装熟肉制品、散装蛋糕或夹馅面包	金黄色葡萄球菌（定量）、葡萄球菌肠毒素	生乳：北京、黑龙江 散装熟肉制品：北京、福建 散装蛋糕或夹馅面包：河南、四川

专项监测中增加婴儿配方食品的加工过程监控，一来因为近年一些突发的婴幼儿配方奶粉事件，导致公众对婴幼儿食品的质量安全问题尤为关注。二来体现了过程监管理念。为了掌握我国婴儿配方食品中阪崎肠杆菌等致病菌的主要来

源，以及生产过程如何控制等问题，在 2013 年婴幼儿配方奶粉加工过程设置专项监测，通过生产过程的实际调研，将监测与食品企业第一责任人关联起来，不是以发现问题为目的，为监测而检测，而是以直接有效地发现并在实际生产中解决问题为目的，促进我国婴儿食品的质量安全水平。

(3) 食品中放射性物质监测范围的变化。2013 年针对放射性物质的监测变化主要体现在监测区域的扩大，从针对核电站的放射性物质监测，转变为对核电站周边一定范围的放射性物质监测。2012 年的监测对象为辽宁、江苏、浙江、福建、山东、广东、广西、海南 8 省，对已投入运行和在建核电站开展的食品中放射性核素监测。2013 年继续对 8 省已投入运行和在建的核电站，同时将监测点拓展到其周边的一定范围，开展八类食品的放射性核素监测，包括生鲜乳，蔬菜(含根、茎、叶、果等)，茶叶，粮食作物(水稻、小麦、玉米等)，家畜家禽肉类，海水鱼虾蟹贝，淡水鱼虾蟹贝，海藻。同时，对江苏、浙江、广东已投入运行的核电站周边区域，进行食品中放射性水平监测；对辽宁、浙江、山东、福建、广东、广西、海南 7 省的在建核电站周边区域，进行食品放射性本底监测。

2. 食源性疾病监测

食源性疾病监测主要包括食源性疾病主动监测、疑似食源性异常病例(异常健康事件)监测、食源性疾病(包括食物中毒)报告三大类。食源性疾病主动监测主要有哨点医院监测、实验室监测和流行病学调查三部分内容；疑似食源性异常病例(异常健康事件)的监测是指与食品相关的异常病例和异常健康事件；食源性疾病(包括食物中毒)报告是指所有调查处置完毕的食源性疾病(包括食物中毒)事件。食源性疾病监测主要内容见图 11-3。

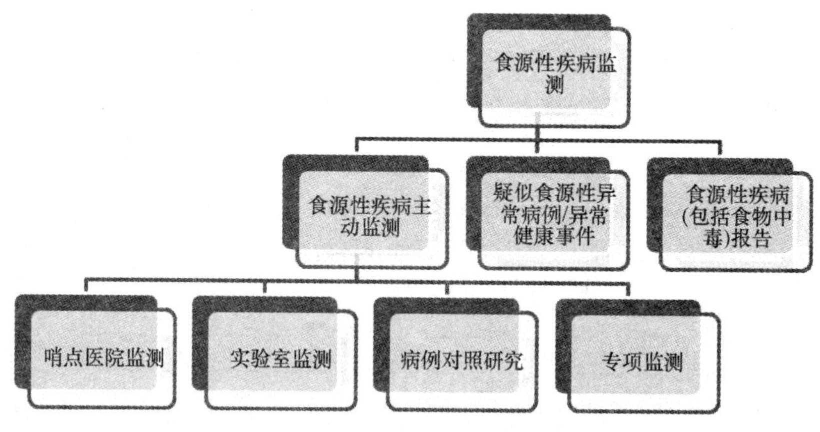

图 11-3 2013 年食源性疾病监测主要内容示意图

依据优先配置原则①,2013 年我国东部沿海省份的哨点医院建设已初步覆盖到 60% 以上的县级行政区域,而中西部省份的哨点医院建设也已覆盖到 50% 以上的县级行政区域。② 2013 年成为我国哨点医院建设较快的一年,按照计划的实施,2013 年我国食源性疾病监测哨点医院的数量较 2012 年至少增加 60%,达到 1600 余家。③

(1) 食源性疾病主动监测更加细化。2013 年食源性疾病的主动监测内容主要包括哨点医院监测、实验室监测、流行病学调查病例对照研究、专项检测四大部分。与 2012 年相比,监测内容进行了进一步的细化,在原有基础上新增了专项监测的项目及要求,内容变化如表 11-2 所示。

表 11-2　2012—2013 年我国食源性疾病主动监测内容变化

	2012 年	2013 年
相同内容	哨点医院监测、实验室监测、流行病学调查、国家食品安全风险评估中心发现的重大或有代表性的问题	
不同内容	人群调查:国家食品安全风险评估中心指定有条件的省级疾控中心开展急性胃肠炎疾病负担调查。	病例对照研究:国家食品安全风险评估中心指定有条件的省级疾病预防疾控中心开展非伤寒沙门氏菌和副溶血性弧菌散发病例配对病例对照研究。 阪崎肠杆菌和单核细胞增生李斯特氏菌感染病例专项监测:国家食品安全风险评估中心指定有条件的省份开展专项监测。

针对食源性疾病的主动监测结果,国家规范监测报告,以及实施由哨点医院逐级上报的自下而上报告制度,食源性疾病主动监测报告流程如图 11-4 所示。

(2) 疑似食源性异常病例(异常健康事件)监测与报告制度更趋完善。疑似食源性异常病例(异常健康事件)的监测按照流行病学的调查要求,由各级疾控中心负责,依据影响范围分为四类,即县(区)内发生类似病例 3—5 例,为县(区)级疾病预防控制调查;市内发生类似病例 10 例以上,或者辖区内 2 个或 2 个以上区(县)各发生 1 例及以上类似病例,由市级疾控调查;省内发生类似病例 20 例以上,或者辖区内有 2 个或 2 个以上市各发生 1 例及以上类似病例,为省级疾控调查

---

① 《我国〈食品安全风险监测能力(设备配置)建设方案〉出台》,浙江发改委网,2013-03-28 [2014-5-24],http://www.zjdpc.gov.cn/art/2013/3/28/art_791_518351.html。

② 《国家卫生计生委要求进一步加强食品安全风险监测计划》,国家卫生计生委网,2013-07-24[2014-3-24],http://www.nhfpc.gov.cn/sps/s5854/201307/683bd2b02840466eaf4f2a9a 19c8c7e2.shtml。

③ 《1600 家医院开展食源性疾病监测》,卫生计生委网,2013-7-26[2014-6-3],http://jiankang. cntv.cn/2013/07/ 26/ARTI1374800628439151.shtml。

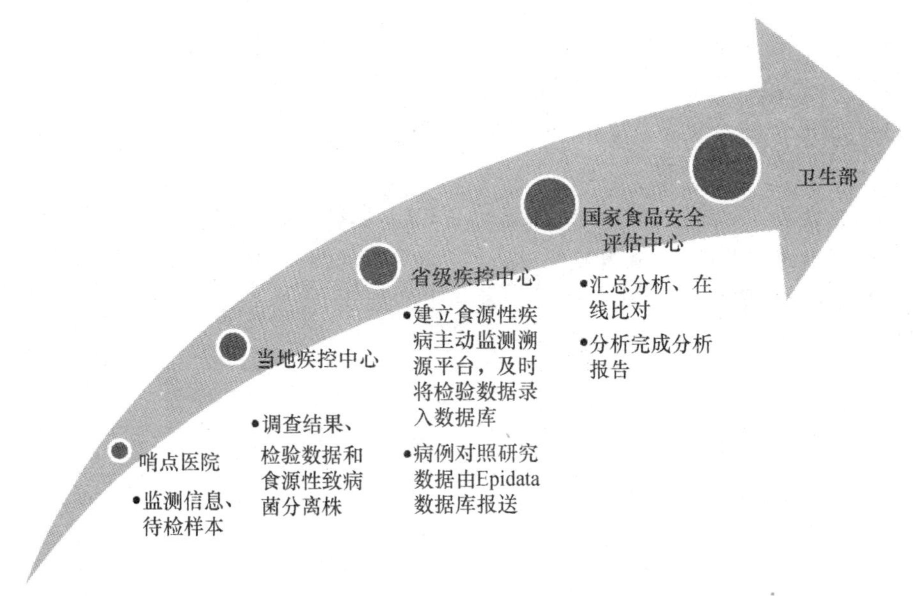

图 11-4　食源性疾病主动监测报告流程图

标准;如果全国发生类似病例 30 例以上或者 2 个以上省各发生 1 例及以上类似病例,国家将进行全国范围的流行病学调查。疑似食源性异常病例(异常健康事件)的监测在哨点医院实施,具体报告流程如图 11-5 所示。

(3) 食源性疾病(包括食物中毒)报告制度更趋科学。根据食源性疾病监测计划规定,由县级以上卫生行政部门组织调查处置完毕的食源性疾病事件,发病人数在 2 人及以上时,就必须按照食源性疾病(包括食物中毒)报告制度逐级上报。2013 年对事件报告的条件进行了调整,新增“死亡人数为 1 人及以上”,使得食源性疾病事件启动报告的条件更加严格,不仅是 2 人发病需要报告,如果是发生 1 人死亡病例,同样必须报告。食源性疾病(包括食物中毒)的报告流程示意如图 11-6 所示。

我国食物中毒报告制度已经实施多年,已经形成了国家卫生计生委公开年度报告机制。随着监测报告数据的积累和统计,不仅逐渐摸清了我国食物中毒发生的原因、场所以及变化,并且在公开的报告中作出相应调整,使我国的食物中毒报告所发生的事件数、中毒人数和中毒死亡人数的统计情况,越来越准确、及时,报告制度也从初期的年度报告,发展到目前的按月统计、季度发布和年度报告的信息公开报告制度。

根据有关食物中毒的文献资料和卫生卫计委通报的统计情况,自 1985 年以来,我国食物中毒报告起数和中毒人数呈总体下降趋势,期间 2003—2004 年间有

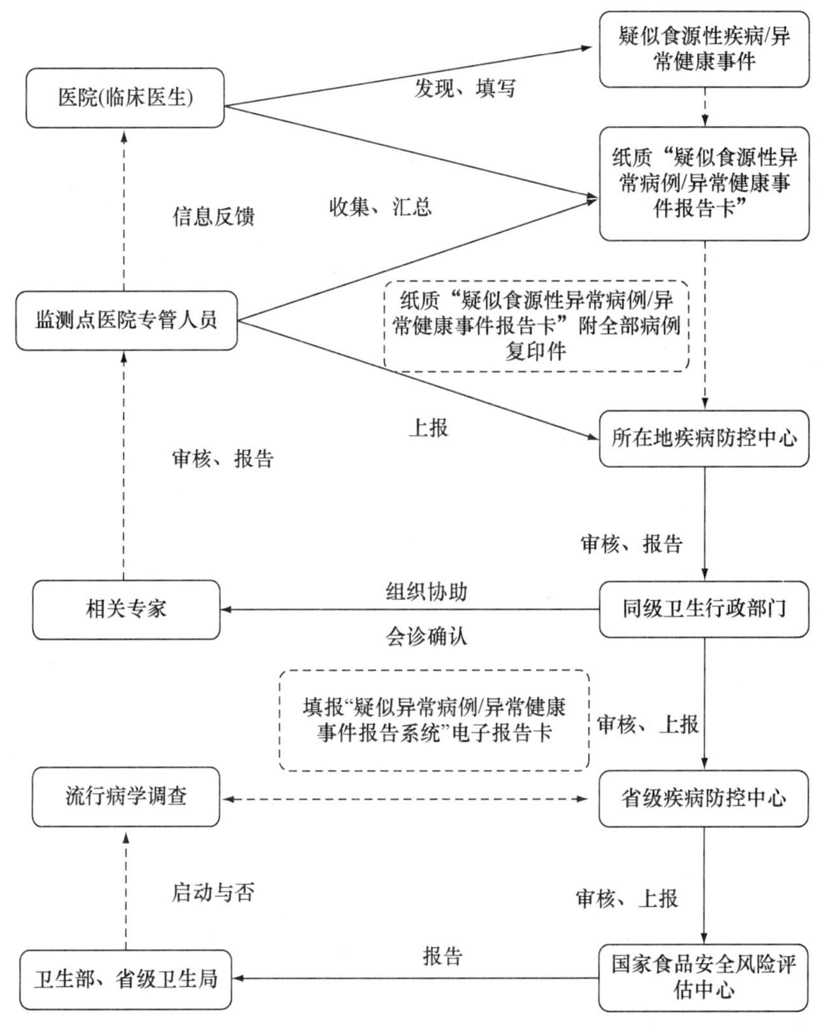

图 11-5　疑似食源性异常病例/异常健康事件监测报告流程示意图

小幅上升态势,主要原因是 2003 年国家出台了《突发公共卫生事件应急条例》,食物中毒报告制度的执行和审核更加严格,有效控制了瞒报、谎报的情况。[①] 2005—2013 年间为低位波动的可控状况,尤其是 2010—2013 年间中毒人数已经连续 4 年控制在 8000 以下,2013 年仅为 5559 人,达到最低点。中毒死亡人数在 2002 年达到最低,仅发生 68 例,并自 2008 年以来一直控制在 200 以下,2013 年仅发生死

① 聂艳、尹春、唐晓纯等:《1985 年—2011 年我国食物中毒特点分析及应急对策研究》,《食品科学》2013 年第 5 期。

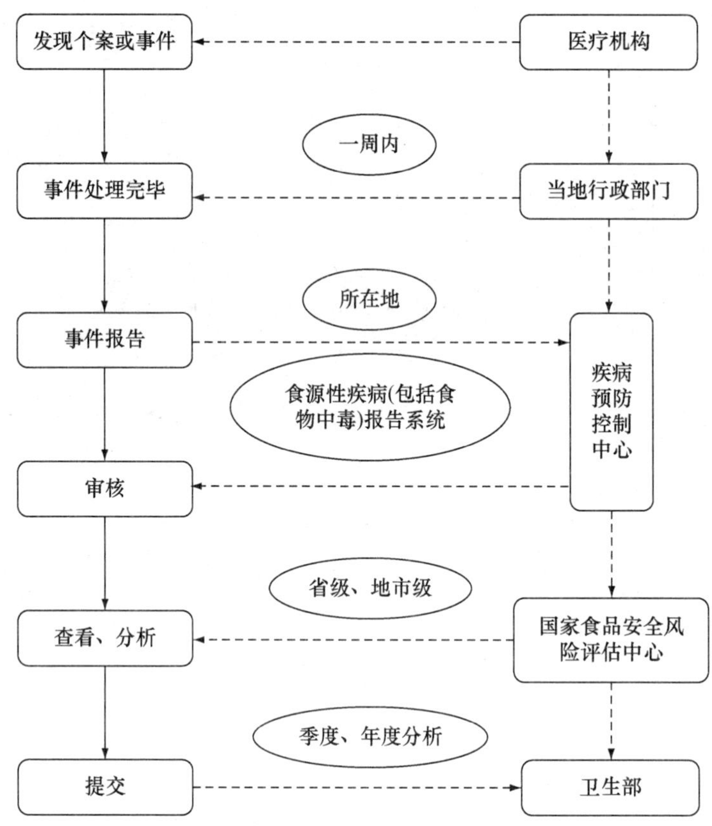

图 11-6 食源性疾病(包括食物中毒)的报告流程示意图

亡 109 人,与 1999 年基本持平,成为中毒死亡人数次少的年份。近十年我国食物中毒报告起数和中毒人数变化趋势见图 11-7 和图 11-8。

目前我国食物中毒的主要原因分为微生物性、化学性、有毒动植物及毒蘑菇、不明原因四种。2003 年原国家卫生部通报把食物中毒原因分为微生物性、农药和化学物、有毒动植物、原因不明,2005 年通报将农药和化学物改为化学性,2010 年将有毒动植物改为有毒动植物及毒蘑菇,并加大有毒动植物鉴别知识的普及力度。微生物性食物中毒一直是导致食物中毒报告起数和中毒人数的首要原因,以沙门氏菌、大肠杆菌等肠道致病菌和葡萄球菌、肉毒杆菌等污染食物为主,多发生在夏秋炎热季节。化学性和有毒动植物及毒蘑菇是导致食物中毒死亡的主要原因,化学性食物中毒以农药、兽药、假酒、甲醇、硝酸盐及亚硝酸盐为主,有毒动植物及毒蘑菇以河豚鱼、扁豆、毒蕈、发芽的马铃薯等为主。

食物中毒的发生场所主要为家庭、集体食堂、饮食服务单位和其他四类。

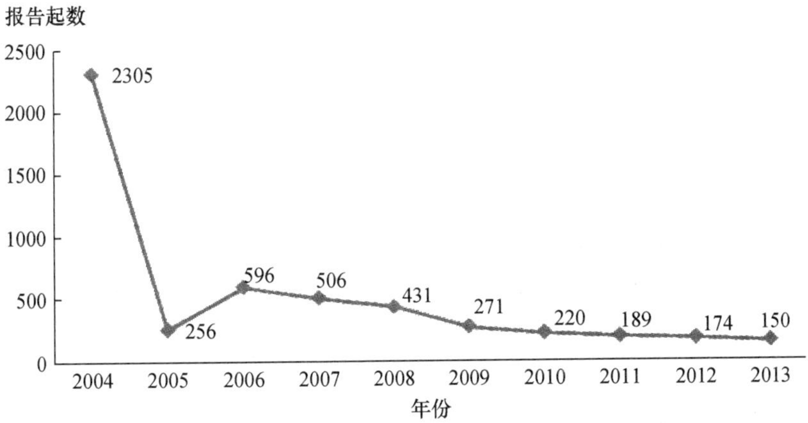

图 11-7 2004—2013 年间我国食物中毒报告起数的变化

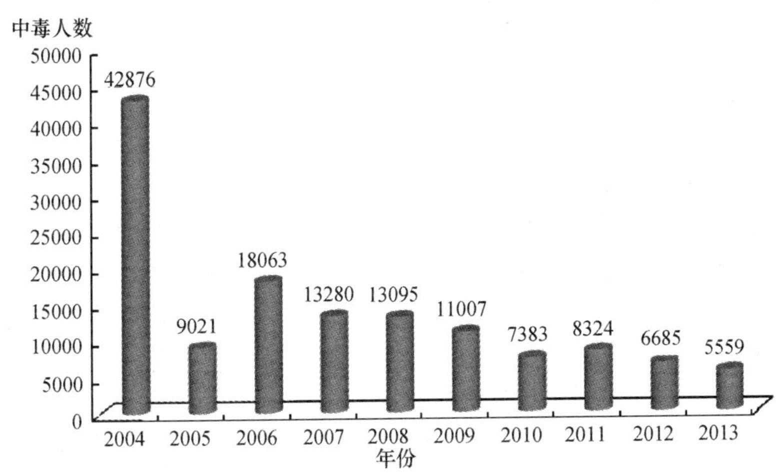

图 11-8 2004—2013 年间我国食物中毒人数变化

2000 年以后,家庭成为食物中毒报告起数和死亡人数占比最多的场所,主要集中在贫困偏远地区,原因是食品安全意识薄弱、有毒动植物鉴别能力不强、不正确使用灭鼠剂、农药残留、兽药残留,加之当地医疗救助水平有限,所以容易发生较大规模的食品安全中毒事故。而从食物中毒发生的时间规律来看,呈现出明显的季节特征,主要以第三季度为主。一方面气温和湿度条件适宜副溶血性弧菌、沙门氏菌和蜡样芽孢杆菌等致病菌的生长繁殖,极易引起食物的腐败变质,另一方面,第三季度也是毒蘑菇等有毒植物的采摘期,饮食多以生鲜为主,易发生食物中毒事件。

二、食品安全风险评估的新进展

食品安全风险分析是近年来在国际上被广泛应用,进而逐渐发展起来的旨在保障食品安全的新兴科学,也是国际通行的制定食品法规、标准和政策措施的基础。[①] 食品安全风险评估作为安全风险分析的重要环节,为食品安全风险管理和决策奠定了基础。2013 年我国在食品安全风险评估方面继续取得新的成效。

(一) 风险评估实验室建设

1. 卫生计生委食品安全风险评估重点实验室与相关机构建设

卫生计生委食品安全风险评估重点实验室(Key Laboratory of Food Safety Risk Assessment,Ministry of Health)是在原国家卫生部二噁英实验室、中国疾病预防控制中心化学污染与健康安全重点实验室、世界卫生组织食品污染监测合作中心(中国)基础上,联合中国科学院上海生命科学研究院营养科学研究所食品安全研究中心,以国家食品安全风险评估中心为依托组建而成。2013 年重点实验室获得多项资质认证,检验检测能力和认证认可程度得到了进一步的提升。

2013 年 8 月 5 日,国家食药监总局发布的《关于遴选国家食品安全风险评估中心等 22 家单位为国家食品药品监督管理总局保健食品注册检验机构的通知》(食药监办食监三函〔2013〕297 号)中,国家食品安全风险评估中心作为 22 家单位之一,按照保健食品注册检验机构的有关规定,能够从事国产和进口保健食品的注册检验、复核检验工作,具有出具检验报告资质。[②] 同时国家认证认可监督管理委员会、国家卫生计生委、农业部联合发布的 2013 年第 12 号联合公告《关于第二批食品复检机构名录的公告》[③],国家食品安全风险评估中心具有复检农药残留、兽药残留、重金属、非法添加物、食品添加剂、其他有毒有害物、生物毒素、营养成份、相应的质量指标、致病微生物等项目的资格。

与此同时,国家卫生计生委食品安全风险评估重点实验室与相关机构进一步加强基础研究,努力服务食品安全风险评估的新要求。基于食品污染及其所导致的食源性疾病日益成为全球普遍关注的重大公共问题,而对于某些化学物质来说,即使是痕量或超痕量也会对人体健康造成严重的损害,因此食品危害物的暴露研究就显得十分必要。为此,2013 年国家卫生计生委重点实验室开展了食品危害暴露的分析表征技术、食源性疾病溯源与人体健康效应风险评估技术、基于系

---

① 唐晓纯:《多视角下的食品安全预警体系》,《中国软科学》2008 年第 6 期。

② 《实验室获保健食品注册检验机构资质农业部》,国家食品安全风险评估中心网,2013-9-9[2014-3-9],http://www.cfsa.net.cn/Article/News.aspx? id = AE44D8EAF15681CED86DA112837D4BE3C1AE564E90708EF8。

③ 《实验室获得食品复检机构资质》,国家食品安全风险评估中心网,2013-9-9[2014-3-9],http://www.cfsa.net.cn/Article/News.aspx? id = 4D123276557D221096B1882385CA6244478698B52AA9F83B。

统生物学发展转化毒理学新技术等方面的研究，[①]并通过一系列的学术研讨会与合作开展国际合作项目，进一步提升重点实验室科研能力。表 11-3 为国家卫生计生委重点实验室等相关机构具有代表性的学术研讨会的有关情况。

表 11-3　2013 年国家重点实验室等相关机构学术研讨会情况

交流形式	时间	主题
研讨会	2013 年 2 月 26—28 日	卫生计生委食品安全风险评估重点实验室学术委员会
	2013 年 3 月 13 日	重点实验室协助世界卫生组织举办食物链中化学危害物风险分析研讨会
	2013 年 4 月 15—16 日	食物过敏和安全性评价研讨会
	2013 年 6 月 25—26 日	“2013 国际生物经济大会”食品安全论坛分会
	2013 年 7 月 26—27 日	全国食品毒理工作研讨会
	2013 年 10 月 30—31 日	食品中可能违法添加的非食用物质专家研讨会
学术访问	2013 年 8 月 28 日	美国 FDA 食品安全与应用营养中心专家人为掺假/经济利益驱动掺假学术报告
	2013 年 9 月 17 日	美国 FDA 兽药中心专家作学术报告

2. 农业部风险评估重点实验室新建设

农业部在 2011 年启动了农产品质量安全风险评估体系建设规划的基础上，首批遴选了 65 家国家级农产品质量安全风险评估实验室，其中包括 36 家专业性风险评估实验室、29 家区域性风险评估实验室，组织制定了《农业部农产品质量安全风险评估实验室管理规范》[②]。2013 年农业部公布了第二批农产品质量安全风险评估实验室名单，增补黑龙江省农垦科学院等 21 个技术性机构，作为农业部第二批专业性农产品质量安全风险评估实验室承建单位，增补广西壮族自治区亚热带作物研究所和青海省农林科学院，作为农业部第二批区域性农产品质量安全风险评估实验室承建单位，主要承担分工的专业领域或行政地域范围内相应农产品质量安全的风险评估、摸底排查、科学研究、生产指导、消费引导、风险交流等工作。[③] 2013 年 10 月 8 日四川省饲料工作总站承建的农业部畜禽产品质量安全风险评估实验室（成都）正式挂牌，成为西南地区首个畜禽产品质量安全风险评估实

① 《研究方向》，国家食品安全风险评估中心网，2013-7-1［2014-3-8］，http://www.cfsa.net.cn/Article/Laboratory_News.aspx? channelcode = 528E87F16C21D551EB2B1943530754C388A47BAEBB123420。

② 《农业部关于公布首批农业部农产品质量安全风险评估实验室名单的通知》，农业部网站，2011-12-29［2014-6-10］，http://www.moa.gov.cn/zwllm/tzgg/tz/201201/t20120112_2455790.htm。

③ 《农业部关于公布第二批农产品质量安全风险评估实验室名单的通知》，农业部网站，2013-04-25［2014-06-18］，http://www.moa.gov.cn/govpublic/ncpzlaq/201305/t20130507_3452577.htm。

验室。①

为了更好地开展农产品质量安全风险评估工作,在成立88家农产品质量安全风险评估实验室的基础上,农业部还正式设立了农产品质量安全风险评估中央财政专项,开展了稻米等8大行业农产品质量安全的风险隐患摸底排查,实施了茶叶等21类产品的专项风险评估,切实通过风险评估推动了农产品质量安全的科学管理。②

3. 区域性实验室建设

为了更好地促进区域间食品安全风险管理,2013年11月24日,京津地区食品绿色加工与安全控制协同中心组建成立。根据京津地区食品产业特点,该中心将兼顾环渤海区域食品产业结构,以创新为手段,进行传统主食现代化制造研究、现代食品绿色和健康加工研究、食品贮运和现代物流研究、食品安全评估控制研究和高效检测技术与装备研究等平台的创新研究。③

(二)以风险评估项目为基础的风险评估工作

2013年我国不仅完成了食品中镉、铝、沙门氏菌、邻苯二甲酸酯等的优先评估,还完成了白酒中塑化剂、奶粉中双氰胺等应急评估。2013年国家食品安全风险评估专家委员会确定的优先评估项目包括"主要生食贝类中副溶血性弧菌污染对中国居民健康影响的全过程初步定量风险评估"和"中国居民即食食品中单核增生李斯特氏菌定量风险评估"。

在农产品质量安全风险评估方面,2013年确定的风险评估项目按照农产品的种类共有11项,包括"生鲜蔬菜质量安全风险评估""生鲜果品质量安全风险评估""农产品产地贮藏保鲜质量安全风险评估""生鲜猪牛羊及禽类产品质量安全风险评估""生鲜乳质量安全风险评估""水产品质量安全风险评估""油料作物产品质量安全风险评估""稻米质量安全重金属专项风险评估""食用菌质量安全风险评估""茶叶质量安全风险评估""特色农产品质量安全风险评估"。

三、新体制下的食品安全预警进展

2013年3月新组建的国家食品药品监督管理总局成立后,食品安全风险预警职能也相应作了调整,由农业部承担以农产品质量安全监管为基础的摸底排查和

① 《农业部批准在四川设立畜禽产品质量安全风险评估实验室》,农业部网站,2013-07-10[2014-06-10],http://www.moa.gov.cn/fwllm/qgxxlb/scxm/201307/t20130710_3518155.htm。

② 《我国农产品质量安全监管工作取得积极成效》,农业部网站,2013-06-20[2014-06-10],http://www.moa.gov.cn/zwllm/zwdt/201306/t20130620_3497897.htm。

③ 《京津地区食品绿色加工与安全控制协同创新中心组建》,国家食品安全风险评估中心网,2013-11-28[2014-3-9],http://www.cfsa.net.cn/Article/News.aspx?id=AEA8F8ABCD1F5A36B91F218904B1CD54B852D4C93EE1C9AF。

风险评估预警工作,国家卫计委依然承担食品安全风险监测评估预警工作,并发布食物中毒和食源性疾病的相关预警信息;国家质量监督检验检疫总局的进出口食品安全局依然承担进出口食品的风险预警工作。因此,新体制下初步形成了较为清晰的从初级农产品到食品的风险预警管理体制。根据掌握的资料,本章节就2013年我国食品安全预警进展作如下的回顾。

(一)农产品风险预警体系建设

农产品质量安全的风险评估预警建设,受到中央财政连续支持,年度项目预算经费约为农产品质量安全监管总投入的三分之一。按照国家项目管理机制,农产品质量安全风险评估预警体系已经开展粮油、蔬菜、生鲜水果、生鲜乳、畜禽产品、水产品、食用菌、茶叶和特色产品的质量安全风险评估,以及产后储藏运输环节和产地环境因子的风险评估,为风险预警提供科学依据。

在各级政府的推动下,农产品质量安全风险预警开展了一系列的基础性工作。例如,浙江省武义县在全国率先组建了县级农产预警分析师队伍,定期开展辖区的粮油、茶叶、水果、蔬菜、畜牧等农产品的动态监测分析,并根据农产品供需变化和市场行情,深入到种养大户、农业龙头企业嫁接的基地、农民专业合作社调研,提供月度品种分析报告,季度定期会商,实现农产品的市场研判和预警。相关信息通过浙江农业信息网、浙江农产品信息等网络平台,成为政府部门、生产企业、经营者等的重要信息源。广东省东莞市建设了农产品安全预警与追溯技术研究团队,2013年为了加强“动物产品质量安全监督信息中心”,研究团队新增东莞市动物卫生监督所,以实现东莞主要肉食品质量安全信息溯源提供研究“大数据”。

针对农产品质量安全预警信息的发布,湖南省常宁市按照国家级标准建成了“常宁农产品质量安全监管网”,实现农产品质量安全网上监管。同时在探索网上农产品质量安全追溯及分析预警平台管理建设中,针对标准体系、安全追溯、分析预警、监管执法、检测管理、农事管理、农业投入品管理、产地环境监测、农产品价格、管理系统等十大领域,开展综合平台建设,逐步实现对生产企业、农民合作组织和规模生产基地的农产品质量可追溯管理,平台预计2014年建成。目前,在我国预警管理和追溯制度已经逐渐成为现代农业的发展方向。

(二)食品安全风险预警体系建设

在国家食品安全风险监测能力不断提升的背景下,风险评估预警工作开始进入实质性的规范化建设阶段,相关职能部门依据职责和工作计划,开展了有针对性的预警机构设置、人员配置与职责划分等相关基础工作。

1. 提出预警平台建设

2013年食品安全预警工作最为突出的是“预警平台”建设,并依然体现省市建设率先的主要特征。信息化平台的建设是预警工作最重要的硬件基础,近年来受到了国家的高度重视。2013年初,国家食品药品监督管理总局监管司对《保健食品化妆品风险监测和预警平台建设方案》(征求意见稿)进行公开征求意见,为实现风险监测数据的收集、分析、研判和预警信息化,进行规范化的制度建设。

江苏省苏州市食品药品监督管理局为此专门设立了预警平台办公室,定期召开专题会机制,同时制定预警信息实施细则,完善相关制度,采取分片监管原则,将预警信息的收集、研判、处置等工作职责分解至各处室,并纳入年度考核,从而确保了预警平台工作的有序开展。同时,信息发布渠道建设把短信平台、药械网上直通车、不良反应检测平台、药械监管网络群等统一纳入综合发布渠道,基本实现预警信息的定点、定位发布。南京市经过两年时间建设,食品安全风险监测评估和预警网络平台已经完成软件开发、测试和试用等工作,并在2013年7月12日正式上线,实现了食品风险监测和食源性疾病监测的数据在线上报、分析和评估预警功能,在手机预警应用、GIS地图展示、评估报告智能生成、对接医院HIS系统、食源性疾病负担统计分析和微生物评估预警等方面,有效提升食品安全风险监测的整体能力和水平。

2. 建立预警等级管理机制

预警机制主要包含信息交流机制、信息评估机制、处置机制、分级响应机制等。预警工作作为一个综合系统,运行机制决定着系统的运行和效率,2013年也可以说是全国各省市的食品药品质量安全预警机制建设年。

例如浙江省杭州市,为了加强食品安全的风险防范,从预警信息的收集、发布、风险等级、分类评估、重大预警信息会商等方面,建立了安全风险预警机制,并实行等级管理。依据信息性质、危害程度、涉及范围,将风险等级设为特别严重、严重、较严重、一般、对应为红、橙、黄、蓝的四种颜色。同时将预警信息分为五类,分别为系统内部预警、行业预警、区域预警、社会预警和政府预警,不同类型预警信息发布范围不同。尤其是发现重大食品药品安全事件,启动重大预警信息会商研判工作机制,以提高快速应对的针对性和有效性,尽量科学化解和降低重大事件的风险影响。

河北省食品药品监督管理局制定了《食品药品安全预警信息交流制度(试行)》,进一步明确食品药品监管的应急管理、稽查、检验检测等机构的监管职责,分解对监督抽检、媒体舆情、举报信息、不良反应监测等方面信息的收集、整理、汇总分析与研判。制度要求发现预警信息的部门,必须及时通报,不得迟报、谎报、瞒报、漏报和不报。对未依照要求履行通报职责、造成严重后果的,依法追究有关责任人的行政责任。

3. 预警公告常规化

随着人们对食品安全的日益重视,预警信息也越来越受到公众的关注。而食品质量安全受外界影响较大,不同地域不同季节表现出不同特性。夏季的温度和湿度都非常适宜微生物的滋生,也是食品安全事件的高发期,消费者很容易受到食源性疾病的健康威胁。食药监管的预警信息主要是针对餐饮企业、消费者和相关监测机构发布,餐饮企业主要是卫生安全保障的警示信息,提醒消费者主要消费饮食的安全。2013 年 6 月,河南省气温偏高,省食品药品监督管理局在月初即发布夏季食物中毒预警公告,提醒各餐饮单位和广大消费者注意饮食卫生安全,并要求省属各级监管部门加强餐饮食品安全监管。

冬季,作为群体宴请、聚餐、进补的最佳时期,食品安全也面临高发风险。为了预防和减少食物中毒等事件的发生,陕西省榆林市食药监局就发布了 2013 年冬季餐饮服务食品安全预警,要求各类食堂、餐饮企业等集体用餐场所注意食品安全,同时提醒市民预防豆角、发芽马铃薯中毒。

一些地方的民俗饮食习惯,在一定的环境下也容易发生食品安全事件,例如昆明部分地区的农村家庭,冬季喜欢煮食草乌袪寒暖身,但草乌中富含的乌头碱毒性大,非常容易发生中毒。为确保季节转变期间食品安全,云南省食品药品监督管理局发布冬季食品安全预警,严禁餐饮单位和集体食堂加工草乌,同时提醒家庭不要擅自加工制作草乌食用。

预警公告作为消费者最常接触到的一类预警信息,如今已经逐渐常态化,各种相关的信息提醒,也正在成为公众的习惯接收信息,不仅提高了消费者的风险防范能力,也在一定程度上提高了消费者的风险认知水平。

(三)进出口食品风险预警体系建设

进出口食品的风险预警主要由国家质量监督检验检疫总局进出口食品安全局负责监管和信息发布,官方网站设有进境食品风险预警、出境食品风险预警、进出口食品安全风险预警通告三个窗口,按月发布预警信息。目前实施的进出口食品风险预警信息的组成如图 11-9。

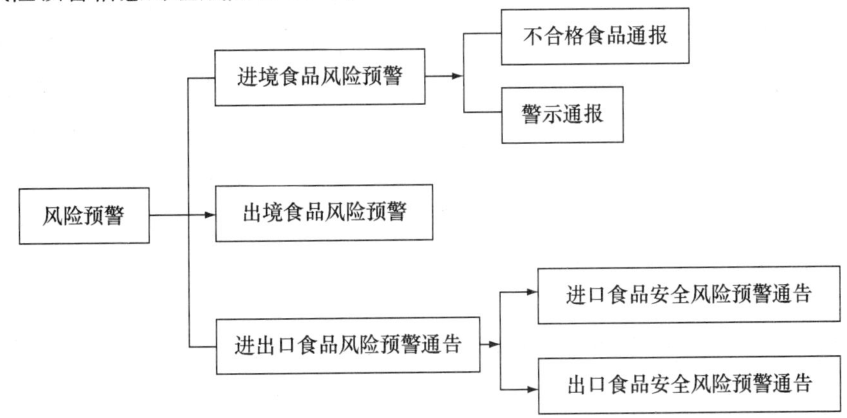

图 11-9 我国进出口食品风险预警信息组成示意图

1. 进境食品安全风险预警包括不合格食品通报和警示通报两类

不合格食品通报的信息是按月统计和发布，图 11-10 显示，2013 年 6—12 月间我国进境不合格食品的通报达 1227 起，涉及产品种类主要是水产品、乳制品、酒类、饮料、肉制品、罐头、坚果及其制品等。风险主要有标签不合格、保质期过期、金属超标、违法添加化学物质、致病菌、菌落超标等。通报数量 6—8 月呈明显上升趋势，9—12 月为波动状态。如图 2 所示。警示通报的网上信息自 2007 年以来，只有 2 条，分别是 2007 年、2010 年各 1 条，2013 年没有新的警示通报。因此，进境食品安全风险警示通报应该进一步强化。

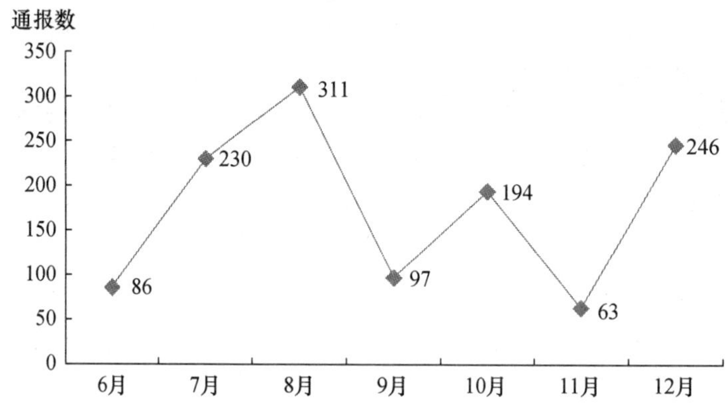

图 11-10　2013 年 6—12 月我国进境不合格食品的通报数量

2. 出境食品安全风险预警主要针对国内食品企业的出口到岸国一些政策的变化、针对中国食品的相关措施等

2013 年共发布 371 条预警信息，涉及美国、中国台湾地区、加拿大、新西兰、欧盟等多个国家和地区，为我国出口企业及时了解国外的相关信息，预防风险减小产品被拒，起到了警示作用。例如 2013 年 12 月，针对欧盟修订了食品添加剂的部分法规，风险预警信息提醒国内企业，欧盟发布新的(EU) No 1274/2013 号法规，修订了食品添加剂使用标准的(EC) No 1333/2008 号法规的附件 Ⅱ 和 Ⅲ，以及(EC) No 231/2012 号法规的附件。涉及部分食品添加剂的名称、使用范围、最大限量等修订。同时，出境食品安全风险警示还提供信息来源的欧盟官方网站网址等，方便关注的个人和企业查询。

3. 进出口食品安全风险预警通告

点击进口食品安全风险预警通告页面，进入通告列表页面，页面显示通告表中数量不超过 20 条，每一条通告均涉及食品制造商名称、注册登记号、原产国家/地区、产品名称、预警原因五个方面内容。例如对菲律宾的 Iexco International

Trading 生产的干齐尾羽鱼,预警原因表明是伪造卫生证书和检出无机砷含量超标。美国的 Tyson Foods, Inc 生产的注册登记号为 P-7100 的冻鸡肉产品,多次检出重要致病菌;Interra International Inc 生产的注册登记号为 17564 的冻猪产品,被检出莱克多巴胺;Mountaire Farms of Delmarva 生产的注册登记号为 P-667 的禽产品,被检出兽药残留。印度尼西亚注册号为 CR016-02 的水产品,被检出金黄色葡萄球菌等。

出口食品安全风险预警通告的内容很多涉及生产企业(包括经销商、代理商)、卫生注册号、出口产品、出口国家(地区)、预警原因等方面的情况。例如华山国际贸易有限公司(宁波)(Huashan International Trading (Ningbo) Co Ltd)和上海运函国际货物运输代理有限公司(Best Choice Shipping Co. Ltd. Ningbo Branch)出口欧盟的卫生注册号 3500D15002 的白米糕,因逃避检验检疫被警示。

食品安全预警是以风险监测评估为基础的风险防控系统,随着我国食品和农产品的风险监测评估体系的基础性建设不断夯实,我们了解和掌握食物安全风险的能力不断增强,预警信息也在逐渐丰富,国家整体的风险防控水平得到稳步的提高。

四、食品安全风险交流新进展与案例分析

食品安全风险交流是国际上在食品安全管理领域越来越重视的内容,不仅成为管理决策的依据,而且成为国家战略的重要组成部分。以欧盟和美国为例,欧盟作为一个经济联合体,欧洲食品安全局是整个欧盟食品安全风险交流的核心。2009 年,欧洲食品安全局就发布了《2010 年到 2013 年欧洲食品安全局交流战略》,明确了交流的策略和方法,强调了各个利益相关方的参与作用。同年还美国制定了《FDA 风险交流策略计划》,除了确立风险交流工作的目标、策略及方法,还提出"结果导向性风险交流"中 FDA 作为主体的重要导向作用。[①] 食品安全风险交流工作的重要作用已经逐渐显现,并且被越来越多的国家和地区认可。2013 年我国在食品安全风险交流方面的主要做法是:

(一) 创新食品安全风险交流活动

1. 形成年度"食品安全宣传周"机制

继 2012 年国家卫生计生委在全国范围首次开展"食品安全宣传周"活动以来,2013 年 6 月 17 日,国务院安全办会同相关部门,在北京启动以"社会共治同心携手维护食品安全"为主题的全国食品安全宣传周活动,主办单位由 2012 年的 10 个扩大至 14 个,初步形成了全国性的年度宣传周活动机制。

① 马仁磊:《食品安全风险交流国际经验及对我国的启示》,《中国食物与营养》2013 年第 3 期。

2013 年的宣传周活动举办了具有国际影响力的“第五届中国食品安全论坛”,同时“中国国际食品安全与创新技术展览会”和“食品安全诚信守望”等新闻宣传公益行动也相继展开,并在中央电视台《消费主张》栏目开辟食品安全的专题节目板块,从中央、地方、企业和学校四个层面展开宣传活动。[①] 食品安全宣传周活动尽管只有一周,但范围涉及全国各地,不仅成为宣传食品安全知识,交流风险防控,引导民众提高食品安全认知能力的科普教育活动,也成为集宣传、教育、公益性质的全民参与活动,获得显著效果。

为积极响应宣传周的主题和活动,全国各省市都根据实际情况开展了相关的宣传活动。以山东和湖南为例,2013 年 6 月 18 日上午山东省的食品安全宣传周启动仪式就在青岛市广电演播中心举行,启动仪式上介绍了十位“食品安全 · 诚信守望”典型人物候选人,同时举行了“山东省食品安全宣传联动平台”授牌仪式。通过“2013 食安山东在行动”系列宣传报道活动,不仅树立了正面典型,加强了反面警示,也推动了各方力量积极参与社会监督,着力构建了部门联动、社会共治的食品安全综合治理新格局。[②] 湖南省 2013 年全省食品安全宣传周活动在株洲神农城广场举行,宣传周期间,食药、农业、商务、工商、畜牧、粮食、卫生、质检等部门按先后顺序,依次举行活动,通过展览演示、实地观摩、咨询讲座、现场服务、发放资料、在线访谈、启动重大专项、专场新闻发布等形式,开展针对食品从业人员、监管队伍的培训指导和解疑释惑,回应并主动发布各自领域食品安全热点问题和科普知识。同时联合各部门开展食品安全知识“进社区”“进学校”等活动,在辖区广场、居民聚集地播放公益广告、摆放宣传板报;在校园开展“公开课”“校园食堂开放日”等主题活动。重点针对青少年群体特点进行食品安全科普宣教,通过激发青少年的参与热情,带动家庭成员和全社会关注食品安全、树立科学饮食观念。食品企业还开展了企业内部宣传教育活动,推进食品行业“道德讲堂”建设工作。[③]

在食品安全宣传周活动的推动下,国家食药监总局、卫生计生委等十部委依据所承担的职责,在食品安全宣传周相继举办了不同形式的主题活动,成为食品安全风险交流工作的重要创新。宣传周的主题活动见表 11-4。

---

① 《关于开展 2013 年全国食品安全宣传周活动的通知》,中央政府门户网站,2013-05-24[2014-03-08],http://www.gov.cn/gzdt/2013-05/24/content_2410456.htm。

② 《山东省食品安全宣传周启动大众网成联动平台》,大众网,2013-06-18[2014-06-10],http://www.dzww w.com/2013/spaqxcz/xwbd/201306/t20130618_8518328.htm。

③ 《2013 全省食品安全宣传周今在株启动》,株洲网,2013-6-13[2014-06-10],http://www.zhuzhou-wang.co m/portal/xw/zzxw/bbrd/webinfo/2013/06/17/1370739296888629.htm。

表 11-4　2013 年国家十部委食品安全宣传周主题活动简况

时间	负责部门	主要活动
6 月 18 日	工业和信息化部	1. 实施婴幼儿配方乳粉“提升乳粉质量水平,提振国内消费信心”行动; 2. 启动婴幼儿乳粉质量安全专题宣传活动; 3. 举办“食品安全深度行”公众开放日活动; 4. 举办食品工业企业诚信管理体系标准和评价人员培训班。
6 月 19 日	公安部	1. 公布典型案例; 2. 展示工作成果; 3. 组织在线访谈。
6 月 20 日	农业部	1. 举办“农产品质量安全常识有奖竞答”活动; 2. 举办“农产品质量安全检测实验室公众开放日”活动; 3. 发放《农产品安全消费知识科普宣传册》; 4. 组织专家面向公众,集中开展农产品质量安全热点解读、科普培训和消费指导; 5. 集中开展新闻发布,邀请主流媒体宣传我国农产品质量安全保障工作取得的成效。
6 月 21 日	卫生计生委	1. 召开食品安全风险监测、评估和标准工作新媒体沟通会; 2. 举办“国家食品安全风险评估中心开放日”活动; 3. 集中开展食品安全风险交流活动; 4. 印发《食品安全的真相与误区》宣传折页; 5. 组织全国卫生计生系统食品安全风险交流工作培训班,印制《食品安全风险交流培训手册》。
6 月 22 日	商务部	1. 第九届中国肉业博览会; 2. 食品安全进超市科普宣传活动; 3. 酒类专业知识培训宣传活动; 4. 联合国资委召开“2013 年行业信用建设工作会议”; 5. 印发放心肉生产与消费、倡导健康餐饮消费、认识农产品产业链系列食品安全科普知识宣传画、册。
6 月 23 日	中国科协	1. “食品安全——走进食品工业”系列科普活动; 2. 制播“食品安全科普公开课”; 3. 制播食品安全科普宣传片; 4. 制发《中国数字科技馆食品安全手机报专刊》。
6 月 24 日	粮食局	1. “粮食科技活动周”“放心粮油宣传日”系列活动; 2. 国家粮食局科学研究院实验室开放日、粮油安全系列科普讲座活动; 3. “走基层、察实情、听民意、解难题”专题调研活动; 4. 夏粮收购质量安全调研与抽查工作。

（续表）

时间	负责部门	主要活动
6月25日	工商总局	1. 开展普法宣传和科普教育； 2. 动员《中国工商报》《中国消费者报》《工商行政管理半月刊》，工商总局政府网站等主管平台，协调中央级主流媒体，开设专刊、专栏、专题，发表评论文章，播放公益广告。
6月26日	质检总局	1. 举办“进口食品安全口岸行”活动； 2. “食品安全大家行”等各种宣传活动； 3. 印发食品、食品监管有关知识小折页。
6月27日	食药监总局	1. 部署全系统开展《关于办理危害食品安全刑事案件适用法律若干问题的解释》等法律法规宣传培训活动； 2. “食品安全知识大讲堂”活动； 3. 制播公益广告； 4. 组织开展食品企业现场参观活动； 5. 举办“食品药品安全科普宣传站”建设现场推进会。

2. 利用新媒体的“主题开放日”活动

自2012年国家风险评估中心举办食品安全风险交流开放日活动以来，参与的媒体、消费者等不同人群不断增加，不同主题和不同的对话方式，受到了民众的广泛关注。2013年在“食品安全宣传周开放日”基础上，“反式脂肪酸的功过是非”“食源性疾病知多少”等开放日活动，通过新媒体的传播和互动，继续吸引更多的人参与（表11-5）。2013年8月28日国家风险评估中心通过新浪微访谈，开展专家与网友的交流、互动，共同讨论了52个相关问题，涵盖了食品安全标准、反式脂肪酸的健康影响、平衡膳食、营养标签等多个方面。①

表11-5　国家食品安全风险交流工作的主体开放日活动

活动主题	日期	主要内容	活动形式	参加人员
反式脂肪酸的功过是非	3月18日	介绍反式脂肪酸专项评估的工作情况，解读评估报告的关键点，讲解合理膳食相关知识，并与公众互动交流。	专家解读，与公众交流	中央电视台、中国日报社等媒体、公众及其他食品相关专业人员

① 《我中心专家就“奶粉检出反脂”事件做客新浪微访谈》，国家食品安全风险评估中心网，2013-8-28 [2014-3-8]，http://www.cfsa.net.cn/Article/News.aspx? id = F948B99A22F89FE0CEF8039E1AF0BDDC7FB9D05266AF 3BB15EACE07B804FA4D6A5F85236E66C8C7C8。

（续表）

活动主题	日期	主要内容	活动形式	参加人员
国内外食品安全标准管理体系及我国食品安全清理工作进展	6月21日	介绍国内外食品安全标准管理体系框架；食品安全标准清理工作进展	专家讲解，互动交流，参观展览室	新华社、中央电视台等50余家媒体
食源性疾病知多少	8月9日	讲解食源性疾病相关知识（尤其是肉毒杆菌污染的相关知识），并与公众互动交流	专家讲解，互动交流	媒体，专家，公众

2013年6月20日农业部举办了2013年“全国食品安全宣传周”主题日活动，北京、上海、广州、武汉、杭州、南京等地农产品质量安全风险评估实验室集中对社会开放，邀请群众走进实验室、参观农产品检测过程、举办专题讲座、发放宣传材料等，加强科普宣传，解答群众问题，受到参观群众的高度评价。在北京市的多个区县，组织农产品质量安全知识竞答和安全农产品进社区活动，通过宣讲、竞答、展示、互动等多种沟通交流方式，广泛发动社区群众，掀起了学习农产品质量安全知识，共同维护农产品质量安全的热潮。①

目前，国家风险交流的形式仍处于探索阶段，集中时间举办主题日活动、开放日活动等，邀请民众代表、媒体代表甚至企业代表等社会力量参与，将风险交流活动举办到街道、学校等基层，逐渐形成食品安全风险交流就在身边的常态化机制，开始形成国家风险交流策略与民众风险认知水平不断提高的长效机制的雏形。

（二）展开消费者风险感知调查

国家食品安全评估中心联合北京大学新闻传播学院和心理学系的专家组织开展了风险认知领域的调查，服务于政府、科研机构乃至产业界，提高风险交流的针对性和有效性。根据调查，85%的受访者无法准确区分食品添加剂与违法添加物，将三聚氰胺、苏丹红或塑化剂视为食品添加剂的情况非常普遍。进一步分析，公众对食品添加剂的不信任，更重要的影响因素是信任而非知识缺乏。其中，公众对监管机构的不信任主要在能力维度，而对科研机构的不信任主要出于动机维度。

与此同时，国家食品安全评估中心展开了饮料酒和饮料消费状况调查。为做好与饮料酒和饮料中化学物质如氨基甲酸乙酯、塑化剂、生物胺、甲醇、焦糖色等相关的风险评估工作，国家食品安全评估中心2013年启动饮料酒和饮料的消费

① 《农业部举办2013年“全国食品安全宣传周”主题日活动》，农业部网站，2013-06-21[2014-06-10]，http:// www.moa.gov.cn/zwllm/zwdt/201306/t20130621_3501076.htm。

状况调查,积累以食品安全为导向的食物消费状况基础数据。经过多轮专家论证和预调查,调查工作于 2013 年 7 月在全国 9 省市展开,主要采用入户调查和特殊场所集中调查相结合的方法,既包括一般住户人群,也包括特殊场所内的潜在高消费人群(如酒吧消费者、酒厂职工等),共调查 9 个省市所辖的 19 个城市和县城的 2 万余人。调查内容包括各种饮料酒、饮料的消费数量、频次和饮用习惯以及包装材料等相关信息。截至 2013 年年底现场调查、问卷清理核查以及数据录入培训等工作已结束,整项工作将于 2014 年 2 月完成,形成 9 省市饮料酒、饮料消费数据库,提出相关膳食消费参数。

(三)国际风险交流合作取得新进展

随着食品安全问题的不断演化,国际间的组织机构与国家的技术交流趋势不断加强,正在成为一种常见的互利合作模式。为了更好地开展我国的食品安全风险管理工作,2013 年我国与发达国家开展了多项合作。代表性的有,2013 年 7 月 1 日至 5 日,我国代表参加了在意大利罗马召开的第 36 届国际食品法典委员会(CAC)会议,讨论并通过了国际食品法典委员会 2014—2019 年战略规划。在亚洲国家的提名下,我国成功连任执委,任期到 2015 年。自 2011 年担任执委以来,我国积极参与 CAC 各项标准的关键性审议,在发展中国家的参与、法典标准的科学基础、提高法典标准管理的效率等方面,提出了很多建设性意见,为我国和亚洲国家争取到了许多利益和发展机会。①

随着我国国际影响力的不断提高,近年来越来越多的国家机构和学术界与我国建立了深入广泛的交流合作。在食源性疾病控制方面,国家卫生卫计委一直以来与许多发达国家都建立了良好的项目合作机制,2005 年 10 月,原国家卫生部和美国卫生与公共服务部共同签署新发和再发传染病合作项目的谅解备忘录;2010 年 5 月,两国再次启动第二次项目合作计划。主要合作领域包括新发传染病、流行病学能力建设、流感防控、实验室质量控制以及生物安全和健康沟通等。2013 年 6 月 14 日和 12 月 11 日,我国与俄罗斯的莫斯科国立大学、美国食品药品管理局签署了合作备忘录,全面促进了双方人员、技术及学术的交流与合作,充分发挥了各自的优势,互相促进,共同提高。

2013 年,芬兰赫尔基辛大学专家代表团、AOAC 专家、全球食品安全倡议组织(GFSI)代表、德国联邦风险评估研究所专家、美国农业部专家、联合国粮农组织助理总干事、美国密歇根州代表团等相继对我国进行了交流访问,一系列的国际访

---

① 《我中心派员参加第 36 届食品法典委员会会议》,国家食品安全风险评估中心网,2013-1-16[2014-6-19],http://www.cfsa.net.cn/Article/News.aspx? id = BD2220CF1F06C4E523D0A999551E38D4066DBA8774CF3A47BD90D5788D97919DBCECB2BBA00BAC1D。

问活动不仅巩固了我国在食品安全风险管理方面的国际地位,也进一步促进了我国食品安全风险管理机制的完善。

(三) 消费者食品安全风险感知的现状:基于北京市的调查

消费者食品安全风险感知能力的强弱是风险交流需求程度的重要影响因素,感知状况也是风险交流工作的基础,对风险交流的内容、频次和方式有一定的指导意义,也是国家风险交流工作及战略规划的依据。公众对食品安全的风险感知是相对较新的研究领域,需要系统连续地获得有关数据,并进行分析研究。欧盟食品安全局为摸清公众对食品安全的风险认知,于 2005 年委托 TNSO pinion&Social 首次开展了消费者的食品安全风险感知状况调查,2010 年继续在 27 个欧盟成员国开展消费者的食品安全风险感知调查,以评估消费者在五年间对风险的看法以及发生的变化,为食品安全保障机构提供维护和树立公众信心,提供必要的数据支持。[①]

北京市作为我国的首都,是国家食品安全监管最关注的地域,监管力量和监管效果均位于全国最领先的水平,消费者的风险感知状况是目前在我国城乡居民中实际状况最高的地区之一。本《报告》研究团队随机选择了北京市的 500 名消费者,其中对 200 名消费者进行了一般性的风险感知调研,而对 300 名消费者进行了食用油风险感知的专门调研。

1. 数据来源与样本特征

(1) 一般性风险感知调研样本特征。对 200 名消费者的一般性风险感知调研于 2014 年 3 月进行,共收回有效问卷 180 份。其中男性受访者 88 人,女性受访者 92 人。受访者年龄以 18—29 岁的年轻人居多,占受访者总数的 72%;学历层次较高,大专、本科的受访者占比 56%,硕士及以上学历的占比 26%;家庭月收入 2000—5000 元的消费者最多,其次是 5000—10000 元,占比分别为 32%、26%。调研样本如表 11-6 所示。

表 11-6 一般性风险感知调研总体样本的基本属性统计($N=180$)

变量	指标	人数	百分比(%)
性别	男	88	49.00
	女	92	51.00

① Special eurobarometer 354, Food-related Risk, EFSA, 2010-11[2014-06-13], http://www.efsa.europa.eu/ en/riskcommunication/riskperception.htm。

（续表）

变量	指标	人数	百分比(%)
年龄	18 岁以下	6	3.00
	18—29 岁	129	72.00
	30—39 岁	27	15.00
	40—49 岁	16	9.00
	50—59 岁	2	1.00
	60 岁以上	0	0.00
学历	小学及其以下	0	0.00
	初中	8	4.00
	高中、中专	26	14.00
	大专、本科	100	56.00
	硕士及其以上	46	26.00
家庭月收入	2 千元以下	23	13.00
	2 千—5 千元	58	32.00
	5 千—1 万元	46	26.00
	1 万—5 万元	36	20.00
	5 万—10 万	10	6.00
	10 万以上	7	4.00

(2) 食用油风险感知调研样本特征。对 300 名食用油专项调研于 2014 年 3 月进行,共回收问卷 295 份,其中有效问卷为 280 份,有效率为 93.33%。在 280 位受访者中,男性、女性受访者分别为 134 人、146 人。114 个受访者的年龄分布在 18—30 岁之间,占样本比例的 40.72%;80 个受访者的年龄处在 31—40 岁之间,占比 28.57%;50 岁以上的占比 20.99%。受访者学历在大专及以上的占比 77.5%。受访者家庭月收入在 2000 元以下的有 26.07%,10000 元以上的受访者较少,占比 5.36%。调研样本如表 11-7。

表 11-7　食用油专项调研总体样本的基本属性统计($N=280$)

变量	指标	人数	百分比(%)
性别	男	134	47.86
	女	146	52.14
年龄	18—30 岁	114	40.72
	31—40 岁	80	28.57
	41—50 岁	53	18.93
	51—60 岁	24	8.57
	60 岁以上	9	3.21

（续表）

变量	指标	人数	百分比(%)
学历	小学及其以下	13	4.64
	初中	24	8.57
	高中、中专	26	9.29
	大专、本科	119	42.50
	硕士及其以上	98	35.00
月收入	2000 元以下	73	26.07
	2001—5000 元	88	31.43
	5001—8000 元	67	23.93
	8001—10000 元	37	13.21
	10000 元以上	15	5.36

2. 受访者风险感知水平分析

（1）一般性食品安全风险感知状况分析。180 名受访者的风险感知调研中，大多数受访者认为自己经常被动消费到“不安全食品”，选择被动消费到“不安全食品”可能性“较大”的受访者人数最多，占比 25.56%，其次是选择“极大”和“很大”的受访者，占比 23.89%。一旦食用到不安全食品，32.22% 的受访者认为对健康的影响较大，26.11% 的人认为危害很大。由此可见，大多数受访者都认为自己经常被动暴露于食品风险中，并且很容易受到此类风险的威胁。对食品安全状况满意度的反映表明，42.22% 的受访者表示不满意，13.33% 的受访者表示非常不满意。调查结果还显示，90.56% 的受访者担心自己食用不安全食品后可能引发疾病。受访者的风险感知如表 11-8 所示。

表 11-8　不安全食品暴露可能性及其对健康的影响

项目	极大	很大	较大	稍有点大	不大	无影响	合计
消费到“不安全食品”可能性(%)	43 (23.89)	43 (23.89)	46 (25.56)	33 (18.33)	13 (7.22)	2 (1.11)	180 (100)
“不安全食品”对健康的影响(%)	44 (24.44)	47 (26.11)	58 (32.22)	26 (14.44)	3 (1.67)	2 (1.11)	180 (100)

（2）食用油风险感知状况分析。在对食用油风险感知的调查中，将风险发生概率分为五个等级，依次为非常大、比较大、一般、比较小和基本没有。调查结果显示，认为食用油发生风险的可能性比较大的受访者最多，占比 37.5%；非常大的占比 18.57%；认为风险发生可能性比较小的占比 22.5%；认为没有风险的受访者为 0。具体可见图 11-11。由此可见，受访者普遍认为食用油是很容易发生风险，但对发生的可能性感知不一。由于受“地沟油”“金浩茶油”等食品安全事件的影

响。调查结果还显示，分别有42.14%、27.14%的受访者认为不安全食用油对身体健康的危害比较大、非常大。可见大多受访者对食用油的风险感知是较高的。

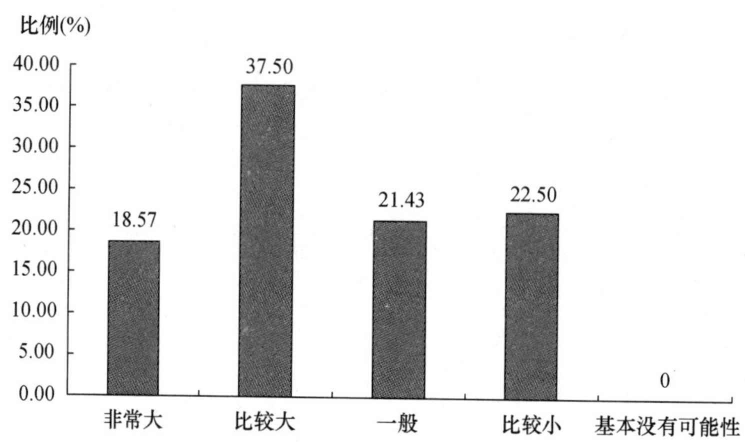

图11-11 消费者感知食用油风险风险发生的可能性

需要指出的是，风险感知较高的情况，一方面有利于受访者提高自我保护，但另一方面也会造成与真实状况的误差加大，过高感知引起消费行为的不正常变化，甚至带来信任危机，导致食品安全恐慌行为。因此，如何引导受访者正确感知食品安全风险，跟踪公众的风险感知变化，是国家风险交流策略的重要内容。

（四）食品安全负面信息与消费恐慌：基于苏州市的调查

在食品安全成为当下中国最关切的民生问题的背景下，由于政府食品安全风险交流的严重缺失，大众媒体与网络的广泛介入，基于信息技术平台迅速发布、传播与扩散不同成分构成的各种食品安全的风险信息，正面和负面的信息都在传播过程呈“中子裂变”方式爆炸。[①] 然而，由于人们的食品安全科学素养的不足，尤其是部分媒体、网络并不具有食品安全的专业知识，且由于网络的泛在化、传播的自由性和广泛性，虚假的食品安全风险负面信息甚至是谣传信息极有可能得到大范围的传播。已有事实证明，2012年平均每天就有1.8条谣言被报道，其中有六成是与食品、政治、灾难有关的硬谣言，[②]这足以证实食品安全风险信息已被扭曲、放大的客观事实。食品安全风险虚假信息的广泛传播，影响了公众食品安全风险的感知，目前甚至引发了“我们还能吃什么”食品安全恐慌。[③] 食品安全恐慌心理的

---

① 洪巍、吴林海：《中国食品安全网络舆情发展报告（2013）》，中国社会科学出版社2013年版。

② 唐绪军：《中国新媒体发展报告2013版No.4》，社会科学文献出版社2013年版。

③ 食品安全恐慌是指持续爆发的食品安全事件引起的不断攀升的公众焦虑，而且这一焦虑与媒体报道的热度密切相关。

长期积累将极有可能导致公众采取某些偏激行为，危及社会稳定。① 为此，以橙汁中的添加剂为例，采用随机 n 价实验拍卖法模拟真实的市场环境，引入 Tobit 模型与多元线性模型，通过考察消费者使用鲜榨橙汁交换含有添加剂的橙汁的补偿意愿，分别研究了橙汁中添加剂的正面、负面信息对消费者食品添加剂风险感知的影响。

1. 参与者基本特征

本次实验共招募到 310 位参与者，有效样本 298 份，样本的有效率为 96.12%。表 11-9 显示，实验参与者样本中男性比例为 48.32%，稍低于女性；年龄在 26—45 岁之间的参与者比例为 55.03%，以中青年为主；家庭人口数以 3—5 人为主，参与者比例为 91.28%；61.07% 的参与者家中有 18 岁以下的未成年人；大专及大专以上学历的参与者为主体，占样本比例的 48.99%；45.64% 的参与者家庭月平均收入超过 6000 元。

表 11-9　实验参与者基本统计特征

统计特征	分类指标	样本数	百分比(%)
性别特征	男	144	48.32
	女	154	51.68
年龄结构	18 岁以下	2	0.67
	18—25 岁	76	25.50
	26—45 岁	164	55.03
	45—60 岁	36	12.08
	60 岁以上	20	6.72
学历状况	小学及以下	10	3.36
	初中	38	12.75
	高中或职业高中	104	34.90
	大专	82	27.52
	本科	56	18.79
	研究生	8	2.68

① 吴林海、钟颖琦、山丽杰：《公众食品添加剂风险感知的影响因素分析》，《中国农村经济》2013 年第 5 期。

（续表）

统计特征	分类指标	样本数	百分比(%)
家庭人口数	1 人	2	0.67
	2 人	24	8.05
	3 人	118	39.60
	4 人	36	12.08
	5 人及以上	118	39.60
家中是否有 18 岁以下的未成年人	是	182	61.07
	否	116	38.93
家庭月平均收入水平	2000 元及以下	20	6.71
	2001—4000 元	68	22.82
	4001—6000 元	74	24.83
	6001—8000 元	54	18.12
	8001—10000 元	52	17.45
	10001 元以上	30	10.07

2. 实验设计

（1）拍卖机制的选择。实验拍卖研究的有效性取决于拍卖机制的选择。维克瑞[①]、BDM[②] 与随机 n 价拍卖[③]机制等是目前运用较为广泛的实验拍卖机制。维克瑞拍卖机制更多地运用于研究消费者对具有不同安全质量信息食品的支付意愿，但由于参与者出价过低，结果往往出现偏误；[④]BDM 机制适用于个体实验，但存在缺乏竞争性的市场环境，难以对参与者产生激励相容效应；[⑤]与其他拍卖机制相比，激励相容是随机 n 价拍卖机制最基本的特征，融合了维克瑞二价密封拍卖和 BDM 机制的优势，且由于在拍卖过程中将产生内生的市场清算价格，能够确保在拍卖实验中得出的市场价格与参与者的个人价值密切相关，获得的参与者估值满足无偏误性且更加精确，弥补了诸如维克瑞拍卖中存在的竞争性偏差等机制存在的不足。[⑥] 与此同时，在随机 n 价拍卖中参与者的支付意愿及对公共物品的补

① W. Vickrey, "Counterspeculation, Auctions, and Competitive Sealed Tenders", *The Journal of Finance*, Vol. 16, No. 1, 1961, pp. 8-37.

② G. M. Becker, M. H. DeGroot, J. Marschak, "Measuring Utility by a Single-Response Sequential Method", *Behavioral Science*, Vol. 9, No. 3, 1964, pp. 226-232.

③ J. F. Shogren, M. Margolis, C. Koo, et al., "A Random nth Price Auction", *Journal of Economic Behavior & Organization*, Vol. 46, No. 4, 2001, pp. 409-421.

④ L. M. Ausubel, P. Milgrom, "The Lovely but Lonely Vickrey Auction", *Combinatorial Auctions*, Vol. 17, 2006, pp. 17-40.

⑤ J. K. Horowitz, "The Becker DeGroot Marschak Mechanism is not Necessarily Incentive Compatible, even for Non-random Goods", *Economics Letters*, Vol. 93, No. 1, 2006, pp. 6-11.

⑥ J. F. Shogren, M. Margolis, C. Koo, et al., "A random nth-price auction".

偿意愿具有最快收敛速度的特点，可以减少拍卖轮数，节约实验时间。[①]

（2）实验标的物与实验地点。食品添加剂对于改善食品的色、香、味，延长食品的保质期等方面发挥了重要的作用，满足了人们对食品品质的新需求，因而被誉为“现代食品工业的灵魂”。目前在食品工业中应用非常普遍。[②] 但在一系列由人为滥用食品添加剂甚至非法添加使用化学添加物引发的食品安全事件后，消费者对食品添加剂产生了一些错误的认识，在不同程度上将食品添加剂混同于“非法添加物”。因此，本研究以食品添加剂为例，研究食品添加剂的正面、负面信息对消费者风险感知和补偿意愿的影响。

公众的食品添加剂风险感知与其科学素养密切相关。[③] 江苏省苏州市是中国经济社会发展水平较高的城市之一，居民群体对包括食品添加剂风险在内的食品安全风险的感知可能相对强烈，因此本次实验选取江苏省苏州市的居民为调查对象。实验拍卖采用的标的物是含有添加剂的橙汁，选用此为标的物的原因主要基于橙汁在市场上都有销售、可得性强，并且通过市场上购买的橙汁和鲜榨的橙汁的对比，能够让消费者相信是否含有食品添加剂。

表 11-10　实验中提供给参与者的不同类型的橙汁添加剂信息

正面信息	负面信息
严格按照规范食用经过权威部门批准的食品添加剂对人体无并无安全隐患。	由于食品添加剂并不是食品中的天然成分，少量长期摄入也有可能对人体产生的潜在危害。
橙汁中的甜味剂、柠檬黄等可以改善橙汁的色、香、味，增强橙汁的口感和风味、改善橙汁的色泽。	1969 年一项长期大鼠喂养试验证实，高浓度的甜蜜素与糖精的混合剂会导致大鼠膀胱癌。
橙汁中的防腐剂可以延长橙汁的保质期，起到防腐、保鲜的作用。	用添加苯甲酸（防腐剂的一种）8% 的饲料喂养大白鼠，试验 90 天后，动物肝肾均出现病理变化，且大半死亡。
橙汁中的防腐剂（苯甲酸钠、山梨酸钾等）除了能防止变质外，还可以杀灭橙汁加工过程中的产生的病菌等微生物，提高橙汁的品质。	橙汁中的着色剂（柠檬黄、日落黄等）人工合成色素进入人体后会大量消耗体内解毒物质，干扰人体正常代谢功能，可能导致肝炎、结石、腹泻、消化不良等。

为保证样本的多样性，选择分布在苏州东南西北四个区域的欧尚金鸡湖店、

① J. Y. Lee, D. B. Han, Jr. R. M. Nayga, et al., “Valuing traceability of imported beef in Korea: an experimental auction approach”, *Australian Journal of Agricultural and Resource Economics*, Vol. 55, No. 3, 2011, pp. 360-373.

② L. Wu, Q. Zhang, L. Shan, et al., “Identifying Critical Factors Influencing the Use of Additives by Food Enterprises in China”, *Food Control*, Vol. 31, No. 2, 2013, pp. 425-432.

③ 吴林海、钟颖琦、山丽杰：《公众食品添加剂风险感知的影响因素分析》，《中国农村经济》2013 年第 5 期。

沃尔玛南门店、大润发河山路店、家乐福万达广场店等大型超市招募参与者，统一实验安排在苏州大学实验室进行，在招募时除告知参与者可得到 50 元奖励外，并未提供其他信息，以避免产生与食品添加剂、食品安全等相关的系统性非参与偏差。[①] 实验共分 8 次，每次有两组，分别在 2013 年 8 月的 19 日、20 日、26 日和 27 日进行。

（3）实验组织方案。本次实验分 8 批次进行，每一批次再分为 A、B 两组，其中 A 组先提供橙汁添加剂的正面信息再提供负面信息，B 组提供的顺序则相反。A 组和 B 组均为 20 人。参照 Hayes 等和 Fox 等的实验程序，[②]实验中每一批次的 A 组和 B 组均分别进行 9 轮报价，其中 A 组在第 4 轮和第 7 轮报价之前依次分别向参与者提供橙汁添加剂的正面与负面信息，B 组则在与 A 组同样的轮次之前依次提供负面与正面信息。参与者可以出价为零，表示他们认为含有添加剂的橙汁与鲜榨的橙汁无论是在安全性还是在口感上均是无差异的。拍卖实验的具体步骤为：① 在实验开始前，分配给每位参与者一个号码，对号入座，并嘱咐相互间不要交流，以免影响拍卖结果的准确性。② 在第 4 轮和第 7 轮报价之前，以书面的形式向参与者提供橙汁添加剂不同类型的信息。③ 为帮助参与者了解随机 n 价拍卖机制，使用糖果棒进行预实验。向每位参与者提供一个大糖果棒，然后询问他们用大糖果棒换取小糖果棒所愿意接受的补偿价格，向参与者证明以自己对糖果棒的完全估价作为出价才是最优的出价（真诚出价）策略（最优竞拍策略）。④ 正式拍卖实验时，参与者密封递价，填写其用鲜榨橙汁交换含有添加剂的橙汁愿意接受的最低补偿价格；收集所有参与者的出价，并从低到高进行排序；从 2 ~ K 中（K 表示参与者个数）随机抽取一个数值 n，以所有参与者的报价中第 n 个价格 p_n 为基准价格。报价低于 p_n 的参与者成为获胜者，公布获胜者的号码及其相应的报价。⑤ 9 轮报价结束后，从 1—9 轮中随机抽取一轮，作为最后的结算轮数，这一轮对应的获胜者需要用鲜榨的橙汁换取含有添加剂的橙汁并现场喝掉，且获得第 n 个价格 p_n 对应的补偿价格。

3. 模型构建、变量设定与结果讨论

（1）模型构建。为了进一步分析消费者对含有添加剂的橙汁的补偿意愿的

① G. Boström, J. Hallqvist, B. J. Haglund, et al., "Socioeconomic Differences in Smoking in an Urban Swedish Population the Bias Introduced by Non-Participation in A Mailed Questionnaire", *Scandinavian Journal of Public Health*, Vol. 21, No. 2, 1993, pp. 77—82.

② D. J. Hayes, J. F. Shogren, S. Y. Shin, et al., "Valuing Food Safety in Experimental Auction Markets", *American Journal of Agricultural Economics*, Vol. 77, No. 1, 1995, pp. 40-53; J. A. Fox, D. J. Hayes, J. F. Shogren, "Consumer Preferences for Food Irradiation: How Favorable and Unfavorable Descriptions Affect Preferences for Irradiated Pork in Experimental Auctions", *The Journal of Risk and Uncertainty*, Vol. 24, No. 1, 2002, pp. 75-95.

影响因素，本研究分别以 A、B 两个组别前六轮的补偿意愿为研究对象，即研究仅受到正面或负面信息之后的消费者补偿意愿。令在橙汁添加剂正负面信息状态下，消费者 i 分别消费 1 单位鲜榨橙汁与含有添加剂橙汁的效用分别为 V_{fki} 与 V_{aki} $(k = +, -)$，并满足：

$$V_{fki} - V_{aki} = \beta_k^T x_i + \varepsilon_{ki} \tag{11-1}$$

其中，β_k 为参数向量，x_i 表示影响参与者效用的因素向量，包括个人特征、对食品添加剂的了解程度、与风险意识相关的因素以及其他因素等，ε_{ki} 为随机项。虽然 V_{fki} 和 V_{aki} 不能被观测，但补偿意愿可通过拍卖机制获得。基于补偿意愿的定义，令消费者 i 用鲜榨橙汁交换含有添加剂的橙汁所需要的补偿意愿为 WTA_{ki}，于是：

$$WTA_{ki} = \beta_k^T x_i + \varepsilon_{ki} \tag{11-2}$$

根据(11-1)式效用函数的定义，(11-2)式在理论上不能排除 $WTA_{ki} \geqslant 0$ 与 $WTA_{ki} < 0$ 两种可能。$WTA_{ki} < 0$ 的含义是消费者 i 认为含有添加剂的橙汁要好于鲜榨橙汁，为获得含有添加剂的橙汁愿意支付相当于 WTA_{ki} 绝对值数量的货币，等价于支付意愿。进而，如果假设 $\varepsilon_k | x_k \sim \text{Normal}(0, \sigma_k^2)$，则(11-2)式为多元线性回归。然而，如果 $WTA_{ki} < 0$ 视为消费者 i 不愿意交换含有添加剂的橙汁，那么(11-2)式可转化 Tobit 模型，即

$$y_{ki} = \begin{cases} WTA_{ki} & WTA_{ki} \geqslant 0 \\ 0 & WTA_{ki} < 0 \end{cases} \tag{11-3}$$

对于正值，y_{ki} 的密度与 WTA_{ki} 一致，负值则有：

$$\begin{aligned} P(y_{ki} = 0) &= P(WTA_{ki} < 0) = P(\varepsilon_{ki} < -\beta_k^T x_k) = \Phi(-\beta_k^T x_k / \sigma_k) \\ &= 1 - \Phi(\beta_k^T x_k / \sigma_k) \end{aligned} \tag{11-4}$$

相应的，每个 i 观测的似然函数为：

$$\begin{aligned} L_{ik}(\beta_k, \sigma_k) = & 1(y_{ki} = 0)\log[1 - \Phi(\beta_k^T x_k / \sigma_k)] \\ & + 1(y_{ki} > 0)\log\{(1/\sigma_k)\phi[(y_{ki} - \beta_k^T x_k)/\sigma_k]\} \end{aligned} \tag{11-5}$$

(2) 变量赋值和定义。依据现有文献设计变量，研究消费者用鲜榨橙汁交换含有添加剂的橙汁愿意接受的补偿意愿。分别选取 A 组第四轮至第六轮对正面信息报价的平均值和 B 组第四轮至第六轮对负面信息报价的平均值作为因变量，进行正面信息组和负面信息组的回归。变量的定义和赋值以及各个变量的均值和标准差如表 11-11 所示。

表 11-11 变量定义与赋值

变量		定义	均值	标准差
因变量	对正面信息的报价(WTA⁺)	连续变量,三轮报价的平均值	2.409	1.666
	对负面信息的报价(WTA⁻)	连续变量,三轮报价的平均值	3.592	2.437
自变量	性别(GENDE)	虚拟变量,女=1,男=0	0.517	0.501
	26—45 岁(LAGE)	虚拟变量,是=1,否=0	0.553	0.498
	46—60 岁(MAGE)	虚拟变量,是=1,否=0	0.121	0.326
	60 岁以上(HAGE)	虚拟变量,是=1,否=0	0.074	0.251
	高中及职业高中学历(LEDU)	虚拟变量,是=1,否=0	0.339	0.475
	大专及本科学历(MEDU)	虚拟变量,是=1,否=0	0.403	0.491
	研究生及以上学历(HEDU)	虚拟变量,是=1,否=0	0.062	0.239
	家庭年收入 3 万—6 万元(LINCOM)	虚拟变量,是=1,否=0	0.132	0.341
	家庭年收入 6 万—10 万元(MINCOM)	虚拟变量,是=1,否=0	0.345	0.473
	家庭年收入 10 万元以上(HINCOM)	虚拟变量,是=1,否=0	0.438	0.498
	是否有未成年孩子(KID)	虚拟变量,是=1,否=0	0.623	0.525
	橙汁添加剂的了解程度:不太了解(LKNOW)	虚拟变量,是=1,否=0	0.423	0.494
	橙汁添加剂的了解程度:非常了解(HKNOW)	虚拟变量,是=1,否=0	0.547	0.498
	对食品安全是否关注(CARE)	虚拟变量,关注=1,不关注=0	0.961	0197
	BHD 初始报价(WTA)	连续变量,三轮报价的平均值	2.038	1.571

注:上表中,$n=298$。

(三)模型拟合

建立消费者对含有添加剂橙汁补偿意愿的 Tobit 和多元线性回归模型。应用 STATA11.0,对正面信息组和负面信息组分别进行 MLE(Maximum Likelihood Estimate)与 OLS(Ordinary Least Square)估计,结果见表 11-12、表 11-13。

表 11-12 Tobit 模型 MLE 估计

变量	正面信息		负面信息	
	系数	显著性检验 $P>\|t\|$	系数	显著性检验 $P>\|t\|$
GENDE	-0.2410*	0.0161	0.4542**	0.0083
LAGE	-0.0247	0.7271	0.8043**	0.0064
MAGE	-0.0398	0.5114	0.8322**	0.0027
HAGE	0.1821	0.1285	0.9417**	0.0005
LEDU	-0.0150	0.9231	0.1798	0.5911
MEDU	0.1942	0.1938	0.6830**	0.0072

（续表）

变量	正面信息		负面信息	
	系数	显著性检验 P>|t|	系数	显著性检验 P>|t|
HEDU	-0.3472*	0.0423	0.9856**	0.0000
LINCOM	-0.1080	0.2446	0.2071	0.1974
MINCOM	-0.0681	0.6829	0.2831	0.1526
HINCOM	-0.0902	0.5217	0.3579	0.0727
KID	0.2274	0.1258	0.4384*	0.0491
CARE	0.0274	0.8816	0.5160*	0.0365
LKNOW	0.1164	0.6272	0.4958*	0.0432
HKNOW	-0.5442**	0.0098	0.4131*	0.0458
WTA	0.8529**	0.0000	0.9653**	0.0000
CONSTANT	-0.7182*	0.0371	0.8272**	0.0071
σ	0.3211	—	0.7906	—
N	148		150	

注：正面信息回归，LR $chi^2(15)=286.1154$，Prob > $chi^2=0.0000$，Pseudo $R^2=0.8238$，Log likelihood = -30.5947；负面信息回归，LR $chi^2(15)=193.4514$，Prob > $chi^2=0.0000$，Pseudo $R^2=0.5328$，Log likelihood = -92.1569。* $P<0.05$，** $P<0.01$。

表 11-13　多元线性回归 OLS 估计

变量	正面信息		负面信息	
	系数	显著性检验 P>|t|	系数	显著性检验 P>|t|
GENDE	-0.1244	0.3392	-0.0322	0.8513
LAGE	0.3132	0.1623	0.5180	0.0720
MAGE	-0.0872	0.7630	0.6435	0.0876
HAGE	0.7186	0.0541	0.3871	0.3482
LEDU	0.3991	0.0908	0.1357	0.5948
MEDU	-0.0006	0.9974	0.1207	0.6537
HEDU	-0.6046*	0.0183	1.8412**	0.0000
LINCOM	-0.6616*	0.0255	0.5454	0.1201
MINCOM	-0.3409	0.1546	0.5479	0.0864
HINCOM	-0.1192	0.6154	0.9290**	0.0029
KID	0.3053	0.0842	0.6170**	0.0072
CARE	0.8963*	0.0221	0.9684*	0.0182
LKNOW	0.2359	0.4077	0.9554*	0.0395

（续表）

变量	正面信息		负面信息	
	系数	显著性检验 $P>\|t\|$	系数	显著性检验 $P>\|t\|$
HKNOW	-0.8676*	0.0279	1.3009**	0.0050
WTA	0.8447**	0.0000	1.0158**	0.0000
CONSTANT	-0.3381	0.5621	-1.5726*	0.0382
N	148		150	

注：正面信息回归，$F(15, 134) = 54.3804$，Prob > F = 0.0000，Adj R-squared = 0.8431，Root MSE = 0.6788；负面信息回归，$F(15, 282) = 35.5923$，Prob > F = 0.0000，Adj R-squared = 0.6366，Root MSE = 1.3479。* $P<5\%$，** $P<1\%$。

（四）结论分析

表 11-12、表 11-13 的结果显示，负面信息组的 Tobit 模型 MLE 估计（简称 Tobit 估计）的显著变量有 11 个，多元线性 OLS 回归（简称 OLS 估计）的显著变量有 7 个，两种估计的参数符号均为正数；正面信息组的 Tobit 估计与 OLS 估计的显著变量均为 5 个，且两种估计的正负符号一致。由此可见，橙汁添加剂的负面信息相对于正面信息而言，对消费者补偿意愿的差异性影响更大。Verbeke 和 Van Kenhove 的研究也证实，当提供负面信息之后，即使在没有科学的证据情形下，将大幅度地影响消费者对食品安全的信心。① 进一步分析，本研究的主要研究结论是：

（1）正、负面信息组性别变量（GENDE）的估计系数分别为 -0.2410、0.4542，表明消费者在接受橙汁添加剂正面信息后，女性比男性的补偿意愿减少 0.2410 元，而在接受负面信息后，女性比男性的补偿意愿多 0.4542 元。可见，女性比男性更容易受到橙汁添加剂负面信息的影响。这一结论得到了已有文献的支持。林树、陈宁的研究认为，女性比男性更有可能关注全面的信息并对符合自身利益的信息诉求进行精加工。② 孙多勇的研究指出，对信息的精加工程度决定了风险感知的高低，并由此造成了风险感知的性别差异。③ 相似的，模型的研究还显示，受教育程度越高的消费者（HEDU）补偿意愿也越高。这是因为，消费者的学历越高，对信息精加工的水平总体上也越高，因而其感知的风险愈加强烈，补偿意愿自然相对也高。

---

① W. Verbeke, P. Van Kenhove, "Impact of Emotional Stability and Attitude on Consumption Decisions Under Risk: the Coca-Cola Crisis in Belgium", *Journal of Health Communication*, Vol. 7, No. 5, 2002, pp. 455-472.

② 林树、陈宁：《信息加工两分法对性别差异的解释及其对广告的启示》，《上海管理科学》2003 年第 15 期。

③ 孙多勇：《突发性社会公共危机事件下个体与群体行为决策研究》，国防科技大学博士论文，2005 年。

（2）负面信息组的年龄变量（LAGE、MAGE、HAGE）均通过了显著性水平为1%的检验，其估计系数分别为0.8043、0.8322、0.9417，表明年龄在26—45岁、46—60岁、60岁以上的消费者比年龄在25岁以下的消费者的补偿意愿分别增加了0.8043元、0.8322元、0.9417元。因此，随着年龄的逐渐增加，在接受橙汁添加剂负面信息之后，消费者的补偿意愿有递增的趋势。可能的原因在于，随着年龄的增长，消费者更关注自身健康。在提供负面信息条件下，高年龄段的消费者对食品添加剂的风险感知更加强烈，考虑到可能对健康带来的风险，因而需要更高的补偿意愿。相似的理由也可以说明，家庭中有未成年孩子（KID）的消费者由于更关注家庭的饮食健康，在提供负面信息时其补偿意愿显著增加。

（3）在提供橙汁添加剂负面信息后，是否关注食品安全（CARE）以及对食品添加剂的了解程度（LKNOW、HKNOW）等变量的估计系数分别为0.5160、0.4958、0.4131，表明关注食品安全与相对了解食品添加剂的消费者均比不关注食品安全、不了解食品添加剂的消费者具有更高的补偿意愿。原因在于，关注食品安全、对食品添加剂相对了解的消费者，其对食品添加剂的认知未必是全面且准确，在接受实验提供的负面信息后，可能与其已有的认知产生冲突，增加了风险的不确定性，加重了恐慌心理，也因此相应地提高了补偿意愿。本研究的研究支持了Slovic的研究结果，即信息的不确定性和知识的未知性会加重公众的恐慌心理，而且信息的不确定性比知识的未知性更易加重消费者的恐慌心理。因此，准确而有效的信息传递，是消除食品恐慌的根本途径。

相对应的是，在提供正信息之后，模型的结果显示，只有对食品添加剂非常了解（HKNOW）变量的估计系数显著（-0.5442）。可能的原因是，对食品添加剂的信息非常了解的消费者所获得的相关信息，与实验所提供的有关食品添加剂的正面信息基本一致，可以确定橙汁添加剂的风险性，其补偿意愿自然比对食品添加剂不了解的消费者有所降低。

（4）在提供正面、负面信息条件下，消费者在没有信息干扰情况下的初始报价（WTA）变量的估计系数分别为0.8529、0.9653，这表明消费者的初始报价每增加1元将会使其在接受正面信息和负面信息之后的补偿意愿分别增加0.8529元、0.9653元。相对于正面信息而言，提供负面信息之后消费者的补偿意愿更高。然而无论所提供的信息是何种类型，消费者的初始报价对提供信息之后的补偿意愿均具有显著正向影响。这一结论验证了Tversky and Kahneman锚定效应（Anchoring Effect）具有一定的普适性，即消费者受其对食品添加剂信息的初始认知的影响，其最后的估值与其初始的估值变化趋于一致。

五、基于现实与案例的思考与建议

基于目前我国食品安全风险监测、评估的进展状况，结合相关案例的风险，提出如下的思考与建议。

（一）必须建立动态、长效的风险监测机制

目前我国的食品安全风险监测计划正在形成时间逐渐固定、项目基本稳定的规范化管理与实施状态，资源投入逐步加大，配置更加合理。但我国食品安全事件的突发性、复杂性特点，决定了在进行常规化风险监测的同时，应该思考如何推进前瞻性的动态化监测的问题，努力在建立动态、长效的风险监测机制取得新突破。

从我国近年来爆发的食品安全事件与影响来分析，食品安全风险的应急监测项目和地方监测任务的计划安排可能难以预先设计，而在国家和地方风险监测计划中的专项监测和应急监测方面，应该设置动态观察的项目，重点关注潜在的风险，以及环境影响，农产品源头污染，人为添加的风险等，同时如何监测风险源头、防止风险形成和蔓延、需要的技术支撑也需要监测计划的战略性思考和部署。例如，2013 年爆发的"镉大米"事件，大米主产区的环境镉污染，绝不是一日集成，而是早就潜伏在的危害，只是最终成为风险，引起了公众的恐慌。国家食品安全风险监测计划对食品中的初级农产品风险监测，与正在建设的农业部的农产品风险监测需要在国家计划的战略层面上协调一致，确保食品安全风险监测真正成为早发现、早预防的技术"防火墙"。在确保国家食品安全风险监测战略的前瞻性的同时，对于经济发展不平衡的困难偏远地区，国家应该增加财政投入，使覆盖全国风险监测网络的数据库数据不断丰富，资源共享，以期能够实现一定程度的监测数据公开和风险监测年度报告制度。

（二）建设常态化、规范化的预警机制

鉴于目前国家风险监测评估体系建设不断完善，监测、评估的技术层面不断提高的同时，如何加强国家层面的食品安全风险预警机制建设，已经进入时间节点。也可以这么说，食品安全风险监测、评估最主要的特征是专业性，而食品安全风险预警则是专业性和广泛参与性的多维组成格局，与食品安全风险监测、评估最大的不同是，食品安全风险预警是食品安全的利益相关方共同关注和参与的公共管理事项，公众、企业、政府监管者和第三方监管力量等，都是风险预警的主体和对象。

风险预警需要风险监测、评估的科学支撑，并借助风险交流方式等实现预警信息自上而下和自下而上等多向交互流动的信息流。因此，建设常态化、规范化的预警机制势在必行。

（三）加强食品安全风险相关科研资源的投入

在知网上分别搜索“食品安全风险监测”“食品安全风险评估”“食品安全风险交流”“食品安全风险预警”四个关键短语，2010—2013 年间得到的相关学术论文数如图 11-12 所示。2010 年之前关于食品安全风险管理的文章十分有限，食品安全问题作为公共管理的一部分还没有得到足够的重视。但是 2010 年开始，相关的科研课题、研究论文大幅增加，尤其是食品安全风险监测、评估、交流的相关论文，数量显著增多。图 11-12 显示，2012 年是食品安全风险管理研究的高峰期，论文发表数量达到四年中的最高，但 2013 年总体数量有所减少。

在四个关键词中，论文总数从高到低涉及的关键词依次是“评估”“预警”“监测”“交流。食品安全风险评估因为与自然生物科学门类关系紧密，属于比较传统的研究范围，所以一直以来都有较多研究课题涉猎。而其他三个关键词是近年来逐步受到关注的研究领域，涉及技术、经济、管理等多学科领域，但从学术的角度加以解释和研究还有待在宽度和深度方面进行探索，因而需要相关科研资源的投入。

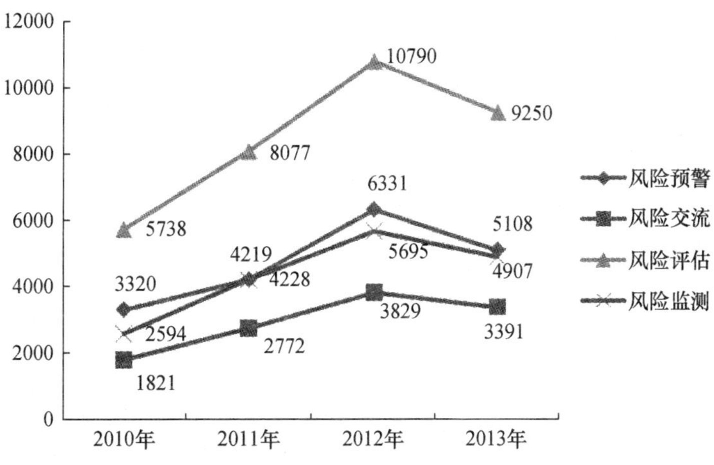

图 11-12　2010—2013 年国内学术论文的研究情况

（四）食品安全突发事件的风险应对策略

从消费者风险感知水平调查结果来看，突发事件是所有食品相关信息中最受关注的内容，也是最容易导致不良舆情的内容，不仅影响着消费者的风险感知能力，也严重制约着我国食品安全监管措施的实施效果，更可怕的是引发食品安全消费恐慌。本章节中以苏州为案例的分析已初步得到科学的验证。突发性的食品安全事件不断增加，单纯依靠常规监测已经无法应对突发事件。因此，在进一步完善食品安全风险交流的同时，应把应急机制融入到食品安全风险治理中，建立良好的突发事件应急机制。基于食品安全突发事件潜伏期长,爆发范围广,危害影响大的特点,食品安全突发事件的控制必须彻底摒弃常规应急中重事后处置轻事前预防的工作理念。事件的预防与预警机制对于食品安全突发事件的危害控制十分重要,应急预防比单纯的解决显得更加重要。食品安全突发事件的监测预警机制是指根据已经发生过的相关事件处置经验和当下的情况、已有数据资料,运用逻辑推理的先进技术方法和科学预测,对某些突发事件未来发展趋势和演变规律进行科学的预估与推断,并根据情况发出不同的警示信号,以使政府和民众能够提前了解突发事件发展的状态,及时采取相应措施的活动。建立合理的食品安全风险监测预警机制就是要对可能发生的各种突发事件能够提前有一个充分估计,以及时确定最佳应对方案,最大限度地控制危害。突发事件应急机制与监测预警机制的融合,对于当下的食品安全管理工作非常必要,是风险管理的有效手段。

下编　年度关注：食品安全、农业生产转型与有机食品市场发展

2014

第十二章　有机食品市场发展的总体考察

农产品是食品的主要来源，也是食品工业原料的重要来源。因此，食品的质量安全水平首先取决于农产品的安全状况。2013 年年底召开的中央农村工作会议专门指出："食品安全源头在农产品，基础在农业，必须正本清源，首先把农产品质量抓好。"本《报告》的第一章专门分析了 2005—2013 年间我国主要食用农产品的市场供应与质量安全状况，指出我国主要食用农产品质量安全水平保持稳定且逐步提升。但客观事实是，国内公众普遍担忧农产品安全问题。《中国食品安全发展报告 2012》《中国食品安全发展报告 2013》，以及本《报告》第六章，对国内若干省(区)城乡居民较大样本的连续三次调查说明了这个问题。不仅如此，作为官方的国家农业部农产品质量安全监管局发布的专题研究结果也显示，53.1% 的消费者认为我国农产品质量安全问题比较严重，且消费者对农产品质量安全风险的容忍度很低。[①] 实际上，为了提升食用农产品质量安全，在借鉴国际经验的基础上，我国不仅在提升农产品监管力度上作努力，而且一直在推进农业生产转型，探索发展有机农业等生态农业发展，努力为市场供应有机农产品等更为安全的食品。鉴于此，本书将"食品安全、农业生产转型与有机食品市场发展"作为下篇的研究主题，重点从生产者和消费者角度，对我国有机食品市场发展展开讨论，以期为推进农业生产转型，改善我国食品质量安全提供政策参考。

本《报告》的下篇包括从第十二章到第十八章共七章内容。第十二章即本章在介绍有机食品发展背景与主要功能的基础上，基于国际化的视野，对我国有机食品生产与市场需求进行宏观考察，全景式地描述全球有机食品行业发展总体概况，并在本章最后安排单独一节简要说明下编的研究对象、研究框架与主要方法。在下编后续章节安排中，第十三章到第十五章着重研究农户对有机农业的认知、生产意愿与相关行为，第十六到第十八章着重研究消费者对有机食品的认知、支付意愿与购买行为。

---

① 《超 50% 消费者认为农产品问题严重》，雅虎网，2013-06-18 [2013-07-03]，http://biz.cn.yahoo.com/ypen/20130618/1771559.html。

一、有机食品在全球的兴起与发展的背景

(一)有机食品行业发展的现实背景

1. 农业生产方式转型的迫切需要

限于人多地少、农业生产力相对落后等现实国情,饱受贫困与饥饿的中国长期以来更多关注食品的供给安全。[①] 在推进工业化、城市化进程中,伴随着耕地持续减少、人口刚性增加的背景,增加化肥、农药等农用化学品投入就成为我国保障食品需求重要而无奈的选择,农业生产形成了对化学品投入的惯性依赖。[②] "石油农业"在消除农业贫困、增加食品供应等方面取得了巨大成效,但同时也带来了日益严重的负面效应。在带来了一系列环境问题的同时,也给食品品质和质量安全带来后果日趋明显而又严重的不利影响。农用化学品的过量使用,使食品品质受到严峻挑战,直接威胁人类的健康。[③] 如,化肥的过度投入与低效利用,致使土壤、地下水含氮量升高,并造成农产品中硝酸盐、亚硝酸盐、重金属等多种有害物质残留量严重超标。滥用农药致使农药在农产品中大量残留,由此造成的食物中毒事件时有发生。以北京市蔬菜质量为例,消费者每日通过蔬菜摄入的硝酸盐量为328.12mg,比世界卫生组织和联合国粮农组织规定的 ADI 值[④](300mg/d)高9.4%;P95 值为 2938.58mg,超过 ADI 值近 10 倍,较北京市 1979—1981 年与 2003 年的检测结果均有不同程度的升高,主要根源在于菜农大量施用化肥特别是氮肥所致。[⑤]

2. 食品安全问题与居民消费升级的必然要求

改革开放以来,我国粮食生产得到了快速发展,粮食供求实现了由短缺向总量平衡、丰年有余的历史性跨越,国家粮食储备量达到历史最高水平。[⑥] 在食品的供给安全得到基本保障之后,食品的质量安全逐步引起我国社会各界的广泛关注与日益重视。随着经济的快速增长,消费者生活水平不断提高,消费结构不断改善,对食品质量提出了更高要求。[⑦] 尤其是"多宝鱼""三聚氰胺"等频发的食品安

---

① 李萌:《中国粮食安全问题研究》,华中农业大学博士学位论文,2005 年。

② 林毅夫:《制度、技术与中国农业发展》,上海人民出版社 2005 年版。

③ 张中一、施正香、周清:《农用化学品对生态环境和人类健康的影响及其对策》,《中国农业大学学报》2003 年第 2 期;P. Jolankai, Z. Toth, T. Kismanyoky, "Combined Effect of N Fertilization and Pesticide Treatments in Winter Wheat", *Cereal Research Communications*, No. 36, 2008, pp. 467-470.

④ ADI(Acceptable Daily Intake)值:是不伴随被认可的健康上的风险、人类一生中可每日摄取的每 1 千克体重的量。一日摄取容许量(ADI)即无毒性量/安全系数。

⑤ 封锦芳、施致雄、吴永宁:《北京市春季蔬菜硝酸盐含量测定及消费者暴露量评估》,《中国食品卫生杂志》2006 年第 6 期。

⑥ 李岳云、蒋乃华、郭忠兴:《中国粮食波动论》,中国农业出版社 2001 年版。

⑦ 王华书:《食品安全的经济分析与管理研究》,南京农业大学博士学位论文,2004 年。

全事件,沉重打击了消费者对食品安全的信心,也使得消费者对食品安全问题的关注度居高不下,很多经验研究皆得出了类似的结论。[①]

(二)有机食品的兴起与主要功能

1. 有机食品的兴起

为应对生态平衡失调、资源能源危机、环境污染和食品品质下降等一系列严重挑战,在20世纪30—40年代就有一些学者提出要发展有机食品来解决现代农业带来的问题。为了推动有机食品在全球范围的发展,由来自英国、瑞典、南非、美国和法国等5个国家的代表于1972年11月5日在法国发起成立了"国际有机农业运动联盟"(International Federation of Organic Agriculture Movements,IFOAM),其目的在于联合世界上从事有机农业的单位和个人建立一种生态、环境和社会持续发展的农业。

20世纪中后期以来,随着有机农业生产技术水平的提高以及政府组织的支持与大力推动,国际有机食品生产体系逐步建立,有机农业在很多国家迅速兴起。有机食品消费在欧美等发达国家或地区得到快速发展,而在阿根廷等发展中国家,主要出于增收目的,大力发展有机农业,发展速度惊人。有机食品的产销两旺与快速发展成为食品行业发展的一个亮点。尤其是在20世纪90年代以后,由于环境与农业生态问题日益严峻,可持续农业的地位得以确立。同时,频发的食品安全事件也引发了公众对安全食品的巨大需求,成为有机农业发展的重要驱动力。有机农业作为可在一定程度上保障食品品质和促进可持续农业发展的一种实践模式,进入了一个蓬勃发展的新时期,生产规模、发展速度和技术水平都有了质的飞跃。许多国家或地区政府根据IFOAM的基本标准制定了本国或本地区的有机食品认证标准,有机食品消费需求增加,市场发展日趋规范,并初步形成了一定规模。

2. 有机食品的主要功能

经验研究表明,与"石油农业"相比,有机食品在环境保护、食品安全与资源节约等多个方面都显现出巨大的优势。[②] 主要表现为:

(1) 改善生态环境,促进农业可持续发展。化肥和农药的过度使用、农业废弃物的不当处置是造成农业面源污染的主要原因,不用或少用化肥和农药等化学投入品必然成为解决农业面源污染问题的根本途径。有机农业强调生产系统内部物质的循环利用,不仅禁用化学肥料和农药,而且可以有效利用各类农业废弃

---

① 吴林海、钱和:《中国食品安全发展报告2012》,北京大学出版社2012年版。

② J. Bartels, M. J. Reinders, "Social Identification, Social Representations, and Consumer Innovativeness in an Organic Food Context: Across-National Comparison", *Food Quality and Preference*, No. 21, 2010, pp. 347-352.

物,为控制农业面源污染提供了有力的技术支撑。通过作物轮作、秸秆还田、施用绿肥和有机肥等措施来培肥土壤,有效提高和转化了土壤养分,对改良土壤、提高土壤肥力有着积极作用,实现了土壤肥力的持续供应和永续利用,在有效缓解环境污染的同时,极大地促进了农业可持续发展。[①]

(2)提高农产品品质,保障食品安全。虽然有机食品与常规食品的营养品质与质量安全的对比研究目前还主要停留在化学分析和动物实验上,对人体健康的影响到底差别多大,仍有待长期的实践检验,由此导致目前存在的一些争议。但食用有机食品,显然可以摄入最少的有害化学物质,例如过量化肥使用导致的较高的硝酸盐、重金属以及各类农药残留等。[②]

(3)节约石化能源,减少温室气体排放。有机农业强调生产系统内部物质的循环利用。因此,不仅可通过减少矿物燃料的耗费而减少温室气体排放,同时,有机食品的一整套生产体系有助于螯合有害气体,降低有害气体的排放,这对有效控制温室气体排放、保护全球气候环境具有重要的现实意义。[③]

(4)增加农民收入,扩大农民就业。增加农民收入成为包括中国在内的一些发展中国家发展有机农业的重要动因。[④] 尹世久、吴林海就有机农业对农民收入的影响进行了文献综述,[⑤]指出绝大多数的经验研究表明,有机农业有利于增加农民收入,增加农村劳动力就业机会。[⑥] 包宗顺在我国皖、赣、苏、鲁、沪等省(市)的8个有机农业生产基地选取12个样本单位(有机农场、公司、生产合作社等)进行的调查结果显示,有机农业生产方式将对农户收入增长有益,并且有机种植用工比常规种植要多。[⑦]

二、全球有机食品行业发展总体概况

(一)全球有机食品发展历程

20世纪中后期以来,随着有机农业生产技术水平的提高,也得益于众多国家

---

① D. G. Moen, "The Japanese Organic Farming Movement: Consumers and Farmers", *United Bulletin of Concerned Asian Scholars*, Vol. 29, No. 29, 1997, pp. 14-22.

② 温明振:《有机农业发展研究》,天津大学博士学位论文,2006年。

③ 杜相革、王慧敏:《有机农业概论》,中国农业大学出版社2001年版。

④ H. Azadi, P. Ho, "Genetically Modified and Organic Crops in Developing Countries: A Review of Options for Foods Security", *Biotechnology Advances*, Vol. 28, No. 28, 2010, pp. 160-168.

⑤ 尹世久、吴林海:《全球有机农业发展对生产者收入的影响研究》,《南京农业大学学报》(社会科学版)2008年第3期。

⑥ E. Kerselaers, De, L. Cock, L. Lauwers, et al., "Modelling Farm-Level Economic Potential for Conversion to Organic Farming", *Agricultural Systems*, Vol. 94, No. 3, 2007, pp. 671-682.

⑦ 12个样本单位中,有4个样本单位表示有机种植用工比常规种植用工"多得多";有7个样本单位表示有机种植用工比常规种植用工"稍多些";只有1个样本单位表示有机种植用工与常规种植用工"差不多"。

政府与各类社会组织机构的大力推动，国际有机农业生产体系逐步建立，有机食品的发展成为食品行业发展的一个亮点。国际有机食品的发展大致经历了四个阶段：

1. 概念萌芽阶段（20 世纪初—1945 年）

这一阶段主要是有关专家和学者对传统农业的挖掘和再认识。1908 年美国土壤物理学家 F. H. King 出版了《四千年农业》。英国真菌学家 A. Howard 于 20 世纪 30 年代在其编著的《农业圣典》中首次提出有机农业的概念。[①] 这两部著作都提到并赞扬了中国长期使用有机肥保持地力的经验和生态平衡的古老方法。1935 年，日本世界救世教教主冈田茂吉首先提出以尊重自然，顺应自然为宗旨的“自然农法”。在这一萌芽阶段，有机农业只是在小范围内尝试运作，理论基础和技术体系的水平都比较低，影响也很有限。

2. 研究试验阶段（1945—1972 年）

1942 年，美国罗代尔（Rodale）有机农场的建立，标志着有机农业进入了研究试验时期。罗代尔多年来一直倡导“健康的土地、健康的食品、健康的生活”理念。并于 1945 年出版了《堆肥农业和园艺》一书，在书中详尽告知人们如何利用自然生物的方法去培育更健康的土壤以获取更健康的食物，并在自己的农场中进行反复实践。随后，更多的追随者开始在小范围内实践、操作有机农业。在这一时期，由于公众对有机食品认识不足，尚未形成有规模的市场需求，生产的有机食品主要用于自身消费或赠送亲友。

3. 奠定基础阶段（1972—1990 年）

1972 年，国际有机农业运动联合会（IFOAM）在法国成立，标志着国际有机农业进入了一个新的发展时期。IFOAM 在这一时期起到了非常重要的作用，主要表现在：（1）发展会员，扩大了有机食品在全球的影响；（2）制定了行业标准，大大规范了有机农业生产技术；（3）制定认证方案，提高了有机农业的信誉。由于这一时期有机农业是各国民间组织或个人自发开展的，具有分散性和不稳定性的缺点，发展仍比较缓慢，也没有引起大多数国家政府的足够重视和支持。

4. 加快发展阶段（1990 年至今）

20 世纪 90 年代以后，由于环境与农业生态问题日益严峻，也因为频发的食品安全事件更是引发了公众对安全食品的巨大需求，可持续农业等生态农业的地位得以确立，有机农业作为可持续发展农业的一种实践模式，进入了一个蓬勃发展的新时期，生产规模、市场需求和生产技术水平等都有了质的飞跃。许多国家制

---

① 尹世久：《信息不对称、认证有效性与消费者偏好：以有机食品为例》，中国社会科学出版社 2013 年版。

定了有机法规或有机食品标准，随着消费者收入的进一步提高及其对有机食品认识的进一步深化，有机食品消费需求显著增加，市场发展日趋规范，在欧美等国家和地区形成了相对成熟的供销市场。

（二）全球有机食品生产状况

1. 有机农业发展总体概况

根据 FIBL（Forschungsinstitut für biologischen Landbau, FIBL）和 IFOAM 近年来在全球范围内实施的系列调研，①从世界范围来看，有机生产规模呈现较为稳定的增长趋势。全球经认证的有机农地面积从 2000 年的 1490 万公顷增长到 2012 年的 3750 万公顷，年均增速达到 10.43%（图 12-1）。2012 年，相比于 2010 年的数据，有机农地面积增加了 150 多万公顷，而相比于 1999 年，有机农地面积则已经增长了 2.5 倍以上。在被调查的 164 个国家中，有机农地占农地总面积比重的总体平均水平约为 0.9%。

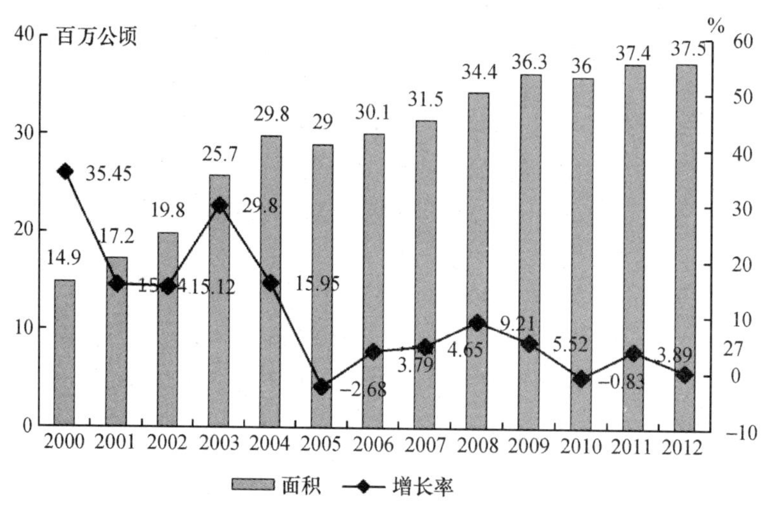

图 12-1 2000—2012 年间全球有机认证农地面积与年增长率

2. 不同区域的发展状况

从大洲层面来看，大洋洲是有机农地面积最大的洲，达到 1216.4 万公顷，占全世界总面积的 32.4%。大洋洲也是有机农地占总农地面积比重最大的洲（约为 2.9%）。有机农地面积居第二位的是欧洲，有机农地面积为 1117.1 万公顷，占全世界的 29.75%。其后依次为拉丁美洲（683.6 万公顷）、亚洲（321.8 万公顷）、北

① 除特别说明外，本节数据主要根据 FiBL 和 IFOAM 的系列调查报告 *The World of Organic Agriculture: Statistics & Emerging Trends (2003—2014)* 整理获得。

美洲(301.2 万公顷)和非洲(114.6 万公顷)(表 12-1)。总体来看,大洋洲和欧洲不仅是世界最重要的有机农业生产地区(有机农地面积占世界的比重达到62.15%),且其有机农地占总农地面积的比重也远远高于其他各大洲。

表 12-1　2012 年世界各大洲有机农地面积与比重

大洲	有机农地面积（公顷）	占本洲总农地面积比重(%)	占全球有机农地总面积比重(%)
非洲	1145827	0.10	3.05
亚洲	3217867	0.20	8.57
欧洲	11171413	2.20	29.75
拉丁美洲	6836498	1.10	18.21
北美洲	3012354	0.70	8.02
大洋洲	12164316	2.90	32.40
合计	37544909	—	100.00

从国家层面来看,澳大利亚是有机农地面积最大的国家,达到 1200 万公顷。我国的有机农业生产发展很快,到 2012 年,有机农地面积达到 190 万公顷,居世界第 4 位。居世界前 10 位的国家有机农地面积之和超过了 2600 万公顷,占全世界有机农地总面积的 70%(图 12-2)。

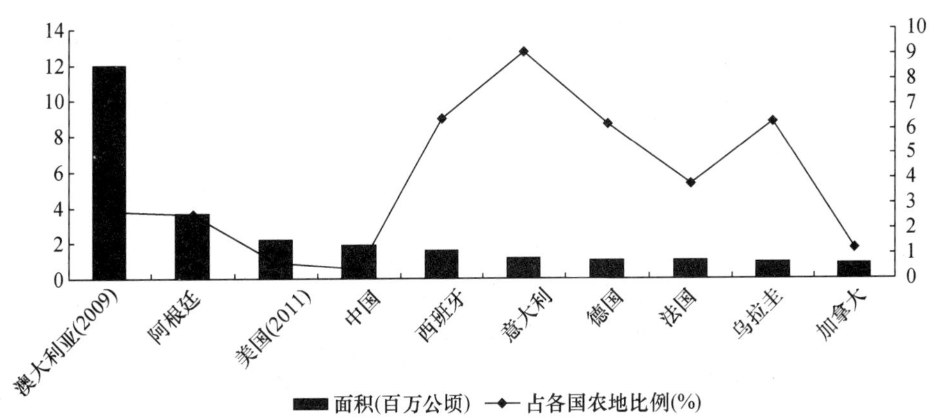

图 12-2　2012 年有机农地面积最高的十个国家

从图 12-2 可以看出,我国虽然有机农地面积总量较大,但其占总农地的比重仍然很低(0. 4 %)。乌拉圭有机农地面积居世界第 9 位,但其有机农地面积占总农地面积的比重很高,达到 6.29%。有机农地比重最高的国家为福克兰群岛,达到了 36.34%,其后依次为列支敦士登(29.6%)、奥地利(19.7%)、瑞典

(15.6%)。在有统计数据的159个国家(或地区)中,有机农地占总农地比重超过10%的国家有10个,在5%—10%之间的国家有17个,在1%—5%之间的国家有35个,低于1%的国家有97个。总体来看,欧洲国家有机农地比重相对较高。

(三)全球销售市场概况

1. 总体概况

近年来,全球有机食品市场保持较高速度的增长(图12-3)。市场销售额从2002年的221亿美元增长到2012年达到640亿美元,增长速度虽有波动,但总体市场实现较高速度的稳定增长。欧洲和北美是全球最重要的有机食品市场,其市场份额大约占到了全球份额的96%,因此本书在下面重点介绍这两个市场。

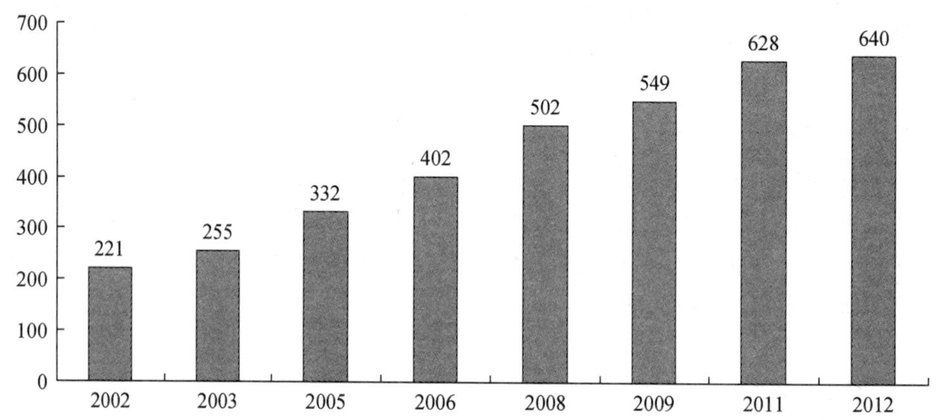

图12-3 2002—2012年间全球有机食品销售额(单位:亿美元)

2. 欧洲市场

欧洲是世界重要的两大有机食品市场之一,虽然在2009年左右个别国家有机食品市场受经济危机的影响而增速放缓,但近年来总体仍实现了长期且稳定的增长(图12-4)。2012年,欧洲市场销售额达到了228亿欧元,大多数有机食品销售集中在欧盟国家(欧盟市场销售额为209亿欧元),尤其是西欧国家。德国、英国、法国及意大利占据总销售额的70%以上。在欧洲市场内部,南部国家如西班牙、葡萄牙和希腊是主要的出口国。近年来,中欧和东欧国家的有机食品生产取得较快发展,开始成为重要的有机食品出口国。

从国别市场的规模来看,德国是欧洲最大的有机食品市场,其市场份额约占欧洲市场的31%,2012年有机食品销售额达到70.40亿欧元。其次为法国市场,销售额达到40.04亿欧元(图12-5)。

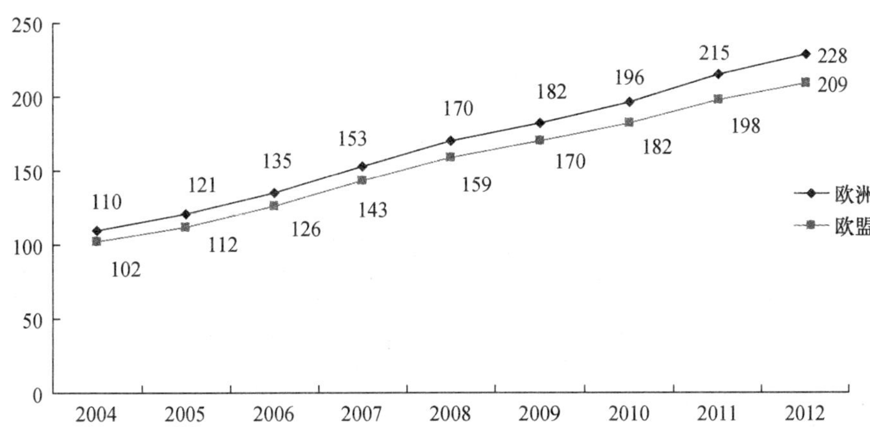

图 12-4 2004—2012 年间欧洲有机食品市场销售额增长状况(单位:亿欧元)

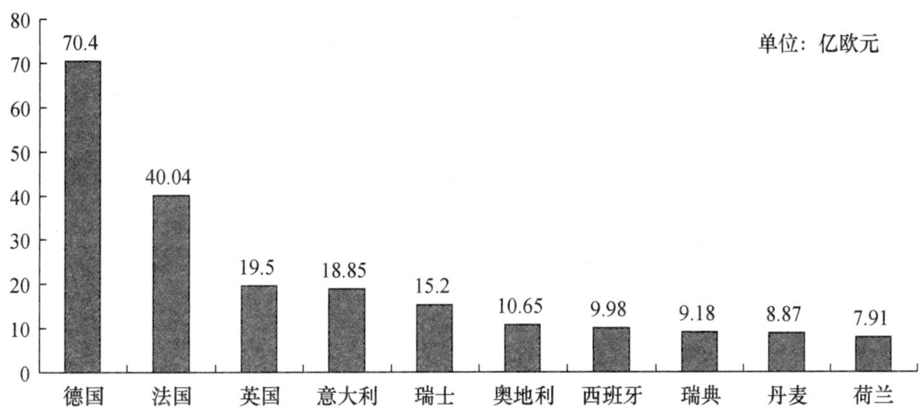

图 12-5 2012 年欧洲有机食品市场销售额最大的十个国家

在欧洲市场中,奥地利、丹麦和瑞士是较为成熟的市场,一是人均有机食品销售额较高,超过了 100 欧元(表 12-2),二是有机食品销售额占食品总销售额的比重较高,达到 6% 以上,远远超过其他欧美国家(表 12-3)。

表 12-2 相关年份欧洲各主要国家人均有机食品销售额(单位:欧元)

国家	2005	2006	2009	2012	国家	2005	2006	2009	2012
奥地利	56	64	104	127*	荷兰	29	28	36	47.2
比利时	—	23	32	38	挪威	9	14	24	42.0
捷克	1.2	3	7	6*	波兰	0.79	1	—	3*
丹麦	57	80	139	158.6	葡萄牙	5	5	—	2*

（续表）

国家	2005	2006	2009	2012	国家	2005	2006	2009	2012
芬兰	15	11	14	37	西班牙	7	2	20	21
法国	37	27	47	61	瑞典	48	42	75	95.3
德国	47	56	71	86	瑞士	103	102	132	189.2
意大利	42	32	25	31	英国	39	47	34	32
列支敦士登	8	86	100	129.0	匈牙利	0.6	—	3	—

注：* 为 2011 年数据，“—”表示数据缺失。

表 12-3　2012 年欧洲部分国家有机食品销售额占食品总销售额的比重

国家	奥地利	丹麦	瑞士	德国	英国	瑞典	荷兰
比重（%）	6.5*	7.6	6.3	3.7	—	3.9	2.3
国家	比利时	法国	芬兰	挪威	克罗地亚	捷克	西班牙
比重（%）	1.5	2.4	1.6	1.2	2.2	0.7*	1.0

注：* 为 2011 年数据，“—”表示数据缺失。

3. 北美市场

北美市场主要由美国市场与加拿大市场组成。作为国家层面规模最大的有机食品市场，美国有机食品销售额实现了持续增长。从图 12-6 可以看出，在 2008 年前，美国有机食品市场基本能够实现两位数（超过 15%）的高速增长，2009 年后受经济形势不佳、消费需求总体低迷的影响，增长速度迅速下跌到 4.2%，之后又缓慢回升。2012 年零售额为 290 亿美元，增长速度继续回升到 10.3%。

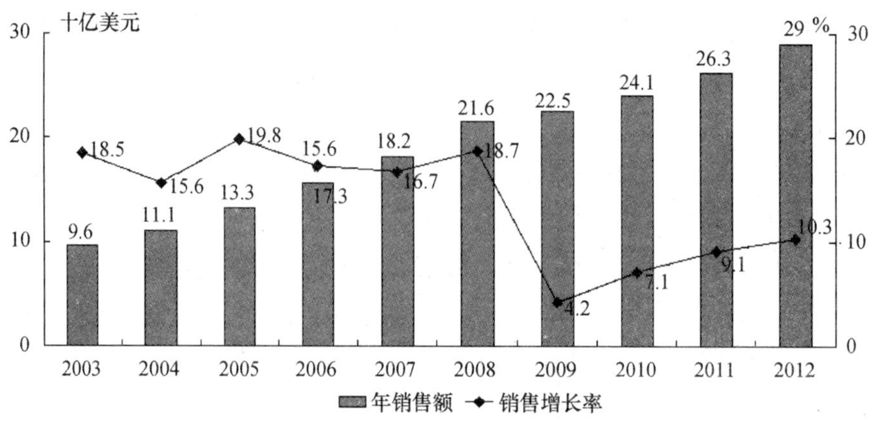

图 12-6　2003—2012 年间美国有机食品市场发展状况（单位：十亿美元）

加拿大有机食品市场与美国市场相似，也保持了较高的增长率。2012 年，国内有机食品销售额达到 35 亿加拿大元[①]，增长率超过 20%，占食品总销售额的比例大约为 2.4%。不列颠哥伦比亚省是加拿大最重要的区域市场，其占全国 13% 的人口购买了 26% 的有机食品。亚伯达省是有机食品销售增长最快的省，年增长率达到 44%，之后依次为不列颠哥伦比亚省（34%）、滨海省（34%）、安大略省（24%）和魁北克省（21%）。

三、我国有机食品行业发展总体概况

（一）我国有机食品发展历程

随着世界各国有机农业的不断发展和市场需求的持续增长，20 世纪末期以来，作为一个农业生产大国，得益于经济高速增长带来的巨大市场需求与宽松外贸政策创造的出口机遇，我国的有机食品产业得到了长足发展。有机食品的概念于 20 世纪 90 年代进入我国后，其发展大致经历了三个阶段。[②]

1. 探索阶段（1990—1994 年）

20 世纪 90 年代初，一些国外认证机构开始陆续进入我国，我国有机农业与有机食品市场开始启动。1989 年，国家环境保护局南京环境科学研究所农村生态研究室加入了国际有机农业运动联合会（IFOAM），成为我国第一个 IFOAM 成员，标志着我国有机农业系统探索的开端。1990 年，浙江省茶叶进出口公司向荷兰 SKAL 认证机构提交了浙江省和安徽省的两个茶园和两个茶叶加工厂的有机认证申请，认证检查合格，随即获得了该认证机构的有机证书。这是中国生产者第一次获得有机认证。在这一时期，与有机农业相关的理论研究工作也在诸如中国农业大学有机农业技术研究中心、南京农业大学有机农业与有机食品研究所等科研机构同步展开。

2. 起步阶段（1995—2002 年）

这一时期，我国陆续成立了自己的认证机构，着手开展认证工作，参考 IFOAM 的基本标准制定了我国个别机构或部门的推荐性行业标准。1992 年，农业部批准组建了“中国绿色食品发展中心”，负责开展我国绿色食品认证和开发管理工作，并于 1995 年提出将绿色食品分为 A 级和 AA 级两个级别，而 AA 级基本等价于有机食品。1994 年，经国家环境保护局批准，国家环境保护局南京环境科学研究所的农村生态研究室改组成为国家环境保护总局有机食品发展中心（Organic Food

① 按当期汇率，1 加拿大元 = 0.63046 欧元 = 0.93519 美元。

② 吴志冲、季学明：《经济全球化中的有机农业与经济发达地区农业生产方式的选择》，《中国农村经济》2001 年第 4 期。

Development Center, OFDC),2003 年改称为“南京国环有机产品认证中心”。OFDC 根据 IFOAM 的有机生产加工的基本标准,全面参照并充分借鉴欧盟委员会有机农业生产规定以及其他发达国家如瑞典、德国、法国、美国、英国、澳大利亚以及新西兰等有机农业协会或相关组织的有机农业标准和相关规定,深入结合我国农业生产和食品行业的有关现实标准,于 1999 年制定了 OFDC《有机产品认证标准》(试行),国家环境保护总局于 2001 年 5 月将其发布成为行业标准。

3. 规范与快速发展阶段(2003 年至今)

本阶段以 2002 年 11 月 1 日开始实施的《中华人民共和国认证认可条例》的正式颁布实施为起点,有机食品认证工作开始由国家认证认可监督管理委员会(Certification and Accreditation Administration of the People's Republic of China, CNCA)统一管理,标志着我国的有机食品行业发展进入规范化阶段。2002 年 10 月,中国绿色食品发展中心组建了“中绿华夏有机食品认证中心”(Organic Food Certification Center, OFCC),并成为在国家认监委登记的第一家有机食品认证机构。其后又有诸如杭州万泰认证中心等多家国内认证机构成立,并有多个国际认证机构进入我国成立办事机构或设立合资公司,如美国国际有机作物改良协会(Organic Crop Improvement Association, OCIA)中国分会等。这些认证机构在我国国内展开认证工作,大大促进了有机食品行业的发展。2005 年国家质检总局发布了《有机产品认证管理办法》、《有机产品》国家标准(GB/T19630—2005)以及《有机产品认证实施细则》,我国的有机食品发展实现了有法可依。

(二)我国有机农业(食品)生产状况

1. 我国有机农业生产总体概况

20 世纪末期以来,我国有机农业保持了较高的发展速度,有机种植面积从 2000 年的 6.7 万公顷,增长到 2012 年的 190 万公顷,居世界第四位。从 FIBL 和 IFOAM 联合调查的统计数据来看,近年来由于统计口径与采用的标准等存在变化,我国有机农地面积呈现较大变化。总体来看,我国有机农业生产规模继续稳步增长,但占总农地的比重仍居于较低水平(图 12-7)。当前,我国有机农业生产已由相对注重发展规模进入更加注重发展质量的新时期,由树立品牌进入提升品牌的新阶段。[①] 2012 年,农业部启动了“三品一标”品牌提升行动,着力强化产品质量监管,不断提升品牌公信力,严格生产管理、产品认证和证后监管,强化退出机制,提高各类安全认证食品的准入门槛,[②]这也是我国有机农地面积增长速度放

① 《“三品一标”构建农产品质量安全体系》,中认网,2013-06-06[2014-07-03],http://www.cait.cn/spnc_1/rdzt/spyb/。

② 《为保障农产品质量安全做贡献》,《农民日报》2012 年 12 月 25 日。

缓的原因之一。

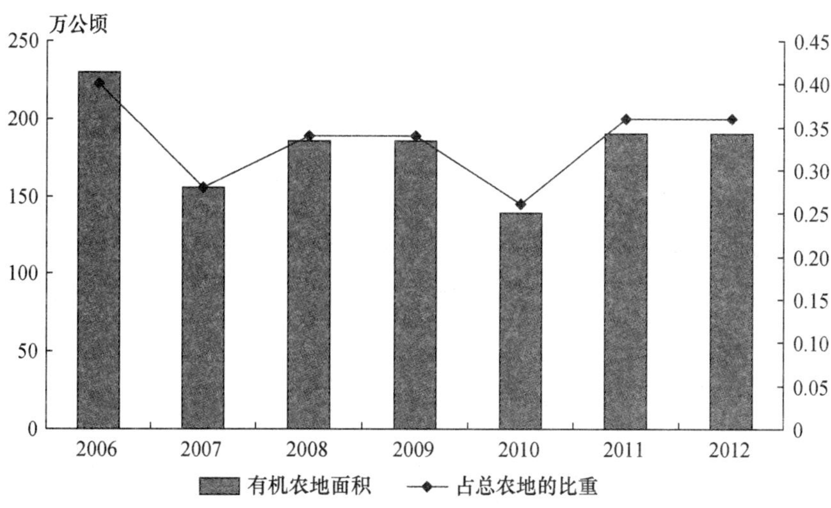

图 12-7　2006—2012 年间我国有机农地面积增长状况

根据中国绿色食品发展中心公布的数据，截至 2010 年年底，获得有机认证的企业总数达到 1202 个，产品总数达到 5598 个（2003—2010 年获得认证的有机食品企业生产状况见图 12-8）。①

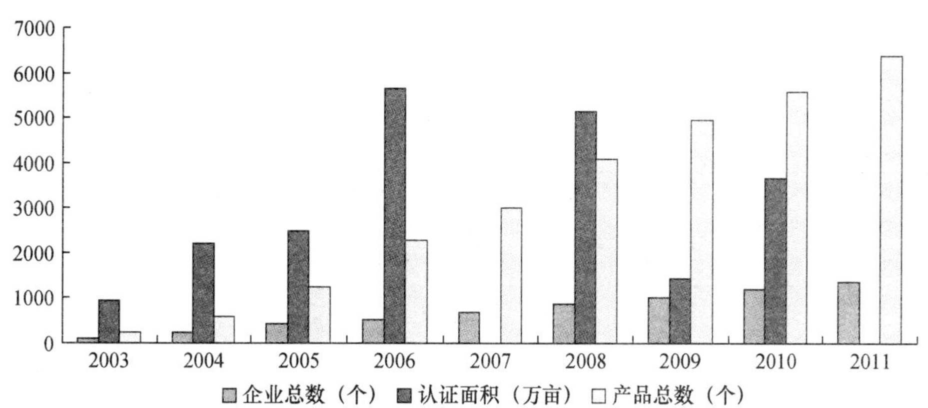

注：认证面积 2007 年数据缺失。

图 12-8　2003—2010 年间我国有机食品企业生产状况

① 吴林海、钱和：《中国食品安全发展报告 2012》，北京大学出版社 2012 年版。

2. 有机农业产品结构

根据国家认监委 2012 年第 2 号公告，本《报告》将有机农业分为种植业、畜禽业、渔业、加工业和野生采集业五大类。根据表 12-4 所示的中国绿色食品发展中心发布的数据，从有机产品种类分布来看，种植业有机产品数量最多，其次分别是加工业、渔业、野生采集和畜牧业。2010 年①，我国种植业有机产品数为 3343 个，约占 2010 年有机产品总数的 60%，而加工业、渔业、野生采集和畜牧业有机产品数依次为 1077 个、439 个、417 个和 245 个。从有机产品产量来看，有机加工产品产量最高，为 160.86 万吨，其次依次为种植业、野生采集、渔业和畜牧业，产量分别为 95.83 万吨、20.12 万吨、13.04 万吨和 7.56 万吨。从认证面积来看，畜牧业有机认证面积最高，为 1859.68 万亩，其次依次为野生采集(782.47 万亩)、种植业(520.97 万亩)、渔业(339.57 万亩)和加工业(170.87 万亩)。

表 12-4　2010 年按分类的中国有机产品发展情况

产品	产品数（个）	产量（万吨）	产品年销售额		认证面积（万亩）
			国内(万元)	出口(万元)	
种植业	3343	95.83	771296	39515	520.97
粮食作物	788	38.57	261554	14498	347.04
蔬菜	1275	22.54	102560	11008	52.04
水果和坚果	315	17.25	169848	7983	36.58
茶叶	880	3.56	203942	5826	30.98
中草药	75	8.96	33392	200	12.93
饲料原料	10	4.95	0	0	41.40
畜牧业	245	7.56	112363	1390	1859.68
肉类	17	4.40	32482	0	1859.42
禽蛋类	27	0.27	4160	0	0.26
蜂产品	201	2.89	75721	1390	0
渔业	439	13.04	74435	7475	339.57
野生采集	417	20.12	126264	7263	782.47
加工业	1077	160.86	285615	5936	170.87
粮食加工	343	35.35	160262	993	32.26
水果坚果加工	165	4.67	27425	346	5.28
畜产品加工	73	1.42	14863	0	0
渔业产品加工	53	2.24	4268	2241	37.93
食用油	94	1.63	971	462	0.34

① 2010 年后各年绿色食品统计年报均未对有机产品情况进行统计，故未能获取最新数据。

（续表）

产品	产品数（个）	产量（万吨）	产品年销售额		认证面积（万亩）
			国内（万元）	出口（万元）	
制糖	1	0.01	0	0	0
饮品	89	50.59	8182	0	0
乳品加工	13	11.49	4122	0	0
野生采集加工品	165	3.60	12634	1122	93.61
食盐	4	0.53	4000	0	0
米、面制品制造	25	0.14	0	0	0.10
调味料制造	4	0.02	860	32	0
饲料	16	8.34	1176	0	1.35
生产资料	61	40.83	46857	740	0

数据来源：中国绿色食品发展中心：《2010年统计年报》，http://www.greenfood.org.cn。

3. *有机农业生产地理布局*

从我国有机农业整体区域分布情况来看，我国绝大多数有机农产品生产集中在东部沿海地区和东北部各省区，西部地区则以发展有机畜牧业为主。东北部地区包括黑龙江省、吉林省、辽宁省和内蒙古自治区四个省区，该地区生产的有机农产品的种类和产量最多，通过认证的有机农业面积最大，产品种类主要为谷物和大豆。东部地区包括山东、江苏、上海、浙江和福建等地，该地区主要生产有机蔬果以满足国内消费并出口日本等国家。浙江、江西、福建是我国有机茶的主要生产区域。此外，有机加工产品生产主要集中在较为发达的地区，如上海、北京、浙江、山东和江苏（表12-5）。目前，我国有机农业发展速度最快的省份主要为江苏、浙江等经济发达的省份和江西、云南、内蒙古等具备生态环境优势的省份。有机产品企业数最多的省份依次为山东省（193个）、江苏省（167个）和江西省（87个），而有机产品数最多的省市依次为山东省（780个）、江苏省（528个）和北京市（403个）。

表12-5　2010年分地区的中国有机产品发展情况

地区	企业数（个）	产品数（个）	产品年销售额		认证面积（万亩）
			国内（万元）	出口（万元）	
全国总计	1202	5598	1453905	64600	3730.65
北京	53	403	42425	455	13.8
天津	19	267	9867	139	14.1
河北	28	117	27522	2840	13.35
山西	24	80	40508	2040	91.35

（续表）

地区	企业数（个）	产品数（个）	产品年销售额		认证面积（万亩）
			国内（万元）	出口（万元）	
内蒙古	43	315	87080	292	523.65
辽宁	52	291	70581	1099	81.6
吉林	39	248	54326	590	124.5
黑龙江	20	108	33290	0	39.6
上海	14	178	12331	0	3.6
江苏	167	528	94590	2925	34.5
浙江	39	110	35857	2081	14.4
安徽	10	44	22580	280	1.65
福建	35	171	59431	5797	17.25
江西	87	391	112326	3752	273.15
山东	193	780	231655	32373	42.45
河南	16	49	14314	90	1.2
湖北	42	107	45373	1242	26.25
湖南	41	192	43215	502	49.95
广东	43	262	56497	1630	46.8
广西	12	23	15813	275	3.15
海南	2	6	8648	170	0.03
重庆	16	84	18587	13	1.65
四川	37	319	68052	3681	198.3
贵州	3	11	5351	0	0.3
云南	44	144	50924	725	123.9
西藏	3	23	3229	0	43.5
陕西	15	41	29353	280	3
甘肃	19	79	27833	362	8.1
青海	8	37	16012	690	1860.15
宁夏	14	29	28826	166	4.8
新疆	17	84	27198	0	13.5
其他	47	77	60311	111	57.12

数据来源：中国绿色食品发展中心：《2010年统计年报》，http://www.greenfood.org.cn。

（三）我国有机农产品（食品）市场状况

1. 市场总体概况

我国有机农产品（食品）发展经过了“先国际市场，后国内市场”的发展过程，即由最初的“出口导向型”逐步向“内需拉动型”转变。国际市场对有机农产品（食品）需求的持续高增长率，推动了我国有机农业的生产和发展。2005年前为我国有机生产发展初期，表现为出口导向模式，我国大部分有机产品都出口到国外市场，主要出口到日本、欧盟及北美等市场。主要出口作物为大豆、蔬菜、水稻和茶叶。大豆的出口量最大，达到总出口量的四成左右，其次是谷物、坚果、蔬菜和茶叶等。

随着我国经济的发展和人民生活水平的不断提高，内需逐步代替出口成为主要市场。2000 年，我国有机产品市场开始启动，此后的几年中，国内有机农产品（食品）市场的增长趋势明显。2006 年国内市场有机食品销售额达到 56 亿人民币，国内消费量超过了出口量。根据国家认监委 2012 年 5 月发布的数据显示，到 2011 年年底，全国有机食品年销售额可能已爆炸性增长达到 800 亿元。[①] 北京是最大的有机食品市场，占整个国内市场价值的三分之一，其次是一些大城市如上海、广州、南京和深圳。目前，国内市场上销售的有机食品主要是谷物、肉、蛋、奶、蔬菜等。在北京、上海和南京等城市的超市里，人们可以比较方便地买到经过认证的有机蔬菜。根据作者在华南、华东等地区的调研也发现，众多品牌的有机大米、茶叶、鸡蛋、果蔬等在广州、深圳、上海、南京、无锡、济南乃至青岛、珠海等大中城市的市场销售量持续增长。[②] 总体来看，我国有机农产品（食品）国内市场已初具规模。

但应当注意的是，无论是国内销售还是出口的有机农产品（食品）中，存在着大量有机食品以绿色食品甚至是常规食品的名义销售或出口的现象。"中国—欧盟世界贸易项目"组织的调查也表明了这一点。[③] 由于缺乏市场策略、有机标识认知度不高以及企业难以建立强大的销售网等原因，一些企业只能借助相应较强的绿色食品的销售网络，将其有机产品贴上绿色食品标志出售，因而丧失了部分潜在利润。在出口的有机食品中，由于不能获取国外有效认证及技术性贸易壁垒等原因，也存在大量国内认证有机食品以常规食品名义出口销售的情况，所以统计数据显示的有机食品的销售或出口额要比真实数据低得多。

2. 国内市场的产品结构与地理布局

我国有机农产品（食品）市场仍缺乏权威统计资料，诸多机构发布的我国有机农产品（食品）市场数据由于统计口径等方面差异而存在较大出入。本部分重点依据中国绿色食品发展中心发布的统计年报，对我国有机食品市场状况进行介绍与分析，该数据统计口径较为一致，可以在一定程度上反映我国有机农产品（食

① 蒋术、张可、张利沙等：《我国有机农业发展现状、存在问题与对策》，《安徽农业科学》2013 年第 11 期。

② 尹世久：《基于消费者行为视角的中国有机食品市场实证研究》，江南大学博士学位论文，2010 年。

③ S. Scoones：《中国的有机农业——现状与挑战》，2008-08-16［2014-07-03］，http://www.euchinawto.org。

品）市场的总体状况。

进入新世纪以来，我国有机食品国内销售额高速增长，2010 年国内销售额达到 145.39 亿元，除个别年份外，2003—2010 年间我国有机食品国内市场保持了较高的年均增长率（图 12-9）。

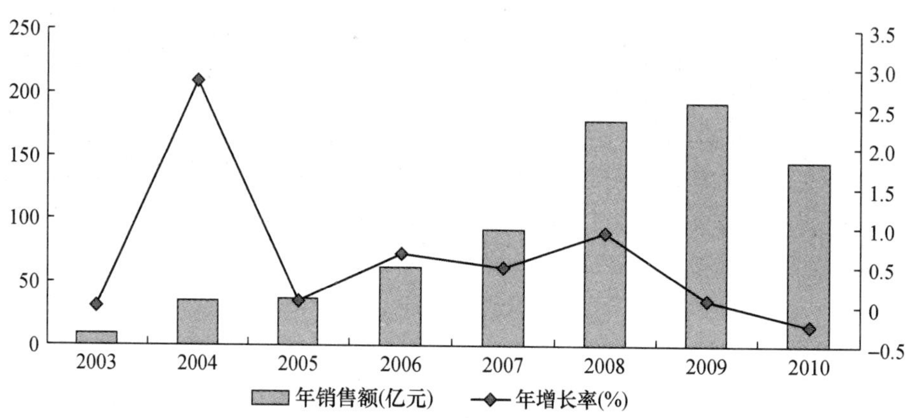

图 12-9 2003—2010 年间中国有机食品销售额及其增长率

数据来源：吴林海、王建华、朱淀：《中国食品安全发展报告 2013》，北京大学出版社 2013 年版。

根据表 12-4 和表 12-5 所示数据，2010 年我国有机产品销售总额为 151.9 亿元（国内销售额 145.39 亿元，出口额 6.46 亿元），其中种植业有机产品销售额最高，为 81.1 亿元；其次是加工类产品，约为 29.1 亿元，而野生采集类、畜牧业和渔业产品则相对较低，分别为 13.3 亿元、11.4 亿元和 8.2 亿元。2010 年我国有机产品出口额为 6.46 亿元，出口国家超过 20 个，主要出口地区为欧洲、北美和日本。从统计数据来看，渔业和野生采集业有机产品出口额明显高于加工类有机产品出口额，按各种类有机产品出口额从高到低排列，依次为种植业、渔业、野生采集、加工业和畜牧业，出口额分别为 4 亿元、0.75 亿元、0.73 亿元、0.60 亿元和 0.14 亿元。豆类是出口额最高的产品，约占我国有机农产品总出口额的 42%，其次分别为谷物、坚果、蔬菜和茶叶。

分地区来看，有机产品销售总额排名前三的省份为山东省、江西省和江苏省，分别为 26.4 亿元、11.6 亿元和 9.8 亿元。而有机产品出口额排名前三的省份为山东省、福建省和江苏省，分别为 3.2 亿元、0.6 亿元和 0.4 亿元。

3. 我国有机食品出口规模与分布

从我国有机食品的出口去向与规模来看，2009 年，我国的有机产品共出口到 37 个国家和地区（表 12-6），从分布上来看，欧洲 16 个国家（包括荷兰、英国、德国、意大利、法国、瑞典、瑞士、丹麦、比利时、西班牙、奥地利、土耳其、挪威、捷克、斯洛文尼亚和俄罗斯)；北美洲有 2 个国家(美国、加拿大)；亚洲 13 个国家和地区(包括中国台湾地区和香港特别行政区)；南美洲 1 个国家(巴西)；澳洲 2 个国家(澳大利亚和新西兰)；非洲 2 个国家(南非和埃及)；还有在数据统计中没有具体列出的国家被归为其他国家 1 个。

表 12-6　2009 年我国有机产品出口的主要区域与数量

区域	数量(个)	出口量(吨)	比重(%)	出口额(万美元)	比重(%)
欧洲	16	60552	48.80	7840	46.03
北美	2	44400	35.78	7158	42.03
亚洲	13	16406	13.22	1611	9.46
大洋洲	2	2200	1.77	323	1.90
非洲	2	146	0.12	20	0.12
南美	1	15	0.01	10	0.06
其他国家	1	368	0.30	68	0.40
合计	37	124086	100.00	17031	100.00

数据来源：尹世久：《信息不对称、认证有效性与消费者偏好：以有机食品为例》，中国社会科学出版社 2013 年版。

虽然难以获得近年来我国有机食品出口额的最新数据，但中国绿色食品发展中心发布的统计年报显示，我国有机食品出口额大致呈现先增后减的变动轨迹(图 12-10)。可以发现，在 2009 年之前出口额虽然有所波动，但总体以较高速度增长。进入 2009 年后，由于外贸环境以及欧美等国家经济形势影响，以及国内市场需求的持续增长，有机食品出口额不断下降。

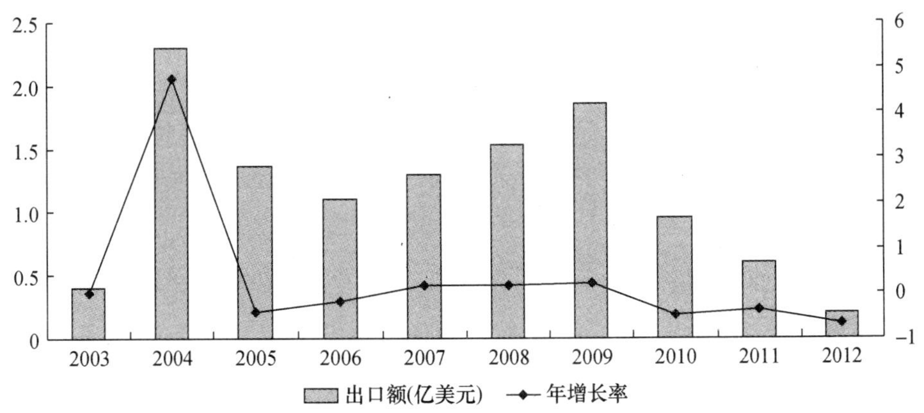

图 12-10　2003—2012 年间我国有机食品出口额及其增长率

数据来源：吴林海、王建华、朱淀：《中国食品安全发展报告 2013》，北京大学出版社 2013 年版。

四、本编的研究对象、研究框架与主要方法

综上所述,20 世纪末期以来,我国有机农业得到了较快发展,生产规模迅速扩大,但国内市场发展相对滞后。在当前国内农业生产转型、农产品质量改善、居民消费理念与结构升级的重要历史时期,切实把握农户转向有机生产的困难与政策需求,进而研究消费者对有机食品的偏好与需求,据以培育与拓展国内市场,对有机食品市场发展具有积极的现实意义。

(一)研究对象的选择

农户是我国农业生产的主体,在有机农业生产中扮演着重要角色。从我国有机食品行业现状来看,我国有机食品以初级农产品为主,而生产者包括农业企业(基地)与农户两种,具体模式包括两大类型:一是自有生产型,农业企业自行管理并控制生产;二是合同生产型,主要是采用"企业 + 农户"或"合作社 + 农户"等方式。农户是我国农业生产的基本单元,其生产行为直接决定着我国有机生产状况与发展趋势,合同生产型有机生产也是我国当前有机农业生产的主要方式。作为企业的生产者,其有机决策行为与其他企业应无本质区别。但具有有限理性的农户行为,其决策过程可能错综复杂。鉴于此,本《报告》关注的有机农业生产者行为,重点以农户为研究对象。

有机食品品种繁多,且由于食品与农产品之间关系的交叉错综,全面研究各种有机食品的生产者行为或消费者行为并不可行,应充分考虑我国现实国情与研究对象的代表性,选择合适的有机食品种类作为研究案例。本《报告》主要以蔬菜为例对有机食品生产与消费者行为展开系统研究,如此选择的原因主要在于:一是我国是世界的蔬菜生产和消费大国,蔬菜产量占世界总产量的 30%,[①]在各类有机农产品中,有机蔬菜产量仅次于粮食作物;二是相较于粮食作物,蔬菜产业尤其是有机蔬菜产业属于劳动密集型产业,促进有机蔬菜产业发展有利于发挥我国的劳动禀赋优势;三是与粮食作物相比,蔬菜在食品数量安全中的重要性要低,在蔬菜生产中探索有机生产经验,其对食品供给安全带来的风险远远低于粮食作物;四是从现有研究来看,相较于其他作物,消费者往往更为关注蔬菜中的化学品残留等食品质量安全问题,对有机食品的潜在需求可能更大。

(二)研究框架与主要研究方法

下编在全书研究框架下,共安排七章内容,在对有机食品发展宏观考察基础上,以实地调研为基本手段,沿着"认知—意愿—行为"的研究主线,运用多种计量模型,系统研究有机食品的生产者(农户)和消费者行为,具体研究框架与采用的主要方法如图 12-11 所示。

---

① 卢凌霄、周德、吕超等:《中国蔬菜产地集中的影响因素分析——基于山东寿光批发商数据的结构方程模型研究》,《财贸经济》2010 年第 6 期。

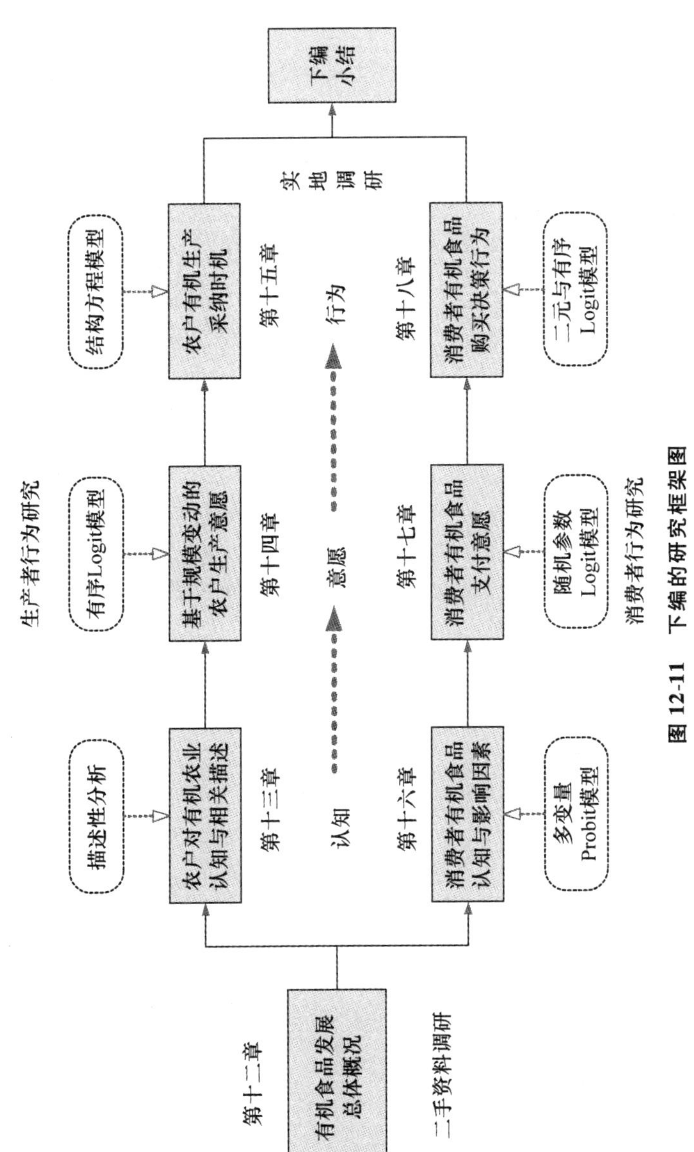

图 12-11　下编的研究框架图

以第十二章（即本章）基于二手资料调研数据的国内外有机食品发展宏观考察为基础，第十三章至第十八章着重依据在相关省份的实地调研数据进行实证分析，第十三章主要采用描述性统计分析方法研究农户对有机农业的认知与相关态度与行为，第十四章将已从事有机生产的农户生产意愿划分为退出、缩小、不变与扩大有机生产规模四个层次，采用有序 Logit 模型研究有机农户生产意愿及其影响因素，第十五章借助结构方程模型探究影响农户有机农业生产方式采纳时机的关键因素，第十六章重点构建多变量 Probit（Multivariate Probit，MVP）模型研究消费者对有机认证标识不同层次认知行为的影响因素，第十七章通过选择实验获取调研数据，借助随机参数 Logit 模型研究消费者对有机食品以及绿色和无公害食品的支付意愿，第十八章分别运用二元 Logit 和有序 Logit 模型研究消费者购买体验和购买强度两个密切相关层次的购买决策与影响因素，并在第十八章的最后一节系统总结下编的主要研究结论及其政策含义。

第十三章　农户对有机农业的认知、态度与生产行为的总体描述

有机生产不仅能够改善农业生产条件，保护生态环境，促进农业可持续发展，而且能够提高食品质量安全水平。① 从有机食品行业现状来看，我国有机食品以初级农产品为主，而初级农产品的生产者则主要包括农业企业（基地）与农户两种，具体模式包括两大类型：一是自有生产型，即农业企业自行管理并控制生产；二是合同生产型，主要是采用"企业＋农户"或"合作社＋农户"等方式。农户是中国农业生产的基本单元，其生产行为直接决定着有机生产状况与发展趋势，合同生产型有机生产也是我国当前有机农业生产的主要方式，由此决定了农户在我国有机食品生产中的重要地位。因此，本章以蔬菜生产为例，基于在我国北方最大的蔬菜生产基地山东省寿光市选取的1906个农户样本数据，研究农户对有机农业的认知、态度以及成本收益与生产意愿，并以此为基础，分析农户转向有机蔬菜生产面临的主要困难与相应政策需求。

一、调研方案与数据来源

（一）调研对象与调研区域

1. 调研区域的选择

山东省是我国农业生产大省，农业产值达到7945.8亿元，居全国首位。蔬菜种植面积达到1805.974千公顷，在全国各省份中位居首位，占全国蔬菜种植总面积的8.87%。② 寿光市是我国著名的蔬菜基地和首批国家现代农业示范区，同时也是国内最大的蔬菜集散中心、价格形成中心、信息交流中心和物流配送中心。商务部已经确定设立"中国寿光蔬菜指数"，也表明了寿光蔬菜在我国蔬菜行业的地位举足轻重。因此寿光菜农行为具有典型代表性。③ 这是本《报告》选择以山东

---

① 陈雨生、乔娟、赵荣：《农户有机蔬菜生产意愿影响因素的实证分析——以北京市为例》，《中国农村经济》2009年第7期。

② 《中国统计年鉴（2013）》，国家统计局，2013-1-5［2014-5-2］，http://www.stats.gov.cn/tjsj/ndsj/2013/indexch.htm。

③ 潘勇辉、张宁宁：《种业跨国公司进入与菜农种子购买及使用模式调查——来自山东寿光的经验证据》，《农业经济问题》2011年第8期。

省寿光市为调研区域的重要原因。

2. 抽样方法

在实地调研中，按照分层随机抽样方法，在山东省寿光市分别选取孙家集镇、田柳镇、稻田镇的三元朱村、崔家庄村和西稻田村等十余个村庄的1906个农户样本进行了调研，其中已经从事有机生产农户1231个，未从事有机生产的农户675个。

（二）调研实施与样本总体描述

1. 调研步骤

先采用访谈法进行探索性调研，再采用结构化问卷进行正式调查。调查问卷主要包括农户认知、相关态度、成本收益与生产意愿等问题，设置的题项一部分借鉴了已有文献；另一部分则是应用实验经济学原理，通过对若干农户的访谈调查，将农户经常提及或关注的问题引入。

2. 样本选择与统计特征描述

样本农户的个体与家庭经营基本特征为：(1) 菜农的教育程度：从事有机生产的受访农户（以下简称"有机农户"）的平均教育年限为7.86年，标准差3.38。未从事有机生产的受访农户（以下简称"非有机农户"）的平均教育年限为5.75年，标准差3.24。可以看出农户接受教育的水平普遍较低，平均水平略高于小学毕业程度，但有机农户的受教育年限普遍高于非有机农户。(2) 年龄：有机农户的平均年龄为45.2岁，标准差6.55。非有机农户的平均年龄为51.23岁，标准差8.47。有机农户平均年龄低于非有机农户。(3) 家庭年收入与收入结构：有机农户的家庭年收入平均为41830.43元，其中，蔬菜收入占家庭年收入比重为52.34%。非有机农户家庭年收入平均为40356.74元，其中，蔬菜收入占家庭年收入的比重为41.31%。有机农户与非有机农户家庭年收入基本相似，但这并不能简单否定有机农业发展对农民增收的作用，因为两类农户收入相近的原因可能在于非有机农户往往是非农收入在家庭收入中占据更高比重。从收入结构来看，有机农户的蔬菜收入占总收入的比重远远超过非有机农户。(4) 种菜年限：有机农户从事蔬菜种植的平均年限为10.45，标准差为3.19，但从事有机蔬菜种植的年限普遍较短，仅为6.37，标准差为1.54。非有机农户从事蔬菜种植的平均年限为11.14，标准差为2.98。受访农户从事蔬菜种植的年限都比较长，有一定的经验积累，且两类农户间没有显著差异。(5) 种植规模：有机农户的蔬菜种植面积平均为7.32亩，标准差3.94，其中有机蔬菜种植面积平均为6.46亩，存在少量农户既从事有机生产，也从事非有机生产的情况。对有机农户而言，种植面积在1亩以下的农户有166个，占55%。非有机农户的平均种植面积为4.82亩，标准差3.92。非有机农户中，蔬菜种植面积在1亩以下的有224个，占33.19%。总体来看，有机农户平均种植规模远高于非有机农户，对于非有机农户，还有相当多菜农的种植规模很小，而对于有机农户，过小规模农户比例要低得多。

受访农户的基本统计特征详见表 13-1 和表 13-2。

表 13-1 从事有机生产的受访农户基本统计特征（$N=1231$）

变量	选项	样本数	比例(%)	变量	选项	样本数	比例(%)
性别	男	754	61.25	蔬菜种植面积	1 亩以下	56	4.55
	女	477	38.75		1—5 亩	275	22.34
文化程度	没上过学	108	8.77		5—10 亩	567	46.06
	小学	367	29.81		10—20 亩	241	19.58
	初中	443	35.99		20 亩以上	92	7.47
	高中或中专	216	17.55	有机蔬菜种植面积	1 亩以下	74	6.01
	大专	82	6.66		1—5 亩	271	22.01
	本科或本科以上	15	1.219		5—10 亩	565	45.90
年龄	30 岁以下	135	10.97		10—20 亩	240	19.50
	30—45 岁	634	51.50		20 亩以上	81	6.58
	45—60 岁	387	31.44	蔬菜种植年限	3 年以下	87	7.07
	60 岁以上	75	6.09		3—5 年	104	8.45
家庭年收入	3 万元以下	244	19.82		5—10 年	327	26.56
	3—5 万元	627	50.93		10—20 年	378	30.71
	5—10 万元	226	18.36		20 年以上	335	27.21
	10 万元以上	134	10.89	有机蔬菜种植年限	3 年以下	231	18.77
蔬菜收入占总收入比重	0—25%	224	18.20		3—5 年	369	29.97
	25%—50%	421	34.20		5—10 年	454	36.88
	50%—90%	478	38.83		10—20 年	177	14.38
	90% 以上	108	8.77		20 年以上	0	0

二、农户对有机生产的认知与相关评价

农户对与有机食品相关问题的态度与评价，可能会在不同程度上影响其对有机食品的认知以及相应生产决策。本《报告》在后续章节将采用计量分析模型研究相关因素对农户有机生产决策的影响，本节重点对农户相关态度与行为进行描述性分析。

（一）农户的相关态度

有机食品具有生态、环保等特征，对实现农民增收与农业可持续发展皆具有积极作用。① 因此，在调查问卷中，设计问项调查了农户的相关态度。

① 尹世久：《信息不对称、认证有效性与消费者偏好：以有机食品为例》，中国社会科学出版社 2013 年版。

表 13-2 未从事有机生产的受访农户基本统计特征($N=675$)

变量	选项	样本数	比例(%)	类型	选项	样本数	比例
性别	男	379	56.15	蔬菜种植面积	1 亩以下	224	33.19
	女	296	43.85		1—5 亩	127	18.81
文化程度	没上过学	97	14.37		5—10 亩	168	24.89
	小学	264	39.11		10—50 亩	105	15.55
	初中	179	26.52		50 亩以上	51	7.56
	高中或中专	98	14.52	种植蔬菜年限	3 年以下	47	6.96
	大专	34	5.04		3—5 年	57	8.45
	本科或以上	3	0.44		5—10 年	178	26.37
年龄	30 岁以下	23	3.41		10—20 年	206	30.52
	30—45 岁	278	41.19		20 年以上	187	27.70
	45—60 岁	316	46.81	蔬菜收入占总收入比重	0—25%	158	23.41
	60 岁以上	58	8.59		25%—50%	247	36.59
家庭年收入	3 万元以下	132	19.56		50%—90%	208	30.81
	3—5 万元	356	52.74		90% 以上	62	9.19
	5—10 万元	126	18.66		—	—	—
	10 万元以上	61	9.04		—	—	—

1. 对农业生态环境的评价

随着经济社会发展,农民受教育水平与综合素质不断提升,受访农户的环境保护意识普遍较高,尤其是对农业生态环境和农业可持续发展前景总体较为担忧。调查结果显示,高达 59.57% 的农户认为当前农业生态环境问题非常严重或较为严重(图 13-1),更有 85.23% 的农户认为当前农业可持续发展能力堪忧。在影响农业生态环境的主要因素中,受访农户对不同污染源危害程度的排序为:工业"三废"(35.41%)、过量化肥投入(25.38%)、农业其他废弃物(15.36%)、过量农药投入(10.54%)以及其他(13.31%)。

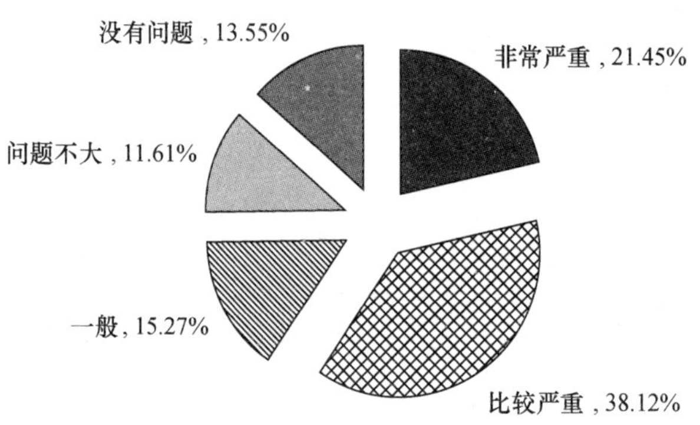

图 13-1 受访农户对农业生态环境问题的评价

2. 农户对农业生产中自身安全的担忧状况

调研结果表明,受访菜农对生产中自身的安全性问题普遍不担忧(图 13-2)。虽然我国农业劳动者由于缺乏足够的安全生产知识而导致自身在农业生产中遭遇危害的事件屡有发生,但本次调研结果表明,受访农户对农业生产中的安全性问题仍不关注,即使在有机生产农户中有一定比例的受访者认识到有机生产有利于农业生产者安全的功能,但其对农业生产安全性的认知仍然不高。而与此相吻合的是,受访者普遍认为自己掌握了足够的安全生产知识,因此并不担忧生产中的自身安全。

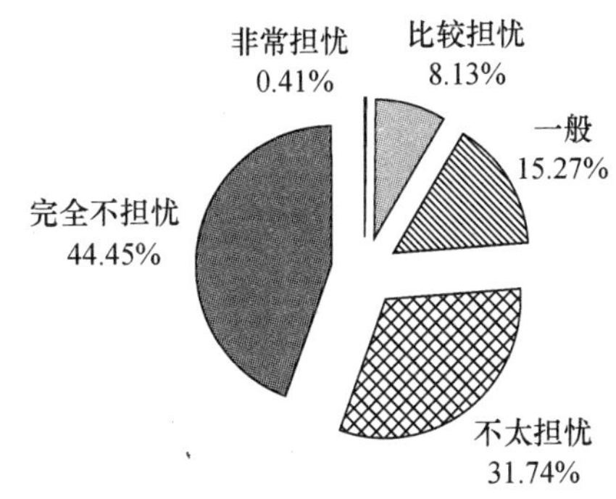

图 13-2 受访农户对农业生产自身安全性的担忧状况

3. 农产品安全性评价与食品安全意识

食品安全问题已引发社会各界的高度关注,而农产品作为最为重要的食品和食材类别,不仅直接关系食品安全,也是食品安全风险的重要源头。在调查中设计多个问项调研了农户对自己所生产蔬菜的安全性的评价。调查结果表明,菜农对自己生产的蔬菜的安全性普遍认为较高,尤其是有机生产农户的评价性更高(图 13-3)。而对市场上食品安全性评价则较低,表现出对食品安全问题的高度担忧。两者不一致的原因可能主要在于以下两点:一是受访农户普遍表示,食品安全风险更多来源于食品加工环节,尤其是对工业加工食品的安全性非常担忧;另一方面,农户在回答自己生产蔬菜的安全性时,可能存在较强的回避心理,其表达的意愿与真实想法有一定距离。进一步的,在调查农户的蔬菜生产是否存在“一家两制”时,在非有机生产农户中,较高比例的农户(65.67%)承认在蔬菜种植中,存在单独种植自己食用蔬菜的问题,而有机菜农这一比例(25.63%)虽然比非有机农户要低,但仍广泛存在。其原因可能在于两点:一是自己食用的蔬菜虽然采用有机方式生产,但为降低有机认证等成本,所以在其他未经认证的土地上另外种植蔬菜供自己食用;二是有机蔬菜的价格过于昂贵,其成本也较高,所以农户更倾向于另外种植蔬菜供自己食用;三是可能在有机生产中,仍有一定比例的农户存在违规使用化学品等问题，其自身担忧生产的所谓“有机蔬菜”的安全性问题，因此单独种植蔬菜供自己食用。

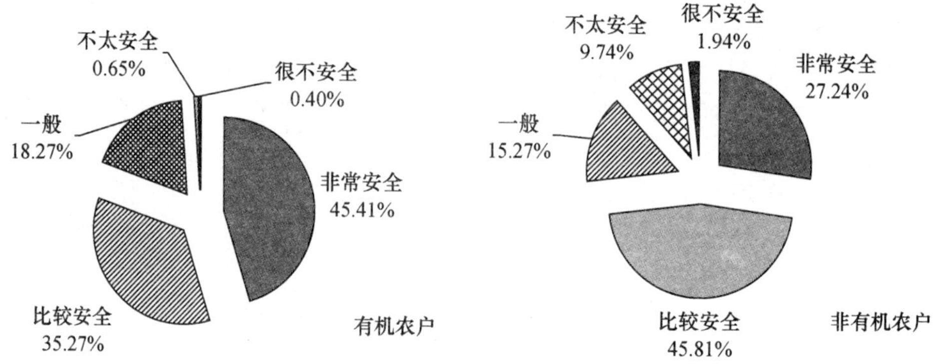

图 13-3 受访农户对所生产蔬菜安全性的评价

（二）农户对有机生产的认知与评价

1. 农户对有机生产及其功能的认知

随着有机农业在中国的迅速发展，农户对有机农业的认知水平不断提高。从单一关注有机农业的经济功能，逐步过渡到开始认识其在食品安全、环境保护等方面的功能（图 13-4）。无论是否从事有机生产的农户，大都非常认可有机生产对食品安全的积极影响，其次为“环境保护”与“农业可持续发展”，而对“农业生产安全”与“资源节约”的认知相对较低。总体来看，有机农户对有机农业功能的认知比例要高于非有机农户。

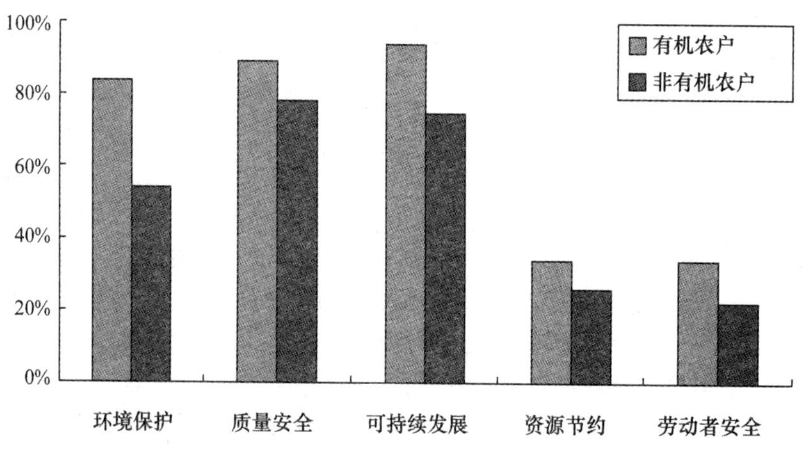

图 13-4 农户对有机农业功能的认知（$N = 1906$）

不同农户由于其价值观、经历与个体特征等不同，所关注的有机农业功能，尤其是经济功能之外的其他功能，表现出一定差异，这些都在不同层面影响着其生产意愿。最大比例的农户关注有机生产对“农业可持续发展”的影响(31%)，其次为“食品安全”(25%)和“环境保护”(19%)，而关注“资源节约”与“农业生产者安全”的较少，仅分别为13%和12%。

2. 农户对有机生产功能的评价

以农户功能认知为基础，进一步调研农户对上述有机生产五种功能的评价。由图13-5可以看出，对于有机农业促进“农业可持续发展”的功能，受访农户普遍较为认同。而对于“改善生态环境”“提升蔬菜质量安全水平”的功能，受访农户存在较大分歧，即使在有机生产农户中这一分歧仍然存在。进一步地访谈表明，对于有机生产的“改善生态环境”功能并不赞同的受访者普遍表示，农业生态环境恶化主要是由工业污染等外在因素造成的，对于过量化学品投入导致的农业面源污染等问题则缺乏足够认知；而对有机生产可以“提升蔬菜质量安全水平”并不赞同的受访者阐述了多种理由，如有机生产农户在现实生产中存在违规生产，对于常规蔬菜质量安全并不担忧等等。调研还表明，对于有机生产“资源节约”和“生产者安全”的功能，大多数受访者选择了“一般”选项，其原因可能在于受访者对这两项功能普遍不了解或者不关注。

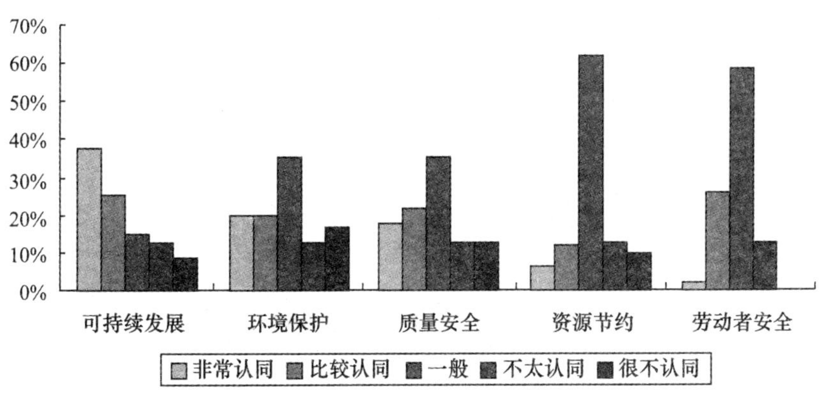

图13-5　农户对有机农业功能的评价($N=1906$)

三、农户有机生产成本收益比较分析

对有机农业的认知是农户转向有机农业生产决策行为的基础与起点，而成本收益比较是农户是否转向有机农业生产最重要的决定因素。[①] 从生产者的角度来

① S. A. Wheeler, “What Influences Agricultural Professionals' Views towards Organic Agriculture?”, *Ecological Economics*, Vol. 65, No. 1, 2008, pp. 145-154.

讲,是否转向有机农业生产最关注的是产量、成本和收益的变动。① 虽然有很多学者如 Oelofse、Ponti、Kilian 等采用不同方法关注了有机生产收益的变化,②但以我国农户为研究对象的文献尚不多见。包宗顺通过对皖、赣、苏、鲁、沪等省(市)的 8 个有机农业生产基地的调研探讨了我国有机农业发展对农村劳动力利用和农户收入的影响,但其研究的生产主体为农业生产企业(生产基地)而非农户。③ 因此,本节着重从投入成本与产量收益等角度研究农户转向有机生产后收益的变化。

(一) 有机蔬菜生产的投入成本分析

农户从常规农业转向有机农业,往往需要更多的成本投入。转向有机蔬菜生产后,绝大多数农户(54%)认为每亩农地增加的成本要提高 50%—100%,15% 的农户认为成本增加超过 1 倍,仅有 10% 的农户表示成本增加在 20% 以下。

增加的成本主要包括肥料、生物农药、种子、劳动投入及认证费用等(图 13-6)。仅有少量农户表示在肥料和农药投入方面稍有降低。在各类成本中,农户普遍认为种子、劳动和认证等费用的增加幅度较高。

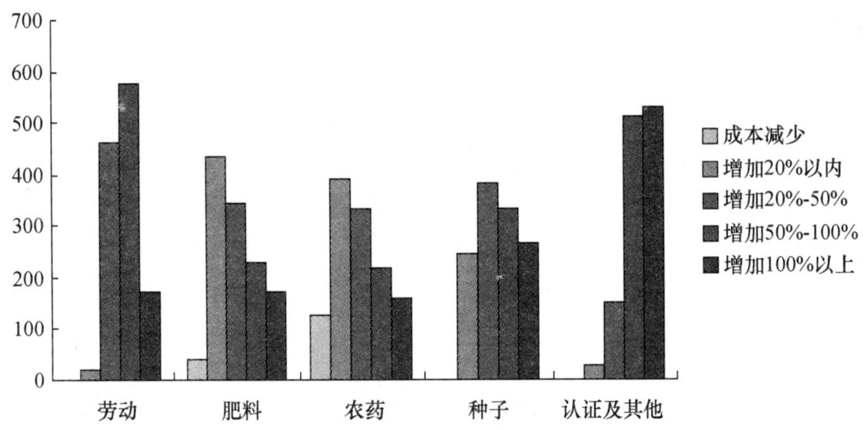

图 13-6　农户有机农业生产各种成本增加的比重($N=1231$)

① O'Riordan, "Assessing the Consequences of Converting to Organic Agriculture", *Journal of Agricultural Economics*, Vol. 52, No. 1, 2001, pp. 22-35.

② M. Oelofse, H. Høgh-Jensen, L. S. Abreu, et al., "Certified Organic Agriculture in China and Brazil: Market Accessibility and Outcomes Following Adoption", *Ecological Economics*, Vol. 69, No. 9, 2010, pp. 1785-1793; T. Ponti, van, B. Rijk, M. K. Ittersum, "The Crop Yield Gap Between Organic and Conventional Agriculture", *Agricultural Systems*, Vol. 108, 2012, pp. 1-9; B. Kilian, C. Jones, L. Pratt, et al., "Is Sustainable Agriculture a Viable Strategy to Improve Farm Income in Central America? A Case Study on Coffee", *Journal of Business Research*, Vol. 59, No. 3, 2006, pp. 322—330.

③ 包宗顺:《中国有机农业发展对农村劳动力利用和农户收入的影响》,《中国农村经济》2002 年第 7 期。

（二）有机蔬菜生产的产出与收益分析

虽然不同的农户由于技术水平、蔬菜品种及资源禀赋等的差异使得其在转向有机生产后产量变动不一，但总体而言，蔬菜产量是下降的。尤其在转换期内，产量的下降幅度尤为明显，有42%的农户表示产量下降在20%—50%之间。转换期后，产量会有所回升，40%的农户表示产量比常规蔬菜产量低20%以内，甚至有12个农户表示产量高于常规蔬菜（表13-3）。

表13-3 农户有机蔬菜生产产量变动（$N=1231$）

产量变动		上升	基本不变	下降				合计
				小于20%	20%—50%	50%—100%	大于100%	
转换期内	农户数	0	0	295	527	273	136	1231
	百分比	0	0	23.96	42.81	22.18	11.05	100
转换期后	农户数	12	84	282	198	104	17	697*
	百分比	1.72	12.05	40.46	28.41	14.92	2.44	100

注：在1231个农户中，有697个农户已经完成有机转换，对转换期内的产量变动数据，要求所有农户回答，而对转换期后的产量变动数据，仅697个完成有机转换的农户回答。

有机蔬菜的零售价格要远高于常规蔬菜，一般超过50%。[①] 但决定农户生产意愿的是其出售蔬菜给中间商时的价格。本书引入价格溢出（Price Premium，PP）的概念，将其定义为有机蔬菜价格（PO）与常规蔬菜价格（PC）之比，[②]采用加权平均法计算的价格溢出约是1.8，略高于零售环节的价格溢出。

综合比较有机蔬菜与常规蔬菜在成本、产量与价格等方面的差异，被调研农户对有机农业增收效果的评价普遍比较积极（图13-7）。41%的农户表示收益要比常规蔬菜生产高50%以上，只有12.1%的农户表示转向有机生产后收益下降，尤其在转换期完成后，这一比例进一步下降为9.2%。

四、农户有机生产意愿、主要障碍与政策需求

农户生产意愿并非简单决定于生产收益，而且会受到市场前景、关联产业、技术水平与支持政策等诸多因素影响。正确认知农户有机蔬菜生产面临的现实困难与阻碍因素，并通过配套政策加以引导与支持，是我国有机蔬菜产业发展亟须解决的问题。[③]

---

① 尹世久、吴林海、陈默：《基于支付意愿的有机食品需求分析》，《农业技术经济》2008年第5期。

② 此处价格是农户出售蔬菜或有机蔬菜的价格。

③ M. Liu, L. H. Wu, "Farmers' Adoption of Sustainable Agricultural Technologies: A Case Study in Shandong Province, China", *Journal of Food, Agriculture & Environment*, Vol.9, No.2, 2011, pp.623-628.

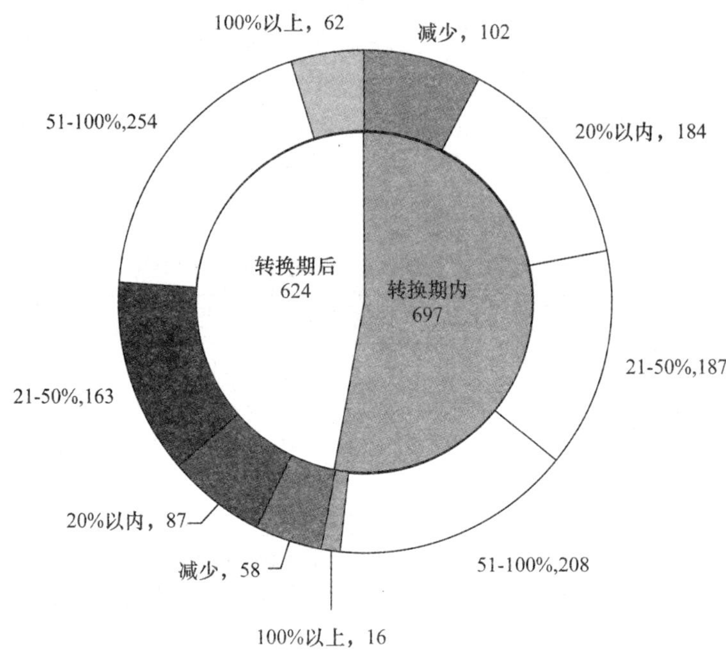

图 13-7 与常规生产相比有机蔬菜转换不同阶段的收益（$N=1231$）

（一）生产意愿的总体描述

20 世纪末期以来，我国有机农业生产取得了快速发展。但近年来，国际经济形势与对外贸易政策的变化，导致有机农业生产的比较收益有所下降，农户的生产意愿相应也发生较大改变。从调研数据来看，在未从事有机蔬菜生产的 675 个生产农户中，56% 的农户表示尚不考虑转向有机蔬菜生产，仅有 19% 的农户计划在一年内转向有机蔬菜生产（图 13-8）。在已经从事有机蔬菜生产的农户中，表示生产规模将扩大、缩小、保持不变的比重分别为 34%、21%、38%，而表示将退出有机蔬菜生产的比例占到 7%。总体来看，有机蔬菜生产的总体规模有望继续扩大。

（二）农户转向有机生产面临困难与政策需求评价

有机食品行业在我国总体上尚处于起步阶段，存在诸多阻碍有机蔬菜供需发展的客观因素。为准确掌握农户有机蔬菜生产面临的实际困难，在调研设计中通过探索性访谈调研与文献研究相结合的方法，[①]设置了市场风险、成本投入、支持

① 陈雨生、乔娟、赵荣：《农户有机蔬菜生产意愿影响因素的实证分析——以北京市为例》，《中国农村经济》2009 年第 7 期。

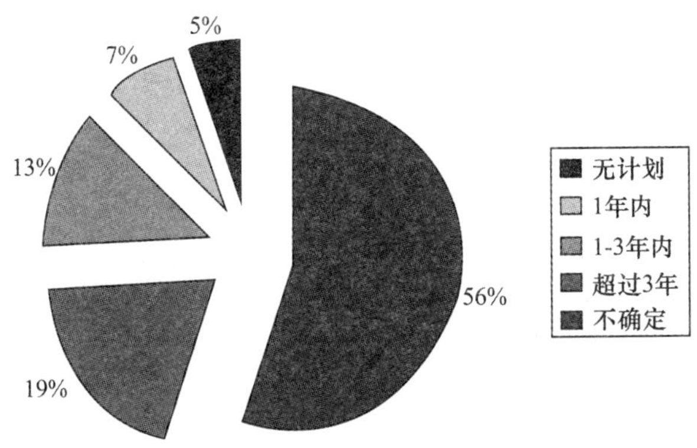

图 13-8 非有机农户的生产意愿变化（$N=675$）

政策等若干问项，通过结构化问卷调研的方式获取农户评价。

1. 市场信息与市场风险的评价

调研结果表明，有机生产农户对于市场信息可得性与市场风险的评价普遍较为乐观，而非有机农户则普遍较为悲观（图 13-9，图 13-10）。两者存在较大差别的原因可能主要在于非有机农户往往出于对未知的恐慌而放大了有机生产风险的感知。从调研结果来看，有机农户大都采用“企业＋农户”或“合作社＋农户”等生产模式，对市场信息和市场风险要求较低，更多依赖于所加盟企业或合作社，因此，已从事有机生产的农户对市场信息与风险的评价反而较为乐观。这表明，对市场信息与风险的误判可能是阻碍为数不少的农户转向有机生产的重要因素。

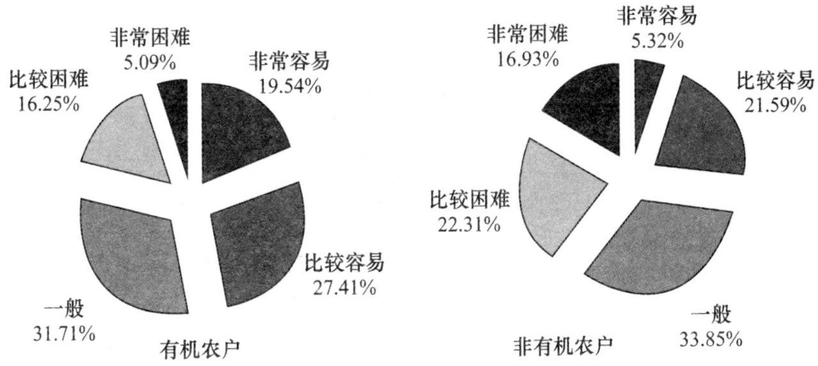

图 13-9 受访农户对市场信息获取难易程度的评价

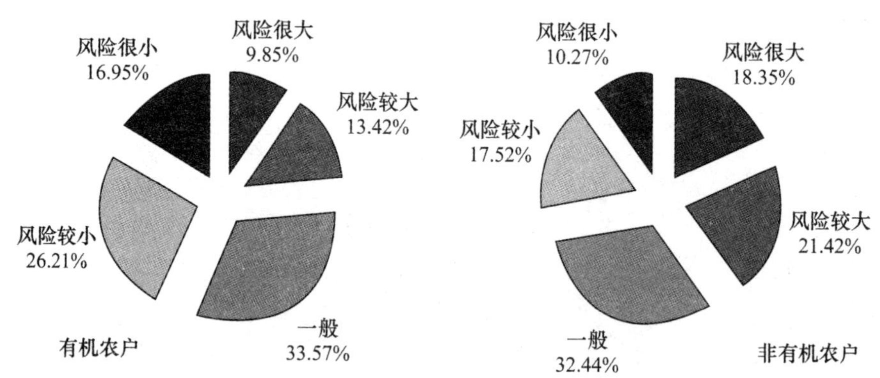

图 13-10 受访农户对市场风险的评价

2. 生产技术与资源可得性

有机农业与常规农业相比,采用了严格而明确的生产标准。无论是生产技术还是投入品等皆存在较大差异。调研结果表明,无论有机农户还是非有机农户对生产技术的可得性评价总体较高,认为"非常困难"或"比较困难"的受访者比例仅为 23.15%(图 13-11)。对有机肥料而言,农户普遍表示可以较为方便的获得,但认为外购有机肥料的价格偏高。在病虫害防治方面,无论是有机农户还是非有机农户,普遍认为存在较大困难,认为"非常困难"或"比较困难"的受访者比例分别为 23.57 % 和 35.61% 。我国常规蔬菜生产以长期以来化学农药应对病虫害,而转向有机生产后由于禁止使用化学农药灭虫,仅仅依靠生物或物理灭虫方法给有机农户的蔬菜种植带来很多困难。政府应政策激励与市场激励相结合,综合采取多种方式促使科研机构与企业等主体研发与推广有机农业的病虫害防治技术,不

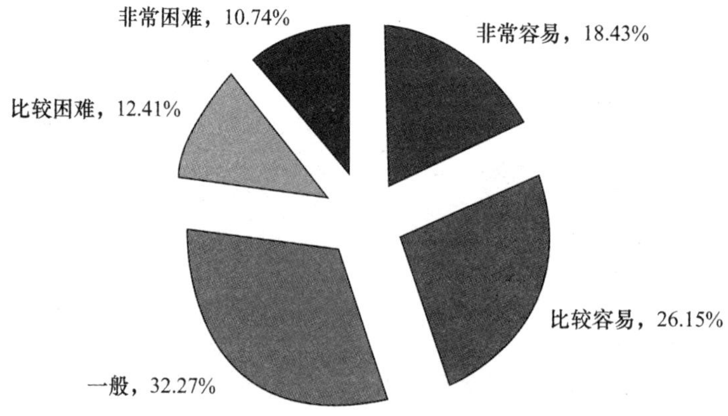

图 13-11 受访农户对有机生产技术可得性的评价

仅有助于推动有机农业发展,也有助于各种生态农业的推广与农产品安全水平的提高。

3. 有机生产困难与政策需求的综合评价

如果只要求被调查者选择某一项原因,难以反映实际情况,会丢失很多有用信息。因此,本《报告》研究团队在对农户的问卷调查中要求受访农户对有机生产困难与政策需求的有关调研问题限选三项并按重要性排序,这既能更为全面反映农户选择,又可考虑不同选择的作用程度。对这种有序的多重选择数据,需要进行综合处理,计算包含全部信息、覆盖多重选择结果的综合统计量,在此主要借鉴杨万江等学者的研究方法,构建多重选择的综合评价指数(Index on Integrative Evaluating for Purchase or No-purchase Reason,IIE)。[①] IIE 的具体计算公式为:

$$\mathrm{IIE}_k = \sum_{j=1}^{3}\left(w_j \times \frac{\sum_{i=1}^{n} M_{i,j,k}}{n}\right) \tag{13-1}$$

约束条件为 $\sum_{j=1}^{3} W_j = 1$,即权重之和为 1。下标 i 为第 i 个样本,下标 j 为第 j 个选择,k 表示第 k 个选项分级,w_j 为选项分级中第 j 个级别的重要程度,n 为样本容量。对于任意的 j 和 k,若第 i 个人的第 j 个选择为第 k 个选项,则 $M_{i,j,k}$ 为 1,否则 $M_{i,j,k}$ 为零。

借鉴杨万江等学者的做法,结合调查的具体情况,经多次比较筛选后,将"首选"的权重定为 0.55(W1),"二选"权重定为 0.30(W2),"三选"的权重定为 0.15(W3)。根据综合评价方法计算的综合评价指数(IIE)最高的是第 4 项"市场信息缺乏"(20.23%),其次为第 8 项"政策支持不足"(18.66%),再次为第 9 项"市场风险大"(14.36%)。综合评价指数(IIE)结果详见表 13-4。

表 13-4　农户有机生产困难评价的 IIE 结果

	第一选择(%)	第二选择(%)	第三选择(%)	IIE(%)
(1) 价格低	7.93	2.51	2.05	12.49
(2) 销售困难	3.21	4.14	1.16	8.51
(3) 成本高	3.85	2.14	1.25	7.24
(4) 市场信息缺乏	12.14	6.71	1.38	20.23
(5) 病虫害问题	1.51	1.82	1.23	4.56

① 杨万江、李勇、李剑锋等:《我国长江三角洲地区无公害农产品生产的经济效益分析》,《中国农村经济》2004 年第 4 期。

（续表）

	第一选择(%)	第二选择(%)	第三选择(%)	IIE(%)
(6) 投入品购买难	3.01	0.68	0.27	3.96
(7) 缺乏技术	5.43	1.69	2.23	9.35
(8) 政策支持不足	9.87	6.81	1.98	18.66
(9) 市场风险大	7.94	3.18	3.24	14.36
(10) 其他	0.11	0.32	0.21	0.64
合计	55.00	30.00	15.00	100.00

大多数农户(74%)从各级政府获得了直接补贴、技术指导与培训、信息服务、融资信贷等不同形式的政策支持，农户普遍认为政策扶持对其生产意愿产生重大影响，对进一步调整、提高相关政策的诉求强烈。进一步利用调研数据计算出的农户政策需求的 IIE 表明，农户最为需要的是信息服务(23%)、技术辅导(19%)和宣传教育(16%)等方面的支持(政策需求的 IEE 具体计算结果从略)。

第十四章　基于规模变动的农户有机生产意愿与影响因素

有机农业因其在环境保护、食品安全与农业可持续发展等诸多方面的优势，日益受到世界各国重视。早期学者更多从收益变动角度关注农户有机生产决策或行为，之后开始应用二元 Logit 等计量模型对农户有机生产决策的众多影响因素进行定量研究，这种简单化的变量设置也迎合了有机农业发展初始阶段的现实背景。实际上，我国有机农业在经历了二十多年发展后，已具较大产业规模，关注已从事有机农业生产者的预期行为，对预测与指导我国有机农业发展可能更具应用价值。因此，本章以蔬菜为例，运用有序 Logit 模型研究有机农户基于规模变动的生产意愿，以期为制定我国有机农业产业政策提供参考。

一、农户有机生产决策行动的国内外文献回顾

伴随着有机农业的迅速发展，农户的有机生产意愿与决策行为开始引起国内外学者的广泛关注。现有研究可以归纳为两大类：一是关注农户决策行为的直接影响因素，即成本收益比较；二是开始运用计量模型探究农户有机决策的潜在影响因素。

（一）农户从事有机生产的成本收益研究

早期学界主要从成本收益角度关注农户有机生产决策。[①] Oelofse 等基于对中国和巴西三个案例的调查，研究了农户转向有机农业的产量与收入变动，在吉林的调查表明进行有机转换后的收益变化受到生产规模的影响，在山东的调研表明收益变化受到生产密度的影响，在巴西 Itapolis 地区的调研表明收益变化受到价格变化和生产多样性的影响。[②] Ponti 等通过元分析（Meta-analysis）对有机农业与传统农业收益进行的比较表明，平均来看，农户从事有机农业的收益大约是常规农

---

① 尹世久、吴林海：《全球有机农业发展对生产者收入的影响研究》，《南京农业大学学报》（社会科学版）2008 年第 3 期。

② M. Oelofse, H. Høgh-Jensen, L. S. Abreu, et al., "Certified Organic Agriculture in China and Brazil: Market Accessibility and Outcomes Following Adoption", *Ecological Economics*, Vol. 69, No. 9, 2010, pp. 1785-1793.

业的 80%，当然个体差异是显著的，标准差为 21%。[①] Adhikari 的研究表明人力成本在有机农业生产的总成本中占比最大，且人力成本和有机肥料成本对总收益的影响较大。[②] 包宗顺对中国 8 个有机农业生产基地的调查显示，有机农业生产对农户收入增长有益。[③] Kilian 等对中美洲的有机咖啡生产进行了分析，认为从长期来看有机生产并不一定能提高农户收入。[④]

（二）农户有机生产决策影响因素的模型探讨

收益增加等经济激励固然是生产者转向有机生产的直接驱动因素，但一方面生产者（尤其是农户）的生产行为往往表现为有限的经济理性，另一方面收益存在不确定性，且受众多因素的复杂影响。因此，学者们开始从更广泛的层面来关注农业生产者有机生产决策或行为的影响因素。Burton 等基于二元 Logit 模型研究了英国 237 个农户采用有机农业的影响因素，发现女性、年龄较小的、环境组织成员、从其他农户处获得相关信息的、自给自足型、家庭成员较多的农户采用有机农业的概率更高，而受教育程度变量的影响并不显著。[⑤] Thapa 等基于二元 Logit 模型对泰国 Mahasarakham 省 172 个农户的有机蔬菜生产行为进行了研究，发现妇女领导角色、政府组织与非政府组织推动、社区与农民组织推动、培训、对有机产品价格满意程度、虫害强度减少变量等均呈现显著的正向影响。[⑥] 王奇等利用二元 Logit 模型研究了农户有机生产意愿的影响因素，结果表明年龄、家庭人均收入和农户所处位置与大城市的距离对农户有机农业技术采用意愿有显著的正向影响，而性别、受教育程度、是否接受过农业技术培训、耕地面积、非农收入占比、风险承受能力、环境意识变量则没有显著影响。[⑦] 陈琛等研究发现农户有机农业生产决策心理受到的影响随农户禀赋条件的差异而变化，年轻、受教育程度较高、务

---

① T. D. Ponti, R. Bert, K. Martin, et al., "The Crop Yield Gap between Organic and Conventional Agriculture", *Agricultural Systems*, Vol. 108, 2012, pp. 1-9.

② R. K. Adhikari, "Economics of Organic Rice Production", *The Journal of Agriculture and Environment*, Vol. 12, 2011, pp. 97-103.

③ 包宗顺：《中国有机农业发展对农村劳动力利用和农户收入的影响》，《中国农村经济》2002 年第 7 期。

④ B. Kilian, C. Jones, L. Pratt, et al., "Is Sustainable Agriculture a Viable Strategy to Improve Farm Income in Central America? A Case Study on Coffee", *Journal of Business Research*, Vol. 59, No. 3, 2006, pp. 322-330.

⑤ M. Burton, D. Rigby, T. Young, "Analysis of the Determinants of Adoption of Organic Horticultural Techniques in the UK", *Journal of Agricultural Economics*, Vol. 50, No. 1, 1999, pp. 47-63.

⑥ G. B. Thapa, R. Kanokporn, "Adoption and Extent of Organic Vegetable Farming in Mahasarakham Province Thailand", *Applied Geography*, Vol. 31, No. 1, 2011, pp. 201-209.

⑦ 王奇、陈海丹、王会：《农户有机农业技术采用意愿的影响因素分析——基于北京市和山东省 250 户农户的调查》，《农村经济》2012 年第 2 期。

农年限较短农户更容易转向有机生产。① 陈雨生等通过因子分析等方法对农户有机蔬菜生产意愿影响因素的研究表明:合作企业与监管机制的完善提高了农户有机蔬菜生产积极性而“商贩收购偏好”降低了生产积极性。② Läpple 和 Kelley 在计划行为理论(Theory of Planned Behavior,TPB)框架内,利用聚类分析与主成分分析研究了爱尔兰农户从传统农业转向有机农业的影响因素,发现农户对于有机农业的采用具有异质性信仰,经济激励与技术障碍对其具有异质性影响,关键是有机农业的社会接受度影响了他们的采用意愿。③ Läpple 和 Van Rensburg 将有机生产者划分为早期、中期和晚期采纳者,进而运用多项 Logit 模型对生产者转向有机生产的影响因素进行了研究,结果表明相同的因素对于不同群体采用行为的影响有着较大差异。④ Khaledi 等以生产者转向有机生产的土地比例(部分或者全部)为因变量,运用多元 Tobit 模型研究了相应影响因素,发现基础设施与服务、营销绩效、市场机会等交易成本是显著影响因素,而生产者的受教育水平等个体特征影响并不显著。⑤

(三)简要评析

基于上述分析,可以发现,早期学者更多从收益变动角度关注农户有机生产决策或行为,之后学界开始应用二元 Logit 等计量模型对农户有机生产决策的众多影响因素进行定量研究,且不同研究者关于影响因素的选择则因研究背景、研究目的等不同而有较大差异。总体来看,现有学者尤其是国内研究更多关注农户是否转向有机生产的二项选择,这种简单化的变量设置也迎合了有机农业发展初始阶段的现实背景。Läpple 和 Kelley 以及 Khaledi 等的研究率先采用反映更多信息的多项离散选择模型研究了农户的有机生产决策,但其关注的仍然是农户生产的现实行为。实际上,在对已从事有机生产农户现实行为研究基础上,关注其预期生产行为,对有机农业的发展可能更具应用价值。因此,本章以蔬菜为例,首先基于计划行为理论构建农户有机生产决策的假设模型,进而从农户是否从事有机生产和有机农户生产规模变动意愿两个层面研究农户的有机生产决策行为,分别运用二元 Logit 模型和有序 Logit 模型研究了诸多因素对有机农户生产意愿的影

① 陈琛、王玉华、王庆峰:《基于农户禀赋条件的大都市郊区农户有机农业生产决策心理分析——以北京为例》,《生态经济》2013 年第 2 期。

② 陈雨生、乔娟、赵荣:《农户有机蔬菜生产意愿影响因素的实证分析——以北京市为例》,《中国农村经济》2009 年第 7 期。

③ D. Läpple, H. Kelley, “Understanding the Uptake of Organic Farming: Accounting for Heterogeneities among Irish Farmers”, *Ecological Economics*, Vol. 88, 2013, pp. 11-19.

④ D. Läpple, Van, T. Rensburg, “Adoption of Organic Farming: are there Differences between Early and Late Adoption?”, *Ecological Economics*, Vol. 70, No. 7, 2011, pp. 1406-1414.

⑤ M. Khaledi, S. Weseen, E. Sawyer, et al., “Factors Influencing Partial and Complete Adoption of Organic Farming Practices in Saskatchewan, Canada”, *Canadian Journal of Agricultural Economics*, Vol. 58, No. 1, 2010, pp. 37-56.

响,据以探究制约农户有机生产的瓶颈与政策需求,以期为制定我国有机农业产业政策提供参考。

二、理论分析与研究假设

(一) 理论分析框架

农户有机农业生产意愿并非简单决定于生产收益,而且会受到市场前景、关联产业、技术水平与支持政策等诸多因素影响。正确认知农户有机蔬菜生产面临的困难,并通过配套政策加以引导、支持,是我国有机蔬菜产业发展亟须解决的问题。① 计划行为理论(TPB)是社会心理学中最著名的态度行为关系理论,该理论认为意图是影响主体决策与行为最直接的因素,行为意图反过来受态度、社会规范和知觉行为控制的影响。② 在 TPB 理论中,行为意图是核心因素,被认为是行为的直接前兆,行为意图越强烈,则行为发生的可能性越大,因此可以通过识别行为意图的决定因素来研究主体行为方式的原因。③ 相关研究已证实 TPB 理论能显著提高对主体行为的解释能力与预测能力,因此该理论已被广泛应用于多个行为领域的研究,④并开始有学者将其应用于农户有机生产决策的研究。

(二) 研究假设

基于上述分析,本章就可能影响农户有机蔬菜生产意愿的因素提出如下研究假设:

1. 农户态度

态度是指主体对执行特定行为的积极或消极的评价,由对行为结果的信仰和对特定结果的评价来决定。由于 TPB 框架基于期望值理论,使之与经济学中的期望效用理论有着密切的关系。⑤ 从经济学的视角,可以认为态度等价于效用,这意味着拥有积极态度的生产者在转向有机蔬菜生产后将从采用有机生产方式中获取更多效用。Burton 等认为对环境保护的态度是生产者有机生产意愿的重要影响

---

① M. Liu, L. H. Wu, "Farmers' Adoption of Sustainable Agricultural Technologies: A Case Study in Shandong Province, China", *Journal of Food, Agriculture & Environment*, Vol. 9, No. 2, 2011, pp. 623-628.

② T. Rehman, K. McKemey, C. M. Yates, et al., "Identifying and Understanding Factors Influencing the Uptake of New Technologies on Dairy Farms in SW England Using the Theory of Reasoned Action", *Agricultural Systems*, Vol. 94, No. 2, 2007, pp. 287-293.

③ I. Ajzen, "The Theory of Planned Behaviour", *Organizational Behavior and Human Decision Processes*, Vol. 50, No. 2, 1991, pp. 179-211.

④ C. P. Bravo, A. Cordts, B. Schulze, et al., "Assessing Determinants of Organic Food Consumption Using Data from the German National Nutrition Survey II", *Food Quality and Preference*, Vol. 28, No. 1, 2013, pp. 60-70.

⑤ G. Lynne, J. D. Shonkwiler, L. R. Rola, "Attitudes and Farmer Conservation Behaviour", *American Journal of Agricultural Economics*, Vol. 7, No. 1, 1988, pp. 12-19.

因素。[①] Flaten 等认为对健康和环境保护的关注程度是有机生产意愿的重要影响因素。[②] 基于上述分析，本章选取环境保护意识、健康意识、食品安全意识以及对有机蔬菜质量的评价等因素来考察它们对生产者有机蔬菜生产意愿的影响。

2. 社会规范

社会规范代表承诺，为感知到的执行某种行为时的社会压力或影响，包括外在规范和生产者自身规范。Läpple 认为其他农户的影响是农户从事有机生产意愿的重要影响因素。[③] Läpple 和 Van Rensburg 认为政府经济激励是农户转向有机生产的重要影响因素。[④] 陈雨生认为监管机构的严格程度会影响农户有机生产意愿。本章选择有机生产监管的严格程度、其他生产者的影响、是否加入合作社、政府经济激励等变量考察它们对生产者有机蔬菜生产意愿的影响。[⑤]

3. 知觉行为控制

知觉行为控制对应于经济模型中的约束，[⑥]为行为主体感知到的促进或阻碍其行为绩效的因素，主要表现为资源禀赋限制以及预期困难等方面。[⑦] 就有机蔬菜生产而言，资源禀赋限制主要包含对有机蔬菜生产的认知、信息和技术的可得性等；预期困难主要包含有机蔬菜与常规蔬菜的价格差、有机蔬菜与常规蔬菜的产量差、生物农药的价格、有机肥料的价格等。就生产者的有机生产转换能力而言，知觉行为控制是重要影响因素，因其考虑到了对其获取经济利益的能力和手段的感知。Burton 等以及 Läpple 和 Van Rensburg 认为信息的可得性是转向有机农业生产的重要影响因素。[⑧] Flaten 等认为更好的出口机会对外向型有机农业转

---

① M. Burton, D. Rigby, T. Young, "Modelling the Adoption of Organic Horticultural Technology in the UK Using Duration Analysis", *The Australian Journal of Agricultural and Resource Economics*, Vol. 47, No. 1, 2003, pp. 29-54.

② O. Flaten, G. Lien, M. Ebbesvik, et al., "Do the New Organic Producers Differ from the old Guard? Empirical Results from Norwegian Dairy Farming", *Renewable Agriculture and Food Systems*, Vol. 21, No. 3, 2006, pp. 174-182.

③ D. Läpple, "Adoption and Abandonment of Organic Farming: An Empirical Investigation of the Irish Drystock Sector", *Journal of Agricultural Economics*, Vol. 61, No. 3, 2010, pp. 697-714.

④ D. Läpple, Van, T. Rensburg, "Adoption of Organic Farming: are there Differences between Early and Late Adoption?".

⑤ 陈雨生、乔娟、赵荣：《农户有机蔬菜生产意愿影响因素的实证分析——以北京市为例》，《中国农村经济》2009 年第 7 期，第 20—30 页。

⑥ G. Lynne, "Modifying the Neo-Classical Approach to Technology Adoption with Behavioural Science Models", *Journal of Agricultural and Applied Economics*, Vol. 27, No. 1, 1995, pp. 67-80.

⑦ I. Ajzen, "Attitudes, Personality and Behaviour, 2nd", *New York: Open University Press*, 2005.

⑧ M. Burton, D. Rigby, T. Young, "Modelling the Adoption of Organic Horticultural Technology in the UK Using Duration Analysis"; D. Läpple, Van, T. Rensburg, "Adoption of Organic Farming: are there Differences between Early and Late Adoption?".

型的影响极为显著。[①] 因此，本章选取对有机农业的认知、有机种植面积、有机技术的可得性、市场信息的可得性、出口机会、有机蔬菜与常规蔬菜的价格差、有机蔬菜与常规蔬菜的产量差、生物农药的价格、有机肥料的价格等变量来考察它们对有机蔬菜生产意愿的影响。

4. 其他因素

除态度、社会规范以及知觉行为控制等方面的因素，农户个体特征等因素对有机蔬菜生产的转换意图也有着重要的影响。比如 Burton 和 Flaten 等认为生产者受教育程度是其转向有机农业生产的重要影响因素。Läpple 和 Van Rensburg 认为年龄与风险态度是重要影响因素。[②] 本章选取农户年龄、受教育程度与风险意识等变量，来考察它们对农户有机蔬菜生产意愿的影响。

（三）变量设置

本章以有机农户的生产意愿为被解释变量，并将其设置为"退出有机生产""缩小有机生产""基本保持不变"和"扩大有机生产"四个层次，分别赋值为 1—4。解释变量的设置主要根据前文的理论分析与研究假设的分析，具体选取的解释变量以及相关说明见表 14-1。

表 14-1 变量的定义及描述性统计

	变量	变量符号	变量描述
个体特征	年龄	AGE	实际年龄，单位为岁
	受教育年限	EDU	"1"表示小学以下，"2"表示小学，"3"表示初中，"4"表示中专或高中，"5"表示大学及以上
	风险意识	RISK	Likert 5 点量表，"1"表示极厌恶，"5"表示极偏好
主观规范	政府经济激励	GJJL	Likert 5 点量表，"1"表示极小，"5"表示极大
	监管严格程度	SUP	Likert 5 点量表，"1"表示极不严格，"5"表示极严格
	其他生产者影响	AFF	Likert 5 点量表，"1"表示极小，"5"表示极大
	是否加入合作社	COOP	"1"表示已加入，"0"表示未加入
态度	环境保护意识	ENV	Likert 5 点量表，"1"表示最弱，"5"表示最强
	健康意识	HEV	Likert 5 点量表，"1"表示极不关注，"5"表示极关注
	有机蔬菜质量	QUA	Likert 5 点量表，"1"表示极低，"5"表示极高
	食品安全意识	SAF	Likert 5 点量表，"1"表示极不担忧，"5"表示极担忧

① O. Flaten, G. Lien, M. Ebbesvik, et al., "Do the New Organic Producers Differ from the old Guard? Empirical Results from Norwegian Dairy Farming", *Renewable Agriculture and Food Systems*, Vol. 21, No. 3, 2006, pp. 174-182.

② D. Läpple, Van, T. Rensburg, "Adoption of Organic Farming: are there Differences between Early and Late Adoption?".

（续表）

	变量	变量符号	变量描述
知觉行为控制	有机技术可得性	TECH	Likert 5 点量表,“1”表示极难,“5”表示极易
	有机种植面积	AREA	实际种植面积,单位为亩
	有机农业认知	KNOW	Likert 5 点量表,“1”表示极不了解,“5”表示极了解
	市场信息可得性	INF	Likert 5 点量表,“1”表示极难,“5”表示极易
	出口机会	EXP	Likert 5 点量表,“1”表示极差,“5”表示极好
	有机与常规蔬菜价格差	PRID	Likert 5 点量表,“1”表示极小,“5”表示极大
	有机与常规蔬菜产量差	PROD	Likert 5 点量表,“1”表示极小,“5”表示极大
	生物农药价格	PESP	Likert 5 点量表,“1”表示极低,“5”表示极高
	有机肥料价格	FERP	Likert 5 点量表,“1”表示极低,“5”表示极高

三、农户有机生产决策行为的实证分析

（一）数据来源

本章数据来源于在山东寿光的调研。在调研中,按照分层随机抽样方法,在山东省寿光市分别选取北洛镇(刘家崖子等村)、胡营乡(郭家庄村等村)、王望镇(王二村等村)的 20 个村庄的 900 个蔬菜种植农户样本进行了调研。

问卷调查分为两个阶段。第一阶段,采用访谈法对 30 个农户进行预调研,考察问卷设计是否合理、是否有不易理解的内容等,对问卷初稿进行修改和完善。第二阶段,采用入户方式在上述村庄展开正式调查。共发放问卷 900 份,收回有效问卷 785 份,有效回收率为 87.2%。被调查者的年龄大部分在 40 岁到 50 岁之间,这部分农民有多年的种植经验,且由于年龄的限制已不适宜于长期外出打工。农户受教育程度多数为初中与小学,农业收入在总收入中占较大比重。农户的环境保护意识较强,且对健康有较高的关注度。农户由于多年的种植经验认识到蔬菜种植有一定的风险,其风险意识为弱偏好。在蔬菜种植户群体中,羊群效应明显,即其他生产者对自己有较大的影响。总体来看,调查初步分析结果与农村现实状况基本相符。

（二）实证模型

本章研究已从事有机蔬菜生产农户的规模变动意愿。在研究农户生产规模变动的生产意愿时,将被解释变量设置为“退出”“缩小”“基本不变”“扩大”的带有程度不同排序的多种离散选择项,此时采用有序 Logit 模型是适宜的选择。有

序Logit 模型是针对有序反应变量的回归模型，是累积有序模型的一种。① 该模型的建立是基于反应变量的累积概率，即假设累积概率的 Logit 函数值是协变量的线性函数，其中每一反应类的回归系数均相同。②

令 Y_i 为第 i 个主体的有序反应变量，有 C 类，协变量向量为 X_i。Y_i 表示生产意愿，取“退出”“缩小”“保持不变”和“扩大”等值，即 Y_i 有四类。累积概率定义为 $g_{ci}=\Pr(Y_i \leq y_c | X_i)$，$c=1,\cdots,4$。由于最后一个累积概率等于 1，因此模型定义只需 C－1 个，即 3 个累积概率。因此，对于有 4 类取值的有序反应变量 Y_i 的有序 Logit 模型是 3 个累积概率 $g_{ci}=\Pr(Y_i \leq y_c | X_i)$，$c=1,2,3$ 的方程组：

$$\text{log}it(g_{ci}) = \log(g_{ci}/(1-g_{ci})) = \alpha_c - \beta' X_i, \quad c = 1,2,3 \tag{14-1}$$

其中 $\beta' X_i = \beta_0 + \beta_1 X_{1i} + \beta_2 X_{2i} + \cdots$，参数 α_c 称为极限点（Limit Points），为一递增的序列：$\alpha_1 < \alpha_2 < \alpha_3$。由（14-1）可得类 C 的累积概率为：

$$g_{ci} = \exp(\alpha_c - \beta' X_i)/(1+\exp(\alpha_c - \beta' X_i)) = 1/(1+\exp(-\alpha_c + \beta' X_i)) \tag{14-2}$$

则 Y_i 属于每一类的概率为：

$$\begin{cases} \text{prob}(Y_i = 0) = F(\alpha_1 - \beta' x_i) \\ \text{prob}(Y_i = 1) = F(\alpha_2 - \beta' x_i) - F(\alpha_1 - \beta' x_i) \\ \text{prob}(Y_i = 2) = F(\alpha_3 - \beta' x_i) - F(\alpha_2 - \beta' x_i) \\ \text{prob}(Y_i = 3) = 1 - F(\alpha_3 - \beta' x_i) \end{cases} \tag{14-3}$$

四、基于规模变动的农户有机生产意愿的模型估计结果

（一）模型估计结果

在进行有序 Logit 模型回归之前要先进行平行性检验（Parallel Line Assumption）。③ 检验方法主要有得分检验（Score Test）④和 Wald 检验⑤。得分检验在总体平行性假设不成立时，无法判断出不满足平行性假设的是哪些变量，因此本章利

① F. Samejima, “Estimation of Latent Trait Ability Using a Response Pattern of Graded Scores”, *Psychometric Monograph*, Vol. 34, No. 4, 1969, pp. 124-135.

② A. S. Fullerton, “A Conceptual Framework for Ordered Logistic Regression Models”, *Sociological Methods & Research*, Vol. 38, No. 2, 2009, pp. 306-347.

③ J. S. Long, “Regression Models for Categorical and Limited Dependent Variables”, *Texas*: *Stata Press*, 2001.

④ R. Wolfe, W. Gould, “An Approximate Likelihood-ratio Test for Ordinal Response Models”, *Stata Technical Bullin*, Vol. 7, No. 42, 1998, pp. 24-27.

⑤ R. Brant, “Assessing Proportionality in the Proportional Odds Model for Ordinal Logistic Regression”, *Biometrics*, Vol. 46, No. 4, 1990, pp. 1171-1178.

用 Wald 检验对平行性假设进行检验，结果表明平行性假设成立。利用 STATA11.0 对数据进行有序 Logit 回归，得到结果如表 14-2 所示。

表 14-2 农户有机蔬菜生产意愿的有序 Logit 模型估计结果

自变量	系数	标准误	z-统计量	p 值
AGE	-0.044692	0.022000	-2.03	0.042**
EDU	0.069276	0.023370	2.96	0.003***
SRJG	0.619573	0.371215	1.67	0.095*
JJJL	0.055154	0.027901	1.98	0.048**
ENV	0.886964	0.414994	2.14	0.033**
HEA	0.091811	0.211797	0.43	0.665
QUA	0.971190	0.316033	3.07	0.002***
SUP	-0.645122	0.335524	-1.92	0.055*
RISK	0.595622	0.335972	1.77	0.076*
AFF	1.692274	0.507745	3.33	0.000***
SAF	1.806210	1.507850	1.19	0.231
TECH	1.026110	0.287204	3.57	0.000***
INF	0.660085	0.524511	1.26	0.208
EXP	1.772896	0.504401	3.51	0.000***
COOP	0.844460	0.284652	2.97	0.003***
PRID	0.766718	0.271426	2.82	0.005***
PESP	-0.833052	0.556396	-1.50	0.134
FERP	-1.027340	0.285864	-3.59	0.000***
PROD	-0.811665	0.276339	-2.94	0.003***
AREA	0.760409	0.346752	2.19	0.028**
KNOW	0.019873	0.241907	0.08	0.935
Limit Points				
LIMIT_2:C(20)	-4.262752	1.835862	-2.321935	0.0202
LIMIT_3:C(21)	1.300273	1.826786	0.711782	0.4766
LIMIT_4:C(22)	2.615775	1.859341	1.406829	0.1595
LIMIT_5:C(23)	4.435192	2.070400	2.142191	0.0322
LR 统计量	70.10034	Schwarz C		1.588341
对数似然值	-190.8327	AIC		1.319955

（二）分析与讨论

从表 14-2 可以看出有序 Logit 模型的估计结果较好。影响农户有机蔬菜生产意愿的影响因素分析如下：

（1）态度变量中环境保护意识（ENV）、对有机蔬菜质量的评价（QUA）对生产意愿均具有显著的正向影响，而食品安全意识（SAF）、健康意识（HEA）的影响并不显著。食品安全意识与健康意识的影响不显著，反映了农户对有机生产有利于生产者安全的特性认知不高。王奇等的研究表明，环境意识对农户是否从事有机生产的意愿并无显著影响。[①] 本章得出相反结论的原因在于，那些已经从事且更愿意扩大规模的农户因具有一定生产经验而可能看重有机生产带来的额外环保收益，尤其是看重有机生产的环境收益对农业可持续发展的作用，但应注意到环境意识的影响显著，并不能充分说明农户具有较高的社会责任感而从事有机生产，其食品安全意识与健康意识影响不显著也从侧面证明了这一点。那些更为认可有机蔬菜质量的生产者可能会更看好有机食品的获利前景，因此倾向于扩大生产规模。

（2）主观规范变量的影响皆显著，其他生产者的影响（AFF）、加入合作社（COOP）、政府经济激励（GJJL）产生正向影响，而对有机生产监管严格程度的评价（SUP）则产生反向影响。对于我国分散化的小农户而言，从事有机生产必须众多农户合作方可行，这也与我国农户生产行为往往会相互模仿与学习的现实状况吻合。政府经济激励不仅可以直接提高农户的收益，而且可以提升农户生产信心，因此会产生显著影响。而 SUP 系数为负值的原因可能在于，对有些农户而言，严格的监管使得有机生产的成本上升、产量下降，影响了其收益，对很多相对“短视”的农户而言，降低了有机生产积极性。

（3）有机技术的可得性（TECH）、有机蔬菜与常规蔬菜的价格差（PRID）、出口机会（EXP）、有机蔬菜种植面积（AREA）均对有机蔬菜的生产意愿具有显著正的影响。有机蔬菜的生产是一种与传统的种植方式显著不同的作业形式，需要较高的技术，因此技术可得性降低了农户生产的困难从而会提高生产积极性。有机蔬菜与常规蔬菜的价格差、出口机会皆提高了农户有机生产获利的可能性，尤其是对作者调研的寿光地区而言，向日韩等国家出口是重要的销售渠道，因此 PRID 与 EXP 产生显著影响。有机蔬菜现有种植规模产生正向显著影响的原因在于，我国有机蔬菜生产仍普遍为小规模生产，尚处于规模效益递增阶段，生产规模的扩大将有利于提高收益，因此现有规模越大的农户越愿意继续扩大规模。

有机肥料的价格（FERP）、有机蔬菜与常规蔬菜的产量差（PROD）等变量对有机蔬菜生产意愿具有显著的负向影响。有机肥料价格、有机蔬菜与常规蔬菜的产量差降低了农户获利可能性，因此对农户有机生产意愿产生反向影响，验证了前

① 王奇、陈海丹、王会：《农户有机农业技术采用意愿的影响因素分析——基于北京市和山东省 250 户农户的调查》，《农村经济》2012 年第 2 期。

文提出的研究假设。

生物农药的价格(PESP)、市场信息的可得性(INF)、有机农业认知(KNOW)对有机生产意愿的影响不显著。有机生产农户更多采用物理灭虫等方式,生物农药成本相对较低,对生产规模较大的农户而言更是如此。从调研地区有机蔬菜生产的实际来看,农户生产模式基本皆为“合作社(协会)+农户”或“企业+农户”模式,农户不需要负责有机蔬菜的销售,因为对市场信息并不关心。农户对有机农业的认知更多应起到一个类似门槛的作用,可能会显著影响农户是否从事有机生产的二元决策,而对已经从事有机生产的农户而言,认知程度普遍较高,对规模扩张意愿的影响不再显著。

(4) 在个体特征变量中,年龄(AGE)、受教育程度(EDU)与风险意识(RISK)对有机生产意愿有着显著的影响。相较于常规农业生产,有机生产可能具有更高风险。年轻农民往往更具有冒险意识,且更容易接受新鲜事物,同时受教育程度也相对较高,更愿意从事有机蔬菜生产,这也与 Burton 等以及 Läpple 和 Van Rensburg 等研究结论一致。①

① M. Burton, D. Rigby, T. Young, “Modelling the Adoption of Organic Horticultural Technology in the UK Using Duration Analysis”; D. Läpple, Van, T. Rensburg, “Adoption of Organic Farming: are there Differences between Early and Late Adoption?”.

第十五章　农户有机生产方式采纳时机分析：基于结构方程模型的实证

国内外学者对农户有机农业生产方式采纳意愿进行了大量研究，本书也在前文就农户是否采纳有机生产方式以及基于规模变动视角的生产意愿进行了重点研究。不可否认，农户有机农业生产方式的采纳动机不尽相同，更重要的是采纳时机不同会导致农户收益的差异。从现有研究来看，实证调查农户有机农业生产方式采纳时机影响因素的研究较少。实际上，从20世纪末期以来，我国有机农业已取得较快发展，生产规模和市场需求迅速扩大，使得研究农户有机农业生产方式采纳时机具备了可行性。因此，本章以山东省青岛市与寿光市的有机蔬菜生产农户为案例，运用结构方程模型探究影响农户有机农业生产方式采纳时机的关键因素，据此提出更具针对性与可操作性的有机蔬菜产业发展建议。

一、基于技术采纳与利用整合理论的研究假说

本章研究以 Venkatesh 等提出的技术采纳与利用整合理论（Unified Theory of Acceptance and Use of Technology, UTAUT）为支撑，①提出研究假说，以结构方程模型（Structural Equation Model, SEM）为分析工具，研究农户有机农业生产方式采纳时机的主要影响因素。

（一）UTAUT 理论与结构方程模型

1. UTAUT 理论

自20世纪80年代以来，各种各样的理论模型对个体接受、拒绝或延续新技术行为进行了探索。近年来，技术采纳与利用整合理论由于其解释能力高达70%，而受到普遍认可。技术采纳与利用整合理论是创新扩散理论（Innovation Diffusion Theory, IDT）、理性行为理论（Theory of Reasoned Action, TRA）、计划行为理论（Theory of Planned Behavior, TPB）、动机模型（Motivational Model, MM）、技术采纳模型（Technology Acceptance Model, TAM）、复合的 TAM 与 TPB 模型（Combined

① V. Venkatesh, M. G. Morris, G. B. Davis, et al., "User Acceptance of Information Technology: Toward a Unified View", *MIS Quarterly*, Vol. 27, No. 3, 2003, pp. 425-478.

TAM and TPB, C-TAM-TPB)、PC利用模型(Model of PC utilization, MPCU)以及社会认知理论(Social Cognitive Theory, SCT)的整合。技术采纳与利用整合理论把八个模型中的论点整合为四个核心(Core Determinant):“绩效期望”(Performance Expectancy, PE)、“努力期望”(Effort Expectancy, EE)、“社会影响”(Social Influence, SI)和“促成因素”(Facilitating Conditions, FC),以及自身特征调节变量。

国内外学者采用技术采纳与利用整合理论,在不同的领域进行了定性和定量研究。如电子政务、网络购物、信息和通信技术、企业资源规划、乡村旅游服务以及数码触摸屏的教学应用等。[①] 另外,一些学者把人格理论(Personality Trait Theory, PTT)[②]、魅力型领导理论(Charismatic Leadership Theory, CLT)[③]、任务/技术匹配理论(Task/Technology Fit, TTF)[④]与其整合,使其改进并扩展,增强了其解释力。但把技术采纳与利用整合理论应用在农业经济领域的研究较少。

2. 结构方程模型

结构方程模型(SEM)是基于变量的协方差矩阵来分析变量之间关系的一种统计方法。相对于传统的统计方法不能妥善处理潜变量的缺陷,结构方程模型能够同时处理潜变量及其指标,为人们研究难以直接测量的变量间的关系提供了科学的分析工具。[⑤] 运用结构方程模型和技术采纳与利用整合理论相结合来研究人们的行为意向及其影响因素之间关系的文献已屡见不鲜。比如,Neufled等在技术采纳与利用整合理论框架中,通过结构方程模型验证了引进资深经理人的影响因素。[⑥] Chen以台湾626名大学生的调查样本为案例,运用技术采纳与利用整合理论和结构方程模型相结合的方法,探讨了大学生采纳电子学习系统的影响因素。[⑦] 周涛等也采用同样的方法,分析影响用户采纳移动银行的影响因素。[⑧] 但运用结构方程模型和技术采纳与利用整合理论相结合来研究农户行为决策及其影响因素之间关系的文献还较少。

---

① T. W. Kung, T. Timothy, R. Sharon, "Interactive Whiteboard Acceptance: Applicability of the UTAUT Model to Student Teachers", *Asia-Pacific Edu Res*, Vol. 22, No. 1, 2013, pp. 1-10.

② H. I. Wang, H. L. Yang, "The Role of Personality Traits in Utaut Model under Online Stocking", *Contemporary Management Research*, Vol. 1, No. 1, 2005, pp. 69-82.

③ D. J. Neufeld, L. Dong, C. Higgins, "Charismatic Leadership and User Acceptance of Information Technology", *European Journal Of Information Systems*, Vol. 16, No. 4, 2007, pp. 494-510.

④ 周涛、鲁耀斌、张金隆:《整合TTF与UTAUT视角的移动银行用户采纳行为研究》,《管理科学》2009年第3期。

⑤ 侯杰泰、温忠麟、成子娟:《结构方程模型及其应用》,经济科学出版社2004年版。

⑥ D. J. Neufeld, L. Dong, C. Higgins, "Charismatic Leadership and User Acceptance of Information Technology".

⑦ J. L. Chen, "The Effects of Education Compatibility and Technological Expectancy on E-Learning Acceptance", *Computers & Education*, Vol. 57, No. 2, 2011, pp. 1501-1511.

⑧ 周涛、鲁耀斌、张金隆:《整合TTF与UTAUT视角的移动银行用户采纳行为研究》。

一般意义上,农户有机农业生产方式采纳时机受其绩效期望、努力期望、社会影响、促进因素以及农户特征的影响,符合技术采纳与利用整合理论。因此,利用技术采纳与利用整合理论和结构方程模型相结合的方法,探讨农户有机农业生产方式采纳时机的影响因素是恰当的。

(二)研究假说

基于上述分析,本章提出如下假说:

1. 绩效期望(PE)

绩效期望是农户认为采纳有机农业生产方式可以帮助其提高收益、提高农产品质量和改善生态环境的程度。首先,有机生产必须按照相关标准操作,使得农产品质量得到相应提高,从而市场价格高于普通农产品;①其次,有机农产品质量高,易于通过检测,不易发生食品质量安全事件,从而会降低农户的经营成本,易于达到提高收益目标。另外,有机农产品生产有利于保护土壤和地下水等生产和生活环境,能够避免化学农药对农民健康的伤害。② 因此,可以认为,农户采纳有机农业生产方式时机受其绩效期望程度的影响。

由此提出假说 H_1:绩效期望对农户采纳有机农业生产方式的时机具有正向影响。

2. 努力期望(EE)

努力期望是农户认为有机农业是否容易从事的程度。农户有机农业生产的努力期望主要体现在资源禀赋限制以及预期困难方面。在资源禀赋限制方面,主要为土地、资本、认知和技术等限制。③ 但陈雨生等的研究发现生产率障碍和技术障碍是制约有机蔬菜发展的重要因素,土地和资本限制未对有机生产产生显著影响。④ 在预期困难方面,由于有机农产品的生产需要额外投入,例如害虫和杂草管理方面的劳动力投入,致使劳动成本增加。⑤

由此提出假说 H_2:努力期望对农户采纳有机农业生产方式的时机具有正向

① E. Rembialkowska, "Review Quality of Plant Products from Organic Agriculture", *Journal of the Science of Food and Agriculture*, Vol. 87, No. 15, 2007, pp. 2757-2762.

② 陈雨生、乔娟、赵荣:《农户有机蔬菜生产意愿影响因素的实证分析——以北京市为例》,《中国农村经济》2009 年第 7 期。

③ B. Coombes, H. Campbell, "Dependent Reproduction of Alternative Modes of Agriculture: Organic Farming in New Zealand", *Sociologia Ruralis*, Vol. 38, No. 2, 1998, pp. 127-145; L. Lohr, L. Salomonsson, "Conversion Subsidies for Organic Production: Results from Sweden and Lessons for the United States", *Agricultural Economics*, Vol. 22, No. 2, 2000, pp. 133-146;周洁红:《蔬菜质量安全控制行为及其影响因素分析——基于浙江省 396 户菜农的实证分析》,《中国农村经济》2006 年第 11 期。

④ 陈雨生、乔娟、赵荣:《农户有机蔬菜生产意愿影响因素的实证分析——以北京市为例》。

⑤ T. A. Park, L. Lohr, "Organic Pest Management Decisions: A Systems Approach to Technology Adoption", *Agricultural Economics*, Vol. 33, No. 3, 2005, pp. 467-478.

影响。

3. 社会影响(SI)

社会影响是个人意识到他人认为其是否应该从事有机农业的程度。Naoufel指出道德和社会关注因素对农户有机农业采纳行为具有正的影响。[①] 目前,中国食品安全问题和环境污染频发,通过采纳有机农业生产方式,可改善生态环境与土壤肥力下降,提高农产品质量。农户对其担忧程度越高,会越早采用有机农业生产方式。

由此提出假说 H_3:社会影响对农户采用有机农业生产方式的时机具有正向影响。

4. 促进因素(FC)

促进因素为个人相信现有政策和外部监督力度能够促进农户采纳有机农业生产方式的程度。首先,政府的政策激励具有推动有机农业发展的激励和导向作用。[②] 国外发展的经验表明,政府的大力支持是有机农业发展最重要的关键因素。如德国"联邦有机农业计划"每年投入两千万欧元用于支持有机农业生产,而对于有机市场的研究发展更是不遗余力。法国政府设立1500万欧元的基金,用于支持有机农业结构调整,形成产品生产、收购、加工、销售的渠道。[③] 其次,企业对农户生产要求非常严格,同时又将由销售高质量蔬菜获得的部分额外利润转移给农户,提高了农户的收入和生产积极性。[④] 另外,在监管机制方面,监管越严格,农户越不易发生道德风险行为。[⑤]

由此提出假说 H_4:促进因素对农户采纳有机农业生产方式的时机具有正向影响。

5. 自身特征(SELF)

Gopal等的研究表明女性担任领导者的家庭更愿意采纳有机蔬菜生产技术。[⑥] Genius等研究发现受教育程度对有机农业技术采纳行为具有显著的正的影响,而年龄具有显著的负影响。[⑦]

---

① M. Naoufel, "Farmers Adoption of Integrated Crop Protection and Organic Farming: Do Moral and Social Concerns Matter", *Ecological Economics*, Vol. 70, No. 8, 2011, pp. 1536-1545.

② 赵大伟:《中国绿色农业发展的动力机制及制度变迁研究》,《农业经济问题》2012第11期。

③ 吴昌华、张爱民、郑立平等:《我国有机农业发展问题探讨》,《经济纵横》2009年第11期。

④ 陈雨生、乔娟、赵荣:《农户有机蔬菜生产意愿影响因素的实证分析——以北京市为例》。

⑤ 周峰、徐翔:《政府规制下无公害农产品生产者的道德风险行为分析》,《南京农业大学学报》2007年第4期。

⑥ B. T. Gopal, R. Kanokporn, "Adoption and Extent of Organic Vegetable Farming in Mahasarakham Province Thailand", *Applied Geography*, Vol. 31, No. 1, 2011, pp. 201-209.

⑦ M. Genius, C. J. Pantzios, Tzouvelekas, V., "Information Acquisition and Adoption of Organic Farming Practices", *Journal of Agricultural and Resource Economics*, Vol. 31, No. 1, 2006, pp. 93-113.

由此提出假说 H5:农户自身特征对其采纳有机农业生产方式的时机具有负向影响。

基于上述理论和研究假说,本书构建如图 15-1 所示的假说模型。

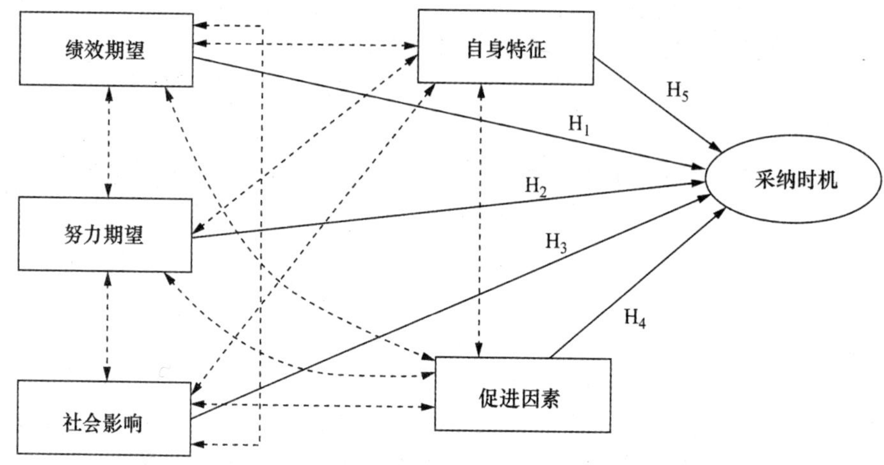

图 15-1 农户有机农业生产方式采纳时机影响因素的假说模型

(三) 变量设置

为保证调查问卷具有良好的内容效度,达到验证图 15-1 假说模型的目的,问卷的设计主要是基于技术采纳与利用整合理论、相关研究文献,共设置 17 个变量(表 15-1),力求涵盖解释变量的所有信息。除自身特征外,借鉴 Ureña 等、Ortega 等学者的做法,①其他相关变量皆采用 5 级李克特量表(Likert Scale)或 5 级语义差别量表(Semantic Differential Scale)进行测量。

表 15-1 假说模型变量表

潜变量	可测变量			
维度名称	变量名称	取值	均值	标准差
自身特征(SELF)	年龄(AGE)	18—29 岁 = 1;30—59 岁 = 2;60 岁及以上 = 3	2.06	0.30
	性别(GEND)	男 = 1;女 = 2	1.39	0.49
	受教育水平(EDU)	本科及以上 = 1;专科 = 2;高中及中专 = 3;初中 = 4;小学及以下 = 5	3.72	0.83

① F. Ureña, R. Bernabéu, M. Olmeda, "Women, Men and Organic Food: Differences in Their Attitudes and Willingness to Pay: A Spanish Case Study", *International Journal of Consumer Studies*, Vol. 32, No. 1, 2008, pp. 18-26; D. L. Ortega, H. H. Wang, L. P. Wu, et al., "Modeling Heterogeneity in Consumer Preferences for Select Food Safety Attributes in China", *Food Policy*, Vol. 36, No. 2, 2011, pp. 318-324.

（续表）

潜变量	可测变量			
维度名称	变量名称	取值	均值	标准差
绩效期望（PE）	提高收益(PRO)	1=认同;2=比较认同;3=中立;4=比较不认同;5=不认同	2.55	0.67
	改善整体生态环境(NET)	1=认同;2=比较认同;3=中立;4=比较不认同;5=不认同	3.29	1.10
	提高整体蔬菜质量(APQ)	1=认同;2=比较认同;3=中立;4=比较不认同;5=不认同	3.34	1.08
努力期望（EE）	劳动力成本不会增加(LC)	1=认同;2=比较认同;3=中立;4=比较不认同;5=不认同	2.86	0.72
	不存在技术障碍(TO)	1=认同;2=比较认同;3=中立;4=比较不认同;5=不认同	2.37	0.73
	单位产量不会降低(PUO)	1=认同;2=比较认同;3=中立;4=比较不认同;5=不认同	2.22	0.87
社会影响（SI）	环境污染问题很让人担忧(EP)	1=认同;2=比较认同;3=中立;4=比较不认同;5=不认同	2.24	1.06
	土壤流失与肥力下降问题很让人担忧(SL)	1=认同;2=比较认同;3=中立;4=比较不认同;5=不认同	2.22	1.08
	农产品质量安全问题很让人担忧(APS)	1=认同;2=比较认同;3=中立;4=比较不认同;5=不认同	2.19	1.19
促进因素（FC）	农产品质量的外部监督机制严格(SM)	1=认同;2=比较认同;3=中立;4=比较不认同;5=不认同	2.84	0.85
	政府支持的作用(GS)	1=大;2=较大;3=中立;4=较小;5=小	3.26	0.87
	农业龙头企业的作用(ES)	1=大;2=较大;3=中立;4=较小;5=小	3.00	0.53
采用时机（AT）	采纳有机农业生产方式的时机(OFAT)	1=第一批;2=较早;3=跟大多数人一起;4=看到很多人成功后;5=最后一批	2.93	0.73
	采纳有机病虫害治理等技术的时机(PTAT)	1=第一批;2=较早;3=跟大多数人一起;4=看到很多人成功后;5=最后一批	2.86	0.71

二、样本选取与数据来源

（一）样本选取

山东省是中国最重要的蔬菜生产地区。近年来,山东省有机蔬菜种植发展迅速,其中寿光和青岛是有机蔬菜种植面积较高的地区。因此,本章选择在山东省寿光市和青岛市抽取若干有机蔬菜农户为调查对象。具体包括青岛 4 个村和寿光 11 个村。

调查员为曲阜师范大学的研究生和本科生,采用调查员入户或者在田间地头与农民一对一直接访谈的方式。在正式调查前,对所有调查人员进行了专门培训,并在青岛的郝家营村进行了预调研,通过对问卷的信度与效度分析,调整问卷题项。采用调整后的调查问卷展开正式调查。为了最大限度减少由于被访者文化程度差异带来的理解偏差,最大程度确保问卷的真实性和有效性,调查问卷由调查员负责代为填写。

(二)受访者基本特征

本次调查共发放问卷350份,剔除填写不规范或者关键信息缺失的问卷25份,最终获得有效问卷325份,问卷有效率为92.6%。统计结果显示,男女样本比例约为6:4;年龄分布的跨度较大,在30—59岁之间的占样本的90.8%,大专以下学历占84.9%,构成了受访者的主体。样本基本特征与我国农业从业者大多为男性、中年、低学历的现状相一致,反映了样本的随机性比较好,能够更好地保障研究结论的可靠性。

三、实证模型与模型检验

(一)实证模型选择

农户有机生产决策属于个体的主观认识,不同个体可能持有不同观点,具有无法直接观测的基本特征。SEM是基于变量的协方差矩阵来分析变量之间关系的一种统计方法。相对于传统的统计方法不能妥善处理潜变量的缺陷,SEM能够同时处理潜变量及其指标,为人们研究难以直接测量的变量间关系提供了科学的分析工具。[①] 为此,本书引入SEM研究农户有机农业采纳时机及其影响因素间作用路径。

SEM包括测量模型和结构模型,前者反映潜变量和可测变量间的关系,后者反映潜变量间的结构关系。SEM一般由3个矩阵方程式所代表:

$$\eta = \beta\eta + \Gamma\xi + \zeta \qquad (15\text{-}1)$$

$$X = \Lambda_x\xi + \delta \qquad (15\text{-}2)$$

$$Y = \Lambda_y\eta + \varepsilon \qquad (15\text{-}3)$$

方程(15-1)为结构模型,η 为内生潜变量,ξ 为外源潜变量,η 通过 β 和 Γ 系数矩阵以及误差向量 ζ 把内生潜变量和外源潜变量联系起来,β 为内生潜变量间的关系,Γ 为外源潜变量对内生潜变量的影响,ζ 为结构方程的残差项,反映了在方程中未能被解释的部分。方程(15-2)和方程(15-3)为测量模型,X 为外源潜变量的可测变量,Y 为内生潜变量的可测变量,Λ_x 为外源潜变量与其可测变量的关

① 侯杰泰、温忠麟、成子娟:《结构方程模型及其应用》,经济科学出版社2004年版。

联系数矩阵，Λ_y 为内生潜变量与其可测变量的关联系数矩阵，δ 为外源指标 X 的误差项，ε 为内生指标 Y 的误差项，通过测量模型，潜变量可以由可测变量来反映。

（二）探索性因子分析

本研究运用 SPSS19.0 软件对样本数据进行因子分析的适当性检验。结果显示，KMO 值为 0.739①，Bartlett 球型检验的近似卡方值为 2347.299，显著性水平小于 0.01，拒绝零假设②，表明原始变量间有共同因素存在，适合使用因子分析法。其旋转后因子矩阵如表 15-2 所示，抽取出的 5 个因子共解释 74.351% 的方差（大于常用基准值 70%），各指标在对应因子的负载（以黑体显示，均大于 0.5）远大于在其他因子的交叉负载（均小于 0.4），显示各指标能有效地反映其对应因子，最终得到 15 个变量。

表 15-2　因子旋转后载荷矩阵数值

成分	因子 1	因子 2	因子 3	因子 4	因子 5
AGE	0.087	-0.030	-0.067	0.034	**0.801**
GEND	0.018	0.056	0.162	-0.107	**0.680**
EDU	-0.043	0.287	0.114	-0.200	**0.513**
PRO	0.110	**0.721**	0.128	-0.027	-0.074
NET	-0.126	**0.824**	0.016	-0.029	-0.009
APQ	-0.028	**0.796**	0.039	-0.030	0.005
LC	0.085	0.006	**0.889**	0.063	-0.057
TO	-0.160	-0.008	**0.689**	0.073	-0.012
PUO	0.155	0.223	**0.774**	-0.047	0.066
EP	**0.889**	0.010	-0.017	-0.116	-0.018
SL	**0.905**	0.054	0.010	-0.109	-0.016
APS	**0.911**	0.017	-0.004	-0.126	-0.009
SM	-0.056	0.050	0.056	**0.849**	-0.021
GS	-0.112	-0.090	-0.074	**0.829**	0.016
ES	-0.014	0.031	-0.044	**0.747**	-0.098

（三）信度与效度检验

运用 SPSS19.0 软件对归纳出的五个公因子进行信度检验，结果如表 15-3 所示，绩效期望、努力期望、社会影响、促进因素、自身特征的克伦巴赫系数 α 分别为

① Kaiser：KMO（Kaiser-Meyer-Olkin）检验通过比较各变量间简单相关系数和偏相关系数的大小判断变量间的相关性，偏相关系数远小于简单相关系数，相关性愈强，KMO 值愈接近 1。一般认为 KMO 值在 0.9 以上、0.8—0.9、0.6—0.8、0.5—0.6、0.5 以下，分别表示非常适合、比较适合、一般、不太适合、极不适合。

② Cornish：Bartlett 球型检验是以相关系数矩阵为基础，其零假设是：相关系数矩阵是一个单位矩阵。

0.733、0.732、0.898、0.606、0.687，表明变量之间的内部一致性较好。

表 15-3 模型所涉指标的信度和结构效度检验

项目	指标数目	克伦巴赫系数 α	折半信度系数	公因子数	方差贡献率(%)
WHOLE	15	0.658	0.721	—	—
PE	3	0.733	0.804	1	65.424
EE	3	0.732	0.673	1	50.320
SI	3	0.898	0.872	1	57.363
FC	3	0.606	0.604	1	56.952
SELF	3	0.687	0.504	1	57.472
AT	2	0.832	0.832	1	85.622

（四）验证性因子分析

根据探索性因子分析得到的绩效期望、努力期望、社会影响、促进因素、自身特征这五个维度以及其各自确定的变量，运用 LISREL8.70 软件进行回归分析，可得到图 15-2 所示的路径图以及路径系数。

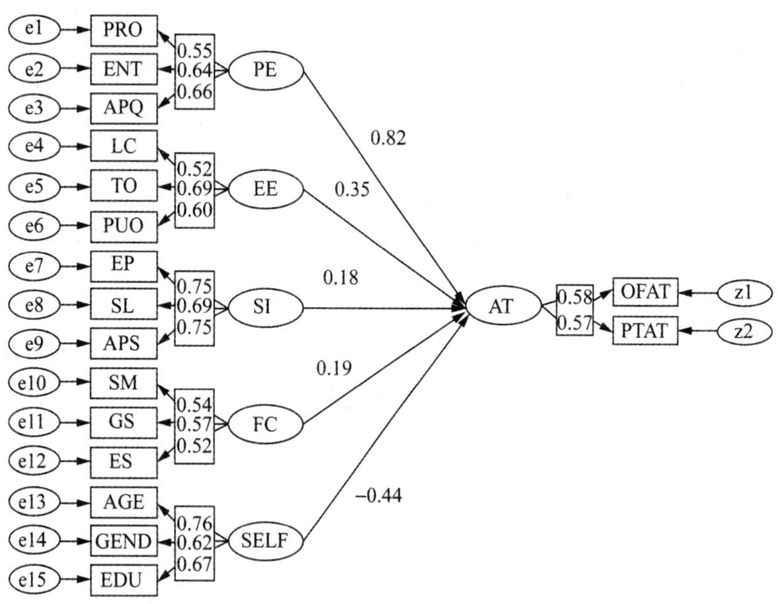

图 15-2 结构方程模型路径系数图

四、实证模型运行结果与分析讨论

(一)参数检验、拟合评价

结构方程模型的拟合指数如表 15-4 所示。模型整体拟合度检验结果显示,各个评价指标基本达到理想状态,模型整体拟合性较好,因果模型与实际调查数据契合,路径分析假说模型有效。

表 15-4　SEM 整体拟合度评价标准及拟合评价结果

指数名称		评价标准	拟合值	拟合评价
χ^2/df		<2.00	2.63	接近
绝对拟合	GFI	>0.90	0.90	理想
	RMSEA	<0.06	0.051	理想
	AGFI	>0.90	0.89	接近
相对拟合指标	NFI	>0.90	0.93	理想
	IFI	>0.90	0.96	理想
	TLI	>0.90	0.91	理想
	CFI	>0.90	0.96	理想

注:指标含义:拟合优度指数(goodness of fit index,GFI);近似误差均方根(root mean square error of approximation,RMSEA);调整拟合优度(adjust goodness of fit index,AGFI);标准拟合指数(normed fit index,NFI);增值拟合指数(incremental fit index,IFI)。

(二)结构模型的路径分析

运用 LISREL8.70 软件对数据进行实证分析,得到农户有机农业生产方式采纳时机决策模型的实证检验结果参见表 15-5。绩效期望、努力期望、社会影响、促进因素和自身特征五个潜变量的标准化路径系数分别为 0.82、0.35、0.18、0.19 和 -0.44。

表 15-5　农户有机农业生产方式采用时机的假设检验结果

假设编号	假设描述	标准化路径系数	T 值	检验结果
H_1	绩效期望显著正向影响采纳时机	0.82^{***}	5.37	支持
H_2	努力期望显著正向影响采纳时机	0.35^{***}	4.76	支持
H_3	社会影响显著正向影响采纳时机	0.18^{**}	2.35	支持
H_4	促进因素显著正向影响采纳时机	0.19^{**}	2.99	支持
H_5	自身特征显著负向影响采纳时机	-0.44^{***}	5.13	支持

注:*,**,*** 分别表示在 10%,5%,1% 水平上显著。

假设检验结果与讨论如下:

(1) 绩效期望(PE)的标准化系数最大,表明对采用时机(AT)的影响最大,绩效期望与采用时机在1%的水平上显著正相关,假设1得到证实。由此可知,收益期望、改善生态环境期望和提高农产品质量期望越高的菜农,不仅更愿意采纳有机蔬菜生产方式,[①]而且会越早采纳有机蔬菜生产方式。

(2) 努力期望(EE)的标准化路径系数为0.35,努力期望对采用时机在1%的水平上产生显著正向影响,假设2得到证实。由此可知,虽然采纳有机蔬菜生产方式会导致劳动力成本增加、生产率下降,且存在一定的技术障碍,但是农户认为能够克服上述问题的程度越高,其采纳有机蔬菜生产方式的意愿越强,[②]也会尽早采纳有机蔬菜生产方式。

(3) 社会影响(SI)的标准化路径系数为0.18,与采用时机在5%的水平上显著正相关,社会影响对采用时机具有显著正向作用,假设3得到验证。即菜农对环境污染、土壤肥力下降及农产品安全问题担忧程度越高,采纳有机蔬菜生产方式的意愿越强,[③]采纳时机也会越早。

(4) 促进因素(FC)的标准化系数为0.19,促进因素对采用时机在5%的水平上产生显著正向影响,假设4得到证实,其原因可能在于蔬菜质量的监管机制越严格,会促使农户越早采纳有机蔬菜生产方式;当政府及农业龙头企业对菜农提供相应支持时,会相应提高菜农的技术水平、收益及生产积极性。这与陈雨生等学者研究农户有机蔬菜生产方式采纳意愿的结论相吻合。[④]

(5) 自身特征(SELF)标准化路径系数为-0.44,自身特征与采用时机在1%的水平上显著负相关,表明自身特征对采用时机具有显著负向作用,假设5得到证实。菜农越年轻,受教育程度越高,更愿意采纳有机蔬菜生产方式,[⑤]而且其采纳时机也会越早;女性担任领导者的家庭更愿意采纳有机蔬菜生产技术,[⑥]但其采纳时机不会太早。

---

① 周洁红:《蔬菜质量安全控制行为及其影响因素分析——基于浙江省396户菜农的实证分析》,《中国农村经济》2006年第11期;Rembialkowska, E., "Review Quality of Plant Products from Organic Agriculture", *Journal of the Science of Food and Agriculture*, Vol. 87, No. 15, 2007, pp. 2757-2762.

② 陈雨生、乔娟、赵荣:《农户有机蔬菜生产意愿影响因素的实证分析——以北京市为例》。

③ M. Naoufel, "Farmers Adoption of Integrated Crop Protection and Organic Farming: Do Moral and Social Concerns Matter", *Ecological Economics*, Vol. 70, No. 8, 2011, pp. 1536-1545.

④ 陈雨生、乔娟、赵荣:《农户有机蔬菜生产意愿影响因素的实证分析——以北京市为例》。

⑤ M. Genius, C. J. Pantzios, V. Tzouvelekas, "Information Acquisition and Adoption of Organic Farming Practices", *Journal of Agricultural and Resource Economics*, Vol. 31, No. 1, 2006, pp. 93-113.

⑥ B. T. Gopal, R. Kanokporn, "Adoption and Extent of Organic Vegetable Farming in Mahasarakham Province Thailand", *Applied Geography*, Vol. 31, No. 1, 2011, pp. 201-209.

第十六章　消费者有机食品的认知行为研究

根据消费者行为理论,认知与信息的获取是消费者偏好的起点,也是市场需求的基础性问题。在食品安全管理研究领域,对消费者认知问题的探讨备受关注。学者们大多应用各种认知模型和行为理论来解释认知与行为之间的关系。由于认知被视作行为形成、行为差异化的主要诱因,因而了解认知的形成过程及其影响因素对建立有效的信息沟通策略十分必要。随着对食品安全信用品质认识的逐步深化,研究有效显示质量安全信号的载体形式的文献也日渐丰富,譬如对质量认证、产地认证、食品标识、农业质量保证项目等信号显示作用及其有效性的研究。本章首先基于在全国 10 个省份 4258 个消费者样本的调研数据,对消费者有机食品认知行为进行描述分析,进而重点以山东省 693 个消费者的专题调研数据,构建多变量 Probit(Multivariate Probit, MVP)模型研究消费者对有机认证标识的不同层次认知行为及其相应影响因素。

一、消费者认知的层次设置及总体描述

(一)消费者对有机食品认知的经验研究

已有为数不少的学者选取不同的地区围绕消费者对有机食品的认知等问题进行了调研分析。王二朋和周应恒于 2005 年在江苏南京和扬州两市城区对 651 个消费者的调研数据表明,仅有 55.76% 的受访者知道有机食品。① 尹世久等于 2008 年在山东济南等五个城市的调查显示,有 46% 的受访者听说过有机食品,但仅有 12.3% 的消费者了解有机食品的 1—2 个标志。② 刘军弟等于 2008 年在上海和南京两个城市对 458 个消费者样本的调研表明,仅有 38% 的消费者知道有机猪肉,消费者对有机猪肉的整体认知程度较低;但进一步分析却发现,知道有机猪肉的消费者群体对有机猪肉的认知水平并不低,能够准确识别有机产品标识并且知道有机猪肉需要权威部门的认证与严格检验的消费者有 129 位,占这个群体的比例达到 74%(占总样本的比例为 28%);调研同时表明,有过实际购买经历的消费

---

① 王二朋、周应恒:《城市消费者对认证蔬菜的信任及其影响因素分析》,《农业技术经济》2011 年第 10 期。

② 尹世久、吴林海、陈默:《基于支付意愿的有机食品需求分析》,《农业技术经济》2008 年第 5 期。

者只有63位,仅占总样本的13.7%。[①] 常向阳、李香于2005年在南京对246个消费者的调研表明,有59.3%的受访者听说过有机蔬菜,而仅有35.4%的受访者知道有机标识,能正确识别有机标识的受访者比例则进一步下降为26.82%。[②]

刘宇翔将消费者对有机食品的认知划分为"很了解""一般""了解很少""不了解"四种认知程度,并于2012年通过对河南381名消费者的调研,研究发现上述四种认知程度的受访者比例依次为2.1%、43.6%、34.9%、19.4%。消费者对有机食品的认知程度还是相对较低,54.3%的消费者对有机食品了解很少或者不了解,对于不了解的商品消费者溢价支付意愿就会降低。在无公害食品、绿色食品、有机食品的选择中53.8%的消费者认为绿色食品最为健康,再次印证了消费者对有机食品了解不多的假设。[③] 刘增金、乔娟以2010年在大连市实地调研的346份消费者问卷为数据基础,就消费者对有机食品等认证食品的认知状况及其影响因素进行了实证分析,调研数据表明,48.55%的受访者听说过有机食品,但其中只有4.62%的受访者表示对有机食品比较熟悉。[④] 姚玮、刘华于2012年在南京市孝陵卫附近的几家苏果超市通过街头拦截访问85个消费者样本的调查显示,超过95%的受访者表示不了解有机奶或认知较浅,其中64.7%的消费者完全不了解有机奶、47.1%的消费者认为不了解有机奶是其不愿意购买有机奶的主要原因。[⑤] 王晶、车斌于2013年在上海选取564个消费者样本的调研显示,90.2%的消费者表示听说过有机蔬菜,但当问及是否了解时,很多被访者对"有机"的认知只是质量好、价格高,对于具体的监测流程、质量标志都不清楚,由此指出,消费者对于"有机蔬菜"的认知只是停留于"听说过",或是了解一点表层的含义。[⑥] 杨伊依于2011年在北京和上海共选取600个消费者采用5级语义差别量表调研其对有机蔬菜的认知程度,结果表明,受访者有机蔬菜认知水平的均值为2.87,说明总体上被调查者对有机蔬菜的认知程度较低。[⑦] 基于上述经验研究的结论,可以

① 刘军弟、王凯、韩纪琴:《消费者对有机猪肉的认知水平及其消费行为调研——基于上海与南京的调查数据》,《现代经济探讨》2009年第4期。

② 常向阳、李香:《南京市消费者蔬菜消费安全认知度实证分析》,《消费经济》2005年第5期。

③ 刘宇翔:《消费者对有机粮食溢价支付行为分析——以河南省为例》,《农业技术经济》2013年第12期。

④ 刘增金、乔娟:《消费者对认证食品的认知水平及影响因素分析——基于大连市的实地调研》,《消费经济》2011年第4期。

⑤ 姚玮、刘华:《消费者购买有机奶行为及其影响因素分析——基于城市居民微观数据的实证研究》,《中国食物与营养》2013年第9期。

⑥ 王晶、车斌:《消费者有机蔬菜认知情况及购买行为分析——以上海市居民为例》,《浙江农业学报》2013年第6期。

⑦ 杨伊依:《有机食品购买的主要影响因素分析——基于城市消费者的调查统计》,《经济问题》2012年第7期。

发现，由于不同学者选取的调研区域或对象、进行调查的时间等存在差异，得出的结论也存在一定差别。

（二）消费者对有机食品与有机标识认知状况的总体描述

1. 消费者对有机食品的认知率

从本《报告》研究团队于 2014 年在全国 10 个省份对 4258 个消费者样本进行的结构化问卷调研数据的分析来看，消费者对有机食品的总体认知率较高，在 4258 个受访者样本中，70.62% 的受访者知道有机食品，仅有 29.38% 的受访者不知道有机食品。虽然没有可供直接比较的面板数据，从与往年学者们的调研结果相比，我国公众对有机食品的认知率有了明显上升。以上数据说明，绝大多数社会公众知道有机食品，但仍有少数公众没有听过有机食品。

2. 消费者对有机标识的认知

在现实的有机食品市场中，由于消费者往往难以鉴别有机食品的质量，有机标识成为消费者判断有机食品真伪的重要依据。因此，能否识别有机标识成为消费者对有机食品认知的第二个层次。在研究组织的结构化调查问卷中，设置题项向受访者展示我国市场上较为常见的有机标识（图 16-1），要求见过有机标识的受访者画出见过的有机标识。

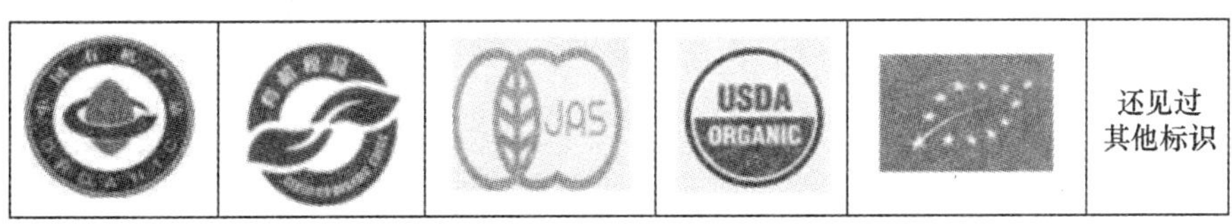

图 16-1　供受访者选择的主要有机食品标识

在见过有机食品标识的受访者中，28.24% 的受访者见过中国有机标识；36.83% 的受访者见过中绿华夏公司的有机标识；见过日本 JAS 有机标识和美国 USDA 有机标识的受访者所占比例分别为 7.53% 和 8.88%；7.48% 的受访者见过欧盟有机标识；另外还有 11.04% 的受访者见过其他有机标识。由以上数据可知，见过中国有机产品和中绿华夏公司有机食品标识的公众占大多数，对中绿华夏公司标识的认知率超过中国有机标识的原因可能在于，中绿华夏有机认证依托农业部成立，是我国成立最早、认证市场占有率最高的有机认证机构。

进一步的分析表明，在见过有机标识的消费者样本中，34.31% 的受访者在购买有机食品时未认真关注有机食品标志，65.69% 的受访者会认真关注有机标识，关注者约占受访人群的 2/3，说明民众对有机标识的关注度仍然并不高，有机食品在我国各界的宣传中，仍然“重名称而轻标识”，社会对于有机食品尤其是有机标识的宣传力度有待加强。

（三）消费者多层次认知行为的描述分析

1. 消费者认知行为的层次设置

消费者认知是一个复杂的问题，涉及多个层次或者角度。上文的文献分析也表明，早期学者更多单纯关注认知率的概念，之后学者们开始将认知划分成不同等级或层次，致力于了解消费者认知的更为详细的信息。基于上述分析与基于对消费者认知行为的现实考察与思考，本《报告》研究团队首先基于全国 10 个省份的调查数据，从认知率等低级层次广泛关注消费者的认知，进而以在山东省进行的专题调研数据为依据，重点将消费者认知行为设置为知晓层次（是否听说过有机食品）、识别层次（能否正确识别有机标识）与使用层次（购买时是否关注有机标识），分别代表逐步递进的认知程度（图 16-2）。

2. 不同层次的消费者认知行为描述

为进一步掌握受访者的多层次认知行为的规律，本《报告》研究团队基于山东 693 个消费者的调研，研究消费者不同层次的认知行为。

从图 16-2 可以看出，虽然有高达 79.1% 的受访者听说过有机标识，但仅有 57.9% 的受访者能够准确识别有机标识，而选购食品时会关注食品包装上是否加有机标识的样本比例进一步下降为 35.8%，这可能与政府或生产者宣传往往偏重于“名称”而忽视“标识”有关。虽然近年来我国公众对有机食品的认知率不断提升，但认知层次总体较低。因此，提高消费者认知程度，将有机食品潜在需求转化为现实需求是有机食品市场发展亟待解决的问题。

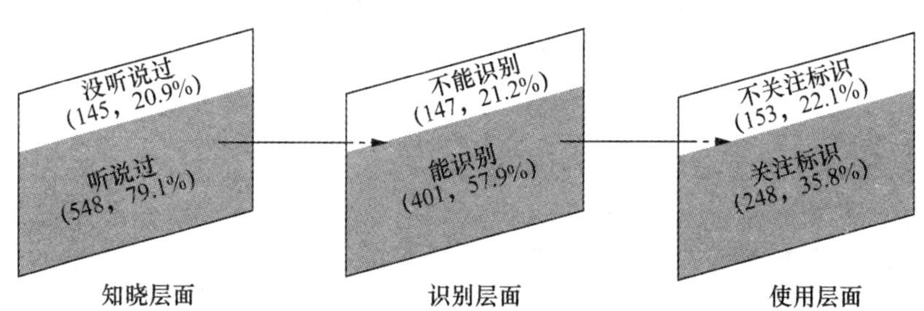

图 16-2 受访者不同层次认知行为描述（$N=693$）

二、消费者认知行为研究假设与模型选择

消费者认知行为不仅受到文化、社会、经济及环境等外部因素的影响，也受到诸如知识、态度及信念等个体心理因素的影响。[①] 在文献研究基础上，构建假设模

① 何坪华、凌远云、焦金芝：《武汉市消费者对食品市场准入标识 QS 的认知及其影响因素的实证分析》，《中国农村经济》2009 年第 3 期。

型，是研究消费者认知行为的起点。

（一）研究假设

由于消费者偏好的差异性以及产品本身的多样性，影响消费者有机食品认知的因素可能是多层次的。本《报告》基于文献研究，将消费者有机食品认知行为的影响因素概括为五个方面（图 16-3）。

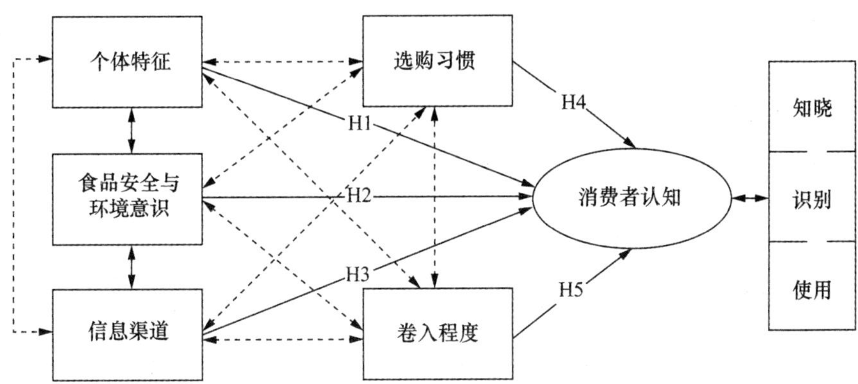

图 16-3　消费者认知行为假设模型

1. 个体特征

主要包括消费者性别、年龄、学历、收入以及未成年子女状况等。个体特征各异的消费者，对食品安全与生态环保等信息有着不同的认知和需求，因而对有机标识食品的认知也会表现出差异。①

2. 食品安全和环境意识

消费者对生态问题越关注，环境保护意识越强，对有机食品的认知动机可能越强，认知程度也会相应提高。② 消费者对食品安全问题越担忧，就会越关注食品质量安全，从而影响到对具有安全属性的有机食品的认知。③

3. 信息渠道

获取相关信息的能力是消费者认知形成的前提条件。信息渠道越多，消费者就越容易得到相关信息，对有机食品的认知程度也就越高。④

---

① 马骥、秦富：《消费者对安全农产品的认知能力及其影响因素：基于北京市城镇消费者有机农产品消费行为的实证分析》，《中国农村经济》2009 年第 3 期；曾寅初、夏薇、黄波：《消费者对绿色食品的购买与认知水平及其影响因素：基于北京市消费者调查的分析》，《消费经济》2007 年第 1 期。

② 刘增金、乔娟：《消费者对认证食品的认知水平及影响因素分析：基于大连市的实地调研》。

③ 周洁红：《消费者对蔬菜安全的态度、认知和购买行为分析：基于浙江省城市和城镇消费者的调查统计》。

④ 何坪华、凌远云、焦金芝：《武汉市消费者对食品市场准入标识 QS 的认知及其影响因素的实证分析》。

4. 选购习惯

消费者通常会按照自己对食品包装信息的使用习惯来做出消费决策，不同消费者关注的食品质量特性和质量信息内容有所侧重，从而形成关注标识信息的不同习惯。

5. 卷入程度

消费者卷入已经被证明会影响品牌忠诚度、产品信息和广告的反馈等，进而影响到消费者偏好和选择行为。① 本《报告》采用 Zaichkowsky 开发的个人卷入量表(Personal Involvement Inventory,PII)测量消费者卷入程度。②

(二) 变量设置

为反映消费者有机食品认知上的差别，分别从知晓层次、识别层次和使用层次设置三个被解释变量，并在数据处理时，分别将听说过(知晓)有机食品、能正确识别有机食品标识以及购买食品时关注有机食品标识的样本变量赋值为 1，否则赋值为 0。解释变量具体定义与描述见表 16-1。

表 16-1 变量定义与赋值

变量	定义	均值	标准差
被解释变量			
知晓(Y1)	虚拟变量，知晓有机食品 =1，否 =0	0.7362	0.4007
识别(Y2)	虚拟变量，能识别有机食品标识 =1，否 =0	0.4410	0.5082
使用(Y3)	虚拟变量，购买时关注标识 =1，否 =0	0.4201	0.4983
解释变量			
性别(GE)	虚拟变量，男 =1，女 =0	0.4503	0.4974
年龄(AG)	虚拟变量，40 岁及以下 =1，否 =0	0.5726	0.4948
学历(EDU)	虚拟变量，大学及以上 =1，否 =0	0.2507	0.3927
个人月收入(INC)	虚拟变量，6000 元及以上 =1，否 =0	0.1891	0.2987
是否有 18 岁以下小孩(KID)	虚拟变量，是 =1，否 =0	0.4576	0.4979
食品安全意识(CO)	虚拟变量，关注 =1，否 =0	0.8696	0.1722
环保意识(EN)	虚拟变量，关注 =1，否 =0	0.4457	0.2093
信息渠道(COI)	虚拟变量，高 =1，否 =0	0.6404	0.4383
包装信息关注度(PIA)	虚拟变量，高 =1，否 =0	0.2987	0.4537
卷入程度(PII)	虚拟变量，PII 高 =1，否 =0	0.4349	0.4961

① R. Bell, D. W. Marshall, "The Construct of Food Involvement in Behavioral Research: Scale Development and Validation", *Appetite*, Vol. 40, No. 3, 2003, pp. 235-244.

② J. L. Zaichkowsky, "Measuring the Involvement Construct", *Journal of Consumer Research*, Vol. 12, No. 6, 1985, pp. 341-352.

（三）模型选择

根据前述分析，消费者认知可能受到以下因素的影响：(1) 个体特征(C)；(2) 食品安全意识与环境保护意识(S)；(3) 面临的信息环境(I)；(4) 选择食品习惯(H)；(5) 消费者卷入程度(P)。计量模型可以用以下函数形式表示：

$$Y_i = f(C_i, S_i, I_i, H_i, P_i) + \varepsilon_i \tag{16-1}$$

从知晓层次、识别层次与使用层次研究消费者认知行为，针对采用简单的二项 Logit 和多项 Logit(Multiomial Logit, MNL)等回归模型都无法解释多个因变量的问题，借鉴朱淀等的做法，①引入 MVP 模型对不同层次的因变量进行分析，判断在消费者认知程度提高的过程中起主要作用的因素。MVP 模型基本形式为：

$$\text{Prob}(Y_i = 1) = F(\varepsilon_i \geqslant -X_i\beta) = 1 - F(-X_i\beta) \tag{16-2}$$

如果 ε_i 满足正态分布，即满足 *MVP* 模型的假设，则：

$$\text{Prob}(Y_i = 1) = 1 - \Phi(-X_i\beta) = \Phi(X_i\beta) \tag{16-3}$$

三、多层次认知行为模型估计结果与讨论

（一）模型估计结果

基于前文变量设置，相应的对数似然函数为：

$$\ln(L(\theta)) = \ln\left(\prod_{i=1}^{693}\phi\left(Y_i \mid \beta, \sum\right)\right) = \sum_{i=1}^{693}\ln\{\phi(Y_i \mid \theta)\} \tag{16-4}$$

其中，$\theta = (\beta, \Sigma)$为参数空间。使用 MATLAB(R2010b)作为 MVP 模型分析的软件工具，在抽样 10000 次，迭代 500 次后，满足：$\| \theta^{(t+1)} - \theta^{(t)} \| \leqslant 0.0001$，最终模型拟合结果如表 16-2 所示。

表 16-2　MVP 模型拟合结果

自变量	系数	标准误	*T*-统计量	*P* 值
GE1	0.2939*	0.1835	1.6021	0.0601
AG1	0.3434**	0.2342	1.4865	0.0313
EDU1	0.6521**	0.1741	3.3577	0.0221
INC1	0.0654	0.4523	0.2594	0.4564
KID1	0.2947*	0.2014	1.5245	0.0687
CO1	0.1911*	0.2562	0.5526	0.0907
EN1	0.1011*	0.3031	0.3858	0.0691
COI1	1.0282**	0.1475	5.5679	0.0123

① 朱淀、蔡杰、王红沙：《消费者食品安全信息需求与支付意愿研究：基于可追溯猪肉不同层次安全信息的 BDM 机制研究》，《公共管理学报》2013 年第 3 期。

（续表）

自变量	系数	标准误	*T*-统计量	*P* 值
PIA1	0.2107	0.2136	0.4866	0.2097
PII1	1.6119	0.2115	7.8953	0.1239
GE2	-0.5346**	0.1951	-2.4561	0.0164
AG2	-0.3954*	0.1864	-2.7856	0.0778
EDU2	0.0948*	0.2144	0.3986	0.0532
INC2	0.3024	0.1971	1.0291	0.1346
KID2	0.1079*	0.4571	0.2251	0.0617
CO2	0.1241	0.2037	0.5686	0.2565
EN2	0.1548*	0.2055	0.5567	0.0732
COI2	0.7724	0.3431	2.2478	0.0159
PIA2	0.06627*	0.1851	0.3589	0.0612
PII2	1.1060**	0.1832	5.9917	0.0302
GE3	-0.4833**	0.2424	-1.9751	0.0248
AG3	-0.5170***	0.2109	-1.9727	0.0075
EDU3	0.1171*	0.2714	0.3925	0.0665
INC3	0.0124*	0.1852	0.1261	0.0581
KID3	0.1145**	0.3676	0.3381	0.0286
CO3	0.3948	0.1759	2.1087	0.1217
EN3	0.0614*	0.3598	0.1255	0.0641
COI3	1.0918	0.4567	4.4137	0.1027
PIA3	0.1142**	0.1956	0.5655	0.0480
PII3	0.6057**	0.2324	2.6506	0.0170
σ_{12}	0.9460***	0.0052	180.9808	<0.0001
σ_{13}	0.8771***	0.0110	79.7455	<0.0001
σ_{23}	0.8755***	0.0117	74.7521	<0.0001

-2LL = 397.1674，$p = 0.0000 < 0.0001$；Cox & Snell R^2 为 0.7324；Nagelkerke R^2 为 0.8539

注：* 表示在 10% 水平上显著；** 表示在 5% 水平上显著；*** 表示在 1% 水平上显著。

（二）讨论

表 2 的模型拟合结果显示，-2LL 为 397.1674，Cox & Snell R^2、Nagelkerke R^2 分别为 0.7324、0.8539，因此总体回归良好。$\sigma_{12} = 0.9460$，$\sigma_{13} = 0.8771$，$\sigma_{23} = 0.8755$，表明受访者不同层次认知行为间具有高度相关性，运用 MVP 模型是合理的选择。从模型拟合结果可以推断：

1. 性别对不同层次认知影响存在差异

男性受访者在知晓层次的认知显著高于女性，而在识别层次、使用层次的认知显著低于女性。可能的原因是，男性受访者在包括网络使用在内等各种信息渠道应用与知识面较为宽泛，对有机食品有更多机会了解，因此知晓率更高。多数家庭主要由女性购买食品，其对食品安全问题往往更为关注，在识别层次和使用层次的认知更高。

2. 年龄对不同层次认知的影响显著

年龄（AG）在40岁以下的受访者知晓层次的认知显著高于年龄在40岁以上受访者，而在识别层次和使用层次则相反。同时，识别层次和使用层次的认知对应参数估计值分别为－0.3954、－0.5170，表明相对于识别层次，年龄差异对使用层次的认识影响更大。年轻人信息渠道丰富而有更多机会了解到有机食品，而多数家庭中老年成员往往是购买食品的主要成员，在食品选购时富有时间与耐心，因而在更高层次的认知更强。这与朱淀等关于消费者对可追溯信息的支付意愿的研究得出的结论类似。[①]

3. 学历对各层次认知的影响皆显著

较高学历的消费者，拥有更丰富的知识面和信息来源，接受和了解信息的能力也较强。此外，高学历者的收入水平往往较高，从而更关注生活质量，往往会更主动地搜寻食品安全和环境信息，因此，对有机食品的识别能力与使用技能较高。这也与曾寅初等、刘增金等关于学历显著影响安全认证食品认知的研究结论一致。[②]

4. 收入的影响在知晓与识别层次不显著，而在使用层次显著

收入的影响在使用层次的影响显著，与有机食品购买者大都属于高收入阶层的实际吻合。[③] 马骥等研究发现，收入对消费者有机食品认知影响显著，[④]而刘增金等认为不能证明两者间显著相关，上述学者从不同层次定义消费者认知是造成研究结论不一致的主要原因。[⑤]

5. 未成年子女状况的影响在各层次皆显著

是否有未成年子女（KID）变量的影响在各层次皆显著，且在使用层次无论是显著性还是相应的参数估计值皆高于其他层次。这可从消费者有机食品购买意

① 朱淀、蔡杰、王红沙：《消费者食品安全信息需求与支付意愿研究：基于可追溯猪肉不同层次安全信息的BDM机制研究》，《公共管理学报》2013年第3期。

② 曾寅初、夏薇、黄波：《消费者对绿色食品的购买与认知水平及其影响因素：基于北京市消费者调查的分析》，《消费经济》2007年第1期；刘增金、乔娟：《消费者对认证食品的认知水平及影响因素分析：基于大连市的实地调研》。

③ 尹世久：《信息不对称、认证有效性与消费者偏好：以有机食品为例》，中国社会科学出版社2013年版。

④ 马骥、秦富：《消费者对安全农产品的认知能力及其影响因素：基于北京市城镇消费者有机农产品消费行为的实证分析》，《中国农村经济》2009年第5期，第26—34页。

⑤ 刘增金、乔娟：《消费者对认证食品的认知水平及影响因素分析：基于大连市的实地调研》。

愿的经验研究得到侧面验证,很多家庭主要为子女的需要而购买有机食品,因此对有机食品的认知,尤其是在使用层面的认知相对较高。①

6. 食品安全意识的影响在知晓和识别层次显著,而在使用层次却不显著

一般而言,食品安全意识越强,就越会主动地搜寻食品安全和风险信息,从而对有机食品有着更多的知识和更高的认知。但在使用层次却未得到验证的原因可能在于,食品安全意识过高的受访者,食品安全信心已降至极低水平,影响了其对有机食品或有机标识的信任,对消费者偏好产生负面影响,既未显著增加购买有机食品的可能性,也未增加其在购买食品时对有机标识的关注度。

7. 环境意识对各层次认知的影响皆显著

这与本《报告》前文提出的研究假设一致,也与现实生活逻辑吻合,较为关注环境问题的消费者,倾向于搜寻环境保护方面的信息和知识,从而更关注有机食品。②

8. 信息渠道与包装信息关注习惯对认知影响的显著性在不同层次恰好相反

信息渠道(COI)影响在知晓层次显著,而在识别与使用层次不显著。包装信息关注习惯(PIA)恰好相反,在知晓层次不显著,而在识别和使用层次显著。消费者信息渠道越多,越有机会了解到有机食品,但由于识别层次和使用层次更多取决于消费者是否真正对有机食品形成需求,只有那些对有机食品具有购买意愿或兴趣的消费者才因"选择性注意"而进一步关注有机标识。

9. 消费者卷入影响在知晓层次不显著,而在识别和使用层次显著

消费者卷入(PII)反映了有机食品在消费者生活中的重要性水平与消费者的关注程度。知晓层次的认知更多起到了一种类似门槛的作用,消费者卷入的影响并不显著,而在识别和使用层次的显著影响与前文假设相吻合,说明消费者卷入程度越高,代表着有机食品对消费者来说越重要,因此会更多地关注有机食品,并进而购买更多有机食品,且在购买有机食品时更为关注有机标识。

---

① 张利国、徐翔:《消费者对绿色食品的认知及购买行为分析:基于南京市消费者的调查》,《现代经济探讨》2006 年第 4 期。

② M. F. Chen, "Consumers Attitudes and Purchase Intention in Relation to Organic Food in Taiwan: Moderating Effects of Food-Related Personality Traits", *Food Quality and Preferences*, Vol. 18, No. 7, 2007, pp. 1008-1021.

第十七章　消费者对有机食品的支付意愿研究:以番茄为例

我国从20世纪末期开始不断涌现的食品安全事件,引发了社会公众的普遍忧虑和政府的高度重视。在此背景下,我国逐步构建起由无公害食品、绿色食品和有机食品组成的安全认证食品体系。作为一个新兴市场,能否得到健康、持续的发展,归根到底取决于能否得到消费者的认可,消费者偏好成为关系有机食品市场发展的基础性问题。本章拟番茄为例,通过选择实验(Choice Experiment,CE)获取调研数据,借助随机参数Logit模型研究消费者对有机食品的支付意愿,并与绿色和无公害食品展开对比,旨在为有机食品市场发展乃至安全认证制度改革提供实证支持。

一、选择实验设计与数据来源

(一)选择实验设计

准确估计消费者支付意愿(Willingness to pay,WTP)是供应商制定最优定价策略和政府制定规制政策的基本条件,也是消费者行为领域学者们长期关注的学术问题。根据Lancaster的效用理论,商品并不是效用的直接客体,消费者的效用实际是来源于商品的具体属性。① 受访者会选择能给他带来最大效用的属性组合的食品。② 选择实验可以用来测量消费者对产品不同属性的支付意愿,相比于条件价值评估法(Contingent Valuation Method,CVM),其更接近于真实购买环境,且其基本原理符合随机效用理论(Random Utility Theory),已成为消费者支付意愿研究中的主流研究方法。③

本章重点关注消费者对有机认证标签的支付意愿,并基于我国食品安全认证体系中不同类型安全认证标签共存的现实,在选择实验中设定认证标签和价格两

---

① K. J. Lancaster, "A New Approach to Consumer Theory", *The Journal of Political Economy*, Vol. 74, No. 2, 1966, pp. 157-132.

② J. J. Louviere, Hensher, D. A., Swait, J. D., *Stated Choice Methods: Analysis and Applications*, Cambridge University Press, 2000.

③ C. Breidert, M. Hahsler, T. Reutterer, "A Review of Methods for Measuring Willingness-to-Pay", *Innovative Marketing*, Vol. 2, No. 4, 2006, pp. 8-32.

个属性,进而将安全认证标签属性设置为五个层次:无标签、无公害标签、绿色标签、中国有机标签和欧盟有机标签(见表 17-1)。同时引入中国有机标签和欧盟有机标签的目的在于,比较我国消费者对国内外不同有机认证标签的偏好差别。本《报告》研究团队在实地调研中也发现,在各类海外有机认证标签中,欧盟有机认证标签是我国消费者最熟知的标签。

为避免层次数量效应①,并依据所调研地区番茄的实际市场价格,把价格属性设置高(high)(9 元/500 g)、常规(regular)(6 元/500 g)和低(low)(3 元/500 g)三个层次。

表 17-1 选择实验属性与属性层次设置

属性	层次
标签	无公害标签(H-FREE)、绿色标签(GREEN)、中国有机标签(CNORG),欧盟有机标签(EUORG),无标签(NOLABLE)
价格	3 元/500 g, 6 元/500 g, 9 元/500 g

基于属性与层次的设定,番茄可组合成 5 ×3 = 15 个虚拟产品轮廓。让招募者在(5 ×3)2 即 225 个任务中进行比较选择是不现实的,因此,引入部分因子设计(FFD),利用 SAS 软件设计产生 3 个版本,每个版本 15 个任务,每个任务均包括两个产品轮廓与一个不选项,用来估计主效应和双向交叉效应。借鉴相关研究开展选择实验的做法,②本研究以彩色图片方式向招募者展示要选择的产品集合(如图 17-1 所示),并以文字进一步解释说明不同番茄的标签与价格等信息,告知受访者除这些属性外,展示的番茄在外观等方面没有差别。

① Van, E. J. Loo, V. Caputo, Jr. R. M. Nayga, et al., "Consumers' Willingness to Payfor Organic Chicken Breast: Evidence from Choice Experiment", *Food Quality and Preference*, Vol. 22, No. 7, 2011, pp. 613-603.

② J. L. Lusk, T. C. Schroeder, "Are Choice Experiments Incentive Compatible? A Test with Quality Differentiated Beef Steaks", *American Journal of Agricultural Economics*, Vol. 86, No. 2, 2004, pp. 482-467; L. Lockshin, W. Jarvis, F. d' Hauteville, et al., "Using Simulations from Discrete Choice Experiments to Measure Consumer Sensitivity to Brand, Region, Price, And Awards in Wine Choice", *Food Quality and Preference*, Vol. 17, No. 3-4, 2006, pp. 178-166; M. L. Loureiro, W. J. Umberger, "A Choice Experiment Model for Beef: What US Consumer Responses Tell Us about Relative Preferences for Food Safety, Country-of-Origin Labeling and Traceability", *Food Policy*, Vol. 32, No. 4, 2007, pp. 514-496.

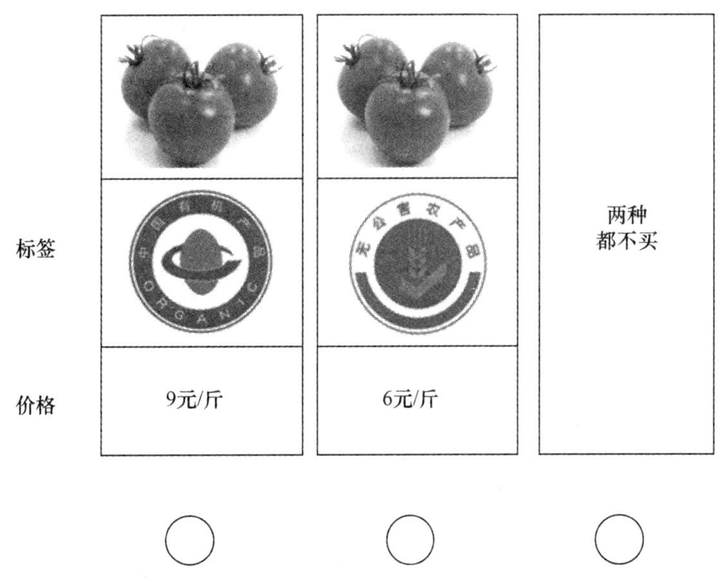

图 17-1　选择实验任务样例

(二) 实验数据来源

我国是蔬菜生产和消费大国,2011 年蔬菜产量达到 67929.67 万吨。[1] 其中,番茄是我国居民常食用的蔬菜品种,2011 年全国产量达到 4845 万吨,约占世界总产量的 30.4%。[2] 因此,选择番茄为研究对象可望具有极好的代表性。本次研究的地点选择在山东省。山东省位于我国东部沿海地区,是我国的人口和经济大省,[3]东部沿海地区与中西部内陆地区形成较大的发展差异,可近似视为我国东西部经济发展不均衡状态的缩影。作者分别在山东省东部、中部和西部地区各选择三个城市(东部:青岛、威海、日照;中部:淄博、泰安、莱芜;西部:德州、聊城、菏泽)作为调研实施区域。具体调研分为如下两个阶段。

第一阶段采取典型抽样法在每个城市选择受访者进行焦点小组访谈,目的在于了解消费者基本情况、蔬菜购买习惯等。焦点小组讨论是对具体主题或产品类

---

① 国家统计局,《中国统计年鉴(2012)》,2013-06-20[2014-06-08],http://data.stats.gov.cn。

② FAO,《FAO 数据库(FAOSTAT)》,2013-02-01[2014-05-06],http://faostat.fao.org/Desktop Default.aspx? PageID = 339&lang = en&country = 351。

③ 国家统计局,《2010 年人口普查资料》,2012-03-04[2014-03-01],http://www.stats.gov.cn/tjsj/ pc-sj/rkpc/6rp/indexch.htm。

别进行深刻了解的合适方法。① 2013 年 4—7 月，在上述城市依次组织了 9 次焦点小组讨论，每次讨论用时 1.5—2 小时。每个讨论小组的人数为 8—10 人（共 81 人）。所有被调查者均为经常购买蔬菜的家庭成员，且年龄在 18 岁到 65 岁之间。

第二阶段于 2014 年 1—3 月，在上述城市的超市及农贸市场招募被调查者进行选择实验及相应的访谈调研。焦点小组访谈与经验研究皆表明，超市和农贸市场是我国城市居民购买蔬菜最主要的场所。② 实验由经过训练的调查实验员通过面对面直接访谈的方式进行，并共同约定以进入视线的第三个消费者作为采访对象，以提高样本选取的随机性。③ 首先于 2014 年 1 月在山东省青岛市选取约 100 个消费者样本展开预调研，对实验方案和调查问卷进行调整与完善。之后于 2014 年 2—3 月利用改善的实验方案在上述九个城市展开正式调查，共有 912 位消费者（每个城市约 100 个）参加了选择实验调查，有 868 位被调查者完成了全部问卷和选择实验任务，有效回收率为 95.18%。样本中女性有 492 位（57%），男性有 376 位（43%），这与在我国家庭食品购买者多为女性的实际情况相符。该阶段调研样本的统计特征见表 17-2。

表 17-2 调研样本基本统计特征表

变量	分类指标	样本数	比重（%）
性别	男	376	43.32
	女	492	56.68
年龄	18—34 岁	231	26.61
	35—49 岁	316	36.41
	50—65 岁	321	36.981
教育水平	大学及以上	271	31.22
	中学或中专	436	50.23
	小学及以下	161	18.55
家庭年收入	<5 万元	289	33.29
	5 万—10 万元	349	40.21
	>10 万元	230	26.50

① A. Claret, L. Guerrero, E. Aguirre, et al., "Consumer Preferences for Sea Fish Using Conjoint Analysis: Exploratory Study of the Importance of Country of Origin, Obtaining Method, Storage Conditions and Purchasing Price", *Food Quality and Preference*, Vol. 26, No. 2, 2012, pp. 259-266.

② 张磊、王娜、赵爽：《中小城市居民消费行为与鲜活农产品零售终端布局研究——以山东省烟台市蔬菜零售终端为例》，《农业经济问题》2013 年第 6 期。

③ L. H. Wu, L. L. Xu, D. Zhu, et al., "Factors Affecting Consumer Willingness to Pay for Certified Traceable Food in Jiangsu Province of China", *Canadian Journal of Agricultural Economics*, Vol. 60, No. 3, 2012, pp. 317-333.

二、计量模型及其选择依据

依据 Lancaster 的观点，①把番茄视为认证标签与价格属性的集合。消费者将在预算约束条件下选择番茄的属性组合以最大化其效用。具体而言，CE 需要对番茄每一种属性设定不同的层次并进行组合，以模拟可供消费者选择番茄的轮廓。

依据 Luce 不相关独立选择（Independence from Irrelevant Alternatives，IIA）的假设，②令 U_{imt} 为消费者 i 在 t 情形下从选择空间 C 的 J 个番茄轮廓中选择第 m 个轮廓所获得的效用，包括两个部分③：第一是确定部分 V_{imt}；第二是随机项 $\varepsilon_{\mathrm{imt}}$，即

$$U_{\mathrm{imt}} = V_{\mathrm{imt}} + \varepsilon_{\mathrm{imt}} \tag{17-1}$$

$$V_{\mathrm{imt}} = \beta_i' X_{imt} \tag{17-2}$$

其中，β_i 为消费者 i 的分值向量，X_{imt} 为消费者 i 第 m 个选择的属性向量。消费者 i 选择第 m 个轮廓是基于 $U_{im} > U_{in}$ 对任意 $n \neq m$ 成立。从而在 β_i 已知的条件下，消费者 i 选择第 m 个轮廓的概率可表示为：

$$\begin{aligned} L_{\mathrm{imt}}(\beta_i) &= \mathrm{prob}(V_{\mathrm{imt}} + \varepsilon_{\mathrm{imt}} > V_{\mathrm{int}} + \varepsilon_{\mathrm{int}}; \forall n \in C, \forall n \neq m) \\ &= \mathrm{prob}(\varepsilon_{\mathrm{int}} < \varepsilon_{\mathrm{imt}} + V_{\mathrm{int}} - V_{\mathrm{int}}; \forall n \in C, \forall n \neq m) \end{aligned} \tag{17-3}$$

如果假设 ε_{imt} 服从类型 I I 的极值分布，且消费者的偏好是同质的，即所有的 β_i 均相同，则（1）和（2）可以转化为多项 Logit（Multinomial Logit，MNL）模型④，即

$$L_{\mathrm{imt}}(\beta_i) = \frac{e^{\beta_i' X_{imt}}}{\sum_j e^{\beta_i' X_{ijt}}} \tag{17-4}$$

理论上消费者知道自己的 β_i 与 ε_{imt}，但不能被观测。对此，假设每个消费者服从相同的分布，从而可以通过观测 X_{imt} 并对所有的 β_i 值进行积分从而得到无条件概率如下：

$$P_{imt} = \int \left(\frac{e^{\beta' X_{imt}}}{\sum_j e^{\beta' X_{ijt}}} \right) f(\beta)\,\mathrm{d}\beta \tag{17-5}$$

其中，$f(\beta)$ 是概率密度。（5）式是 MNL 模型的一般形式，称为随机参数 Logit

① K. J. Lancaster, "A New Approach to Consumer Theory", *The Journal of Political Economy*, Vol. 74, No. 2, 1966, pp. 157-132.

② R. D. Luce, "On the Possible Psychophysical Laws", *Psychological Review*, Vol. 66, No. 2, 1959, pp. 81-95.

③ M. Ben-Akiva, S. Gershenfeld, "Multi-Featured Products and Services: Analysing Pricing and Bundling Strategies", *Journal of Forecasting*, Vol. 17, No. 3-4, 1998, pp. 175-196.

④ K. E. Train, *Discrete Choice Methods with Simulation*, 2nd edition, Cambridge University Press, 2009.

(Random Parameter Logit,RPL)或者混合 Logit (Mixed Logit,ML)模型。假设消费者在 T 个时刻做选择,其中选择方案序列为 $I=\{i_1,\cdots,i_T\}$,则消费者选择序列的概率为:

$$L_{iT}(\beta) = \prod_{t=1}^{T}\left[\frac{e^{\beta_i' X_{ii_t t}}}{\sum_{t=1}^{T} e^{\beta_i' X_{ii_t t}}}\right] \tag{17-6}$$

无约束概率是关于所有 β 值的积分:

$$P_{iT} = \int L_{iT}(\beta)f(\beta)\,\mathrm{d}\beta \tag{17-7}$$

基于消费者偏好异质性的假设更符合实际,且 MNL 可能不满足 IIA,使 RPL 在食品安全研究领域中成为研究消费者偏好的常用模型,这也是拟引入 RPL 模型研究消费者对番茄的认证标签属性偏好的依据所在。

三、随机参数 Logit 模型估计结果与讨论

(一) 模型估计结果

对表 17-1 的属性与层次参数采用效应编码,并假设“不选择”变量和价格的系数是固定的,其他属性的参数是随机的并呈正态分布。[①] 价格系数固定的假设有如下建模优势:(1) 由于价格系数是固定的,WTP 的分布与相关联的属性参数的分布相一致,而非两个分布之比,从而避免了 WTP 分布不易估计的难题;(2) 价格系数分布的选定存在一定的困难,在需求理论的框架下,价格系数应该取负值,若假设价格系数是正态,则其系数的负性无法得到保证。[②] 应用 NLOGIT 5.0 对随机参数 Logit 模型估计结果见表 17-3。

表 17-3 所示的 RPL 模型回归结果表明,主效应系数皆显著。相较于无认证标签,欧盟有机认证标签分值最高(0.362),其次为中国有机认证标签(0.308),再次为绿色标签(0.251)和无公害标签(0.127),各种认证标签皆提升了消费者分值效用。这说明建立食品安全认证制度对减缓食品市场信息不对称、提高消费者效用均具有积极作用。

---

① D. Ubilava, K. Foster, “Quality Certification Vs. Product Traceability: Consumer Preferences For Informational Attributes of Pork in Georgia”, *Food Policy*, Vol. 34, No. 3, 2009, pp. 305-310.

② D. Revelt, K. E. Train, *Customer-Specific Taste Parameters and Mixed Logit*, University of California: Berkeley, 1999.

表 17-3　RPL 模型估计结果

变量	估计系数	标准误	T 值	95% 置信区间
PRICE	-0.073***	0.013	-5.46	[-0.099, -0.047]
Opt Out	-1.213***	0.120	-10.12	[-1.448, -0.978]
EUORG	0.362***	0.067	5.42	[0.231, 0.492]
CNORG	0.308***	0.071	4.34	[0.169, 0.448]
GREEN	0.251***	0.062	4.06	[0.130, 0.373]
H-FREE	0.127**	0.059	2.15	[0.011, 0.243]
交叉效应				
FSRP × CNORG	-0.072***	0.022	-3.27	[-0.115, -0.029]
FSRP × EURORG	0.223***	0.063	3.55	[0.100, 0.347]
FSRP × GREEN	-0.025	0.029	-0.85	[-0.084, -0.033]
FSRP × H-FREE	-0.120***	0.032	-3.76	[-0.182, -0.057]
EA × CNORG	0.006	0.023	0.26	[-0.040, 0.052]
EA × EURORG	0.155**	0.062	2.51	[0.034, 0.276]
EA × GREEN	0.007	0.021	0.33	[-0.035, 0.049]
EA × H-FREE	-1.163***	0.130	-8.96	[-1.418, -0.909]
Diagonal Values in Cholesky Matrix				
EUORG	0.413***	0.050	8.33	[0.316, 0.510]
CNORG	0.456***	0.053	8.68	[0.353, 0.559]
GREEN	0.281***	0.070	4.00	[0.143, 0.419]
H - FREE	0.773***	0.075	10.27	[0.625, 0.920]
Log Likelihood	-2053.219	McFadden R^2		0.274
AIC	4146.4	—		—

注:*,**,*** 分别表示在 10%,5%,1% 显著性水平上显著。

基于表 17-3 的估计结果以及主效应序数效用特征,进一步应用式(17-8)计算支付意愿:

$$WTP_k = -\frac{2\beta_k}{\beta_p} \tag{17-8}$$

式(17-8)中,WTP_k 是对第 k 个属性的支付意愿,β_k 是第 k 个属性的估计参数,β_p 是估计的价格系数。在分析中,由于使用了效应编码,支付意愿的计算要乘以 2。①

① J. L. Lusk, J. Roosen, J. Fox, "Demand for Beef from Cattle Administered Growth Hormones or Fed Genetically Modified Corn: A Comparison Of Consumers in France, Germany, the United Kingdom, and the United States", *American Journal of Agricultural Economics*, Vol. 85, No. 1, 2003, pp. 16-29.

对支付意愿 95% 置信区间的估算运用 Krinsky 和 Robb 提出的参数自展技术(PBT)创建。① 即由于假设价格系数是固定的,且随机系数服从正态分布,则支付意愿为正态分布,利用模型估计出的均值和标准差结果获取支付意愿的具体正态分布,然后进行多次抽取,从而构建支付意愿的 95% 置信区间。该方法与首先利用 Delta 方法估计标准误差,然后构建支付意愿置信区间所得结果相类似,但它放松了关于支付意愿是对称分布的假设。② 每一个模型中属性的支付意愿估计平均值和 95% 的置信区间情况具体详见表 17-4。

表 17-4 支付意愿的 RPL 模型估计结果

属性层次	系数	标准误	95% 置信区间
EUORG	11.918***	0.390	[11.273, 12.802]
CNORG	8.438***	0.570	[7.441, 9.676]
GREEN	3.877***	0.469	[3.077, 4.916]
H-FREE	3.479***	0.341	[2.931, 4.268]

注:*,**,*** 分别表示在 10%,5%,1% 水平上显著。

从表 17-4 可以看出,与无认证标签的番茄相比,消费者愿意为欧盟认证的有机番茄多支付 11.918 元,且其支付意愿远高于中国有机认证番茄(8.438)。一般认为,消费者对自己国家产品具有更大的忠诚度,而对其他国家则可能具有一定的排斥。③ 本《报告》得出的研究结论与此相悖的原因可能主要在于,我国近年来在食品行业尤其是食品认证领域屡屡曝出的丑闻,如"重庆沃尔玛绿色猪肉门"④"贵州茅台假有机风波"⑤等,降低了消费者对国内认证标签的信心。

值得注意的是,消费者对中国有机认证番茄的支付意愿虽低于欧盟有机认证番茄,但仍远高于绿色认证番茄(3.877 元)和无公害认证番茄(3.479 元)。研究同时表明,消费者对绿色认证番茄与无公害认证番茄的支付意愿相差不大(仅为

---

① I. Krinsky, A. L. Robb, "On Approximating the Statistical Properties of Elasticities", *The Review of Economics and Statistics*, Vol. 68, No. 4, 1986, pp. 715-719.

② A. R. Hole, "A Comparison of Approaches to Estimating Confidence Intervals for Willingness to Pay Measures", *Health Economics*, Vol. 16, No. 8, 2007, pp. 827-840.

③ J. L. Lusk, J. Brown, T. Mark, et al., "Consumer Behavior, Public Policy, and Country-of-Origin Labeling", *Applied Economic Perspectives and Policy*, Vol. 28, No. 2, 2006, pp. 284-292; R. Alphonce, F. Alfnes, "Consumer Willingness to Pay for Food Safety in Tanzania: An Incentive-Aligned Conjoint Analysis", *International Journal of Consumer Studies*, Vol. 36, No. 4, 2012, pp. 394-400.

④ 2011 年,中国重庆警方查获沃尔玛该市的多家分店以常规猪肉冒充绿色猪肉销售,涉案销售金额 190 万余元人民币。

⑤ 2013 年,媒体曝光中国贵州茅台有限责任公司在有机茅台酒制作中涉嫌采用假有机原料,引发社会公众广泛关注。

0.398元),其原因可能主要在于两点。一是消费者对于有机食品禁止使用化学投入品等标准较为清晰,而对绿色认证食品和无公害认证食品皆为限制使用化学品等方面存在的差别难以把握。二是绿色认证和无公害认证在我国市场起步较早,虽然消费者更为熟知,但认可度不高,厂商投机与认证造假等事件沉重打击了消费者信心,致使消费者支付意愿不足,而有机食品的国内市场才开始起步,作为一种新兴的高端食品,虽然其价格较为昂贵,消费者的认可度总体较高。

总体来看,消费者对有机认证番茄具有较高支付意愿,且对欧盟有机认证的支付意愿远高于中国有机认证,而绿色认证番茄与无公害认证番茄的支付意愿已较为接近。因此,对中国国内有机认证而言,应着力于严格监管,加强与欧盟等认证的国际合作,以提升公信力。此外,随着常规食品标准的不断提升,可以考虑把无公害标准取代原来的常规食品标准,成为强制性上市标准,即上市食品满足无公害的所有要求。实际上,我国目前食品安全认证过多层次的设置,也会给消费者造成一定的混淆。[①]

(二)消费者食品安全风险感知与支付意愿

近年来,我国屡有发生的食品安全事件大大提高了消费者的食品安全风险感知水平。[②] 食品安全风险感知可能对认证食品的消费者偏好产生复杂影响:一方面,那些有着较强食品安全风险意识的消费者可能更倾向于购买认证食品以替代常规食品;另一方面,过高的风险感知也会影响消费者对认证食品的信任,从而降低其支付意愿。[③] 本章借鉴 Ortega 等的研究,[④]对消费者的食品安全风险感知分值(food safety risk perception scores, FSRP)通过被调查者自我感知判断(采用7级语义差别量表测度)的方式调研获得,据以测算不同风险感知水平消费者对认证番茄偏好的差异。调研结果表明,消费者风险感知得分均值为5.352,标准差为1.077,超过一半的消费者的感知得分为5分以上,消费者的风险感知度较高。进一步的,按照消费者风险感知分值的大小对样本进行分组,然后利用参数自展技术计算不同风险感知组的消费者对具有不同认证标签属性番茄的支付意愿,[⑤]计算结果见表17-5。

---

① 尹世久:《信息不对称、认证有效性与消费者偏好:以有机食品为例》。

② 王俊秀、杨宜音:《中国社会心态研究报告(2013)》,社会科学文献出版社2013年版。

③ V. Falguera, N. Aliguer, M. Falguera, "An Integrated Approach to Current Trends in Food Consumption: Moving toward Functional and Organic Products", *Food Control*, Vol. 26, No. 2, 2012, pp. 274-281.

④ D. L. Ortega, H. H. Wang, L. Wu, "Modeling Heterogeneity in Consumer Preferences for Select Food Safety Attributes in China", *Food Policy*, Vol. 36, No. 2, 2011, pp. 318-324.

⑤ I. Krinsky, A. L. Robb, "On Approximating the Statistical Properties of Elasticities", *The Review of Economics and Statistics*, Vol. 68, No. 4, 1986, pp. 715-719.

表 17-5 食品风险感知与消费者对有机认证标签属性支付意愿的估计结果

低风险感知组(1≤FSRP≤3)			
认证标签	系数	标准误	95% 置信区间
EUORG	10.473 ***	0.612	[9.394, 11.792]
CNORG	7.394 ***	0.568	[6.401, 8.627]
GREEN	3.563 ***	0.310	[3.075, 4.291]
H-FREE	3.082 **	0.318	[2.579, 3.825]
中等风险感知组(4≤FSRP≤5)			
认证标签	系数	标准误	95% 置信区间
EUORG	11.082 ***	0.238	[10.736,11.668]
CNORG	8.338 ***	0.439	[7.598, 9.318]
GREEN	4.107 ***	0.285	[3.668, 4.786]
H-FREE	3.650 ***	0.367	[3.051, 4.489]
高风险感知组(6≤FSRP≤7)			
认证标签	系数	标准误	95% 置信区间
EUORG	12.287 ***	0.582	[11.266, 13.548]
CNORG	8.879 **	0.351	[8.311, 9.687]
GREEN	3.921 ***	0.196	[3.657, 4.425]
H-FREE	3.516 ***	0.468	[2.719, 4.553]

注:* ,** ,*** 分别表示在 10% ,5% ,1% 显著性水平上显著。

表 17-5 数据表明,总体而言,相对于无认证标签的番茄,消费者食品安全风险感知越高,对加贴认证标签的番茄的 WTP 也越高。这与 Ma 和 Zhang 关于消费者风险感知程度影响消费者对产品属性偏好的研究结论基本一致。① 但也应注意到,随着 FSRP 的提高,消费者对不同认证标签的 WTP 变化幅度存在较大差异。具体表现为:(1) 对 EUORG 的支付意愿随着 FSRP 的提高,呈现较大幅度的增长,且与从低风险感知组到中等风险感知组相比,从中等风险到高风险感知组的支付意愿的增长幅度更大。(2) 对于 CNORG、GREEN 和 H-FREE 而言,当从低风险感知水平到中等风险感知水平,消费者对三种认证标签的 WTP 皆有较大提高。但从中等风险感知水平到高风险感知水平,消费者对 CNORG 的支付意愿增长幅度较小;而对于绿色认证标签和无公害认证标签,甚至出现微弱下降。可能的原因在于两点:一是那些风险感知水平极高的消费者,对食品安全的信心已降至极低

① Y. Ma, L. Zhang, "Analysis of Transmission Model of Consumers' Risk Perception of Food Safety Based on Case Analysis", *Research Journal of Applied Sciences, Engineering and Technology*, Vol. 5, No. 9, 2013, pp. 2686-2691.

水平,也影响了其对国内认证食品的信任,尤其是对绿色认证和无公害认证标签持怀疑态度;二是高风险感知组对食品的安全性有着更高要求,绿色认证和无公害认证食品所代表的安全性水平已经不能满足高风险感知组的要求。这一结果表明,如果我国消费者的食品安全风险感知持续上升到较高水平,将可能会给绿色认证和无公害认证的发展带来负面作用。

(三)消费者环境意识与支付意愿

由于安全认证食品往往对环境保护产生积极影响,消费者的环境意识往往是其购买有机食品等安全认证食品的原因之一。① 在此仍通过被调查者自我感知判断(采用7级语义差别量表测度)的方式调研其环境意识(environmental awareness,EA),据以测算不同环境意识的消费者对认证番茄偏好的差异性。调研结果表明,消费者环境意识得分均值为5.14,标准差为0.873,超过一半的消费者的感知得分为5以上,消费者的环境意识总体较高。进一步的,按照消费者环境意识的大小对样本进行分组,然后利用参数自展技术计算不同环境意识的我国消费者对具有不同认证标签属性的番茄的支付意愿,②计算结果见表17-6。

表17-6　环境意识与消费者对有机认证标签属性支付意愿的估计结果

低环境意识组(1≤FSRP≤3)			
认证标签	系数	标准误	95%置信区间
EUORG	11.562***	0.103	[11.480, 11.884]
CNORG	7.876***	0.341	[7.328, 8.664]
GREEN	3.025***	0.382	[2.396, 3.894]
H-FREE	2.716***	0.298	[2.252, 3.420]
中等环境意识组(4≤FSRP≤5)			
认证标签	系数	标准误	95%置信区间
EUORG	11.817***	0.482	[10.992, 12.882]
CNORG	8.358***	0.353	[7.986, 9.370]
GREEN	3.241***	0.305	[2.763, 3.959]
H-FREE	2.950***	0.591	[1.912, 4.228]

① J. Chen, A. Lobo, "Organic Food Products in China: Determinants of Consumers' Purchase Intentions", *The International Review of Retail, Distribution and Consumer Research*, Vol. 22, No. 3, 2012, pp. 293-314.

② I. Krinsky, A. L. Robb, "On Approximating the Statistical Properties of Elasticities", *The Review of Economics and Statistics*, Vol. 68, No. 4, 1986, pp. 715-719.

（续表）

高环境意识组(6≤FSRP≤7)			
认证标签	系数	标准误	95%置信区间
EUORG	12.228***	0.271	[11.817, 12.879]
CNORG	9.094***	0.206	[8.810, 9.618]
GREEN	4.223***	0.416	[3.528, 5.158]
H-FREE	3.816***	0.386	[3.179, 4.693]

注：*，**，***分别表示在10%，5%，1%显著性水平上显著。

表17-6数据显示，不同环境意识组消费者的支付意愿差别不大，尤其是低环境意识组和中等环境意识组的支付意愿非常接近。对于EUORG和CNORG两种有机认证番茄的支付意愿，高环境意识组的消费者的支付意愿略高于其他组；而对于GREEN和H-FREE的支付意愿，高环境意识组的支付意愿明显高于其他两组。其原因可能在于：一是我国消费者的生态补偿支付意愿普遍不足，消费者更多是出于对食品安全等而非环境保护的追求而购买认证食品；二是消费者可能普遍认为，无公害食品和绿色食品生产对于生态环境的保护程度，已经可以达到自己的要求，而对环境要求有着更为严格标准的有机食品，消费者认为并不符合我国国情，因此不愿意为其支付更高的价格，本《报告》研究团队所进行的焦点小组访谈结果也证明了这一点；三是采用自我感知判断的方式测定的消费者环境意识，可能难以准确反映消费者对待环境问题的真实态度。虽然随着国民素质提高和经济社会发展，消费者环境意识与生态支付意愿可能会不断提高，但通过道德劝说与社会舆论引导等宣传手段，提升我国公众环境意识及相应的生态支付意愿，可能仍然具有积极意义。

第十八章　消费者对有机食品购买决策与影响因素研究

国内外学者对消费者的有机食品购买决策的研究，主要是围绕“是否购买”或者“是否愿意购买”的二元选择展开，在一定程度上解决了消费者在有机食品消费上的购买意愿，但是却难以更为精确地揭示或者说明消费者的支付意愿，即“实际支出了多少”或“愿意支付多少”。对有机食品的销售而言，消费者购买强度（即购买多少，可用购买额或购买量表示）是一个更为重要的变量，其从需求角度直接地决定了有机食品市场的规模，揭示消费者对有机食品的购买强度及影响因素有助于保障有机食品市场规模的有序扩大，促进有机食品产业的健康发展。因此，不同于以往研究，本章分别运用二元 Logit 模型和有序 Logit 模型从有机食品购买体验和购买强度两个密切相关层次研究消费者的购买决策与影响因素。作为本《报告》下编的结束，本章在最后单独安排一小节内容归纳了下编（第十二章至第十八章）研究内容的主要结论与政策含义。

一、数据来源与描述性分析

（一）数据来源

选择前瞻性的有机食品市场与代表性的消费群体是深入研究消费者有机食品购买决策行为的关键。广东省是我国经济最为发达的地区之一，且毗邻港、澳、台地区，是中国内地最重要的有机食品市场。因此，选择该区域展开调研可以较好地反映我国有机食品市场的消费者行为、市场特征与发展态势等基本问题。为此，本《报告》研究团队分别在广东省广州、深圳、珠海三个城市展开了系列性调研。首先，在广东省珠海市华润万家超市及附近商业区采取便利抽样法，进行了探索性调研，共回收 107 份问卷，对问卷进行信度和效度分析，将不适当问卷项目剔除或调整。之后，在广州、深圳、珠海三市利用调整后的调查问卷展开正式调研。具体调研地点选择在华润万家、吉之岛等大型超市的食品销售区及其附近的农贸市场。本次调查在广州、深圳、珠海三市平均发放问卷 250 份，分别回收有效问卷 219 份、235 份、223 份，共回收有效问卷 696 份，有效回收率为 92.8%。回收问卷的统计结果表明，从年龄、受教育年限与收入等个体特征来看，本次调查与广东省统计年鉴公布的结构基本相符。受访者相关特征见表 18-1。

表 18-1 受访者的基本统计特征($N=696$)

统计特征	分类指标	人数	占样本总数比例(%)
性别	男	361	51.9
	女	335	48.1
婚姻状况	已婚	499	57.4
	未婚	197	42.6
家庭结构	有 12 岁以下子女	422	60.6
	无 12 岁以下子女	274	39.4
统计特征	平均值	全距	标准差
年龄	44.3	57	11.1
受教育年限	13.5	12	2.4
家庭年收入(万元)	7.0	12	3.2

(二)有机食品的市场价格与价格溢出

价格溢出(price premium,PP)可定义为有机食品(organic food,OF)与常规食品(conventional food,CF)的零售价格之比,可用公式表示为:PP = PO/PC。其中,PO 为有机食品的零售价格,PC 为常规食品的零售价格。因缺乏我国有机食品市场价格的权威统计数据,本《报告》研究团队实地考察了广东省广州、深圳、珠海三市 8 个超市的若干种有机食品零售价格,并计算了如表 18-2 所示的相应的价格溢出。计算显示,有机食品的价格溢出平均为 3.0。从食品种类来看,有机蔬菜的价格溢出达到 3.6,有机大米和面粉的价格溢出基本一致,皆约为 2.7。

表 18-2 有机食品价格溢出(单位:元/千克)①

城市	商店	大米			面粉			蔬菜		
		CF	OF	PP	CF	OF	PP	CF	OF	PP
广州	家乐福万国店	6.7	17.0	2.5	8.1	22.8	2.8	5.5	21.0	3.8
	华润万家五羊店	7.3	19.0	2.6	8.6	23.8	2.8	6.3	21.6	3.4
	吉之岛中华广场店	6.7	21.0	3.1	8.5	22.6	2.7	8.7	30.5	3.5
深圳	家乐福新洲店	6.9	17.6	2.6	7.6	20.8	2.7	3.5	8.5	2.4
	华润万家翠竹店	6.5	17.5	2.7	8.5	22.5	2.6	4.5	18.0	4.0
	吉之岛龙岗店	7.5	18.8	2.5	8.6	22.6	2.6	5.6	21.0	3.8
珠海	华润万家拱北店	6.8	19.6	2.9	9.5	25.2	2.7	4.7	19.8	4.2
	吉之岛湾仔沙店	7.2	20.5	2.8	8.8	25.0	2.8	4.9	19.6	4.0
三市平均		6.9	18.9	2.7	8.5	23.2	2.7	5.5	20.0	3.6
各类商品综合 PP 平均值		3.0								

① 为便于价格比较,上述常规食品尽可能选择与有机食品相同厂家或相同产地。在无相同厂家或产地的情况下,选择价格居于平均水平的食品。蔬菜因种类繁多,且地域差异较大,所标示价格为相应的多种常见蔬菜的平均值。

（三）消费者支付意愿

支付意愿（willingness to pay，WTP）被学者广泛地应用于消费者对商品的需求或接受度研究。① 调研支付意愿最常采用的是支付卡式（payment card，PC）和二分式（dichotomous choice，DC）两种问卷。② 本次调研采用支付卡式，询问受访者愿意为有机食品多支付百分之多少。那么，WTP 即为以常规食品价格为参照，受访者能够接受并愿意购买有机食品的相对价格水平，用公式表示：WTP = PO′/PC。其中，PO′为消费者愿意为有机食品支付的最高价格，PC 为常规食品价格。

调查结果显示，绝大多数（85.26%）受访者愿意为有机食品支付比常规食品更高的价格，受访者的平均支付意愿为 1.54（见表 18-3）。然而，不同种类有机食品的支付意愿也各不相同，有机蔬菜的支付意愿较高，其他如粮食、肉类、水产品等支付意愿略低。这可能与食品的潜在风险程度有关，即健康风险越高的食品的安全性越容易受到消费者关注，其有机食品的支付意愿也更高，如蔬菜。但应注意到，总体来看，受访者的有机食品支付意愿（WTP）仍远低于价格溢出（PP）。基于这一差距，理论上看，除非有激进而有效的措施提高消费者对有机食品的支付意愿，否则在相对长的时期内有机食品不可能在大众消费者食品消费结构中占据太大比重。

表 18-3　消费者有机食品的支付意愿（常规食品价格 = 1）

城市	大米	面粉	果蔬	平均值
广州	1.53	1.48	1.59	1.53
深圳	1.56	1.51	1.63	1.57
珠海	1.49	1.43	1.66	1.53
平均支付意愿	1.53	1.47	1.63	1.54

（四）基于 PP 与 WTP 比较的消费者购买意愿与行为

作为一种相对昂贵的消费品，有机食品的价格必然是影响消费者购买决策的重要因素。任何有助于改变价格溢出 PP 与支付意愿 WTP 之间的差距的努力都有可能影响到有机食品的销售。对广东三市的调查也证明了这个结论。在 696 个受访者中，购买过有机食品的样本为 281 人，占 40.37%。而如果将有机食品的价格降低到常规食品的两倍左右时，表示愿意购买的人数增加到了 421 人，比重增加到 60.49%。

值得注意的是，有过有机食品购买经历的受访者中，绝大多数都是试用型购

---

① R. D. Liu, Z. Pieniak, W. Verbeke, "Consumers' Attitudes and Behaviour towards Safe Food in China: A Review", *Food Control*, Vol. 33, No. 1, 2013, pp. 93-104.

② L. Venkatachalam, "The Contingent Valuation Method: A Review", *Environment Impact Assessment Review*, Vol. 24, No. 1, 2004, pp. 89-124.

买者或偶尔购买者，购买额也很低。此处借鉴 Smith 的研究①，结合中国实际，根据消费者有机食品月度购买额将购买者分为五类：试用型购买者（100 元以下）、偶尔购买者（101—500 元）、轻度购买者（501—1000 元）、中度购买者（1001—2000 元）和重度购买者（2000 元以上）。月均购买额在 100 元以下的试用型购买者占 48.12%，而月均购买额在 2000 元以上的重度购买者仅占 6.92%（图 18-1）。因此，在不降低产品品质的提前下，通过改进技术、降低成本、提高流通效率等多种方式，适当降低有机食品的价格，是促进有机食品市场规模扩大的可行路径。

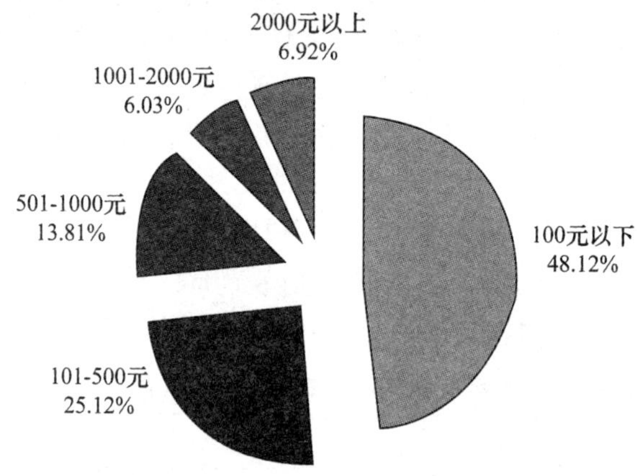

图 18-1 消费者有机食品月均购买额分布状况（$N=281$）

二、实证模型与研究假设

（一）二元 Logit 模型与有序 Logit 模型

1. 二元 Logit 模型

本章首先研究消费者“有无购买经历”的购买体验决策。以购买体验作为因变量，设置为“0-1”型变量（有过有机食品购买经历，定义 exper = 1；没有有机食品购买经历，定义 exper = 0）。设 exper = 1 的概率为 P，则 exper 的密度函数为：

$$f(\text{exper}) = P^{\text{exper}}(1-P)^{1-\text{exper}}; \quad \text{exper} = 0,1 \qquad (18\text{-}1)$$

采用二元 Logit 模型，将因变量的取值限制在{0,1}范围内，并采用最大似然估计法对其回归参数进行估计。模型基本形式如下：

$$P_i = F\left(\alpha + \sum_{j=1}^{m}\beta_j X_{ij}\right) = 1\bigg/\left\{1 + \exp\left[-\left(\alpha + \sum_{j=1}^{m}\beta_j X_{ij}\right)\right]\right\} \qquad (18\text{-}2)$$

---

① A. C. Smith, *Consumer Reactions to Organic Food Price Premiums in the United States*, Iowa: Iowa State-University, 2010.

式(18-2)中,P_i 是消费者购买有机食品的概率,i 为消费者编号;β_j 表示影响因素的回归系数,j 为影响因素编号;m 表示影响因素的个数;X_{ij}是自变量,表示第 i 个样本的第 j 种影响因素;α 为截距。

2. 有序 Logit 模型

仅研究消费者的购买体验决策,无法解释消费者实际支出了多少,难以反映有机食品市场的总体需求与规模。对整个市场需求而言,消费者“购买多少”是一个更为重要的市场信号,在更大程度上决定着有机食品市场规模。本章将消费者“购买多少”定义为购买强度,作为因变量。购买强度变量是一个多分类有序选择变量,不能采用简单的二元 *Logit* 模型来进行分析。因此,考虑构建可将因变量设置为多元变量的有序 *Logit* 模型,研究影响消费者购买强度的因素。其模型形式为:

$$P(\text{sum} \leqslant j \mid x_i) = \exp\left(\alpha_j + \sum_{i=1}^{k} \beta_i x_i\right) \Big/ \left[1 + \exp\left(\alpha_j + \sum_{i=1}^{k} \beta_i x_i\right)\right] \tag{18-3}$$

式(18-3)中,sum 为表示消费者“购买多少”的购买强度,赋值“1—5”分别表示月均购买额不同的五种购买者类型:“试用型购买者”(100 元以下)“偶尔购买者”(101—500 元)“轻度购买者”(501—1000 元)“中度购买者”(1001—2000 元)和“重度购买者”(2000 元以上),x_i 为解释变量,α_j 为截距;β_i 为回归系数。

为进一步分析消费者购买强度的变动,本《报告》引入边际效应来定量分析消费者特征变量变化对行为密度的影响程度:

$$\begin{cases} \partial \text{prob}(Y_i = 0)/\partial x_j = -f(-\beta' x_i)\beta_j \\ \partial \text{prob}(Y_i = 1)/\partial x_j = (f(\mu_1 - \beta' x_i) - f(-\beta' x_i))\beta_j \\ \cdots \\ \partial \text{prob}(Y_i = 4)/\partial x_j = f(\mu_4 - \beta' x_i)\beta_j \end{cases} \tag{18-4}$$

一般而言,常规连续变量的边际效应的计算方法并不适合于计算虚拟变量。因此本《报告》在计算单个虚拟变量边际效应的同时把该变量以外的其他变量均正规化为零,并按照下式进行计算:

$$E[Y \mid X_{ik} = 1] - E[Y \mid X_{ik} = 0] = F(c + X_{ik}) - F(c) \tag{18-5}$$

式中 c 为常数项。

(二)理论框架与研究假设

1. 理论分析框架

消费者的有机食品购买决策受众多复杂因素的影响,探明这些因素的影响方向与程度,对于研究如何扩大消费需求、合理引导有机食品市场发展具有重要现实意义。探究人类行为的根本性决定因素一直是社会科学领域学者们的重要目标。由于考虑了非完全意志控制的情形，计划行为理论（theory of planned behavior，简称 TPB）是目前最具应用价值的关于行为内生影响因素的理论模型，并正被广泛和成功地应用于消费者行为和健康行为等研究领域。①

计划行为理论是从信息加工的角度，以期望价值理论为出发点解释个体行为一般决策过程的理论。它已被绝大多数研究证实能显著提高研究对行为的解释力与预测力。信息一直以来就被视为消费者购买行为模型中比较重要的变量，对于它如何影响消费意愿和购买行为，不同研究者有不同的答案，但其对购买行为的影响已成为学者们的共识。信息的获取与评价被认为是研究影响消费者心理活动与决策过程的重要因素。②

2. 研究假设

基于上述理论回顾，本章提出分析中国消费者有机食品购买行为的理论分析框架（如图 18-2）。这一分析框架从总体上揭示了消费者对有机食品的购买决策的形成过程。基于这一理论框架，本章在文献研究的基础上，结合对调研结果的归纳研究，将可能影响消费者购买决策的因素概括为以下 4 类 16 种因素，并将这些因素确定为解释变量（见表 18-4）。

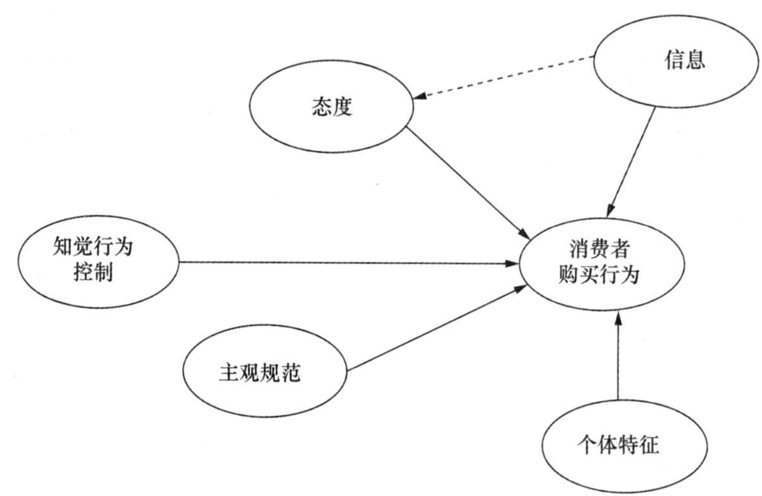

图 18-2 消费者有机食品购买决策理论分析框架

（1）个体特征类变量。包括年龄（age）、性别（gend）、婚姻状况（mar）、家庭结构（kid）、受教育年限（educ）与风险意识（risk）等。经验研究表明，诸如年龄、婚姻

① I. Ajzen, *Attitudes, Personality and Behaviour*, Chicago: Dorsey Press, 1988.

② Z. Pieniak, J. Aertsens, W. Verbeke, "Subjective and Objective Knowledge as Determinants of Organic Vegetables Consumption", *Food Quality and Preference*, Vol. 21, No. 6, 2010, pp. 581-588.

状况等消费者个体特征变量会不同程度地影响个体的心理过程与购买决策。[①] 而与常规食品相比,有机食品的诸如生态、健康等特征更为隐蔽,[②]多数消费者在购买时乃至消费后都无法进行鉴别。这就给有机食品的购买行为带来更多风险,那些风险偏好者的购买倾向可能会高于风险规避者。[③]

(2) 认知与态度评价类变量。即受访者对有机食品的认知与相关态度,包括:消费者有机食品认知度(knowl)、对政府监管效果的评价(superv)、认证必要性评价(nec)、对有机食品的信任度(trust)等解释变量。那些能够较为方便地买到有机食品的消费者不仅在客观上更易购买,且更易于获得更多的产品知识,可以降低交易风险感知而更倾向于购买有机食品。[④] 有机食品市场上的"信息不对称",是认证存在的关键原因。那些更为肯定认证必要性的消费者,可能会更愿意信任进而购买有机食品。有机食品认证的有效性,很大程度上依赖于政府监管效果,[⑤]消费者对政府监管效果的评价就可能成为影响其购买意愿的重要变量。[⑥] 国内外学者对消费者购买行为的研究中,虽仅有少量学者关注信任在有机食品购买意愿或行为中的作用。但这些研究结果几乎一致地表明消费者信任对其购买意愿有着显著的影响。[⑦]

(3) 知觉行为控制类变量。结合有关文献研究结果与数据可得、可测的考虑,本章引入收入水平(income)、购买便利性(conv)及价格评价(price)等变量。作为价格相对昂贵的有机食品,消费者的收入水平必然会对其购买决策与行为具有重要的影响。[⑧] 那些能够较为方便地买到有机食品的消费者可能更容易地获取有机食品相关知识,对有机食品认知水平水平的提高降低了交易风险感知,使消费者在客观上更易购买有机食品。[⑨] 鉴于有机食品较高的成本与健康、安

① E. Tsakiridou, K. Mattas, I. Tzimitra-Kalogianni, "The Influence of Consumer's Characteristics and Attitudes on the Demand for Organic Olive Oil", *International Journal of Food Agribus Market*, Vol. 18, No. (3/4), 2006, pp. 23-31.

② S. Yin, L. Wu, L. Du, et al., "Consumers' Purchase Intention of Organic Food in China", *Journal of the Science of Food and Agriculture*, Vol. 90, No. 8, 2010, pp. 1361-1367.

③ 靳明、郑少锋:《我国绿色农产品市场中的博弈行为分析》,《财贸经济》2005 年第 6 期。

④ T. Briz, R. W. Ward, "Consumer Awareness of Organic Products in Spain: An Application of Multinominal Logit Models", *Food Policy*, Vol. 34, No. 3, 2009, pp. 295-304.

⑤ 徐金海:《农产品市场中的"柠檬问题"及其解决思路》,《当代经济研究》2002 年第 8 期。

⑥ 刘宗德:《基于微观主体行为的认证有效性研究》,华中农业大学博士学位论文,2007 年。

⑦ A. Gracia, De, T. Magistris, "The Demand for Organic Foods in the South of Italy: A Discrete Choice Model", *Food Policy*, Vol. 33, No. 5, 2008, pp. 1-12.

⑧ H. Torjusen, G. Lieblein, M. Wandel, et al., "Food System Orientation and Quality Perception among Consumers' and Producers of Organic Food in Hedmark County, Norway", *Food Quality and Preference*, Vol. 12, No. 3, 2001, pp. 207-216.

⑨ T. Briz, R. W. Ward, "Consumer Awareness of Organic Products in Spain: An Application of Multinominal Logit Models", *Food Policy*, Vol. 34, No. 3, 2009, pp. 295-304.

全等特性，其价格必然高于常规食品。这不仅直接影响到消费者购买意愿，而且能否对其价格进行相对客观评价，也从侧面反映了消费者对有机食品的了解程度。①

(4) 主观规范类变量。包括消费者的环保意识(env)、健康意识(health)、食品安全意识(safety)。因禁用化学品等生产标准，有机食品具有健康、安全、环保等有别于常规食品的特性。② 那些有着更强环境保护或健康意识，且更关注食品安全的消费者可能会更倾向于购买有机食品。③

本章从"有无购买经历"的购买体验和"购买多少"的购买强度这两个密切相关的层次来深入研究消费者的购买决策行为。故分别选择购买体验(exper)和购买强度(以月购买额衡量)(sum)为被解释变量。变量设置情况见表 18-4。

表 18-4 变量定义与解释

变量		变量定义
解释变量		
个体特征	age	受访者的年龄
	educ	受访者的受教育年限
	gend	女 =0，男 =1
	mar	未婚 =1，已婚 =0
	kid	无 12 岁以下子女 =1，否则 =0
	risk	偏好风险 =1，否则 =0
信息态度	knowl	了解 =1，否则 =0
	superv	担忧 =1，否则 =0
	nec	有必要 =1，否则 =0
	trust	信任 =1，否则 =0
知觉行为控制	income	家庭年收入
	conv	难以买到 =1，否则 =0
	price	贵 =1，否则 =0

① 尹世久、吴林海、陈默：《基于支付意愿的有机食品需求分析》，《农业技术经济》2008 年第 5 期。

② W. Vetter, M. Schröder, "Concentrations of Phytanic Acid and Pristanic Acid are Higher in Organic than in Conventional Dairy Products from the German Market", *Food Chemistry*, Vol. 119, No. 2, 2010, pp. 746-752; E. K. Yiridoe, S. Bonti-Ankomah, R. C. Martin, "Comparison of Consumer Perceptions and Preference toward Organic Versus Conventionally Produced Foods: A Review and Update of the Literature", *Renewable Agriculture and Food Systems*, Vol. 20, No. 4, 2005, pp. 193-205.

③ K. Zander, U. Hamm, "Consumer Preferences for Additional Ethical Attributes of Organic Food", *Food Quality and Preference*, Vol. 21, No. 5, 2010, pp. 495-503; M. L. Loureiro, J. J. McCluskey, R. C. Mittelhammer, "Assessing Consumer's Preferences for Organic, Eco-Labeled, and Regular Apples", *Journal of Agricultural and Resource Economics*, Vol. 26, No. 2, 2001, pp. 404-416.

（续表）

变量		变量定义
主观规范	health	不关注 =1,否则 =0
	env	不关注 =1,否则 =0
	safety	担忧 =1,否则 =0
被解释变量		
购买决策	exper	购买 =1,否则 =0
	sum	试用 =1,偶尔 =2,轻度 =3,中度 =4,重度 =5

三、影响消费者有机食品购买决策主要因素的模型估计

（一）模型估计结果

运用 Eviews 6.0 统计软件对 696 个样本的截面数据进行二元 Logit 回归处理，对所调查的 281 个有过购买经历的受访者样本组成的截面数据进行有序 Logit 回归处理，运行结果见表 18-5。从模型的卡方统计值等来看，模型整体检验结果显著，参数符号与预期基本相符。

表 18-5　模型计量回归结果

解释变量		二元 Logit 回归			有序 Logit 回归		
		系数	标准误	z 统计量	系数	标准误	z 统计量
个体特征	age	-0.0174**	0.0077	-2.2647	0.0029	0.0183	0.1568
	educ	-0.0023	0.0314	-0.0748	0.0048	0.0557	0.0869
	gend	-0.0322	0.1667	-0.1933	0.0377	0.2543	0.1482
	mar	0.0720	0.2275	0.3163	0.4736	0.4585	1.0328
	kid	-0.0397	0.1939	-0.2045	2.6958*	0.3360	8.0242
	risk	0.1614	0.1825	0.8847	0.5343	0.2655	2.0126
信息态度	knowl	0.2703	0.1808	1.4949	0.2343	0.2941	0.7965
	superv	-0.0569	0.2248	-0.2533	-0.3845	0.3372	-1.1403
	nec	0.3719***	0.2171	1.7130	-0.5499	0.3495	-1.5735
	trust	0.9487*	0.1867	5.0827	0.7647*	0.2876	2.6590
知觉行为控制	income	0.0745*	0.0287	2.5995	0.1621*	0.0443	3.6618
	price	-0.6008*	0.2085	-2.8810	0.0173	0.3013	0.0573
	conv	-0.3478***	0.1977	-1.7594	-1.7821*	0.3023	-5.8952
主观规范	health	-0.3242	0.2075	-1.5623	-1.0613*	0.3250	-3.2656
	env	-0.1930	0.2002	-0.9639	0.4776	0.3135	1.5238
	safety	0.3129***	0.1857	1.6855	0.5940***	0.3032	1.9593

（续表）

解释变量	二元 Logit 回归			有序 Logit 回归		
	系数	标准误	z 统计量	系数	标准误	z 统计量
临界点(Limit Points)						
LIMIT_2:C(16)	—	—	—	1.3339***	1.3619	0.9795
LIMIT_3:C(17)	—	—	—	3.1171**	1.3754	2.2663
LIMIT_4:C(18)	—	—	—	4.6002*	1.3972	3.2925
LIMIT_5:C(19)	—	—	—	5.7092*	1.4180	4.0262

模型整体检验统计量

二元 Logit 回归				有序 Logit 回归			
回归标准差	0.4698	AIC	1.2856	LR 统计量	198.2686	Schwarz C	2.3697
残差平方和	150.0690	Schwarz C	1.3901	对数似然值	-0.984198	AIC	2.1107

注：*，**，*** 分别表示在 10%，5%，1% 的水平上显著。

（二）分析与讨论

根据模型计量结果，分别将购买体验与购买强度的主要影响因素、显著性和影响程度简要归纳分析。

1. 购买体验的影响因素

根据表 18-5，各因素对购买体验的影响程度与显著性情况为：

（1）在个体统计特征类变量中，年龄变量系数为负值且对消费者的购买体验决策有着显著影响，与研究假设相符。年轻消费者因其较强的创新与时尚意识而更倾向于购买有机食品。性别、婚姻状况、家庭结构、受教育年限及风险意识等变量的影响则较弱。

（2）知觉行为控制类变量对购买体验决策皆有着显著影响，表明当前有机食品较高的价格和相对薄弱的销售渠道在较大程度上制约着消费者的购买意愿。这与 Falguera 等和 Roitner-Schobesberger 等学者的研究相符。① 考虑到中国消费者当前的收入水平和较低的农产品物流效率，有机食品尚成为大众消费品尚需时日。

（3）主观规范类变量中，食品安全意识产生正向显著影响，而健康意识与环

① V. Falguera, N. Aliguer, M. Falguera, "An Integrated Approach to Current Trends in Food Consumption: Moving toward Functional and Organic Products?", *Food Control*, Vol. 26, No. 2, 2012, pp. 274-281; B. Roitner-Schobesberger, I. Darnhofer, S. Somsook, et al., "Consumer Perceptions of Organic Foods in Bangkok, Thailand", *Food Policy*, Vol. 33, No. 2, 2008, pp. 1-12.

保意识的影响则不显著。这说明有机食品的安全特性是消费者购买主要动因。虽然消费者普遍表达了对环境问题的忧虑，但有机食品的环保性并未能真正影响购买决策。这与 Falguera 等学者的研究结论一致。①

（4）信息与态度评价类变量中，消费者信任度与认证必要性评价变量影响较为显著。这与前文的研究假设相符，也验证了 Azucena 等学者的研究发现。② 而政府监管效果评价的影响并不显著。这可能与中国消费者对政府监管效果评价普遍不高有关。值得注意的是，受访者有机食品认知度的影响并不显，表明更为了解有机食品的消费者未必更认可有机食品。这与 Napolitano、Azucena 等学者的发现相矛盾。③ 中国消费者对有机食品信任的普遍缺失是中国有机食品市场的特征，同时也是这个悖论出现的罪魁祸首。

2. 购买强度的影响因素

由表 18-5 可见，各类因素对消费者购买强度与对购买体验决策的影响既有相似之处，也有很大的区别：

（1）收入水平、购买便利性、食品安全意识以及信任度等变量对购买强度与对购买体验决策皆有着显著影响。但收入水平、食品安全意识及购买便利性变量对购买强度决策的影响更为显著。相对于偶尔购买者，经常购买者的便利性要求无疑更为重要。

（2）年龄、价格评价及认证必要性评价变量对购买体验决策的影响显著而对购买强度决策的影响却不再显著。其原因可能在于：① 有机食品购买者群体的收入普遍较高，该群体更看重的是有机食品的安全等特性，价格不再是影响其购买额的重要因素。因此，价格评价的影响不再显著。② 年轻人因其更为时尚、创新的消费意识更愿意购买有机食品。所以，年龄显著影响其购买体验决策。但受制于普遍偏低的收入水平等因素，年轻人的有机食品购买量被购买力所制约。因此，年龄对购买强度决策的影响不再显著。③ 认证必要性评价更多起到了一种门槛的作用。绝大多数购买者皆认为有机食品认证非常必要，其对购买强度决策的影响不再显著。

（3）家庭结构与健康意识等变量对购买体验决策的影响不显著。但对购买

---

① V. Falguera, N. Aliguer, M. Falguera, "An Integrated Approach to Current Trends in Food Consumption: Moving toward Functional and Organic Products?", *Food Control*, Vol. 26, No. 2, 2012, pp. 274-281.

② de A. Gracia, T. Magistris, "The Demand for Organic Foods in the South of Italy: A Discrete Choice Model", *Food Policy*, Vol. 33, No. 5, 2008, pp. 1-12.

③ F. Napolitano, A. Braghieri, E. Piasentier, et al., "Effect of Information about Organic Production on Beef liking and Consumer Willingness to Pay", *Food Quality and Preference*, Vol. 21, No. 2, 2010, pp. 207-212; de A. Gracia, T. Magistris, "The Demand for Organic Foods in the South of Italy: A Discrete Choice Model", *Food Policy*, Vol. 33, No. 5, 2008, pp. 1-12.

强度决策的影响却非常显著。家庭结构变量的影响转为显著,可能是因为经常购买者主要是为家庭中 12 岁以下子女来购买有机食品。这也与中国家庭更为关注幼年子女营养与健康的现实相吻合。[①] 偶尔购买者和经常购买者购买有机食品的动机不同:偶尔购买者可能主要出于求新、求奇等动机来购买;经常购买者则更多考虑有机食品安全、健康的特性。因此,购买强度决策中,健康意识变量的影响变得更为显著。

3. 变量的边际效应分析

依据式(18-4)、式(18-5),自变量对于消费者购买强度的边际效应计算结果见表 18-6。

表 18-6　自变量对于购买强度的边际效应(其他条件不变)

自变量	prob($Y_i=0$)	prob($Y_i=1$)	prob($Y_i=2$)	prob($Y_i=3$)	prob($Y_i=4$)
age	-0.0005	0.0004	0.0001	0.0000	0.0000
educ	-0.0008	0.0006	0.0001	0.0000	0.0000
gend	-0.0063	0.0047	0.0012	0.0003	0.0001
mar	-0.0888	0.0648	0.0181	0.0039	0.0020
kid	-0.5876	0.2338	0.2341	0.0761	0.0435
risk	-0.1016	0.0737	0.0209	0.0046	0.0023
knowl	-0.0413	0.0307	0.0080	0.0017	0.0009
superv	0.0564	-0.0433	-0.0100	-0.0021	-0.0011
nec	0.0766	-0.0591	-0.0133	-0.0028	-0.0014
trust	-0.1529	0.1084	0.0333	0.0074	0.0038
income	-0.0280	0.0209	0.0054	0.0012	0.0006
price	-0.0029	0.0022	0.0005	0.0001	0.0001
conv	0.1661	-0.1311	-0.0267	-0.0055	-0.0027
health	0.1250	-0.0977	-0.0208	-0.0043	-0.0022
env	-0.0896	0.0654	0.0182	0.0040	0.0020
safety	-0.1145	0.0827	0.0239	0.0053	0.0027

分析表 18-6 的模型计量结果,可以发现:

(1) age、educ、income 在 $Y_i=0$ 时边际效应为负,表明随着年龄、受教育年限以及收入增长,消费者为“试用购买”的可能性降低。这与表 18-5 的结论是一致的。进一步分析,当 $Y_i>0$ 时,在不同年龄、受教育程度以及收入水平的消费者中,

① S. Yin, L. Wu, L. Du, et al., “Consumers' Purchase Intention of Organic Food in China”, *Journal of the Science of Food and Agriculture*, Vol. 90, No. 8, 2010, pp. 1361-1367.

"偶尔购买者"的可能性最高。

（2）gender、mar、kid、risk、knowl、trust、price、env、safety 等变量在 $Y_i=0$ 时边际效应为负，表明分别具有上述变量特征的消费者相对于参照组（无这些变量特征的消费者）更倾向于"多购买"有机食品。这与表 18-5 的结果完全一致。并且当 $Y_i>0$ 时，上述变量除 kid 以外边际效应大小的依次排序是"$Y_i=1$""$Y_i=2$""$Y_i=3$""$Y_i=4$"，说明具有这些变量特征的消费者相对于参照组更倾向"偶尔购买"。家庭结构（kid）变量边际效应大小的依次排序是"$Y_i=2$""$Y_i=1$""$Y_i=3$""$Y_i=4$"，表明具有该特征的消费者更倾向于"轻度购买"。

（3）当 superv、nec、conv 与 health 在 $Y_i=0$ 时边际效应为正，表明具有这些变量特征的消费者更倾向于"试用购买"。当 $Y_i>0$ 时，这些变量的边际效应均为负，其中偏好"$Y_i=1$"的可能性与"$Y_i=2$""$Y_i=3$""$Y_i=4$"相比绝对值最大，表明具有这些变量特征消费者更倾向于"偶尔购买"。

从边际效应分析可以看出，不同变量对消费者购买强度产生不同影响。但总体而言，除无 12 岁以下子女的消费者更倾向于"轻度购买"外，其他变量皆倾向于"偶尔购买"。且从边际效应的绝对值来看，不同特征消费者在"$Y_i=0$"时的边际效应最大。这说明试用型和偶尔型购买者是我国有机食品市场中的主体。在较长时期内，有机食品难以在公众食品消费结构中占据较高比重。

四、本编的研究结论与政策含义

本《报告》下编在全景式介绍国内外尤其是我国有机食品市场发展总体状况基础上，分别从生产者（农户）和消费者层面，沿着"认知—意愿—行为"的研究主线，以实地调研为主要手段，组合运用多种计量模型，研究了决定市场发展的微观基础：生产者行为与消费者行为。本节概括下编研究所得出的主要结论和政策含义。

（一）基于行业发展总体考察的研究结论与政策含义

20 世纪末期以来，基于食品安全与环境保护的双重驱动，国际有机食品市场得到较快发展。西欧和北美成为世界最重要的有机食品市场。在此背景下，我国有机食品开始起步，生产规模迅速扩大。尤其在近年来全世界有机农地面积增速下降的背景下，我国有机农地面积保持了高速增长，增速远远超过世界平均速度。与迅速扩大的生产规模相比，我国国内的有机食品市场的发展相对滞后。2005 年之前，我国的有机农业主要为出口导向模式。2006 年，国内消费量首次超过了出口量。内需开始成为拉动有机食品发展的主导力量。在当前国际经济形势恶化、贸易摩擦频发的背景下，切实把握农户转向有机生产的困难与政策需求，研究消费者对有机食品的偏好与需求，据以培育与拓展国内市场，成为有机食品产业发展的关键所在。

(二)基于生产者行为研究的主要结论与政策含义

作为市场的供给者,农户的生产意愿与行为直接决定着市场的发展态势与走向。本《报告》第十三章至十五章,重点以蔬菜为例,描述性统计分析与计量模型研究相结合,对农户有机农业认知、生产意愿与行为进行了系统研究,主要得出如下结论及相应政策建议。

1. 农户的有机农业认知与蔬菜生产行为的总体分析

在我国有机蔬菜生产规模不断扩大的背景下,农户对有机农业的认知逐步提升:从单一关注其经济功能,转向开始认识其在“食品安全”“环境保护”“农业可持续发展”等方面的功能。从成本收益角度看,绝大多数农户认为有机蔬菜生产的收益要高于常规蔬菜生产:有机蔬菜成本的上升普遍在50%—100%之间;产量在转换期内下降幅度较大,转换期后则能回升到20%以内。鉴于对收益的积极评价,大多数的农户有较强的生产意愿。然而,缺乏市场信息、政策支持不足与市场风险较大是农户扩大有机蔬菜生产所面临的主要困难。因此,提供信息服务、技术辅导和宣传教育等成为最为有效的支持政策选择。

2. 基于规模变动的农户有机生产意愿与影响因素

基于山东省寿光市若干农户有机蔬菜是否扩大生产规模的生产意愿的调研分析,利用有序Logit模型进行了估计并分析了相应影响因素,得出如下结论:(1)年龄、受教育程度与风险意识等个体特征是显著影响因素。(2)环境保护意识具有显著的正向影响,而食品安全意识与健康意识的影响并不显著。(3)是否加入合作社、政府经济激励产生正向影响,而对有机生产监管严格程度的评价则产生反向显著影响。(4)技术可得性、出口机会、有机种植面积均具有显著正的影响,而市场信息可得性的影响并不显著。

基于上述研究结论,本《报告》提出以下政策含义:(1)农民受教育程度的普遍提高虽然有助于有机农业发展。但应注意到农业生产者老龄化趋势日趋明显。鼓励受教育的青年农民参与有机生产,应成为推动有机农业发展、促进农业产业升级的政策选择。(2)对态度变量影响的分析表明,农户社会责任感仍有待提高,尤其是要注重引导农户具有生产者和消费者双重身份。安全、健康的食品生产也有利于农户自身,从而提高其有机生产的意愿。(3)合作社与信息等变量的影响结果充分说明,应通过政策鼓励合作社与龙头企业的发展。这是我国分散化小农户生产占主体背景下促进有机农业发展的有效政策路径。(4)政府不仅应加大对有机农户的经济激励,也更在技术培训、出口支持、农地流转等方面对有机农业生产给予扶持,提升有机农业生产的规模效益。

3. 农户有机生产方式采纳时机分析

运用技术采纳与利用整合理论构建理论分析框架，并用结构方程模型进行实证检验，据以探究影响农户有机农业生产方式采纳时机的关键因素。结果显示，绩效期望、努力期望、社会影响、促进因素及自身特征均对采纳时机产生显著影响，得出主要结论如下：(1) 当前，中国蔬菜种植户的文化水平普遍较低，并且年龄较大，种植蔬菜的年限较长，有较丰富的种菜经验。这些制约了菜农对有机蔬菜生产相关信息的关注。我国实施有机蔬菜种植的难度较大，原因在于：农户蔬菜种植的品种较复杂，复种指数高，品种规模化程度小；采纳有机蔬菜生产方式，有一定的生产技术障碍，劳动力成本高，生产率低。(2) 我国环境污染、土壤流失与肥力下降及农产品安全问题尤为突出，惊醒公众对当今生态环境现状的担忧。菜农对上述问题的认知与关心程度，对有机农业生产方式的采纳时机具有积极影响。如果菜农具备一定的收益期望、改善生态环境期望和提高蔬菜质量期望，并且有较高的努力期望，那么采纳有机蔬菜生产方式的时机会越早。(3) 监管机制的不断完善提高了农户生产有机蔬菜的积极性。严格监管蔬菜质量安全将促使农户更加重视蔬菜质量控制，从而更加愿意越早采纳有机农业生产方式，生产高质量安全水平的有机蔬菜。但对于当前自身力量薄弱的中国蔬菜种植户来说，依靠自身力量完全按照有机蔬菜标准生产蔬菜是不可能的。政府和企业的帮助必不可少。

基于上述结论，相应的政策含义如下：(1) 为了克服劳动力成本增加、技术障碍和生产率低等制约因素，应加强有机蔬菜技术的研究和推广应用。对土壤质量管理和改善、有机肥生产、有效生物源病虫害控制技术和材料等在内的技术研究支持给予必要的倾斜；编写简单、实用的有机蔬菜生产手册；在全国各地方农业技术站配备有机农业普及员，负责基层的有机蔬菜技术普及和对农户的指导及建议。(2) 为了提高农户的绩效期望，应让农户更多地了解和正确地认识有机蔬菜。针对有机蔬菜的特点加大公益宣传活动，提高农户对有机蔬菜的认知度和接受度，提高农户的健康与环保意识，为有机蔬菜的发展创造条件；通过分发有机农业相关宣传册提高有机农业的影响力，并对取得优良业绩的有机栽培先进农户进行表彰和宣传。(3) 政府应加大对有机蔬菜的政策支持和财政支持力度，创造有机蔬菜发展的有利环境；加强对蔬菜企业的支持，引导更多企业从事蔬菜产业。

（三）基于消费者行为研究的主要结论与政策含义

消费者行为是市场需求的微观基础，也是市场现实需求和潜在需求的直接组成部分。本《报告》第十六章至十八章，基于不同市场的实地调研，系统研究消费者对有机食品的认知、支付意愿与现实购买决策，得出如下研究结论与政策启示。

1. 消费者有机食品的认知行为研究

在对我国 10 个省域的消费者认知状况总体调研的基础上，基于山东省 693 个消费者样本的专题调研，将消费者对有机食品的认知设定知晓层次、识别层次与使用层次，借助 MVP 模型分析了影响消费者不同层次认知行为的主要因素。研究发现：受访者对有机食品认知呈现显著异质性：(1) 男性和年轻受访者在知晓层次的认知较高，而女性、相对年长受访者在识别和使用层次的认知相对较高；(2) 收入和消费者卷入程度在知晓层次不显著，而在较高层次的认知上显著；(3) 学历、未成年子女状况与环境意识在各层次皆显著；(4) 食品安全意识与信息渠道在较低层次显著，而在较高层次不显著。

上述结论对完善有机认证标识制度与行业发展政策上具有重要指导价值：(1) 消费者认知行为的异质性表明，针对不同群体应采取差异化营销战略，提升认知层次，促进潜在需求向现实需求转化；(2) 政府相关机构及厂商等长期"重宣传，轻标识"，导致消费者的认知行为总体停留在较低层次，应在提高认知率的同时，更注重提升消费者对有机标识的识别能力与使用能力；(3) 在公众食品安全意识不断提升的现实背景下，既要意识到其对有机标识食品知晓与识别层次认知行为的有利影响，也要注意防范过高的风险感知会给有机标识食品使用层次认知带来负面影响。

2. 消费者对有机食品的支付意愿研究

基于山东省 868 个消费者样本的选择实验数据，运用随机参数 Logit 模型研究了消费者对加贴不同类型安全认证标签番茄的支付意愿，并进一步分析了食品安全风险感知与环境意识对消费者支付意愿的影响。得出的主要结论及其政策含义如下：(1) 消费者对有机认证番茄具有较高支付意愿，且对欧盟有机认证的支付意愿远高于中国有机认证，而对绿色认证番茄与无公害认证番茄的支付意愿相差不大。因此，对中国国内有机认证而言，应严格管理，推动认证国际合作，以提升公信力。随着经济社会发展与公众对食品安全性要求的提高，应考虑取消无公害认证，而将常规食品的安全标准逐步提升到当前无公害食品的标准。(2) 我国消费者对食品安全风险的感知普遍居于较高水平。消费者食品安全风险感知越高，对认证番茄的 WTP 也越高。但也应注意到，随着 FSRP 的提高，消费者对不同认证标签的 WTP 变化幅度存在较大差异。应该注意到我国消费者的食品安全风险感知持续上升可能给安全认证尤其是绿色认证和无公害认证发展带来的影响。(3) 我国消费者的环境意识虽然普遍较高。但不同环境意识组的消费者对安全认证食品的支付意愿相差不大，尤其是低环境意识组和中等环境意识组的支付意愿非常接近。通过道德劝说与社会舆论引导等手段，提升我国消费者环境意识及相应的生态支付意愿，可望具有积极意义。

3. 消费者对有机食品的购买决策与影响因素研究

以广州、珠海、深圳三市抽样调研数据为研究对象，组合运用二元 Logit 与有序 Logit 模型研究影响消费者购买体验与购买强度的主要因素，得出的主要研究结论有：(1) 有机食品的价格溢价与消费者的支付意愿之间存在着较大差距，且试用型与偶尔购买者在本就比例不高的有机食品购买者中的比重高达 73%。这决定了有机食品在相对长的时期内不可能在公众食品消费结构中占据太大比重。(2) 年龄、价格评价及认证必要性评价对消费者购买体验决策的影响显著而对购买强度影响并不显著；家庭结构、健康意识对购买体验影响不显著，但对购买强度影响显著；收入、食品安全意识、信任及购买便利性等对两个层次购买行为皆有着显著影响。

基于上述研究结论，得出以下政策含义：(1) 对市场进行有效细分，选择合适的目标顾客群，是当前有机食品企业的最佳战略选择。在市场细分变量选择中，收入、年龄、家庭结构等个体特征应成为重点考虑的细分依据。(2) 有机食品企业应该抓住消费者食品安全关注度不断提高的良好机遇，引导消费者健康意识的提高，提高其对认证必要性的认识，并加强销售渠道建设，增强消费者购买意愿、扩大市场需求。(3) 考虑到各类因素对消费者购买意愿的影响存在差异，企业在不同消费者群体应该采取不同的营销策略。如：价格策略的运用上，可以适当采用价格促销手段来扩大消费者群体，但在经常购买者顾客群中，降价并不是很好的策略选择；在市场定位策略中，对年轻人应着眼于时尚、创新，而对经常购买者应将健康、安全作为诉求点。(4) 从政策层面而言，加强产销环节监管，不断完善认证体系，增强消费者信任，成为有机食品市场发展的关键环节。

第十九章　基于SCI的国际食品安全研究论文的文献计量分析

文献计量学(bibliomeitrics)由 A. Pritchard 1969 年首次使用,[①]是以文献体系和文献计量特征为研究对象,采用数学、统计学等方法,研究文献情报的分布结构、数量关系、变化规律和定量管理,从而描述、评价和预测科学技术的现状与发展趋势的图书情报学分支学科。近年来,已在国内外被广泛地应用于科研评价、科学技术发展态势的研究与分析。文献计量学分析的结果可以为科技发展态势的预测和宏观决策者提供有价值的定量参考依据。SCI (science citation index)是由美国科学信息研究所(institute of science information, ISI)1961 年创办出版的引文数据库,是世界著名的三大科技文献检索系统之一,收录全世界出版的数、理、化、农、林、医、生命科学、工程技术等自然科学研究成果的核心期刊。其所收录的论文数量和被引用情况,是衡量一个国家(地区)研究机构和高等院校等的科研实力与科研人员学术水平等方面的重要标志之一。[②] SCI 数据库将权威的信息资源、强大的信息分析工具和信息管理软件整合在一个平台上,实现了检索功能和检索结果管理分析的无缝对接,国际上知名科学计量机构及国际性组织在对国家或科研机构的科研能力和绩效评估的工作中,常用 SCIE(SCI-expanded,即 SCI 网络版)数据库作为依据。[③] 在我国 SCIE 数据库作为评定个人或团体学术水平的重要标准之一,已成为科学界的共识。

本章的研究主要通过采用文献计量学方法,对 SCI 数据库收录的国内外食品安全研究文献进行定量分析,了解该领域的核心作者、重要期刊来源、指导性文献、研究热点和基金资助等情况,把握食品安全领域的国际研究发展趋势。与此同时,进一步利用社会网络分析法,借助 UCINET 软件和 NetDraw 软件分析高频关键词共现关系,探讨 2004—2013 年间国际食品安全领域的研究主题与热点问题,为我国广大的科研工作者把握该领域的研究热点与难点提供参考,服务于我国食

---

① 庞景安:《科学计量研究方法论》,科学技术文献出版社 2002 年版。

② 刘艳阳、吴丹青、吴光豪等:《SCI 用作科研评价指标的思考》,《科研管理》2003 年第 5 期;胡俊荣、翁佩萱、崔宗熹:《中国高等师范院校产出科技论文的计量分析》,《现代情报》2007 年第 5 期。

③ 邓秀林:《基于引文分析法的期刊栏目的学术影响力评价》,《现代情报》2007 年第 5 期。

品安全研究进程,为我国的食品安全提供科技支撑。

一、数据来源与研究方法

(一) 数据来源

选取美国科技信息所的SCI数据库(科学引文索引数据库扩展版)为检索源。登录ISI-SCI(expanded)数据库平台,选择Web of Science TM核心合集,进入"Science Citation Index Expanded"(SCI-EXPANDED)数据库,检索主题 = "food safety OR food security",时间跨度选择2004年至2013年,检索时间为2014年3月31日,共检索得到21685篇论文。对检索结果的文献类型进行限定,选择"ARTICLE"精炼检索结果,得到17037篇论文,从数据库导出论文信息,按照篇名、作者、来源出版物、语种、关键词、出版年、总被引频次等字段录入到Excel表格中。

(二) 研究方法

利用SCI数据库强大的信息挖掘和分析功能,结合Excel软件的绘图功能,从文献的作者、学科类别、研究机构、国家分布、来源期刊、文献被引情况及基金资助等方面进行统计和文献计量学分析。同时借助UCINET分析软件和NetDraw工具,对高频关键词进行可视化分析,从而客观的展现近十年来国际食品安全研究的热点和发展趋势。

二、国际食品安全研究领域论文发表的基本状况

采用文献计量学方法,对2004—2013年间SCI数据库收录的国内外食品安全研究论文的载文量、作者、来源期刊、高被引文献、机构和基金资助等情况进行定量分析,可以基本把握食品安全领域的国际研究发展趋势。

(一) 论文发表数量

对论文发表数量进行分析,有助于科研工作者从绝对数量上了解食品安全领域的研究规模和发展速度。表19-1显示了2004—2013年间国际食品安全研究论文发表的数量情况。

表19-1　2004—2013年间国际食品安全研究论文发表数量　(单位:篇、%)

年份	2004	2005	2006	2007	2008	2009	2010	2011	2012	2013	合计
论文数	839	963	1062	1305	1502	1779	2023	2224	2559	2781	17037
百分比	4.93	5.65	6.23	7.66	8.82	10.44	11.87	13.05	15.02	16.32	100

如图19-1所示,2004—2013年间国际食品安全研究论文的发表量呈逐年递增趋势,尤其是从2006年开始国际上发表的食品安全研究论文迅速增长,这可能与2006年是公众对食品安全危机最为关注的一年有关。2006年国内外发生了许

多重大的食品安全事件，如美国食品药品管理局对一款美赞臣幼儿奶粉被检出含有金属颗粒、麦当劳油炸食品中再次检测到反式脂肪酸发布预警，国内“瘦肉精”“口水油”沸腾鱼、“红心鸭蛋”“福寿螺”“多宝鱼”“粉丝吊白块”等一系列食品安全事件频频爆发，让食品安全问题成为不同国别消费者共同关注的焦点问题之一。在我国，国家对食品安全问题非常重视，加大了科研投入，科研工作者的研究成果在国际上的影响力也逐渐增大。

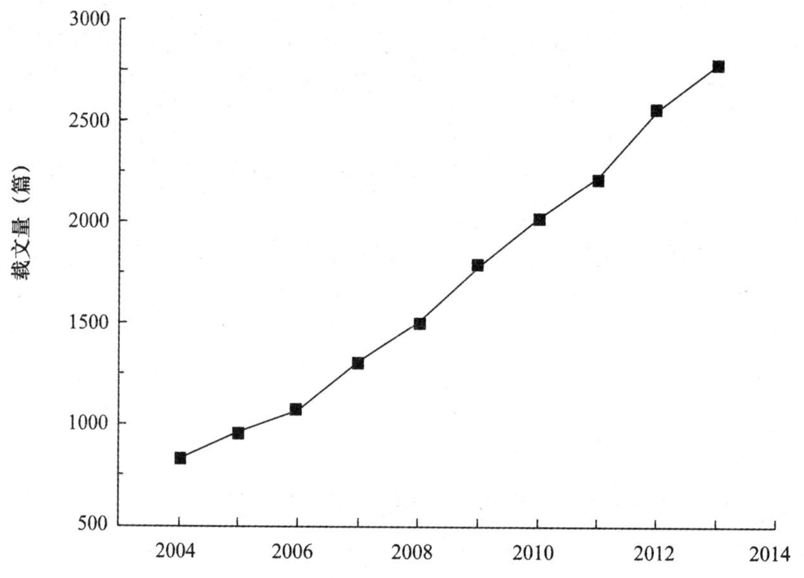

图 19-1 2004—2013 年间食品安全研究论文载文量分布情况

（二）论文作者分析

对食品安全研究领域的作者进行分析，可以快速发现领域内的核心作者群，通过跟踪其研究论文的学术成果可以了解该领域的前沿状况。由于不同的国际刊物对中国人名的姓和名处理方式并不完全相同，SCI 数据库对中国作者姓名的处理形式也缺乏规范，因此需要对作者姓名进行预处理：对同一作者不同姓名拼写形式的，根据导出在 EXCEL 数据表中作者姓名全拼进行合并处理；对相同作者姓名缩写形式实际为不同作者的，根据作者姓名全拼、发文地址、邮编和发文年限加以区别，排除同名作者的干扰。本研究检索到的 17037 篇食品安全研究论文共有 63696 位不同的作者，平均每篇论文有 3.7 位作者，这说明 2004—2013 年间 SCI 收录的食品安全研究文献绝大多数都是由作者们合著完成的。随着食品安全事件的频频爆发、国际食品贸易的发展、食品新技术和新资源的应用等给食品安全带来不断的新挑战，国际组织、机构和各国政府均高度重视，开始寻求跨学科的科研合作方式,来共同解决复杂的现实问题。科研合作已悄然成为推动当代食品安全科技和教育发展的重要方式。

表19-2列出发文量排名前10位的作者,其中来自比利时根特大学(Univ Ghent)的相关学者分别以发表37、33、28及24篇论文排在第一、二、六及七位,论文发表较多,说明这4位作者在食品安全研究方面取得了很大的成绩。来自捷克国家兽医研究所(Vet Res Inst)的PAVLIK I发表了31篇论文,排在第三位。

表19-2　SCI数据库收录2004—2013年食品安全研究发表文献排名前10位的作者

作者	单位	篇数	排名
UYTTENDAELE M	Univ Ghent, Belgium	37	1
VERBEKE W	Univ Ghent, Belgium	33	2
PAVLIK I	Vet Res Inst, Czech Republic	31	3
PAZDUR R	US FDA, USA	31	4
KIM MS	ARS, USDA, USA	28	5
DEVLIEGHERE F	Univ Ghent, Belgium	28	6
JACXSENS L	Univ Ghent, Belgium	24	7
LITTLE CL	Hlth Protect Serv Colindale, Hlth Protect Agcy, England	24	8
ZWIETERING MH	Wageningen Univ, Netherlands	23	9
ANDERSON RC	USDA ARS, USA	22	10

(三)来源出版物

分析食品安全研究领域文献的空间分布特点,可以确定该领域的核心期刊,进而为相关研究者深化对该领域的研究提供有效的情报源。根据布拉德福定律,刊载论文总数约占33%的期刊是该学科的核心期刊。[①] 经统计,排名前50名的期刊,累计文献数量为5682篇,累计载文量占全部文献的33.35%。因此,可以初步确定这50种期刊是食品安全研究领域的核心期刊,是科研人员研究成果发表、学术思想交流的主要期刊,对了解该领域研究进展及投稿具有重大意义。由表19-3可知,英国的*Food Control*期刊以刊载471篇食品安全研究文献位居首位,其次是美国的*Journal of Food Protection*期刊与荷兰的*International Journal of Food Microbiology*期刊。另外,期刊*Food Additives And Contaminantis*只在1984—2008年间被SCI收录,其余的49种核心期刊中,有22种期刊来自美国,16种期刊来自英国,6种期刊来自荷兰、芬兰、法国、意大利、日本、瑞士各有1种食品安全领域的

① Z. H. Xu, T. Tang, D. S. Pan, et al., "Scientific Literature Addressingbrain Glioma in the Web of Science: A 10-Year Bibliometricanalysis", *Neural Regen Res*, Vol. 32, No. 6, 2012, pp. 2537-2544.

核心期刊。

表19-3 SCI数据库2004—2013年收录食品安全研究核心出版物

排名	来源出版物	国家	影响因子	期/年	论文数（篇）
1	FOOD CONTROL	英国	2.738	12	471
2	JOURNAL OF FOOD PROTECTION	美国	1.832	12	441
3	INTERNATIONAL JOURNAL OF FOOD MICROBIOLOGY	荷兰	3.425	24	344
4	FOOD AND CHEMICAL TOXICOLOGY	英国	3.01	12	306
5	JOURNAL OF AGRICULTURAL AND FOOD CHEMISTRY	美国	2.906	26	238
6	JOURNAL OF FOOD SCIENCE	美国	1.775	9	195
7	FOOD POLICY	英国	2.212	6	188
8	BRITISH FOOD JOURNAL	英国	0.614	11	157
9	FOOD SECURITY	荷兰	2.072	4	157
10	JOURNAL OF FOOD COMPOSITION AND ANALYSIS	美国	2.088	8	143
11	FOOD MICROBIOLOGY	英国	3.407	8	126
12	REGULATORY TOXICOLOGY AND PHARMACOLOGY	美国	2.132	9	124
13	PLOS ONE	美国	3.73	12	120
14	FOOD ADDITIVES AND CONTAMINANTS PART A-CHEMISTRY ANALYSIS CONTROL EXPOSURE & RISK ASSESSMENT	英国	2.22	12	113
15	JOURNAL OF FOOD AGRICULTURE & ENVIRONMENT	芬兰	0.435	4	113
16	FOOD CHEMISTRY	英国	3.334	24	112
17	ANNALS OF PHARMACOTHERAPY	美国	2.567	12	110
18	JOURNAL OF APPLIED MICROBIOLOGY	英国	2.196	12	104
19	FOODBORNE PATHOGENS AND DISEASE	美国	2.283	12	101
20	PUBLIC HEALTH NUTRITION	英国	2.25	8	98
21	APPLIED AND ENVIRONMENTAL MICROBIOLOGY	美国	3.678	24	91

（续表）

排名	来源出版物	国家	影响因子	期/年	论文数（篇）
22	JOURNAL OF FOOD ENGINEERING	英国	2.276	24	91
23	JOURNAL OF NUTRITION	美国	4.196	12	87
24	MEAT SCIENCE	英国	2.754	12	86
25	JOURNAL OF FOOD SAFETY	美国	0.82	4	84
26	FOOD RESEARCH INTERNATIONAL	美国	3.005	10	79
27	INNOVATIVE FOOD SCIENCE & EMERGING TECHNOLOGIES	荷兰	1.713	4	76
28	JOURNAL OF THE SCIENCE OF FOOD AND AGRICULTURE	英国	1.759	15	74
29	JOURNAL OF AOAC INTERNATIONAL	美国	1.233	6	73
30	INTERNATIONAL JOURNAL OF FOOD SCIENCE AND TECHNOLOGY	英国	0.941	5	67
31	LETTERS IN APPLIED MICROBIOLOGY	英国	1.629	12	67
32	POULTRY SCIENCE	美国	1.516	12	67
33	FOOD AND NUTRITION BULLETIN	日本	2.106	4	66
34	PROCEEDINGS OF THE NATIONAL A-CADEMY OF SCIENCES OF THE 美国 OF AMERICA	美国	9.598	52	65
35	REVUE SCIENTIFIQUE ET TECH-NIQUE-OFFICE INTERNATIONAL DES EPIZOOTIES	法国	0.94	3	64
36	TRENDS IN FOOD SCIENCE & TECH-NOLOGY	英国	3.739	12	63
37	RISK ANALYSIS	美国	2.278	12	62
38	JOURNAL OF THE AMERICAN DIETET-IC ASSOCIATION	美国	3.797	12	60
39	AGRICULTURE AND HUMAN VALUES	荷兰	1.355	4	58
40	BIOSENSORS & BIOELECTRONICS	英国	5.061	12	56
41	APPETITE	荷兰	2.541	6	54
42	AGRO FOOD INDUSTRY HI-TECH	意大利	0.093	6	53
43	FOOD ADDITIVES AND CONTAMINA-NTS	英国	2.045	12	50
44	PEDIATRICS	美国	5.119	12	50

（续表）

排名	来源出版物	国家	影响因子	期/年	论文数（篇）
45	AGRICULTURAL ECONOMICS	美国	1.03	6	48
46	ANALYTICA CHIMICA ACTA	荷兰	4.387	52	48
47	JOURNAL OF ENVIRONMENTAL HEALTH	美国	1.014	10	47
48	AMERICAN JOURNAL OF AGRICULTURAL ECONOMICS	美国	0.99	5	45
49	INTERNATIONAL JOURNAL OF TOXICOLOGY	美国	1.346	6	45
50	JOURNAL FUR VERBRAUCHERSCHUTZ UND LEBENSMITTELSICHERHEIT-JOURNAL OF CONSUMER PROTECTION AND FOOD SAFETY	瑞士	0.667	4	45

（四）论文作者所在研究机构的分布

了解食品安全研究领域的核心研究机构，对加强学术研究与交流，寻找合适的研究合作伙伴有重要作用。表 19-4 列出了论文发表量≥100 篇的前 20 名研究机构名单，这 20 个研究机构共发表了食品安全的研究文献 3331 篇，占总发文量的 19.55%。美国的农业科学研究院（ARS）发表 385 篇食品安全研究论文位居第一，美国食品和药物管理局（US FDA）发表 349 篇论文排名第二，其次是中国科学院（CHINESE ACAD SCI）发表 252 篇论文排名第三。高发文量大多集中在高校和科研院所，排名前 20 位的机构有 15 个来源于大学，可见大学是国际食品安全研究的主力军，其次是科研院所，其在食品安全研究领域也占有重要的地位。

表 19-4 2004—2013 年国际食品安全研究论文量居前 20 位的机构（≥100 篇）

机构	篇数	百分比（%）	排名
ARS	385	2.26	1
US FDA	349	2.05	2
CHINESE ACAD SCI	252	1.48	3
HARVARD UNIV	191	1.12	4
WAGENINGEN UNIV	182	1.07	5
UNIV GHENT	169	0.99	6
UNIV CALIF DAVIS	162	0.95	7
OHIO STATE UNIV	158	0.93	8

（续表）

机构	篇数	百分比（%）	排名
CHINA AGR UNIV	149	0.88	9
INRA	149	0.88	10
MICHIGAN STATE UNIV	134	0.79	11
UNIV WAGENINGEN RES CTR	128	0.75	12
CORNELL UNIV	127	0.75	13
USDA	122	0.72	14
UNIV GUELPH	121	0.71	15
UNIV MINNESOTA	121	0.71	16
UNIV MARYLAND	118	0.69	17
UNIV COPENHAGEN	108	0.63	18
UNIV FLORIDA	103	0.61	19
UNIV ILLINOIS	103	0.61	20

（五）高被引论文的构成

1963年，美国著名情报学家尤金·加菲尔德博士发现，可以将引文数据分析作为学术影响力判断的有效手段。[①] 引用次数是一种广泛地被用来评估研究者或出版物在学科内影响力的一种评价方法。一篇论文的被引用次数越高，表示这篇论文的学术影响力越大，质量也就越高，论文引用次数与论文的价值大体是成正比。[②] 高被引频次的论文在一定程度上显示其在学术交流中影响力和地位较高，受到同行学者关注认可度高，是未来进一步研究和发展的重要参考。

近年来，高被引频次论文也被用于寻找“经典文献”的标准。[③] 科学计量学表明，若一篇文献每年被引用4次或4次以上，则可列为“经典文献”。[④] 将17037篇被SCI收录的食品安全研究论文按照总被引频次从高到低进行统计，共有13205篇论文被引用，占论文总数的77.51%。表19-5列出了排名前20位的高被引论文，这些论文可以被认为是2004—2013年间食品安全研究领域的“经典文献”。

---

① E. Garfield, “Citation Analysis as a Tool in Journal Evaluation—Journals can be Ranked by Frequency and Impact of Citations for Science Policy Studies”, *Science*, Vol. 60, 1972, pp. 471-479。

② 袁军鹏：《科学计量学高级教程》，科学技术文献出版社2010年版。

③ K. Hennessey, K. Afshar, A. E. Macneily, “The Top 100 Citedarticles in Urology”, *Can Urol Assoc J*, Vol. 3, No. 4, 2009, pp. 293-302; A. L. Rosenberg, R. S. Tripathi, J. Blum, “ The Most Influentialarticles in Critical Care Medicine”, *J Crit Care*, Vol. 25, No. 1, 2010, pp. 157-170.

④ 庞景安：《科学计量研究方法论》，科学技术文献出版社2002版。

表 19-5 2004—2013 年间国际食品安全研究高被引论文分析

作者	题名	来源出版物	国家	总被引频次	年份
Cutlip, D. E., et al.	Clinical End Points in Coronary Stent Trials—A Case for Standardized Definitions	CIRCULATION	美国	1588	2007
Lal, R.	Soil Carbon Sequestration Impacts on Global Climate Change and Food Security	SCIENCE	美国	1131	2004
Machida, M., et al.	Genome Sequencing and Analysis of Aspergillus Oryzae	NATURE	日本	990	2005
Scallan, E., et al.	Foodborne Illness Acquired in the United States-Major Pathogens	EMERGING INFECTIOUS DISEASES	美国	842	2011
Kirsch, I., et al.	Initial Severity and Antidepressant Benefits: A Meta-analysis of Data Submitted to the Food and Drug Administration	PLOS MEDICINE	英国	693	2008
Stettler, C., et al.	Outcomes Associated with Drug-eluting and Bare-metal Stents: A Collaborative Network Meta-analysis	LANCET	瑞士	653	2007
Smith, W. S., et al.	Safety and Efficacy of Mechanical Embolectomy in Acute Ischemic Stroke—Results of the MERCI Trial	STROKE	美国	632	2005
Li, J. F., et al.	Shell-isolated Nanoparticle-enhanced Raman Spectroscopy	NATURE	中国	531	2010
Abraham, E., et al.	Drotrecogin Alfa (activated) for Adults with Severe Sepsis and a Low Risk of Death	NEW ENGLAND JOURNAL OF MEDICINE	美国	510	2005
Chaillou, S., et al.	The Complete Genome Sequence of the Meat-borne Iactic Acid Bacterium Lactobacillus Sakei 23K	NATURE BIOTECHNOLOGY	法国	476	2005
Lobell, D. B., et al.	Prioritizing Climate Change Adaptation Needs for Food Security in 2030	SCIENCE	美国	472	2008
Shai, I., et al.	Weight Loss with a Low-carbohydrate, Mediterranean, or Low-fat Diet	NEW ENGLAND JOURNAL OF MEDICINE	以色列	428	2008
Scheen, A. J., et al.	Efficacy and Tolerability of Rimonabant in Overweight or obese Patients with Type 2 Diabetes: A Randomised Controlled Study	LANCET	比利时	413	2006

（续表）

作者	题名	来源出版物	国家	总被引频次	年份
Parry, M. L., et al.	Effects of Climate Change on Global Food Production under SRES Emissions and Socio-economic Scenarios	GLOBAL ENVIRONMENTAL CHANGE-HUMAN AND POLICY DIMENSIONS	英国	390	2004
Rodbard, H. W., et al.	Statement By An American Association Of Clinical Endocrinologists/American College Of Endocrinology Consensus Panel On Type 2 Diabetes Mellitus: An Algorithm For Glycemic Control	ENDOCRINE PRACTICE	美国	372	2009
O'Connell, K. A., et al.	Thromboembolic Adverse Events After Use of Recombinant Human Coagulation Factor VIIa	JAMA-JOURNAL OF THE AMERICAN MEDICAL ASSOCIATION	美国	354	2006
Christensen, R., et al.	Efficacy and Safety of the Weight-loss Drug Rimonabant: A Meta-analysis of Randomised Trials	LANCET	丹麦	348	2007
Li, Z. P., et al.	Meta-analysis: Pharmacologic Treatment of Obesity	ANNALS OF INTERNAL MEDICINE	美国	331	2005
Leroux-Roels, I., et al.	Antigen Sparing and Cross-reactive Immunity with an Adjuvanted rH5N1 Prototype Pandemic Influenza Vaccine: A Randomised Controlled Trial	LANCET	比利时	304	2007
Koopmans, M., et al.	Foodborne Viruses: An Emerging Problem	INTERNATIONAL JOURNAL OF FOOD MICROBIOLOGY	荷兰	297	2004

由表 19-5 可见，这 20 篇高被引文献，是 2004—2013 年间国际食品安全研究领域的经典之作。其中，美国学者 Cutlip 等人 2007 发表在杂志 *Circulation* 上的论文被引 1588 次位居榜首，其次是美国学者 Lal 于 2004 年发表在杂志 *SCIENCE* 上的论文被引 1131 次排名第二，排在第三名的是日本学者 Machida 等人 2005 年发表在 *Nature* 上的论文被引 990 次，来自中国厦门大学的学者 Li, Jian Feng 等人 2010 年发表在 *Nature* 上的论文被引 531 次排名第八。这 20 篇高被引论文有 9 篇文献来自美国，2 篇来自英国，2 篇来自比利时，中国、丹麦、法国、以色列、荷兰、瑞

士、日本各有 1 篇高被引论文。由此可以看出美国在食品安全研究方面处于国际领导地位。

从学科类别看,这 20 篇高被引文献 65% 发表在与医学相关的期刊上。从期刊来源及发表时间来看,其中有 4 篇论文发表在 *LANCET* 期刊上,有 2 篇论文发表在 *Science* 期刊上,有 2 篇论文发表在 *Natuer* 期刊上,有 2 篇论文发表在 *New Eegland Journal of Medicine* 期刊上。这 20 篇高被引论文的年度分布是 2004 年 3 篇,2005 年 5 篇,2006 年 2 篇,2007 年 4 篇,2008 年 3 篇,2009 年 1 篇,2010 年 1 篇,2011 年 1 篇。论文发表后到被引用有一个时滞过程,后出版论文的被引频次总是比先出版的论文要少得多,即使论文的质量在同一水平线。一篇论文在发表后被引频次会随时间缓慢上升,在发表三年左右会到达一个最高值后,然后又开始缓慢下降,直到不再被引用。所以发表时间短的论文被引频次低是正常的,尚未达到被引最高年份,因此,这些论文的被引用情况还会有明显的变化。

(六) 论文作者的国别分布

一个国家论文发表多少,可以考察这个国家在该领域内的科研水平及国际影响力。2004—2013 年间在国际上发表食品安全研究论文量最多的前 10 位国家如表 19-6 所示,依次为美国、中国、英国、德国、意大利、加拿大、西班牙、法国、荷兰和日本。前 10 位国家共发表论文 13984 篇,占论文发表总量的 82.08%。其中美国以发表 5819 篇论文遥遥领先于其他国家的论文发表量,占发表论文总量的 34.16%。中国发表 1370 篇论文位居第二,这说明我国学者在食品安全领域研究成果产量较高,一直在努力向世界前沿迈进。

表 19-6 2004—2013 年国际食品安全研究论文量居前 10 位的国家(地区)

国家	篇数	百分比(%)	排名
美国	5819	34.16	1
中国	1370	8.04	2
英国	1217	7.14	3
德国	987	5.79	4
意大利	905	5.31	5
加拿大	878	5.15	6
西班牙	772	4.53	7
法国	728	4.27	8
荷兰	724	4.25	9
日本	584	3.43	10

（七）食品安全研究学科类别

通过分析食品安全研究文献的科学类别，可以更好地为科研工作者掌握该领域的科研发展动态，为以后的研究奠定基础以及提供理论参考与技术指导。按照 Web of Science 数据库的论文学科分类，由图 19-2 可以看出，2004—2013 年间国际食品安全研究涉及最多的十个学科领域依次是：食品科学技术（Food Science Technology）、生物技术与应用微生物学（Biotechnology Applied Microbiology）、膳食营养学（Nutrition Dietetics）、环境科学（Environmental Sciences）、微生物（Microbiology）、药理学与制药学（Pharmacology Pharmacy）、毒理学（Toxicology）、农业综合学（Agriculture Multidisciplinary）、应用化学（Chemistry Applied）、公共环境职业健康（Public Environmental Occupational Health）。国内外的食品安全研究者在这十个领域共计发表论文 15139 篇，占论文总数的 88.86 %。因此，这十个研究方向是国际食品安全领域研究的优势学科，相对应的学科具有较高的研究水平。而且国际食品安全研究论文涉及的学科主题相当广泛，覆盖面较广，表现出较明显的多学科交叉性和综合性。我国科技部发布的《国家中长期科学和技术发展规划纲要（2006—2020 年）》重点部署的重大科学研究计划和八大科学前沿技术问题都与跨学科研究戚戚相关。提高跨学科协作科研水平是我国面向未来发展的重大战略选择，同时也是获得可持续发展的不竭动力，应当鼓励我国科研工作者打破学科间的传统界限，以新的方式和思路跨学科寻找食品安全研究的创新点和交叉点，结出更大的科研硕果。

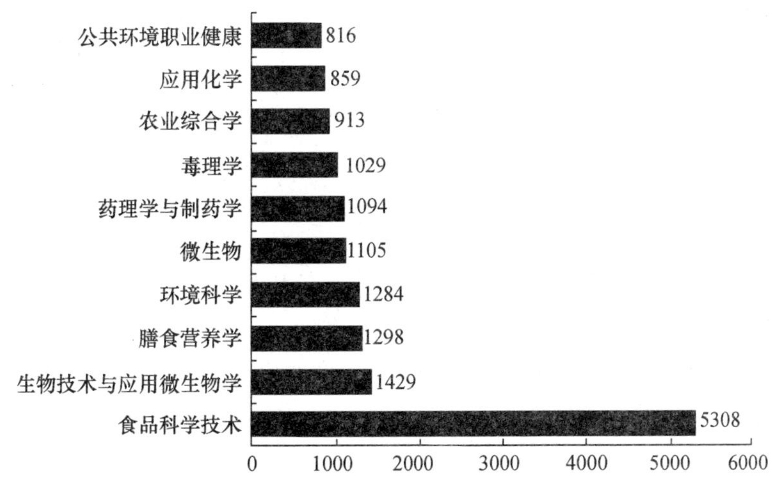

图 19-2　2004—2013 年间国际食品安全研究排名前十名学科分析

(八)基金资助情况

自1860年德国首创科学基金制以来,科学基金制作为科学基础研究的一种主要运作模式,已成为世界各国科学研究快速发展的巨大推动力。随着世界各国科学基金制的日趋完善,科学基金资助规模不断扩大,经费投入不断增加,科学基金的绩效评估受到各国政府和公众的普遍关注。① SCI数据库于2008年7月开始实现了基金论文的检索功能,分析食品安全研究领域科学基金的使用效率,对评估科学基金的绩效和基金资助机构的进一步投入提供了数据支持。

世界科学基金论文率指标揭示了科学基金制对世界科学领域基金项目成果的产出绩效,以及对世界科学发展贡献度的一项最基本的量化测度指标。② 科学基金论文率不仅是考察国家(地区)科学基金成果的产出绩效、科研产出能力总体贡献度的评价指标,也是评估国家(地区)科学发展趋势与发展后劲的一项预测性指标。2008—2013年间SCI数据库共收录国际食品安全研究论文12868篇,其中受科学基金资助的论文有6656篇,获得各类科学基金资助的论文率为51.73%,这说明在国际期刊上发表的食品安全研究论文有一半以上都受到了相关科学基金的资助。

在本章研究中,基金资助情况由数据库自行分析得出,由于部分基金名称的英文书写不规范,需去重合并处理。2008—2013年间国际食品安全研究论文受基金资助排名前20位的情况如表19-7所示,可以看出排名第一的是中国国家自然科学基金(National Natural Science Foundation of China),共资助365篇论文,排名第二位的是欧洲联盟(EU)资助335篇论文,排名第三的是美国国立卫生研究院(NIH)共资助109篇论文。其中,在排名前20位的资助基金中有4项来源于中国的基金,分别是排名第一的中国国家自然科学基金,排名第六、七名的国家重点基础研究发展计划("973计划")(National Basic Research Program of China)、中国科学院(Chinese Academy of Sciences),排名第十一的中央高校基本科研业务费专项资金(Fundamental Research Funds For The Central Universities),合计共资助541篇食品安全研究论文,占总文献的3.19%。由此可以看出,中国相关科学基金机构对食品安全研究的资助力度和支持度都非常高,而且中国国家自然科学基金对食品安全研究论文发表的资助处于国际领先地位。中国国家自然科学基金作为我国政府型基金机构,在我国的科学基金制度中具有举足轻重的地位,对我国科技发展起到了重大的推动作用。相关研究已显示,中国国家自然科学基金的投入与

① 张爱军:《世界各国物理学基金论文产出绩效分析》,《科技管理研究》2011年第16期。

② 张爱军、高萍、刘素芳:《世界各国社会科学基金论文产出绩效分析》,《情报科学》2010年第5期。

SCI 论文产出之间存在长期稳定的动态均衡关系，①有利于我国食品安全研究成果的产出。

表 19-7　SCI 数据库收录 2008—2013 年食品安全研究受资助前 20 名基金情况

基金资助机构		篇数	百分比（%）
NATIONAL NATURAL SCIENCE FOUNDATION OF CHINA	中国国家自然科学基金	365	2.14
EU	欧洲联盟	335	1.97
NIH	美国国立卫生研究院	109	0.64
NATIONAL SCIENCE FOUNDATION	美国国家科学基金会	101	0.59
NATIONAL BASIC RESEARCH PROGRAM OF CHINA	国家重点基础研究发展计划(973 计划)	73	0.44
CHINESE ACADEMY OF SCIENCES	中国科学院	65	0.38
CNPQ	巴西国家科学技术发展委员会	55	0.32
PFIZER	美国辉瑞制药有限公司	49	0.29
GLAXOSMITHKLINE	英国葛兰素史克股份有限公司	39	0.23
FUNDAMENTAL RESEARCH FUNDS FOR THE CENTRAL UNIVERSITIES	中央高校基本科研业务费专项资金	38	0.22
MINISTRY OF EDUCATION YOUTH AND SPORTS OF THE CZECH REPUBLIC	捷克教育青年体育部	32	0.19
USDA	美国农业部	32	0.19
AUSTRALIAN RESEARCH COUNCIL	澳大利亚研究理事会	30	0.18
BRISTOL MYERS SQUIBB	百时美施贵宝公司	28	0.16
MINISTRY OF AGRICULTURE OF THE CZECH REPUBLIC	捷克共和国农业部	27	0.16
ASTRAZENECA	阿斯利康医药公司	26	0.15
SANOFI AVENTIS	赛诺菲·安万特集团	25	0.15
SPANISH MINISTRY OF SCIENCE AND INNOVATION	西班牙科学创新部	25	0.15
NOVARTIS	诺华制药有限公司	24	0.14
EUROPEAN SOCIAL FUND	欧洲社会基金	23	0.14

①　孟浩、周立、何建坤:《自然科学基金投入与科技论文产出的协整分析》,《科学学研究》2007 年第 6 期。

值得关注的是，在排名前 20 位的资助基金中，有美国辉瑞制药有限公司（PFIZER）、英国葛兰素史克股份有限公司（GLAXOSMITHKLINE）、百时美施贵宝公司（BRISTOL MYERS SQUIBB）、阿斯利康医药公司（ASTRAZENECA）和赛诺菲·安万特集团（SANOFI AVENTIS）、诺华制药有限公司（NOVARTIS）6 家世界制药名企，共资助 191 篇食品安全研究论文。我国科学基金资助来源以政府型资助机构、单位及科技项目为主，来源相对单一。而美国、英国等国家除政府资助外，还存在一定的非政府慈善机构（企业、企业家等）的资助，同行企业之间、企业家之间的经济合作与资金合作，有助于对更有针对性的研究方向提供科学研究资助平台，推动本领域快速发展。

（九）语种分析

对 2004—2013 年间 SCI 数据库收录食品安全研究论文的语种进行统计分析，共涉及 16 种语言（如图 19-3 所示），其中英语类的论文有 16216 篇，比例高达 95.18%，其原因可能与 SCI 主要收录英美国家的期刊有关。因此，母语为英语的国家或地区的研究者在写作上更具有优势。中文文献排名第六，共被收录了 57 篇。随着我国科研工作者英语水平的提高和国内期刊质量的不断提升，我国学者在国际食品安全领域的影响力和研究成果将会进一步得到提升。

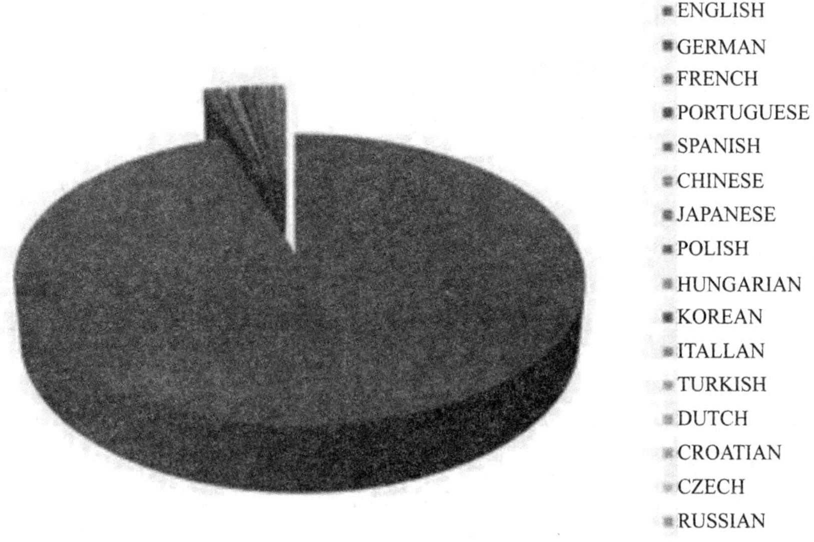

图 19-3 2004—2013 年间国际食品安全研究论文语种分布情况

三、2004—2013年间国际食品安全研究主题分析

关键词作为论文标题的补充，是对整篇文献的高度浓缩。共词分析法就是对一组词两两统计它们在同一篇文献中出现的次数，以此为基础对这些词进行聚类分析，反映出这些词之间的亲疏关系，进而分析这些词所代表的学科和主题的结构变化。①

本部分研究主要利用社会网络分析法，通过分析关键词共现关系来探讨2004—2013年间国际食品安全研究领域的研究热点主题。其主要原理是，将关键词作为网络的节点，关键词之间的共现关系则构成节点之间的连线，构建社会网络关系图谱，然后应用中心度、小世界效应等方法进行分析，进而发掘出关键词之间的关系。②

（一）关键词预处理

选取文献题录信息中的关键词字段，进行抽取和频次统计。SCI收录论文的关键词包括作者给关键词和数据库给的关键词两部分，为了全面准确掌握2004—2013年国际食品安全研究的主题，对这两部分关键词同时保留并作统一研究。由于关键词中存在不规范的词汇，且存在同义、近义或无实际意义的关键词，因此，在本研究中采用以下三种方法清洗关键词原始数据：

（1）合并法，对表达意思相近、相同或不同缩写形式的关键词进行合并。例如："pcr""polymerase chain reaction""polymerase-chain-reaction""polymerase chain-reaction"合并为"pcr"。

（2）比较出现频次的多少保留关键词的不同上位词、下位词形式。例如："bacterial"和"bacteria"，最终统一保存为"bacteria"。

（3）去除"food safety""food security"自身和无意义的关键词。例如："system""impact""expression"等。

（二）高频关键词共现网络分析

利用Excel的统计功能，对2004—2013年间的17037篇食品安全研究论文的关键词进行统计，去除对反映主题意义不大的关键词，选取前120个高频关键词作为分析对象，累积频次达到24.68%。它们是食品安全研究文献中出现频率较高的关键词，代表了食品安全研究的热点，可以反映学科知识点的构成（表19-8）。

① 冯璐、冷伏海：《共词分析方法理论进展》，《中国图书馆学报》2006年第2期。

② 朱庆华、李亮：《社会网络分析法及其在情报学的应用》，《情报理论与实践》2008年第2期。

表 19-8 2003—2014 年间 SCI 收录食品安全研究论文高频关键词 (单位:篇)

序号	关键词	发文	序号	关键词	发文	序号	关键词	发文
1	food	2074	41	consumer	334	81	adults	221
2	safety	1642	42	crop	322	82	haccp	219
3	health	848	43	outbreak	320	83	residues	218
4	listeria-monocyto-genes	825	44	mass-spectrometry	320	84	therapy	218
5	escherichia-coli	816	45	fish	319	85	industry	217
6	risk	806	46	maize	316	86	women	213
7	salmonella	771	47	microorganisms	308	87	poultry	210
8	quality	747	48	china	300	88	inactivation	210
9	trial	703	49	gene	299	89	campylobacter	209
10	united-states	656	50	policy	299	90	antioxidant	206
11	milk	641	51	protein	292	91	information	205
12	growth	630	52	insecurity	292	92	pesticides	204
13	children	619	53	double-blind	290	93	staphylococcus	201
14	management	607	54	antibiotic-resistance	286	94	acid	196
15	agriculture	605	55	beef	286	95	adaptation	194
16	water	603	56	soil	284	96	mycotoxins	192
17	contaminations	591	57	wheat	282	97	hunger	190
18	meat	581	58	strains	281	98	drug	186
19	pcr	554	59	genetically modified food	280	99	shelf-life	184
20	climate change	549	60	survival	279	100	cadmium	183
21	africa	540	61	obesity	267	101	validation	182
22	identification	520	62	perceptions	266	102	allergy	178
23	pathogens	501	63	resistance	264	103	cheese	174
24	nutrition	483	64	population	262	104	food-borne illness	170
25	diet	461	65	in-vitro	261	105	poverty	170
26	toxicity	456	66	knowledge	259	106	epidemiology	168
27	bacteria	433	67	sustainability	258	107	yield	163
28	risk assessment	408	68	exposure	256	108	prevention	161
29	environment	403	69	pigs	256	109	aflatoxin	158
30	temperature	403	70	security	256	110	mice	155
31	infection	386	71	plants	245	111	biosensor	154
32	prevalence	385	72	cattle	243	112	safety assessment	154
33	disease	383	73	cancer	240	113	conservation	152
34	consumption	378	74	pharmacokinetics	240	114	hygiene	152
35	liquid chromatography	377	75	storage	237	115	education	150
36	lactic-acid bacteria	372	76	antimicrobial	234	116	carbon-dioxide	150
37	diversity	363	77	rice	228	117	traceability	147
38	vegetables	354	78	fruits	225	118	chicken	145
39	behavior	340	79	attitudes	222	119	inhibition	145
40	rats	337	80	heavy-metals	222	120	developing-countries	142

参照储节旺提出的采用 Excel 实现共词分析的方法,①构建 120×120 的矩阵,保存为 Excel 格式。打开 Ucinet 导入 Excel 格式的作者共现矩阵,转化为后缀名“. ##h”文件。利用 Ucinet 软件集成的 NetDraw 软件,绘制 2004—2013 年间国际食品安全领域高频关键词共现网络知识图谱。Netdraw 的主要作用就是按照研究者预先对网络节点信息的描述,绘制出一张能够详细反映出网络节点之间关系的网络关系图。② 具体步骤如下:在 Ucinet 中经由 Data—Import via spreadsheet—DL-type formats 路径将作者共现矩阵转化为 Ucinet 格式并保存;再选择 Netdraw 菜单的 File—Open—Ucinet dataset—Network,导入“. ##h”文件,得到如图 19-4 所示的网络图谱。

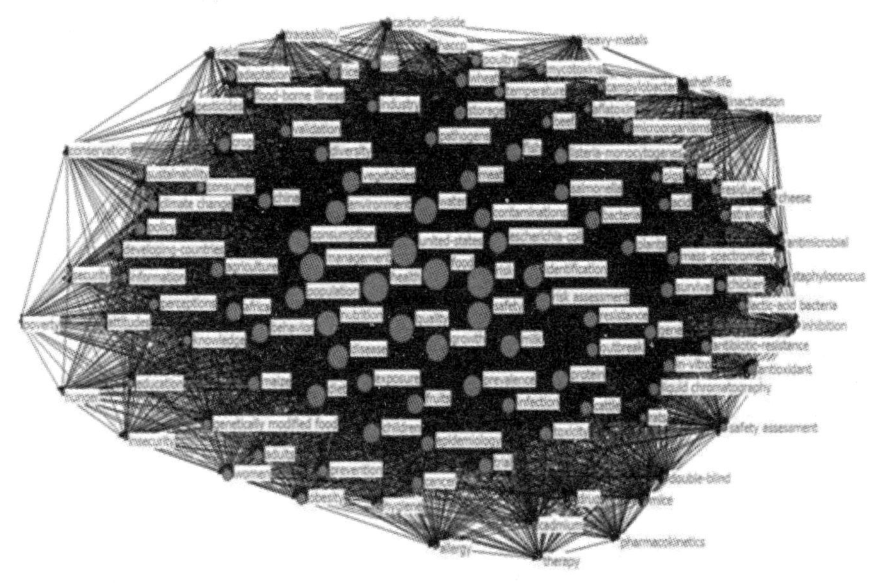

图 19-4　2004—2013 年间国际食品安全研究高频关键词共现网络图

1. 网络密度分析

共词网络的密度反映了各研究主题之间的联系紧密程度。密度小,说明各研究主题之间缺乏足够的联系,研究松散;密度大,说明各研究主题之间联系紧密,研究结合较好,研究很成熟。在 Ucinet 中,打开菜单中的 Network—Cohesion—

---

① 储节旺、郭春侠:《EXCEL 实现共词分析的方法—以国内图书情报领域知识管理研究为例》,《情报杂志》2011 年第 3 期。

② 王运锋、夏德宏、颜尧妹:《社会网络分析与可视化工具 NetDraw 的应用案例分析》,《现代教育技术》2008 年第 4 期。

Density 计算共词网络的密度,可以算出由 120 个高频词组成的国际食品安全研究共词网络的密度是 12.4164,整个网络的连通性比较好,是一个密度较大的网络,结点之间的连接较多,不少结点之间甚至高度连接。说明 120 个高频词在论文中的共现情况比较普遍,频次均较高,它们之间的学术联系比较广泛且紧密,各研究主题之间相互交叉,因而反映出整体上食品安全研究比较成熟,研究深度也比较大。

2. 网络中心性分析

在图 19-4 的共词网络图中,每一个圆形结点代表一个高频词,即一个研究主题,节点间的连线代表每对高频词间的联系。网络中心性的点度中心度、中间中心度和接近中心度三个指标不但可以发现某一研究领域当前的研究热点,而且还能够用于识别未来的发展趋势。①

(1) 点度中心度。在高频词共词网络中,点度中心度表示某个高频词与其他高频词之间同时出现的频率,点度中心度越高,则反映其在网络中的地位越高,越有可能是主题研究中的热点。② 图 19-4 中节点的大小反映了高频词的点度中心度的大小,即高频词共现频次的高低。点度中心度较高的节点通常代表当前研究的热点,而点度中心度较低而中间中心度较高的节点很大可能性预示了未来发展趋势。

(2) 中间中心度。中间中心度又叫中介中心性、间距中心性,反映结点在整个网络的中心程度,表达的是整个网络的集中或集权程度,即整个网络围绕一个结点或一组结点来组织运行的程度,测量的是行动者对资源的控制的程度。③ 在共词网络中,中间中心度是测量网络中某个高频词影响其他高频词共现在同一篇论文中能力大小的指标。中间中心度高的高频词,其对其他高频词以及整个网络的影响力也越大。

(3) 接近中心性。接近中心性又叫亲近中心性、紧密中心性,表明了主题类团内关键词间接近的程度,依据网络中各结点之间的紧密性或距离而测量的。在共词网络中,高频词的接近中心度越小,表示某个关键词越容易与网络中的关键词出现在一篇期刊论文当中④。图中节点间连接线的粗细,表示节点间关系的紧密程度,线越粗表示二者之间的关系越紧密,反之,表示二者之间的关系比较稀疏。

---

① 苏娜、张志强:《社会网络分析在学科研究趋势分析中的实证研究—以数字图书馆领域为例》,《情报理论与实践》2009 年第 9 期。

② 魏瑞斌、王三珊:《基于共词分析的国内 Web2.0 研究现状》,《情报探索》2011 年第 1 期。

③ 邱均平、张晓培:《基于 CSSCI 的国内知识管理领域作者共被引分析》,《情报科学》2011 年第 10 期。

④ 魏瑞斌:《社会网路分析在关键词网络分析中的实证研究》,《情报杂志》2009 年第 9 期。

表 19-9　高频关键词共词网络节点中心性测度

序号	点度中心度	NrmDegree	中间中心度	nBetweenness	亲近中心性	nCloseness
1	food	14.835	food	0.528	food	100
2	safety	10.228	risk	0.528	risk	100
3	listeria-monocytogenes	7.854	united-states	0.495	health	98.347
4	escherichia-coli	7.489	health	0.491	safety	98.347
5	salmonella	7.144	quality	0.481	united-states	97.541
6	health	6.63	management	0.475	quality	97.541
7	risk	5.892	safety	0.467	growth	96.748
8	quality	5.431	growth	0.461	water	96.748
9	growth	5.263	water	0.46	management	95.968
10	contaminations	5.217	nutrition	0.425	milk	94.444
11	milk	5.107	consumption	0.403	nutrition	93.701
12	pathogens	5.086	disease	0.394	environment	92.969
13	united-states	5.084	environment	0.392	contaminations	92.969
14	meat	5.044	population	0.386	disease	92.248
15	water	4.204	identification	0.377	population	92.248
16	children	4.199	milk	0.37	identification	92.248
17	pcr	4.143	diet	0.367	consumption	92.248
18	agriculture	3.862	vegetables	0.365	risk assessment	90.84
19	nutrition	3.708	prevalence	0.354	escherichia-coli	90.84
20	bacteria	3.699	escherichia-coli	0.341	vegetables	90.152

通过对网络结构图的三种中心性测量(表 19-9),发现这 10 个高频关键词“food”“safety”“health”“risk”“quality”“growth”“milk”“united-states”“water”“nutrition”和“escherichia-coli”重复性较高,节点较大,说明在网络中的重要程度较高,这些主题是国际食品安全研究领域学者比较关注的。点度中心度排名前 20 位的高频词中有 5 个是与微生物相关的关键词,分别是“listeria-monocytogenes”“escherichia-coli”“salmonella”“pathogens”和“bacteria”,说明与食品安全领域的其他关键词联系较紧密,国际食品安全研究学者在食品微生物研究方面比较活跃。另外,“health”“risk”“quality”等词的点度中心度也较高,说明食品风险分析、营养健康、食品质量监管等方面有可能是研究的热点。整个网络的点度中心度是 12.49%,说明网络中关键词间共现频率较高。在中间中心度和亲近中心性排名前 10 位的高频词的基本重合而且排名顺序没有大的变化,说明这些关键词在网络中地位比较重要。前 120 位高频词的中间中心度和亲近中心性值整体分布比较均匀,说明整个网络的集中程度比较低,这可能与食品安全研究的学科交叉性和综合性有关,资源比较分散,食品安全研究内容涉及面广,具有多样性,趋向于

多种观点或途径的结合。因此,可以看出食品安全研究主题的结构非常健康,有利于其研究的进一步发展和学者间均衡交流。高频词"food"和"risk"的中间中心度和亲近中心性值都是网络中最高的,说明"food"和"risk"在整个网络中与其他节点距离较近且直接相连,是食品安全研究领域的中心点。

四、食品安全研究展望

本章主要以 SCI 数据库(科学引文索引数据库扩展版)为检索源,以"食品安全"作为主题词进行查找,对 2004—2013 年间国内外学者发表的 17037 篇食品安全领域的学术论文进行定量分析,归纳了目前食品安全领域的核心作者、重要期刊来源、指导性文献、机构和基金资助情况等情况,在此基础上进一步利用社会网络分析法,探讨了 2004—2013 年间国际食品安全领域的研究热点主题。

其一,提升食品安全研究论文的影响力。在 2004—2013 年间我国学者在国际食品安全领域的发文量位居世界第二位,其中中国科学院发表 252 篇论文排名全球发文机构的第三位。在排名前 20 的资助基金中有 4 项来源于中国的基金,分别是国家自然科学基金、国家重点基础研究发展计划("973 计划")、中国科学院和中央高校基本科研业务费专项资金,合计共资助 541 篇食品安全研究论文,占总文献的 3.19%。说明我国政府、科研机构及科研工作者对食品安全研究都比较关注,支持度非常高,科研工作者研究水平不断提高。但在作者、来源出版物和高被引论文的统计中发现,美国、英国等国家的作者、期刊和论文仍然处于世界领先水平。因此我国食品安全领域的研究者应当进一步提升发表论文的质量和影响力,提高基金资助的绩效。

其二,完善我国基金资助渠道。通过统计研究发现,我国科学基金资助来源以政府型资助机构为主,而欧洲等发达国家则有一定比例的企业、企业家等对食品安全领域科技发展进行资助。同行企业、科学家之间合作,有助于加速科研成果的转化。因此,完善我国科学基金制度,应当鼓励企业、高校及科研机构合作,进行产学研协作创新。另一方面,应积极有效融合企业、企业家、社会资源等的闲散资金,提高企业的科研开发能力,从社会各层面加强科技水平的发展,加速研究成果的转化。

其三,食品安全研究的热点。在 2004—2013 年间 SCI 收录食品安全研究论文共计 17037 篇,主要发表在英国的 *Food Control*、美国的 *Journal of Food Protection*、荷兰的 *International Journal of Food Microbiology* 等期刊上。涉及最多的学科领域是食品科学技术,其次是微生物、膳食营养学、环境科学、药理学等。采用社会网络分析法对高频关键词分析后发现:国际食品安全研究学者在食品微生物研究方面比较活跃;点度中心度分析显示食品风险分析、营养健康、食品质量监管等方面有可能是研究的热点;前120位高频词的中间中心度和亲近中心性值整体分布比较均匀,说明整个网络的集中程度比较低,食品安全研究主题多样化和跨学科交叉化,"food"和"risk"是食品安全研究领域的中心点。

本章对2004—2013年间SCI收录的国际食品安全研究论文进行统计和文献计量学分析时,利用了SCI数据库的信息挖掘和分析功能,但由于不同的国际刊物对中国人名、作者单位地址及基金名称等的处理不同,缺乏规范性,给统计结果带来一些偏差,本文作者通过手工处理对SCI数据库自动分析结果进行审核,最大限量上减少误差,提高研究结果的准确率。本文利用社会网络分析法研究了高频关键词的网络关系,初步显示了国际食品安全领域的研究热点,在下一步研究中将利用Cite Space软件识别与跟踪食品安全领域研究主题的演变规律,预测食品安全研究热点的发展趋势。

参考文献

包宗顺:《中国有机农业发展对农村劳动力利用和农户收入的影响》,《中国农村经济》2002 年第 7 期。

常向阳、李香:《南京市消费者蔬菜消费安全认知度实证分析》,《消费经济》2005 年第 5 期。

陈琛、王玉华、王庆峰:《基于农户禀赋条件的大都市郊区农户有机农业生产决策心理分析——以北京为例》,《生态经济》2013 年第 2 期。

陈定伟:《美国食品安全监管中的信息公开制度》,《农村经济与科技:农业产业化》2011 年第 9 期。

陈泥:《我市公布 2013 年十大食品药品典型案例》,《厦门日报》2013 年 12 月 3 日。

陈秋玲、张青、肖璐:《基于突变模型的突发事件视野下城市安全评估》,《管理学报》2010 年第 6 期。

陈晓枫:《中国进出口食品卫生监督检验指南》,中国社会科学出版社 1996 年版。

陈晓贵、陈禄涛、朱辉鸿等:《一起经营病死猪肉案的查处与思考》,《上海畜牧兽医通讯》2010 年第 6 期。

陈晓华:《2013 年我国农产品质量安全监管的形势与任务》,《农产品质量与安全》2013 年第 1 期。

陈雨生、乔娟、赵荣:《农户有机蔬菜生产意愿影响因素的实证分析——以北京市为例》,《中国农村经济》2009 年第 7 期。

储节旺、郭春侠:《EXCEL 实现共词分析的方法—以国内图书情报领域知识管理研究为例》,《情报杂志》2011 年第 3 期。

崔新蕾、蔡银莺、张安录:《农户减少化肥农药施用量的生产意愿及影响因素》,《农村经济》2011 年第 11 期。

邓秀林:《基于引文分析法的期刊栏目的学术影响力评价》,《现代情报》2007 年第 5 期。

窦艳芬、陈通、刘琳等:《基于农业生产环节的农产品质量安全问题的思考》,《天津农学院学报》2009 年第 3 期。

杜相革、王慧敏:《有机农业概论》,中国农业大学出版社 2001 年版。

封锦芳、施致雄、吴永宁:《北京市春季蔬菜硝酸盐含量测定及消费者暴露量评估》,《中国食品卫生杂志》2006 年第 6 期。

封俊丽:《大部制改革背景下我国食品安全监管体制探讨》,《食品工业科技》2013 年第 6 期。

冯璐、冷伏海:《共词分析方法理论进展》,《中国图书馆学报》2006 年第 2 期。

高世楫、俞燕山:《基础设施产业的政府监管——制度设计和能力设计》,社会科学文献出版社 2010 年版。

何坪华、凌远云、焦金芝:《武汉市消费者对食品市场准入标识 QS 的认知及其影响因素的实证分析》,《中国农村经济》2009 年第 3 期。

洪炳财、陈向标、赖明河:《食品中微生物快速检测方法的研究进展》,《中国食物与营养》2013 年第 5 期。

洪巍、吴林海:《中国食品安全网络舆情发展报告(2013)》,中国社会科学出版社 2013 年版。

侯杰泰、温忠麟、成子娟:《结构方程模型及其应用》,经济科学出版社 2004 年版。

胡俊荣、翁佩萱、崔宗熹:《中国高等师范院校产出科技论文的计量分析》,《现代情报》2007 年第 5 期。

胡庆龙、王爱民:《农产品质量安全及溯源机制的经济学分析》,《农村经济》2009 年第 7 期。

江佳、万波琴:《我国进口食品安全侵权问题研究》,《广州广播电视大学学报》2010 年第 3 期。

江佳:《我国进口食品安全监管法律制度完善研究》,西北大学硕士学位论文,2011 年。

蒋术、张可、张利沙等:《我国有机农业发展现状、存在问题与对策》,《安徽农业科学》2013 年第 11 期。

靳明、郑少锋:《我国绿色农产品市场中的博弈行为分析》,《财贸经济》2005 年第 6 期。

赖静平、刘晖:《制度化与有效性的平衡——领导小组与政府部门协调机制研究》,《中国行政管理》2011 年第 8 期。

蓝志勇、宋学增、吴蒙:《我国食品安全问题的市场根源探析:基于转型期社会生产活动性质转变的视角》,《行政论坛》2013 年第 1 期。

李萌:《中国粮食安全问题研究》,华中农业大学博士学位论文,2005 年。

李岳云、蒋乃华、郭忠兴:《中国粮食波动论》,中国农业出版社 2001 年版。

连俊雅:《从法律角度反思"死猪江葬"生态事件》,《武汉学刊》2013 年第 3 期。

林树、陈宁:《信息加工两分法对性别差异的解释及其对广告的启示》,《上海管理科学》2003 年第 15 期。

林毅夫:《制度、技术与中国农业发展》,上海人民出版社 2005 年版。

刘殿友:《生猪保险的重要性, 存在问题及解决方法》,《养殖技术顾问》2012 年第 2 期。

刘家悦、陈杰:《浅析农产品质量安全管理的问题与对策》,《湖北农业科学》2012 年第 23 期。

刘军弟、王凯、韩纪琴:《消费者对有机猪肉的认知水平及其消费行为调研——基于上海与南京的调查数据》,《现代经济探讨》2009 年第 4 期。

刘俊威:《基于信号传递博弈模型的我国食品安全问题探析》,《特区经济》2012 年第 1 期。

刘鹏:《风险程度与公众认知:食品安全风险沟通机制分类研究》,《国家行政学院学报》2013 年第 3 期。

刘艳阳、吴丹青、吴光豪等:《SCI 用作科研评价指标的思考》,《科研管理》2003 年第 5 期。

刘宇翔:《消费者对有机粮食溢价支付行为分析——以河南省为例》,《农业技术经济》2013 年第 12 期。

刘增金、乔娟:《消费者对认证食品的认知水平及影响因素分析:基于大连市的实地调研》,《消费经济》2011 年第 4 期。

刘宗德:《基于微观主体行为的认证有效性研究》,华中农业大学博士学位论文,2007 年。

卢凌霄、周德、吕超等:《中国蔬菜产地集中的影响因素分析——基于山东寿光批发商数据的结构方程模型研究》,《财贸经济》2010 年第 6 期。

路艳霞:《〈中国社会发展年度报告 2013〉公布调查结果:公众对政府评价整体上升》,《北京日报》2013 年 12 月 26 日。

罗斌:《我国农产品质量安全发展状况及对策》,《农业 农村 农民》(B 版)2013 年第 8 期。

马骥、秦富:《消费者对安全农产品的认知能力及其影响因素:基于北京市城镇消费者有机农产品消费行为的实证分析》,《中国农村经济》2009 年第 3 期。

马仁磊:《食品安全风险交流国际经验及对我国的启示》,《中国食物与营养》2013 年第 3 期。

马颖、张园园:《基于生命周期的食品安全事件网络舆情的形成与发展机理》,《生产力研究》2013 年第 7 期。

孟浩、周立、何建坤:《自然科学基金投入与科技论文产出的协整分析》,《科学学研究》2007 年第 6 期。

苗东升:《系统科学大学讲稿》,中国人民大学出版社 2007 年版。

《奶粉中阪崎肠杆菌检测方法行业标准通过审定婴幼儿奶粉检测有规可依》,《中国标准导报》2005 年第 6 期。

倪永付:《病死猪肉的危害、鉴别及控制》,《肉类工业》2012 年第 11 期。

聂艳、尹春、唐晓纯等:《1985 年—2011 年我国食物中毒特点分析及应急对策研究》,《食品科学》2013 年第 5 期。

潘勇辉、张宁宁:《种业跨国公司进入与菜农种子购买及使用模式调查——来自山东寿光的经验证据》,《农业经济问题》2011 年第 8 期。

庞景安:《科学计量研究方法论》,科学技术文献出版社 2002 版。

裴晓燕、刘秀梅:《阪崎肠杆菌的生物学性状与健康危害》,《中国食品卫生杂志》2004 年第 6 期。

邱均平、张晓培:《基于 CSSCI 的国内知识管理领域作者共被引分析》,《情报科学》2011 年第 10 期。

邵懿、王君、吴永宁:《国内外食品中铅限量标准现状与趋势研究》,《食品安全质量检测学报》2014 年第 1 期。

石阶平:《食品安全风险评估》,中国农业大学出版社 2010 年版。

苏娜、张志强:《社会网络分析在学科研究趋势分析中的实证研究——以数字图书馆领域为例》,《情报理论与实践》2009 年第 9 期。

孙多勇:《突发性社会公共危机事件下个体与群体行为决策研究》,国防科技大学博士学位论文,2005 年。

孙世民、张媛媛、张健如:《基于 Logit-ISM 模型的养猪场(户)良好质量安全行为实施意愿影响因素的实证分析》,《中国农村经济》2012 年第 10 期。

唐晓纯:《多视角下的食品安全预警体系》,《中国软科学》2008 年第 6 期。

唐绪军:《中国新媒体发展报告 2013 版 No.4》,社会科学文献出版社 2013 年版。

王二朋、周应恒:《城市消费者对认证蔬菜的信任及其影响因素分析》,《农业技术经济》2011 年第 10 期。

王华书:《食品安全的经济分析与管理研究》,南京农业大学博士学位论文,2004 年。

王晶、车斌:《消费者有机蔬菜认知情况及购买行为分析——以上海市居民为例》,《浙江农业学报》2013 年第 6 期。

王俊秀、杨宜音:《中国社会心态研究报告(2013)》,社会科学文献出版社 2013 年版。

王奇、陈海丹、王会:《农户有机农业技术采用意愿的影响因素分析——基于北京市和山东省 250 户农户的调查》,《农村经济》2012 年第 2 期。

王溶花、陈玮玲:《中国粮食进出口现状及面临的主要问题分析》,《农业经济》2014 年第 3 期。

王运锋、夏德宏、颜尧妹:《社会网络分析与可视化工具 NetDraw 的应用案例分析》,《现代教育技术》2008 年第 4 期。

魏公铭、王薇:《中国的食品安全应高度关注微生物引起的食源性疾病》,《中国食品报》2012 年第 10 期。

魏瑞斌:《社会网路分析在关键词网络分析中的实证研究》,《情报杂志》2009 年第 9 期。

魏瑞斌、王三珊:《基于共词分析的国内 Web2.0 研究现状》,《情报探索》2011 年第 1 期。

魏益民、欧阳韶晖、刘为军:《食品安全管理与科技研究进展》,《中国农业科技导报》2005 年第 5 期。

温明振:《有机农业发展研究》,天津大学博士学位论文,2006 年。

乌海市食品安全委员会:《2013 年度食品安全典型案例通报》,《乌海日报》2014 年 1 月 29 日。

吴昌华、张爱民、郑立平等:《我国有机农业发展问题探讨》,《经济纵横》2009 年第 11 期。

吴林海、钱和:《中国食品安全发展报告 2012》,北京大学出版社 2012 年版。

吴林海、王建华、朱淀:《中国食品安全发展报告 2013》,北京大学出版社 2013 年版。

吴林海、王淑娴、徐玲玲:《可追溯食品市场消费需求研究——以可追溯猪肉为例》,《公共管理学报》2013 年第 3 期。

吴林海、徐立青:《食品国际贸易》,中国轻工业出版社 2009 年版。

吴林海、钟颖琦、山丽杰:《公众食品添加剂风险感知的影响因素分析》,《中国农村经济》2013 年第 5 期。

吴志冲、季学明:《经济全球化中的有机农业与经济发达地区农业生产方式的选择》,《中国农村经济》2001 年第 4 期。

徐金海:《农产品市场中的"柠檬问题"及其解决思路》,《当代经济研究》2002 年第 8 期。

徐立青、孟菲:《中国食品安全研究报告》,科学出版社 2012 年版。

许世卫、李志强、李哲敏等:《农产品质量安全及预警类别分析》,《中国科技论坛》2009 年第 1 期。

燕平梅、薛文通、张慧等:《不同贮藏蔬菜中亚硝酸盐变化的研究》,《食品科学》2006 年第 6 期。

杨万江、李勇、李剑锋等:《我国长江三角洲地区无公害农产品生产的经济效益分析》,《中国农村经济》2004 年第 4 期。

杨伊侬:《有机食品购买的主要影响因素分析——基于城市消费者的调查统计》,《经济问题》2012 年第 7 期。

姚玮、刘华:《消费者购买有机奶行为及其影响因素分析——基于城市居民微观数据的实证研究》,《中国食物与营养》2013 年第 9 期。

尹世久:《基于消费者行为视角的中国有机食品市场实证研究》,江南大学博士学位论文,2010 年。

尹世久、吴林海、陈默:《基于支付意愿的有机食品需求分析》,《农业技术经济》2008 年第 5 期。

尹世久、吴林海:《全球有机农业发展对生产者收入的影响研究》,《南京农业大学学报》(社会科学版)2008 年第 3 期。

尹世久:《信息不对称、认证有效性与消费者偏好:以有机食品为例》,中国社会科学出版社 2013 年版。

英国 RSA 保险集团发布的全球风险调查报告:《中国人最担忧地震风险》,《国际金融报》2010 年 10 月 19 日。

虞祎、张晖、胡浩:《排污补贴视角下的养殖户环保投资影响因素研究——基于沪、苏、浙生猪养殖户的调查分析》,《中国人口资源与环境》2012 年第 22 期。

袁军鹏:《科学计量学高级教程》,科学技术文献出版社 2010 年版。

曾寅初、夏薇、黄波:《消费者对绿色食品的购买与认知水平及其影响因素:基于北京市消费者调查的分析》,《消费经济》2007 年第 1 期。

张爱军、高萍、刘素芳:《世界各国社会科学基金论文产出绩效分析》,《情报科学》2010 年第 5 期。

张爱军:《世界各国物理学基金论文产出绩效分析》,《科技管理研究》2011 年第 16 期。

张桂新、张淑霞:《动物疫情风险下养殖户防控行为影响因素分析》,《农村经济》2013 年第 2 期。

张磊、王娜、赵爽:《中小城市居民消费行为与鲜活农产品零售终端布局研究——以山东省烟台市蔬菜零售终端为例》,《农业经济问题》2013 年第 6 期。

张利国、徐翔:《消费者对绿色食品的认知及购买行为分析:基于南京市消费者的调查》,《现代经济探讨》2006 年第 4 期。

张先明:《40 余万网民海选 2013 年度十大司法举措——"严惩危害食品安全犯罪"位列榜首》,《人民法院报》2014 年 3 月 7 日。

张中一、施正香、周清:《农用化学品对生态环境和人类健康的影响及其对策》,《中国农业大学学报》2003 年第 2 期。

章力建:《农产品质量安全要从源头(产地环境)抓起》,《中国农业信息》2013 年第 15 期。

赵大伟:《中国绿色农业发展的动力机制及制度变迁研究》,《农业经济问题》2012 第 11 期。

赵刚、费文彬:《守护"舌尖上的安全"》,《人民法院报》2014 年 3 月 8 日。

中华人民共和国国家质量监督检验检疫总局:《GB/T7635.1—2002 全国主要产品分类和代码》,中国标准出版社 2002 年版。

中华人民共和国卫生部:《GB2760—2011 食品安全国家标准食品添加剂使用标准》,中国标准出版社 2011 年版。

周峰、徐翔:《政府规制下无公害农产品生产者的道德风险行为分析》,《南京农业大学学报》2007 年第 4 期。

周洁红:《蔬菜质量安全控制行为及其影响因素分析——基于浙江省 396 户菜农的实证分析》,

《中国农村经济》2006 年第 11 期。

周洁红:《消费者对蔬菜安全的态度、认知和购买行为分析:基于浙江省城市和城镇消费者的调查统计》,《中国农村经济》2004 年第 11 期。

周涛、鲁耀斌、张金隆:《整合 TTF 与 UTAUT 视角的移动银行用户采纳行为研究》,《管理科学》2009 年第 3 期。

朱淀、蔡杰、王红沙:《消费者食品安全信息需求与支付意愿研究:基于可追溯猪肉不同层次安全信息的 BDM 机制研究》,《公共管理学报》2013 年第 3 期。

朱明春:《科学理性与社会认知的平衡——食品安全监管的政策选择》,《华中师范大学学报》(人文社会科学版)2013 年第 4 期。

朱庆华、李亮:《社会网络分析法及其在情报学的应用》,《情报理论与实践》2008 年第 2 期。

Abdulai, A., Monnin, P., Gerber, J., "Joint Estimation of Information Acquisition and Adoption of New Technologies under Uncertainty", *Journal of International Development*, Vol. 20, No. 4, 2008, pp. 437-451.

Adhikari, R. K., "Economics of Organic Rice Production", *The Journal of Agriculture and Environment*, Vol. 12, 2011, pp. 97-103.

Ajzen, I., *Attitudes, Personality and Behaviour*, 2nd ed., New York: Open University Press, 2005.

Ajzen, I., *Attitudes, Personality and Behaviour, Chicago: Dorsey Press*, 1988.

Ajzen, I., "The Theory of Planned Behaviour", *Organizational Behavior and Human Decision Processes*, Vol. 50, No. 2, 1991, pp. 179-211.

Alphonce, R., Alfnes, F., "Consumer Willingness to Pay for Food Safety in Tanzania: An Incentive-Aligned Conjoint Analysis", *International Journal of Consumer Studies*, Vol. 36, No. 4, 2012, pp. 394-400.

Anonymous, *A Simple Guide to Understanding and Applying the Hazard Analysis Critical Control Point Concept*, 2nd edition), International Life Sciences Institute (ILSI) Europe, Brussels, 1997.

Ausubel, L. M., Milgrom, P., "The Lovely but Lonely Vickrey Auction", *Combinatorial Auctions*, Vol. 17, 2006, pp. 17-40.

Azadi, H., Ho, P., "Genetically Modified and Organic Crops in Developing Countries: A Review of Options for Foods Security", *Biotechnology Advances*, Vol. 28, No. 28, 2010, pp. 160-168.

Baş, M., Şafak Ersun, A., Klvanç, G., "The Evaluation of Food Hygiene Knowledge, Attitudes, and Practices of Food Handlers' in Food Businesses in Turkey", *Food Control*, Vol. 17, No. 4, 2006, pp. 317-322.

Becker, G. M., DeGroot, M. H., Marschak, J., "Measuring Utility by a Single-ResponseSequential Method", *Behavioral Science*, Vol. 9, No. 3, 1964, pp. 226-232.

Bell, R., Marshall, D. W., "The Construct of Food Involvement in Behavioral Research: Scale Development and Validation", *Appetite*, Vol. 40, No. 3, 2003, pp. 235-244.

Ben-Akiva, M., Gershenfeld, S., "Multi-Featured Products and Services: Analysing Pricing and

Bundling Strategies", *Journal of Forecasting*, Vol. 17, No. 3-4, 1998, pp. 175-196.

Boccaletti, S., Nardella, M., "Consumer Willingness to Pay for Pesticide-free Fresh Fruit and Vegetables in Italy", *The International Food and Agribusiness Management Review*, Vol. 3, No. 3, 2000, pp. 297-310.

Boström, G., Hallqvist, J., Haglund, B. J., et al., "Socioeconomic Differences in Smoking in an Urban Swedish Population the Bias Introduced by Non-Participation in A Mailed Questionnaire", *Scandinavian Journal of Public Health*, Vol. 21, No. 2, 1993, pp. 77-82.

Brant, R., "Assessing Proportionality in the Proportional Odds Model for Ordinal Logistic Regression", *Biometrics*, Vol. 46, No. 4, 1990, pp. 1171-1178.

Bravo, C. P., Cordts, A., Schulze, B., et al., "Assessing Determinants of Organic Food Consumption Using Data from the German National Nutrition Survey II", *Food Quality and Preference*, Vol. 28, No. 1, 2013, pp. 60-70.

Breidert, C., Hahsler, M., Reutterer, T., "A Review of Methods for Measuring Willingness-to-Pay", *Innovative Marketing*, Vol. 2, No. 4, 2006, pp. 8-32.

Briz, T., Ward, R. W., "Consumer Awareness of Organic Products in Spain: An Application of Multinominal Logit Models", *Food Policy*, Vol. 34, No. 3, 2009, pp. 295-304.

Burton, M., Rigby, D., Young, T., "Analysis of the Determinants of Adoption of Organic Horticultural Techniques in the UK", *Journal of Agricultural Economics*, Vol. 50, No. 1, 1999, pp. 47-63.

Burton, M., Rigby, D., Young, T., "Modelling the Adoption of Organic Horticultural Technology in the UK Using Duration Analysis", *The Australian Journal of Agricultural and Resource Economics*, Vol. 47, No. 1, 2003, pp. 29-54.

Carrasco-Castilla, J., Hernάndez-άlvarez, A. J., Jiménez-Martínez, C., et al., "Use of Proteomics and Peptidomics Methods in Food Bioactive Peptide Science and Engineering", *Food Engineering Reviews*, Vol. 4, No. 4, 2012, pp. 224-243.

Chang, C., Duan, B., Zhang, L., et al., "Superabsorbent Hydrogels Based on Cellulose for Smart Swelling and Controllable Delivery", *European Polymer Journal*, Vol. 46, No. 1, 2010, pp. 92-100.

Chang, D., Wang, T., Chien, I., et al., "Improved Operating Policy Utilizing Aerobic Operation for Fermentation Process to Produce Bio-Ethanol", *Biochemical Engineering Journal*, Vol. 68, 2012, pp. 178-189.

Chen, H. M., Muramoto, K., Yamauchi, F., et al., "Antioxidative Properties of Histidine-Containing Peptides Designed from Peptide Fragments Found in the Digests of a Soybean Protein", *Journal of Agricultural and Food Chemistry*, Vol. 46, No. 1, 1998, pp. 49-53.

Chen, J., Lobo, A., "Organic Food Products in China: Determinants of Consumers' Purchase Intentions", *The International Review of Retail, Distribution and Consumer Research*, Vol. 22, No. 3, 2012, pp. 293-314.

Chen, J. L. , "The Effects of Education Compatibility and Technological Expectancy on E-Learning Acceptance", *Computers & Education*, Vol. 57, No. 2, 2011, pp. 1501-1511.

Chen, K. , Plumb, G. , Bennett, R. , et al. , "Antioxidant Activities of Extracts from Five Anti-Viral Medicinal Plants", *Journal of Ethnopharmacology*, Vol. 96, No. 1, 2005, pp. 201-205.

Chen, M. F. , "Consumers Attitudes and Purchase Intention in Relation to Organic Food in Taiwan: Moderating Effects of Food-Related Personality Traits", *Food Quality and Preferences*, Vol. 18, No. 7, 2007, pp. 1008-1021.

Chen, W. , Xu, D. H. , Liu, L. Q. , et al. , "Ultrasensitive Detection of Trace Protein by Western Blot Based on POLY-Quantum Dot Probes", *Analytical Chemistry*, Vol. 81, No. 21, 2009, pp. 9194-9198.

Chen, Y. , Chen, K. , Li, Y. , "Simulation on Influence Mechanism of Environmental Factors to Producers' Food Security Behavior in Supply Chain", *Fuzzy Systems and Knowledge Discovery (FSKD), 2011 Eighth International Conference on IEEE*, Vol. 4, 2011, pp. 2104-2109.

Cheng, J. , Chang, C. , Chao, C. , et al. , "Characterization of Fungal Sulfated Polysaccharides and Their Synergistic Anticancer Effects with Doxorubicin", *Carbohydrate Polymers*, Vol. 90, No. 1, 2012, pp. 134-139.

Cheng, Y. , Chen, J. , Xiong, Y. , "Chromatographic Separation and LC-MS/MS Identification of Active Peptides in Potato Protein Hydrolysate That Inhibit Lipid Oxidation in Soybean Oil-in-Water Emulsions", *Journal of Agricultural and Food Chemistry*, Vol. 58, No. 15, 2010, pp. 8825-8832.

Cheng, Y. , Xiong, Y. L. , Chen, J. , "Fractionation, Separation and Identification of Antioxidative Peptides in Potato Protein Hydrolysate That Enhances Oxidative Stability of Soybean Emulsions", *Journal of Food Science*, Vol. 75, No. 9, 2010, pp. 760-764.

Chiu, W. Y. , Tzeng, G. H. , Li, H. L. , "A New Hybrid MCDM Model Combining DANP with VIKOR to Improve E-store Business", *Knowledge-Based Systems*, Vol. 37, pp. 48-61.

Claret, A. , Guerrero, L. , Aguirre, E. , et al. , "Consumer Preferences for Sea Fish Using Conjoint Analysis: Exploratory Study of the Importance of Country of Origin, Obtaining Method, Storage Conditions and Purchasing Price", *Food Quality and Preference*, Vol. 26, No. 2, 2012, pp. 259-266.

Coombes, B. , Campbell, H. , "Dependent Reproduction of Alternative Modes of Agriculture: Organic Farming in New Zealand", *Sociologia Ruralis*, Vol. 38, No. 2, 1998, pp. 127-145.

Danso, G. , Drechsel, P. , Fialor, S. , et al. , "Estimating the Demand for Municipal Waste Compost via Farmers' Willingness-to-pay in Ghana", *Waste Management*, Vol. 26, No. 12, 2006, pp. 1400-1409.

De Krom, M. P. M. M. , "Understanding Consumer Rationalities: Consumer Involvement in European Food Safety Governance of Avian Influenza", *Sociologia Ruralis*, Vol. 49, No. 1, 2009, pp. 1-19.

Den Ouden, M., Dijkhuizen, A. A., Huirne, R., Zuurbier, P. J. P., "Vertical Cooperation in Agricultural Production-Marketing Chains, with Special Reference to Product Differentiation in Pork", *Agribusiness*, Vol. 12, No. 3, 1996, pp. 277-290.

Deressa, T. T., Hassan, R. M., Ringler, C., et al., "Determinants of Farmers' Choice of Adaptation Methods to Climate Change in the Nile Basin of Ethiopia", *Global Environmental Change*, Vol. 19, No. 2, 2009, pp. 248-255.

DeWaal, C., Robert, N., *Global & Local: Food Safety Around the World*, Center for Science in the Public Interest, 2005.

Edwards-Jones, G., "Modelling Farmer Decision-Making: Concepts, Progress and Challenges", *Animal Science*, Vol. 82, No. 6, 2006, pp. 783-790.

Falguera, V., Aliguer, N., Falguera, M., "An Integrated Approach to Current Trends in Food Consumption: Moving toward Functional and Organic Products", *Food Control*, Vol. 26, No. 2, 2012, pp. 274-281.

FAO food and nutrition paper, *Risk Management and Food Safety*, Rome, 1997.

FAO/WHO, *Codex Procedures Manual*, 10th ed., 1997.

Feng, X., Li, P., Qiu, G., "Human Exposure to Methylmercury through Rice Intake in Mercury Mining Areas, Guizhou Province, China", *Environment Science & Technology*, Vol. 42, No. 1, 2007, pp. 326-332.

Ferguson, L. R., Schlothauer, R. C., "The Potential Role of Nutritional Genomics Tools in Validating High Health Foods for Cancer Control: Broccoli as Example", *Molecular Nutrition & Food Research*, Vol. 56, No. 1, 2012, pp. 126-146.

Fernando, Y., Ng, H. H., Yusoff, Y., "Activities, Motives and External Factors Influencing Food Safety Management System Adoption in Malaysia", *Food Control*, Vol. 41, No. 12, 2014, pp. 69-75.

Flaten, O., Lien, G., Ebbesvik, M., et al., "Do the New Organic Producers Differ from the old Guard? Empirical Results from Norwegian Dairy Farming", *Renewable Agriculture and Food Systems*, Vol. 21, No. 3, 2006, pp. 174-182.

Fox, J. A., Hayes, D. J., Shogren, J. F. "Consumer Preferences for Food Irradiation: How Favorable and Unfavorable Descriptions Affect Preferences for Irradiated Pork in Experimental Auctions", *The Journal of Risk and Uncertainty*, Vol. 24, No. 1, 2002, pp. 75-95.

Fullerton, A. S., "A Conceptual Framework for Ordered Logistic Regression Models", *Sociological Methods & Research*, Vol. 38, No. 2, 2009, pp. 306-347.

Galano, A., álvarez-Diduk, R., Ramírez-Silva, M., "Role of the Reacting Free Radicals on the Antioxidant Mechanism of Curcumin", *Chemical Physics*, Vol. 363, No. 1, 2009, pp. 13-23.

Garfield, E., "Citation Analysis as a Tool in Journal Evaluation-Journals can be Ranked by Frequency and Impact of Citations for Science Policy Studies", *Science*, Vol. 60, 1972, pp. 471-479。

Genius, M., Pantzios, C. J., Tzouvelekas, V., "Information Acquisition and Adoption of Organic Farming Practices", *Journal of Agricultural and Resource Economics*, Vol. 31, No. 1, 2006, pp. 93-113.

Goodwin, D., Simerska, P., Toth, I., "Peptides as Therapeutics with Enhanced Bioactivity", *Current Medicinal Chemistry*, Vol. 19, No. 26, 2012, pp. 4451-4461.

Gopal, B. T., Kanokporn, R., "Adoption and Extent of Organic Vegetable Farming in Mahasarakham Province Thailand", *Applied Geography*, Vol. 31, No. 1, 2011, pp. 201-209.

Gracia, A., De, Magistris, T., "The Demand for Organic Foods in the South of Italy: A Discrete Choice Model", *Food Policy*, Vol. 33, No. 5, 2008, pp. 1-12.

Gratt, L. B., *Uncertainty in Risk Assessment, Risk Management and Decision Making*, New York: Plenum Press, 1987.

Greiner, R., Gregg, D., "Farmers' Intrinsic Motivations, Barriers to the Adoption of Conservation Practices and Effectiveness of Policy Instruments: Empirical Evidence from Northern Australia", *Land Use Policy*, Vol. 28, No. 1, 2011, pp. 257-265.

Hayes, D. J., Shogren, J. F., Shin, S. Y., et al., "Valuing Food Safety in Experimental Auction Markets", *American Journal of Agricultural Economics*, Vol. 77, No. 1, 1995, pp. 40-53.

He, Q. H., Yin, Y. L., Zhao, F., et al., "Metabonomics and its Role in Amino Acid Nutrition Research", *Frontiers in Bioscience-Landmark*, Vol. 16, 2010, pp. 2451-2460.

Hennessey, K., Afshar, K., Macneily, A. E., "The Top 100 Citedarticles in Urology", *Canadian Urological Association Journal*, Vol. 3, No. 4, 2009, pp. 293-302.

Herr, I., Buchler, M. W., "Dietary Constituents of Broccoli and Other Cruciferous Vegetables: Implications for Prevention and Therapy of Cancer", *Cancer Treatment Reviews*, Vol. 36, No. 5, 2010, pp. 377-383.

Hole, A. R., "A Comparison of Approaches to Estimating Confidence Intervals for Willingness to Pay Measures", *Health Economics*, Vol. 16, No. 8, 2007, pp. 827-840.

Horowitz, J. K., "The Becker DeGroot Marschak Mechanism is not Necessarily Incentive Compatible, even for Non-random Goods", *Economics Letters*, Vol. 93, No. 1, 2006, pp. 6-11.

Hsu, C. H., Wang, F. K., Tzeng, G. H., "The Best Vendor Selection for Conducting the Recycled Material Based on a Hybrid MCDM Model Combining DANP with VIKOR", *Resources, Conservation and Recycling*, Vol. 66, 2012, pp. 95-111.

Huang, C. N., Liou, J. J. H., Chuang, Y. C., "A Method for Exploring the Interdependencies and Importance of Critical Infrastructures", *Knowledge-Based Systems*, Vol. 55, 2014, pp. 66-74.

Huang, J. K., Hu, R. F., Rozelle, S., et al., "Insect-resistant GM rice in Farmers' Fields: Assessing Productivity and Health Effects in China", *Science*, Vol. 308, No. 5722, 2005, pp. 688-690.

Hunag, W., Shieh, G., Wang, F., "Optimization of Fed-Batch Fermentation Using Mixture of Sugars to Produce Ethanol", *Journal of the Taiwan Institute of Chemical Engineers*, Vol. 43, No. 1, 2012, pp. 1-8.

Ithika, C. S., Singh, S. P., "Gautam G. Adoption of Scientific Poultry Farming Practices by the Broiler Farmers in Haryana, India", *Iranian Journal of Applied Animal Science*, Vol. 3, No. 2, 2013, pp. 417-422.

J. Bartels, M. J. Reinders, "Social Identification, Social Representations, and Consumer Innovativeness in an Organic Food Context: Across-National Comparison", *Food Quality and Preference*, No. 21, 2010, pp. 347-352.

Jayasinghe-Mudalige, U., Henson, S., "Identifying Economic Incentives for Canadian Red Meat and Poultry Processing Enterprises to Adopt Enhanced Food Safety Controls", *Food Control*, Vol. 18, No. 11, 2007, pp. 363-1371.

Ji, B., Hsu, W., Yang, J., et al., "Gallic Acid Induces Apoptosis via Caspase-3 and Mitochondrion—Dependent Pathways in Vitro and Suppresses Lung Xenograft Tumor Growth in Vivo", *Journal of Agricultural and Food Chemistry*, Vol. 57, No. 16, 2009, pp. 7596-7604.

Jin, M., Zhao, K., Huang, Q., et al., "Isolation, Structure and Bioactivities of the Polysaccharides from Angelica Sinensis (Oliv.) Diels: A Review", *Carbohydrate Polymers*, Vol. 89, No. 3, 2012, pp. 713-722.

Juge, N., Mithen, R. F., Traka, M., "Molecular Basis for Chemoprevention by Sulforaphane: A Comprehensive Review", *Cellular and Molecular Life Sciences*, Vol. 64, No. 9, 2007, pp. 1105-1127.

Karaman, A. D., "Food Safety Practices and Knowledge among Turkish Dairy Businesses in Different Capacities", *Food Control*, Vol. 2, No. 1, 2012, pp. 125-132.

Kerkaert, B., Mestdagh, F., Cucu, T., et al., "The Impact of Photo-Induced Molecular Changes of Dairy Proteins on Their ACE-Inhibitory Peptides and Activity", *Amino Acids*, Vol. 43, No. 2, 2012, pp. 951-962.

Kerselaers, E., De, Cock, L., Lauwers, L., et al., "Modelling Farm-Level Economic Potential for Conversion to Organic Farming", *Agricultural Systems*, Vol. 94, No. 3, 2007, pp. 671-682.

Khaledi, M., Weseen, S., Sawyer, E., et al., "Factors Influencing Partial and Complete Adoption of Organic Farming Practices in Saskatchewan, Canada", *Canadian Journal of Agricultural Economics*, Vol. 58, No. 1, 2010, pp. 37-56.

Kilian, B., Jones, C., Pratt, L., et al., "Is Sustainable Agriculture a Viable Strategy to Improve Farm Income in Central America? A Case Study on Coffee", *Journal of Business Research*, Vol. 59, No. 3, 2006, pp. 322-330.

Kleter, G. A., Marvin, H. J. P., "Indicators of Emerging Hazards and Risks to Food Safety", *Food and Chemical Toxicology*, Vol. 47, No. 5, 2009, pp. 1022-1039.

Krinsky, I., Robb, A. L., "On Approximating the Statistical Properties of Elasticities", *The Review of Economics and Statistics*, Vol. 68, No. 4, 1986, pp. 715-719.

Kuang, H., Chen, W., Xu, D. H., et al., "Fabricated Aptamer-Based Electrochemical 'Signal-off' Sensor of Ochratoxin A", *Biosensors & Bioelectronics*, Vol. 26, No. 2, 2010, pp. 710-716.

Kung, T. W., Timothy, T., Sharon, R., "Interactive Whiteboard Acceptance: Applicability of the UTAUT Model to Student Teachers", *The Asia-Pacific Education Research*, Vol. 22, No. 1, 2013, pp. 1-10.

Lancaster, K. J., "A New Approach to Consumer Theory", *The Journal of Political Economy*, Vol. 74, No. 2, 1966, pp. 157-132.

Läpple, D., "Adoption and Abandonment of Organic Farming: An Empirical Investigation of the Irish Drystock Sector", *Journal of Agricultural Economics*, Vol. 61, No. 3, 2010, pp. 697-714.

Läpple, D., Kelley, H., "Understanding the Uptake of Organic Farming: Accounting for Heterogeneities among Irish Farmers", *Ecological Economics*, Vol. 88, 2013, pp. 11-19.

Läpple, D., Van, Rensburg, T., "Adoption of Organic Farming: are there Differences between Early and Late Adoption? ", *Ecological Economics*, Vol. 70, No. 7, 2011, pp. 1406-1414.

Launio, C. C., Asis, C. A., Manalili, R. G., et al., "What Factors Influence Choice of Waste Management Practice? Evidence From Rice Straw Management in the Philippines", *Waste Management & Research*, Vol. 32, No. 2, 2014, pp. 140-148.

Lee, J. Y., Han, D. B., Nayga, Jr. R. M., et al., "Valuing traceability of imported beef in Korea: an experimental auction approach", *Australian Journal of Agricultural and Resource Economics*, Vol. 55, No. 3, 2011, pp. 360-373.

Li, W. J., Nie, S. P., Chen, Y., et al., "Ganoderma Atrum Polysaccharide Protects Cardiomyocytes Against Anoxia/Reoxygenation-Induced Oxidative Stress by Mitochondrial Pathway", *Journal of Cellular Biochemistry*, Vol. 110, No. 1, 2010, pp. 191-200.

Liang, B., Jin, M., Liu, H., "Water-Soluble Polysaccharide from Dried Lycium Barbarum Fruits: Isolation, Structural Features and Antioxidant Activity", *Carbohydrate Polymers*, Vol. 83, No. 4, 2011, pp. 1947-1951.

Lin, J., Liao, X., Du, G., et al., "Enhancement of Glutathione Production in a Coupled System of Adenosine Deaminase-Deficient Recombinant Escherichia Coli and Saccharomyces Cerevisiae", *Enzyme and Microbial Technology*, Vol. 44, No. 5, 2009, pp. 269-273.

Lin, J., Liao, X., Zhang, J., et al., "Enhancement of Glutathione Production with a Tripeptidase-Deficient Recombinant Escherichia Coli", *Journal of Industrial Microbiology & Biotechnology*, Vol. 36, No. 12, 2009, pp. 1447-1452.

Liu, C. Y., "Dead Pigs Scandal Questions China's Public Health Policy", *The Lancet*, Vol. 381, No. 9877, 2013, pp. 1539.

Liu, H., Qiu, N., Ding, H., et al., "Polyphenols Contents and Antioxidant Capacity of 68 Chinese Herbals Suitable for Medical or Food Uses", *Food Research International*, Vol. 41, No. 4, 2008, pp. 363-370.

Liu, M., Wu, L. H., "Farmers' Adoption of Sustainable Agricultural Technologies: A Case Study in Shandong Province, China", *Journal of Food, Agriculture & Environment*, Vol. 9, No. 2, 2011, pp. 623-628.

Liu, R. D., Pieniak, Z., Verbeke, W., "Consumers' Attitudes and Behaviour towards Safe Food in China: A Review", *Food Control*, Vol. 33, No. 1, 2013, pp. 93-104.

Lockshin, L., Jarvis, W., d'Hauteville, F., et al., "Using Simulations from Discrete Choice Experiments to Measure Consumer Sensitivity to Brand, Region, Price, And Awards in Wine Choice", *Food Quality and Preference*, Vol. 17, No. 3-4, 2006, pp. 178-166.

Lohr, L., Salomonsson, L., "Conversion Subsidies for Organic Production: Results from Sweden and Lessons for the United States", *Agricultural Economics*, Vol. 22, No. 2, 2000, pp. 133-146.

Long, J. S., *Regression Models for Categorical and Limited Dependent Variables*, Texas: Stata Press, 2001.

Loureiro, M. L., McCluskey, J. J., Mittelhammer, R. C., "Assessing Consumer's Preferences for Organic, Eco-Labeled, and Regular Apples", *Journal of Agricultural and Resource Economics*, Vol. 26, No. 2, 2001, pp. 404-416.

Loureiro, M. L., Umberger, W. J., "A Choice Experiment Model for Beef: What US Consumer Responses Tell Us about Relative Preferences for Food Safety, Country-of-Origin Labeling and Traceability", *Food Policy*, Vol. 32, No. 4, 2007, pp. 514-496.

Louviere, J. J., Hensher, D. A., Swait, J. D., *Stated Choice Methods: Analysis and Applications*, Cambridge University Press, 2000.

Lu, M. T., Lin, S. W., Tzeng, G. H., "Improving RFID Adoption in Taiwan's Healthcare Industry Based on a DEMATEL Technique with a Hybrid MCDM Model", *Decision Support Systems*, Vol. 56, 2013, pp. 259-269.

Luce, R. D., "On the Possible Psychophysical Laws", *Psychological Review*, Vol. 66, No. 2, 1959, pp. 81-95.

Lusk, J. L., Brown, J., Mark, T., et al., "Consumer Behavior, Public Policy, and Country-of-Origin Labeling", *Applied Economic Perspectives and Policy*, Vol. 28, No. 2, 2006, pp. 284-292.

Lusk, J. L., Roosen, J., Fox, J., "Demand for Beef from Cattle Administered Growth Hormones or Fed Genetically Modified Corn: A Comparison of Consumers in France, Germany, the United Kingdom, and the United States", *American Journal of Agricultural Economics*, Vol. 85, No. 1, 2003, pp. 16-29.

Lusk, J. L., Schroeder, T. C., "Are Choice Experiments Incentive Compatible? A Test with Quality Differentiated Beef Steaks", *American Journal of Agricultural Economics*, Vol. 86, No. 2, 2004, pp. 482-467.

Lynne, G., "Modifying the Neo-Classical Approach to Technology Adoption with Behavioural Science

Models", *Journal of Agricultural and Applied Economics*, Vol. 27, No. 1, 1995, pp. 67-80.

Lynne, G., Shonkwiler, J. D., Rola, L. R., "Attitudes and Farmer Conservation Behaviour", *American Journal of Agricultural Economics*, Vol. 7, No. 1, 1988, pp. 12-19.

Ma, Y., Zhang, L., "Analysis of Transmission Model of Consumers' Risk Perception of Food Safety Based on Case Analysis", *Research Journal of Applied Sciences, Engineering and Technology*, Vol. 5, No. 9, 2013, pp. 2686-2691.

Maldonado-Siman, E., Bai, L., Ramírez-Valverde, R., et al., "Comparison of Implementing HACCP Systems of Exporter Mexican and Chinese Meat Enterprises", *Food Control*, Vol. 38, 2014, pp. 109-115.

Marshall, B. M., Levy, S. B., "Food Animals and Antimicrobials: Impacts on Human Health", *Clinical Microbiology Reviews*, Vol. 24, No. 4, 2011, pp. 718-733.

Mead, P. S., Slutsker, L., Dietz, V., et al., "Food-Related Illness and Death in the United States", *Emerging Infectious Diseases*, Vol. 5, No. 5, 1999, p. 607.

Moen, D. G., "The Japanese Organic Farming Movement: Consumers and Farmers", *United Bulletin of Concerned Asian Scholars*, Vol. 29, No. 29, 1997, pp. 14-22.

Mol, A. P. J., "Governing China's Food Quality through Transparency: A Review", *Food Control*, Vol. 43, 2014, pp. 49-56.

Mzoughi, N., "Farmers Adoption of Integrated Crop Protection and Organic Farming: Do Moral and Social Concerns Matter?", *Ecological Economics*, Vol. 70, No. 8, 2011, pp. 536-1545.

Napolitano, F., Braghieri, A., Piasentier, E., et al., "Effect of Information about Organic Production on Beef liking and Consumer Willingness to Pay", *Food Quality and Preference*, Vol. 21, No. 2, 2010, pp. 207-212.

Neufeld, D. J., Dong, L., Higgins, C., "Charismatic Leadership and User Acceptance of Information Technology", *European Journal of Information Systems*, Vol. 16, No. 4, 2007, pp. 494-510.

O'Riordan, "Assessing the Consequences of Converting to Organic Agriculture", *Journal of Agricultural Economics, Vol.* 52, *No.* 1, 2001, *pp.* 22-35.

Oelofse, M., Høgh-Jensen, H., Abreu, L. S., et al., "Certified Organic Agriculture in China and Brazil: Market Accessibility and Outcomes Following Adoption", *Ecological Economics*, Vol. 69, No. 9, 2010, pp. 1785-1793.

Ortega, D. L., Wang, H. H., Wu, L. P., et al., "Modeling Heterogeneity in Consumer Preferences for Select Food Safety Attributes in China", *Food Policy*, Vol. 36, No. 2, 2011, pp. 318-324.

P. Jolankai, Z. Toth, T. Kismanyoky, "Combined Effect of N Fertilization and Pesticide Treatments in Winter Wheat", *Cereal Research Communications*, No. 36, 2008, pp. 467-470.

Park, T. A., Lohr, L., "Organic Pest Management Decisions: A Systems Approach to Technology Adoption", *Agricultural Economics*, Vol. 33, No. 3, 2005, pp. 467-478.

Pieniak, Z., Aertsens, J., Verbeke, W., "Subjective and Objective Knowledge as Determinants of Organic Vegetables Consumption", *Food Quality and Preference*, Vol. 21, No. 6, 2010, pp. 581-588.

Ponti, T., Rijk, B., van, Ittersum, M. K., "The Crop Yield Gap between Organic and Conventional Agriculture", *Agricultural Systems*, Vol. 108, 2012, pp. 1-9.

Rehman, T., McKemey, K., Yates, C. M., et al., "Identifying and Understanding Factors Influencing the Uptake of New Technologies on Dairy Farms in SW England Using the Theory of Reasoned Action", *Agricultural Systems*, Vol. 94, No. 2, 2007, pp. 287-293.

Reig, M., Toldrá, F., "Veterinary Drug Residues in Meat: Concerns and Rapid Methods for Detection", *Meat Science*, Vol. 78, No. 1, 2008, pp. 60-67.

Rembialkowska, E., "Review Quality of Plant Products from Organic Agriculture", *Journal of the Science of Food and Agriculture*, Vol. 87, No. 15, 2007, pp. 2757-2762.

Revelt, D., Train, K. E., *Customer-Specific Taste Parameters and Mixed Logit*, University of California, Berkeley, 1999.

Roitner-Schobesberger, B., Darnhofer, I., Somsook, S., et al., "Consumer Perceptions of Organic Foods in Bangkok, Thailand", *Food Policy*, Vol. 33, No. 2, 2008, pp. 1-12.

Rosenberg, A. L., Tripathi, R. S., Blum, J., " The Most Influential Articles in Critical Care Medicine", *Journal of Critical Care*, Vol. 25, No. 1, 2010, pp. 157-170.

Rutherfurd-Markwick, K. J., "Food Proteins as a Source of Bioactive Peptides with Diverse Functions", *British Journal of Nutrition*, Vol. 108, 2012, pp. S149-S157.

Samejima, F., "Estimation of Latent Trait Ability Using a Response Pattern of Graded Scores", *Psychometric Monograph*, Vol. 34, No. 4, 1969, pp. 124-135.

Sarig, Y., *Traceability of Food Products*, International Commission of Agricultural Engineering Press, 2003.

Shogren, J. F., Margolis, M., Koo, C., et al., "A Random nth Price Auction", *Journal of Economic Behavior & Organization*, Vol. 46, No. 4, 2001, pp. 409-421.

Smith, A. C., *Consumer Reactions to Organic Food Price Premiums in the United States*, Iowa: Iowa State University, 2010.

Su, J., Huang, Z., Yuan, X., et al., "Structure and Properties of Carboxymethyl Cellulose/Soy Protein Isolate Blend Edible Films Crosslinked by Maillard Reactions", *Carbohydrate Polymers*, Vol. 79, No. 1, 2010, pp. 145-153.

Sun, J., Le, G. W., Hou, L. X., et al., "Nonopsonic Phagocytosis of Lactobacilli by Mice Peyer's Patches' Macrophages", *Asia Pacific Journal of Clinical Nutrition*, Vol. 16, No. 1, 2007, pp. 204-207.

Sun, J., Zhou, T. T., Le, G. W., et al., "Association of Lactobacillus Acidophilus with Mice Peyer's Patches", *Nutrition*, Vol. 26, 2010, pp. 1008-1013.

Sun, Z., Chen, X., Wang, J., et al., "Complete Genome Sequence of Probiotic Bifidobacterium Animalis Subsp Lactis Strain V9", *Journal of Bacteriology*, Vol. 195, No. 15, 2010, pp. 4080-4081.

Tang, L., Zhang, Y., Jobson, H. E., et al., "Potent Activation of Mitochondria-Mediated Apoptosis and Arrest in S and M Phases of Cancer Cells by a Broccoli Sprout Extract", *Molecular Cancer Therapeutics*, Vol. 5, No. 4, 2006, pp. 935-944.

Tang, X., He, Z., Dai, Y., et al., "Peptide Fractionation and Free Radical Scavenging Activity of Zein Hydrolysate", *Journal of Agricultural and Food Chemistry*, Vol. 58, No. 1, 2010, pp. 587-593.

Tey, Y. S., Brindal, M., "Factors Influencing the Adoption of Precision Agricultural Technologies: A Review for Policy Implications", *Precision Agriculture*, Vol. 13, No. 6, 2012, pp. 713-730.

Thapa, G. B., Kanokporn, R., "Adoption and Extent of Organic Vegetable Farming in Mahasarakham Province Thailand", *Applied Geography*, Vol. 31, No. 1, 2011, pp. 201-209.

Tian, H., Wang, Y., Zhang, L., et al., "Improved Flexibility and Water Resistance of Soy Protein Thermoplastics Containing Waterborne Polyurethane", *Industrial Crops and Products*, Vol. 32, No. 1, 2010, pp. 13-20.

Toma, L., Stott, A. W., Heffernan, C., et al., "Determinants of Biosecurity Behaviour of British Cattle and Sheep Farmers-A Behavioural Economics Analysis", *Preventive Veterinary Medicine*, Vol. 108, No. 4, 2013, pp. 321-333.

Torjusen, H., Lieblein, G., Wandel, M., et al., "Food System Orientation and Quality Perception among Consumers' and Producers of Organic Food in Hedmark County, Norway", *Food Quality and Preference*, Vol. 12, No. 3, 2001, pp. 207-216.

Train, K. E., *Discrete Choice Methods with Simulation*, 2nd ed., Cambridge University Press, 2009.

Tsakiridou, E., Mattas, K., Tzimitra-Kalogianni, I., "The Influence of Consumer's Characteristics and Attitudes on the Demand for Organic Olive Oil", *Journal of International Food and Agribu siness Marketing*, Vol. 18, No. (3/4), 2006, pp. 23-31.

Ubilava, D., Foster, K., "Quality Certification Vs. Product Traceability: Consumer Preferences For Informational Attributes of Pork in Georgia", *Food Policy*, Vol. 34, No. 3, 2009, pp. 305-310.

Udenigwe, C., Aluko, R., "Food Protein-Derived Bioactive Peptides: Production, Processing, and Potential Health Benefits", *Journal of Food Science*, Vol. 71, No. 1, 2012, pp. R11-24.

Ureña, F., Bernabéu, R., Olmeda, M., "Women, Men and Organic Food: Differences in Their Attitudes and Willingness to Pay: A Spanish Case Study", *International Journal of Consumer Studies*, Vol. 32, No. 1, 2008, pp. 18-26.

Valeeva, N. I., Meuwissen, M. P. M., Huirne, R. B. M., "Economics of Food Safety in Chains: A Review of General Principles", *Wageningen Journal of Life Sciences*, Vol. 51, No. 4, 2004, pp. 369-390.

Van, Loo, E. J. , Caputo, V. , Nayga, Jr. R. M. , et al. , "Consumers' Willingness to Payfor Organic Chicken Breast: Evidence from Choice Experiment", *Food Quality and Preference*, Vol. 22, No. 7, 2011, pp. 613-603.

Venkatachalam, L. , "The Contingent Valuation Method: A Review", *Environment Impact Assessment Review*, Vol. 24, No. 1, 2004, pp. 89-124.

Venkatesh, V. , Morris, M. G. , Davis, G. B. , et al. , "User Acceptance of Information Technology: Toward a Unified View", *MIS Quarterly*, Vol. 27, No. 3, 2003, pp. 425-478.

Verbeke, W. , Van Kenhove, P. , "Impact of Emotional Stability and Attitude on Consumption Decisions Under Risk: the Coca-Cola Crisis in Belgium", *Journal of Health Communication*, Vol. 7, No. 5, 2002, pp. 455-472.

Vetter, W. , Schröder, M. , "Concentrations of Phytanic Acid and Pristanic Acid are Higher in Organic than in Conventional Dairy Products from the German Market", *Food Chemistry*, Vol. 119, No. 2, 2010, pp. 746-752.

Vickrey, W. , "Counterspeculation, Auctions, and Competitive Sealed Tenders", *The Journal of Finance*, Vol. 16, No. 1, 1961, pp. 8-37.

Wang, D. , Alaee, M. , Byer, J. , et al. , "Human Health Risk Assessment of Occupational and Residential Exposures to Dechlorane Plus in the Manufacturing Facility Area in China and Comparison with E-Waste Recycling Site", *Science of the Total Environment*, Vol. 445, 2013, pp. 329-336.

Wang, H. I. , Yang, H. L. , "The Role of Personality Traits in Utaut Model under Online Stocking", *Contemporary Management Research*, Vol. 1, No. 1, 2005, pp. 69-82.

Wang, L. , Chen, W. , Ma, W. , et al. , "Fluorescent Strip Sensor for Rapid Determination of Toxins", *Chem Commun*, Vol. 47, No. 5, 2011, pp. 1574-1576.

Wang, L. , Ma, W. , Xu, L. , et al. , "Nanoparticle-based Environmental Sensors", *Material Science & Engeering R*, Vol. 70, No. 3, 2011, pp. 265-274.

Wang, L. B. , Zhu, Y. Y. ,Xu, L. G. , et al. , "Side-by-Side and End-to-End Gold Nanorod Assemblies for Environmental Toxin Sensing", *Angewandte Chemie International Edition*, Vol. 49, No. 32, 2010, pp. 5472-5475.

Wang, Y. , Ye, Z. , Si, C. , et al. "Application of Aptamer Based Biosensors for Detection of Pathogenic Microorganisms", *Chinese Journal of Analytical Chemistry*, Vol. 40, No. 4, 2012, pp. 634-642.

Wheeler, S, A. , "What Influences Agricultural Professionals' Views towards Organic Agriculture?", *Ecological Economics*, Vol. 65, No. 1, 2008, pp. 145-154.

WHO, *Food Safety and Foodborne Disease*, Geneva: World Health Organization, 2007.

Wolfe, R. , Gould, W. , "An Approximate Likelihood-ratio Test for Ordinal Response Models", *Stata Technical Bullin*, Vol. 7, No. 42, 1998, pp. 24-27.

Wu, L. , Zhang, Q. , Shan, L. , et al. , "Identifying Critical Factors Influencing the Use of Additives by Food Enterprises in China", *Food Control*, Vol. 31, No. 2, 2013, pp. 425-432.

Wu, L. H., Xu, L. L., Zhu, D., et al., "Factors Affecting Consumer Willingness to Pay for Certified Traceable Food in Jiangsu Province of China", *Canadian Journal of Agricultural Economics*, Vol. 60, No. 3, 2012, pp. 317-333

Wu, X., Ding, W., Zhong, J., et al., "Simultaneous Qualitative and Quantitative Determination of Phenolic Compounds in Aloe Barbadensis Mill by Liquid Chromatography-Mass Spectrometry-Ion Trap-Time-of-Flight and High Performance Liquid Chromatography-Diode Array Detector", *Journal of Pharmaceutical and Biomedical Analysis*, Vol. 80, 2013, pp. 94-106.

Xu, S., Lin, Y., Huang, J., et al., "Construction of High Strength Hollow Fibers by Self-Assembly of a Stiff Polysaccharide with Short Branches in Water", *Journal of Materials Chemistry A*, Vol. 1, No. 13, 2013, pp. 4198-4206.

Xu, Z. H., Tang, T., Pan, D. S., et al., "Scientific Literature Addressingbrain Glioma in the Web of Science: A 10-Year Bibliometricanalysis", *Neural Regenration Research*, Vol. 32, No. 6, 2012, pp. 2537-2544.

Yang, J. L., Tzeng, G. H., "An Integrated MCDM Technique Combined with DEMATEL for a Novel Cluster-weighted with ANP Method", *Expert Systems with Applications*, Vol. 38, No. 3, 2011, pp. 1417-1424.

Yin, S., Wu, L., Du, L., et al., "Consumers' Purchase Intention of Organic Food in China", *Journal of the Science of Food and Agriculture*, Vol. 90, No. 8, 2010, pp. 1361-1367.

Yiridoe, E. K., Bonti-Ankomah, S., Martin, R. C., "Comparison of Consumer Perceptions and Preference toward Organic Versus Conventionally Produced Foods: A Review and Update of the Literature", *Renewable Agriculture and Food Systems*, Vol. 20, No. 4, 2005, pp. 193-205.

Yoshimura, T., Matsuo, K., Fujioka, R., "Novel Biodegradable Superabsorbent Hydrogels Derived from Cotton Cellulose and Succinic Anhydride: Synthesis and Characterization", *Journal of Applied Polymer Science*, Vol. 99, No. 6, 2006, pp. 3251-3256.

Zaichkowsky, J. L., "Measuring the Involvement Construct", *Journal of Consumer Research*, Vol. 12, No. 6, 1985, pp. 341-352.

Zander, K., Hamm, U., "Consumer Preferences for Additional Ethical Attributes of Organic Food", *Food Quality and Preference*, Vol. 21, No. 5, 2010, pp. 495-503.

Zhang, J., Du, G., Zhang, Y., et al., "Glutathione Protects Lactobacillus Sanfranciscensis Against Freeze-Thawing, Freeze-Drying, and Cold Treatment", *Applied and Environmental Microbiology*, Vol. 76, No. 9, 2010, pp. 2989-2996.

Zhang, J., Fu, R., Hugenholtz, J., et al., "Glutathione Protects Lactococcus Lactis Against Acid Stress", *Applied and Environmental Microbiology*, Vol. 73, No. 16, 2007, pp. 5268-5275.

Zhang, J., Liu, J., Shi, Z. P., et al., "Manipulation of B-megaterium Growth for Efficient 2-KLG Production by K-vulgare", *Process Biochemistry*, Vol. 45, No. 4, 2010, pp. 602-606.

Zhao, L., Wang, Y., Shen, H., et al., "Structural Characterization and Radioprotection of Bone Marrow Hematopoiesis of Two Novel Polysaccharides from the Root of Angelica Sinensis (Oliv.) Diels", *Fitoterapia*, Vol. 83, No. 8, 2012, pp. 1712-1720.

Zhou, H., Liao, X., Wang, T., et al., "Enhanced l-phenylalanine Biosynthesis by Co-Expression of PheAfbr and AroFwt", *Bioresource Technology*, Vol. 101, No. 11, 2010, pp. 4151-4156.

Zhou, J. H., Jin, S. S., "Safety of Vegetables and the Use of Pesticides by Farmers in China: Evidence from Zhejiang Province", *Food Control*, Vol. 20, 2009, pp. 1043-1048.

Zhuang, P., McBride, M. B., Xia, H., et al., "Health Risk from Heavy Metals Via Consumption of Food Crops in the Vicinity of Dabaoshan Mine, South China", *Science of the Total Environment*, Vol. 407, No. 5, 2009, pp. 1551-1561.

后　记

《中国食品安全发展报告 2014》是江南大学江苏省食品安全研究基地与国内十多个高校与研究机构合作完成的，这是教育部 2011 年批准立项的哲学社会科学系列发展报告重点培育资助项目——“中国食品安全发展报告”第三个年度报告，也是江苏省高校首批哲学社会科学优秀创新团队“中国食品安全风险防控研究”的重要研究成果，同时也是 2014 年国家社科重大项目“食品安全风险社会共治”（项目编号：14ZDA069）的阶段性研究成果。我们非常感谢所有参与研究的学者们和学生们。

与前两个年度报告的情况类似，参加《中国食品安全发展报告 2014》研究的团队成员仍然以中青年学者为主，以年轻博士为主，以团队协同的方式为主。参加《中国食品安全发展报告 2014》的主要成员是（以姓氏笔划为序）：山丽杰（女，江南大学），孔繁华（女，华南师范大学），尹世久（曲阜师范大学），王红纱（女，江南大学），王晓莉（女，江南大学），王淑娴（女，江南大学），牛亮云（安阳师范学院），李清光（江南大学），吕煜昕（江南大学），许国艳（女，江南大学），朱中一（苏州大学），朱淀（苏州大学），刘鹏（中国人民大学），李哲敏（女，中国农业科学院），肖革新（国家食品安全风险评估中心），陈洁（女，江南大学），张秋琴（女，江南大学），赵美玲（女，天津科技大学），钟颖琦（女，浙江大学），侯博（女，南京农业大学），洪小娟（女，南京邮电大学），洪巍（江南大学），秦沙沙（女，江南大学），唐晓纯（女，中国人民大学），徐立青（江南大学），徐迎军（曲阜师范大学），徐玲玲（女，江南大学），高杨（曲阜师范大学），浦徐进（江南大学），谢旭燕（女，江南大学），童霞（女，南通大学）等。

随着研究的不断深入，我们深深地感受到研究的难度越来越大，主要体现在食品安全信息数据难以全面获得。为人民做学问，是学者的责任。出于责任，我们在此要告知阅读本书的人们，由于数据的缺失，我们难以通过研究全面地告知大家一个真实的中国食品安全状况，难以有针对性地回答人们的关切，难以真正架起政府、企业、消费者之间相互沟通的桥梁。我们真诚地呼吁相关方面最大程度地公开食品安全的信息，尤其是政府，更应按照相关法律法规带头公开应该公开的信息，最大程度地消除食品安全信息的不对称问题，这既是政府的责任，也是形成社会共治食品安全风险格局的基础，更是降低中国食品安全风险的必由之路。我们认为，经过新世纪以来十多年的风风雨雨，全社会已经逐步了解并开始接受食品安全不存在零风险的基本理念，发达国家同样也存在食品安全风险。中国的食品安全风险并不可怕，可怕的是老百姓并不清楚食品安全的主要风险是什么、如何防范风险等问题。在目前的背景下，作为研究团队，我们呼吁社会各界对报告真诚地提出建议、批评，为提升报告质量，改善中国的食品安全状况作出应有的贡献。

《中国食品安全发展报告 2014》由江南大学江苏省食品安全研究基地首席专家、江苏省高校哲学社会科学优秀创新团队负责人吴林海教授牵头。吴林海教授主要负责报告的整体设计、修正研究大纲、确定研究重点，协调研究过程中关键问题，并且在完成自身研究任务的同时，最终对整个报告进行完整、统一的修改与把关。曲阜师范大学经济学院副教授尹世久、江南大学江苏省食品安全研究基地副教授王建华等协助吴林海教授展开了相关方面的研究工作，并各自承担了本《报告》的相关研究工作。

孙宝国院士非常关心我们的研究工作，嘱咐我们要站在对国家和人民负责的高度来研究中国的食品安全问题，力求数据真实、分析科学、结论可靠，并再次为本年度《报告》撰写序言。研究团队再次对孙院士表示由衷的敬意。

在研究过程中，研究团队得到了国家发改委、国务院食品安全委员会办公室、国家食品药品监督管理总局、卫生计生委、农业部、质检总局、工商总局、工信部与中国标准化研究院、中国食品工业协会等国家部委、行业协会等有关领导、专业研究人员的积极帮助。

在研究成果最后汇总、合成的过程中，王红纱、王淑娴、许国艳、谢旭燕、秦沙沙、吕煜昕等还在数据处理、图表制作、文字校对等方面给予了帮助。我们同时还要感谢参加本《报告》中城乡居民食品安全满意度调查的江南大学的两百多个本科生！

感谢报告主要依托单位——江南大学相关领导、管理部门对研究过程中给予的帮助与经费支持，尤其是社科处刘焕明教授与他的同事们的鼎力支持；感谢北京大学出版社和编辑等为出版报告所付出的辛勤劳动；感谢国际合作者——Wuyang Hu professor(Department of Agricultural Economics at the University of Kentucky, Co-Editor of journal Canadian Journal of Agricultural Economics)的帮助与指导。

需要说明的是，我们在研究过程中参考了大量的文献资料，并尽可能地在文中一一列出，但也有疏忽或遗漏的可能。研究团队对被引用文献的国内外作者表示感谢。

吴林海　尹世久　王建华

2014 年 8 月于无锡